工程设计与分析系列

FLUENT 流体分析 工程案例精讲

（第 2 版）

朱红钧　谢龙汉　杨嵩　编著

電子工業出版社
Publishing House of Electronics Industry
北京 • BEIJING

内 容 简 介

本书在第1版的基础上，吸收众多读者的宝贵建议，大幅完善图书内容。

本书以最新版软件 FLUENT 17.0 为蓝本，以实例为主线，介绍流体分析的前处理几何建模、网格划分、模拟计算和后处理分析的全过程。重点介绍 FLUENT 17.0 各模块功能及操作步骤，结合实例依次介绍流体分析前后处理技术、FLUENT 软件界面、操作流程，以及复杂综合实例的演示。全书以“典型实例+视频讲解”的方式，通过大量的典型实例与重点知识相结合的方法，全面介绍 FLUENT 17.0 的流体分析功能，具有专业性强、操作性强、指导性强的特点。

本书是理工科院校土木、建筑、水利、石油、储运、机械、自动化、过程装备等相关专业高年级本科生、研究生和教师，以及从事核工业、石油化工、机械制造、能源、管道集输、造船、水利等领域研究和产品开发工程技术人员的参考书，也是 FLUENT 初学者入门和提高的学习宝典，还可作为各高等院校、培训机构的 CFD 教材。

图书在版编目（CIP）数据

FLUENT 流体分析工程案例精讲 / 朱红钧，谢龙汉，杨嵩编著. —2 版. —北京：电子工业出版社，2018.4
（工程设计与分析系列）
ISBN 978-7-121-33827-4

Ⅰ. ①F… Ⅱ. ①朱… ②谢… ③杨… Ⅲ. ①流体力学－工程力学－计算机仿真－应用软件
Ⅳ. ①TB126-39

中国版本图书馆 CIP 数据核字（2018）第 044480 号

策划编辑：许存权（QQ：76584717）
责任编辑：许存权　　特约编辑：谢忠玉　等
印　　刷：北京七彩京通数码快印有限公司
装　　订：北京七彩京通数码快印有限公司
出版发行：电子工业出版社
　　　　　北京市海淀区万寿路 173 信箱　邮编　100036
开　　本：787×1 092　1/16　印张：23　字数：592 千字
版　　次：2013 年 8 月第 1 版
　　　　　2018 年 4 月第 2 版
印　　次：2025 年 1 月第 7 次印刷
定　　价：65.00 元

凡所购买电子工业出版社图书有缺损问题，请向购买书店调换。若书店售缺，请与本社发行部联系，联系及邮购电话：（010）88254888，88258888。

质量投诉请发邮件至 zlts@phei.com.cn，盗版侵权举报请发邮件至 dbqq@phei.com.cn。

本书咨询联系方式：（010）88254484，xucq@phei.com.cn。

再版前言

“中国制造”必须向“中国创造”转变，这是社会的共识。那么，如何转变、怎么转变，其关键就是全社会广泛的自主创新。我们知道，创新的产品需要经过三个阶段：设计、分析和制造。中国经过改革开放后 30 年的发展，制造业得到了极大的发展，因此一般的制造问题基本得到了解决。设计领域在近 10 年来也取得了长足进步，这主要是得益于广泛普及和应用的三维设计软件，包括 CATIA、UG、Pro/E 等。创新的产品设计是自主创新的第一步，但仅仅设计还不够，还需要分析和优化才能获得满足要求的设计。因此，在创新设计的基础上，加入全面的设计分析和优化，是产品创新的必要和关键环节。传统的设计分析和优化大多是基于理论建模和经验分析，其主要弊端是烦琐、速度慢、且不全面，阻碍了产品创新的快速实现。随着计算机的快速发展，计算机辅助工程（Computer-Aided Engineering，CAE）提供了各种快速的分析方法，可以在三维建模的基础上，利用有限元分析技术进行全面的分析，并根据分析结果对设计进行优化，从而获得满意的设计结果。这不仅提高了设计的质量，降低成本，还大大缩短了产品设计的周期。

FLUENT 一直是公认的、成熟的流体分析软件，可以对涉及流动、传热及化学反应等实际问题进行模拟仿真，得到的有效结果可以指导生产实践。FLUENT 具有丰富的物理模型、先进的数值方法，以及强大的前后处理功能。它针对各种复杂流动的物理现象，采用不同的离散格式和数值方法，在特定领域内使计算速度、稳定性和精度等方面达到最佳组合，从而高效率地解决各个领域的复杂流动问题。它还不断地完善与更新，使其作为设计工具在航空航天、石油天然气工程、土木工程、化学工程、环境工程、食品工程、海洋结构工程等领域发挥巨大的作用。

自 2013 年出版本书第 1 版以来，获得了读者的广泛好评，已多次重印。并且，很多读者来信介绍了他们具体应用 FLUENT 的情况，还对本书提出了很多宝贵意见和建议。在此基础上，我们根据用户的建议，结合相关企业使用的需求和高校的教学需求修订了本书第 1 版内容。本书第 2 版在最新版软件 FLUENT 17.0 的基础上进行写作，更新了大量内容，并且更加贴合实际应用，相信可以更好地帮助读者深入应用 FLUENT。

本书由朱红钧、谢龙汉和杨嵩完成，参加本书编写和资源开发的还有林伟、魏艳光、林木义、王悦阳、林伟洁、林树财、郑晓、吴苗、李翔、朱小远、唐培培、耿煜、尚涛、邓奕、于斌、黄海、蔡思祺等。读者可通过电子邮件 tenlongbook@163.com 与我们交流。希望读者一如既往地支持我们，给我们提出更多的宝贵意见，让我们一起助力中国创造。

本书的配套素材和视频讲解文件，请登录华信教育资源网（www.hxedu.com.cn），或加入 QQ 群（708552342），即可下载。

编著者

目　录

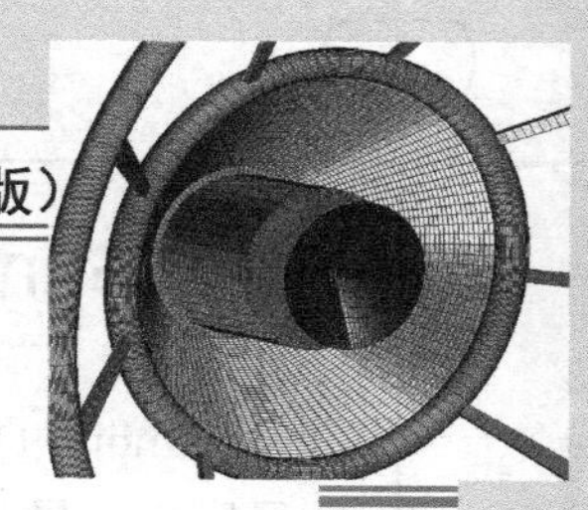

第 1 章 Gambit 几何建模

在进行 FLUENT 计算前，需要借助前处理软件完成模拟对象的几何模型建立与网格划分。目前，可用于 FLUENT 前处理网格生成的软件有 Gambit、ICEM-CFD、Gridgen 等。其中，Gambit 是面向 CFD 分析的高质量的前处理器，其主要功能包括几何建模和网格生成，可以直接进行点、线、面、体的模型建立及边界层、线、面、体的网格划分，也可以从其他 CAD/CAE 软件导入几何模型和网格。

尽管目前 Gambit 已无版本更新，但由于其本身功能强大，在 CFD 前处理软件中仍稳居上游。Gambit 可与 CAD 衔接，以实现复杂几何模型的处理，并能生成与多个 CFD 软件无缝转接的高质量网格。本章主要介绍 Gambit 软件的几何建模功能。需要注意的是，对于 Windows 操作系统，要运行 Gambit 软件，必须安装 HummingBird.Exceed 软件以完成系统的虚拟。

本章内容

- Gambit 操作界面
- Gambit 鼠标用法
- Gambit 几何建模工具栏
- 与 CAD 的衔接
- 模型建立的步骤
- 3D 模型的建立

本章案例

- 实例 1-1　3D 后台阶流场几何模型的建立
- 实例 1-2　3D 室内空调散热场几何模型的建立

视频教学

1.1 Gambit 操作界面

Gambit 的操作界面可以分为菜单栏、视图窗口、命令显示窗口、命令输入窗口、命令解释窗口、操作面板和视图控制面板 7 个部分，如图 1-1 所示。

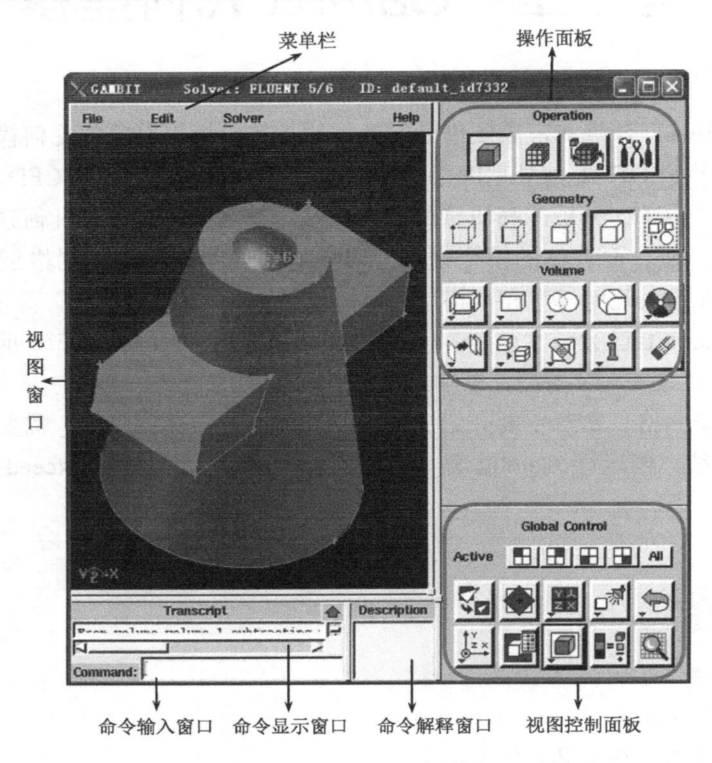

图 1-1 Gambit 基本界面

1）菜单栏

菜单栏为标题栏下方的水平栏，包含文件、编辑、对象软件和帮助 4 个菜单列表。图 1-2 所示为文件菜单列表，可通过此菜单完成下列任务。

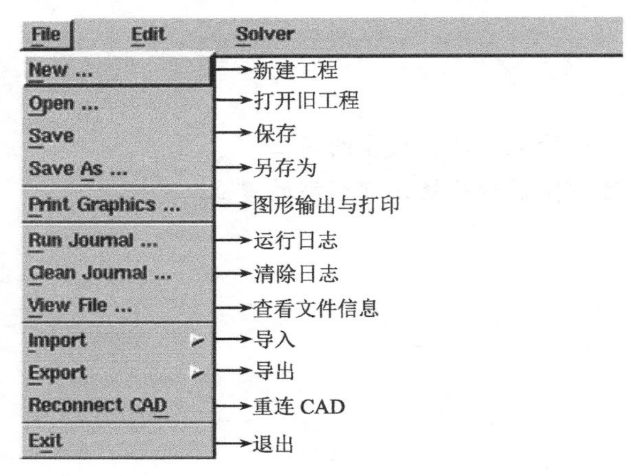

图 1-2 文件菜单列表

（1）新建工程或打开已有工程，其识别的文件后缀名为.dbs。

（2）将当前工程进行保存或另存为操作，保存后在工作目录会生成三个文件，后缀名分别为.jou、.trn、.dbs。

（3）将当前窗口的图形输出或打印。

（4）运行或清除日志，后缀名为.jou。

（5）查看当前文件的相关信息。

（6）导入其他软件生成的几何模型或网格，或导出当前模型与网格，完成相关的数据交换，其导入、导出列表如图 1-3 所示，对于 FLUENT 而言，需要将 Gambit 建立好的模型及网格导出为后缀名为.msh 的文件。

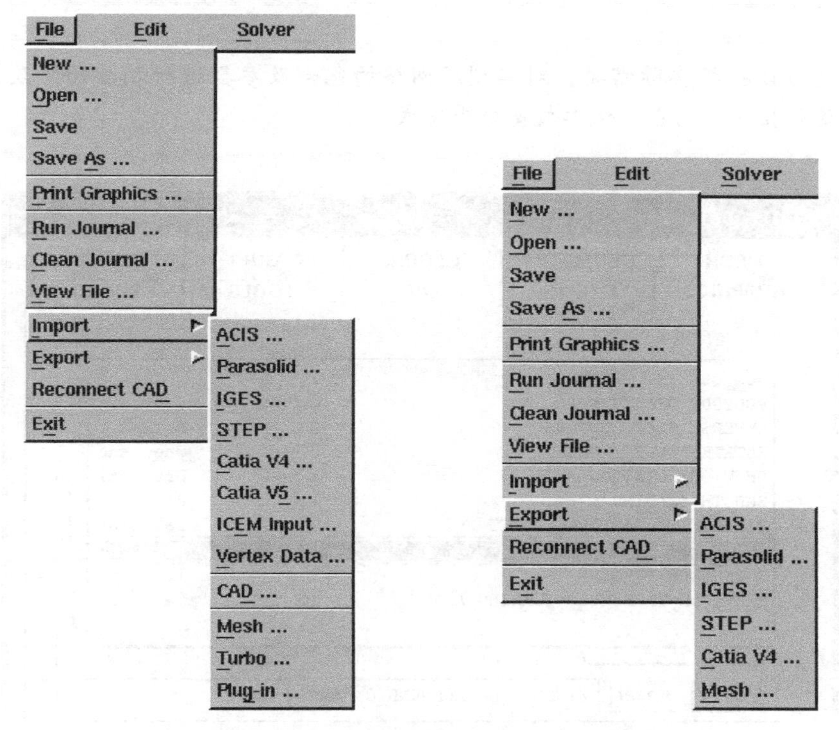

图 1-3　Gambit 文件菜单的导入与导出列表

（7）重新与 CAD 建立连接。

（8）退出当前工程。

图 1-4 所示为编辑菜单列表，通过此菜单的操作可以完成以下任务。

（1）编辑标题，即命名当前工程名称。

（2）编辑文件信息，如文件名、编者信息等。

（3）参数设置，设置相关参数的名称、类型及赋值。

（4）查找或修改默认的环境设置，单击其弹出如图 1-5 所示的窗口，若想改变视图背景色，可选中默认参数窗口中的 GRAPHICS，再从下拉列表中选中 WINDOWS_BACKGROUND_COLOR 一项，其右下方的信息窗口显示当前窗口的背景色为 black，此时可以通过键盘删除 black 而输入 white，而后单击左边的 Modify 完成修改操作，最后单击最下方的 Close 关闭默认参数窗口，即完成了将背景黑色改为白色的设置。

（5）撤销或恢复当前操作步骤。

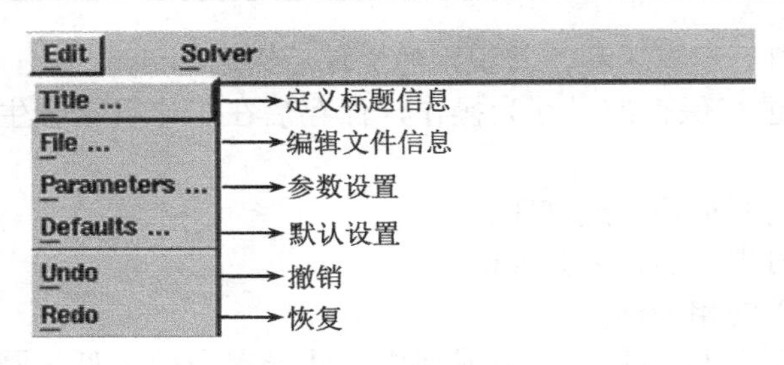

图 1-4　编辑菜单列表

读者还可以根据实际需要，对模型或网格的色彩及参数进行相应的修改，其操作与修改背景色相同，均在默认参数窗口中完成。

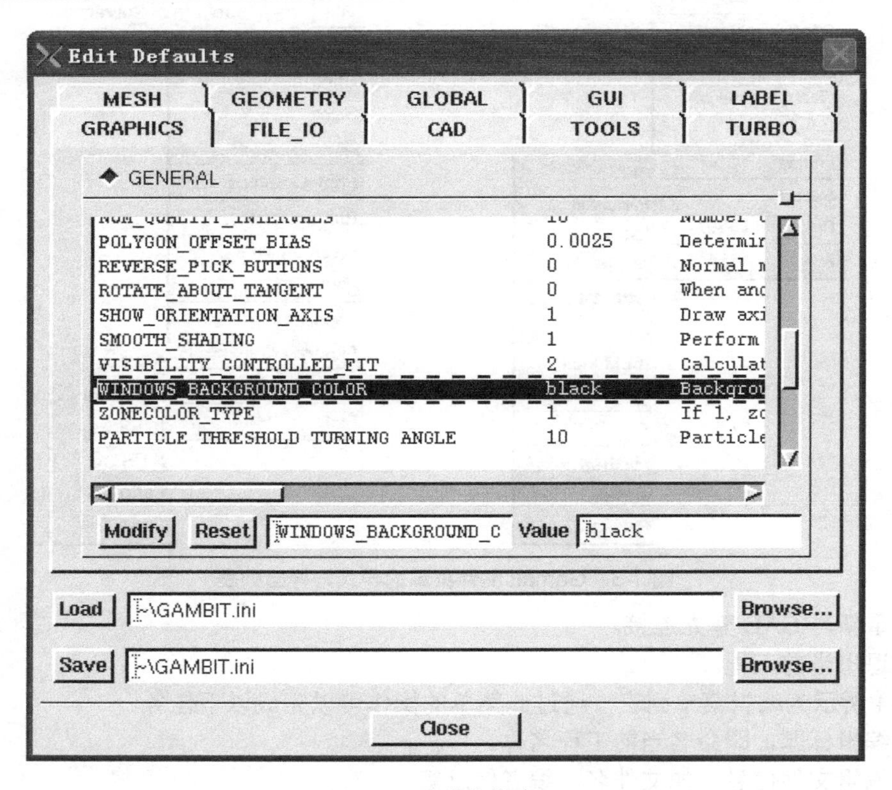

图 1-5　默认参数窗口

图 1-6 所示为对象软件列表，Gambit 可为 FLUENT、ANSYS、Polyflow 等主流软件建立模型与网格。在建模前可以首先选择欲连接使用的接口软件，使得工程处理更具针对性。

2）视图窗口

Gambit 可以显示 4 个视图窗口，如图 1-7 所示。通过拖拉图中的十字按钮，可以完成各个窗口的缩放，若将十字按钮移至左上、左下、右上或右下四角，即可恢复到如图 1-1 所示的一个视图窗口。在实际建模过程中，读者可根据需要选择单视图或多视图窗口显示。

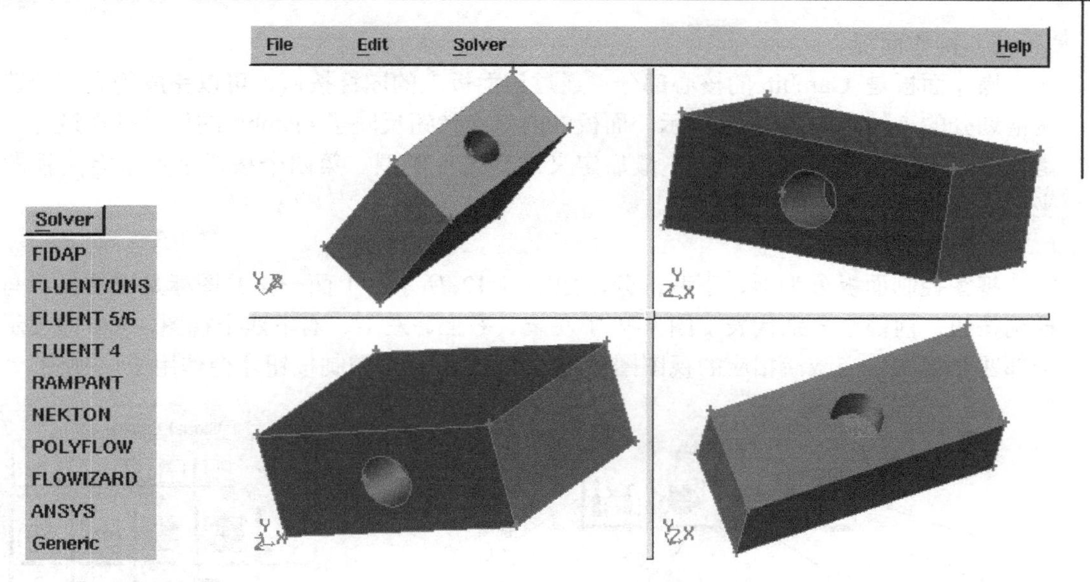

图 1-6　对象软件菜单列表

图 1-7　多视图窗口

3）命令显示窗口

命令显示窗口位于视图窗口的左下方，如图 1-8 所示。从该窗口中可以及时查看到每一步操作的命令及结果，帮助用户明确已执行的操作和及时发现存在问题。

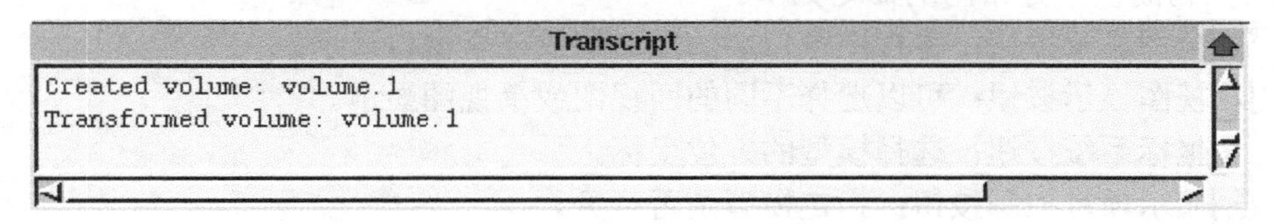

图 1-8　命令显示窗口

4）命令输入窗口

图 1-9 所示为命令输入窗口，该窗口位于整个界面窗口的最下方，在 Command 后的输入栏中用户可以通过键盘输入相关命令，以实现相应的操作。

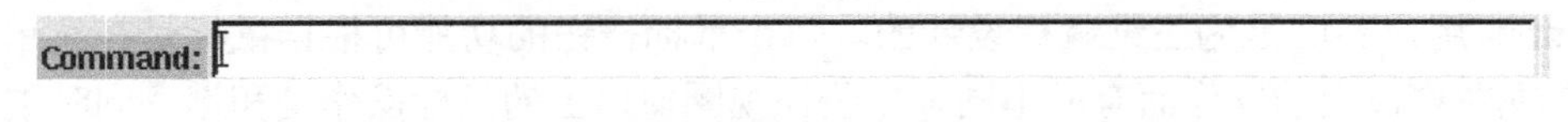

图 1-9　命令输入窗口

5）命令解释窗口

命令解释窗口位于视图窗口的右下角，将鼠标移至视图窗口右侧任一操作面板或视图控制面板按钮上，该窗口都会实时出现按钮命令的解释，帮助初学者认识相关操作按钮的功能，如图 1-10 所示。

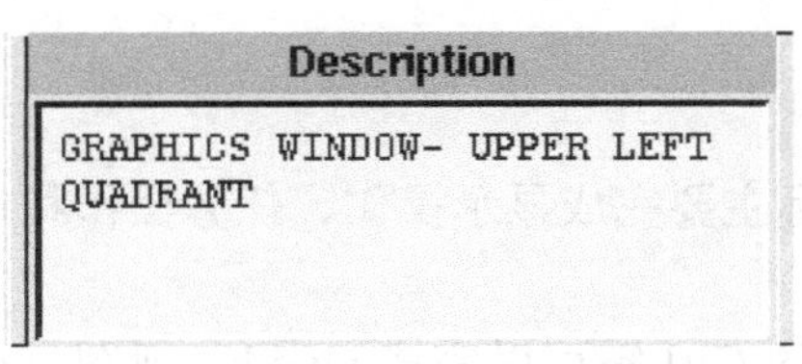

图 1-10　命令解释窗口

6）操作面板

操作面板是 Gambit 的核心部分，通过该面板上的图标按钮，可以完成绝大部分建模和网格划分的工作，如图 1-11 所示。面板的前三个按钮反映了 Gambit 的整个操作过程，首先是建立模型，其次是网格划分，最后定义边界条件类型。第四个按钮是用来定义视图中的坐标系统的，一般采用默认设置。

7）视图控制面板

视图控制面板分为上、下两部分，如图 1-12 所示。上面一排的图标是视图显示与否的控制按钮，前四个分别代表了图 1-7 中左上、右上、左下、右下四个视图，All 即表示激活全部四个视图。当激活相应的视图图标时，下方的 10 个控制按钮才会作用于该视图。

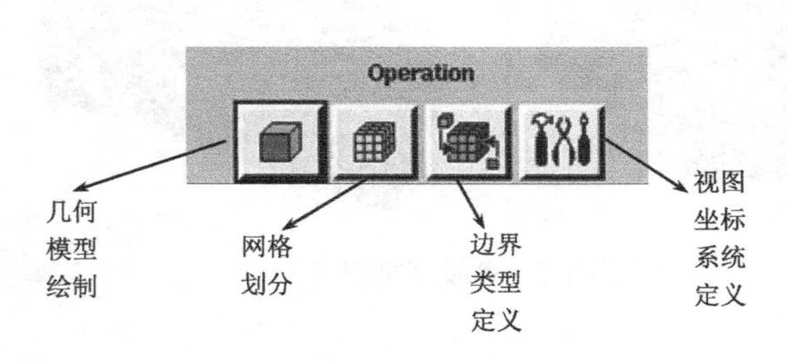

图 1-11　操作面板

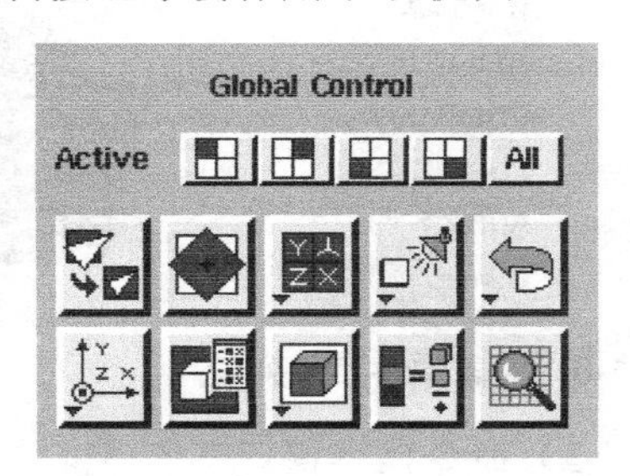

图 1-12　视图控制面板

视图控制面板下方常用的命令如下。

- 全图显示按钮：将视图窗口中的图形缩放至全窗口显示。
- 视图显示按钮：可以选择不同的四视图或单视图显示。
- 坐标系统按钮：选择模型的方位坐标。
- 显示项目控制按钮：指定模型是否可见。
- 外观显示按钮：指定模型的外观显示，包括线框方式、渲染方式和消隐方式等。

1.2　Gambit 的鼠标用法

Gambit 用户界面是为三维鼠标设计的。每个鼠标按钮的功能可根据鼠标是在菜单、表格上还是在视图窗口上的操作而有所不同。一些在视图窗口上的鼠标操作是和键盘同时进行的。

1．菜单和表格上的使用

Gambit 菜单和表格的操作相对简便，只要求使用鼠标左、右键而不涉及任何键盘操作，其中大部分只需鼠标左键即可。鼠标右键通常是用来打开操作面板上命令按钮的下拉式列表菜单，如图1-13所示。在一些表格上包含文本窗口，鼠标右键还可以打开选项的隐藏菜单。

2．视图窗口上的使用

在视图窗口上，通过鼠标主要完成显示操作、任务操作和点的创建三类操作。

1）显示操作

通过鼠标三个键及键盘的 Ctrl 键可以完成 Gambit 视图窗口中的显示操作，见表 1-1。

表 1-1　鼠标完成的显示操作

鼠标/键盘按键	鼠标协同操作	描　述
左键单击	往任一方向拖动指针	旋转模型
中键单击	往任一方向拖动指针	移动模型
右键单击	往垂直方向拖动指针	缩放模型（向上缩小，向下放大）
右键单击	往水平方向拖动指针	使模型绕着图形窗口中心旋转
Ctrl+左键	指针对角移动	放大模型，保留模型比例。松开鼠标按钮后，显示放大的模型
两次中键单击		在当前视角直接显示模型

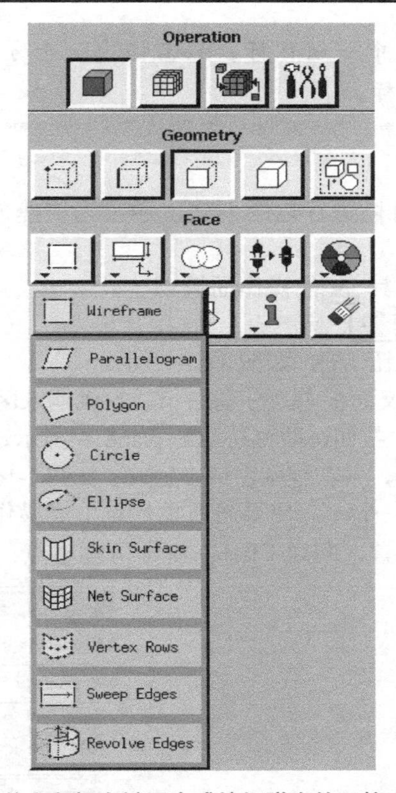

图 1-13　单击鼠标右键面生成按钮弹出的下拉式列表菜单

2）任务操作

利用三个鼠标键和键盘上的 Shift 键可以帮助用户完成 Gambit 视图窗口的任务操作，包括选中实体和执行动作。

在 Gambit 建模和网格划分时通常要求用户指定一个或更多的实体操作，有以下两种方法可用于指定一个实体。

◆ 在指定表格中的列表框中输入实体名字或从列表中挑选一个。

◆ 用鼠标直接在视图窗口模型中选中实体。

当使用鼠标从显示在视图窗口的模型中选择一个实体时，Gambit 会把该实体的名字插入当前活动的列表中。

Gambit 实体选中操作有两种不同的类型，都用到了 Shift 键。两种选中实体的操作说明见表 1-2。

表 1-2　鼠标+键盘完成的任务操作

鼠标/键盘按键	鼠标协同操作	描　述
Shift+左键	指针选择模型	选中模型或模型的几何元素
Shift+中键	指针选择模型	在给定类型的相邻实体间切换
Shift+右键	于当前窗口	执行动作操作，等同于单击 Apply 按钮

Shift+左键可以同时选中一组目标，只需拖出一个方框包围被选目标，或按住 Shift，逐个左键单击被选目标。

3）点的创建

利用鼠标在视图窗口中可以进行点的创建，通常为快捷创建已知坐标点，其具体操作步骤如下。

（1）打开视图坐标定义工具的操作面板。

（2）单击坐标系操作按钮。

（3）选择坐标网格显示按钮，如图 1-14 所示。

（4）在弹出的坐标网格定义面板中，分别在 *X*、*Y* 轴输入区间范围及坐标网格的间距，如图 1-15 所示，单击 Update list 按钮，即可在 XY_plane 中显示定义好的坐标节点值，最后单击 Apply 按钮完成坐标网格的定义，并在视图窗口中生成了如图 1-16 所示的坐标网格。

（5）按次序单击 → → ，使得当前执行点生成操作。

（6）在坐标网格的适当位置，利用 Ctrl+右键即可创建点，如图 1-17 所示。

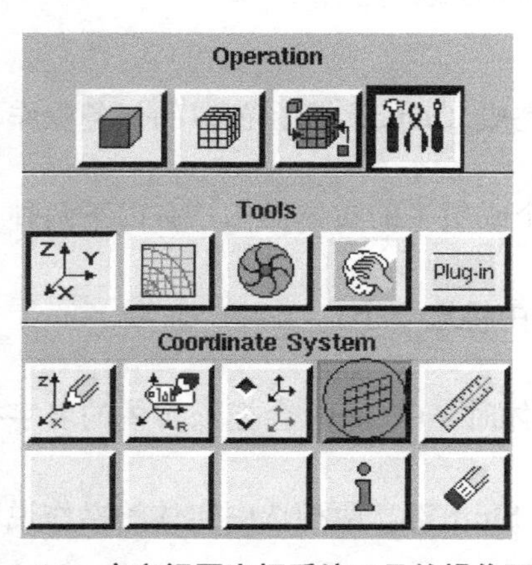

图 1-14　定义视图坐标系统工具的操作面板

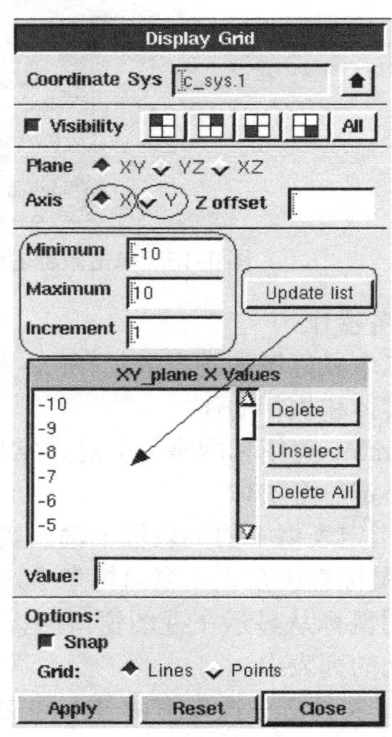

图 1-15　坐标网格定义面板

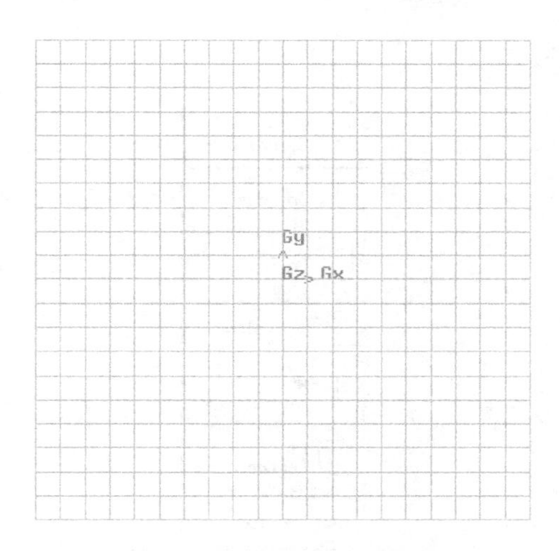

图 1-16　生成的坐标网格

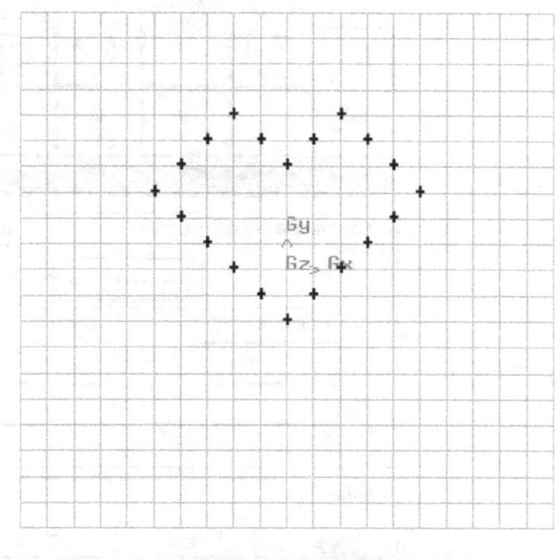

图 1-17　进行点创建后的坐标网格

1.3　Gambit 几何建模操作

几何模型建立通常为点→线→面→体的顺序，单击按钮，即可弹出如图 1-18 所示的几何建模工具面板，通过该面板的操作按钮可完成 Gambit 的建模任务。

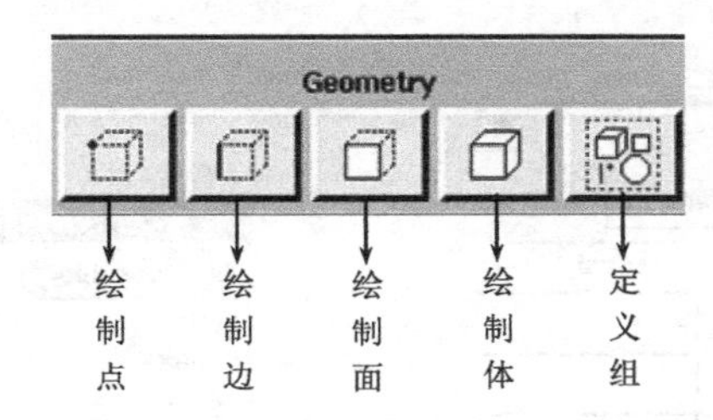

图 1-18　几何建模工具面板

1. 绘制点

单击按钮即弹出如图 1-19 所示的 Vertex 面板，用户只需在 Create Real Vertex 面板中输入点的三维坐标，单击 Apply 按钮后即可在视图窗口中生成相应的点。对于一个复杂的几何模型，读者可先计算出全部点的坐标，然后依次通过此方法生成所有的点。

点的生成形式有 7 种，鼠标右键单击，可查看其列表，如图 1-20 所示。由上至下依次为：根据坐标生成点、在线上生成点、在面上生成点、在体上生成点、由交点生成点、由质心生成点和投影生成点，读者可根据实际需要选择相应的点生成方式。

在 Vertex 面板中还有几个常用的命令，如 Move/Copy 命令。单击弹出如图 1-21 所示的面板，单击 Vertices 右侧输入栏呈高亮黄色显示时，读者可以选取需要移动或复制的点，通过平移、旋转、映射等方法完成点的移动或复制。

Gambit 中除了“Shift+左键”单击可以选中对象外，还可以单击黄色输入栏右侧的向上箭头，在弹出的清单列表里选择待选对象，如图 1-22 所示。

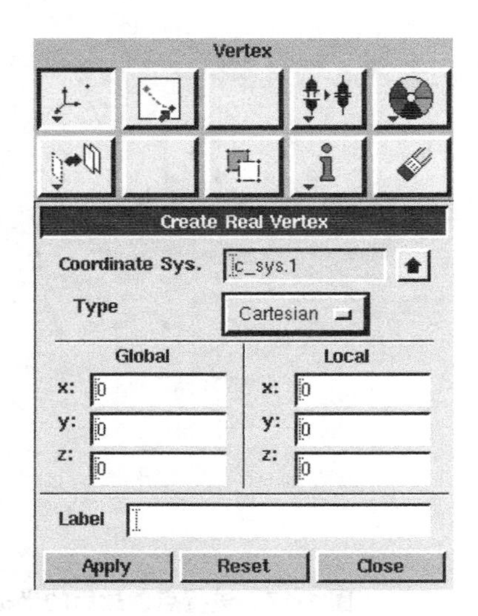

图 1-19　Vertex 面板

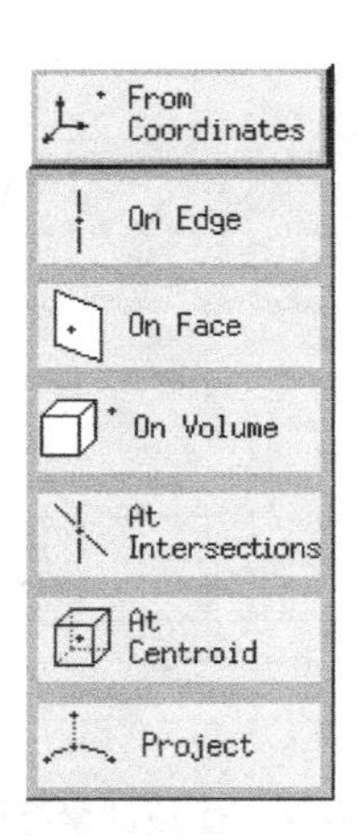

图 1-20　点生成方式列表

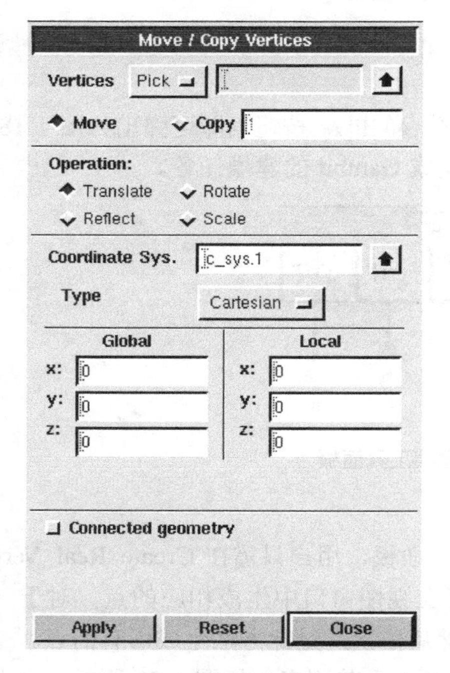

图 1-21　移动/复制点面板

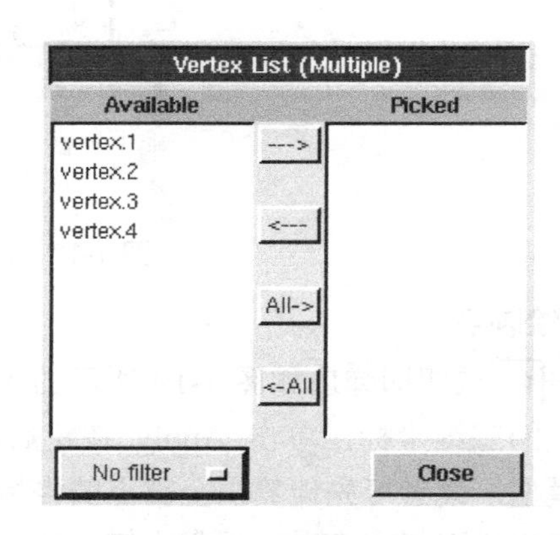

图 1-22　已生成点的清单

2．绘制线

单击 Geometry 面板的第二个按钮，弹出如图 1-23 所示的 Edge 面板，读者可以在 Create Straight Edge 的黄色输入栏中选取需要连接成直线的两点，单击 Apply 按钮就会在选择的两点间建立一条直线。

除直线外，还有很多其他形式的线可以被绘制，只需右键单击，则弹出如图 1-24 所示的线生成方式列表，有圆弧、圆、椭圆、倒角、二次曲线、样条曲线等。

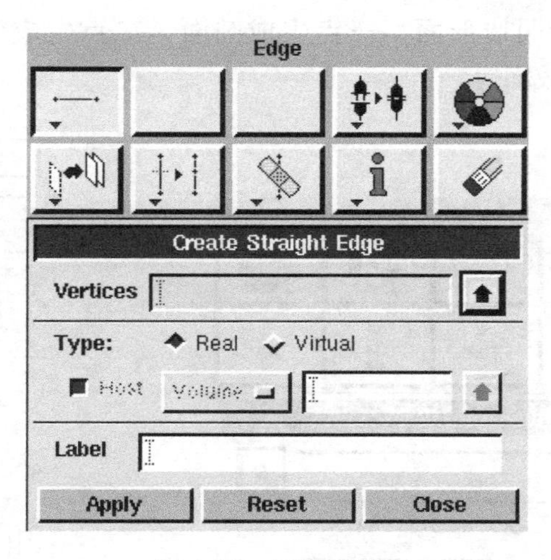

图 1-23　Edge 面板

与 Vertex 面板不同，Edge 面板中有分离 命令按钮，其面板如图 1-25 所示，读者可以利用该命令将一根线分割成两根，分割方法有坐标点切割、已知点切割和线切割三种。

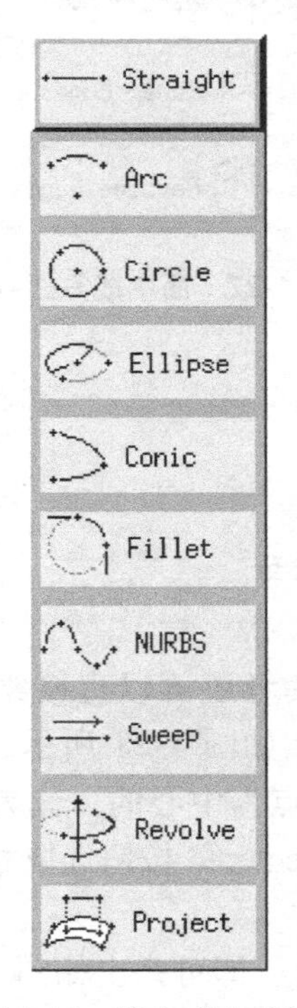

图 1-24　线生成方式列表

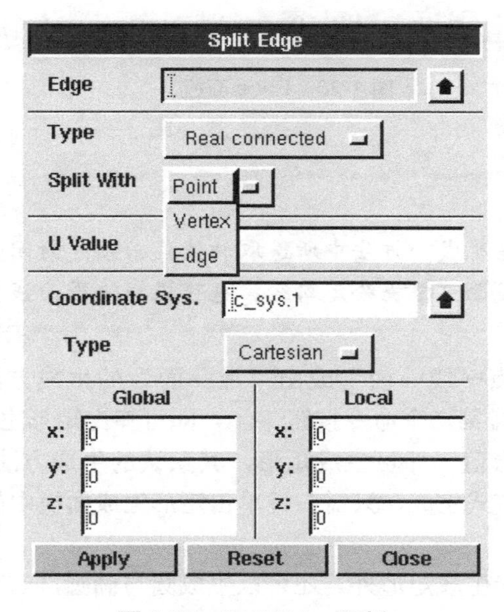

图 1-25　Split Edge 面板

3．绘制面

单击 按钮，可以进行面的绘制，其面板如图 1-26 所示。与直线生成方式类似，由线框生成面方法只需读者在 Create Face from Wireframe 的黄色输入栏中选取欲围成面的线段，单击 Apply 按钮即可。

右键单击 按钮同样会弹出其他面生成方式列表，如图 1-27 所示，除线框围成面外，还包括三点生成平行四边形面、三点生成圆面、三点生成椭圆面、多点生成多边形面、线扫掠成面、线旋转成面等。

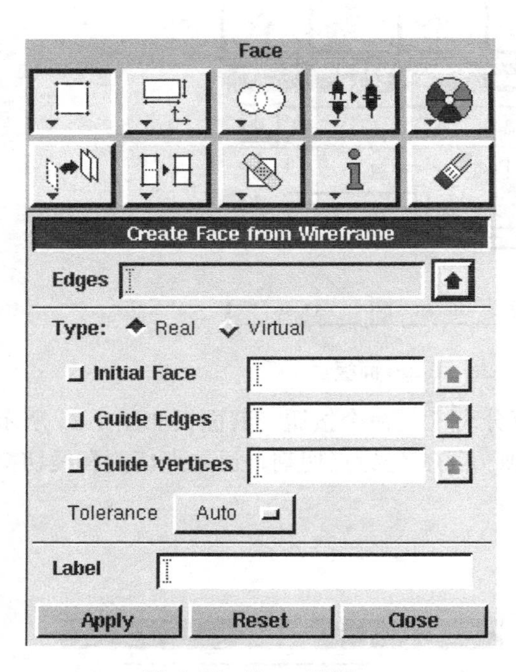

图 1-26　Face 面板

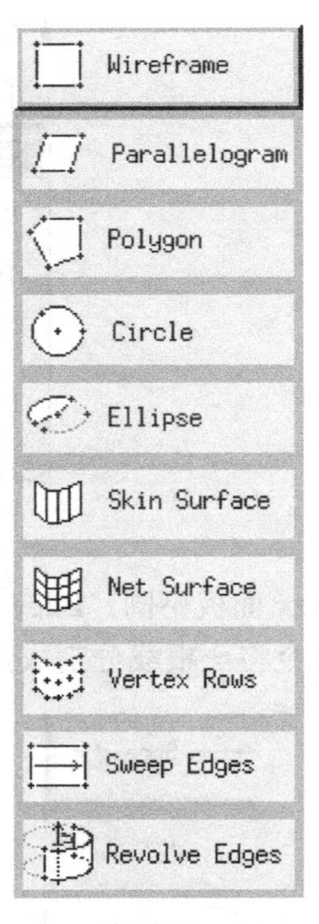

图 1-27　面生成方式列表

由线框生成面方法中所选取的线段必须是封闭的。
扫掠成面可根据给定路径，也可根据轮廓曲线生成扫掠面。

除由“点→线→面”或由“点→面”的生成方法外，读者还可以直接绘制面，单击 Face 面板上排第二个命令按钮，即可弹出矩形生成面板，如图 1-28 所示。在宽、高中输入相应的数值，即可生成矩形，其默认的生成方法是以原点为中心的。读者还可以根据需要以其他方式生成，只需右键单击矩形生成面板中的 XY Centered 按钮选取相应的生成方式即可。

除可直接生成矩形外，还可以生成圆与椭圆，右键单击即可弹出如图 1-29 所示的实面样式列表。对于简单规则的平面，直接生成比从点开始绘制方便得多，大大节约了建模的时间。

4．绘制体

为体绘制命令按钮，其面板如图 1-30 所示。默认生成体的方法是由面缝合成体，即 Stitch Faces 方法，只需在 Stitch Faces 面板中的黄色输入栏内选取要缝合成体的所有的面，单击 Apply 按钮即可。除此方法外，还有扫掠成体、旋转成体和在现有拓扑结构上生成体三种方法，右键单击 即可弹出隐藏这三种方法的体生成方式列表，如图 1-31 所示。

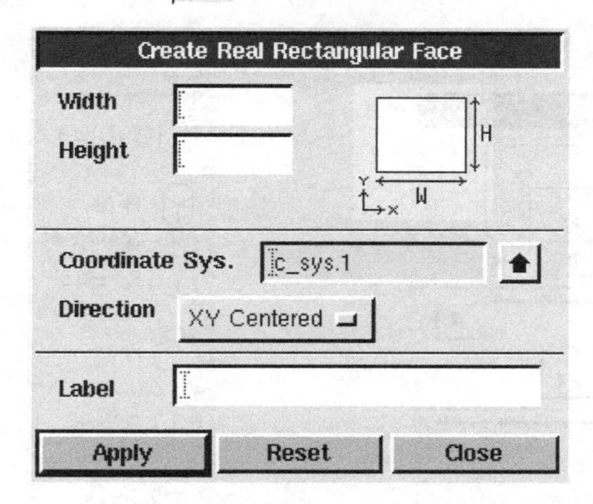

图 1-28　矩形生成面板

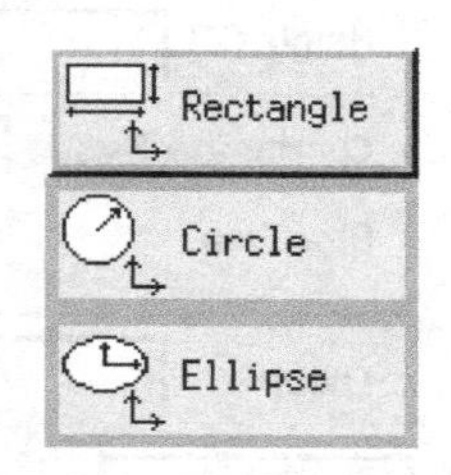

图 1-29　实面样式列表

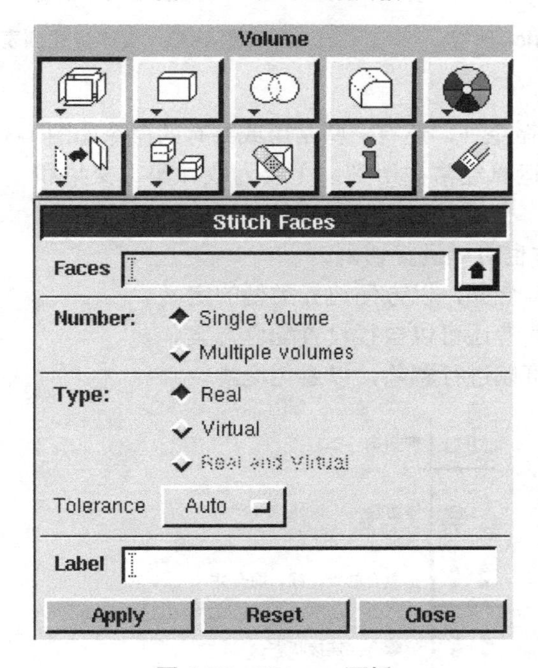

图 1-30　Volume 面板

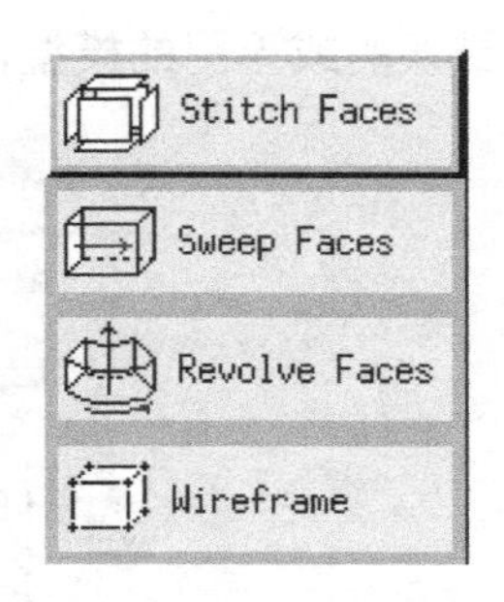

图 1-31　体生成方式列表

体也可以直接被绘制，单击 弹出六面体生成面板，如图 1-32 所示。在 Width、Depth、Height 右侧输入栏中输入宽、长、高即生成对应的六面体，默认生成方法仍然是以原点为中心。其他直接生成的体方式可右键单击 ，在弹出的实体样式列表中选择，如图 1-33 所示，包括圆柱体、棱柱体、棱锥体、台体、球体等。

二维建模主要遵循点、线、面的原则，而三维建模需利用视图、布尔运算及 CAD 等其他建模辅助工具。

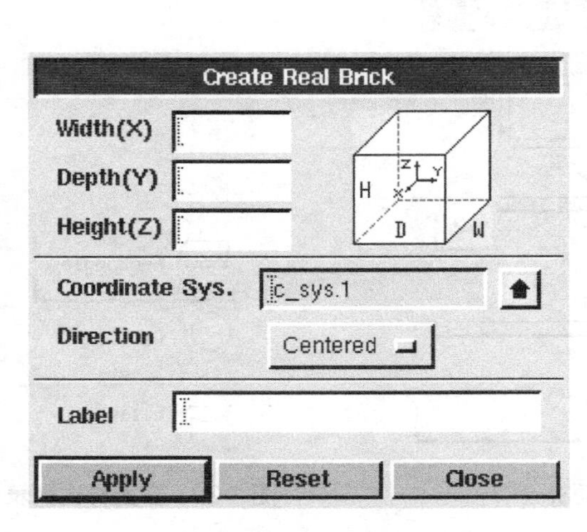

图 1-32　Create Real Brick 面板

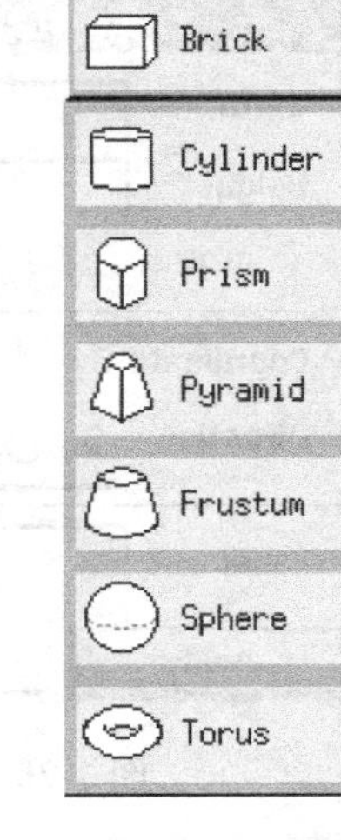

图 1-33　实体样式列表

5. 其他常用操作

除上述点、线、面、体的建模操作命令外，还有一些常用或共有的命令如图 1-34 所示。

- 在面和体的建立过程中，布尔运算经常被用到，主要为取并集、交集和一个面或体减去另一个面或体三种方式。
- 与 Split Edge 一样，对于面和体也可以进行切割。
- 对于重合的点、线、面常需将其合并，以方便边界类型的定义。
- 若觉得默认的色彩不合适时，读者还可以自行设置配色方案。
- 对错误的或无用的模型，读者可以进行删除，以避免混淆。

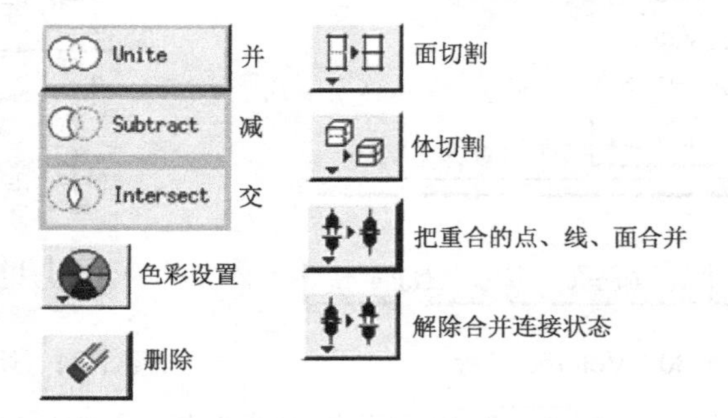

图 1-34　其他常用建模操作按钮说明

1.4　与 CAD 软件的衔接

简单的三维几何体可以在 Gambit 中直接创建，而复杂实体则需要借助其他 CAD/CAE 系统的软件，Gambit 允许从主流的 CAD/CAE 系统（如 Pro/E、ANSYS、SolidWorks、Patran、UGII、I-DEAS、CATIA 等）导入几何体和网格。

Gambit 支持的 CAD 软件几何接口如下。

- ACIS，支持 ACIS 各种版本的几何数据。
- IGES，可以导入 IGES 几何数据，并可在读入时自动清理重复的几何单元。
- Pro/E VRML，可以导入 Pro/E 软件的 VRML 格式的几何数据。
- DEAS FTL，可以导入 I-DEAS 软件的 FTL 格式的几何数据。
- CATIA，可以导入 CATIA 软件的 CATIA V4/V5 格式的几何数据。
- 还支持其他 STEP、SET、Parasolid、Optegra Visulizer 等格式的几何数据。

将 Auto CAD 绘制好的图形导入 Gambit 的步骤如下。

（1）首先在 CAD 中完成图形的绘制。

（2）在命令面板中单击按钮，选择图形的轮廓线，右击鼠标或按 Enter 键。

（3）执行菜单命令 File→Export，选择保存类型为 ACIS（*.sat），输入合适的文件名，如 guan1.sat。

（4）再次选择图形的轮廓线，右击鼠标或按 Enter 键。

（5）打开 Gambit，执行菜单命令 File→Import→ACIS，输入文件名 guan1.sat，或从 Browse 中选取，如图 1-35 所示，即可将 CAD 中绘制的图形导入 Gambit 中。

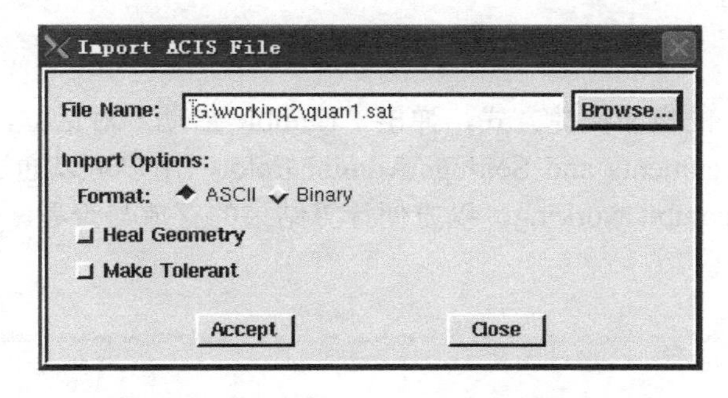

图 1-35 “Import ACIS File”文件对话框

Gambit 只能利用坐标参数进行图形定位，因此，在 CAD 中绘制图形时要注意坐标的选取（如起始点为坐标原点）。

1.5 Gambit 几何建模实例

下面通过两个实例帮助大家学习 Gambit 软件的几何建模过程。

实例 1-1 3D 后台阶流场几何模型的建立

1. 实例概述

以 3D 后台阶流场几何模型的建立为例，详细说明 Gambit 的几何建模步骤和方法。

生成的3D后台阶流场几何模型如图1-36所示。

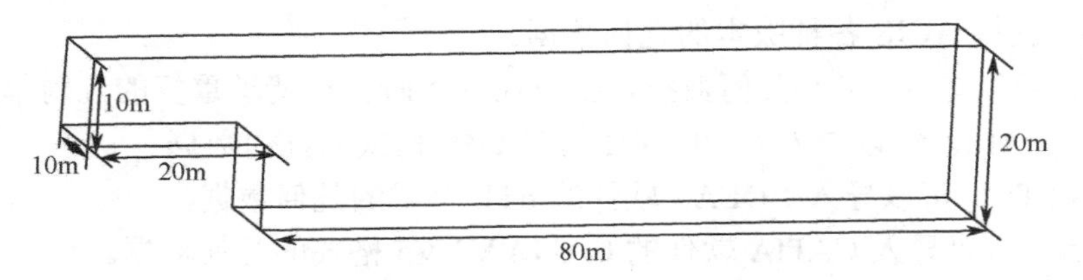

图1-36　3D后台阶流场几何模型

思路·点拨

本例采用由“点→线→面→体”的建模方法。

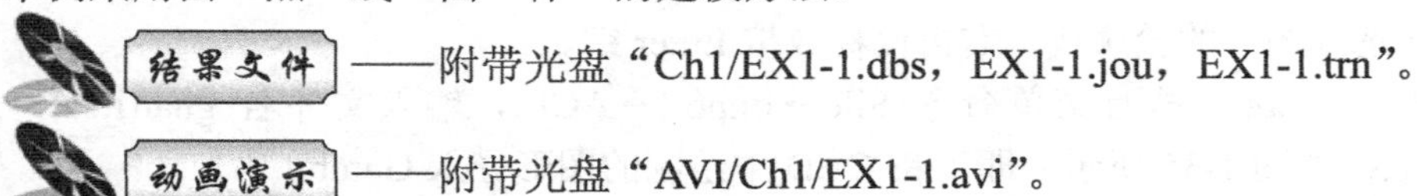

结果文件——附带光盘“Ch1/EX1-1.dbs，EX1-1.jou，EX1-1.trn”。

动画演示——附带光盘“AVI/Ch1/EX1-1.avi”。

2．模型建立

（1）双击Gambit的桌面快捷方式，弹出“Gambit启动”对话框，如图1-37所示，默认的工作目录是C:\Documents and Settings\Administrator，用户可以通过Browse按钮选择合适的工作目录，如F:\gambit working，以方便计算结果的存放与查看。单击Run按钮，即启动了Gambit。

> Gambit的工作目录最好全为英语或拼音，即工作文件夹要用英语或拼音命名，否则将出现乱码，不便下次调用。

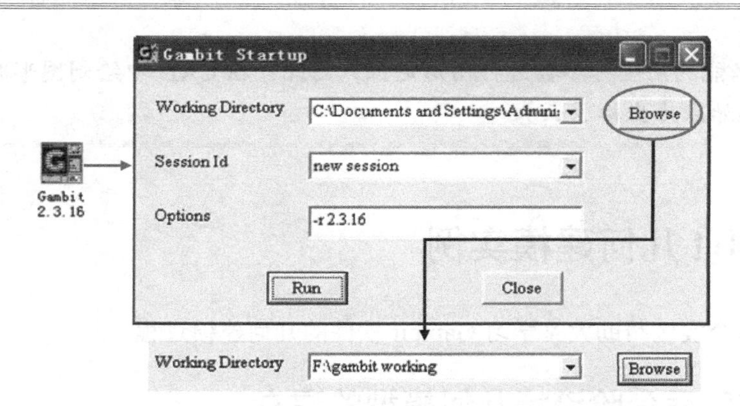

图1-37　Gambit启动对话框

（2）单击Gambit的控制面板命令 → → ，在Create Real Vertex面板的x、y、z坐标输入栏中输入（0,0,0），如图1-38所示，单击Apply按钮生成第一个点，随后按照同样方法依次建立点（0,10,0），（0,0,10），（0,10,10），（20,0,0），（20,10,0），（100,0,10），（100,0,−10），（100,10,−10），（100,10,10），（20,10,−10）和（20,0,−10），共 12 个点。这样就完成了本例几何模型的基础点绘制，如图 1-39 所示。

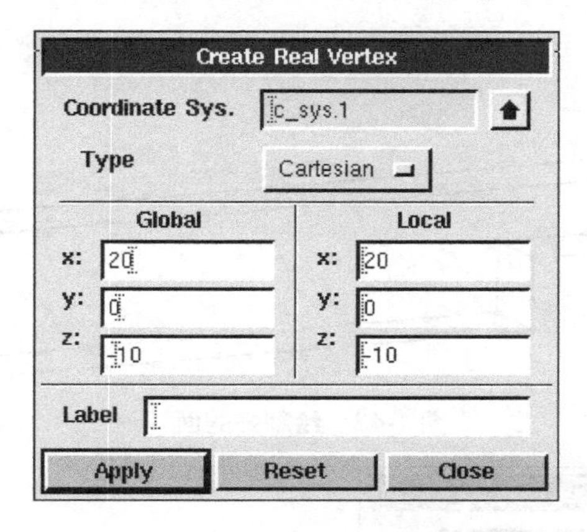

图 1-38　Create Real Vertex 面板

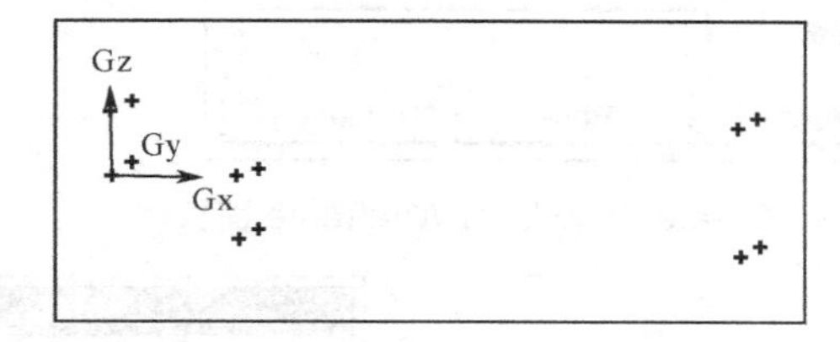

图 1-39　绘制好的点

（3）单击 → → ，在 Create Straight Edge 面板中选择点 1（Vertix.1）与点 2（Vertix.2），如图 1-40 所示，单击 Apply 按钮，建立这两点间的线段。然后依次建立点 1 与点 3、点 3 与点 4、点 4 与点 2、点 1 与点 5、点 2 与点 6、点 5 与点 6、点 5 与点 12、点 6 与点 11、点 11 与点 12、点 12 与点 8、点 11 与点 9、点 8 与点 9、点 3 与点 7、点 4 与点 10、点 9 与点 10、点 7 与点 8 及点 7 与点 10 之间的线段，共 18 根线段，如图 1-41 所示。

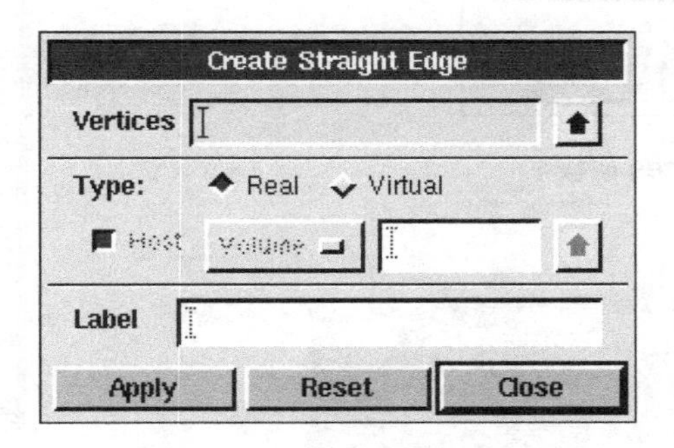

图 1-40　Create Straight Edge 面板

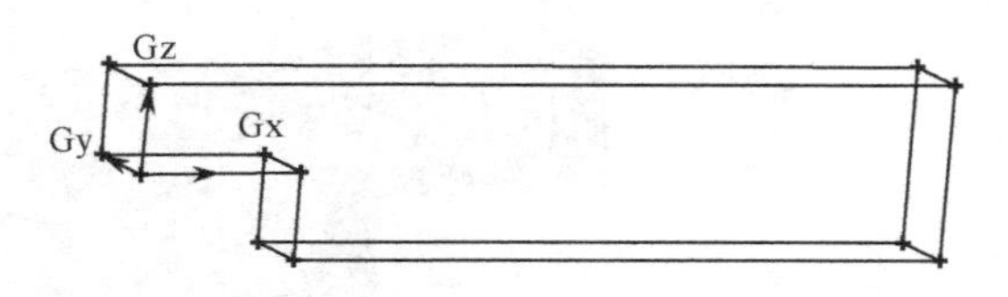

图 1-41　绘制好的线

（4）单击 → → ，在 Create Face from Wireframe 面板 Edges 黄色输入栏中选取需要围成面的线段，如图 1-42 所示，单击 Apply 按钮生成几何面。本例共生成 8 个几何面，分别由线段 1（edge.1）、线段 2、线段 3、线段 4 组成，线段 1、线段 5、线段 6、线段 7 组成，线段 3、线段 14、线段 15、线段 18 组成，线段 13、线段 16、线段 17、线段 18 组成，线段 10、线段 11、线段 12、线段 13，线段 7、线段 8、线段 9、线段 10，线段 2、线段 5、线段 8、线段 11、线段 14、线段 17 和线段 4、线段 6、线段 9、线段 12、线段 15、线段 16 组成，建好的面如图 1-43 所示。

（5）单击 → → ，在如图 1-44 所示的 Stitch Face 面板 Faces 黄色输入栏中选取需要围成体的面，单击 Apply 按钮生成几何体，如图 1-45 所示。

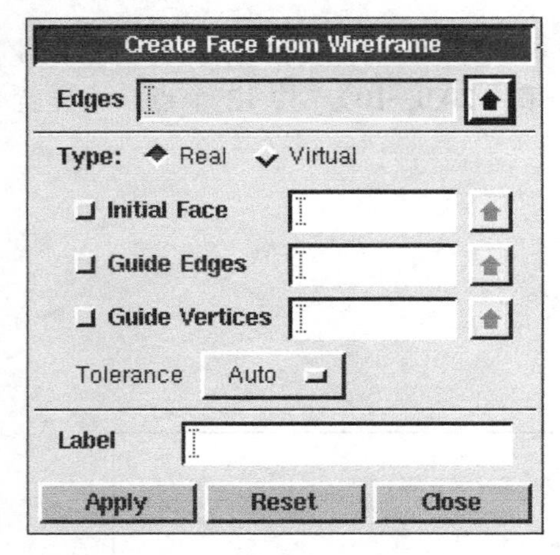

图 1-42　Create Face from Wireframe 面板

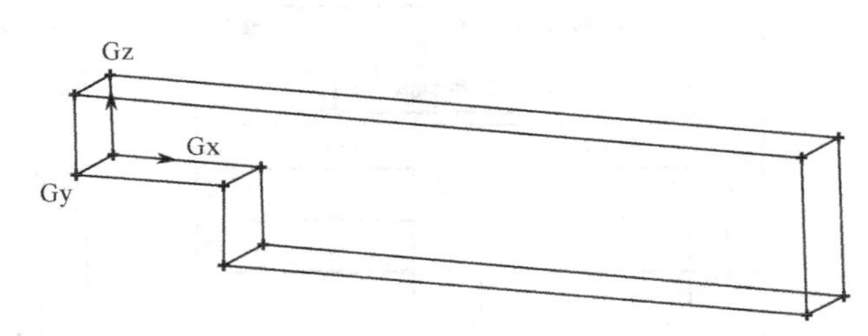

图 1-43　绘制好的面

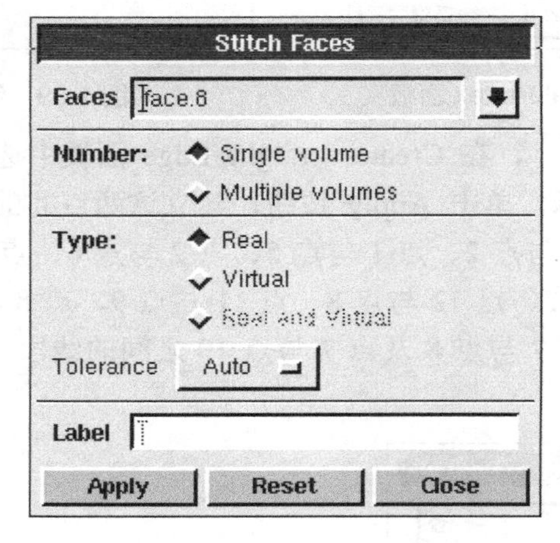

图 1-44　Stitch Faces 面板

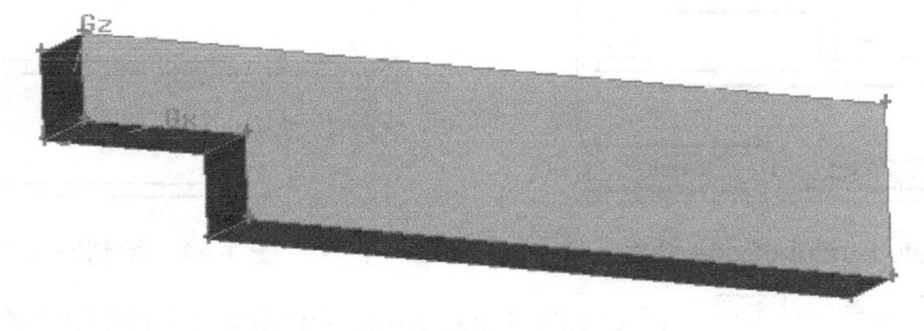

图 1-45　绘制好的几何体

（6）最后执行 File→Save as 命令，输入 ID 为 EX1-1，单击 Accept 按钮。将输出 EX1-1.dbs、EX1-1.jou、EX1-1.trn。至此，完成了本例几何模型的建立。

实例 1-2　3D 室内空调散热场几何模型的建立

1．实例概述

图 1-46 所示为 3D 室内空调散热场几何模型，房间的长、宽均为 10m，高为 3m；空调的高为 1.2m，长为 0.5m，宽为 0.4m。

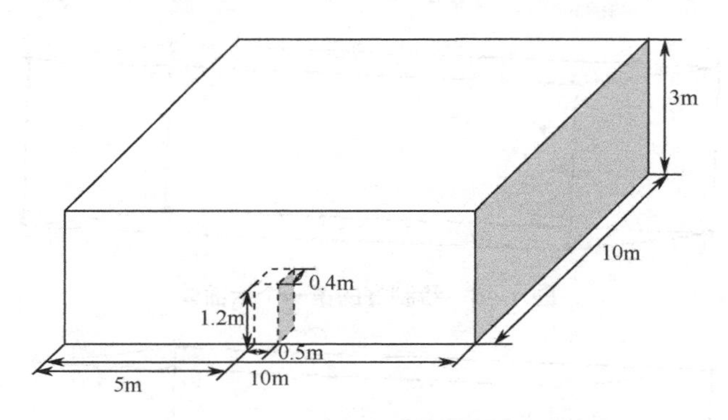

图 1-46　3D 室内空调散热场几何模型

思路·点拨

本例可采用直接建立两个长方体，通过布尔法生成 3D 室内空调散热场的几何模型。

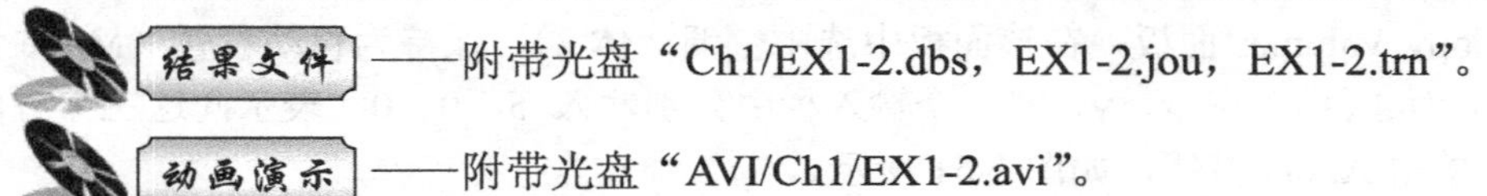

结果文件 ——附带光盘“Ch1/EX1-2.dbs，EX1-2.jou，EX1-2.trn”。

动画演示 ——附带光盘“AVI/Ch1/EX1-2.avi”。

2．模型建立

（1）启动 Gambit 软件，直接绘制房间与空调两个六面体。单击控制面板命令 → → ，弹出如图 1-47 所示的 Create Real Brick 面板。右键单击面板中 Direction 右侧的 Centered，在下拉列表中选择+X+Y+Z，表示以坐标原点作为六面体左下角的顶点进行绘制。在 Width（X）、Depth（Y）、Height（Z）中分别输入 10、10、3，单击 Apply 按钮生成如图 1-48 所示的六面体。

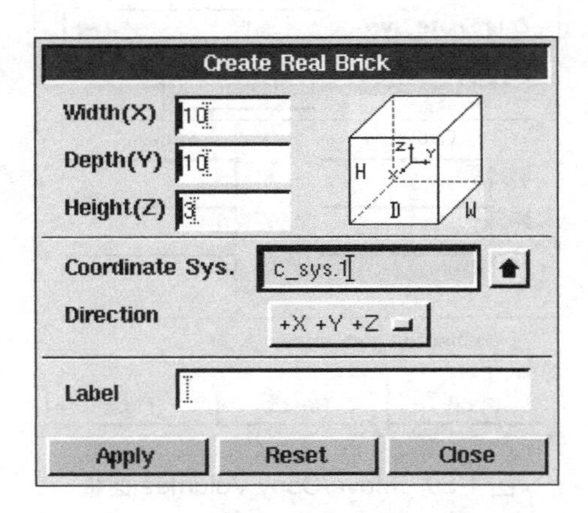

图 1-47　Create Real Brick 面板

（2）接着在该面板的 Width（X）、Depth（Y）、Height（Z）中分别输入 0.5、0.4、1.2，单击 Apply 按钮生成如图 1-49 所示的六面体。

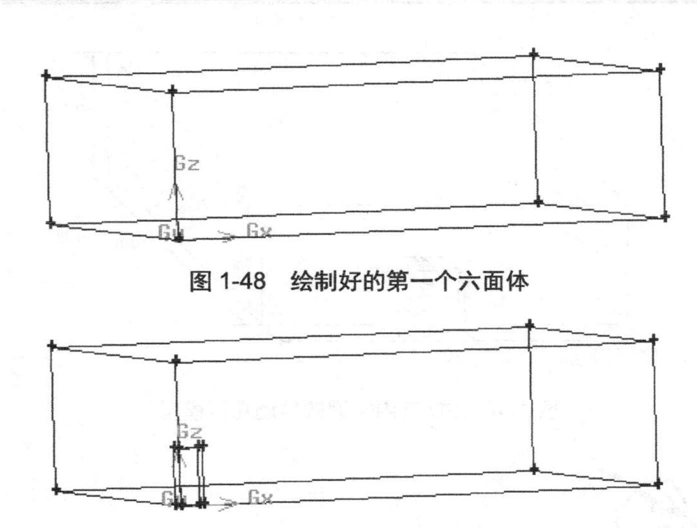

图 1-48　绘制好的第一个六面体

图 1-49　绘制好的第二个六面体

（3）下面需要把空调放置正确的位置。单击 Volume 面板中的，在弹出如图 1-50 所示的 Move/Copy Volumes 面板，在该面板中选中空调（体 2），保持为移动设置（Move 为选中状态，显示为红色），在 x、y、z 三个输入栏中分别输入 5、0、0（表示向这三个方向平移的距离），单击 Apply 按钮，如图 1-51 所示。

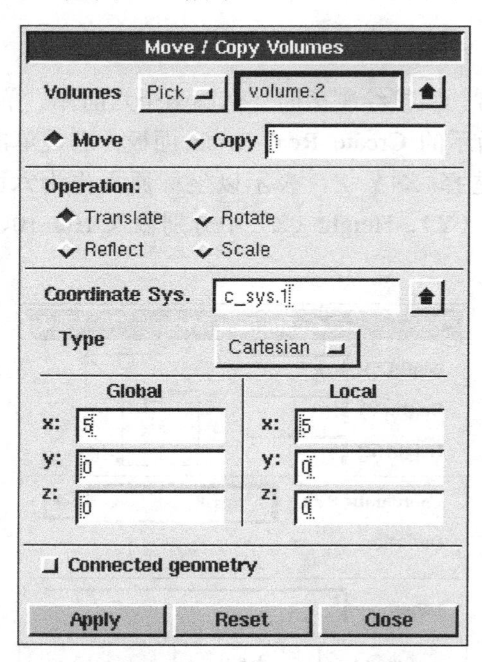

图 1-50　Move/Copy Volumes 面板

（4）由于研究对象是室内空气的传热效应，所以计算区域不包括空调所在的六面体，故单击 Volume 面板中的，在如图 1-52 所示的 Subtract Real Volumes 面板中的第一行 Volume 中选择代表房间的体 1（volume.1），在第二行 Volume 中选择代表空调的体 2

（volume.2），单击 Apply 按钮，得到如图 1-53 所示的几何体模型。

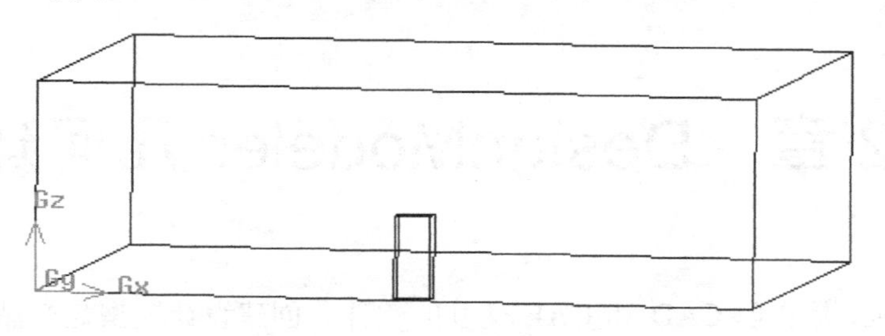

图 1-51　移动后的体

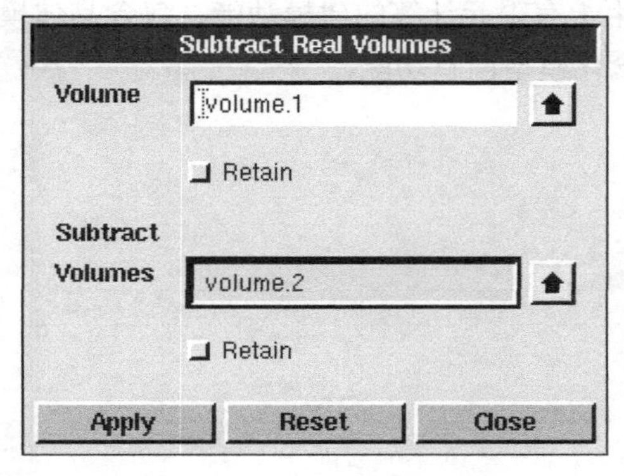

图 1-52　Subtract Real Volumes 面板

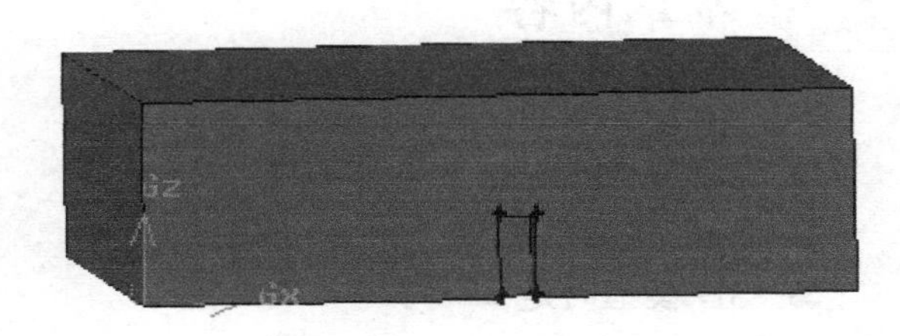

图 1-53　绘制好的几何体模型

（5）最后执行 File→Save as 命令，输入 ID 为 EX1-2，单击 Accept 按钮，将输出 EX1-2.dbs、EX1-2.jou、EX1-2.trn。至此，完成了本例几何模型的建立。

应用 · 技巧

对于可以进行布尔操作的简单几何体，可以采取直接建立体的方法，但一定要注意布尔运算的步骤和并、减、交的灵活运用。对于十分复杂的、难以布尔运算生成的几何体，则需要读者按照“点—线—面—体”的形式逐步构建，并灵活运用移动、复制、切割等功能。

1.6　本章小结

本章主要介绍了 Gambit 几何建模的方法，可以采用“点→线→面→体”步步为营的建模步骤，也可以直接生成面或体来完成建模。Gambit 的几何建模功能强大，能够实现大多数几何模型的建立，若遇到十分复杂的几何体，可以在 CAD、Pro/Engineering 等软件中完成后再导入 Gambit 继续后续的网格划分工作。

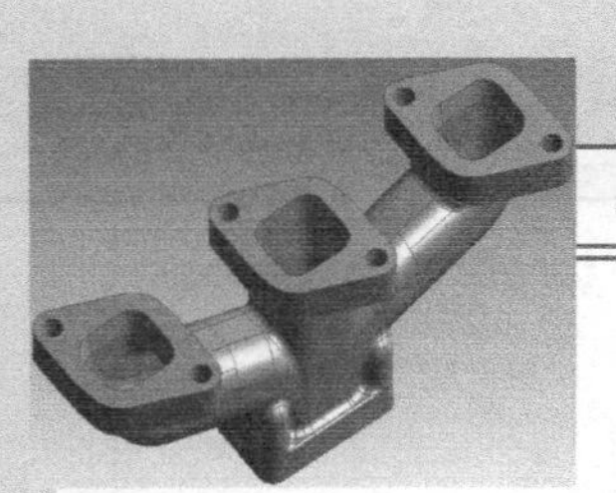

第2章　DesignModeler 几何建模

DesignModeler 是实现 CAD 和 CAE 交互的软件。创建设计模型是产品研发处理的第一步，也是核心内容。CAD 模型通常不会考虑 CAE 分析的需要，DesignModeler 是它们之间的桥梁。DesignModeler 基于 Workbench，提供适用于有限元计算的建模功能，包含具体模型创建、CAD 模型修复、CAD 模型简化，以及概念化模型创建功能。

本章内容

- DesignModeler 操作界面
- DesignModeler 菜单工具栏
- 模型建立的步骤
- 3D 模型的建立

本章案例

- 实例 2-1　弯管几何模型的建立
- 实例 2-2　十字交叉管几何模型的建立

视频教学

2.1 DesignModeler 操作界面

DesignModeler（简称 DM，界面如图 2-1 所示）是 ANSYS Workbench 的一个组分，为类似 CAD 的建模器。DM 操作界面包括菜单栏、工具栏、树形窗、列表窗、状态栏和图形窗口等。用户可以根据需要设置个人窗格，如移动窗格、调整窗格大小、标签接入、自动隐藏等操作。

1. 菜单栏

菜单栏包括 File（基本文件操作）、Create（3D 图形创建和修改工具）、Concept（修改线和曲面体的工具）、Tools（整体建模，参数管理，程序用户化）、View（修改显示设置）、Help（帮助）。下面依次进行介绍：

图 2-2 所示为 File 菜单列表，可以完成图示任务，其中保存工程文件的后缀名为.wbpj，导出模型文件的后缀名为.agdb、.x_t、.x_b、.anf、.igs、.stp、.mcnp 等。

图 2-3 所示为 Create 菜单，可以完成创建平面、拉伸、旋转、扫掠、蒙皮/放样、薄板/表皮、定半径倒圆角、变半径倒圆角、顶点混合、倒角、阵列、体操作、布尔操作、切片操作、面删除、边删除、创建点、基体库（库中基体如图 2-4 所示）等操作。

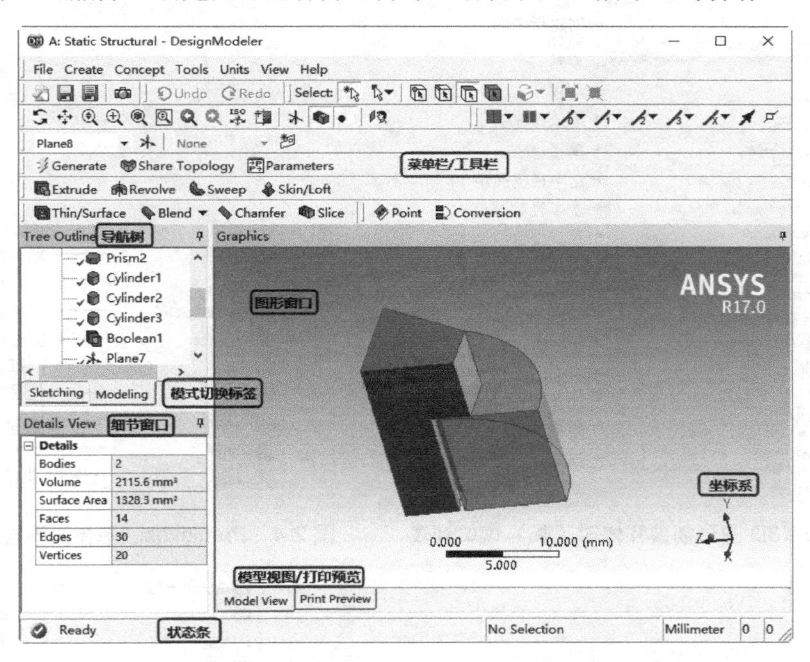

图 2-1　DesignModeler （DM）基本界面

图 2-5 所示为 Concept 菜单，可实现点创建线、草图创建线、边创建线、创建 3D 曲线、创建虚线边、边创建面、草图创建面、面创建面等功能。其中，截面形状选择右侧三角箭头展开后的菜单如图 2-6 所示。

图 2-7 所示为 Tools 菜单，可以完成冻结、解除冻结、命名选择部分、属性、中间面、联合、包围、面分割、对称、填充、表面延伸、表面补丁、表面翻转、体延伸（Beta）、合并、连接、投影等任务。

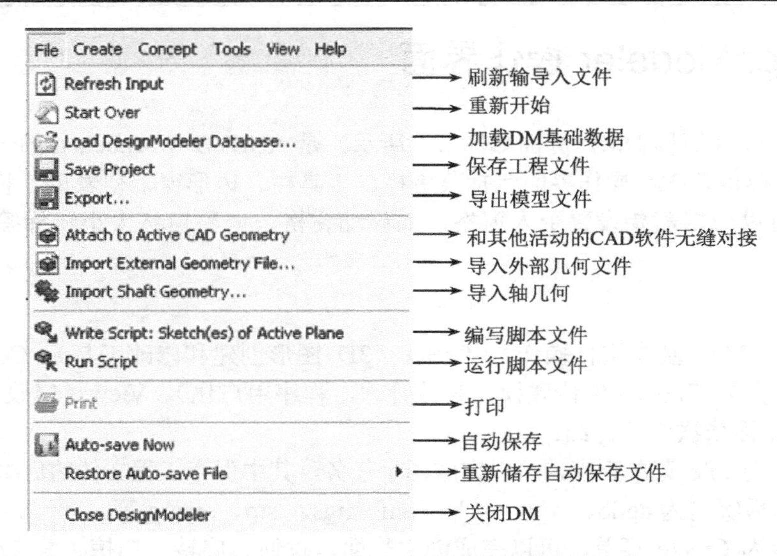

图 2-2　File（基本文件操作）菜单列表

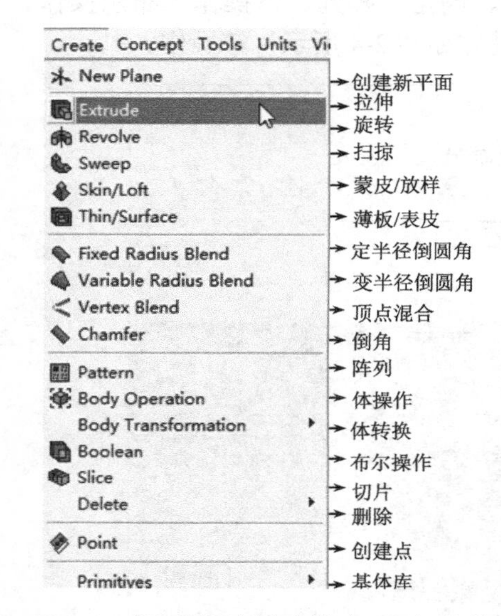

图 2-3　Create（3D 图形创建和修改工具）菜单列表

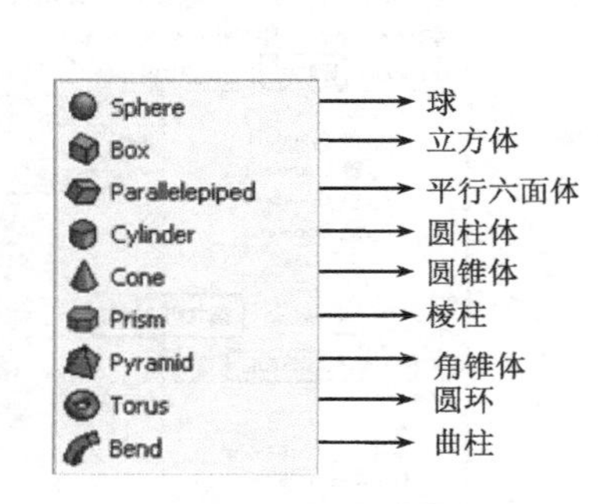

图 2-4　Primitives（基体）下拉菜单列表

Concept Tools Units View H
Lines From Points → 由点创建线
Lines From Sketches → 由草图创建线
Lines From Edges → 由（模型上的）边创建线
3D Curve → 创建3D曲线
Split Edges → 创建虚线边
Surfaces From Edges → 由边创建面
Surfaces From Sketches → 由草图创建面
Surfaces From Faces → 由（模型上的）面创建面
Detach → 拆分
Cross Section → 截面形状选择

图 2-5　Concept（修改线和曲面体的工具）菜单列表

图 2-6　截面形状选择下拉菜单

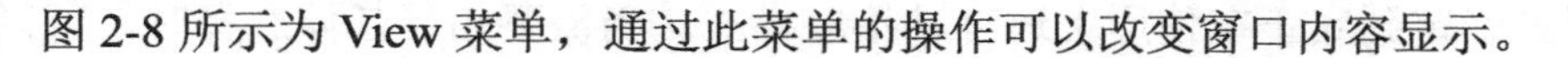

图 2-8 所示为 View 菜单，通过此菜单的操作可以改变窗口内容显示。

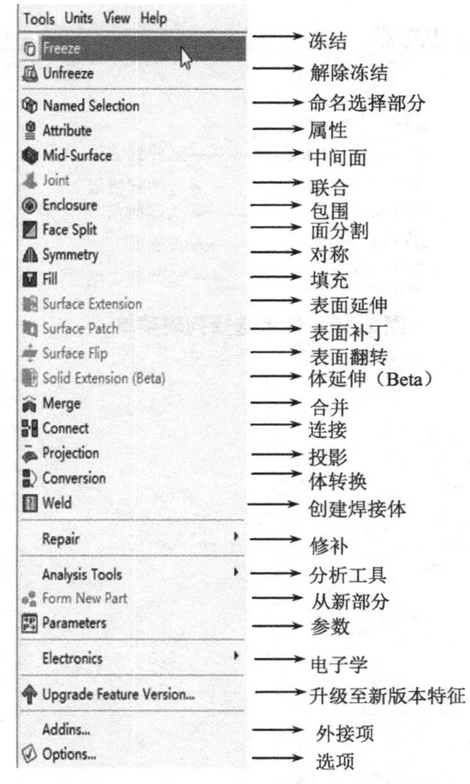

图 2-7　Tools（整体建模，参数管理，程序用户化）菜单列表

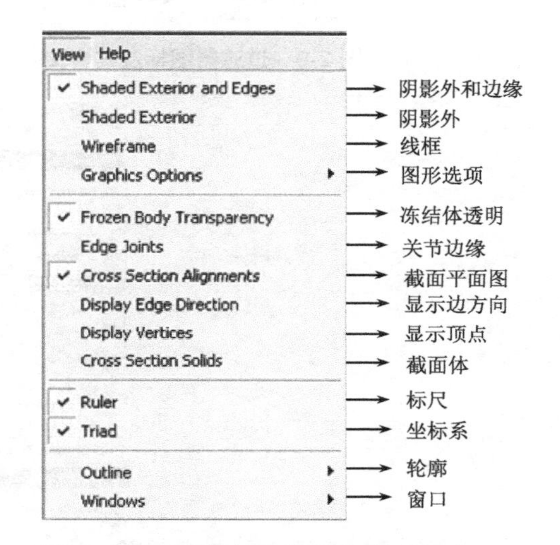

图 2-8　View（修改显示设置）菜单列表

最右侧的 Help 菜单则主要提供 DM 帮助、ANSYS 安装和许可帮助文档，以及关于 DM 的授权信息。

2．DesignModeler 鼠标的用法

（1）鼠标左键：选择几何体，添加/移动选定的实体（CTRL+鼠标左键），连续选择（按住鼠标左键并扫略光标）。

（2）鼠标中键：自由旋转（快捷操作）。

（3）鼠标右键：窗口缩放（快捷操作），打开弹出菜单。

3．过滤器的使用

用鼠标左键选定模型特性，包括点、线、面、体，特性选择通过激活一个选择过滤器来完成（也可使用鼠标右键来完成）。选择模式下，光标会反映出当前的选择过滤器（对应相应的图标如图 2-9 所示）。

用户可以通过工具条中的 Select Mode 按钮选择 Single Select 或 Box Select。注意，必须要基于当前激活的过滤器选择，选择类型取决于拖动方向（从左到右：选中所有完全包含在选择框中的对象；从右到左：选中包含于或经过选择框中的对象），选择框边框的识别符

号有助于帮助用户确定到底正在使用上述哪种拾取模式。当需要拓展延伸选择时，可以采用邻近选择，如图 2-10 所示。

如图 2-11 所示，用户还可以通过鼠标右键来设置过滤器。

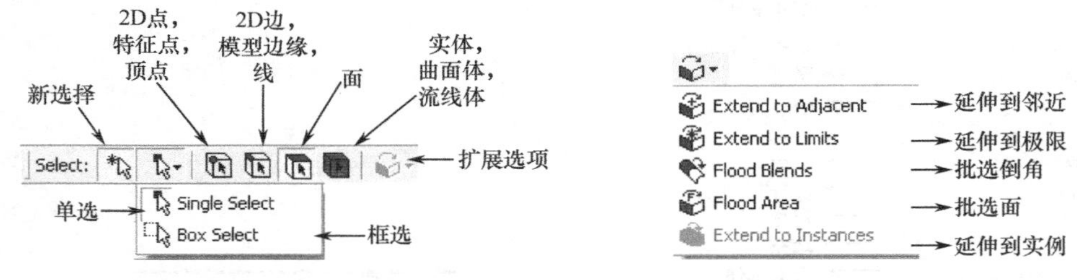

图 2-9　过滤器图标及其含义　　　图 2-10　邻近选择列表菜单

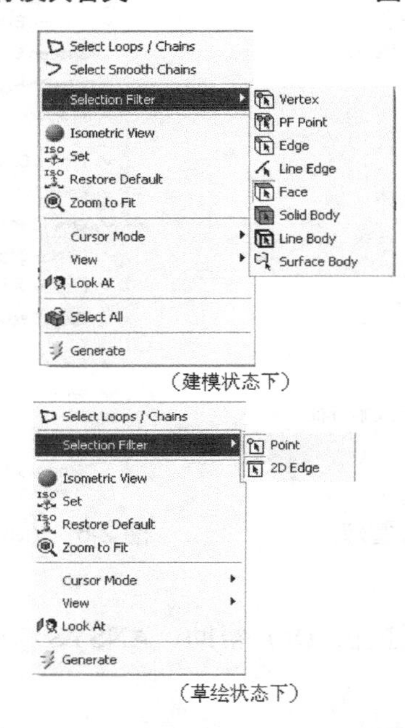

图 2-11　单击鼠标右键设置过滤器界面

4. 图形/显示控制工具

如图 2-12 所示，图形/显示控制工具可以对图形和显示做平移、放大/缩小、窗口缩放、与窗口大小匹配、下一个/前一个视图、默认视图、浏览、显示平面/模型/点等操作。

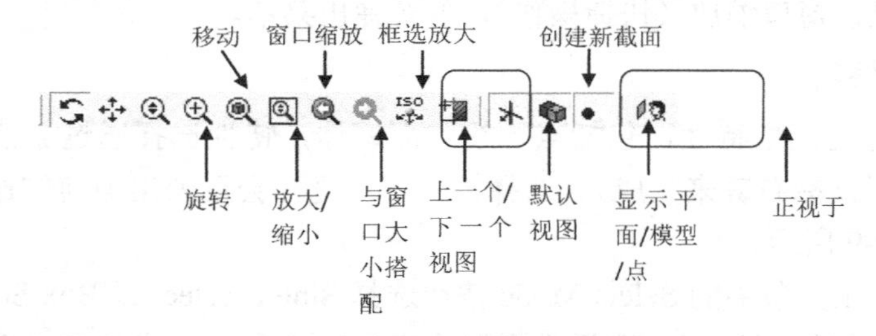

图 2-12　图形/显示控制工具

2.2 DesignModeler 几何建模实例

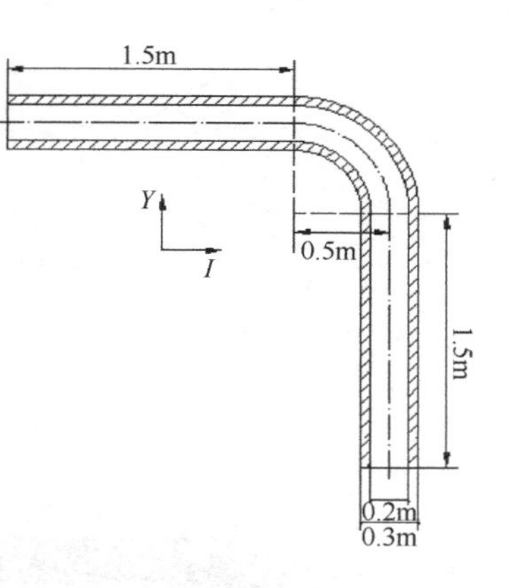

图 2-13　弯管几何尺寸

下面通过两个实例帮助大家学习 DesignModeler 软件的几何建模过程。

实例 2-1　弯管几何模型的建立

1．实例概述

弯管内部流体与管壁的相对运动将产生一定程度的振动而使管道系统动力失稳，严重时会给系统运行带来灾难性的毁坏。故研究弯管内多相流的速度、压力分布等流动特性，不仅能够为安全输运、流动参数控制等提供参考，还可为管线防腐、节能降耗措施选取等提供依据。这里我们利用 DesignModeler 建立弯管几何模型，弯管几何尺寸如图 2-13 所示。

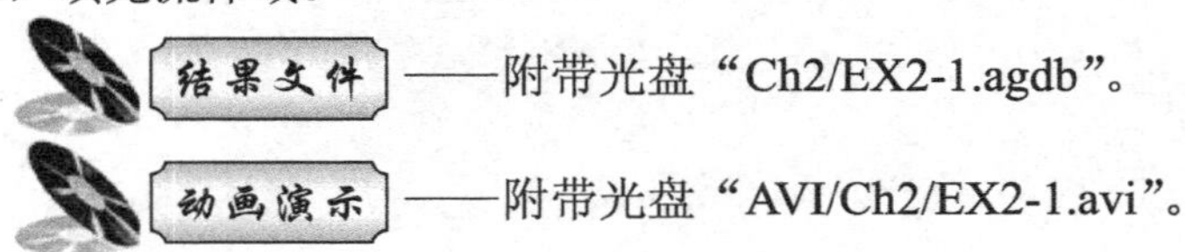

先利用扫略工具（Sweep）建立弯管几何模型，在 *XY* 平面（XYPlane）建立扫略轨迹（Path），即弯管轴线（用如图 2-13 所示的点画画表示），在 *YZ* 平面（YZPlane）建立扫略截面（半径分别为 0.3m 和 0.2m 的两个圆组成的圆环），再选择弯管的内表面利用填充工具（Fill）填充流体域。

结果文件——附带光盘“Ch2/EX2-1.agdb”。

动画演示——附带光盘“AVI/Ch2/EX2-1.avi”。

2．模型建立

（1）打开 Workbench，双击 Toolbox-Component Systems 中的 Geometry，得到如图 2-14 所示界面，双击 Geometry，在菜单 Units 选项中选择单位 Meter（米），如图 2-15 所示，单击 OK 按钮后得到 DesignModeler 运行界面，如图 2-16 所示。

（2）在树形菜单中选择 XYPlane（如图 2-17 所示），单击图标，得到 *XY* 平面视图，如图 2-18 所示，单击树形菜单下第一个按钮 Sketching，展开如图 2-19 所示的“几何绘制（Draw）”界面，在 Draw 下拉菜单中，选择 Line，以原点为起点画一条水平线，再任意画一条垂直直线，选择 Arc by 3 Points 过两直线端点画弧，单击 Dimensions 下拉菜单中的 General，标注尺寸为水平直线长度 *H*1=1.5m，垂直直线长度 *V*2=1.5m，圆弧半径 *R*3=0.5m，垂直直线下端点距 *X* 轴距离 *V*4=0.5m，如图 2-20 所示，其 Details View 显示如图 2-21 所示。这样，就实现了弯管扫略轨迹线的草绘。

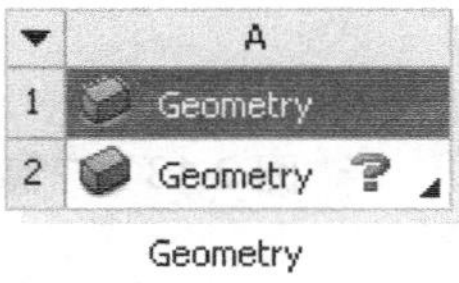

▼	A
1	Geometry
2	Geometry ?

Geometry

图 2-14　模型建立工程

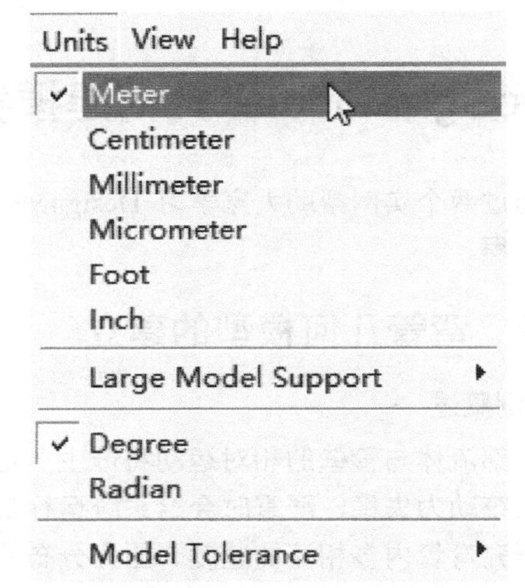

图 2-15　DesignModeler 单位选择界面

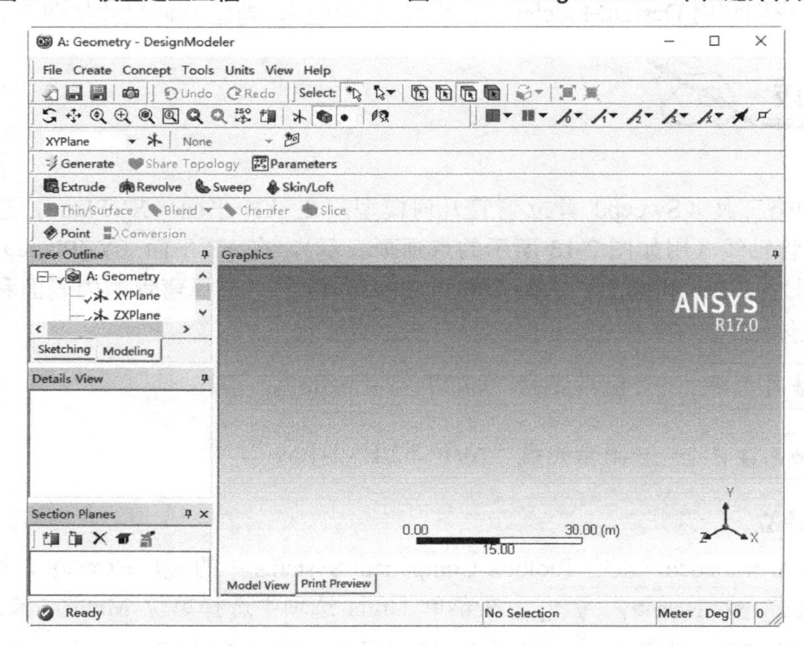

图 2-16　DesignModeler 运行界面

图 2-17　几何树形菜单

图 2-18　XYPlane 视图

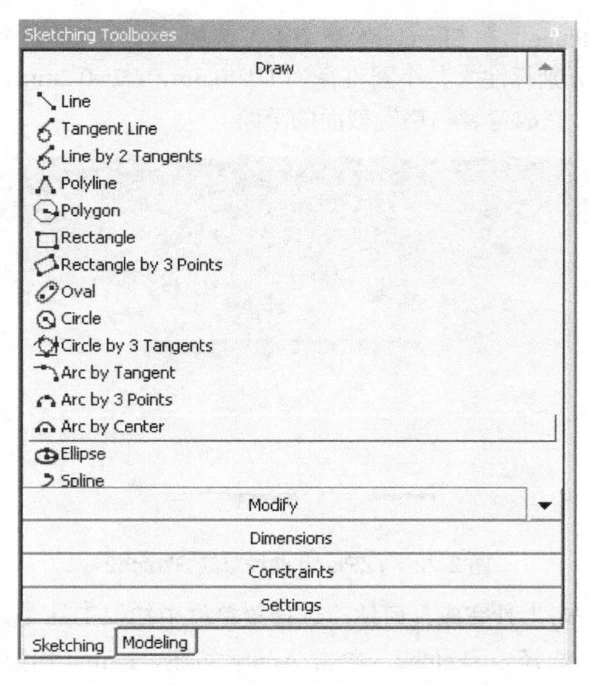

图 2-19 几何绘制（Draw）界面

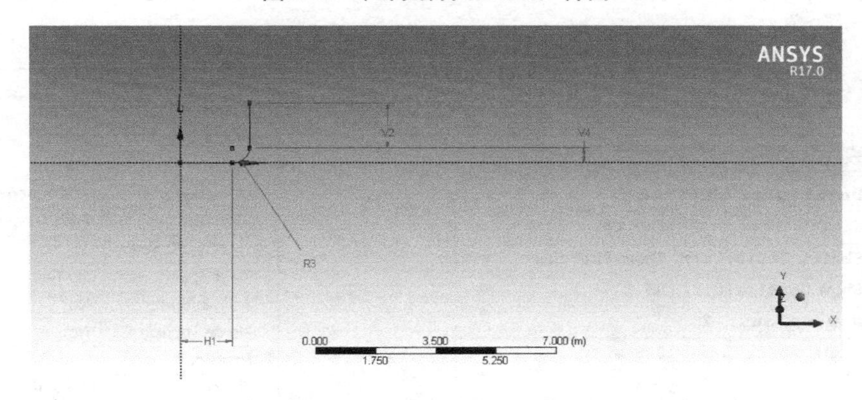

图 2-20 XYPlane 曲线草绘 Sketch1

Details View

Details of Sketch1	
Sketch	Sketch1
Sketch Visibility	Show Sketch
Show Constraints?	No
Dimensions: 4	
H1	1.5 m
R3	0.5 m
V2	1.5 m
V4	0.5 m

图 2-21 Sketch1 Details View 界面

（3）接着选择 YZPlane，在 Sketching 环境下，选择 Circle 画两个同心圆环，如图 2-22 所示，单击 General 分别标注大、小圆直径为 $D1$=0.3m，$D2$=0.2mm，其 Details View 显示如图 2-23 所示。至此，完成弯管扫略轨截面的草绘。

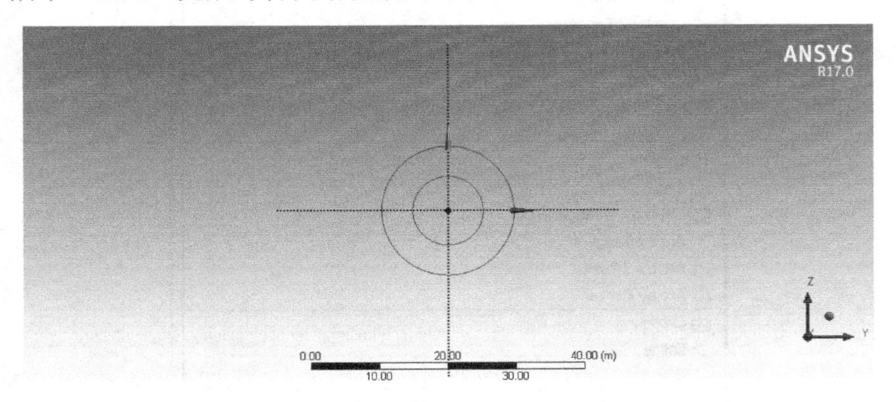

图 2-22　YZPlane 曲线草绘 Sketch2

（4）然后，利用扫略工具完成几何体。选择菜单栏中扫掠工具 Sweep ，如图 2-24 所示，将 Profile（截面）选择为 sketch2，单击 Apply 按钮，Path（扫掠轨迹）选择为 sketch1 按钮，单击 Apply 按钮，其他保持默认设置，单击 Generate ，得到弯管如图 2-25 所示。

Details View

Details of Sketch2	
Sketch	Sketch2
Sketch Visibility	Show Sketch
Show Constraints?	No
Dimensions: 2	
D1	0.3 m
D2	0.2 m

图 2-23　Sketch2 Details View 界面

Details View

Details of Sweep1	
Sweep	Sweep1
Profile	Sketch2
Path	Sketch1
Operation	Add Material
Alignment	Path Tangent
FD4, Scale (>0)	1
Twist Specification	No Twist
As Thin/Surface?	No
Merge Topology?	No
Profile: 1	
Sketch	Sketch2

图 2-24　Sweep1 Details View 界面

（5）选择菜单栏中 Tools，在下拉菜单中选中填充工具，如图 2-26 所示，Faces 按住 Ctrl 选择所建弯管的 3 个内表面，单击 Apply 按钮，如图 2-27 所示，单击 Generate ，在树形菜单中可以看到已经生成两个实体，右键单击第一个实体选择 Hide Body，如图 2-28 所示，然后单击第二个实体，可得流体域视图，为了便于区分，可将第二个体进行重命名，右击第二个体选择 Rename，然后输入“fluid”，弯管流体域视图如图 2-29 所示。

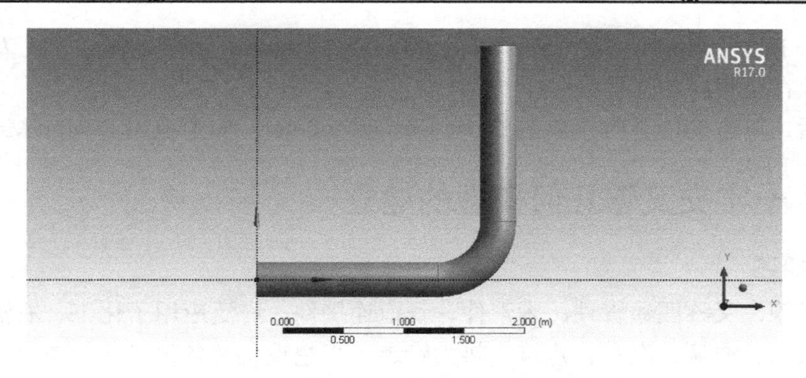

图 2-25　XYPlane 弯管（实心）视图

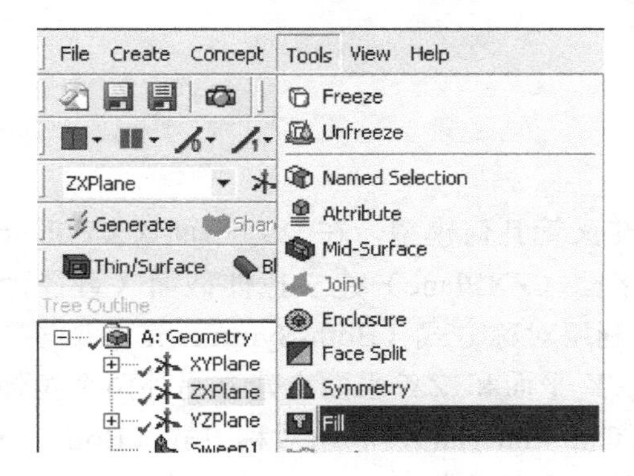

图 2-26　工具下拉菜单

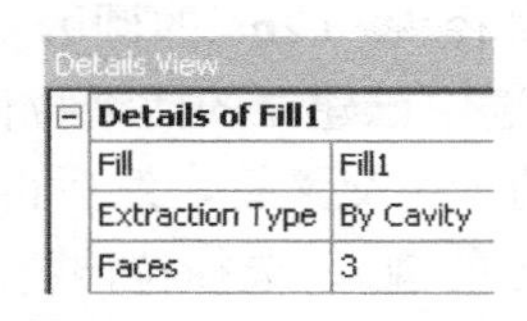

Details of Fill1	
Fill	Fill1
Extraction Type	By Cavity
Faces	3

图 2-27　Fill1 Details View 界面

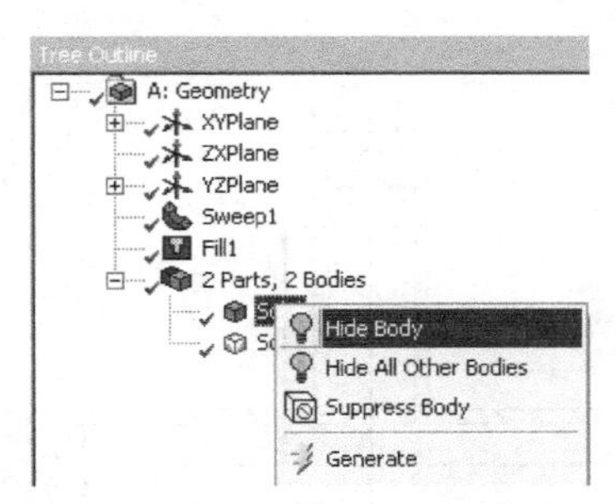

图 2-28　几何树形菜单

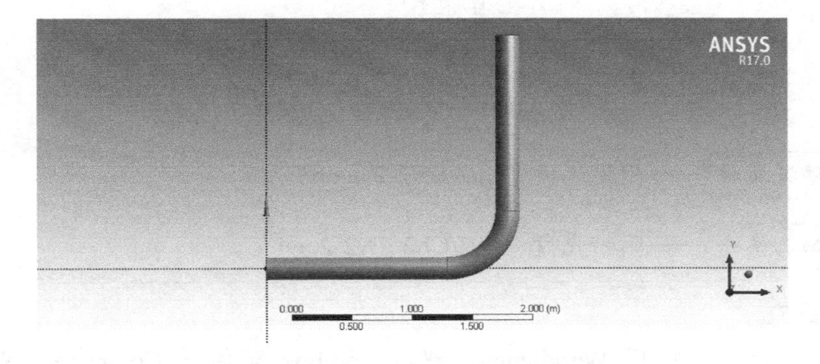

图 2-29　弯管流体域视图

（6）单击 File→Export，输入 File Name 为 EX2-1.agdb，保存类型保持默认，单击 Save 按钮将模型保存至相应的文件夹中。

（7）最后，单击 File 下拉菜单的 Close DesignModeler，安全退出 Design Modeler。

实例 2-2　十字交叉管几何模型的建立

1．实例概述

十字交叉管，又称四通管件，为管件、管道连接件，广泛应用于化工、石油、冶金、燃气、电力、造船、空调、汽车、建筑、热力管道、真空设备及各种工业管道上。这里介绍利用 DesignModeler 进行建立十字交叉管几何模型，十字交叉管几何尺寸如图 2-30 所示。

思路·点拨

利用拉伸工具（Extrude）建立十字交叉管几何模型，在 *XY* 平面（XYPlane）建立拉伸截面（直径为 0.2m 的圆），在 *ZX* 平面（ZXPlane）建立拉伸截面（直径为 0.2m 的圆）。分别选中已建立的两个拉伸截面，利用对称方式（Both-Symmetric）双向拉伸 1m 后形成实心的十字交叉管，然后再分别于 *XY* 平面和 *ZX* 平面上建立另外两个拉伸截面（直径为 0.15m 的圆），选择拉伸材料工具（Cut Material），利用对称方式（Both-Symmetric）双向拉伸 1m 后生成十字交叉管的流道。最后选择十字交叉管的内表面利用填充工具（Fill）填充流体域。

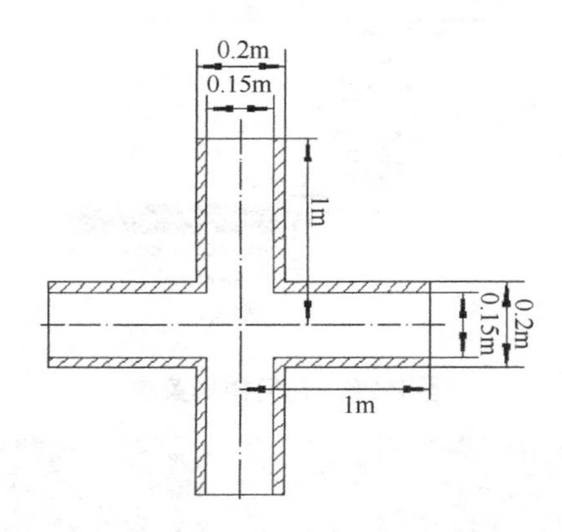

图 2-30　十字交叉管几何尺寸

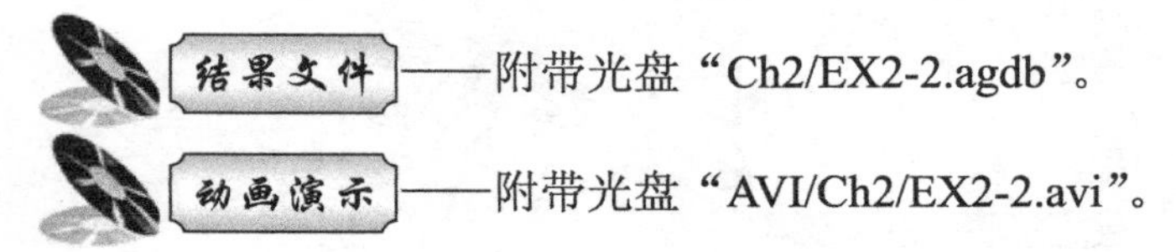

结果文件——附带光盘“Ch2/EX2-2.agdb”。

动画演示——附带光盘“AVI/Ch2/EX2-2.avi”。

2．模型建立

（1）与前例相同，打开 Workbench，双击 Toolbox 菜单下 Component Systems 中的 Geometry。然后双击 Geometry，选择 Meter（米），单击 OK 按钮，进入

DesignModeler 界面。

（2）在树形菜单中，选择 XYPlane，单击图标，然后选择 Sketching，在 Draw 下拉菜单中选择 Circle，以原点为圆心画圆，单击 Radius 标注圆半径 $R1=0.2$m，如图 2-31 所示，Details View 显示如图 2-32 所示。用同样的方式在 ZXPlane 上创建一个同样半径的圆，如图 2-33 所示，Details View 显示如图 2-34 所示。

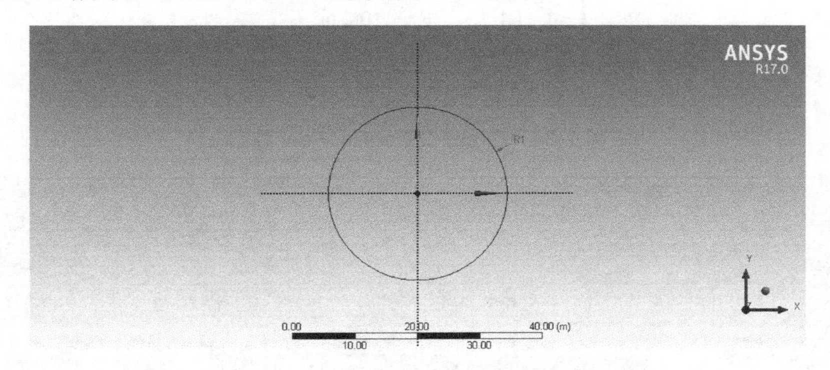

图 2-31　XYPlane 曲线草绘 Sketch1

Details View

Details of Sketch1	
Sketch	Sketch1
Sketch Visibility	Show Sketch
Show Constraints?	No
Dimensions: 1	
R1	0.2 m
Edges: 1	
Full Circle	Cr7

图 2-32　Sketch1 Details View 界面

（3）单击选中 Extrude 工具，在 Geometry 中选择 XYPlane 上所创建的圆（Sketch1），Operation 选择 Add Material，Direction 选择 Both-Symmetric，FD1，Depth(>0)中输入“1m”，其他保持默认设置，单击 generate，得到 Sketch1 的拉伸视图，如图 2-35 所示，其 Detail View 如图 2-36 所示。利用同样的方式对 ZXPlane 上的圆（Sketch2）进行拉伸，Detail View 如图 2-37 所示，单击 generate 即得实心交叉柱体，如图 2-38 所示。

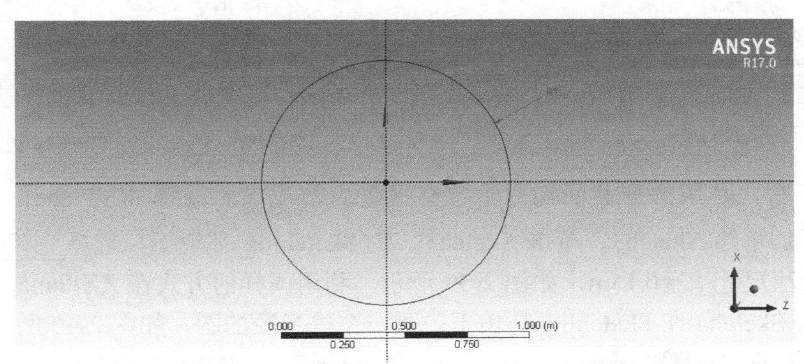

图 2-33　ZXPlane 曲线草绘 Sketch2

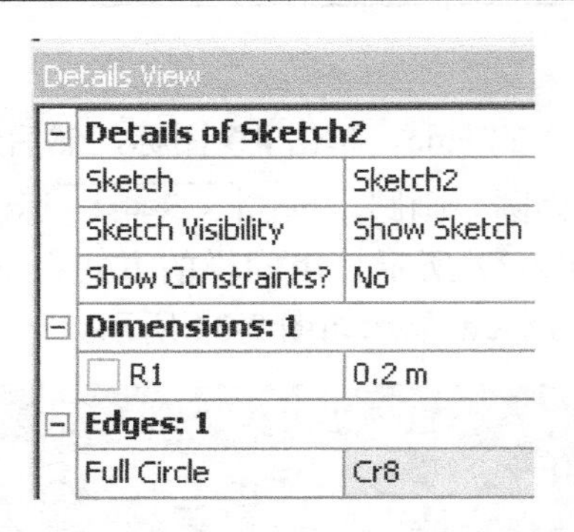

Details View

Details of Sketch2	
Sketch	Sketch2
Sketch Visibility	Show Sketch
Show Constraints?	No
Dimensions: 1	
R1	0.2 m
Edges: 1	
Full Circle	Cr8

图 2-34　Sketch2 Details View 界面

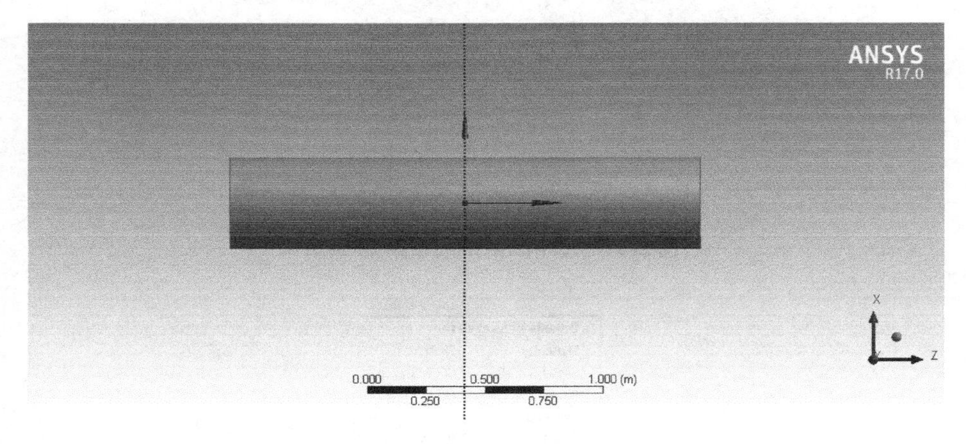

图 2-35　Sketch1 拉伸视图

Details View

Details of Extrude1	
Extrude	Extrude1
Geometry	Sketch1
Operation	Add Material
Direction Vector	None (Normal)
Direction	Both - Symmetric
Extent Type	Fixed
FD1, Depth (>0)	1 m
As Thin/Surface?	No
Merge Topology?	Yes
Geometry Selection: 1	
Sketch	Sketch1

图 2-36　Extrude1 Details View 界面

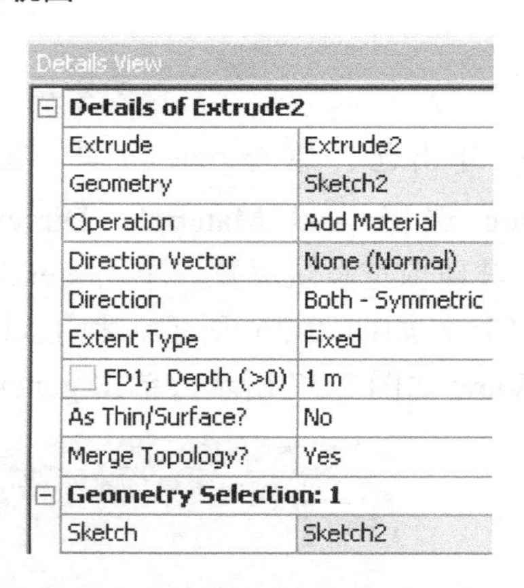

Details View

Details of Extrude2	
Extrude	Extrude2
Geometry	Sketch2
Operation	Add Material
Direction Vector	None (Normal)
Direction	Both - Symmetric
Extent Type	Fixed
FD1, Depth (>0)	1 m
As Thin/Surface?	No
Merge Topology?	Yes
Geometry Selection: 1	
Sketch	Sketch2

图 2-37　Extrude2 Details View 界面

（4）接下来，利用圆形截面切出十字交叉管内部流道。选择 XYPlane，单击，在 XYPlane 上添加草绘 Sketch3，单击 Sketch3，在 Sketching 环境下，选择 Circle 以原点为圆心画圆，标注尺寸 $R2$=0.15m，如图 2-39 所示。利用同样的方式在 ZXPlane 上，添加草绘 Sketch4，单击 Sketch4 在 Sketching 环境下，画一个等半径的圆，如图 2-40 所示。

（5）单击选中 Extrude 工具，在 Geometry 中选择 XYPlane 上所创建的圆（Sketch3），Operation 选择 Cut Material，Direction 选择 Both-Symmetric，FD1，Depth(>0)中

输入“1m”，其他保持默认设置，单击 generate，得到如图 2-41 所示的 Sketch1 剪材料拉伸视图，其 Detail View 如图 2-42 所示。利用同样的方式对 ZXPlane 上的圆（Sketch4）进行拉伸，Detail View 如图 2-43 所示，即得实心交叉柱体，如图 2-44 所示。

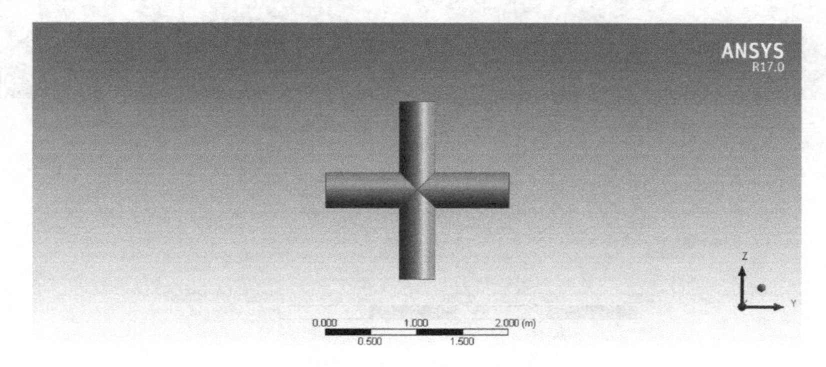

图 2-38　YZPlane 十字交叉管（实心）视图

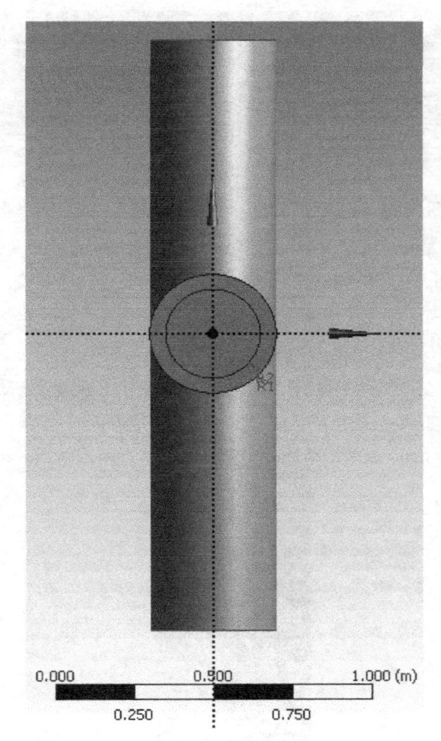

图 2-39　XYPlane 曲线草绘 Sketch3

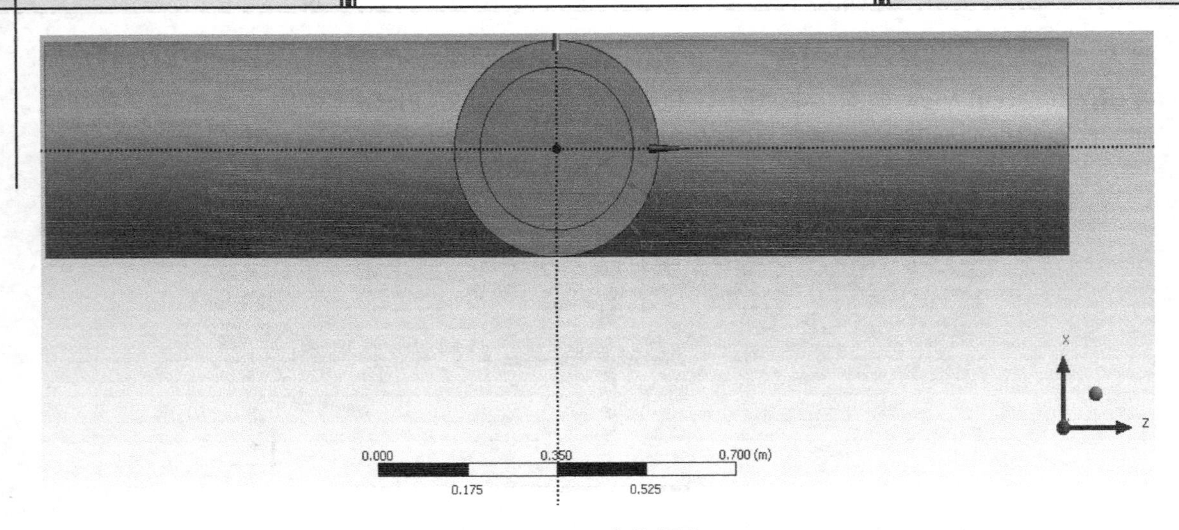

图 2-40　XYPlane 曲线草绘 Sketch4

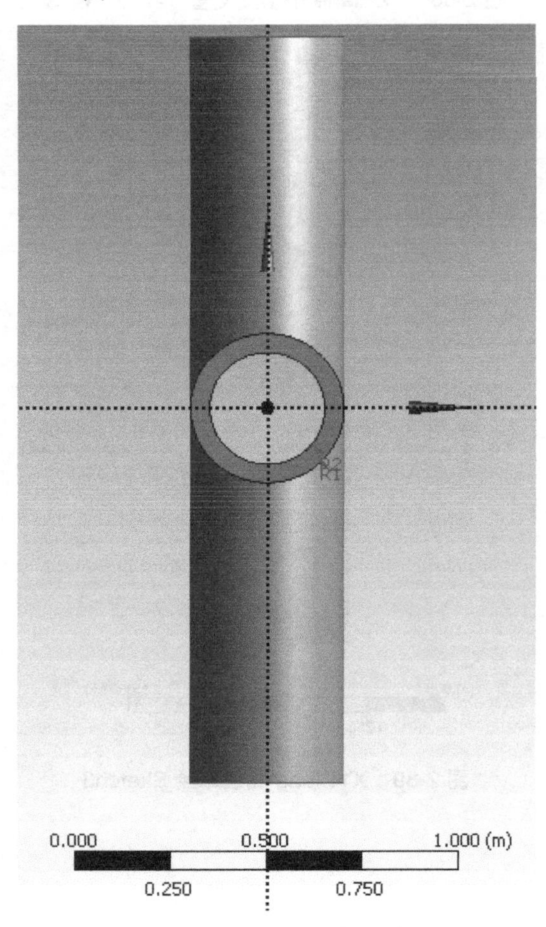

图 2-41　Sketch1 剪材料拉伸视图

Details View

Details of Extrude3	
Extrude	Extrude3
Geometry	Sketch3
Operation	Cut Material
Direction Vector	None (Normal)
Direction	Both - Symmetric
Extent Type	Fixed
FD1, Depth (>0)	1 m
As Thin/Surface?	No
Target Bodies	All Bodies
Merge Topology?	Yes
Geometry Selection: 1	
Sketch	Sketch3

图 2-42　Extrude3 Details View 界面

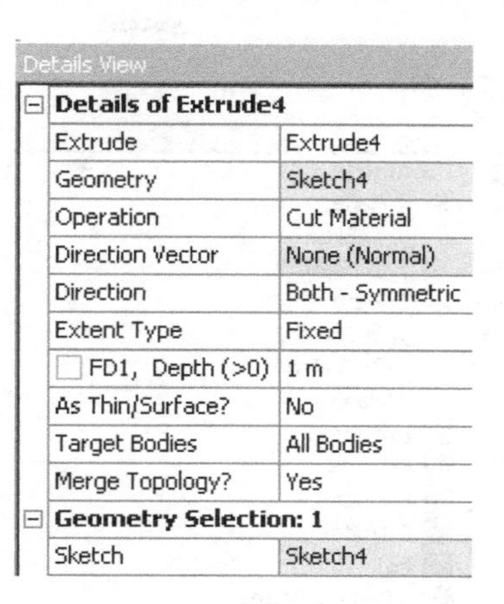

Details View

Details of Extrude4	
Extrude	Extrude4
Geometry	Sketch4
Operation	Cut Material
Direction Vector	None (Normal)
Direction	Both - Symmetric
Extent Type	Fixed
FD1, Depth (>0)	1 m
As Thin/Surface?	No
Target Bodies	All Bodies
Merge Topology?	Yes
Geometry Selection: 1	
Sketch	Sketch4

图 2-43　Extrude4 Details View 界面

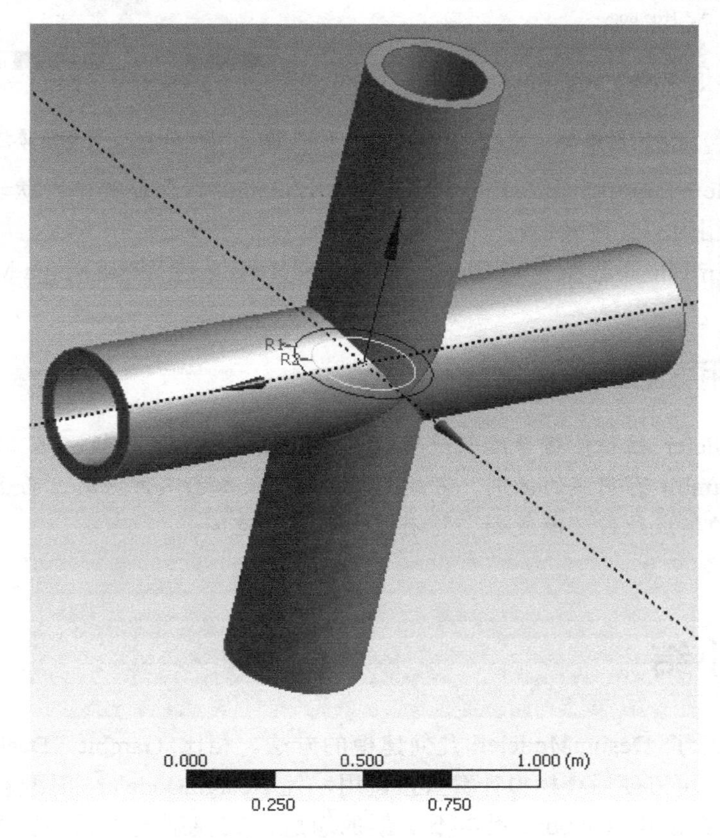

图 2-44　十字交叉管（空心）视图

（6）选择菜单栏中的 Tools，在下拉菜单中选中填充工具，单击面拾取消按钮并按住 Ctrl 键选择所建弯管的 4 个内表面，单击 Apply 按钮。然后单击 Generate，在树形菜单中可以看到已经生成两个实体，右键单击第一个实体选择 Hide Body，如图 2-45 所示，然后单击第二个实体，可得流体域视图，为了便于区分，可将第二个体进行重命名，右击第二个体选择 Rename，然后输入“fluid”，十字交叉管流体域视图如图 2-46 所示。

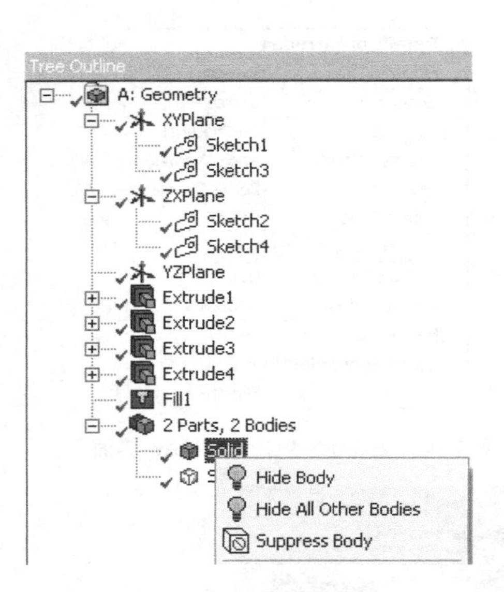

图 2-45　几何树形菜单

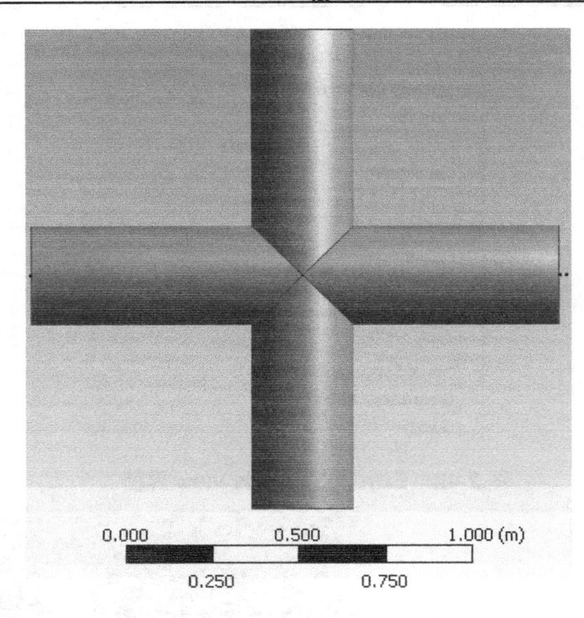

图 2-46　十字交叉管流体域视图

（7）单击 File→Export，输入 File Name 为 EX2-2.agdb，保存类型为默认，单击 Save 按钮将模型保存至相应的文件夹中。

（8）最后单击 File 下拉菜单的 Close DesignModeler，安全退出 Design Modeler。

应用 · 技巧

DesignModeler 往往依循草绘轨迹线、轴线后拉伸成体的建模思路，其尺寸定义和建模步骤与 Gambit 有明显的区别。考虑到 Gambit 版本已不再更新，而 DesignModeler 作为 ANSYS 的集成软件不断更新，将有很大的发展空间。

2.3　本章小结

本章主要介绍了 DesignModeler 几何建模的方法。相比 Gambit，DesignModeler 基于 Workbench 平台，可方便后续模拟计算直接调用，且 DesignModeler 将跟随 ANSYS 版本的更新而更新，不会出现 Gambit 版本不更新的尴尬。在模型建立的步骤和尺寸定义上，DesignModeler 与 Gambit 有明显的区别。同样，用户也可以从其他 CAD 软件中建立好几何模型，导入到 DesignModeler 后进行局部小曲面、小边的修复，以避免小曲面、小边对网格划分的影响。

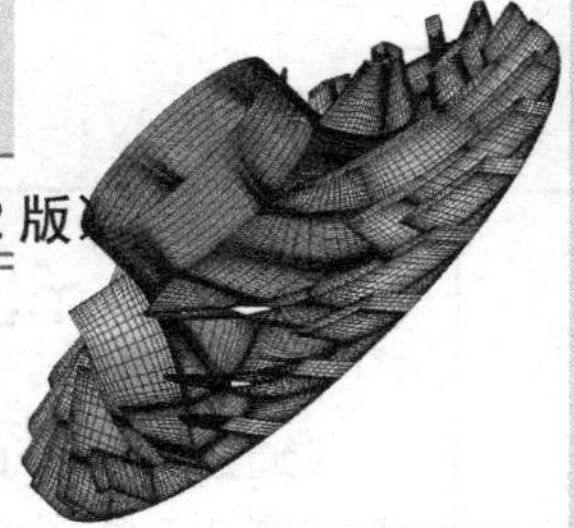

第3章　Gambit网格划分

实际仿真计算过程中，网格的质量直接决定着最后计算结果的可信度和精确度，因此，数值模拟的大部分时间是花费在网格划分上的，可以说网格划分能力的高低是决定工作效率的主要因素之一。鉴于此，本章主要介绍 Gambit 软件的网格生成方法，帮助读者了解 Gambit 网格划分的操作步骤，并学会利用 Gambit 对一些模拟对象进行网格的划分，在一定程度上可提高网格划分效率。

本章内容

- 边界层网格划分
- 线网格划分
- 面网格划分
- 体网格划分
- 网格的输出
- 网格划分实例

本章案例

- 实例 3-1　圆柱绕流场网格划分
- 实例 3-2　3D 变径管网格划分

视频教学

3.1 Gambit网格划分操作

通过 Gambit 操作面板的第二个按钮，可以完成网格的划分任务，其 Mesh 工具面板如图 3-1 所示。

1．边界层网格划分

由于流体具有黏性，精度要求较高时需对计算网格进行特殊处理，即进行边界层网格的划分。近壁面黏性效应明显及流场参数变化梯度较大的区域都应该划分边界层网格。

由于一般 CAE 前处理软件是根据结构强度分析的需要而设计的，通常不考虑边界层，因此难以满足 CFD 计算的精度要求，而 Gambit 很好地满足了这一特殊需要。

单击 Mesh 面板中第一个按钮，弹出如图 3-2 所示的 Create Boundary Layer 面板，读者需要在 First row（第一个网格点距边界的距离）、Growth factor（网格的比例因子）、Rows（边界层网格点数）及 Depth（边界层厚度）四组参数中任意输入 3 组，Transition pattern 选项则为读者提供了四种不同的边界层划分形式（1:1、4:2、3:1 和 5:1）。

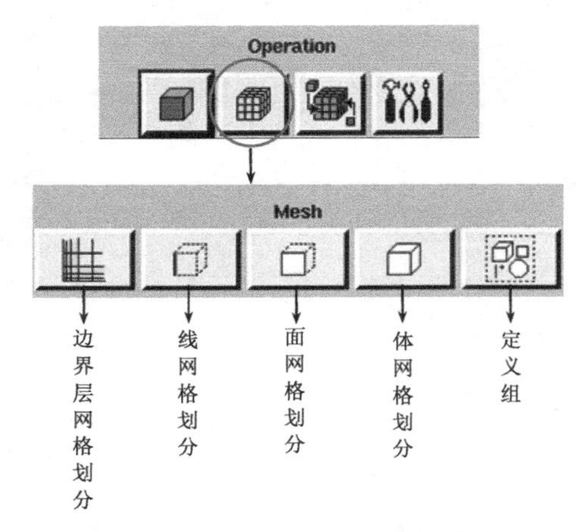

图 3-1　网格划分工具面板

应综合考虑实际问题的精度要求和硬件条件选择合适的边界层网格划分方式，一般问题选 1:1 即可。

2．线网格划分

单击弹出线网格划分面板，如图 3-3 所示。读者可在黄色输入栏中选取一根或多根待划分的线段，而后在 Ratio 中输入比例因子，可以单调递增或单调递减，默认值为 1（即均匀分布）。若同时选中 Double sided，则需要输入两个比例因子，使得划分出来的网格呈现中间密两端疏或中间疏两端密的形式。实际划分时，通常可基于尺寸（Interval size）或段数（Interval count）将线段分段。若需要在已划好的线段上重新划分网格，需要将 Remove old mesh 选中，以删除先前的网格。

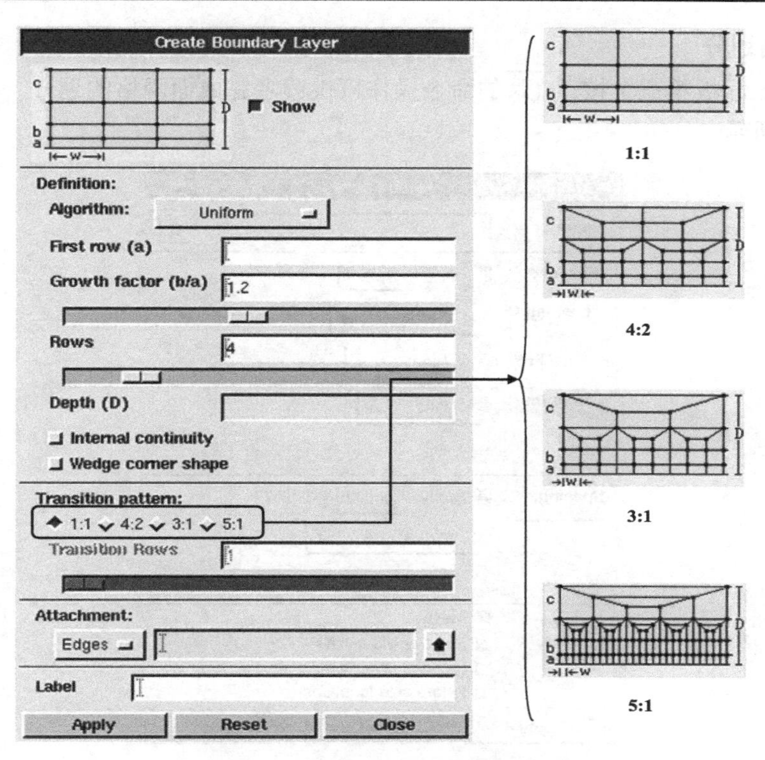

图 3-2　边界层面板及边界层类型

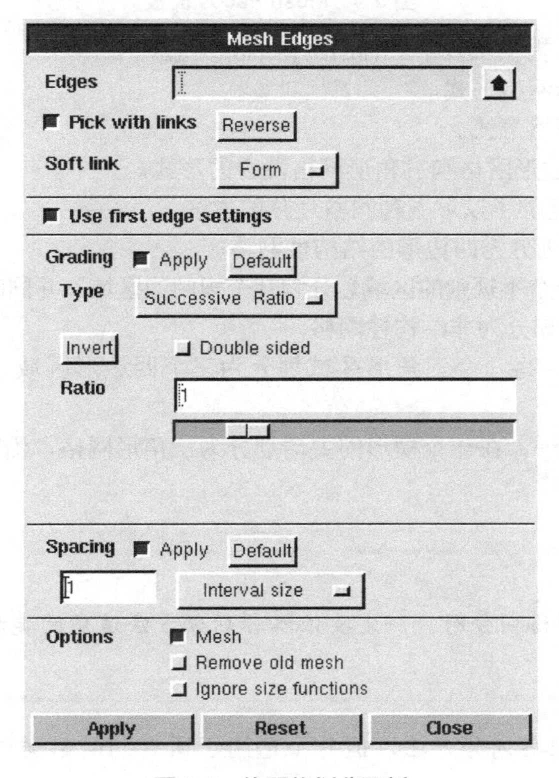

图 3-3　线网格划分面板

3. 面网格划分

通过 Mesh 面板第三个按钮 的命令操作可供读者完成面网格的划分，其 Mesh Faces 面板如图 3-4 所示。

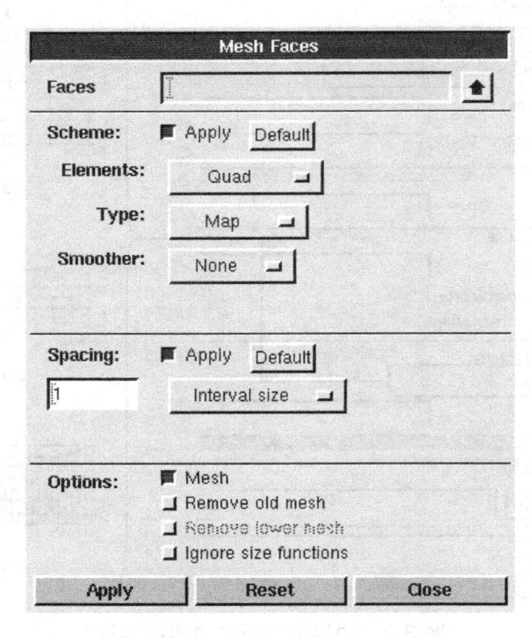

图 3-4 Mesh Faces 面板

面板中的 Elements 提供了以下三种面网格划分类型。

（1）Quad，四边形网格形式。

（2）Tri，三角形网格形式。

（3）Quad/Tri，四边形网格和三角形网格混合的形式。

面板中的 Type 中提供了以下五种网格划分的方法。

（1）Map，将区域划分为四边形的结构性网格。

（2）Submap，将一个不规则的区域划分为几个规则的区域，并同时划分为结构性网格。

（3）Pave，将区域划分为非结构性网格。

（4）Tri Primitive，将一个三角形区域划分为三个四边形区域，并同时划分为四边形网格。

（5）Wedge Primitive，在一个楔形的尖端划分为三角形网格，沿着楔形向外辐射，划分为四边形网格。

> 读者在进行面网格划分时，一定要依据各划分方法适用的类型，否则将提示网格划分失败。

虽然有这么多的网格划分方法，但并不适用于所有的网格类型，具体的适用类型如表 3-1 所示。

表 3-1　面网格划分方法适用的网格类型

划 分 方 法	适 用 类 型		
	Quad	Tri	Quad/Tri
Map	√		√
Submap	√		
Pave	√	√	√
Tri Primitive	√		
Wedge Primitive			√

4．体网格划分

单击 Mesh 面板第四个按钮，将弹出 Mesh Volumes（体网格划分）面板，如图 3-5 所示。

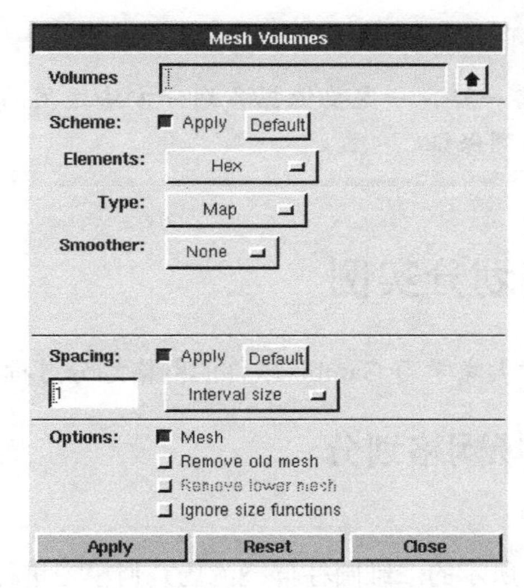

图 3-5　Mesh Volumes 面板

与面网格划分面板类似，Mesh Volumes 面板中的 Elements 提供了以下三种体网格划分类型。

（1）Hex，六面体网格形式。

（2）Hex/Wedge，主要以六面体网格形式，在适当位置包含楔形网格。

（3）Tet/Hybrid，主要以四面体网格形式，在适当位置包含六面体、锥形和楔形网格。

Type 中提供了以下六种网格划分的方法。

（1）Map，将体划分为六面体结构化网格。

（2）Submap，将一个不可图示化的体分割成可图示化区域，并将每个区域划分为六面体结构化网格。

（3）Tet Primitive，将一个含四个侧面的体分割成四个六面体区域，并将每个区域划分为可图示化网格。

（4）Cooper，将体按照指定的源面进行划分。

（5）TGrid，将体主要划分为四面体网格单元，但在适当的位置可以包含六面体、锥体和楔形单元。

（6）Stairstep，划分为六面体网格，并生成一个与原始体积形状近似的平滑的体。

上述方法具体的适用类型如表 3-2 所示。

表 3-2　体网格划分方法适用的网格类型

划 分 方 法	适 用 类 型		
	Hex	Hex/Wedge	Tet/Hybrid
Map	√		
Submap	√		
Tet Primitive	√		
Cooper	√	√	
TGrid			√
Stairstep	√		

体网格划分与面网格一样，一定要依据各划分方法适用的类型，不能混乱组配，否则划出的网格质量得不到保证。

3.2　Gambit 网格划分实例

下面通过两个实例帮助大家学习 Gambit 软件的网格划分过程。

实例 3-1　圆柱绕流场网格划分

1．实例概述

本例主要是对如图 3-6 所示的二维圆柱群绕流场几何模型进行网格划分，其中大圆直径为 2m，小圆直径为 0.6m，小圆每隔 72° 均匀分布在大圆周围。大圆的圆心与小圆的圆心距离为 2m，其具体位置如图 3-6 所示。

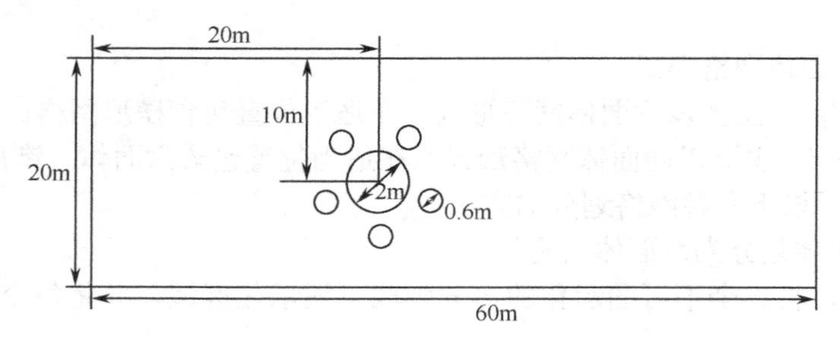

图 3-6　圆柱绕流场几何模型简图

本例为二维几何模型，模型结构相对简单，网格划分遵循先进行线网格划分，然后再

生成面网格的划分方式。由于本例主要观察圆柱附近的流场分布，所以需要对圆柱附近的网格进行加密处理。

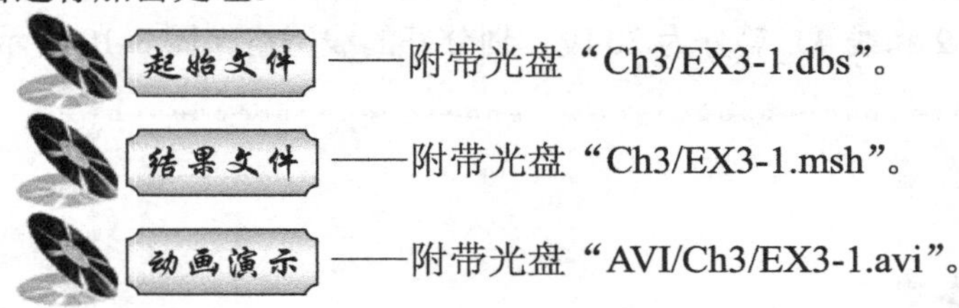

起始文件——附带光盘“Ch3/EX3-1.dbs”。

结果文件——附带光盘“Ch3/EX3-1.msh”。

动画演示——附带光盘“AVI/Ch3/EX3-1.avi”。

2．模型导入

打开 Gambit 软件，执行 File→open 菜单命令，将模型 EX3-1.dbs 文件导入，如图 3-7 所示。

图 3-7　导入的几何模型

3．网格划分

下面对计算区域进行网格划分，虽然本例的计算区域较简单，但网格划分采取分块划分时则比较复杂，这里采用非结构化网格划分方法，同样可以生成高质量的网格。

（1）单击 → → ，在 Mesh Edges 面板的 Edges 黄色输入栏中选取大圆的圆周线 11（edge.11），如图 3-8 所示，选择 Interval Count 分段方式，并在左侧输入栏中输入“140”，保持其他默认设置，单击 Apply 按钮，生成线段 11（圆周）的线网格，如图 3-9 所示。

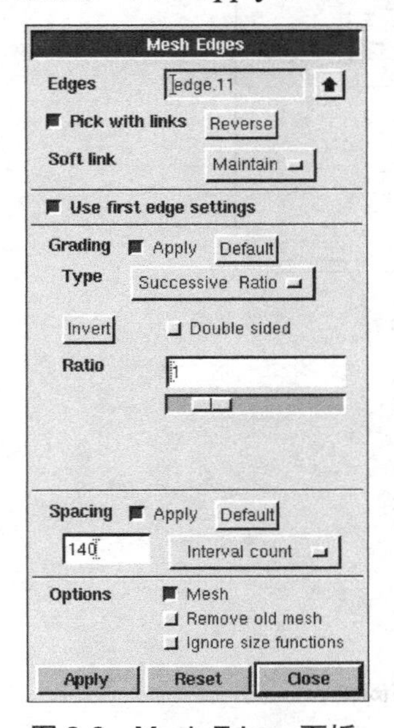

图 3-8　Mesh Edges 面板

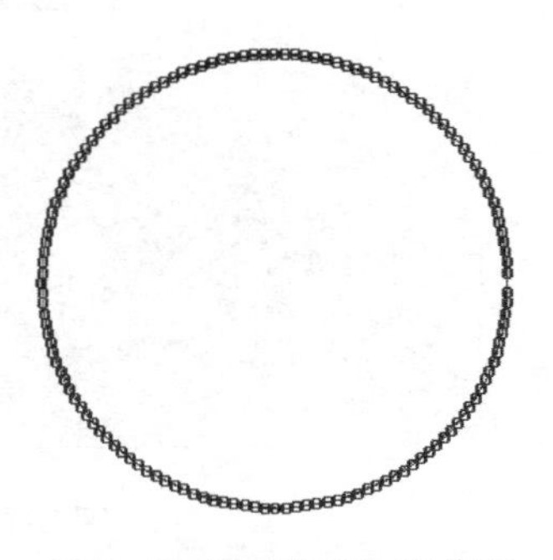

图 3-9　圆周线的网格划分

（2）用同样的线网格划分方式将大圆周围的五个小圆（线 12、线 13、线 14、线 15、线 16）都采用等间距划分 60 段，并将矩形区域的上、下两根线（线 1 和线 3）等分为 60 段，将矩形的左、右两根线（线 2 和线 4）等分为 20 段，划分好的线网格如图 3-10 所示。

图 3-10　划分好的线网格

（3）线网格划分好后，单击 → → ，打开 Mesh Faces 面板，如图 3-11 所示。选中本例计算区域的面 1，以 Elements：Tri 和 Type：Pave 的网格划分方式对该面进行面网格划分，保持其他默认设置，单击 Apply 按钮，生成如图 3-12 所示的面网格。

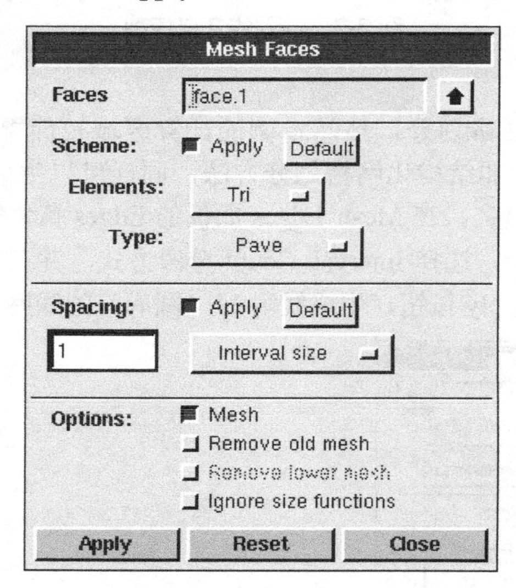

图 3-11　面网格划分

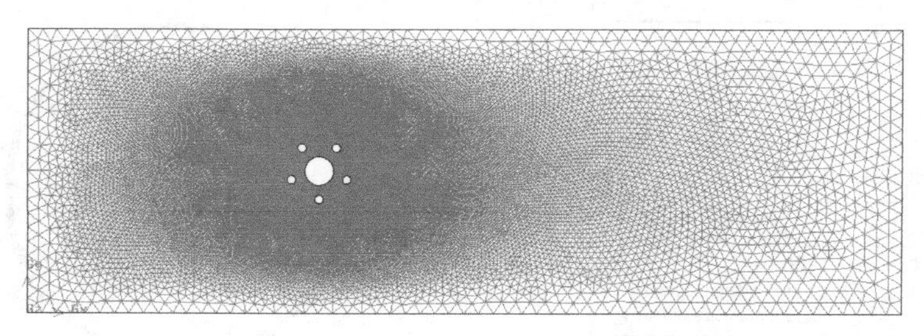

图 3-12　划分好的面网格

（4）单击视图控制面板按钮，弹出如图 3-13 所示的 Examine Mesh 面板。选择面板中的 2D Element 按钮，并按下右侧的三角形网格。当选取 Range 质量值范围选项时，图中显示最左侧的柱体最高，表示划分的体网格质量较好，可以用于下一步的计算。

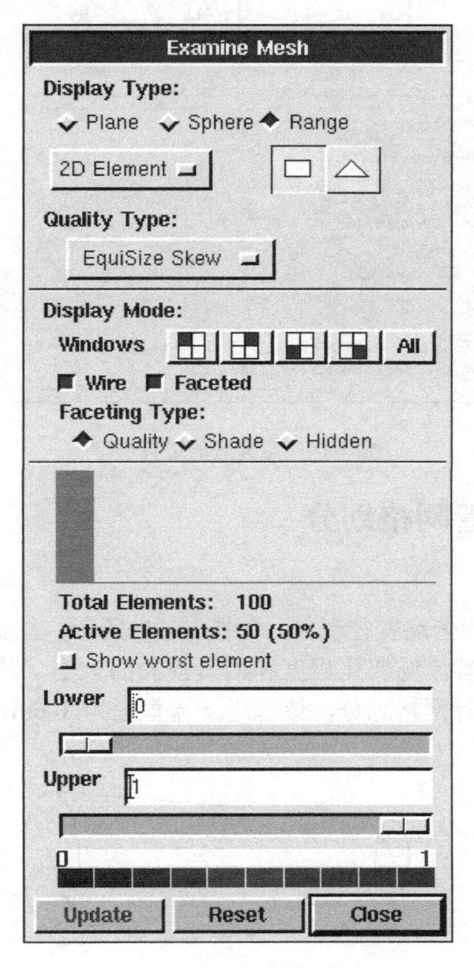

图 3-13　Examine Mesh 面板

（5）网格划分好后定义边界类型，单击→，在 Specify Boundary Types 面板中选择矩形左侧入口线段（edge.4），定义为速度入口边界（VELOCITY_INLET），名称为 in-let；定义矩形右侧出口线段（edge.2）为自由出口（OUTFLOW），名称为 out-let；定义大圆柱边界（edge.11）为壁面（WALL），名称为 zhumian；定义周围五个小圆边界（edge.12、edge.13、edge.14、edge.15、edge.16）为壁面（WALL），名称分别定义为 circle1，circle2，circle3，circle4，circle5；矩形的上下边界定义为 SYMMETRY 边界，名称为 duichen。定义好的边界类型如图 3-14 所示。

（6）最后，执行 File→Export→Mesh 菜单命令，将网格输出为 EX3-1.msh。

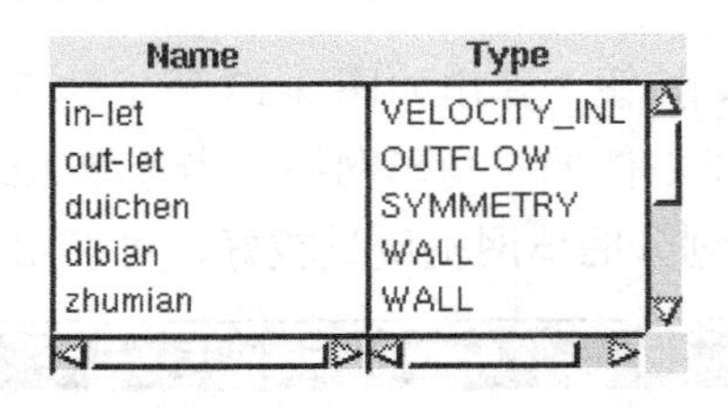

Name	Type
in-let	VELOCITY_INL
out-let	OUTFLOW
duichen	SYMMETRY
dibian	WALL
zhumian	WALL

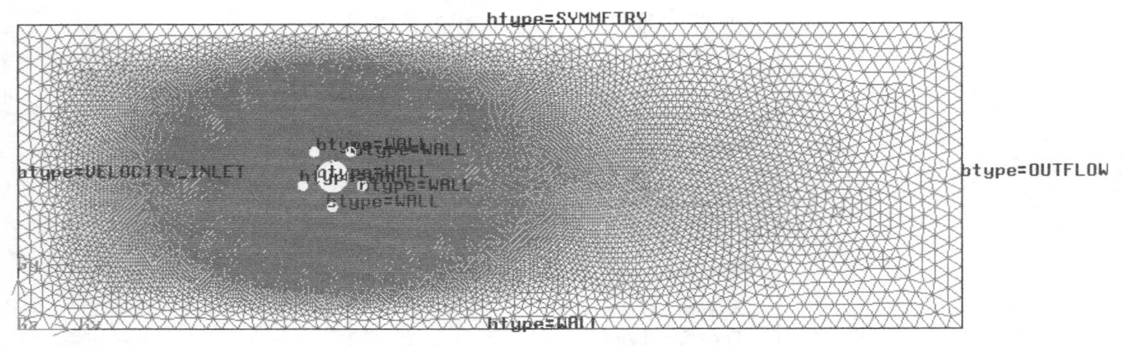

图 3-14　定义好的边界类型

实例 3-2　3D 变径管网格划分

1. 实例概述

在输油管中，经常出现管路变径现象，如图 3-15 所示。在变径段，油流因过流截面积的变化而出现流场变化，其流场变化程度和能量损失的大小，是实际管输中需要关注的问题。本例对 3D 变径管进行网格划分，该管道一端直径为 0.6m，另一端直径为 1m，长为 3m。

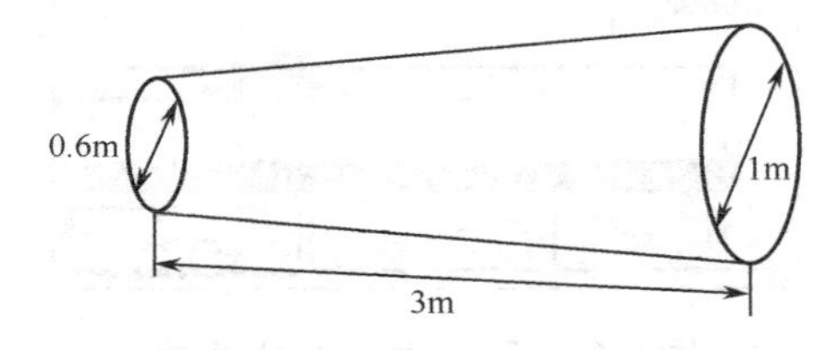

图 3-15　3D 变管径几何模型简图

思路·点拨

由于该几何模型比较简单，这里采用线网格→面网格→体网格的划分方法进行网格划分，并在管道内壁绘制边界层网格。

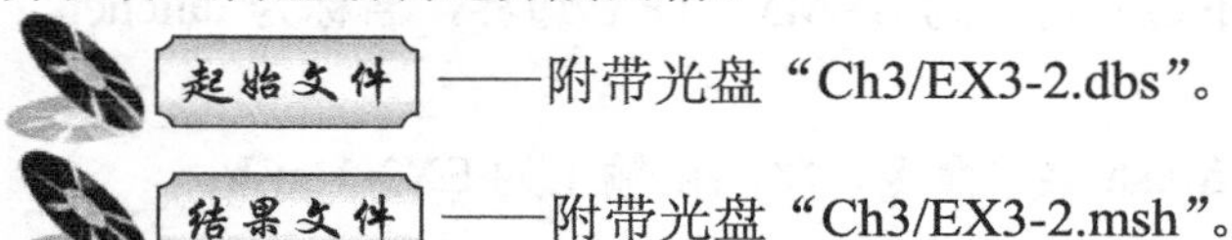

起始文件——附带光盘“Ch3/EX3-2.dbs”。

结果文件——附带光盘“Ch3/EX3-2.msh”。

——附带光盘“AVI/Ch3/EX3-2.avi”。

2．模型导入

打开 Gambit 软件，执行 File→open 菜单命令，将模型 EX3-2.dbs 导入，如图 3-16 所示。

3．网格划分

（1）单击 → → ，弹出 Create Boundary Layer 面板，在 Edges 黄色输入栏中选取小圆面的周线 1 和大圆的周线 2，视图中该线会出现一个红色的箭头，代表着边界层生成的方向。然后，选中 1:1 的边界层生成方式，并设置第一个点距壁面距离为 0.001m，递增比例因子为 1.2，边界层为 4 层。单击 Apply 按钮即绘制完边界层网格，如图 3-17 所示。此时显示的为三角形网格，要等该面的面网格生成后才能看到真正的边界层网格。

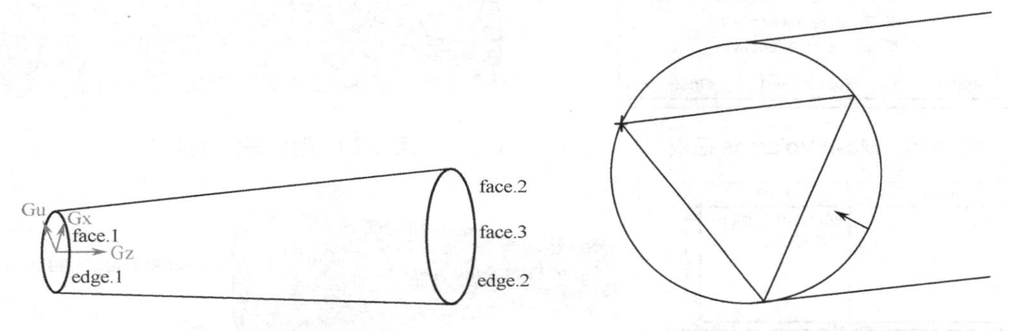

图 3-16　导入的几何模型　　　　图 3-17　边界层网格划分

（2）单击 → → ，在 Mesh Edges 面板的 Edges 黄色输入栏中选取线段 1（edge.1）和线段 2（edge.2），选择 Interval Count 分段方式，并在左侧输入栏中输入“60”，保持其他默认设置，单击 Apply 按钮生成线段 1（edge.1）和线段 2（edge.2）（圆周）的线网格，如图 3-18 所示。单击 → → ，打开 Mesh Faces 面板，选中小圆面，运用 Quad 单元对这个面进行划分。

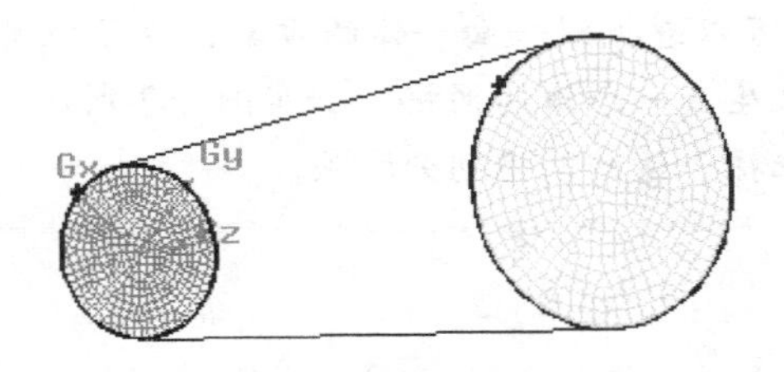

图 3-18　划分好的圆面网格

（3）下面以该面为源面，生成整个体的体网格。单击 → → ，运用 Hex/Wedge 单元与 Cooper 方法对该几何体进行划分，在 Interval size 中输入“0.05”，并在 Options 中选中所有选项如图 3-19 所示，单击 Apply 按钮生成的体网格如图 3-20 所示。

（4）网格划分好后定义边界类型，本例只需要定义进、出口边界，选择面 1（face.1）作为进口，定义其为 PRESSURE_INLET，命名为“in-let”。选择面 3（face.3）作为出口，定义其为 PRESSURE_OUTLET，命名为“out-let”，定义好的边界类型如图 3-21 所示。

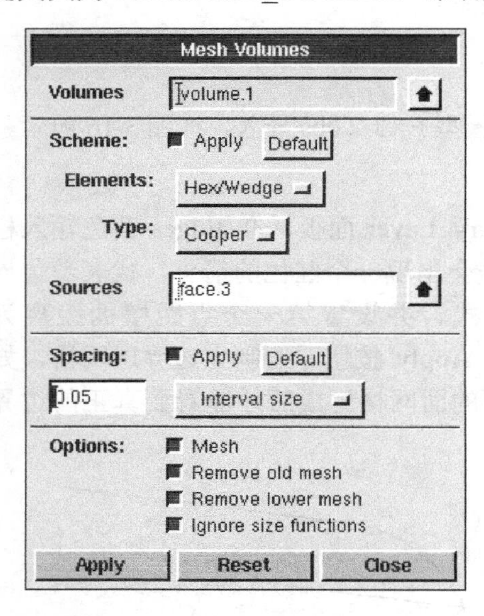

图 3-19　Mesh Volumes 面板

图 3-20　划分好的体网格

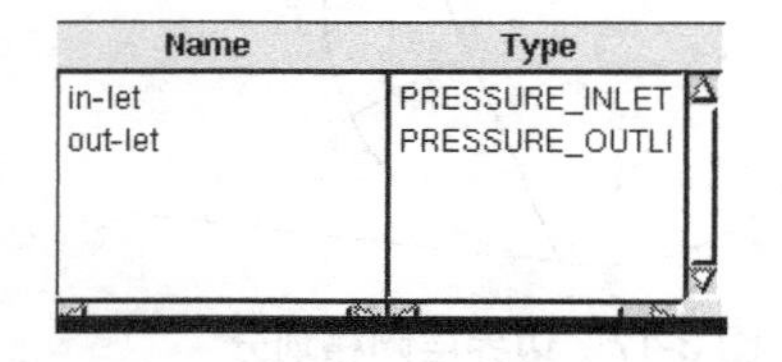

Name	Type
in-let	PRESSURE_INLET
out-let	PRESSURE_OUTLI

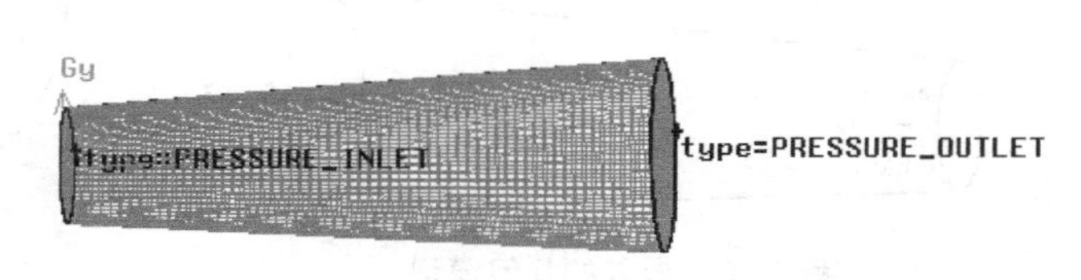

图 3-21　定义好的边界类型

（5）最后，执行 File→Export→Mesh 菜单命令，输出三维模型网格文件 EX3-2.msh。

应用 · 技巧

Gambit 的网格划分可以遵循线—面—体的步骤，也可以直接生成面或体，还可以以一个面的网格为源面来生成一个体的网格，如实例 3-2 所述。所以，读者应根据具体计算要求和模型形状来选择合适的网格划分方法。

3.3　本章小结

本章主要介绍了 Gambit 的网格划分方法，包括边界层网格、线网格、面网格、体网格的划分。考虑到网格划分的好坏直接关系到计算结果的可靠性，因此，必须根据实际问题的计算精度要求和几何模型的复杂程度合理安排网格的类型和疏密，对于需要考虑壁面速度梯度的流动，必须要划分边界层网格；对于关注局部流场的问题，必须对局部区域进行网格的加密。

第4章 ANSYS Meshing网格划分

ANSYS Meshing 提供了新一代网格划分解决方案，将先进的网格划分技术运用到仿真工作流程中。划分四面体网格时使用默认的物理环境设置，简单单击鼠标就可以实现用于指定分析的高质量网格，可自动生成健壮的面网格、膨胀层网格、四面体网格划分。可以添加局部的尺寸控制、匹配控制、映射控制、虚拟拓扑、收缩控制和其他控制选项。ANSYS Meshing 提供了一个灵活的解决方案，可快速自动生成全六面体或六面体为主的网格，或者生成一个高度可控的六面体网格以达到具备高效和准确性的最佳解决方案，节约了网格划分所需的时间。

本章内容

- 几何模型的导入
- ANSYS Meshing 操作界面
- ANSYS Meshing 四面体网格的画法
- ANSYS Meshing 平面网格的画法

本章案例

- 实例 4-1　冷热水交换器网格划分
- 实例 4-2　2D 混合肘网格划分

视频教学

4.1 ANSYS Meshing 操作界面

ANSYS Meshing（界面如图 4-1 所示）网格划分技术继承了 ANSYS Mechanical、ANSYS ICEM CFD、ANSYS CFX、Gambit、TGrid 和 CADOE 等 ANSYS 各结构、流体网格划分程序的相关功能，提供了包括混合网格和全六面体自动网格等在内的一系列高级网格划分技术，方便用户进行客户化设置以对具体的隐式和显式结构、流体、电磁、板壳、2D 模型、梁杆模型等进行细致的网格处理，形成最佳的网格模型，为高精度计算打下坚实基础。与 DM 相似，ANSYS Meshing 操作界面也包括菜单栏、工具栏、树形窗、列表窗、状态栏和图形窗口等。用户可以根据需要设置个人窗格，如移动窗格、调整窗格大小、标签接入、自动隐藏等操作。

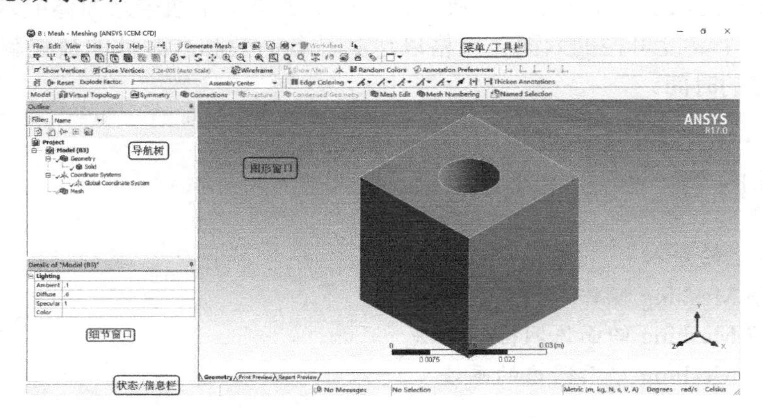

图 4-1　ANSYS Meshing 基本界面

1. 菜单栏

菜单栏包括 File（基本文件操作）、Edit（编辑）、View（视图）、Units（单位）、Tools（工具）、Help（帮助）。下面依次进行介绍。

图 4-2 所示为 File 菜单列表，可以完成图示任务，其中保存工程文件的后缀名为.wbpj，导出模型文件的后缀名为.meshdat、.msh、.poly、.cgns、.prj、.tgf 等。

图 4-3 所示为 Edit 菜单列表，可以完成复刻（复制和粘贴）、不带结果复刻、复制、剪切、粘贴、删除、选择全部等操作。

图 4-2　File（基本文件操作）菜单列表

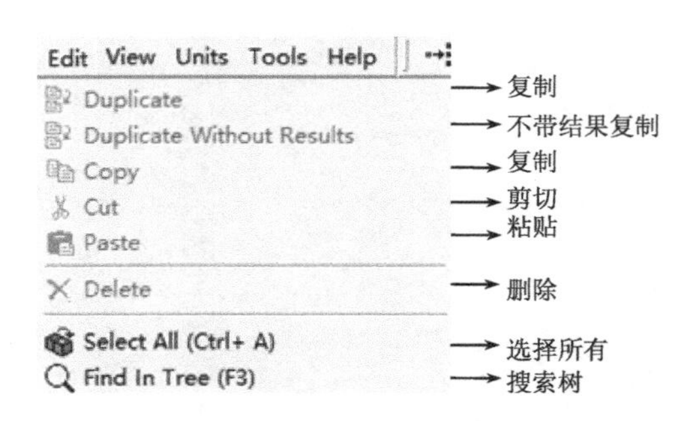

图 4-3　Edit（编辑）菜单列表

图 4-4 所示为 View 菜单列表，通过此菜单的操作可以改变窗口内容显示。

图 4-5 所示为 Units 菜单列表，通过此菜单的操作可以改变单位。

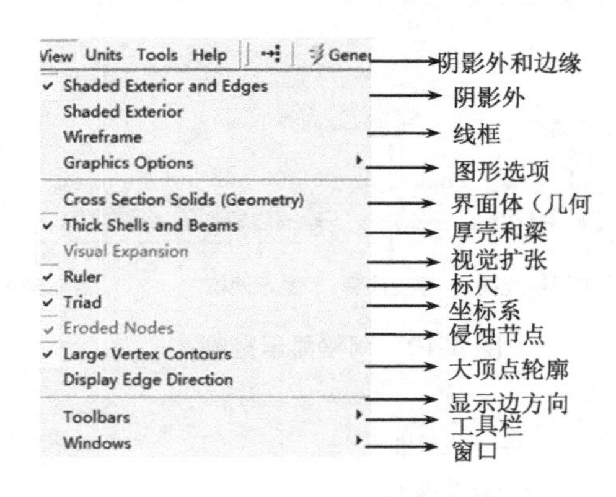

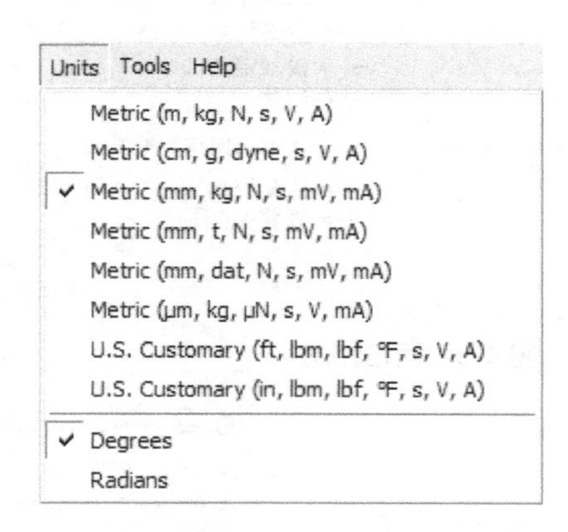

图 4-4　View（修改显示设置）菜单列表　　　图 4-5　Units（单位）菜单列表

2．ANSYS Meshing 鼠标的用法

ANSYS Meshing 鼠标用法与 DM 相同。鼠标左键：选择几何体，添加/移动选定的实体（CTRL+鼠标左键），连续选择（按住鼠标左键并扫掠光标）。鼠标中键：自由旋转（快捷操作）。鼠标右键：窗口缩放（快捷操作），打开弹出菜单。

3．过滤器，图形/显示控制工具

ANSYS Meshing 过滤器、图形/显示控制工具基本与 DM 相同，同时也添加了一些特有的控制工具，如图 4-6～图 4-11 所示。

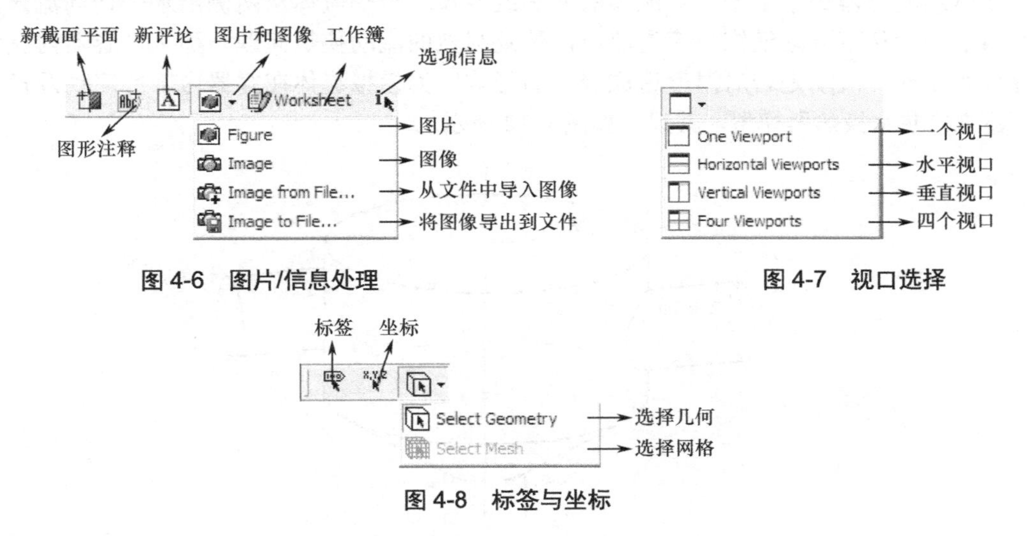

图 4-6　图片/信息处理　　　图 4-7　视口选择

图 4-8　标签与坐标

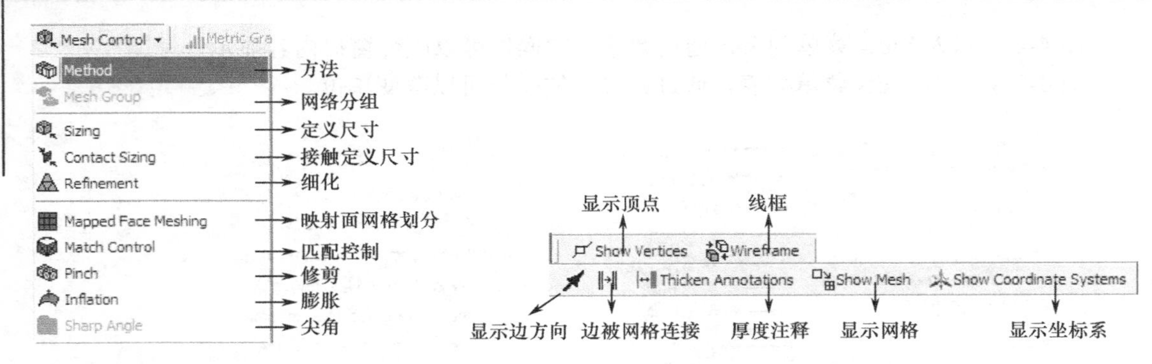

图 4-9　网格控制

图 4-10　网格显示控制

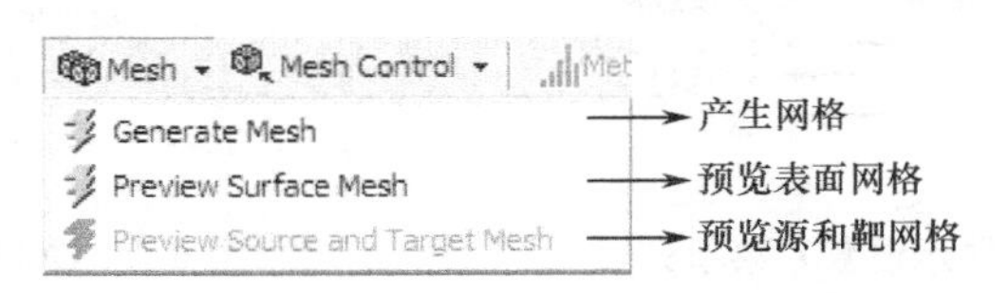

图 4-11　网格生成与预览

4.2　ANSYS Meshing 网格划分实例

实例 4-1　冷热水交换器网格划分

1. 实例概述

冷热水混合器经常用于工业流体的加热或冷却。冷热流体从两侧沿水平切向流入，在容器内混合后从下方渐缩锥形流道流出，涉及强烈的流动换热问题。那么，容器内流体的温度分布如何？流动是否对温度造成极大的影响？为模拟流体在容器内部的流动及换热问题，建立冷热水换热器模型，其尺寸如图 4-12 所示。

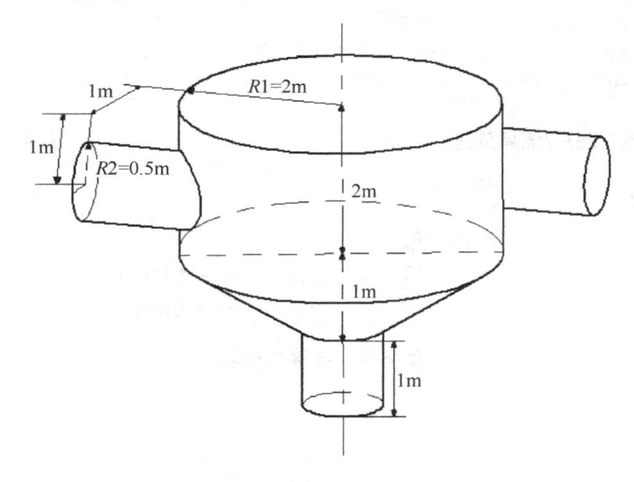

图 4-12　冷热水换热器尺寸

思路 · 点拨

直接将已建好的几何模型导入 Meshing，进行网格划分。Meshing 可以对冷热水交换器直接进行四面体网格划分，然后利用 Inflation 生成边界层，再利用 Named Selection 定义边界，完成网格划分。

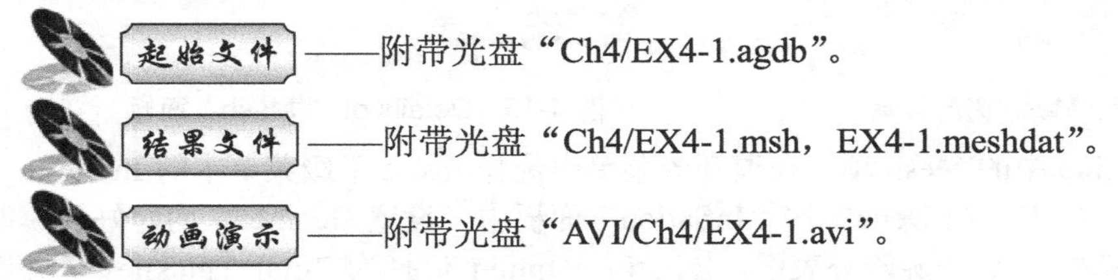

起始文件——附带光盘“Ch4/EX4-1.agdb”。

结果文件——附带光盘“Ch4/EX4-1.msh，EX4-1.meshdat”。

动画演示——附带光盘“AVI/Ch4/EX4-1.avi”。

2．模型导入

启动 Workbench，在 Workbench 界面中双击左侧 Component Systems 面板的 Mesh 项，此时 Project Schematic 项目视图区出现了一个新的 Mesh 工程，如图 4-13 所示，选中 Mesh 工程菜单的第二行 Geometry，并在右击鼠标展开的菜单中选择 Import Geometry，单击 Browse 按钮，浏览并复制 EX4-1.agdb 文件，从而实现几何模型的导入。

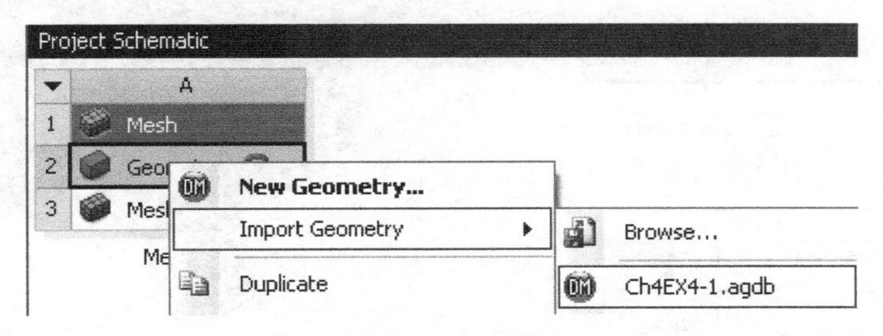

图 4-13　几何模型导入界面

这时，Geometry 右侧有一个绿色对号标记，暗示几何模型已经建立好，可以开始下一步网格划分了。

3．网格划分

（1）几何模型导入后，双击 Mesh 工程菜单的第三行 Mesh（或右击 Mesh 并选择 Edit），将打开 ANSYS Meshing 软件的操作界面（见图 4-1）。在 ANSYS Meshing 操作界面左侧 Outline 中，单击 Geometry 项左侧的加号，可以看到 Geometry 下级菜单里已存在一个一体部件（Solid），如图 4-14 所示。

（2）单击 Outline 中的 Mesh 项，在 Outline 正下方的 Details of “Mesh”面板中将 Physics preference 设置为 CFD，并选择 FLUENT 求解器，如图 4-15 所示。

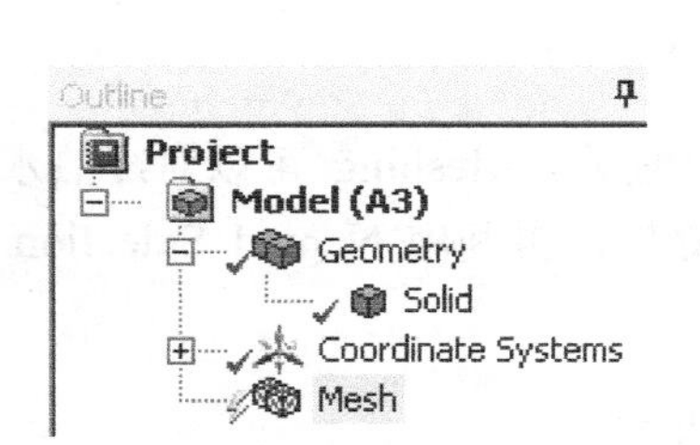

图 4-14 Mesh 树形菜单

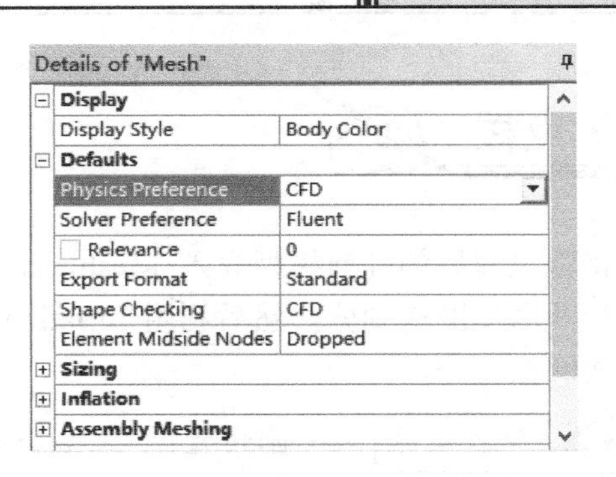

图 4-15 Details of “Mesh” 面板

（3）右击 Outline 中的 Mesh 项，在展开的菜单中选择 Insert 下级菜单中的 Inflation（插入一个膨胀方法）。接着，在 Details of “Inflation” 面板中，设置 Geometry 为建好的模型整体，Boundary 为模型的 5 个旋转外表面，Inflation Option 选择为 Total Thickness，并设置 Maximum Thickness 为 0.2m，如图 4-16 所示。右击 Outline 中的 Mesh 项，单击 Generate Mesh 按钮，可生成如图 4-17 所示网格。

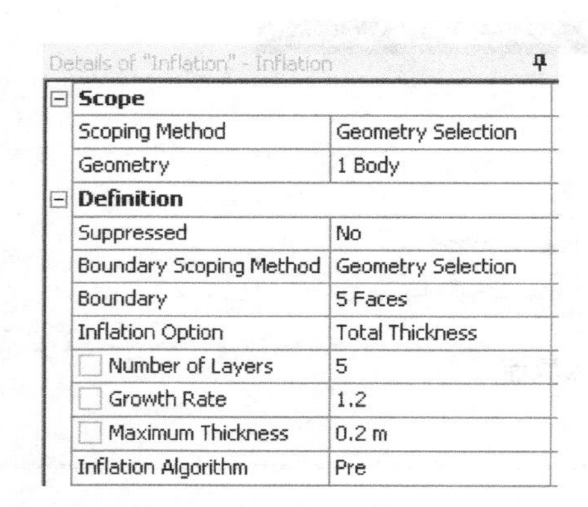

图 4-16 Details of “Inflation” 面板

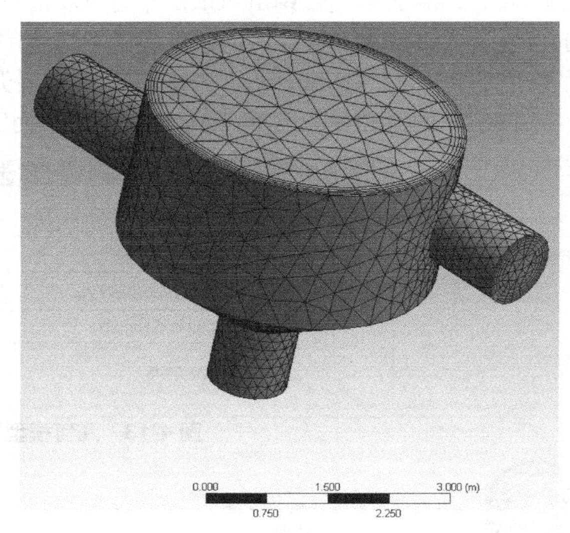

图 4-17 网格生成视图

4．定义边界

右击 Outline 中的 Model（A3），在展开的菜单中选择 Insert，并在下级菜单中选择 Named Selection，如图 4-18 所示。在 Details of “Selection” 面板中设置 Geometry 为在+Y 方向的管道进口断面（见图 4-19 中的 A），单击 Apply 按钮，然后单击 Outline 中的 Named Sections 项前的⊞，在展开的菜单中右击 Section，选择 Rename，输入“inlet1”。用同样的操作将−Y 方向的管道进口断面（见图 4-19 中的 B）以及−X 方向的底部出口断面（见图 4-19 中的 C）分别定义为 inlet2 和 outlet，边界定义完成后如图 4-19 所示。

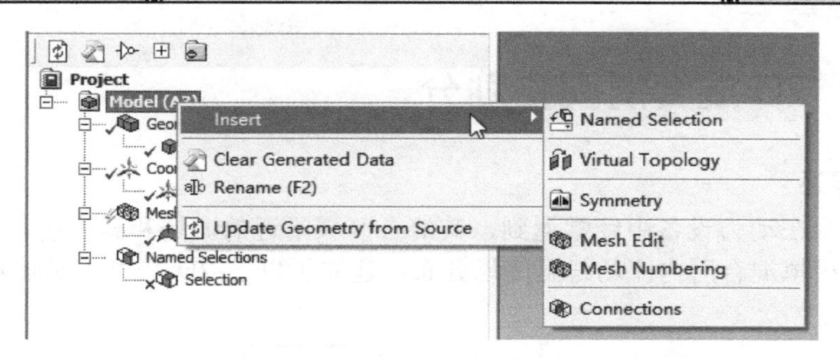

图 4-18　名称定义选项

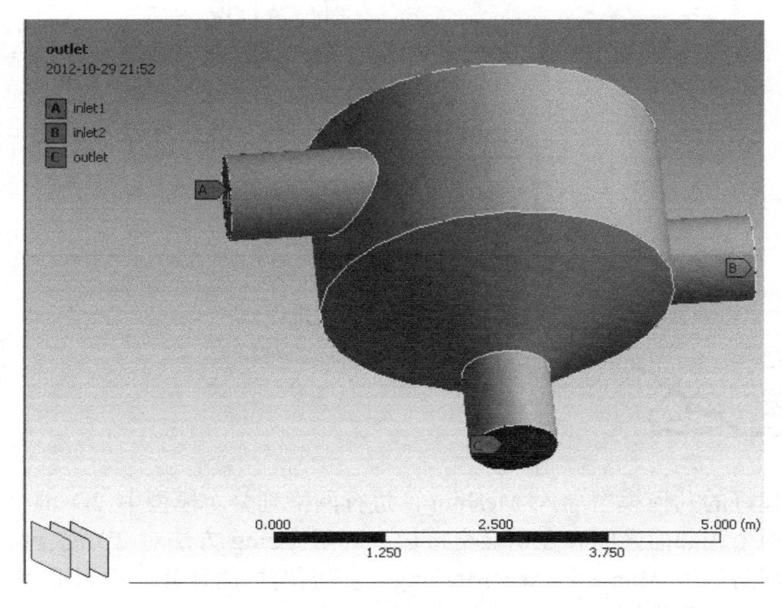

图 4-19　边界定义界面

5. 网格导出

模型、网格、边界类型定义都完成之后，需要将网格文件导出。选择菜单 File，在下拉菜单中选择 Export，如图 4-20 所示，弹出“网格输出”对话框，选择保存的路径，然后在 File Name 输入“EX4-1.msh”（建议同时保存 Meshing 默认的格式 EX4-1.meshdat）。单击保存，完成网格文件导出。

最后，单击 File 下拉菜单的 Close Meshing，安全退出 Meshing。

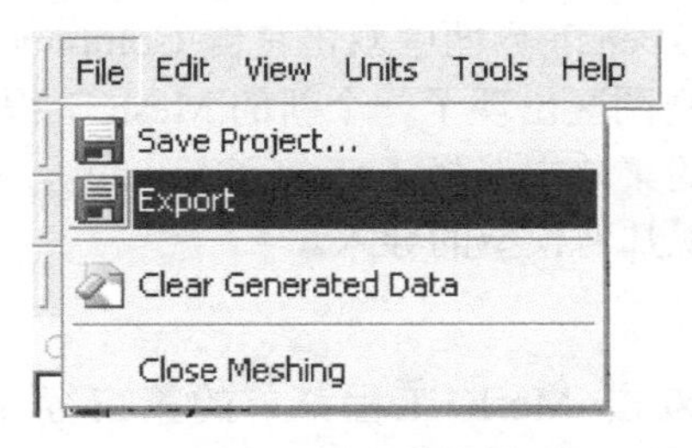

图 4-20　File 菜单

实例 4-2　2D 混合肘网格划分

1．实例概述

混合肘结构在动力设备中经常遇到，其混合区域附近的流场和温度场是 CFD 分析者所关心的。为模拟混合肘内流场与温度场分布，建立了以下 2D 模型，具体尺寸如图 4-21 所示。

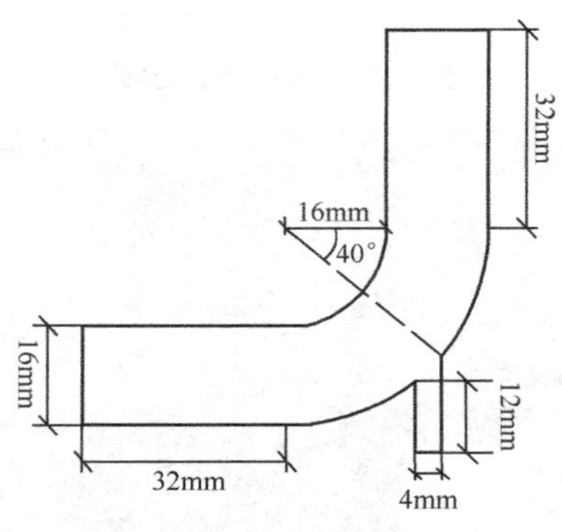

图 4-21　2D 混合肘尺寸

思路·点拨

直接将已建好的几何模型导入 Meshing，进行网格划分。模型中 2D 混合肘由四个面域拼接而成，每两个相邻面之间存在明显交接边。利用 Sizing 方法对 2D 混合肘的每一条边进行网格划分，然后利用 Mapped Face Meshing 进行面网格的划分。再利用 Named Selection 定义边界，从而完成网格划分。

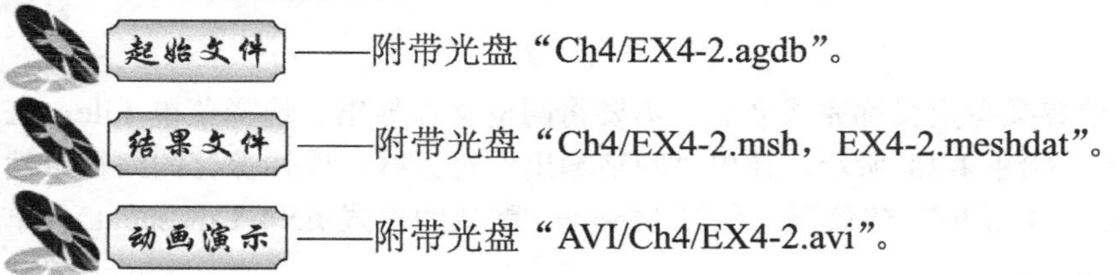

——附带光盘“Ch4/EX4-2.agdb”。

——附带光盘“Ch4/EX4-2.msh，EX4-2.meshdat”。

——附带光盘“AVI/Ch4/EX4-2.avi”。

2．模型导入

启动 Workbench，在 Workbench 界面中双击左侧 Component Systems 面板的 Mesh 项，此时，Project Schematic 项目视图区出现了一个新的 Mesh 工程。选中 Mesh 工程菜单的第二行 Geometry，并在右击展开的菜单中选择 Import Geometry，单击 Browse 按钮，浏览并复制 EX4-2.agdb 文件，从而实现几何模型的导入。

3．网格划分

（1）几何模型导入后，双击 Mesh 工程菜单的第三行 Mesh（或右击 Mesh 并选择 Edit），打开 ANSYS Meshing 软件的操作界面。在 ANSYS Meshing 操作界面左侧 Outline

中，单击 Geometry 项左侧的加号，可以看到 Geometry 下级菜单里已存在一个一面体部件（Surface Body），如图 4-22 所示。

（2）左击 Outline 中的 Mesh 项，在 Details of“Mesh”面板中将 Physics Preference 设置为 CFD，并选择 FLUENT 求解器，如图 4-23 所示。

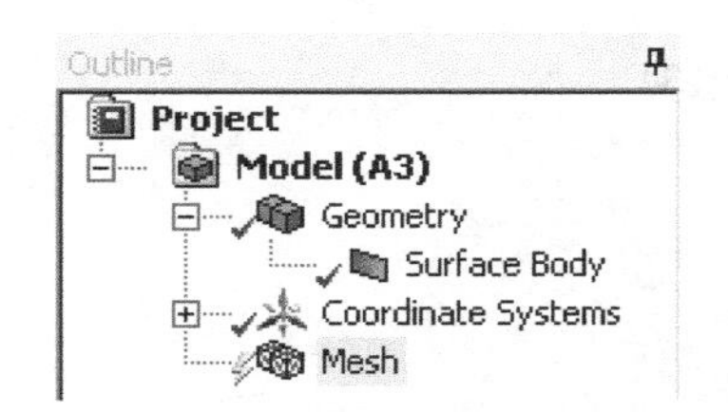

图 4-22　Mesh 树形菜单

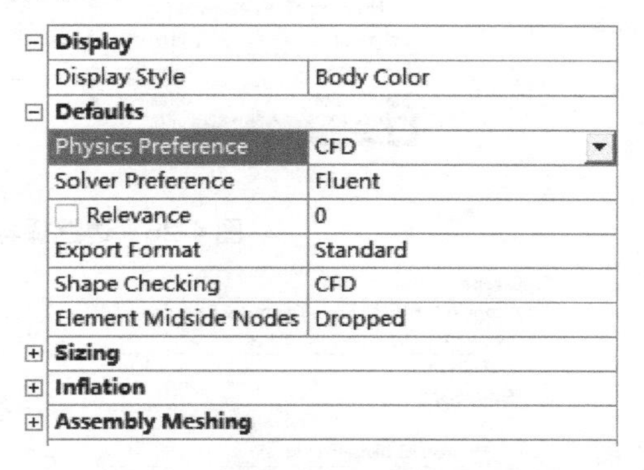

图 4-23　Details of“Mesh”面板

（3）右击 Outline 中的 Mesh 项，在展开的菜单中选择 Insert 下级菜单中的 Sizing，单击选中工具栏中的 ，并按住 Ctrl 键选择如图 4-24 所示的 4 条边；在 Details of“Edge Sizing”-Sizing 面板中设置 Type 为 Number of Divisions，Number of Divisions 设为 10，Behavior 设为 Hard，Bias Type 设为“_ — —— — _”，且 Bias factor 为 10。

按照相同的设置方法，对其余的 11 条边进行线网格的划分，具体参数设置如图 4-25～图 4-30 所示。

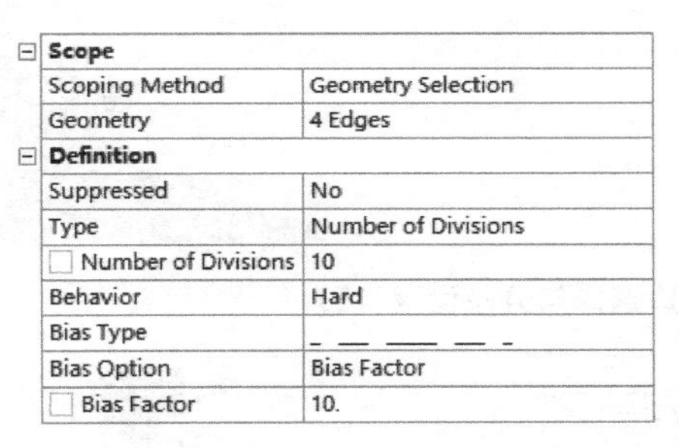

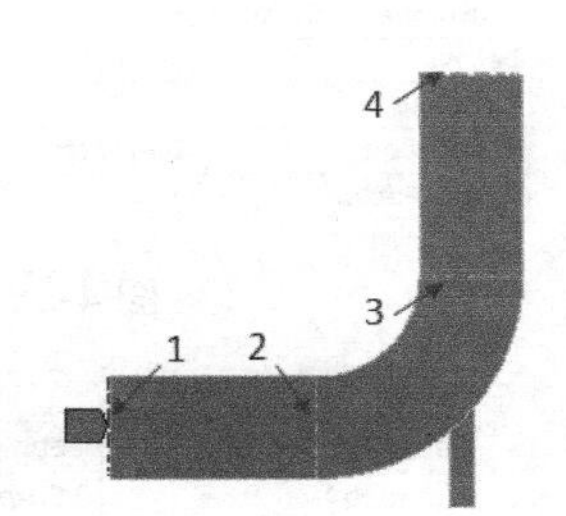

图 4-24　边选择与分段设置（1）

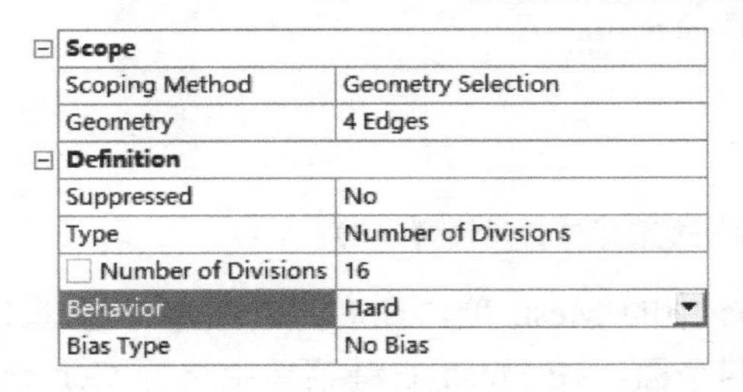

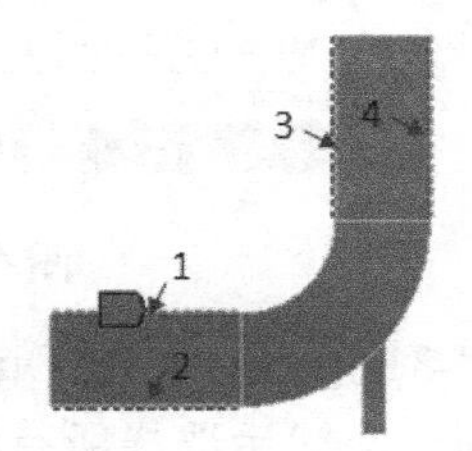

图 4-25　边选择与分段设置（2）

Scope	
Scoping Method	Geometry Selection
Geometry	1 Edge
Definition	
Suppressed	No
Type	Number of Divisions
Number of Divisions	12
Behavior	Hard
Bias Type	_ __ ___ __ _
Bias Option	Bias Factor
Bias Factor	1.5

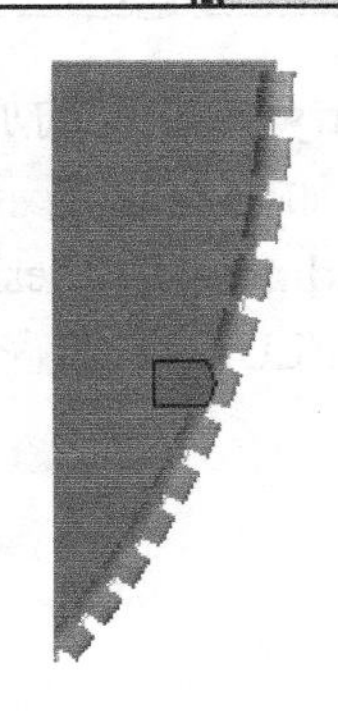

图 4-26　边选择与分段设置（3）

Scope	
Scoping Method	Geometry Selection
Geometry	1 Edge
Definition	
Suppressed	No
Type	Number of Divisions
Number of Divisions	12
Behavior	Hard
Bias Type	___ __ _ _
Bias Option	Bias Factor
Bias Factor	1.5
Reverse Bias	No Selection

图 4-27　边选择与分段设置（4）

Scope	
Scoping Method	Geometry Selection
Geometry	1 Edge
Definition	
Suppressed	No
Type	Number of Divisions
Number of Divisions	34
Behavior	Hard
Bias Type	___ __ _ __ ___
Bias Option	Bias Factor
Bias Factor	10.

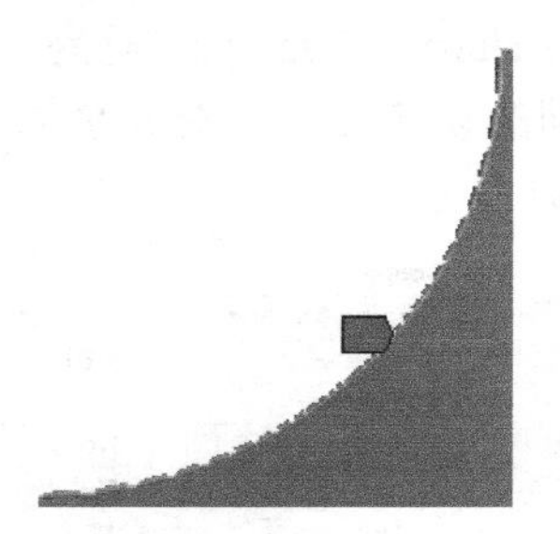

图 4-28　边选择与分段设置（5）

Scope	
Scoping Method	Geometry Selection
Geometry	2 Edges
Definition	
Suppressed	No
Type	Number of Divisions
Number of Divisions	10
Behavior	Hard
Bias Type	No Bias

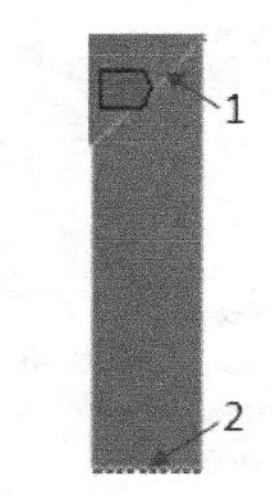

图 4-29　边选择与分段设置（6）

（4）如图 4-31 所示，右击 Outline 中的 Mesh 项，在展开的菜单中选择 Insert 下级菜单中的 Face Meshing，然后选择所有的四个面，在 Mesh 右键菜单中选择 Generate Mesh，生成网格如图 4-32 所示。

Scope	
Scoping Method	Geometry Selection
Geometry	2 Edges
Definition	
Suppressed	No
Type	Number of Divisions
Number of Divisions	12
Behavior	Hard
Bias Type	No Bias

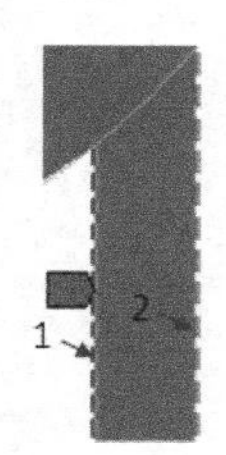

图 4-30　边选择与分段设置（7）

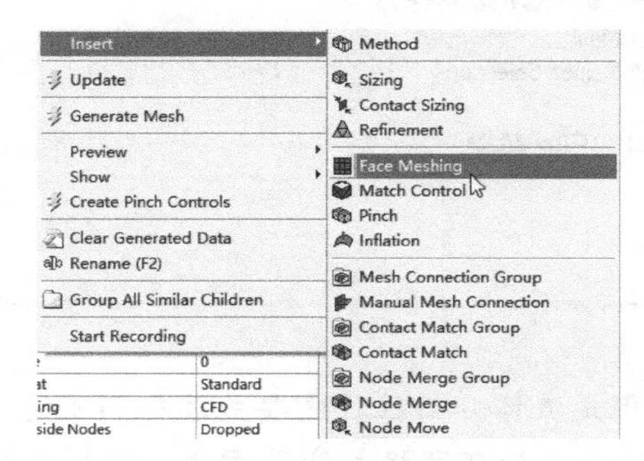

图 4-31　插入 Mapped Face Meshing

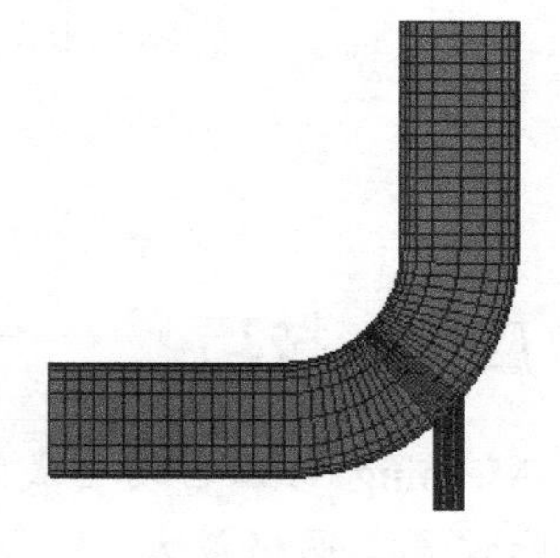

图 4-32　生成网格视图

4．定义边界

右击 Outline 中的 Model（A3），在展开的菜单中选择 Insert，并在下级菜单中选择 Named Selection。在 Details of “Selection”面板中设置 Geometry 为在−*X* 方向的混合肘进口边（图 4-33 中 A），单击 Apply 按钮，然后单击 Outline 中的 Named Sections 项前的⊞，在展开的菜单中右击 Selection，选择 Rename，输入“inlet1”。用同样的操作将−*Y* 方向的混合肘进口边（图 4-33 中 C），以及+*Y* 方向的混合肘出口边（图 4-33 中 B）分别定义为 inlet2 和 outlet，定义边界完成后如图 4-33 所示。

5．网格导出

模型、网格、边界类型定义都完成之后，需要将网格文件导出。选择菜单 File，如图 4-34 所示，在下拉菜单中选择 Export。选择保存的路径，然后在 File Name 栏输入“EX4-2.msh”（建议同时保存 Meshing 默认的格式 EX4-2.meshdat）。单击 Save 按钮，完成网格文件导出。

最后选择 File 下拉菜单中的 Close Meshing，安全退出 Meshing。

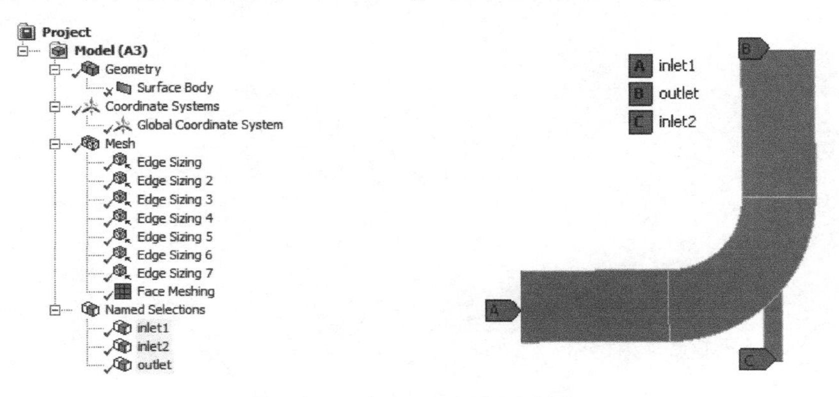

图 4-33　定义 2D 混合肘边界

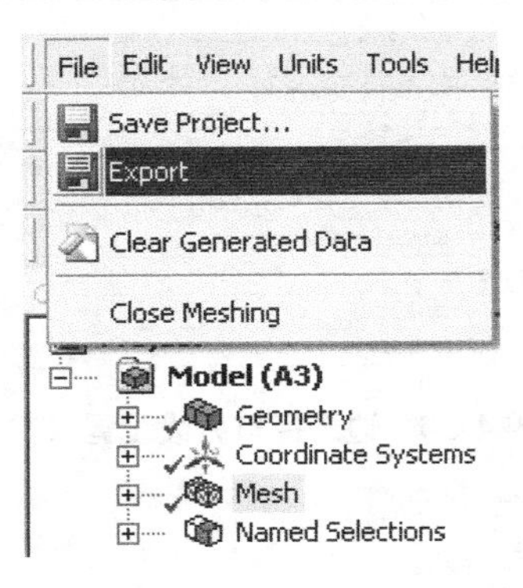

图 4-34　File 菜单

应用·技巧

尽管 Meshing 可以自动生成网格，但是流体分析往往需要关注局部流场，所以需要采用膨胀设置、网格最大、最小尺寸定义、局部网格加密等方法，使得划分出的网格更适用于后续模拟计算。

4.3　本章小结

本章介绍了 ANSYS 自带的 Meshing 软件的网格划分功能及方法，根据几何模型将用于机械受力分析还是流体分析，Meshing 可以自动生成相应的网格。然而这样的网格对于流体分析而言往往达不到精度要求，这时就需要进行膨胀设置、网格尺寸设置、局部加密设置等手动设置，使得网格尽可能地满足模拟计算的精度需要。

第5章　FLUENT 17.0 模型应用

FLUENT 是一个用于模拟和分析复杂几何区域内流体流动与传热现象的专用软件，它以用户界面友好而著称，对初学者来说非常容易上手。FLUENT 的软件设计基于 CFD 软件群的思想，从用户需求角度出发，针对各种复杂流动的物理现象，采用不同的离散格式和数值方法，在特定领域内使计算速度、稳定性和精度等方面达到最佳组合，从而高效率地解决各个领域复杂流动问题的计算。

FLUENT 软件的不断完善与更新，使得其不仅是一个研究工具，而且还作为设计工具在水利工程、土木工程、石油工程、天然气工程、环境工程、食品工程、海洋结构工程等领域发挥着巨大的作用。FLUENT 17.0 是 FLUENT 的最新版本，涵盖了丰富的计算模型，可以实现多种复杂流动及传热的模拟，本章主要介绍 FLUENT 17.0 相关模型的应用。

本章内容

- 传热模型
- 非定常模型
- 多相流模型
- DPM 模型
- 组分输运与化学反应模型
- 动网格模型
- 用户自定义函数（UDF）
- 流固耦合计算

本章案例

- 实例 5-1　后台阶流动模拟
- 实例 5-2　自然对流模拟
- 实例 5-3　瞬态管流模拟
- 实例 5-4　三通管气液两相流动模拟
- 实例 5-5　管嘴气动喷砂模拟
- 实例 5-6　液体燃料燃烧模拟
- 实例 5-7　往复活塞腔内流动
- 实例 5-8　液体蒸发模拟
- 实例 5-9　弯管流固耦合模拟

视频教学

5.1 FLUENT 17.0 的操作界面

FLUENT 17.0 图形用户界面由操作面板、图形窗口、下拉菜单及对话框组成，如图 5-1 所示。刚启动 FLUENT 17.0 时，左侧显示导航树/任务页，右上显示图形窗口。当用户单击左侧操作面板的某项命令时，具体的子命令列表会在中间的操作面板展开。

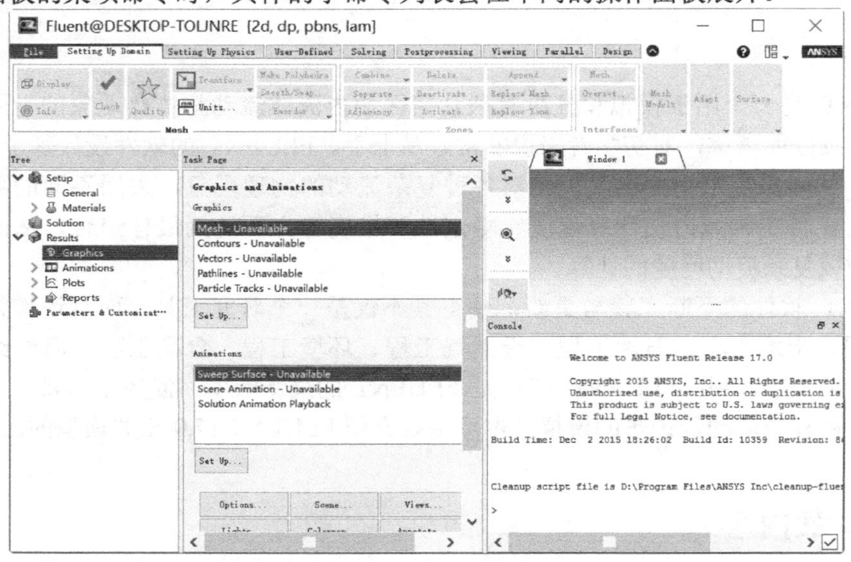

图 5-1 FLUENT 17.0 图形用户界面

FLUENT 17.0 菜单条包含了 11 个菜单，如图 5-2 所示，是按运行的步骤顺序有层次地以菜单的方式组织在一起的。FLUENT 17.0 菜单提供了操作面板的大部分命令，其下拉菜单使用方法和 Windows 一样，直接单击即可弹出相应的面板或对话框，如单击 Postprocessing 下拉菜单中的 Graphics 中某个按钮，则会展开如图 5-3 所示的 Graphics and Animations 面板。

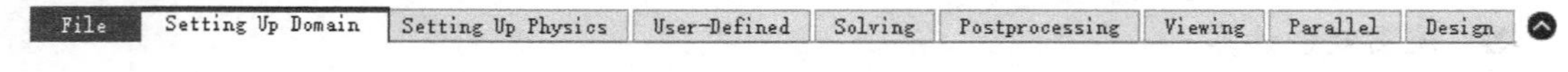

图 5-2 FLUENT 17.0 菜单

FLUENT 17.0 菜单条下方还有一工具栏，如图 5-4 所示。用户可以利用其打开和保存文件，设置图形显示和视图窗口的形式。

FLUENT 17.0 的右上角为图形显示窗口，如图 5-5 所示。后处理中，可通过显示选项对话框来控制图形显示的属性。

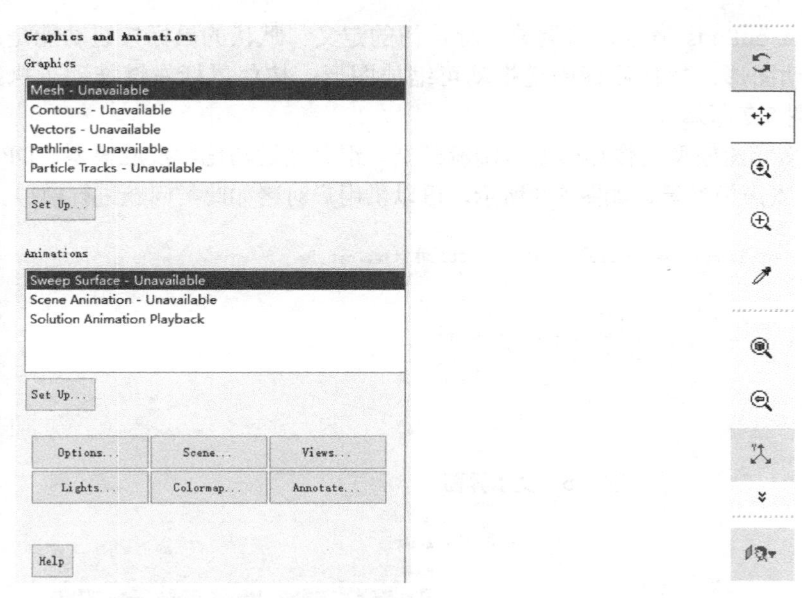

图 5-3 Graphics and Animations 面板

图 5-4 工具栏

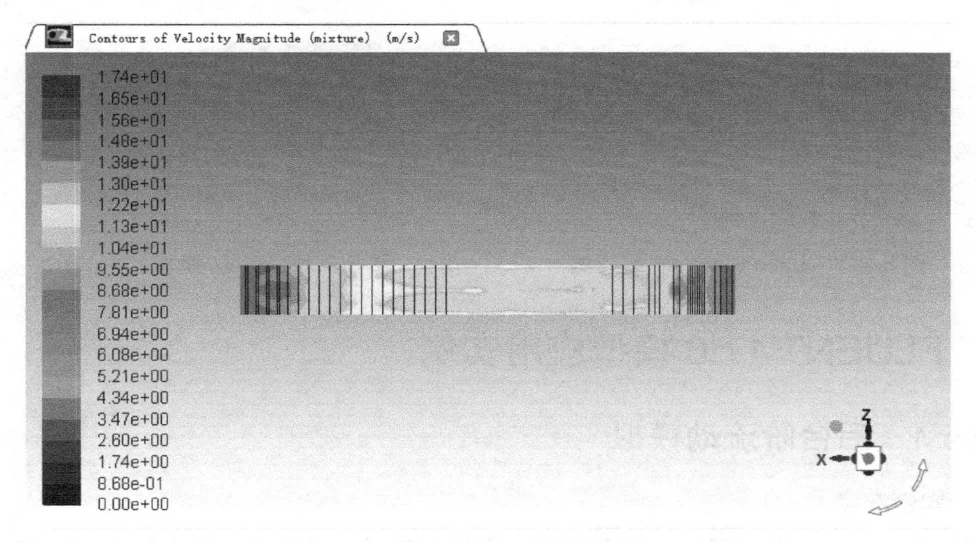

图 5-5 图形显示窗口

FLUENT 17.0 操作界面的右下角为文本界面，文本界面中的命令行提示符位于最下面一行，刚启动 FLUENT 时，显示为“>”。用户可借助文本界面输入各种命令、数据和表达式。另外，FLUENT 17.0 也正是利用该窗口显示文本信息，达到用户与 FLUENT 交互的目的。需要说明的是，文本界面使用 Scheme 编程语言对用户输入的命令和表达式进行管理。Scheme 是 LISP 语言的一种，简单易学，尤其是其宏功能非常有用。用户可在提示符下输入各种命令或 Scheme 表达式，直接按 Enter 键可显示当前菜单层次下的所有命令。例如在根目录下直接按 Enter 键，则显示菜单栏相对应的同名命令，如图 5-6 所示。在命令行提示符下，用户除了可以输入 FLUENT 命令外，还可以输入由 Scheme 函数组成的具有复杂功能的 Scheme 表达式，详细信息参阅 FLUENT 用户手册。

选择 Display→mouse buttons 命令，可调整鼠标按钮的定义。默认的鼠标按钮功能是：按住鼠标左键拖动可移动图形；按住鼠标中键拖动可缩放图形；按住鼠标右键拖动可执行用户预定义的操作，如图 5-7 所示。

FLUENT 17.0 包含多相流模型、传热模型、湍流模型、组分输运与化学反应模型、DPM 模型、凝固和融化模型、噪声模型等，如图 5-8 所示，可以供用户对诸如此类问题进行模拟。

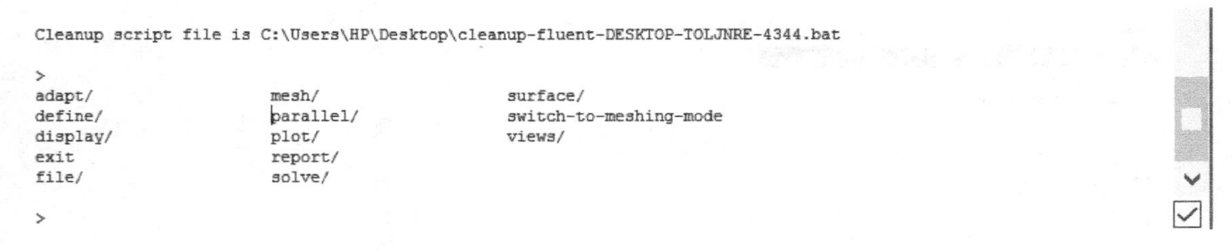

图 5-6　文本界面

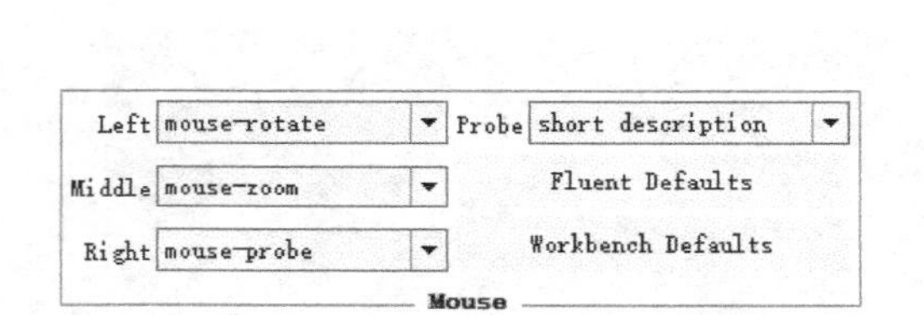

图 5-7　“Mouse Buttons”对话框

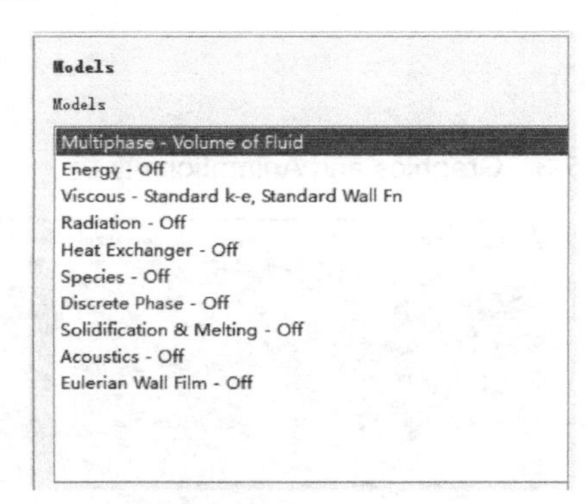

图 5-8　FLUENT 模型

5.2　FLUENT 17.0 模型应用实例

实例 5-1　后台阶流动模拟

1．实例概述

河道水流流动过程中经常会遇到跌坎，突然的落差势必改变了原先的流动状态，造成涡流、飞溅、气雾等现象，为了研究河流跌坎处的流场分布情况，对如图 5-9 所示的 3D 后台阶流动进行模拟，具体尺寸如图 5-9 所示。

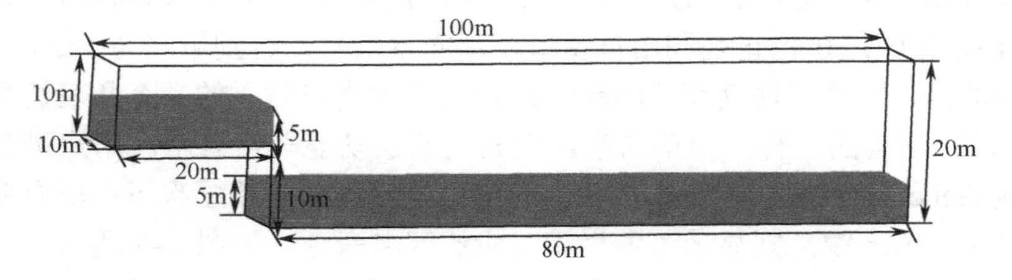

图 5-9　3D 后台阶流动模拟几何模型

思路 · 点拨

由于本例涉及气液两相流，且液体的流动界面时刻发生着变化，故选用 VOF 模型。因为计算区域中气体占据的空间较多，这里可将空气定义为基本相，而将水定义为第二相。本例初始状态的水流分布在图 5-9 中的阴影区域，随着时间的推移，上游水流经过台阶跌入下游，故该问题为非定常流动，需要启用非定常模型。另外，在初始化的时候，需要对水域进行补充设置，以实现如图 5-9 所示水流分布的初始状态。

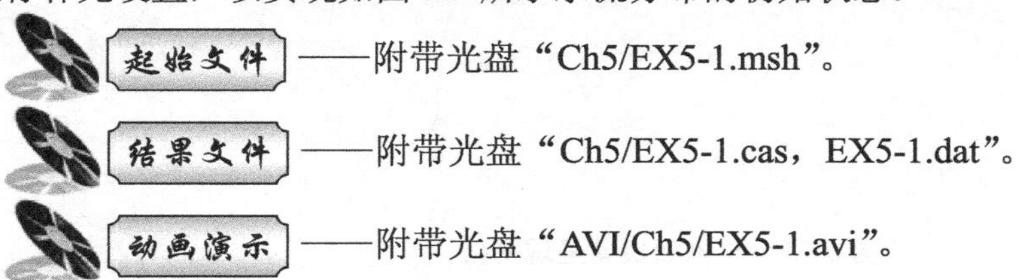

起始文件——附带光盘“Ch5/EX5-1.msh”。

结果文件——附带光盘“Ch5/EX5-1.cas，EX5-1.dat”。

动画演示——附带光盘“AVI/Ch5/EX5-1.avi”。

2. 模型计算设置

（1）单击 FLUENT 图标，在弹出的 FLUENT Launcher 中选择 Dimension 为 3D，即三维问题，如图 5-10 所示。单击 OK 按钮，打开 FLUENT 17.0。

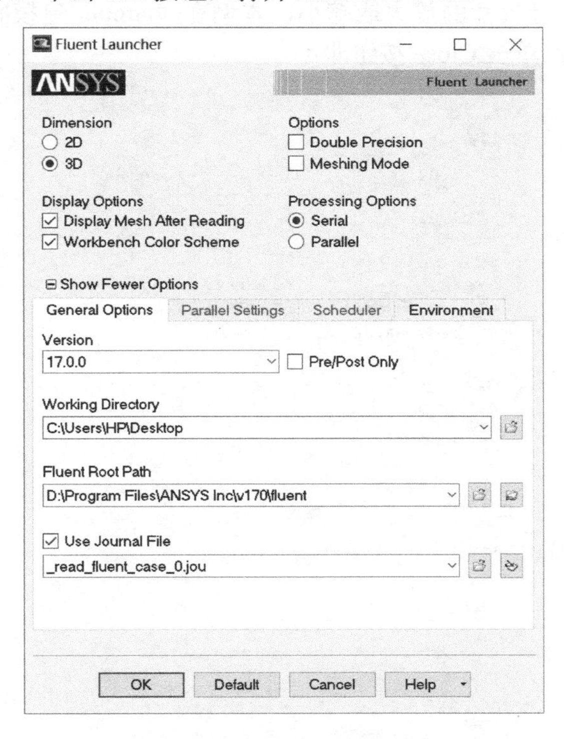

图 5-10　启动 3D 解算器

（2）单击 File→Read→Mesh...，在弹出的“Select File”对话框中找到 EX5-1.msh 文件，并将其导入至 FLUENT 17.0 中。导入后，FLUENT 的视图窗口会自动出现研究问题的网格，如图 5-11 所示。

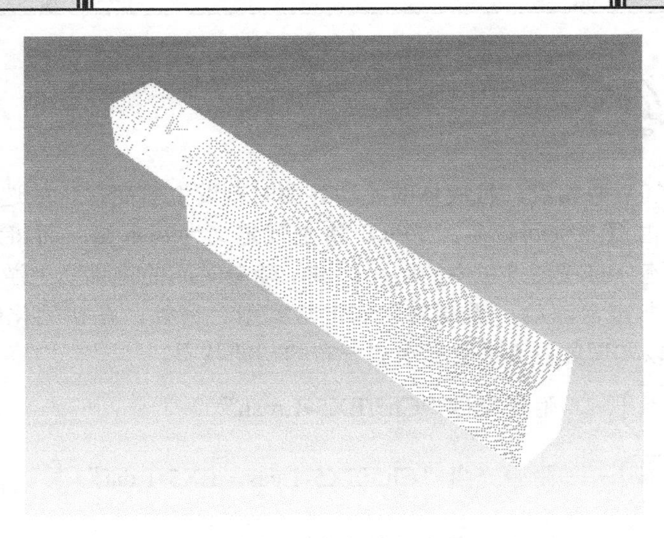

图 5-11　导入后自动呈现网格

（3）单击操作面板 Problem Setup 的 General，进行问题的基本设置，如图 5-12 所示，这里选择 Time 为 Transient，即启用非定常模型。

（4）单击 Scale...，弹出如图 5-13 所示的“Scale Mesh”对话框，用户可从中设置模型的尺寸，或根据单位进行尺寸的放大或缩小，本例在 Gambit 建模时采用的是标准单位为 m，此处无须额外设置，单击 Close 按钮即可。

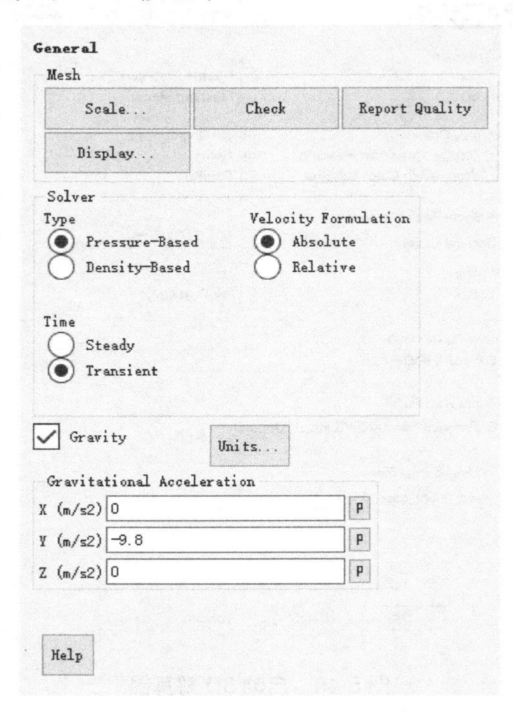

图 5-12　General 操作面板

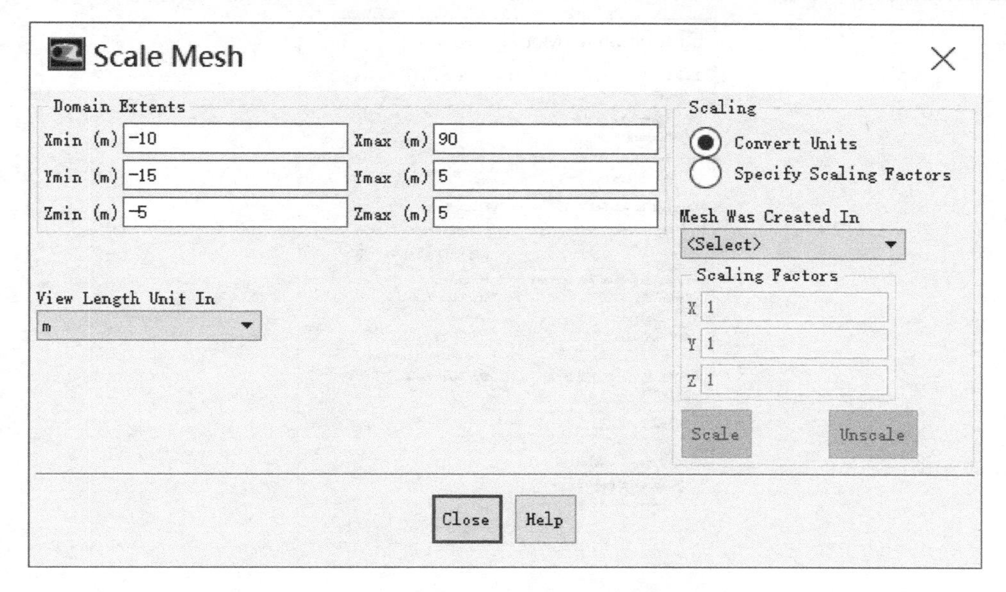

图 5-13 “Scale Mesh”对话框

（5）单击 General 操作面板中 Mesh 下方的 Check，可实现网格的检查，文本窗口中同时呈现出网格检查的信息及结果，待最后一句出现 Done，且无 Warn 语句时，表示模型网格是合适的。若出现 Warn 语句，则需要查找网格文件的错误之处，重新划分网格后再导入 FLUENT 中进行检查。

（6）Solver 下方的选项用于基本模型的设置，这里保持选择压力基（Pressure-Based）、绝对速度（Absolute）、非定常流（Unsteady）选项。勾选 General 操作面板中 Gravity 前面的选框，展开重力加速度的设置，这里设置 Y 方向有重力加速度，输入“−9.8”，如图 5-14 所示。

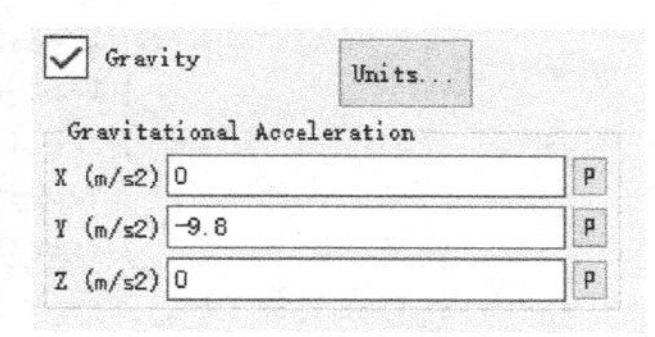

图 5-14 重力加速度设置

（7）单击操作面板 Problem Setup 的 Models，双击 Multiphase-Off，弹出如图 5-15 所示的“Multiphase Model”对话框，选择 Volume of Fluid，设置 Volume Fraction Parameters 为 Implicit，并勾选 Open Channel Flow，设置 Number of Eulerian Phases 为 2，单击 OK 按钮。

（8）回到 Models 面板，双击 Viscous-Laminar，弹出“Viscous Model”对话框，如图 5-16 所示，选择 k-epsilon（2 eqn），并选择 k-epsilon Model 为 Standard，单击 OK 按钮。

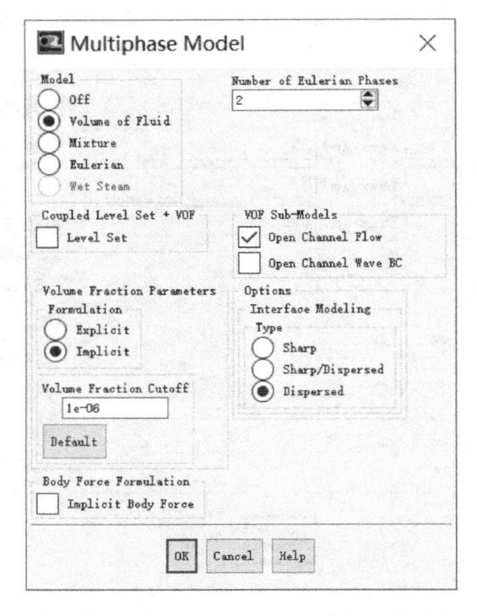

图 5-15 “Multiphase Model”对话框

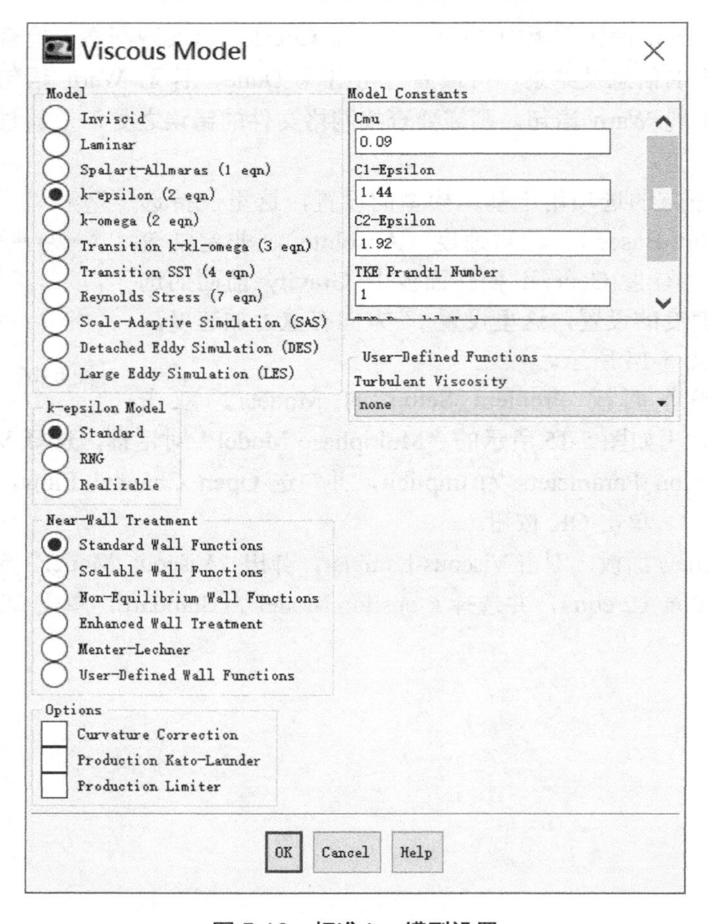

图 5-16 标准 k-ε 模型设置

（9）单击 Problem Setup 中的 Materials，FLUENT 默认的流体材料为空气，固体材料为铝。这里我们需要使用的材料为水，故单击 Materials 面板的 Create/Edit...，弹出“Create/Edit Materials”对话框。单击 FLUENT Database...按钮，弹出如图 5-17 所示的 FLUENT Database Materials 对话框，保持介质类型为 Fluid，选择左侧列表中的 water-liquid，单击 Copy 按钮，即将 FLUENT 自带材料数据库中的水调用到当前工程中来。回到“Create/Edit Materials”对话框，即可看到流体材料列表中已经有水。单击 Close 按钮，关闭“Create/Edit Materials”对话框。

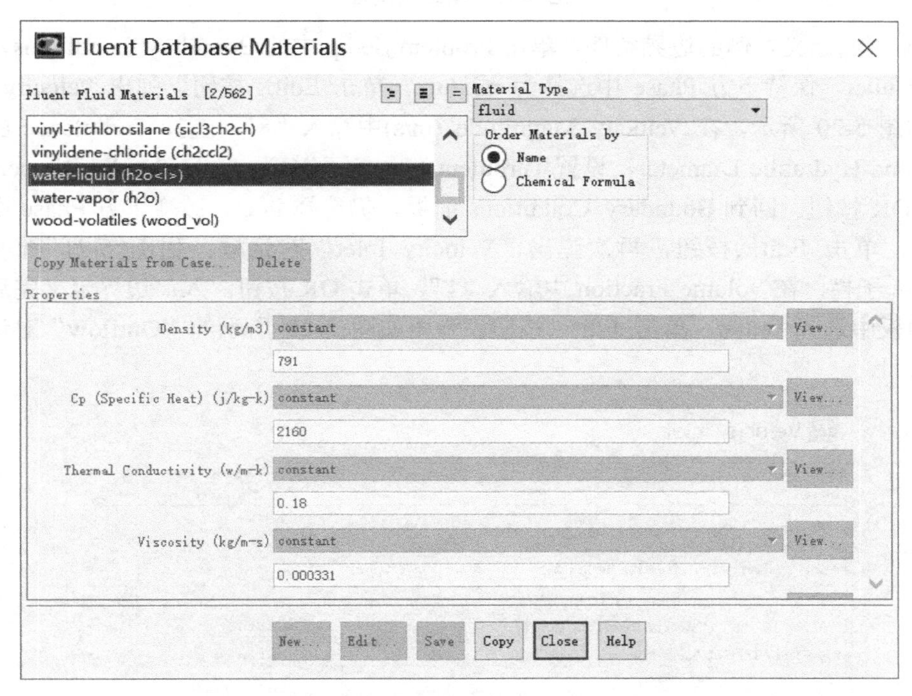

图 5-17 “FLUENT Database Materials”对话框

（10）单击 Problem Setup 中的 Phases，双击 Phases 面板的 Phase-Primary Phase，弹出如图 5-18 所示的“Primary Phase”对话框，改变 Name 为 air，并选择 Phase Material（第一相材料）为空气，单击 OK 按钮。回到 Phases 面板，双击 Phase-Secondary Phase，弹出如图 5-19 所示的“Secondary Phase”对话框，改变 Name 为 water，并选择 Phase Material（第二相材料）为 water-liquid，单击 OK 按钮。

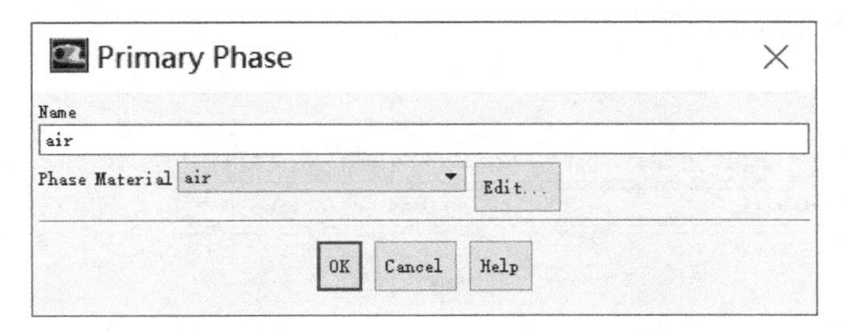

图 5-18 第一相设置

视频教学

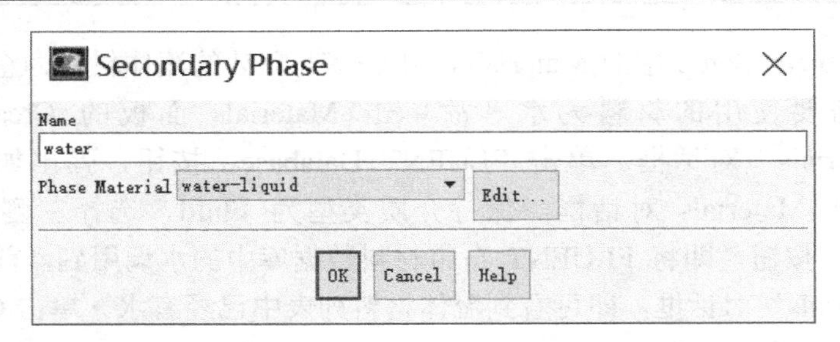

图 5-19　第二相设置

（11）下面定义本例的边界条件。单击 Problem Setup 中的 Boundary Conditions，在其面板中选择 inlet，保持下方 Phase 中选择为 mixture，单击 Edit…按钮，弹出 Velocity Inlet 对话框，如图 5-20 所示，在 Velocity Magnitude (m/s)中输入“8”，选择 Turbulence 的方式为 Intensity and Hydraulic Diameter，设置 Turbulent Intensity (%)为 4，Hydraulic Diameter (m)为 5，单击 OK 按钮。回到 Boundary Conditions 面板，仍选择 inlet，改变下方 Phase 中的选择为 water，单击 Edit…按钮，再次弹出“Velocity Inlet”对话框，如图 5-21 所示，选择 Multiphase 子栏，在 Volume Fraction 中输入“1”，单击 OK 按钮。入口边界定义完后，在边界设置面板中选择 outlet，单击 Edit…按钮，弹出如图 5-22 所示的“Outflow”对话框，单击 OK 按钮。

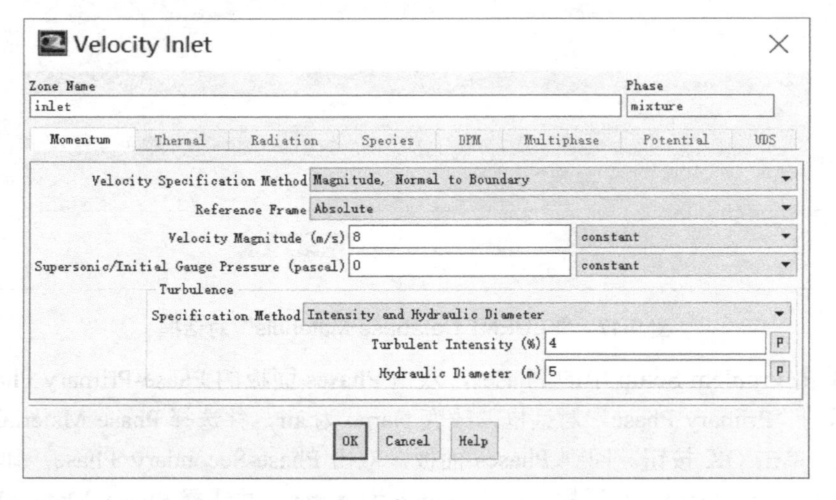

图 5-20　“Velocity Inlet”对话框

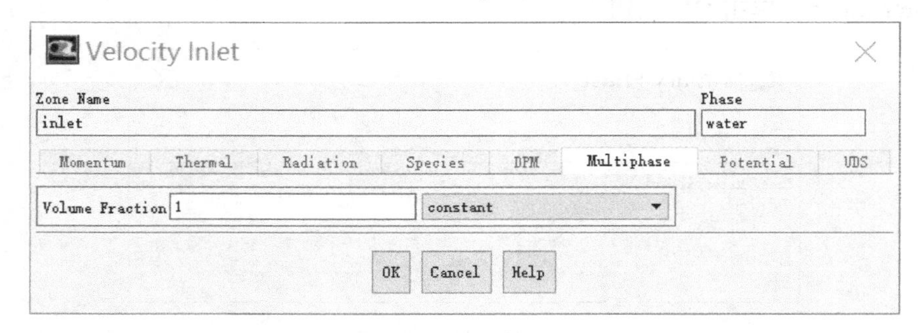

图 5-21　Volume Fraction 设置

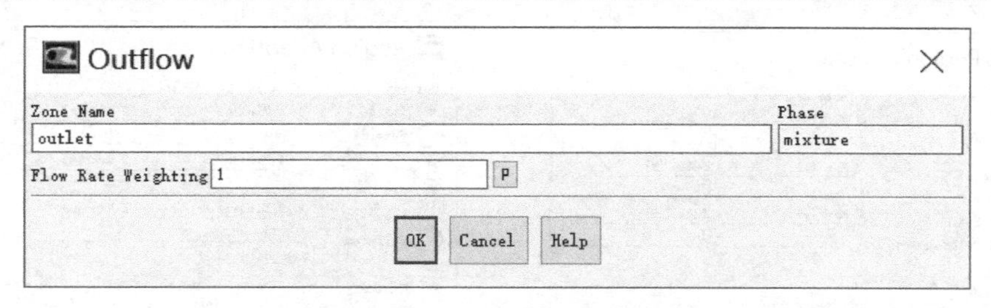

图 5-22　出口设置

（12）边界定义完后，单击 Solution 操作面板中的 Solution Methods，展开 Solution Methods 面板，这里保持默认算法设置。

（13）单击 Solution 操作面板中的 Solution Controls，展开 Solution Controls 面板，设置 Volume Fraction 的松弛因子为 0.5，Pressure 和 Momentum 的松弛因子分别为 0.3 和 0.7，Turbulent Kinetic Energy 和 Turbulent Dissipation Rate 均为 0.8，其余各项为 1，如图 5-23 所示。

（14）单击 Solution 操作面板中的 Monitors，选择“Residuals-Print，Plot”，单击 Edit...按钮，弹出对话框，保持默认设置，单击 OK 按钮。

（15）单击 Solution 操作面板中的 Solution Initialization，选择展开面板中 Compute from 为 inlet，如图 5-24 所示，单击 Initialize 按钮，完成初始化。

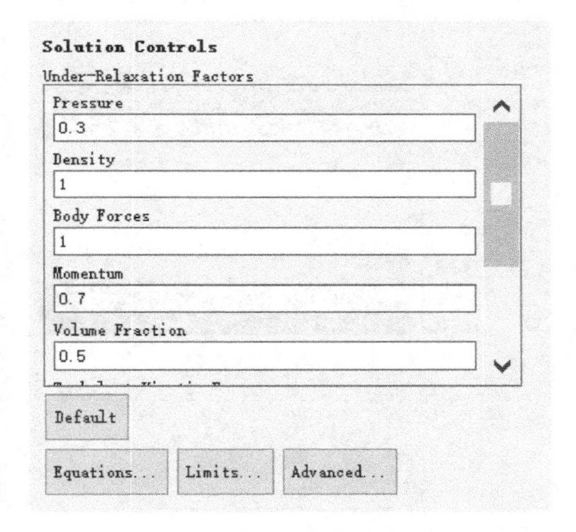

图 5-23　松弛因子

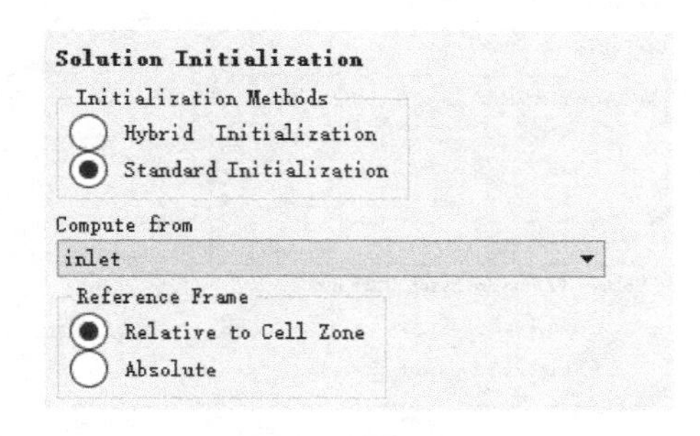

图 5-24　初始化

（16）由于本例上台阶存有 5m 深的水，下台阶也存有 5m 深的水，故需要将上下台阶底部区域设置为水。这里用类似网格自适应的方法定义一个区域，单击 Adapt→Region...，在如图 5-25 所示的 Region Adaption 对话框中，设置 X Min[m]为−10，X Max[m]为 10，Y Min[m]为−5，Y Max[m]为 0，Z Min[m]为−5，Z Max[m]为 5。然后单击 Mark 创建一个上台阶临时寄存容器。同理设置 X Min[m]为 10，X Max[m]为 90，Y Min[m]为−15，Y Max[m]为−10，Z Min[m]为−5，Z Max[m]为 5。然后单击 Mark 创建一个下台阶临时寄存容器，单击 Close 关闭该对话框。

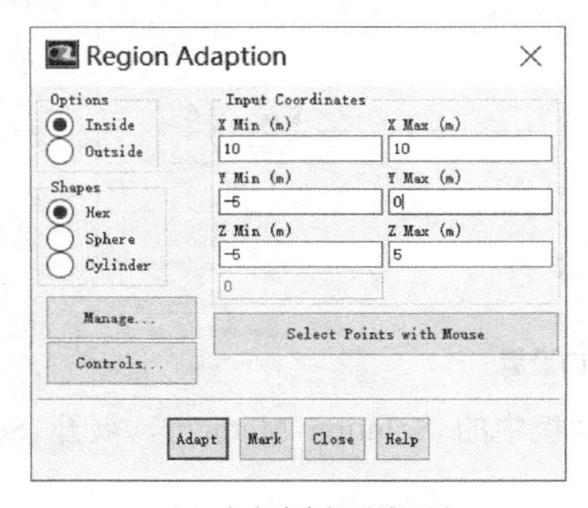

（a）上台阶底部区域设置

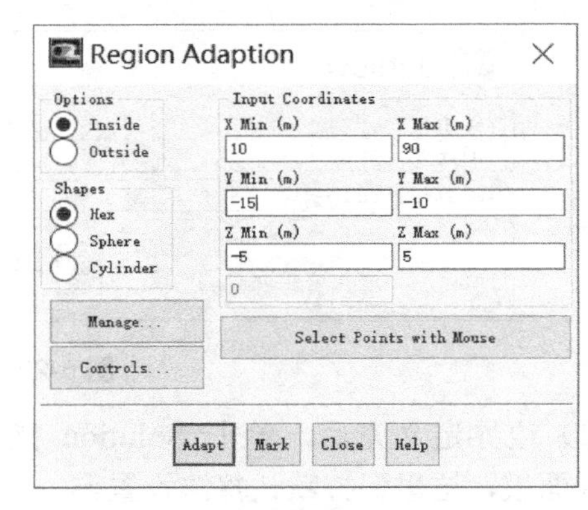

（b）下台阶底部区域设置

图 5-25 “Region Adaption”对话框

（17）单击 Solution Initialization 面板下方的 Patch...按钮，弹出如图 5-26 所示的“Patch”对话框。首先选择 Zones to Patch 列表中的 fluid，选择 Phase 为 water，并在 Variable 中选择 Volume Fraction，设置 Value 为 0，即将整个计算区域都定义为空气。接着，选择 ones to Patch 列表中的 hexahedron-r1、hexahedron-r2，仍选择 Phase 为 water，并在 Variable 中选择 Volume Fraction，这时设置 Value 为 1，即将这两个计算区域都定义为水。

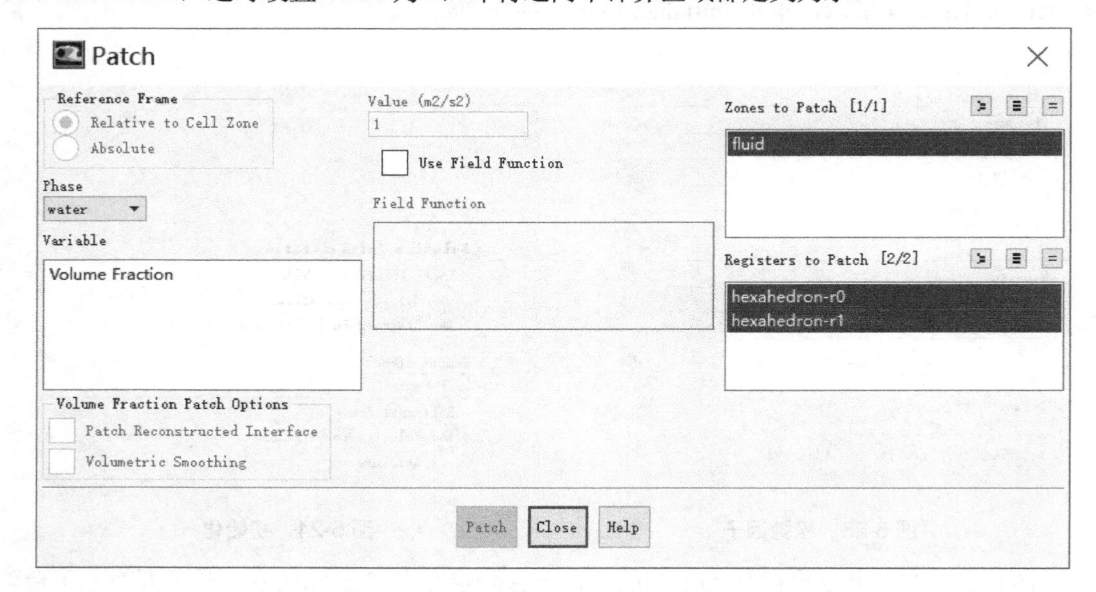

图 5-26 “Pach”对话框

（18）可以检查一下上下台阶底部是否有水的存在，单击 Display→Contours...，弹出如图 5-27 所示的“Contours”对话框，在其中选择 Contours of 为 Phase...和 Volume fraction，选择 Phase 为 air，勾选 Options 的 Filled，单击 Display 按钮弹出如图 5-28 所示的视图窗口，图中显示了空气体积分数的云图，红色区域为空气，蓝色区域为水。

（19）单击 Solution 操作面板中的 Run Calculation，在如图 5-29 所示的面板中输入 Time Step Size (s)为 0.05，Number of Time Steps 为 300，选择 Time Stepping Method 为 Fixed，

并设置 Max Iterations/Time Step 为 30，单击 Calculate 开始计算。计算结束后的残差曲线如图 5-30 所示。

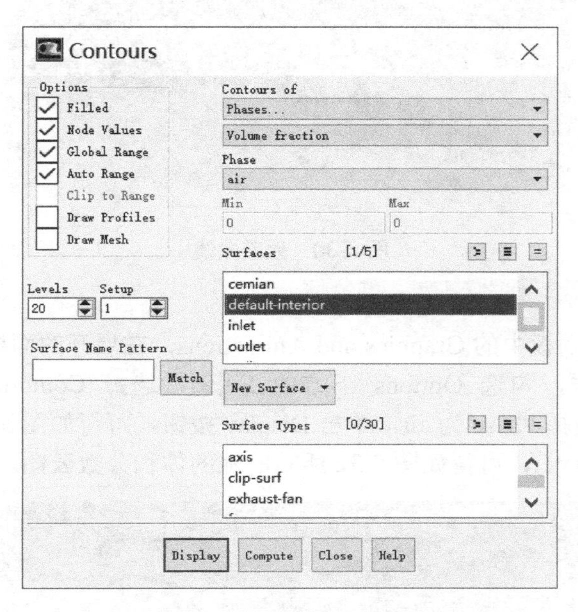

图 5-27 “Contours”面板

图 5-28 完成上下台阶底部水的填充

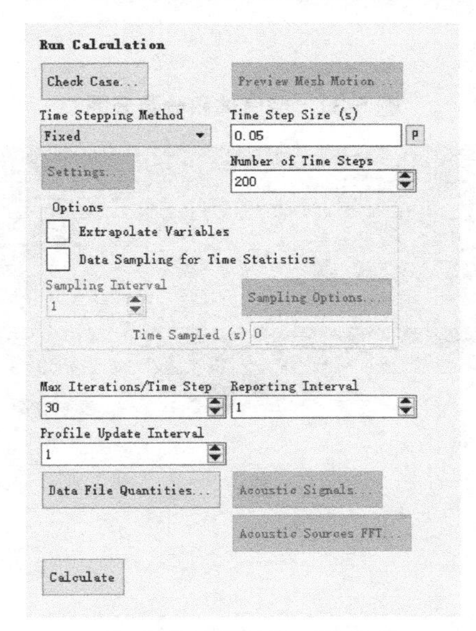

图 5-29 迭代设置

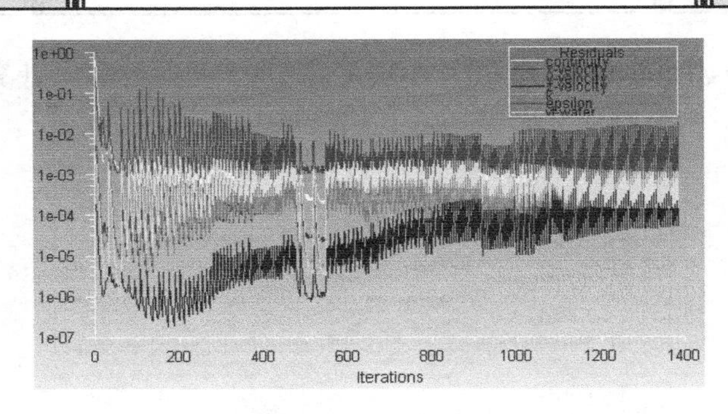

图 5-30　残差曲线

3．结果后处理

（1）单击 Results 面板中的 Graphics and Animations，在展开的面板中双击 Contours，弹出“Contours”对话框，勾选 Options 下方的 Filled，选择 Contours of 中的 Phase...和 Volume Fraction，并选择 Phase 为 air，单击 Display 按钮，可得如图 5-31 所示的空气体积分数云图。改 Phase 为 water，可得如图 5-32 所示的水的体积分数云图。

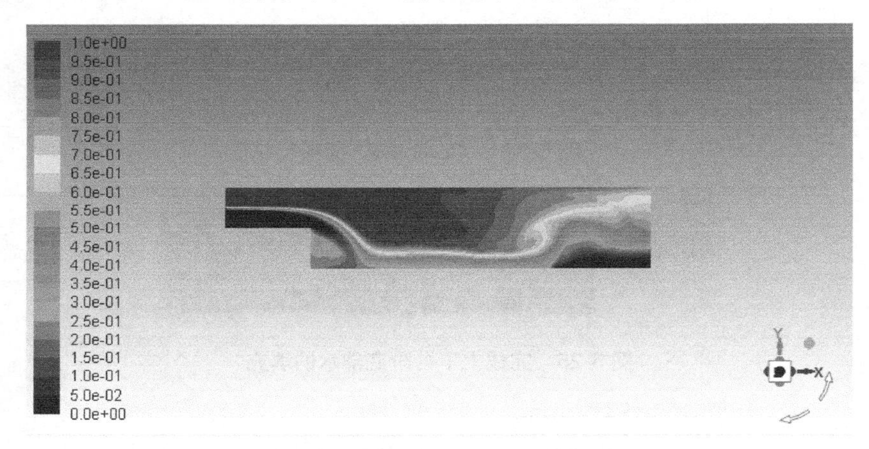

图 5-31　空气体积分数云图

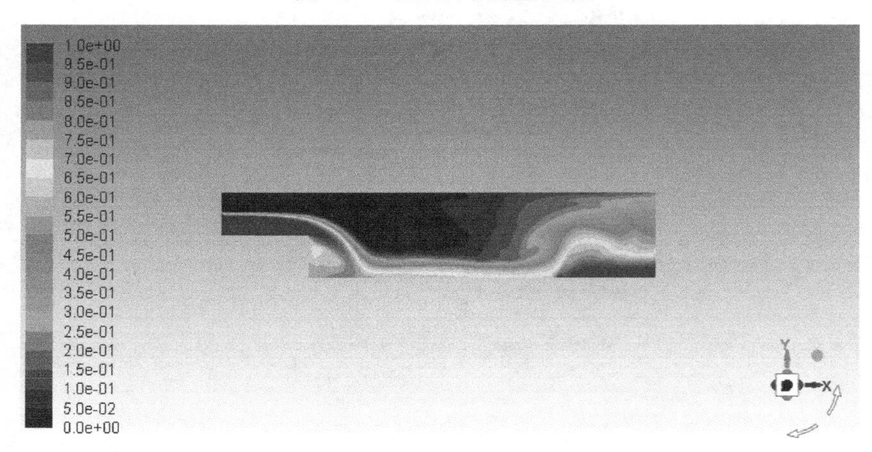

图 5-32　水的体积分数云图

（2）图形分析完后，选择菜单 File→Write→Case & Data…，保存工程与数据结果文件（EX5-1.cas 和 EX5-1.dat）。

（3）最后，单击 File→Close FLUENT，安全退出 FLUENT 17.0。

实例 5-2　自然对流模拟

1. 实例概述

如图 5-33 所示，边长为 1.5m 的正方形容器，右侧壁面温度为 2000K，左侧壁面温度为 1000K，上下壁面均绝热。重力方向向下，重力加速度设为 6.94×10^{-5}m/s^2；容器内部的介质密度为 1000kg/m^3 的流体介质，其定压比热 C_p=1.1030×10^4J/（kg・K），黏性系数 μ=10^{-3}kg/（m・s），热传导率 k = 15.309w/（m・K）。流体介质普朗特数 P_r=0.71，基于特征长度，方腔边长 L 的瑞利数 R_a = 5×10^5，普朗克数 P_1=0.02（特征温度取冷热壁面温度的平均值）。

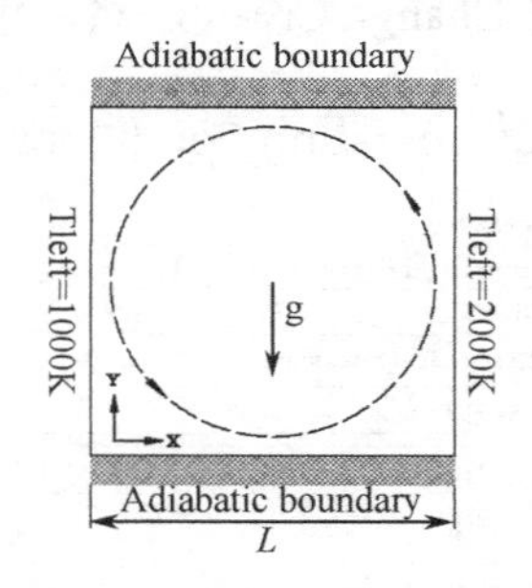

图 5-33　自然对流模拟示意图

思路・点拨

由于传热引起的密度梯度产生了浮力驱动流动。壁面为黑色，介质具有吸收和发射性质，增强了介质与壁面之间的辐射热交换。注意，所有介质的物理属性和模拟条件（如重力加速度）的设定都是为了获得所期望的普朗特数、瑞利数和普朗克数，根据这些条件可以判断方腔内的自然对流为层流、需要考虑辐射换热，可以使用 Boussinesq 假设。

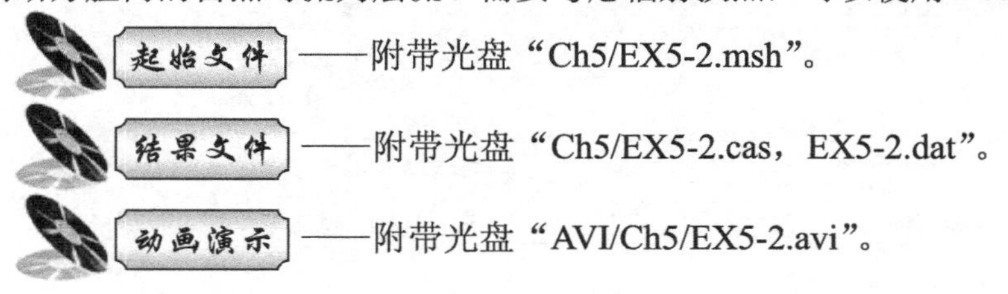

起始文件——附带光盘“Ch5/EX5-2.msh”。

结果文件——附带光盘“Ch5/EX5-2.cas，EX5-2.dat”。

动画演示——附带光盘“AVI/Ch5/EX5-2.avi”。

2. 模型计算设置

（1）启动 FLUENT 17.0 2D 解算器。单击 File→Read→Mesh…，在弹出的“Select File”对话框中选择 EX5-2.msh 文件，并将其导入至 FLUENT 17.0 中。

（2）单击操作面板 Problem Setup 的 General 中的 Scale…，弹出“Scale Mesh”对话框，用户可从中查看模型的尺寸，单击 Close 关闭对话框。

（3）单击操作面板 Problem Setup 的 Models，双击 Radiation-off，弹出 Radiation Model 对话框，选中 Rosseland 模型（选择此模型过后，能量方程会自动打开），如图 5-34 所示，单击 OK 按钮。

（4）单击 Define-Operating Condition，打开“Operating Condition”对话框，选中 Gravity 项，设置 Gravitational Acceleration 下的 Y 值为−6.94e−05，Operating Temperature 的值为 1000，保持其他默认设置并单击 OK 按钮，如图 5-35 所示。

（5）单击 Define-Materials，打开“Materials”对话框，定义流体的物理性质。本例中光学厚度 aL=0.2，因为 L=1.5，所以吸收系数 a=0.13。设置 Properties 中各个参数：从 Density 密度下拉框中选择 boussinesq，表示采用 Boussinesq 假设，值为 1000；定压比热 Cp 为 1.103e4，热传导率 k 为 15.309，Viscosity（黏性系数）为 0.001，Absorption Cofficient（吸收系数）为 0.13，Thermal Expansion Cofficient（热膨胀系数）为 1e-5，其他保持默认设置，如图 5-36 所示。设置结束单击 Change/Create，然后单击 Close。

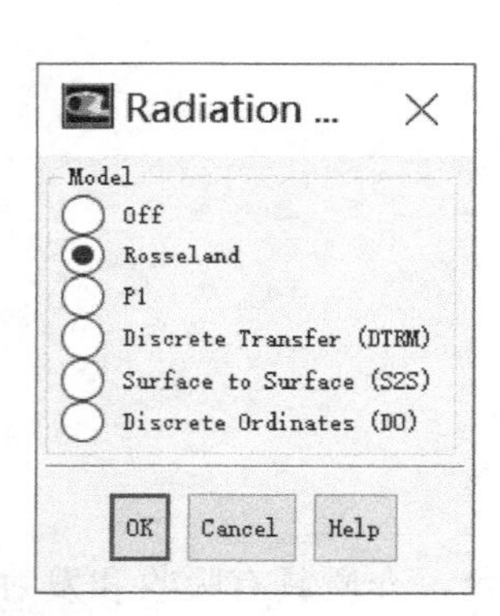

图 5-34 “Radiation Model”对话框

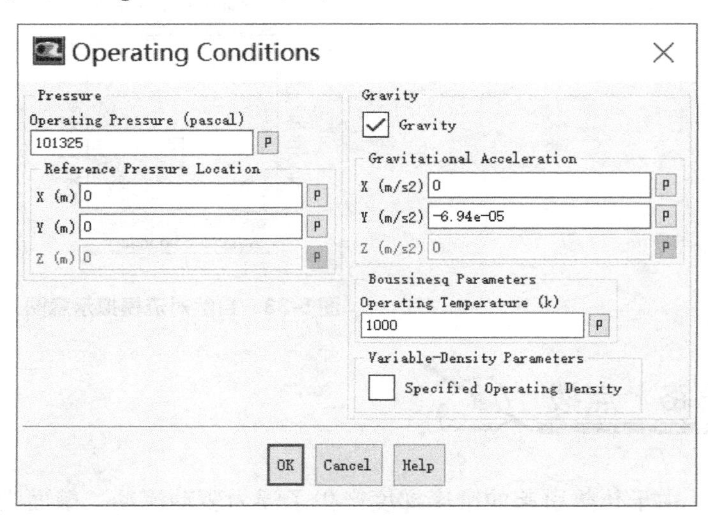

图 5-35 “Operation Conditions”对话框

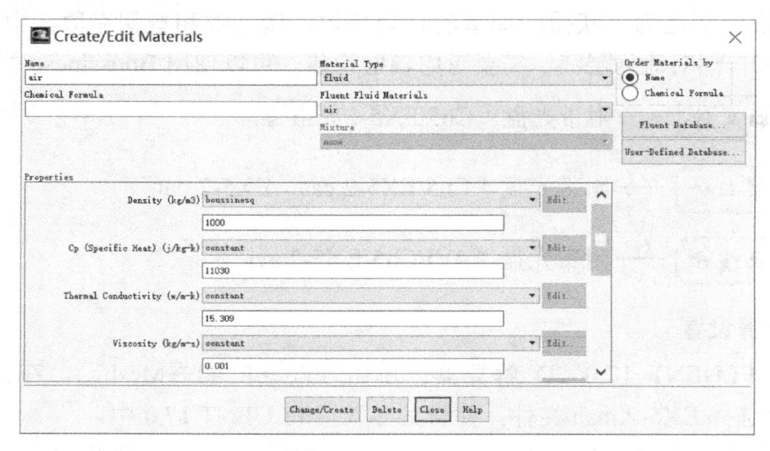

图 5-36 “Create/Edit Materials”对话框

（6）单击 Define-Boundary Conditions 打开 Boundary Conditions 对话框使得计算区域的边界条件具体化。在 Zone 下面选中 bottomwall，也就是容器的底边，然后单击 Set 图标，可以看到关于 bottomwall 区域边界条件设置的对话框，单击对话框中的 Thermal 选项卡，如图 5-37 所示，对于绝热边界条件热流（Heat Flux）为 0，保持所有的默认设置，单击 OK 按钮确认设置。在 Zone 下面选中 leftwall，然后单击 Set 图标，可以看到关于 leftwall 区域边界条件设置的对话框，单击对话框中的 Thermal 选项卡，在 Thermal Conditions 下面选中 Temperature，在右侧的 Temperature 文本框中输入数值“1000”，也就是容器左侧壁面的温度指定为 1000K，如图 5-38 所示，单击 OK 按钮确认设置。按照 leftwall 的操作，设置 rightwall 的 Temperature 为 2000，也就是容器右侧壁面的温度指定为 2000K。topwall 区域的边界条件，保持默认即可。

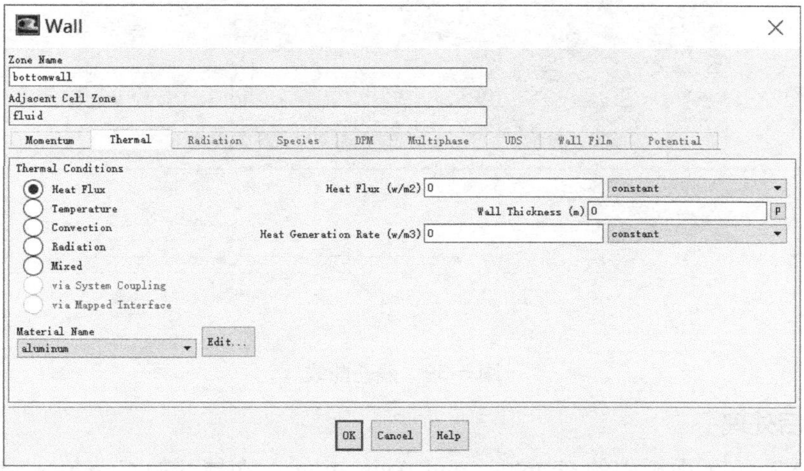

图 5-37　bottomwall 设置

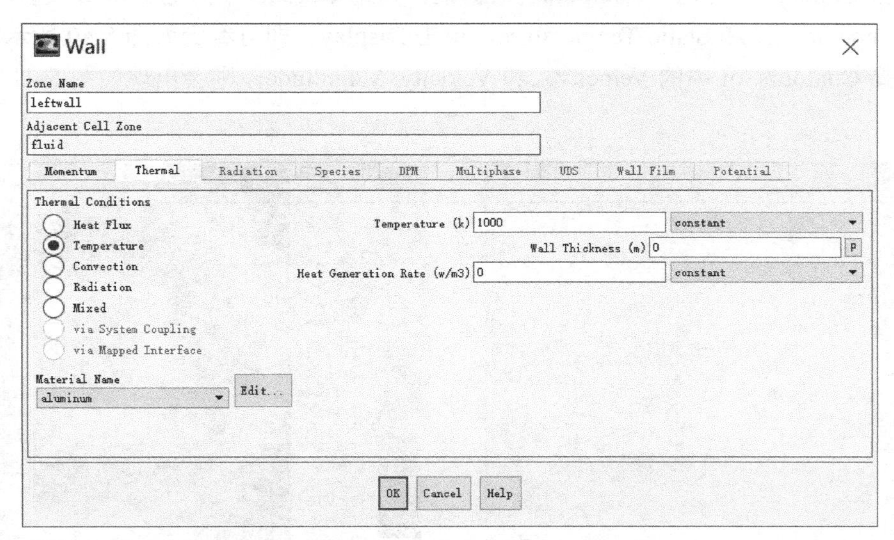

图 5-38　leftwall 设置

（7）边界定义完后，单击 Solution 操作面板中的 Solution Methods，展开 Solution Methods 面板，Pressure 选择“PRESTO！”，Momentum 和 Energy 均选择 Second Order Upwind，其他保持默认算法设置。单击 Solution 操作面板中的 Solution Controls，展开 Solution Controls 面板，保持默认松弛因子。

（8）单击 Solution 操作面板中的 Monitors，选择“Residuals-Print，Plot”，单击 Edit...按钮，弹出对话框，保持默认设置，单击 OK 按钮。

（9）接着，单击 Solution 操作面板中的 Solution Initialization，选择展开面板中 Compute from 为 all-zones，单击 Initialize 按钮，完成初始化。

（10）单击 Solution 操作面板中的 Run Calculation，输入 Number of Iterations 为“200”，单击 Calculate 开始计算，计算结束后的残差曲线如图 5-39 所示。

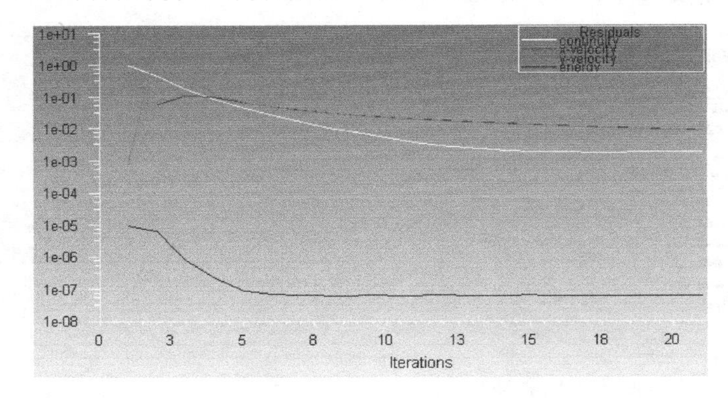

图 5-39　残差曲线

3．结果后处理

（1）单击 Results 面板中的 Graphics and Animations，在展开的 Graphics and Animations 面板中双击 Contours，弹出“Contours”对话框，勾选 Options 下方的 Filled，选择 Contours of 中的 Temperature...和 Static Temperature，单击 Display，即可看到如图 5-40 所示的温度云图。若选择 Contours of 中的 Velocity...和 Velocity Magnitude，则会出现如图 5-41 所示的速度云图。

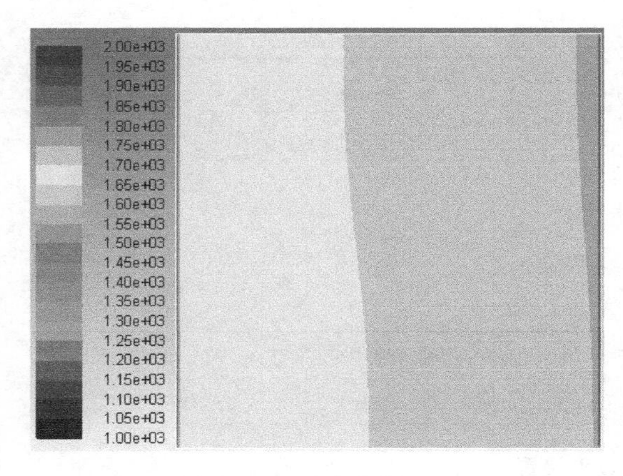

图 5-40　温度分布云图

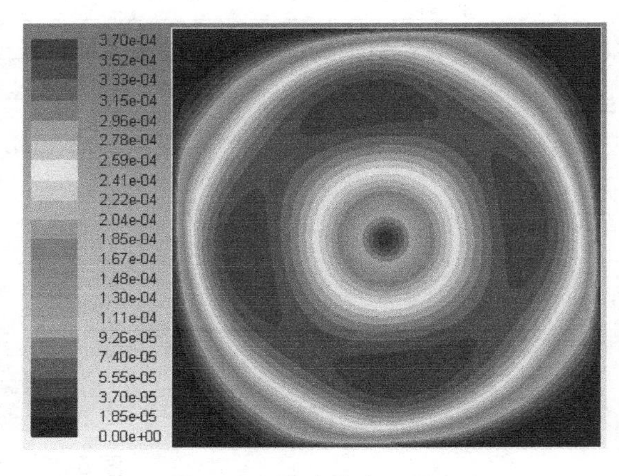

图 5-41　速度分布云图

（2）双击 Graphics and Animations 面板中 Vectors，弹出“Vectors”对话框，单击 Display，则得到如图 5-42 所示的速度矢量图。

（3）图形分析完后，选择菜单 File→Write→Case & Data...，保存工程与数据结果文件（EX5-2.cas 和 EX5-2.dat）。

（4）最后，单击 File→Close FLUENT，安全退出 FLUENT 17.0。

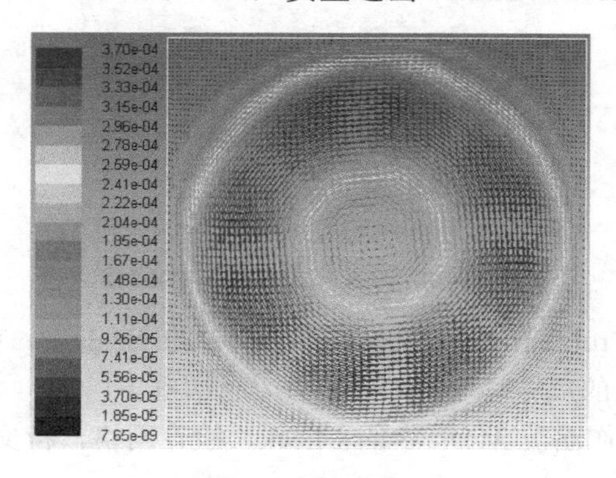

图 5-42　速度矢量图

实例 5-3　瞬态管流模拟

1．实例概述

管道中的流体往往不是匀速的，而是瞬态变化的，为了观察管道中流场变化情况，建立如图 5-43 所示的瞬态管流几何模型，这是一个直径为 0.6m，长为 10m 的管道。

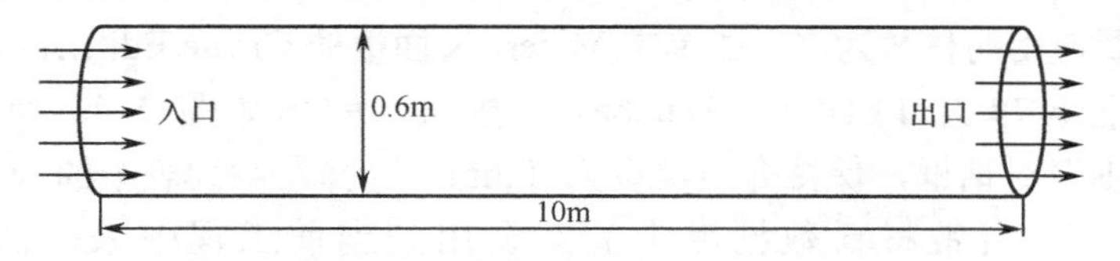

图 5-43　瞬态管流几何模型

思路·点拨

在 Gambit 中建立几何模型，然后划分网格，并导出网格文件。在 FLUENT 17.0 中导入网格后，进行模型的设置，选择湍流模型，尤其注意的是需要导入 profile 边界型函数，定义合适的边界参数后即可迭代求解。

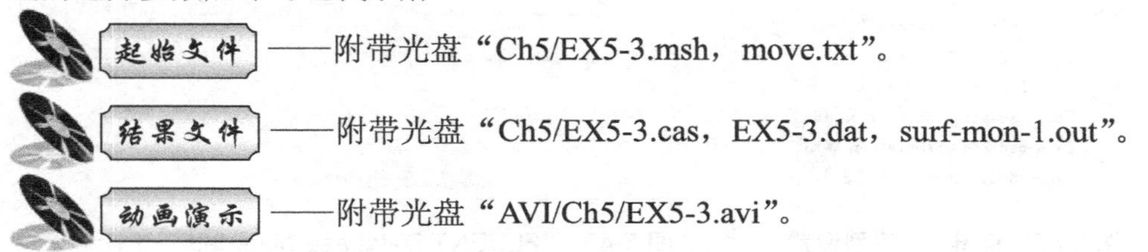

起始文件——附带光盘“Ch5/EX5-3.msh，move.txt”。

结果文件——附带光盘“Ch5/EX5-3.cas，EX5-3.dat，surf-mon-1.out”。

动画演示——附带光盘“AVI/Ch5/EX5-3.avi”。

2．模型计算设置

（1）启动FLUENT 17.0的3D解算器，单击File→Read→Mesh…，在弹出的“Select File”对话框中选择EX5-3.msh文件，并将其导入至FLUENT 17.0中，网格加载如图5-44所示。

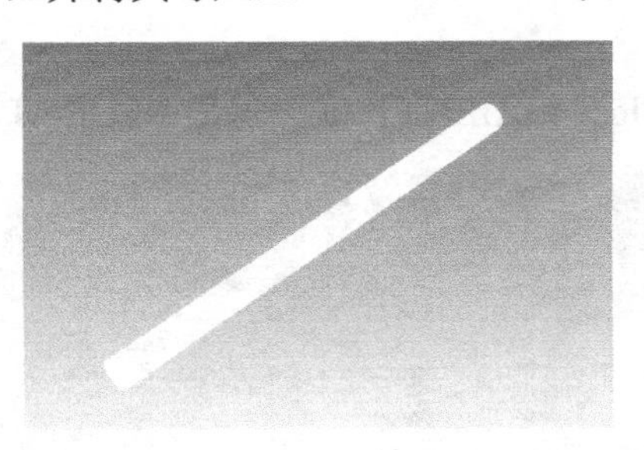

图5-44　导入FLUENT中的网格

（2）单击操作面板Problem Setup的General中的Scale…，弹出“Scale Mesh”对话框，用户可从中查看模型的尺寸，单击Close关闭对话框。

（3）单击General操作面板Mesh中的Check，检查网格，待文本窗口中出现Done，表示模型网格合适。

（4）下面，即可开始设置具体模型了，单击操作面板Problem Setup的Models，展开Models操作面板。可见，此时的相关模型都处于关闭状态（Off）。这里要调用湍流模型，即双击Viscous-Laminar（未设置湍流模型时，FLUENT默认为层流模型），弹出“Viscous Model”对话框。选择其中的k-epsilon(2 eqn)，如图5-45所示，选择k-epsilon Model中的Standard（标准模型），保持Model Constants中参数不变，单击OK按钮。

（5）接着，单击Problem Setup中的Materials，FLUENT默认的流体材料为空气，固体材料为铝，这里需要使用的材料为水，故单击Materials面板的Create/Edit…，弹出“Create/Edit Materials”对话框，单击FLUENT Database…按钮，弹出如图5-46所示的“FLUENT Database Materials”对话框，保持介质类型为Fluid，选择左侧列表中的water-liquid，单击Copy，将FLUENT自带材料数据库中的水调用到当前工程中来。回到“Create/Edit Materials”对话框，即可看到流体材料列表中已经有水。单击Close，关闭“Create/Edit Materials”对话框。

Viscous Model

Model
- Inviscid
- Laminar
- Spalart-Allmaras (1 eqn)
- k-epsilon (2 eqn)
- k-omega (2 eqn)
- Transition k-kl-omega (3 eqn)
- Transition SST (4 eqn)
- Reynolds Stress (7 eqn)
- Scale-Adaptive Simulation (SAS)
- Detached Eddy Simulation (DES)
- Large Eddy Simulation (LES)

图5-45　标准k-ε模型设置

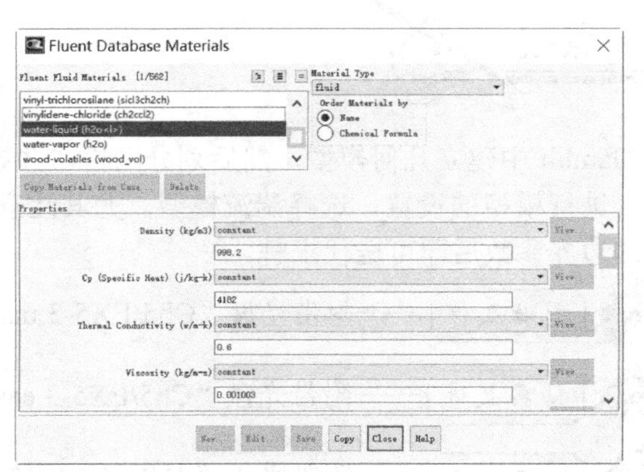

图5-46　“FLUENT Database Materials”对话框

（6）选择菜单 Define→Profiles...，弹出“Profiles”对话框，单击 Read...按钮，在工作目录中找到 move.txt（代码如图 5-47 所示），读入后可在 Profile 列表中看到其高亮显示，如图 5-48 所示。单击 Apply 和 Close 按钮，关闭“Profiles”对话框。

```
((move  transient 7 0)
(time 0.0 1.0 2.0 3.0 4.0 5.0 6.0)
(v_z 3.5 4.0 3.5 3.0 2.5 3.0 3.5))
```

图 5-47　边界型函数

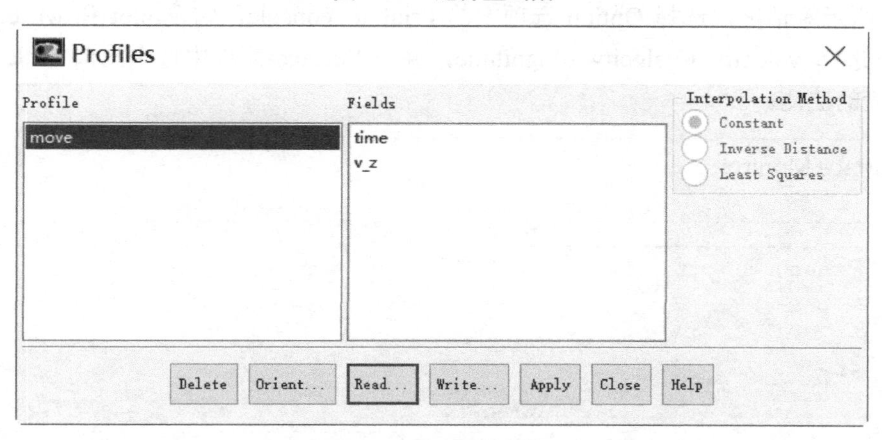

图 5-48　“Profiles”对话框

（7）单击 Problem Setup 中的 Boundary Conditions，可见 Boundary Conditions 面板中已存在的边界名称（在 Gambit 中已定义好），这里有进出口和壁面三个边界，首先选中 inlet，单击 Edit...按钮，弹出如图 5-49 所示“Velocity Inlet”对话框，Velocity Magnitude(m/s)设置选择右边的 move v_z 选项。进口速度即按照 Profile 导入数据。

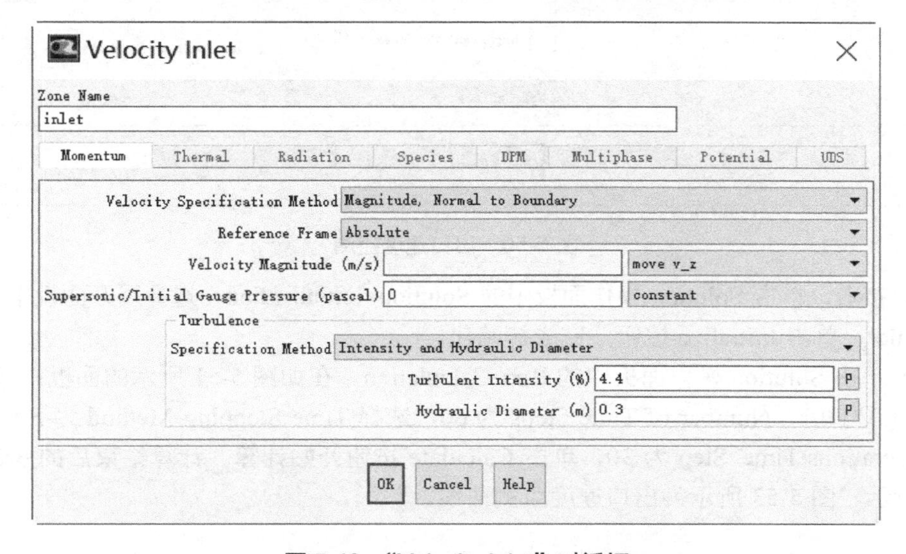

图 5-49　“Velocity Inlet”对话框

（8）边界定义完后，单击 Solution 操作面板中的 Solution Methods，展开 Solution Methods 面板，这里保持默认算法设置。

（9）单击 Solution 操作面板中的 Solution Controls，展开 Solution Controls 面板，这里保持默认松弛因子设置。

（10）单击 Solution 操作面板中的 Monitors，选择“Residuals-Print，Plot”，单击 Edit...按钮，FLUENT 默认的各参数的收敛精度为 0.001，本例将各参数收敛标准均改为 0.00001，单击 OK 按钮关闭。单击 Solution 操作面板中的 Surface Monitors，单击 Create 按钮，弹出如图 5-50 所示对话框，选择 Option 选项中的 Print to console，勾选 plot 和 write。在 Field Variable 下选择 Velocity→Velocity Magnitude，并在 Surface 面板中选中出口 outlet，完成对出口的速度的监测。

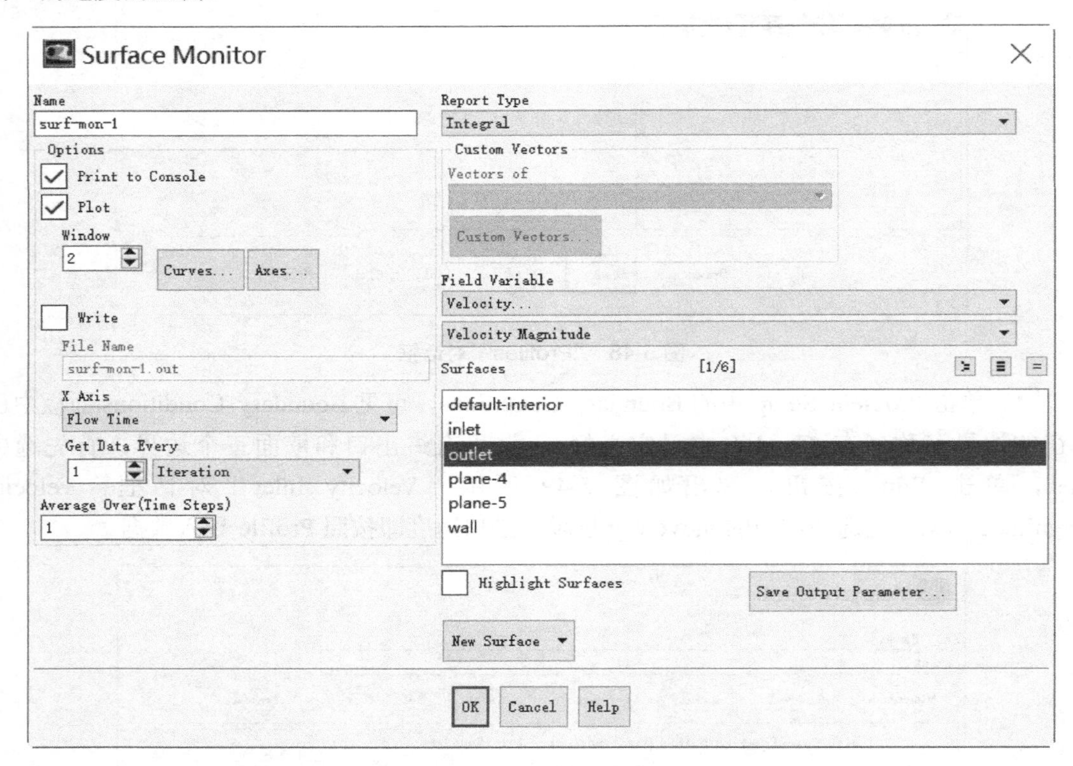

图 5-50　出口速度监测

（11）接着，单击 Solution 操作面板中的 Solution Initialization，选择展开面板中 Compute from 为 inlet，单击 Initialize 按钮，完成初始化。

（12）单击 Solution 操作面板中的 Run Calculation，在如图 5-51 所示的面板中输入 Time Step Size (s)为 0.1，Number of Time Steps 为 60，选择 Time Stepping Method 为 Fixed，并设置 Max Iterations/Time Step 为 30，单击 Calculate 按钮开始计算。计算结束后的残差曲线如图 5-52 所示。图 5-53 所示为出口速度监测曲线。

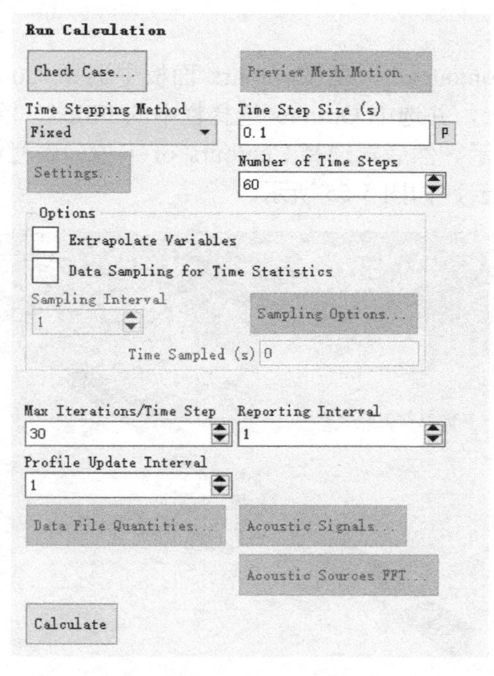

图 5-51 “Run Calculation”对话框

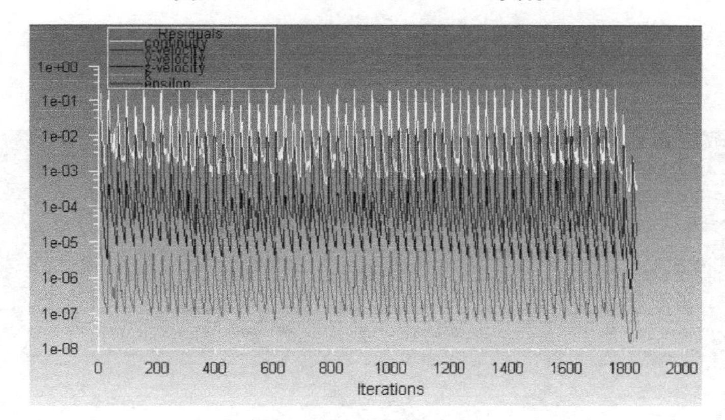

图 5-52 残差曲线

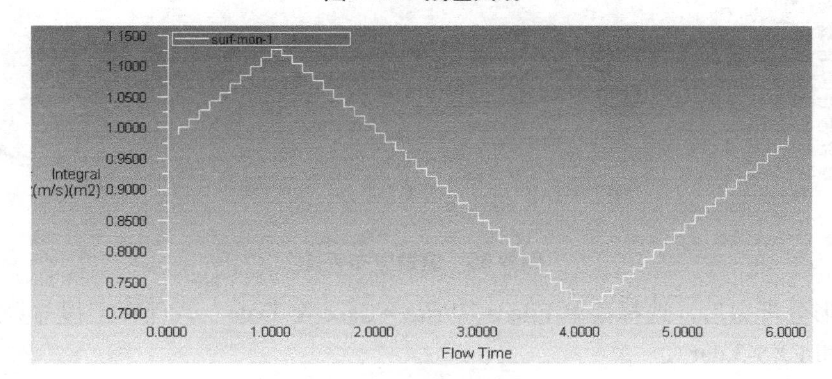

图 5-53 出口速度监测曲线

3．结果后处理

（1）单击 Display→Contours…，在 Contours 面板中选择 Contours of 下拉列表栏中的 Pressure…和 Static Pressure，并选中 Options 选择栏中的 Filled，单击 Display 按钮，得到压力分布云图，如图 5-54 所示。然后再选择 Contours of 下拉列表栏中的 Velocity…和 Velocity Magnitude，得到速度分布云，如图 5-55 所示。

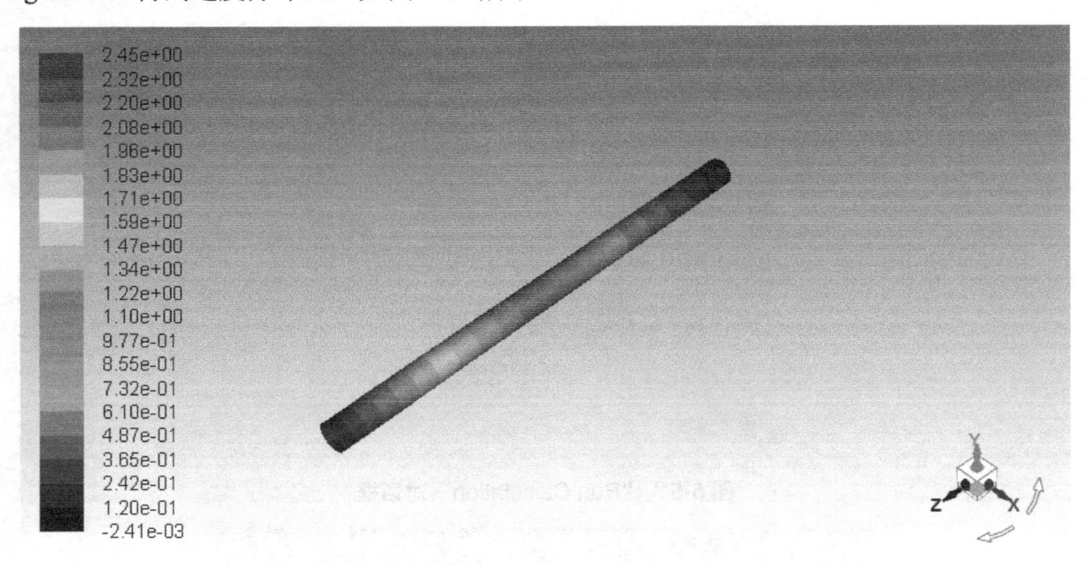

图 5-54　压力分布云图

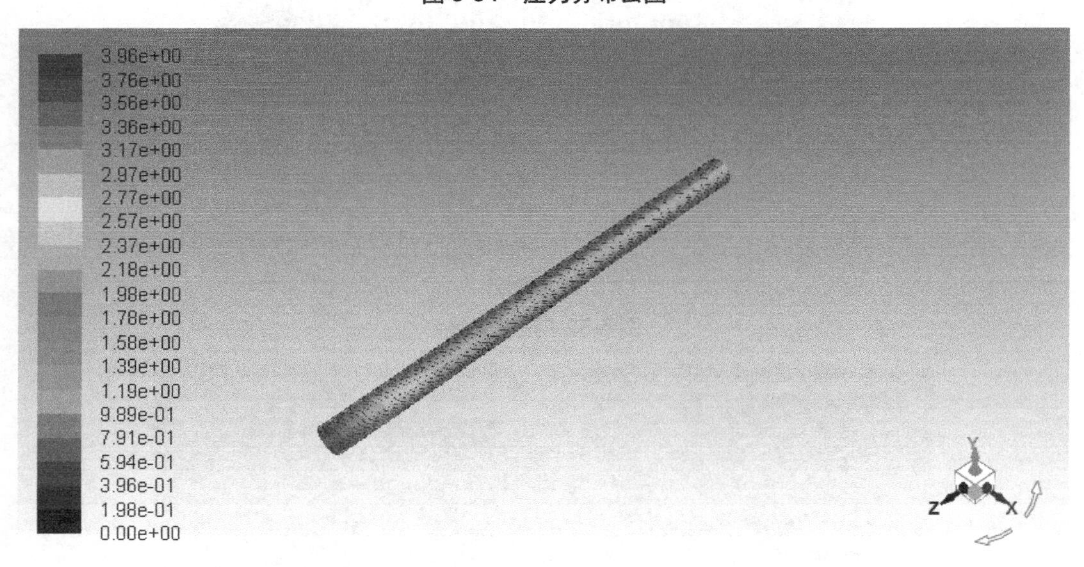

图 5-55　流速分布云图

（2）图形分析完后，选择菜单 File→ Write→Case & Data…，保存工程与数据结果文件（EX5-3.cas 和 EX5-3.dat）。

（3）单击 File→Close FLUENT，安全退出 FLUENT 17.0。

实例 5-4 三通管气液两相流动模拟

1. 实例概述

图 5-56 所示为三通管气液两相上升流示意图，其中管直径为 0.04m，入口端长 0.1m，上端和右端出口管长均为 0.4m。水的入口速度速度为 2m/s，空气的入口速度为 2.1m/s，空气的体积分数为 3%，气泡直径为 0.001m；出口均为自由出流，其中右端质量流率为总数的 22%，上端质量流率为总数的 78%。

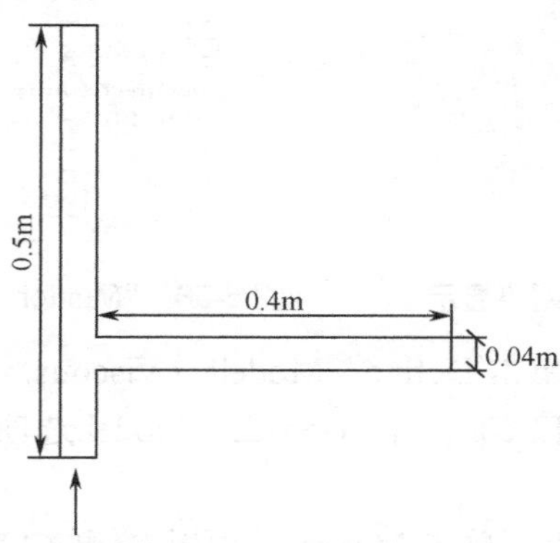

图 5-56 三通管尺寸

思路·点拨

本例模拟三通管内气液两相的垂直分流，需要设置重力，并调用 Mixture 或 Euler 模型，定义水为第一相，空气为第二相。

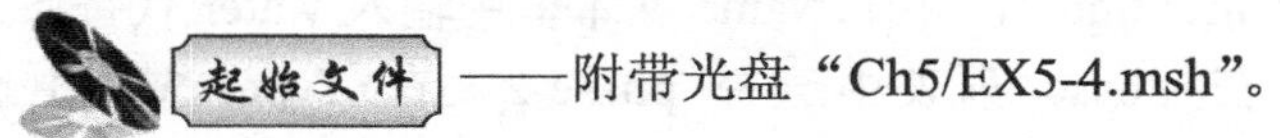

——附带光盘“Ch5/EX5-4.msh”。

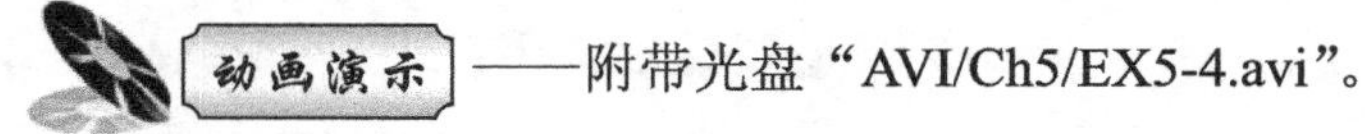

——附带光盘“Ch5/EX5-4-mixture.cas，EX5-4-mixture.dat，EX5-4-euler.cas，EX5-4-euler.dat”。

动画演示——附带光盘“AVI/Ch5/EX5-4.avi”。

2. 模型计算设置

（1）启动 FLUENT 17.0 的 2D 解算器，单击 File→Read→Mesh...，在弹出的“Select File”对话框中选择 EX5-4.msh 文件，并将其导入至 FLUENT 17.0 中，网格加载如图 5-57 所示。

（2）单击操作面板 Problem Setup 的 General 中的 Scale...，弹出“Scale Mesh”对话框，用户可从中查看模型的尺寸，单击 Close 按钮关闭对话框。

（3）单击 Define→Models→Solver...，弹出 Solver 面板，选用压力基求解器，这里保持默认设置，直接单击 OK 按钮。

（4）顺次单击 Define→Models→Multiphase...，在弹出的 Multiphase Model 面板中先选

择Mixture，Multiphase Model面板自动展开，勾选Slip Velocity和Implicit Body Force两个选项，如图5-58所示，单击OK按钮，关闭该面板。

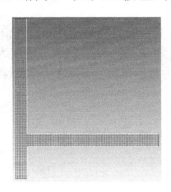

图5-57 导入网格显示

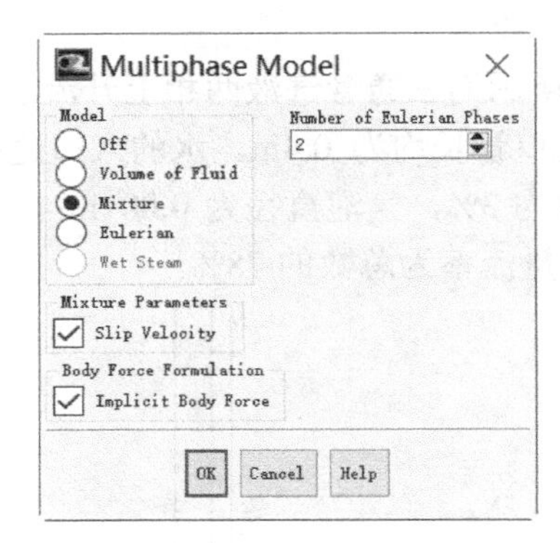

图5-58 “Multiphase Model”对话框

（5）接着启用湍流模型，单击Define→Models→Viscous...，弹出Viscous Model面板，在Model选项中选择k-epsilon[2 eqn]，在k-epsilon Model选项下选择Standard，保留其他默认设置，单击OK按钮。

（6）单击Define→Materials，单击Materials面板右侧的FLUENT Database...按钮，在弹出的FLUENT Database Materials面板中，利用滚动条选择FLUENT Fluid Materials列表中的water-liquid，单击Copy按钮，即将数据库中的材料——水复制到当前工程中。单击Close按钮关闭该面板。回到Materials面板，即会发现在FLUENT Fluid Materials下拉列表中存在了空气和水两种材料。最后单击Materials面板中的Close按钮，完成材料物性的定义。

（7）下步定义基本相和第二相，单击Define→Phases...，在Phases面板的Phase列表中选择phase-1，在Type选项中选择primary-phase，然后单击Set...，在打开如图5-59所示对话框的Phase Material列表中选择water-liquid，并在Name文本框中输入water代替原来的phase-1，单击OK按钮。然后，在Phase列表中选择phase-2，在Type选项中选择secondary-phase，单击Set...，在打开如图5-60所示对话框的Phase Material列表中选择air，并在Name文本框中输入air代替原来的phase-2，同时在Properties下的Diameter[m]（直径）中输入气泡直径“0.001”，单击OK按钮。

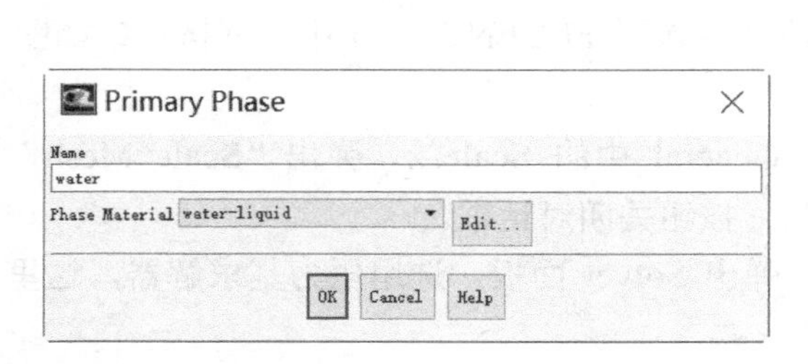

图5-59 基本相设置

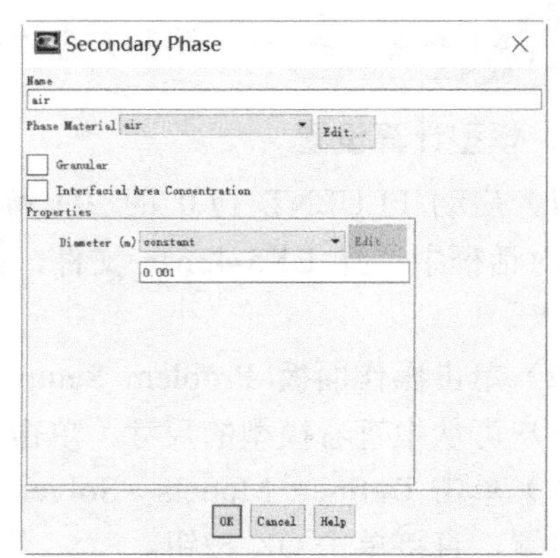

图5-60 第二相设置

（8）回到 Phases 面板中，单击 Interaction...按钮。此时会打开 Phase Intercation 面板，可以在该面板中定义不同相间的相互作用。这里选择 Drag Coefficient 中的 schiller-naumann，即定义气泡与水之间使用 schiller-naumann 来计算相间阻力。单击面板的 Slip 选项卡，此时，相间的滑移速度公式采用的是默认的 manninen-et-al，保持其设置，单击 OK 按钮，关闭 Phase Intercation 面板。

（9）单击 Define→Operating Conditions，打开 Operating Conditions 面板。选中 Gravity，指定重力方向为 *Y* 轴，在 Y[m/s2]右侧输入“−9.81”，同时选择 Specified Operating Density 项，并在文本框中输入“0”，单击 OK 按钮。

（10）接着定义边界条件，单击 Define→Boundary Conditions...，弹出 Boundary Conditions 面板。定义如下：在左边的 Zone 框中选中 inlet，保持 Phase 为 mixture，单击 Edit···，在如图 5-61 所示的 Velocity Inlet 对话框中选择 Specification Method 下拉列表中的 Intensity and Hydraulic Diameter，在 Turbulent Intensity[%]中输入“10”，在 Hydraulic Diameter[m]中输入“0.04”，单击 OK 按钮。

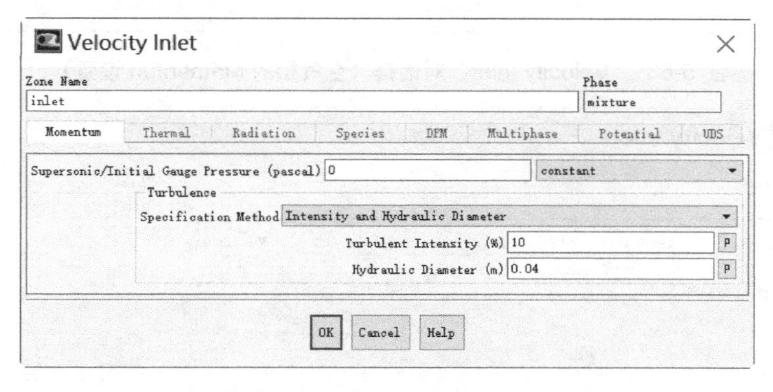

图 5-61 “Velocity Inlet”对话框（混合相设置）

（11）回到 Boundary Conditions 面板，仍选择 inlet，改变 Phase 为 water，单击 Set...，在如图 5-62 所示的 Velocity Inlet 对话框中选择 Velocity Specification Method 下拉列表中的 Magnitude，Normal to Boundary，并保持 Reference Frame 为 Absolute，在 Velocity Magnitude[m/s]中输入“2”，单击 OK 按钮。

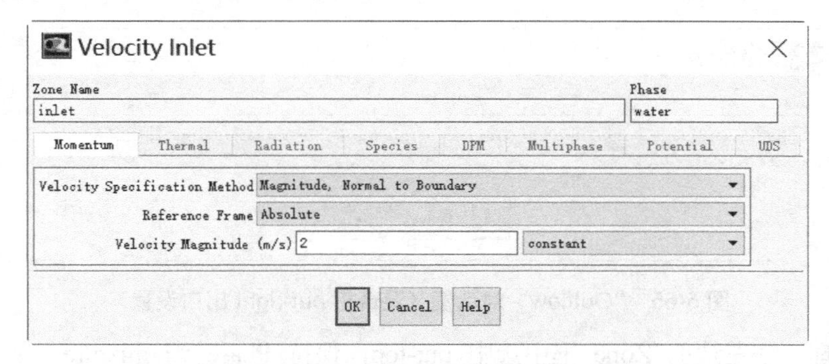

图 5-62 “Velocity Inlet”对话框（水相设置）

（12）再次回到 Boundary Conditions 面板，仍选择 inlet，设置 Phase 为 air，单击 Set…，在 Velocity Inlet 对话框中选择 Velocity Specification Method 下拉列表中的 Magnitude，Normal to Boundary，并保持 Reference Frame 为 Absolute，在 Velocity Magnitude[m/s]中输入“2.1”，如图 5-63 所示；另外，由于速度入口气体的体积分数为 0.03，所以这里需要单击面板的 Multiphase 选项卡，在 Volume Fraction 中输入“0.03”，如图 5-64 所示，单击 OK 按钮。

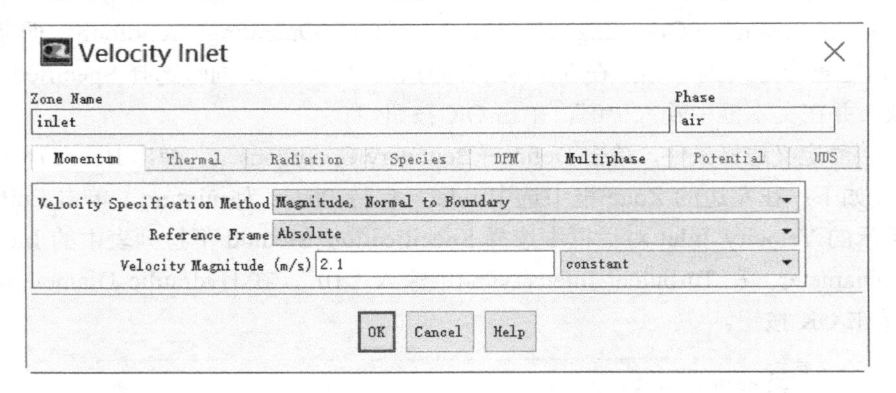

图 5-63 “Velocity Inlet”对话框（空气相的 Momentun 设置）

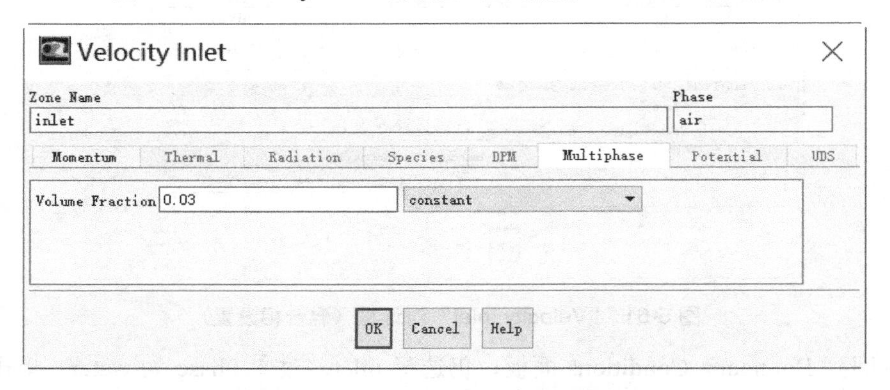

图 5-64 “Velocity Inlet”对话框（空气相的 Multiphase 设置）

（13）在左边的 Zone 框中选中 out-right，保持 Phase 为 mixture，单击 Set…，在如图 5-65 所示的“Outflow”对话框中的 Flow Rate Weighting 中输入“0.22”，单击 OK 按钮。

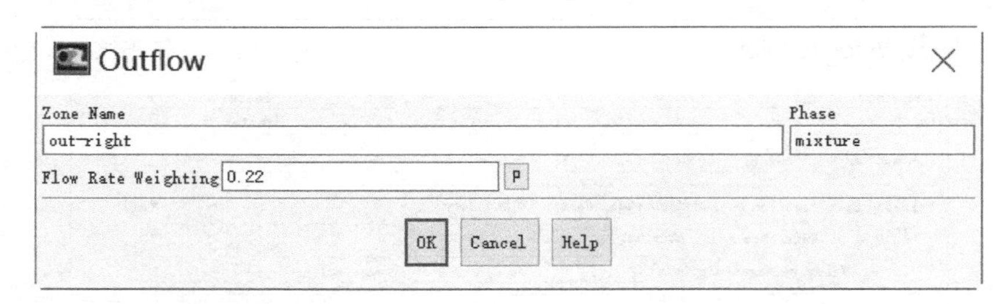

图 5-65 “Outflow”对话框（混合相 out-right 出口设置）

（14）同理，在左边的 Zone 框中选中 out-top，保持 Phase 为 mixture，单击 Set…，在“Outflow”对话框中的 Flow Rate Weighting 中输入“0.78”，如图 5-66 所示，单击 OK 按钮。

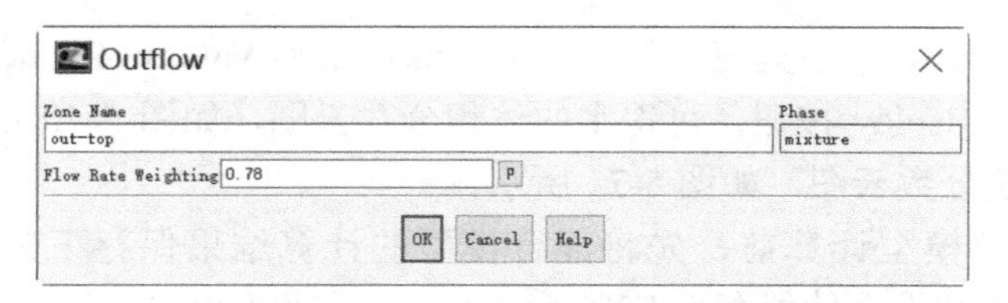

图 5-66 “Outflow”对话框（混合相 out-top 出口设置）

（15）单击 Solve→Control→Solution...，弹出 Solution Methods 面板，选择 Pressure 的计算格式为“PRESTO！”，保持其他默认设置，单击 OK 按钮。

（16）接下来，对流场进行初始化，单击 Solve→Initialize→Initialize...，在 Solution Initialization 面板中选择 inlet，对进口初始化，单击 Initialize。初始化后，执行 Solve→Monitors→Residual...，在弹出的 Residual Monitors 选中 Plot，打开残差曲线图。FLUENT 默认各参数的收敛精度要求为 0.001，本例保持默认，单击 OK 按钮。单击 Run Calculation 按钮，设置迭代步为 1000 步，单击 Calculate 开始解算，残差曲线如图 5-67 所示。

3. 结果后处理

（1）迭代收敛后，单击 Display→Contours，选择 Contours of 下拉列表中的 Pressure...和 Static Pressure，保持 Phase 列表中的 mixture，并勾选 Options 下方的 Filled，单击 Display 按钮，得到如图 5-68 所示的压强分布云图。改变 Contours of 下拉列表中的 Velocity...和 Velocity Magnitude，单击 Display 按钮，可得速度分布云图，如图 5-69 所示。

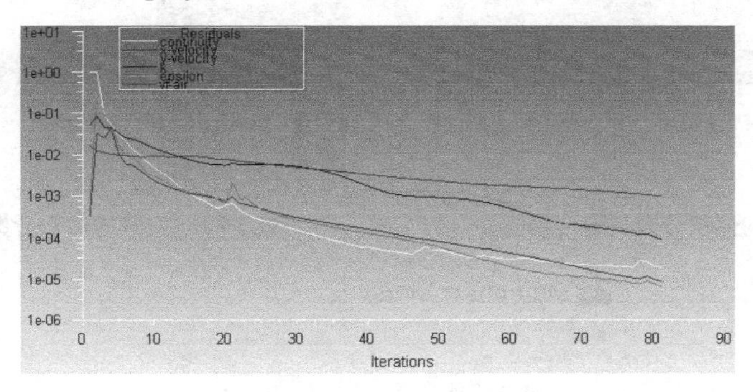

图 5-67 残差曲线

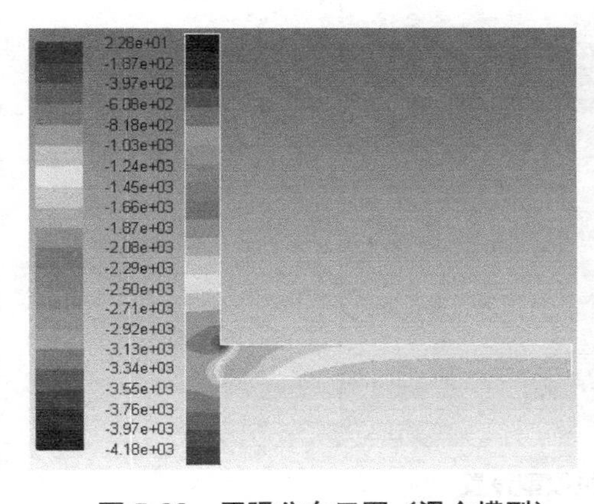

图 5-68 压强分布云图（混合模型）

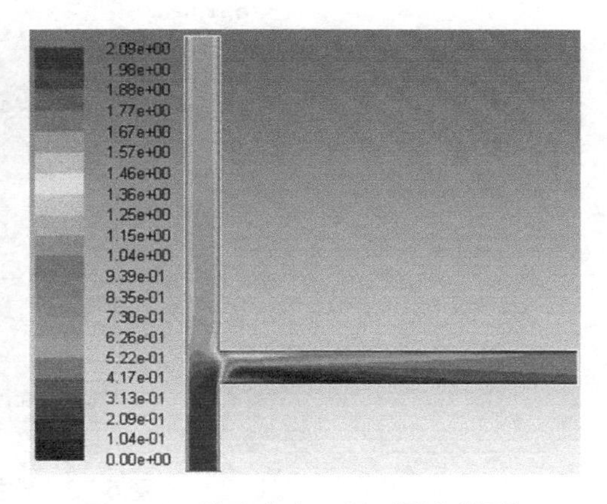

图 5-69 速度分布云图（混合模型）

（2）改变 Contours of 下拉列表中的选项为 Phases…和 Volume fraction，并选择 Phase 列表中的 water，单击 Display 按钮，可得水的体积分数云图，如图 5-70 所示。设置 Phase 为 air，可得气体的体积分数云图，如图 5-71 所示。

（3）在换用欧拉模型计算前，先将混合模型的计算结果保存下来，选择菜单 File→Write→Case&dat，将结果文件保存为 EX5-4-mixture.cas 和 EX5-4-mixture.dat。

（4）下面选用欧拉模型进行多相流计算，不需要退出混合相计算的工程文件，直接单击 Define→Models →Multiphase…，在弹出的 Multiphase Model 面板中选择 Eulerian，如图 5-72 所示，单击 OK 按钮。

（5）重新对流场初始化，单击 Solve→Initialize→Initialize…，在 Solution Initialization 面板中选择 inlet，对进口初始化，单击 Initialize。单击 Run Calculation 按钮，设置迭代步为 1000 步，单击 Calculate 开始解算。

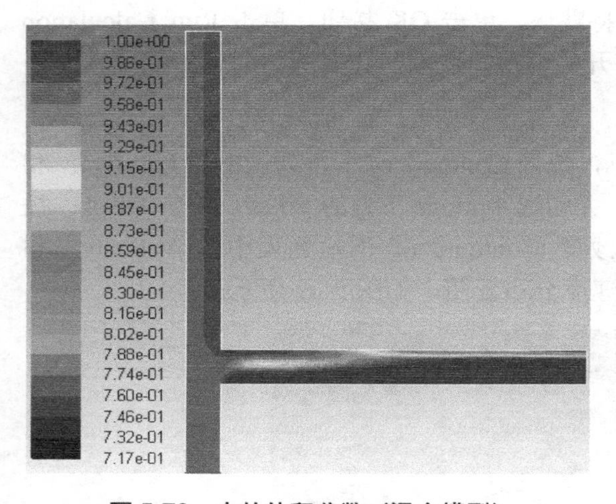

图 5-70 水的体积分数（混合模型）

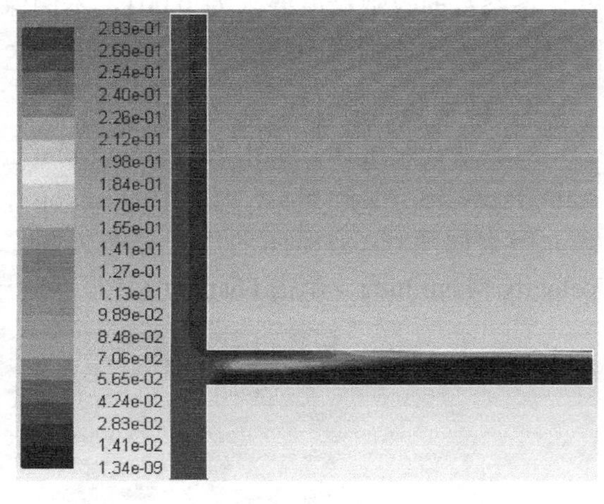

图 5-71 空气的体积分数（混合模型）

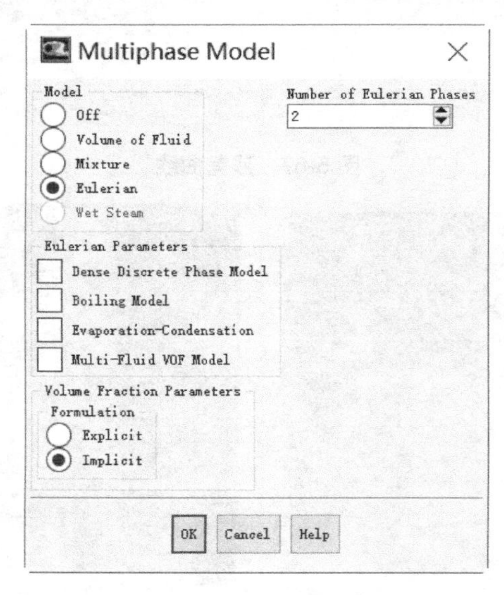

图 5-72 欧拉模型设置

（6）迭代收敛后，单击 Display→Contours，得到混合物的压强和水、空气的体积分数云图如图 5-73、图 5-74 和图 5-75 所示。

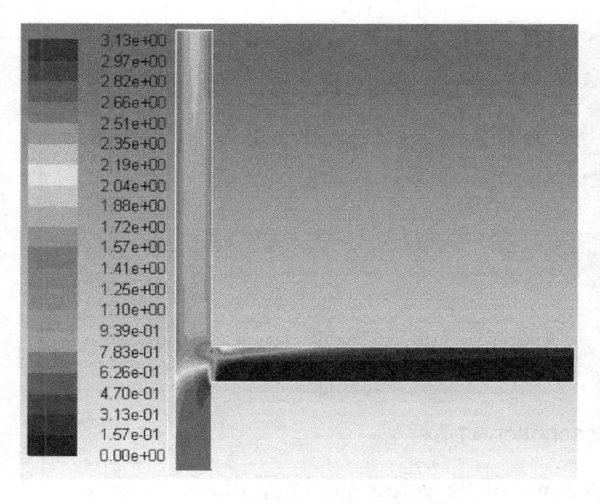

图 5-73　压强分布图（欧拉模型）

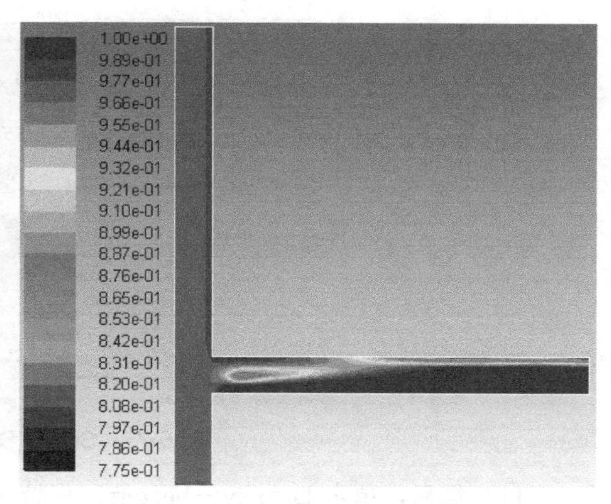

图 5-74　水的体积分数（欧拉模型）

（7）从图中可以看出两种不同的多相流模型计算出来的结果之间存有一定的差距，尤其体现在体积分数云图上。

（8）在混合流体刚进入横管时，欧拉模型的体积分数图中可以看到明显的水的体积分数极小值区域（或空气的体积分数极大值区域），而混合模型中的变化相对平缓。

（9）改变 Contours of 下拉列表中的选项为 Velocity…和 Velocity Magnitude，并选择 Phase 列表中的 water，取消选中 Options 下方的 Filled，单击 Display 按钮，得到如图 5-76 所示的水的速度等值线图。

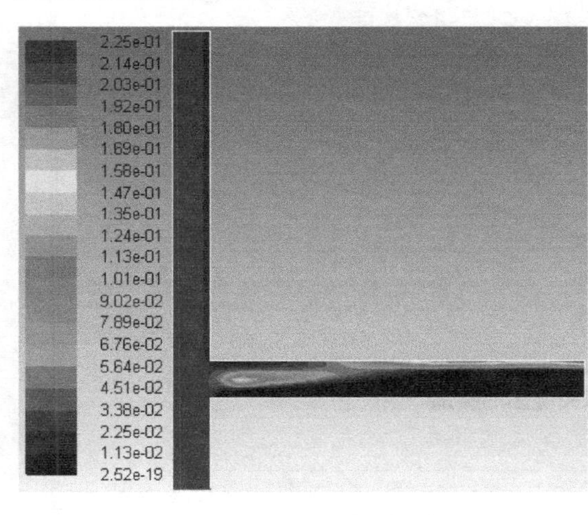

图 5-75　空气的体积分数（欧拉模型）

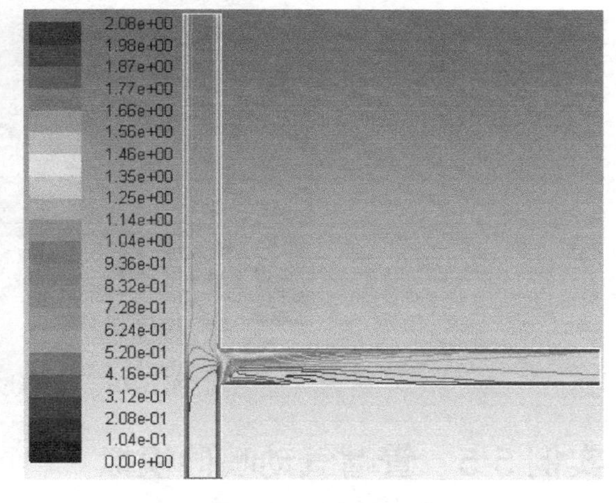

图 5-76　水的速度等值线图

（10）单击 Display→Scene，弹出如图 5-77 所示的 Scene Description 面板，勾选 Scene Composition 下方的 Overlays，单击 Apply 按钮后再单击 Close 按钮，关闭该面板。这样就可以在原来的视图窗口中进行图形的叠加。

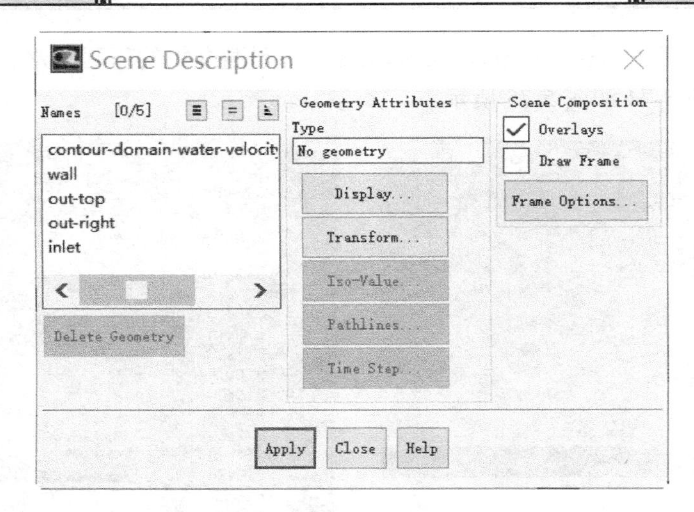

图 5-77　Scene Description 对话框

（11）然后，单击 Display→Vectors，保持 Vectors of 为 Velocity，选择 Phase 为 water，其余保持默认，单击 Apply 按钮，就可以看到等值线与速度矢量图的叠加，如图 5-78 所示。

（12）选择菜单 File→Write→Case&dat，将结果文件保存为 EX5-4-euler.cas 和 EX5-4-euler.dat。

（13）最后，单击 File→Close FLUENT，安全退出 FLUENT 17.0。

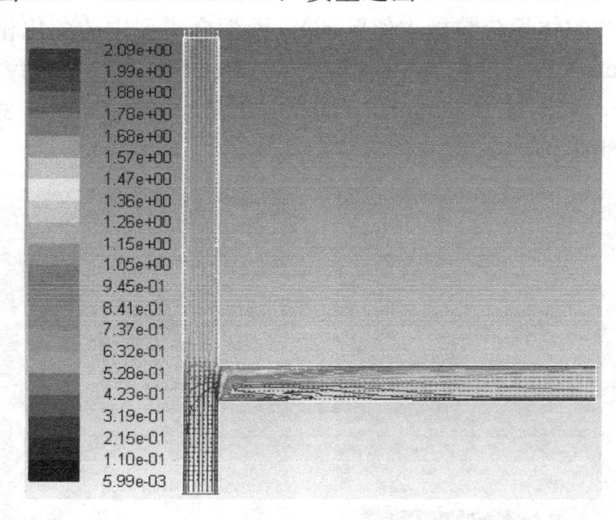

图 5-78　等值线与矢量图的叠加

实例 5-5　管嘴气动喷砂模拟

1．实例概述

喷砂管嘴的内壁主要承受高速砂流的磨损。本实例模拟的是含砂颗粒的水流高速流过如图 5-79 所示的结构管嘴时的冲蚀情况。

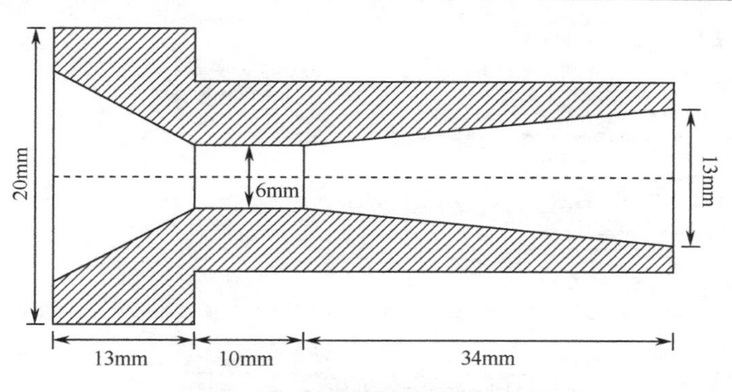

图 5-79　文丘里型管嘴的尺寸示意图

思路·点拨

在该几何建模的过程中应用了两种建模途径：Draft 和 Primitives。一种是绘制草图，另一种是用基本几何单元体进行组建，并利用 DPM 模型对冲蚀进行模拟计算。

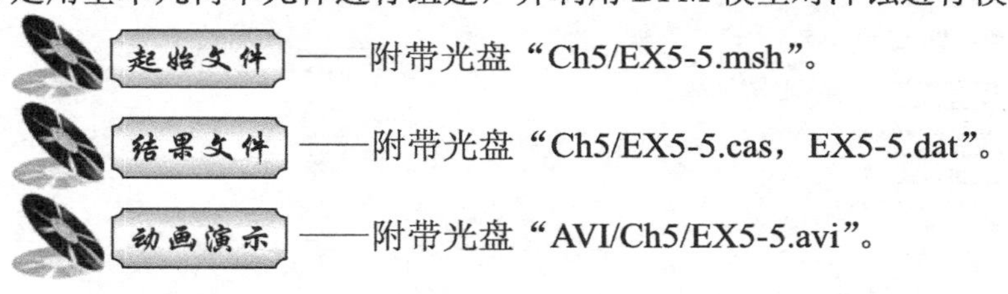

起始文件——附带光盘“Ch5/EX5-5.msh”。

结果文件——附带光盘“Ch5/EX5-5.cas，EX5-5.dat”。

动画演示——附带光盘“AVI/Ch5/EX5-5.avi”。

2. 模型计算设置

（1）启动 FLUENT 17.0，弹出的 FLUENT Launcher 中选择 Dimension 为 3D，即三维问题，单击 OK 按钮。单击 File→Read→Mesh...，在弹出的 Select File 对话框中找到 EX5-5.msh 文件，并将其导入至 FLUENT 17.0 中。导入后，FLUENT 的视图窗口会自动出现研究问题的网格。

（2）设置 General，进入其操作界面后，单击 General→Mesh→Scale...，出现“Scale Mesh”的对话框，用户可以观察几何模型的位置，单击 Close 按钮；单击 Check 按钮检查网格质量。

（3）设置 Models，单击 Models 按钮，双击 Energy，勾选能量方程（见图 5-80），单击 OK 按钮。

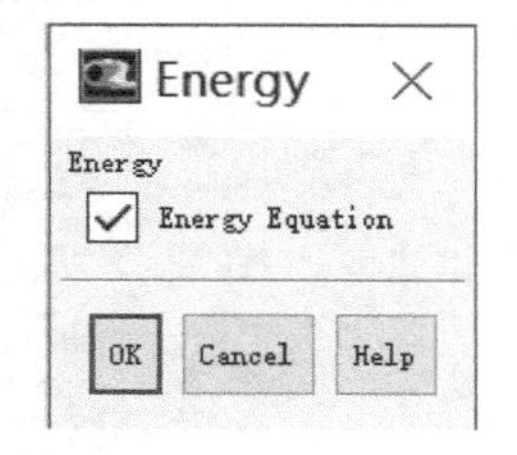

图 5-80　Energy 对话框

（4）单击 Models 按钮，双击 Viscous-Laminar，出现“Viscous Model”的对话框，在该对话框中选中标准 k-ε 模型，单击 Close 按钮。

（5）双击 Discrete Phase-off，出现“Discrete Phase Model”对话框，在该对话框的 Interaction 参数设置中勾选 Interaction with Continuous Phase，在 Tracking 参数设置中 Max. Number of Steps 设置为 10000，如图 5-81 所示；在 Physical Models→Option 中勾选 Erosion→Accretion 选项，如图 5-82 所示。

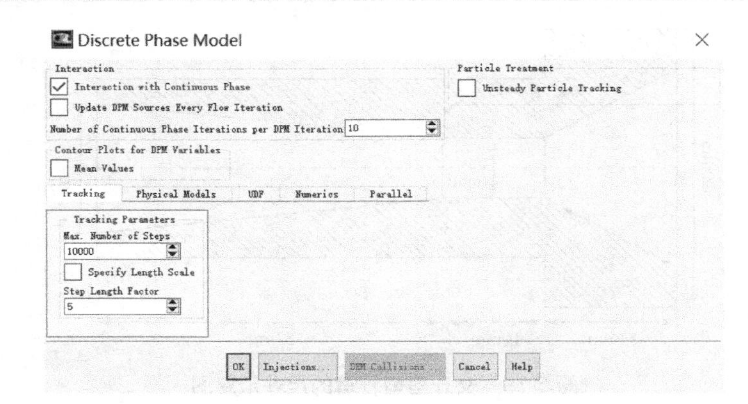

图 5-81 “Discrete Phase Model”对话框

（6）单击图 5-81 中的 Injection…按钮，弹出“Injection”对话框，单击 Create 按钮，出现“Set Injection Properties”对话框，设置离散相入射颗粒的相关参数，Injection Type 选为 Surface，Release From Surface 选为 inlet，颗粒的材料 Material 选择 Wood，入射速度为沿 *X* 轴入射，大小为 1m/s，颗粒的直径为 0.001m，总的质量流量为 0.0005kg/s，如图 5-83 所示。

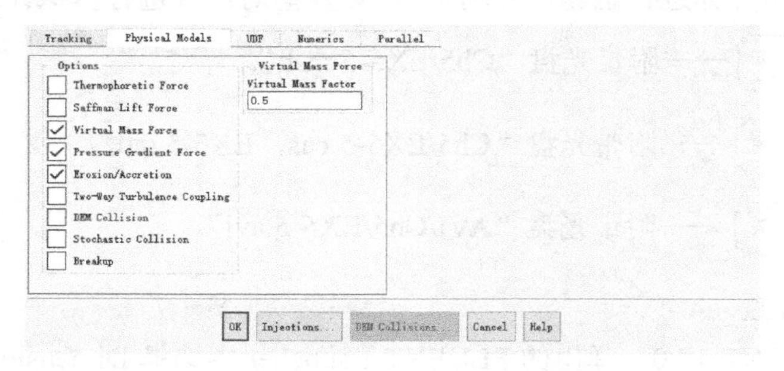

图 5-82 “Discrete Phase Model”对话框

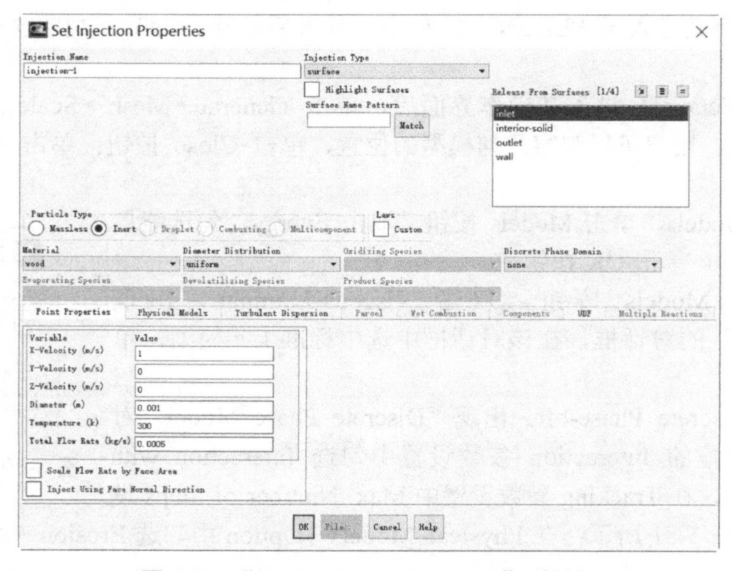

图 5-83 “Set Injection Properties”对话框

单击 Turbulent Dispersion，勾选 Discrete Random Walk Model，并设置 Number of Tries 的值为 10，如图 5-84 所示，单击 OK 按钮。

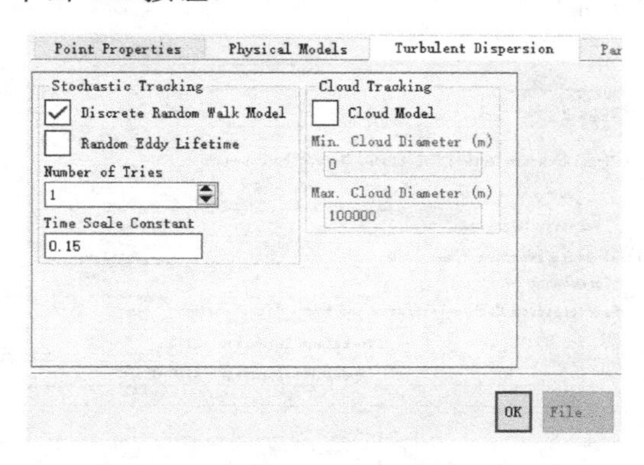

图 5-84 “Set Injection Properties”对话框

（7）在 Materials 下拉菜单中选择 wood，Edit 或双击，弹出 Create/Edit Material 对话框，将其密度改为 1500kg/m^3（见图 5-85），单击 Chang/Create，然后单击 Close 按钮。

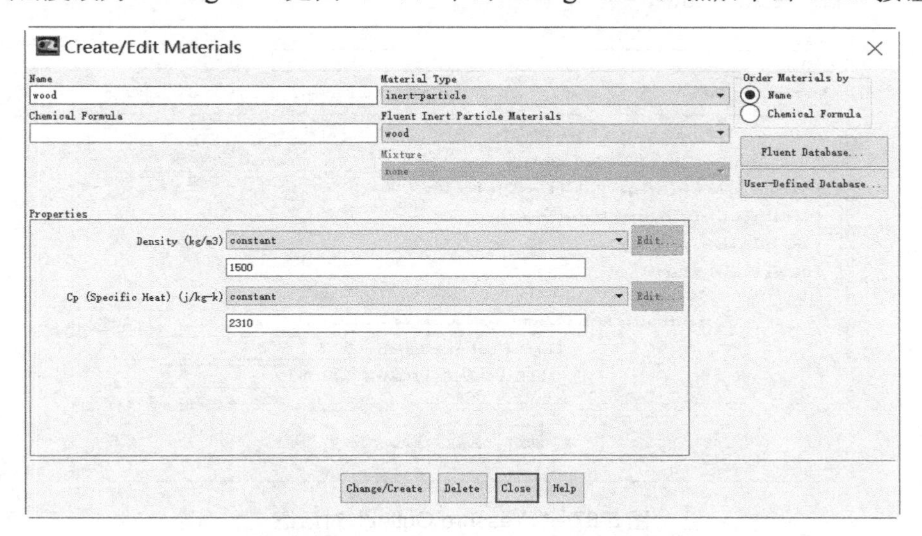

图 5-85 “Create/Eait Material”对话框

（8）单击 Cell Zone Conditions，选中 fluid，单击 Edit 按钮，弹出 Fluid 对话框，Material Name 处单击向下箭头，选中 air 选项，单击 OK 按钮。

（9）单击 Boundary Conditions，选中 inlet，单击 Edit 按钮，弹出“Velocity inlet”对话框（见图 5-86），设置进口速度为 1m/s，Turbulent Intensity 为 5%，水力直径 Hydraulic Diameter 为 0.02，单击 OK 按钮。

（10）选中 outlet，单击 Edit 按钮，弹出“Pressure outlet”对话框（见图 5-87），设置 Turbulent Intensity 为 5%，水力直径 Hydraulic Diameter 为“0.013”，单击 OK 按钮。

（11）选中 wall，单击 Edit 按钮，弹出“Wall”对话框（见图 5-88），单击 Discrete Phase Reflection Coefficients→Normal→Edit，在“Polynomial Profile”对话框中输入如图 5-

89 所示的数字，单击 OK 按钮。

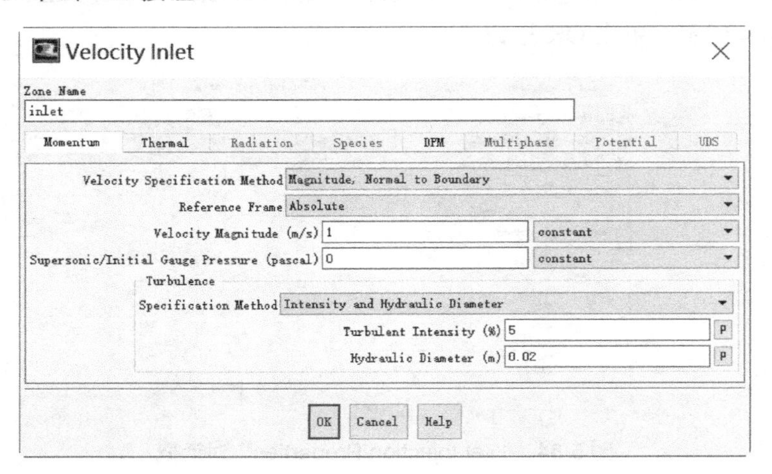

图 5-86 “Velocity Inlet”对话框

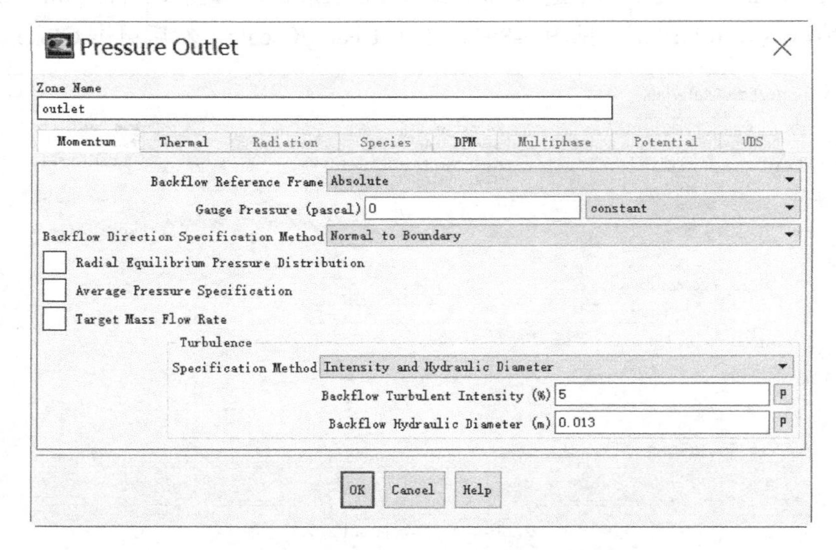

图 5-87 “Pressure Outlet”对话框

（12）回到“Wall”对话框（见图 5-88）中，单击 Discrete Phase Reflection Coefficients→Tangent→Edit，弹出“Polynomial Profile”对话框，在“Polynomial Profile”对话框中输入如图 5-90 所示的数字，单击 OK 按钮。

（13）在“Wall”对话框（见图 5-91）中，单击 Erosion Model→Impact Angle Function 下拉菜单，选中 Piecewise-linear，单击 Edit 按钮，弹出“Piecewise-Linear Profile”对话框，如图 5-92 所示，输入 9 组数据，单击 OK 按钮。

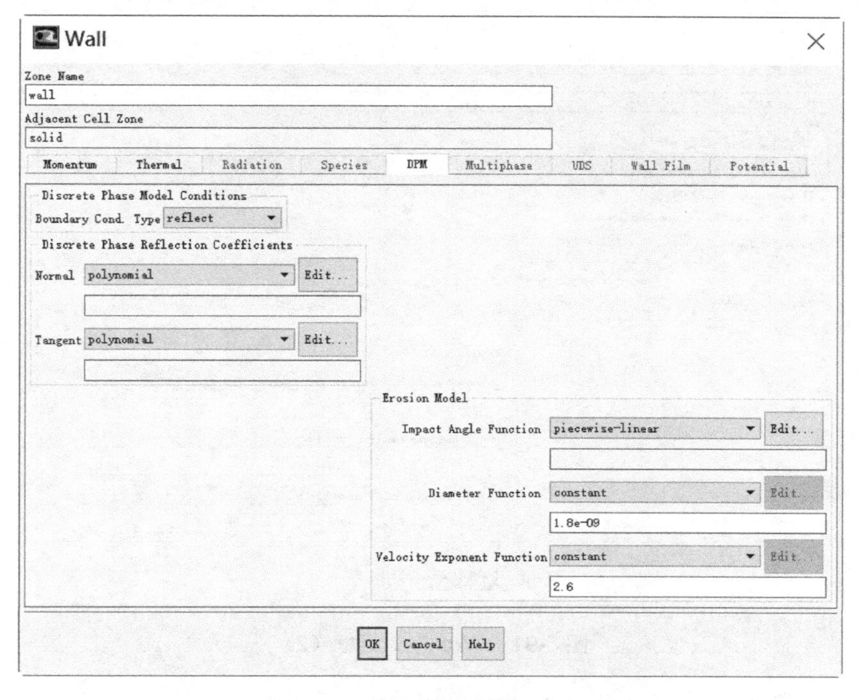

图 5-88 “Wall”对话框（1）

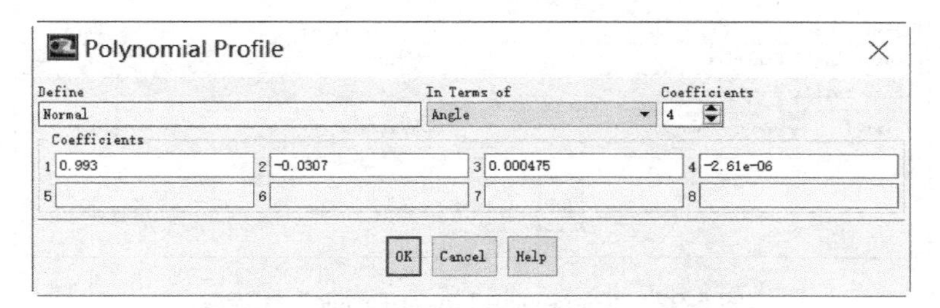

图 5-89 “Polynomial Profile”对话框（1）

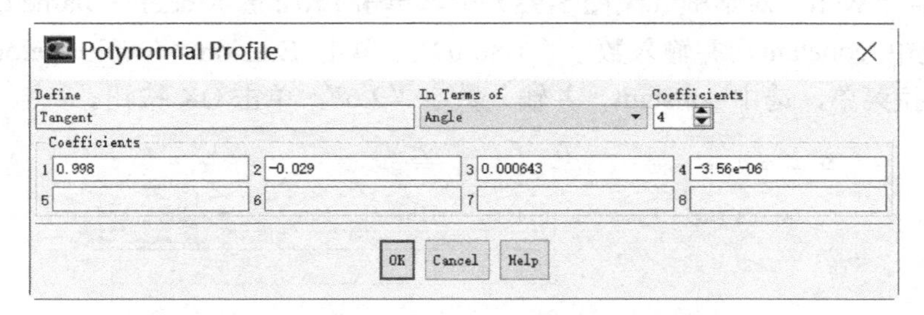

图 5-90 “Polynomial Profile”对话框（2）

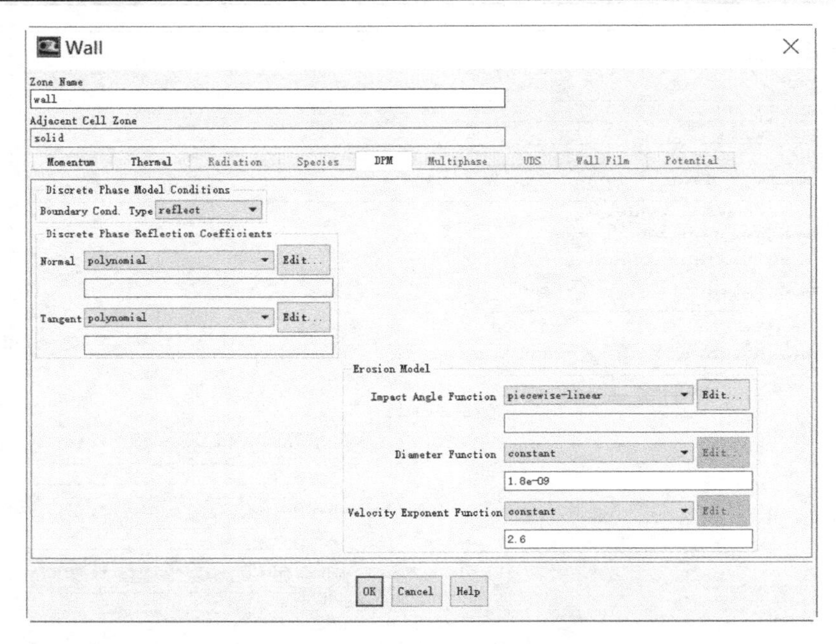

图 5-91 “Wall”对话框（2）

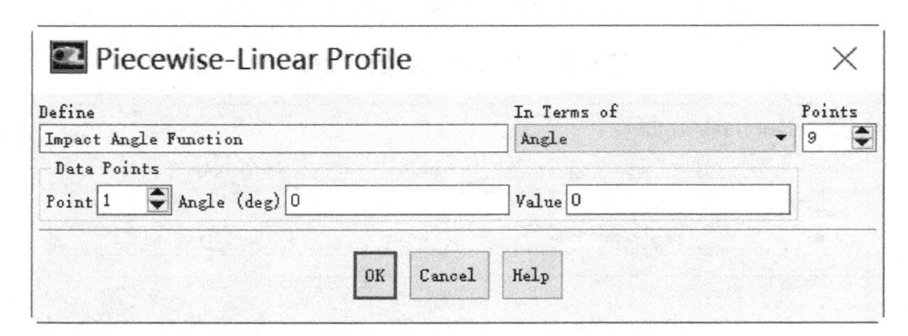

图 5-92 “Piecewise-Linear Profile”对话框

（14）回到“Wall”对话框（见图 5-93）中，单击 Erosion Model→Diameter Function 的下拉菜单，选中 constant，并输入数字“1.8e-09”；单击 Erosion Model→Velocity Exponent Function 的下拉菜单，选中 constant，并输入数字“2.6”，单击 OK 按钮。

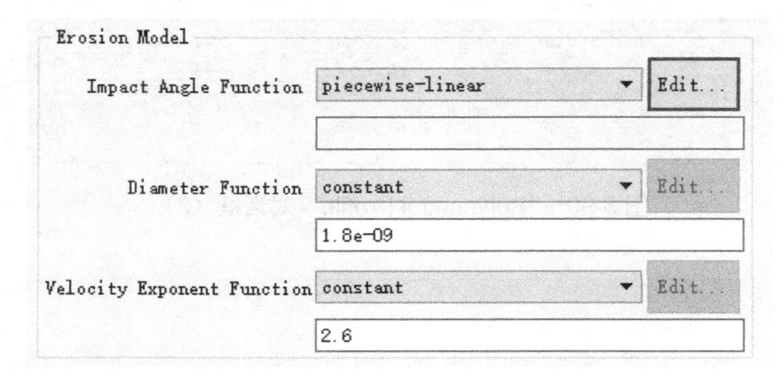

图 5-93 “Wall”对话框（3）

（15）单击 Solution Controls，将 Pressure 的值改为 0.7，Momentum 的值改为 0.3。

（16）单击 Solution Initialization 设置，初始化方法选用 Standard Initialization，Compute From 设置为 all-zones，并在 Turbulent Dissipation Rate 设置为 100000，单击 Initialize，进行初始化。

（17）设置 Run Calculation 迭代 200 步，单击 Calculate，开始计算。

（18）在解算过程中，控制台窗口会实时显示计算步的基本信息，包括 X 与 Y 方向上的速度、k 和 ε 的收敛情况，且当计算达到收敛时，窗口中会出现“solution is converged”的提示语句。计算完成后，可得到计算结果的残差曲线图，如图 5-94 所示。

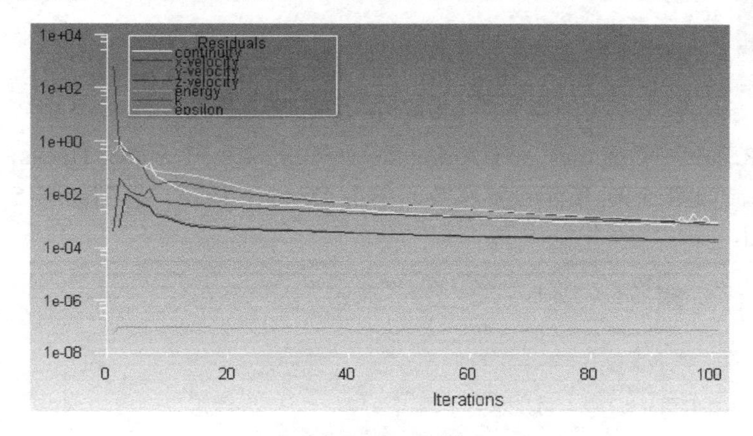

图 5-94　残差曲线图

3．结果后处理

（1）在 FLUENT 后处理中，单击 Results→Graphics and Animations→Graphics→Contours，弹出“Contours”对话框（见图 5-95），如图 5-95 所示设置参数，单击 Display 按钮，得到如图 5-96 所示的离散相颗粒的冲蚀云图。

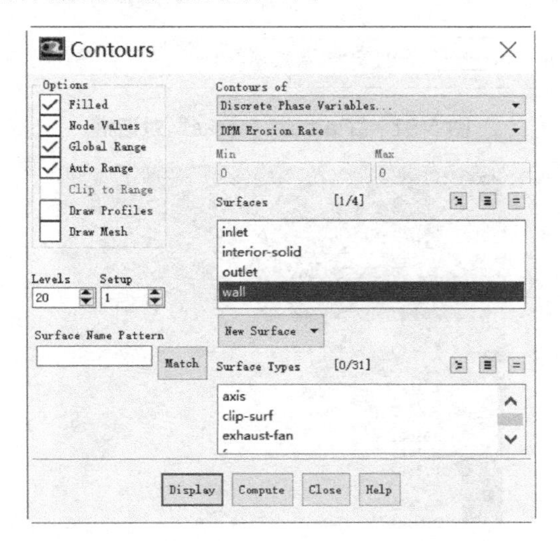

图 5-95　“Contours”对话框

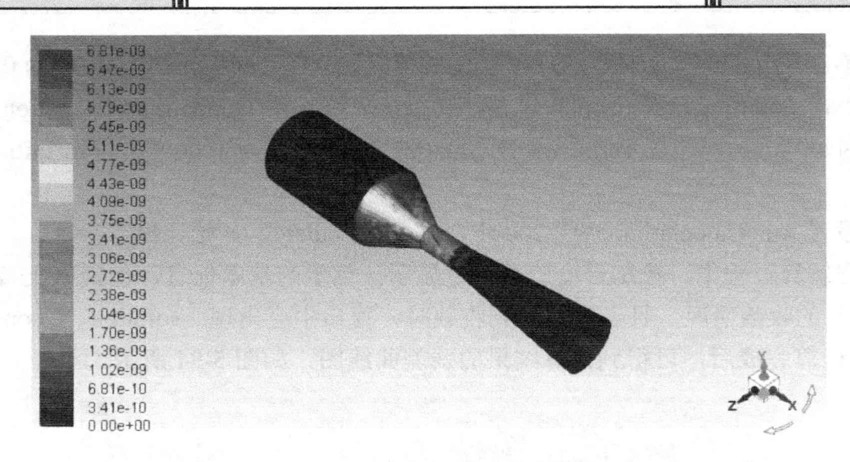

图 5-96　离散相颗粒的冲蚀云图

（2）单击 Results→Graphics and Animations→Graphics→Particle Tracks，弹出“Particle Tracks”对话框，如图 5-97 所示设置参数，单击 Display 按钮，得到如图 5-98 所示的离散相颗粒的轨迹图。

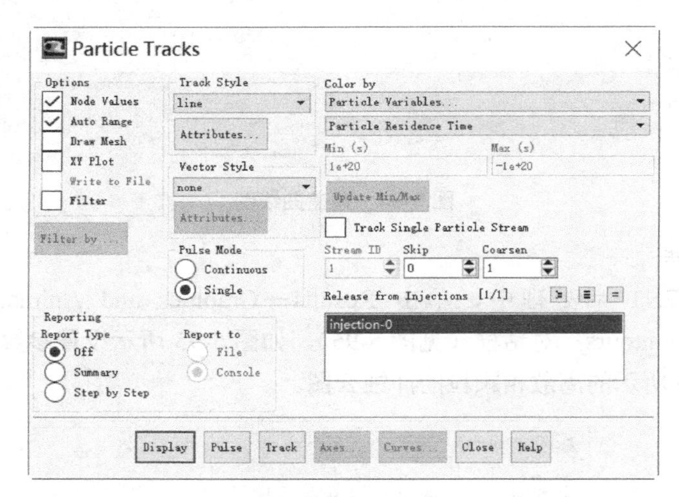

图 5-97　“Particle Tracks”对话框

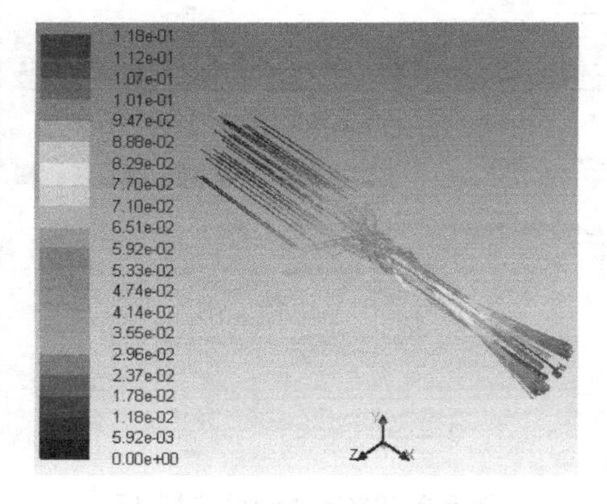

图 5-98　离散相颗粒的轨迹图

（3）在 CFD-Post 操作界面的菜单栏中，单击 Insert→Location→Plane，创建一个平面（见图 5-99），且为 *XOY* 平面，命名为 Plane1。

（4）在 CFD-Post 操作界面的工具栏中，单击按钮，创建一个 Contour1（见图 5-100），单击 OK 按钮。

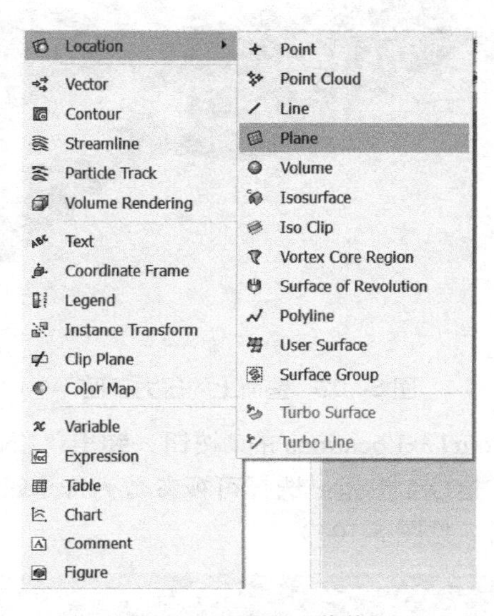

图 5-99　Insert 菜单

（5）单击 Detail of Contour1→ Locations 的□按钮，弹出"Location Selector"对话框（见图 5-101），在该对话框中选中 wall，单击 OK 按钮；选择可视参数为 Pressure，单击 Apply 按钮，可显示出壁面上的压力云图（见图 5-102）。

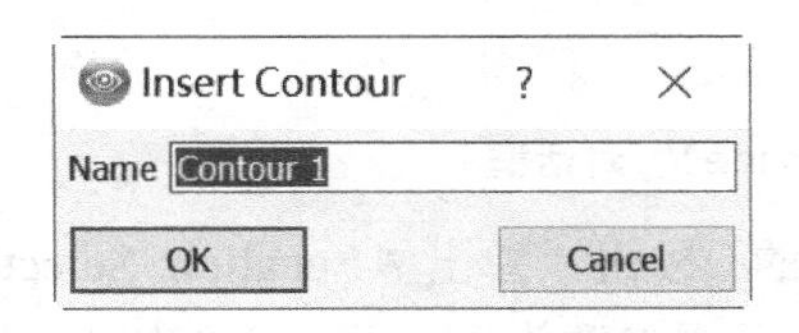

图 5-100　"Contour1"对话框

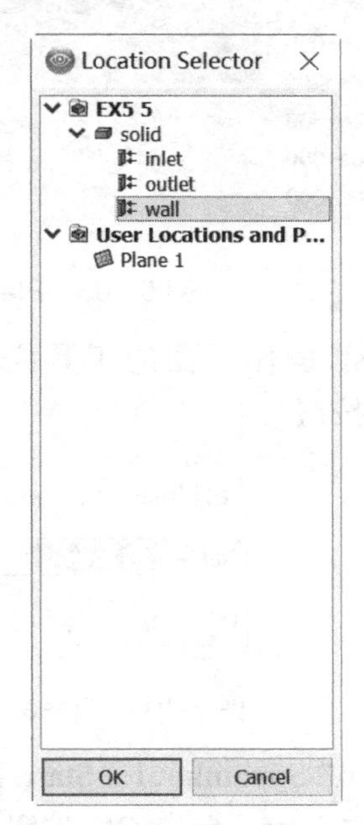

图 5-101　"Location Selector"对话框

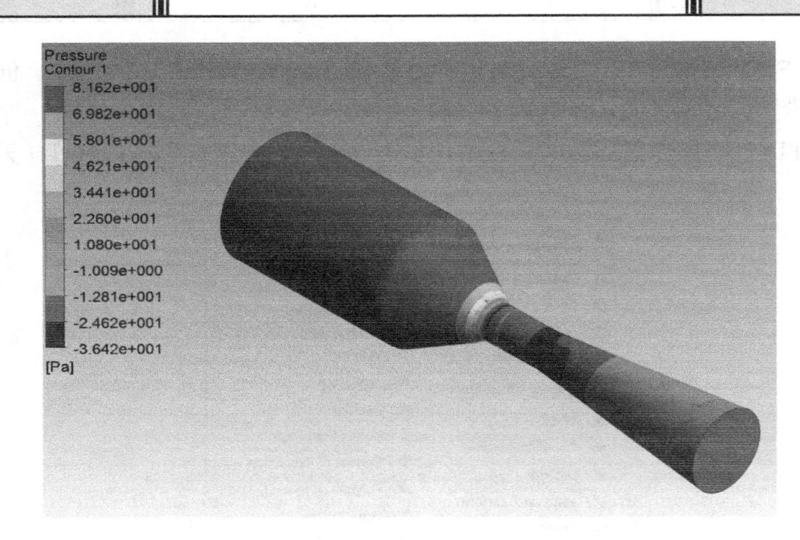

图 5-102　壁面上的压力云图

（6）单击 Detail of Contour1→Locations 的□按钮，弹出“Location Selector”对话框，在该对话框中选中 Plane1，单击 OK 按钮；选择可视参数为 Velocity，单击 Apply 按钮，可显示出对 Plane1 上的速度云图（见图 5-103）。

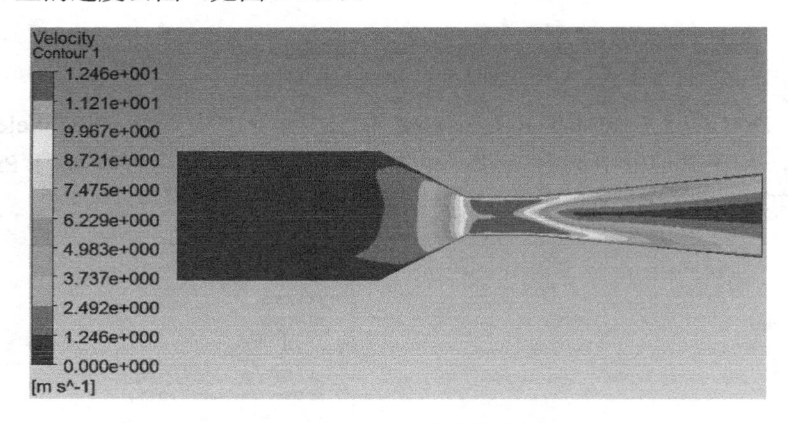

图 5-103　Plane1 上的速度云图

（7）在 CFD-Post 操作界面的工具栏中，单击按钮，创建一个 Streamline1（见图 5-104），单击 OK 按钮。

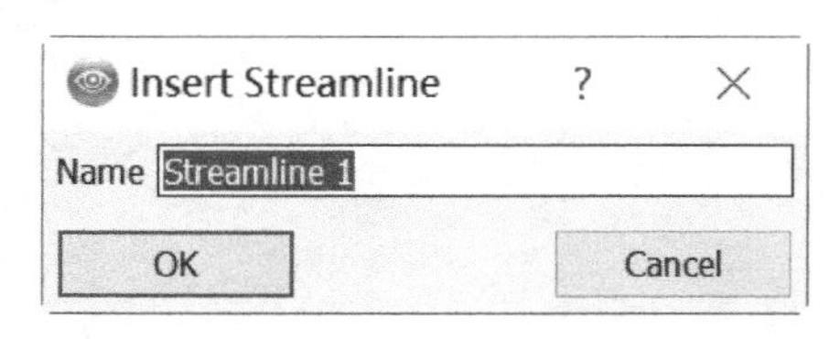

图 5-104　“Insert Streamline1”对话框

（8）单击 Detail of Streamline1→Start From 的□按钮，弹出“Location Selector”对话框，在该对话框中选中 inlet，单击 OK 按钮；选择可视参数为 Velocity，单击 Apply 按钮，可显示出流体迹线图（见图 5-105）。

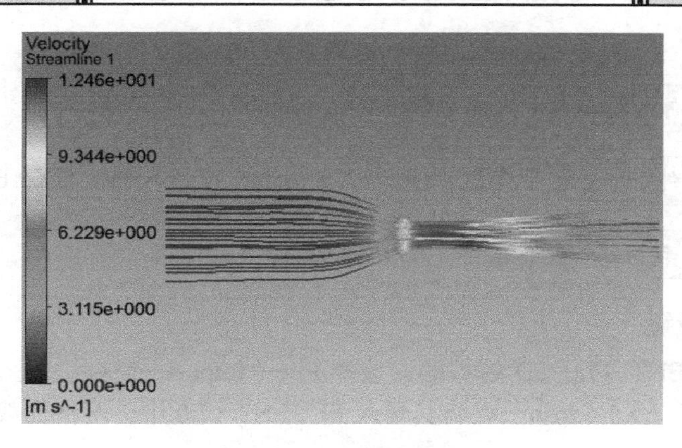

图 5-105 流体迹线图

（9）图形分析完后，选择菜单 File→ Export→ Case & Data⋯，保存工程与数据结果文件（EX5-5.cas 和 EX5-5.dat）。

（10）最后，单击 File→Close FLUENT，安全退出 FLUENT 17.0。

实例 5-6 液体燃料燃烧模拟

石油化工行业中经常涉及液体燃料燃烧的问题，如裂解炉、燃烧器等，在燃烧室内液体燃料能否完全燃烧、其进口速度如何控制、燃烧后的产物是否有毒、对人体是否构成威胁，这些都是工程实际关注的问题。

1. 实例概述

本例利用组分输送与化学反应模型，对戊烷的燃烧进行模拟，图 5-106 所示为本例的几何模型简图。空气以 1.0m/s 的速度、600K 的温度进入，戊烷以液滴形式喷射，液滴直径为 0.1mm，温度 303K，喷射关于中心线对称，且夹角为 30°，质量流量 0.005kg/s，壁面温度为 1200K。本例为对称问题，故只需建立一半模型，并设置对称边界。模型为规则的矩形，因此，采用四边形网格生成规则的结构网格，并对空气进口处进行网格加密。

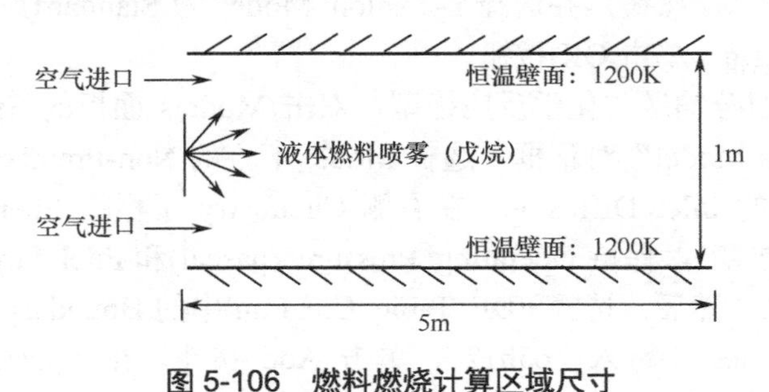

图 5-106 燃料燃烧计算区域尺寸

本例燃烧可用混合分数/PDF 方法来模拟，并且采用平衡的混合化学组分。液体燃料喷

射采用离散相模型。

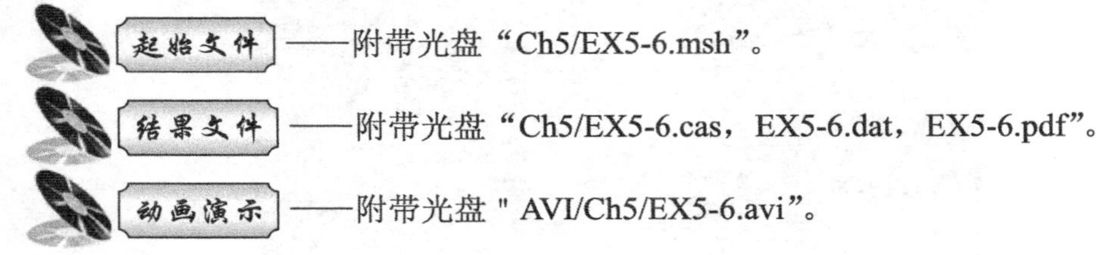

——附带光盘“Ch5/EX5-6.msh”。

——附带光盘“Ch5/EX5-6.cas，EX5-6.dat，EX5-6.pdf”。

——附带光盘 " AVI/Ch5/EX5-6.avi”。

2. 模型计算设置

（1）启动 FLUENT 17.0 2D 解算器。选择 File→Import→Mesh 命令，在弹出的“Select File”对话框中选择 EX5-6.msh，并将其导入 FLUENT 17.0 中，网格加载如图 5-107 所示。

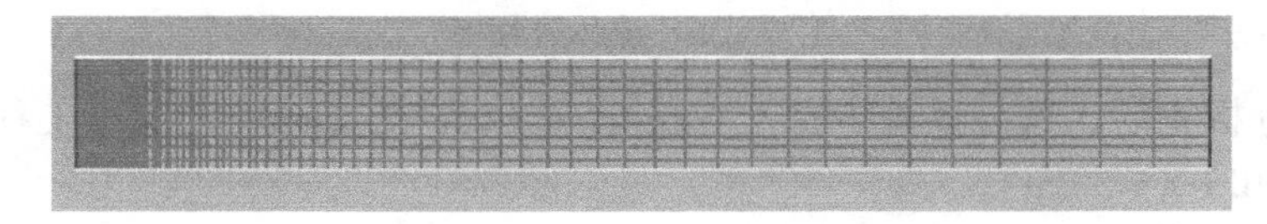

图 5-107　网格加载

（2）选择操作面板中 Problem Setup 下的 General 选项，在打开的面板中单击 Scale 按钮，弹出“Scale Mesh”对话框，对话框中显示了模型的尺寸范围，这里无须改动，单击 Close 按钮，关闭对话框。

（3）单击 General 面板中 Mesh 栏中的 Check 按钮，检查网格，待文本界面中出现 Done，表示模型网格合适。

（4）在 General 面板的 Solver 栏中进行基本模型设置，本例保持默认。

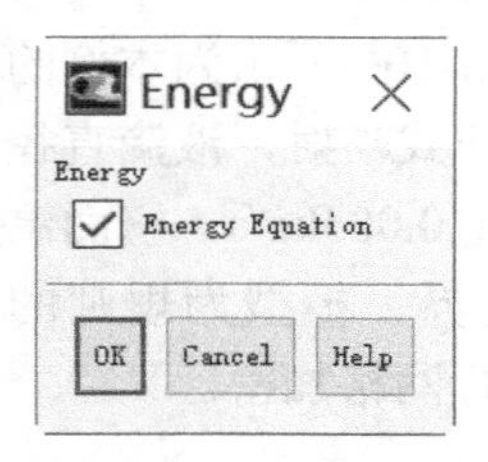

图 5-108　“Energy”对话框

（5）保持操作面板中 Problem Setup 下的 Modles 选项，在展开的面板中双击 Energy-Off 选项，弹出“Energy”对话框，如图 5-108 所示，选中 Energy Equation 复选框，启动能量方程计算，单击 OK 按钮。然后回到 Models 面板，双击 Viscous-Laminar 选项，弹出“Viscous Model”对话框，选中 k-epsilon（2 eqn）单选按钮，并选择 k-epsilon Model 为 Standard，保持其他默认设置，单击 OK 按钮。

（6）启动本例的组分输送与化学反应模型，双击 Models 面板的 Species-Off，弹出如图 5-109 所示的“Species Model”对话框，选择 Model 下方的 Non-Premixed Combustion，并勾选 PDF Options 下方的 Inlet Diffusion。在右侧 Chemistry 子栏的 Energy Treatment 中勾选 Non-Adiabatic（非绝热壁），保持 Operating Pressure (pascal)和 Fuel Stream Rich Flamability Limit 为 101325 和 0.1。然后，选择 PDF Table Creation 中的 Boundary 子栏，如图 5-110 所示，在 Boundary Species 中输入“c5h12”，单击 Add 按钮。在 Specify Species in 中选择 Mole Fraction 选项。接着，在 n2 和 o2 的 Oxid 输入栏中输入“0.78992”和“0.21008”，在 c5h12 的 Fuel 输入栏中输入“1”。在 Temperature 中设置 Fuel(K)为 303，Oxid(K)为 600。选择 PDF Table Creation 中的 Table 子栏，如图 5-111 所示，在 Minimum Temperature 中输入“280”，保持其他默认参数，单击 Calculate PDF Table 按钮，文本界面中出现计算信息，如图 5-112 所示，单击 File→ Export→ PDF，将 PDF 文件保存为 EX5-6.pdf，单击 Apply 按钮。

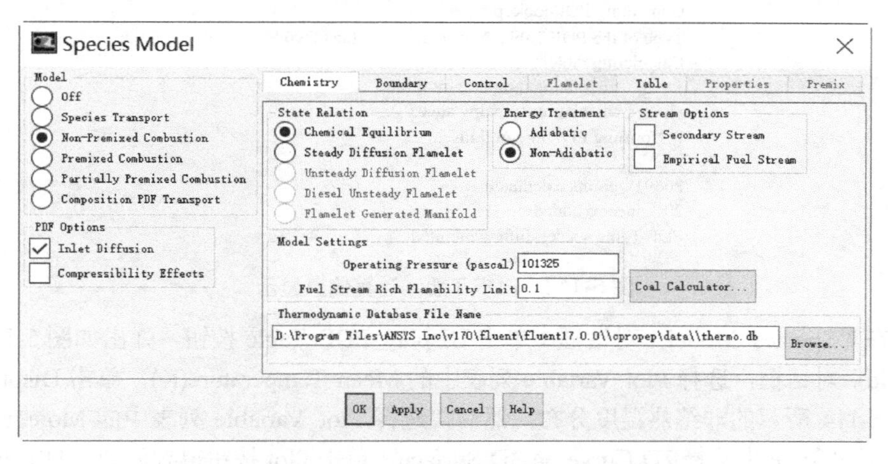

图 5-109 “Species Model”对话框

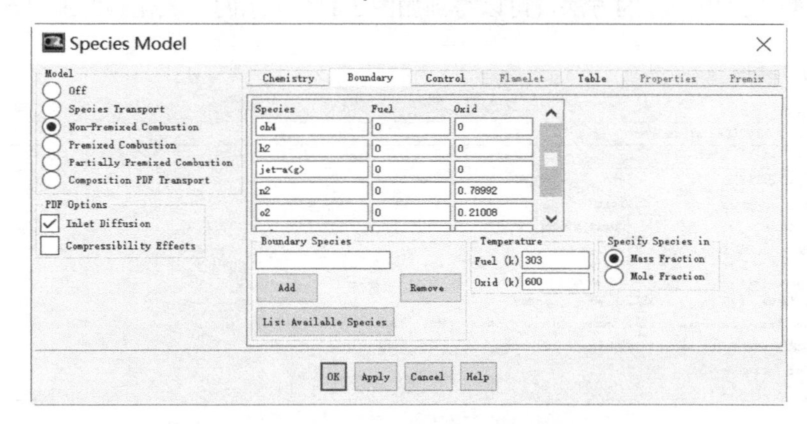

图 5-110 PDF Boundary 设置

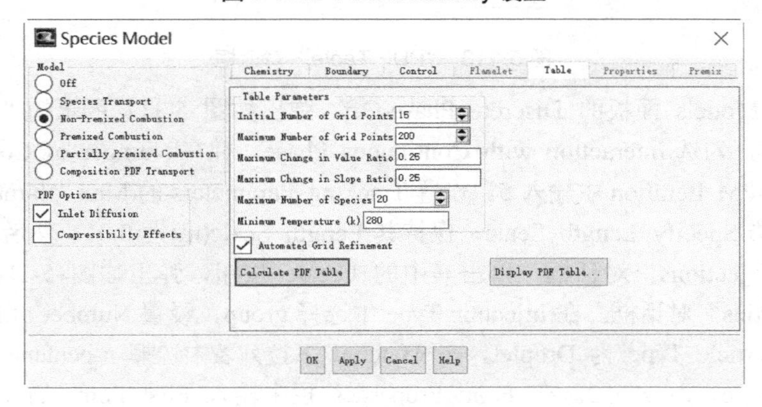

图 5-111 PDF Table 设置

```
Generating PDF lookup table
Type of the PDF Table: Nonadiabatic Table (Two Streams)
Calculating table .....
        calculating temperature limits .....
        calculating enthalpy slices .....
Performing PDF integrations .....

26691   points calculated
20   species added
PDF Table successfully generated!
```

图 5-112　PDF Table 计算信息显示

（7）在“Species Model”对话框中单击 Display PDF Table 按钮，弹出如图 5-113 所示的“PDF Table”对话框，选择 Plot Variable 列表中的 Mean Temperature(K)，单击 Display 按钮，得到如图 5-114 所示的非绝热温度分布。然后，选择 Plot Variable 列表中的 Mole Fraction of c5h12，在 Plot Type 中选择 2D Curve on 3D Surface，单击 Plot 按钮得到如图 5-115 所示的戊烷的瞬时摩尔分数。采用同样的方法，可以得到如图 5-116 所示的一氧化碳的瞬时摩尔分数。

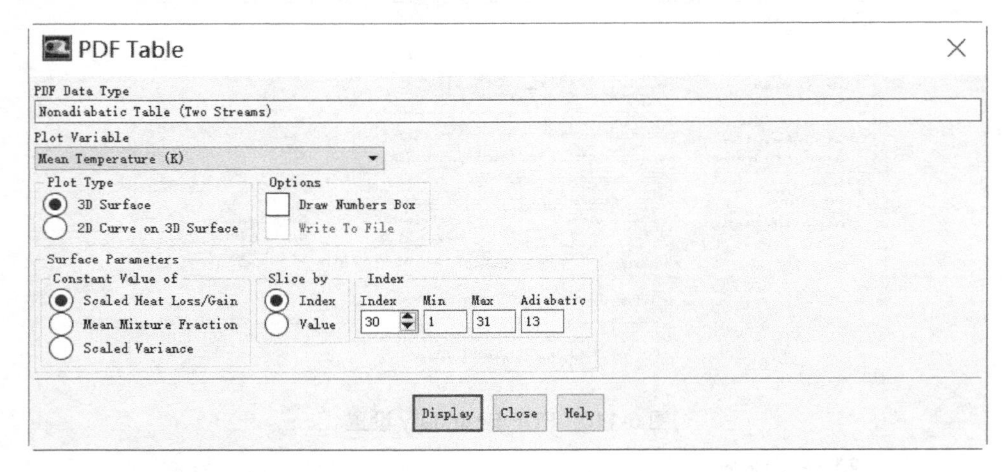

图 5-113　“PDF Table”对话框

（8）双击 Models 面板的 Discrete Phase-Off，弹出如图 5-117 所示的“Discrete Phase Model”对话框，勾选 Interaction with Continuous Phase，并在 Number of Continuous Phase Iterations per DPM Iteration 中输入 5。设置 Tracking Parameters 的 Max. Number of Steps 为“1000”，并勾选 Specify Length Scale，保持其 Length Scale(m)为 0.01。然后单击 Injections 按钮，弹出“Injections”对话框，单击其中的 Create 按钮，弹出如图 5-118 所示的“Set Injection Properties”对话框。在 Injection Type 中选择 group，设置 Number of Particle Streams 为 10，选择 Particle Type 为 Droplet，在 Material 下拉列表中选择 n-pentane-liquid，并选择 Evaporating Species 为 c5h12。在 Point Properties 栏中输入 First Point 的 X-Position(m)为“0.001”，Y-Position(m)为 0.001，X-Velocity (m/s)为 100，Y-Velocity (m/s)为 0，Diameter(m)为 1e-04，Temperature(k)为 303，Flow Rate(kg/s)为 2.5e-04。在 Last Point 中输入 Y-Velocity (m/s)为 57.7，其余同 First Point 的设置。然后选择 Turbulent Dispersion 子栏，如图 5-119 所示，选中 Discrete Random Walk Model，并设置 Number of Tries 为 10，单击 OK 按钮。回到“Injections”对话框，可以看到 Injections 列表中已经存在定义好的射流源，默认的名字为

injection-0，单击 Close 按钮关闭该对话框。回到“Discrete Phase Model”对话框，单击 OK 按钮，完成本例离散相液滴射流源的设置。

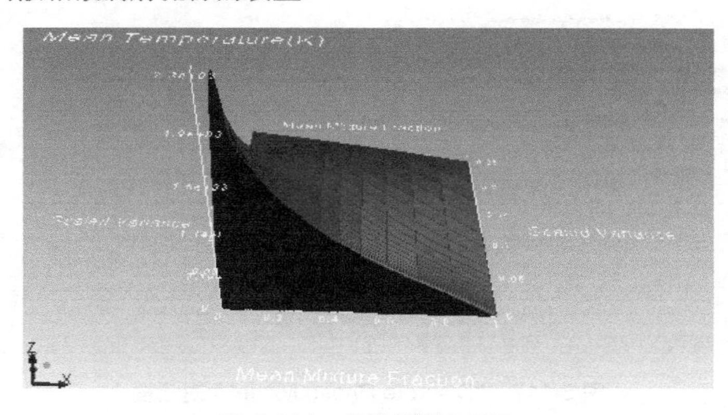

图 5-114　非绝热温度显示

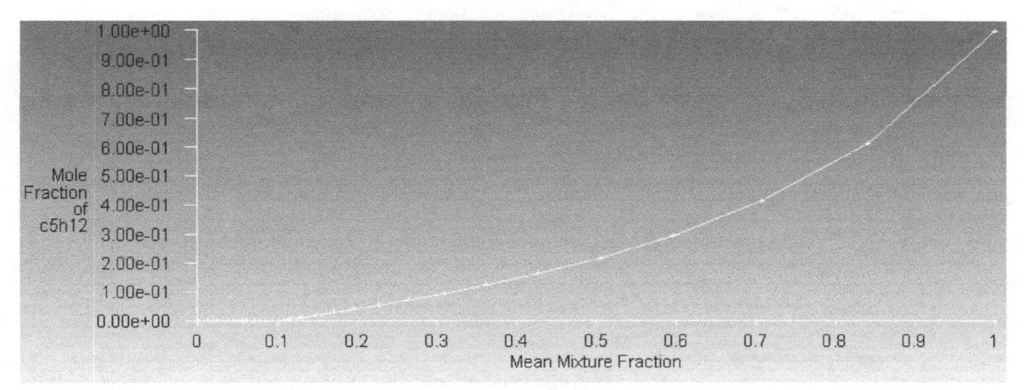

图 5-115　戊烷的瞬时摩尔分数

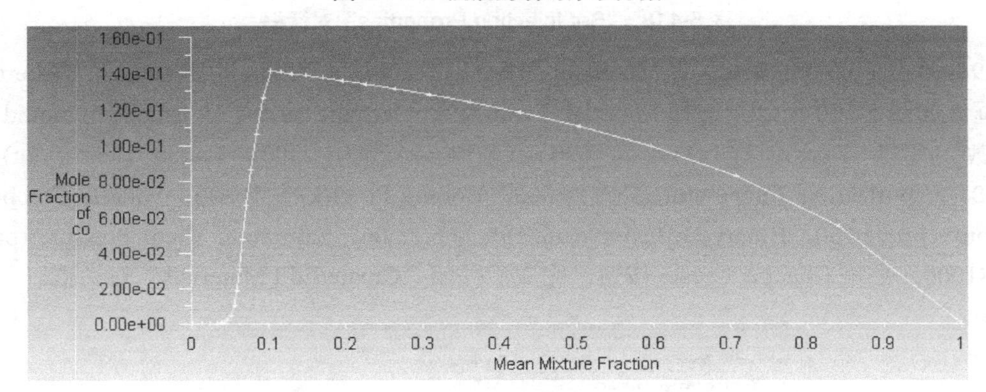

图 5-116　一氧化碳的瞬时摩尔分数

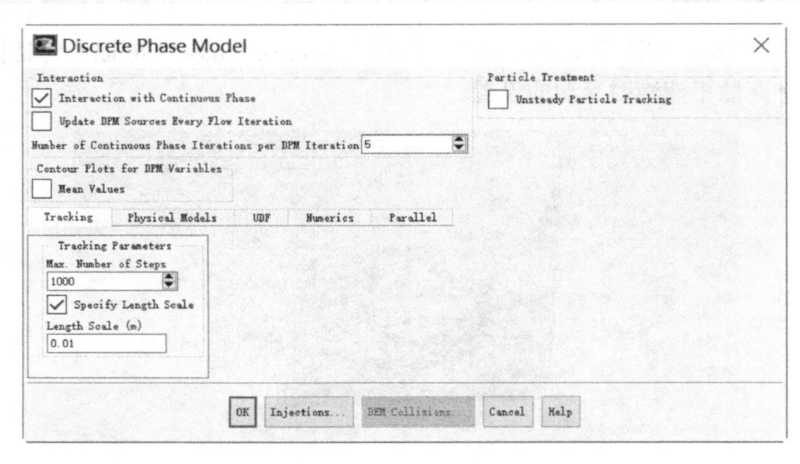

图 5-117 “Discrete Phase Model”对话框

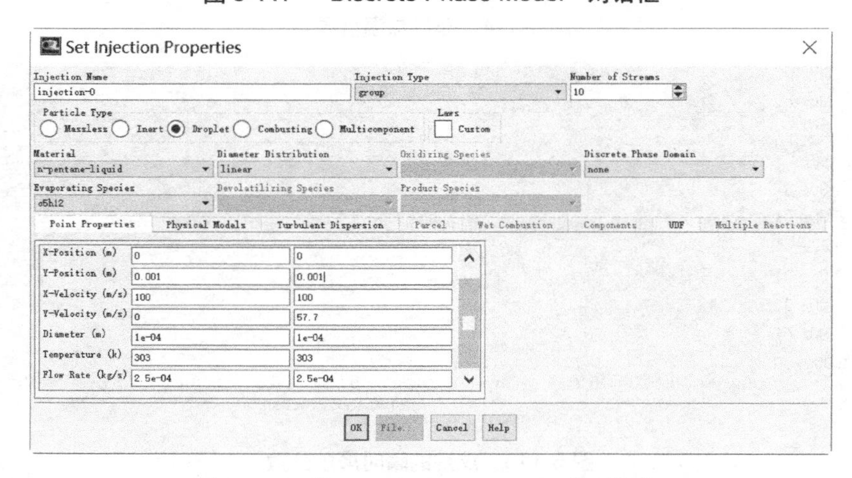

图 5-118 “Set Injection Properties”对话框

（9）单击 Problem Setup 中 Materials 面板的 Create/Edit，弹出“Create/Edit Materials”对话框，如图 5-120 所示，选择 Material Type 为 droplet-particle，更改 n-pentane-liquid 的物性参数，将其 Density(kg/m3)改为 620，Cp(j/kg-k)改为 2300，Latent Heat (j/kg)改为 363000，Vaporization Temperature(k)改为 303，Boiling Point(k)改为 306，Volatile Component Fraction(%)改为 100，Binary Diffusivity(m2/s)改为 6.1e-06，Saturation Vapor Pressure (pascal) 改为 81000，单击 Change/ Create 按钮，完成后关闭“Create/Edit Materials”对话框。

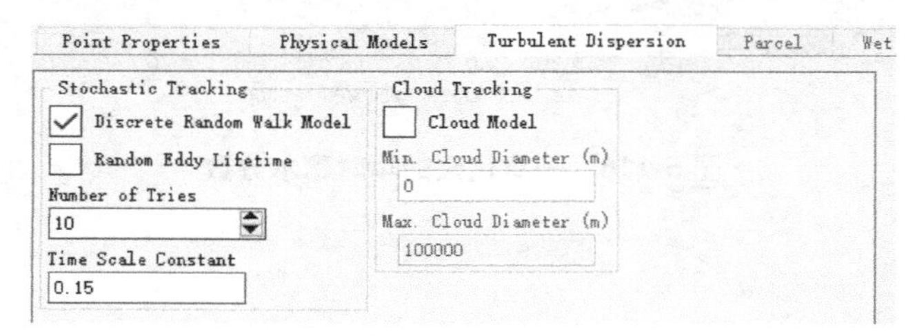

图 5-119 湍流设置

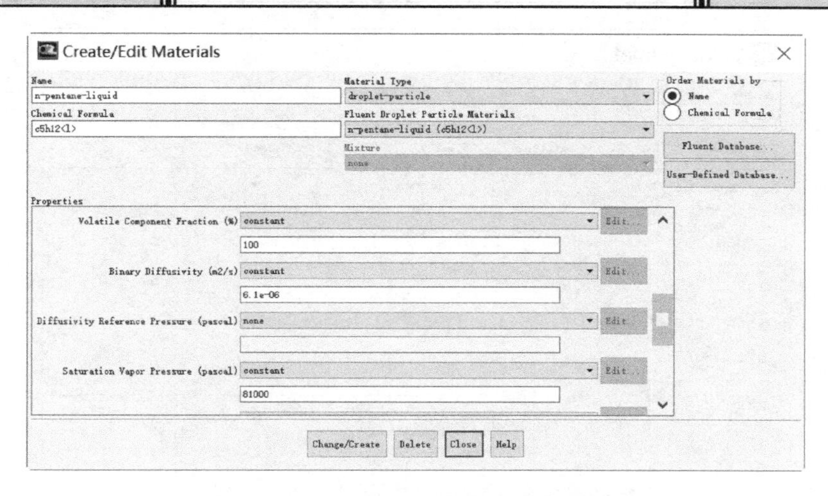

图 5-120 “Create/Edit Materials”对话框

（10）单击 Cell Zone Conditions 面板右下角的 Operating Conditions 按钮，弹出“操作环境设置”对话框，这里保持默认，单击 OK 按钮。

（11）定义本例的边界条件，单击 Problem Setup 中的 Boundary Conditions 按钮，在 Boundary Conditions 面板中选择 a-in，单击 Edit 按钮，弹出“Velocity Inlet”对话框，如图 5-121 所示，设置 Velocity Magnitude(m/s)为 1，并选择其湍流方式为 Intensity and Hydraulic Diameter，设置 Turbulent Intensity(%)为 10，Hydraulic Diameter(m)为 2。然后，选择 Thermal 子栏，设置进口温度为 600K，如图 5-122 所示，单击 OK 按钮。回到 Boundary Conditions 面板，选择 p-out，单击 Edit 按钮，弹出图 5-123 所示对话框，保持总压为 0，选择其湍流方式为 Intensity and Hydraulic Diameter，设置 Turbulent Intensity(%)为 10，Hydraulic Diameter(m)为 2。然后，选择 Thermal 子栏，设置出口温度为 1800K，单击 OK 按钮。重新回到 Boundary Conditions 面板，选择 bj，单击 Edit 按钮，弹出如图 5-124 所示“Wall”对话框，选择 Thermal 子栏，设置其为定温边界，温度为 1200K，选择 DPM 子栏，如图 5-125 所示，设置 Boundary Cond. Type 为 trap，单击 OK 按钮。

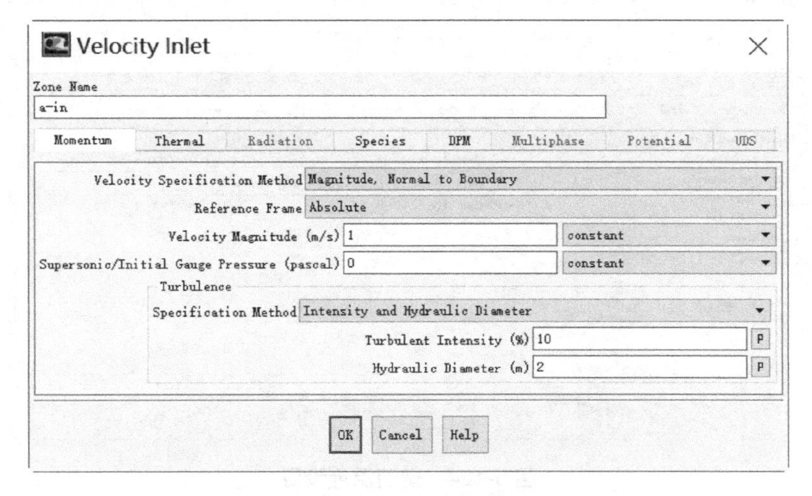

图 5-121 进口速度设置

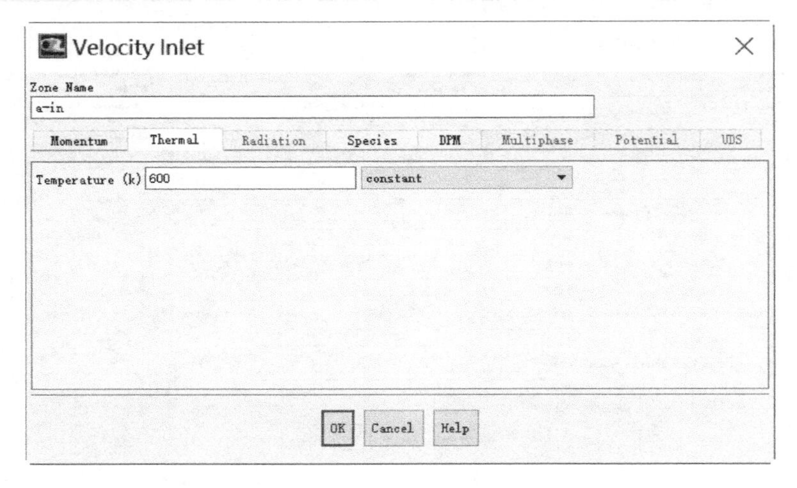

图 5-122　进口温度设置

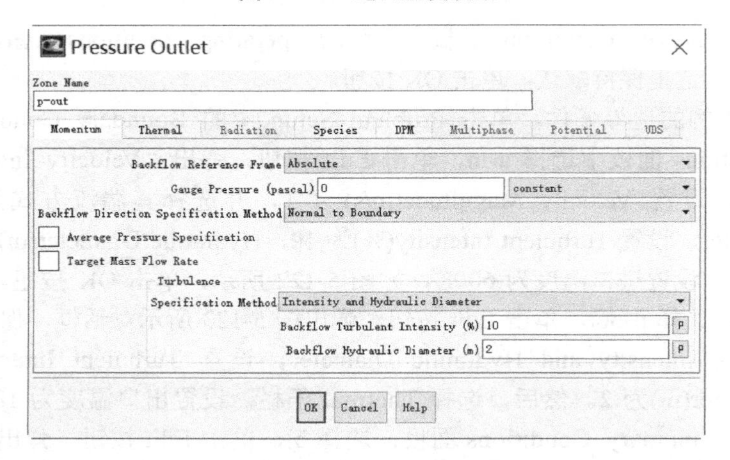

图 5-123　出口压强设置

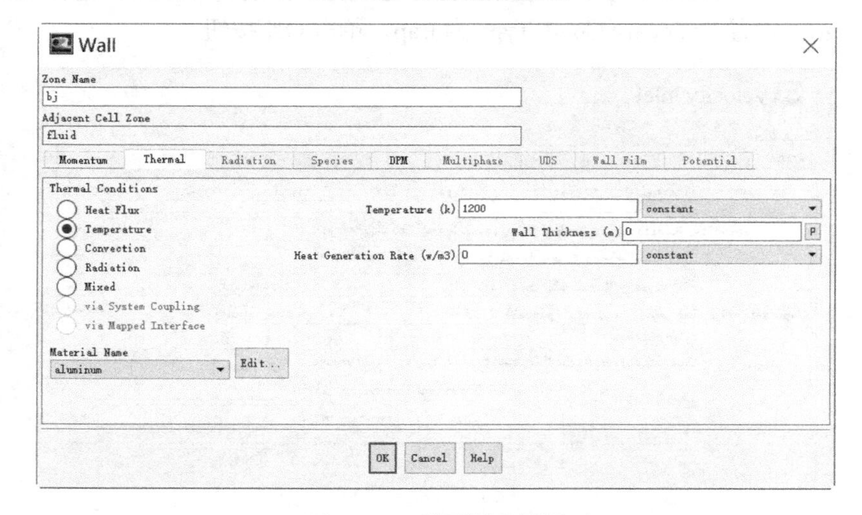

图 5-124　壁面温度设置

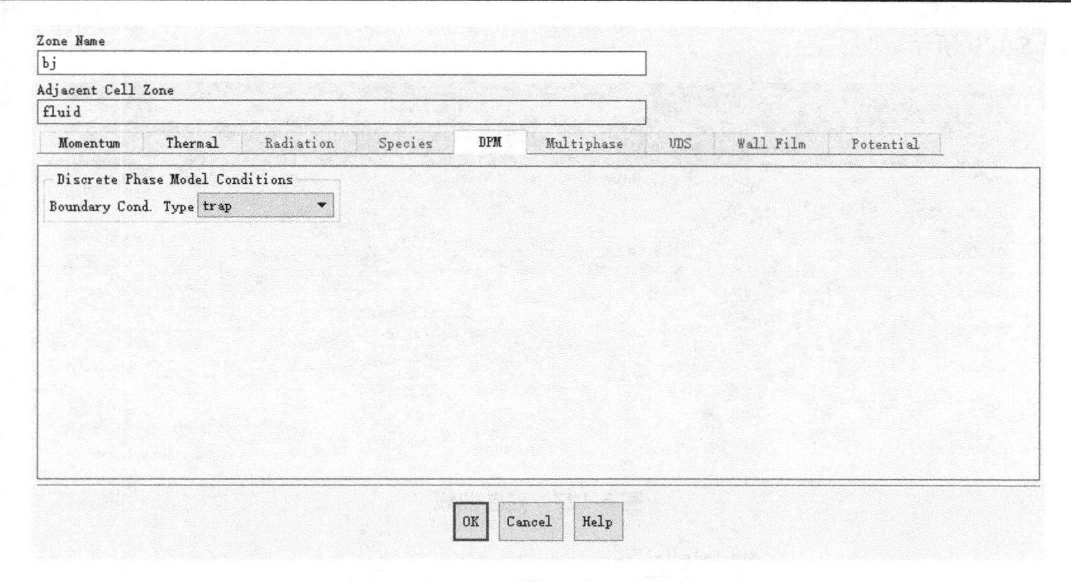

图 5-125 壁面 DPM 边界条件设置

（12）边界定义完后，首先计算无反应的稳态气流流场，在“Discrete Phase Model”对话框的 Number of Continuous Phase Iterations per DPM Iteration 中输入“0”，单击 OK 按钮。

（13）选择操作面板中 Solution 下的 Solution Methods，展开 Solution Methods 面板，保持默认算法设置。单击 Solution 面板中的 Solution Controls，展开 Solution Controls 面板，保持默认松弛因子设置。

（14）Solution 操作面板中的 Monitors，选择“Residuals-Print，Plot”，单击 Edit 按钮，弹出如图 5-126 所示对话框，设置 energy 的精度为“1e-06”，其余项的收敛精度均为“0.001”，单击 OK 按钮。

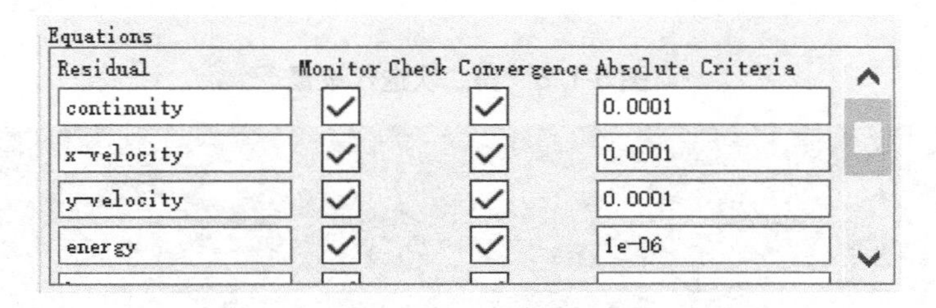

图 5-126 收敛精度设置

（15）选择 Solution Initialization 面板中的 Compute from 为 a-in，单击 Initialize 按钮。

（16）单击 Solution 操作面板中的 Run Calculation，输入 Number of Iterations 为“200”，单击 Calculate 按钮开始计算，计算结束后的残差曲线如图 5-127 所示。

（17）无反应的稳态气流流场得到后，在“Discrete Phase Model”对话框的 Number of Continuous Phase Iterations per DPM Iteration 中输入 5，并勾选 Update DPM Source Every Flow Iteration，单击 OK 按钮。

（18）再次单击 Solution 操作面板中的 Run Calculation，在如图 5-128 所示的面板中输入 Number of Iterations 为 500，单击 Calculate 按钮开始计算。计算结束后的残差曲线如图 5-129 所示。

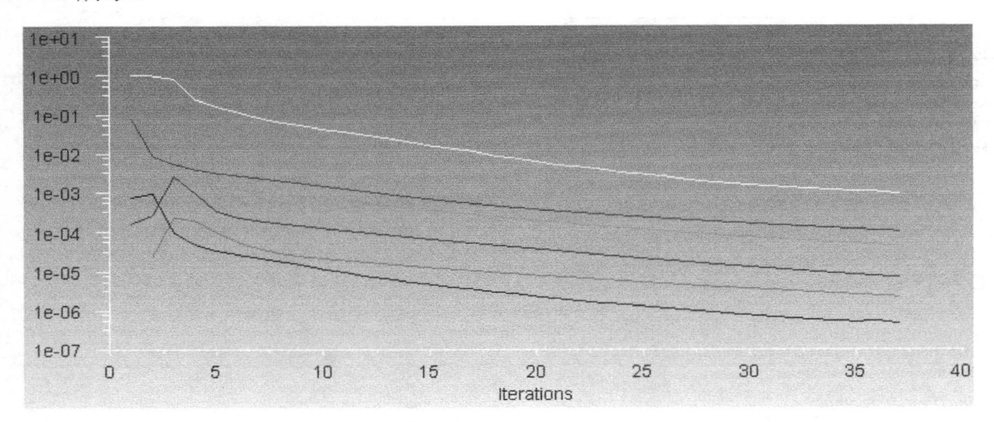

图 5-127　残差曲线

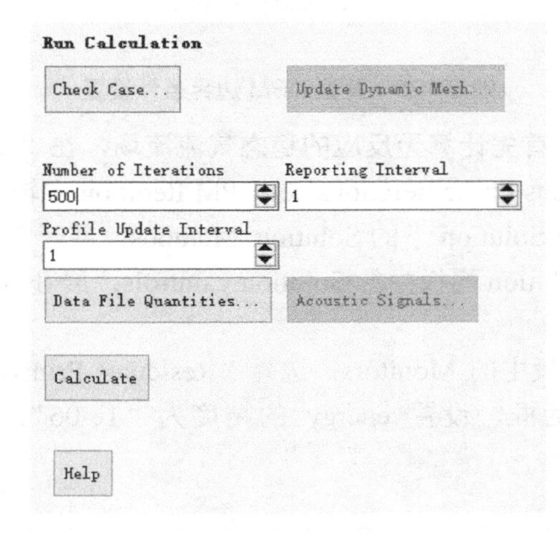

图 5-128　第二次迭代设置

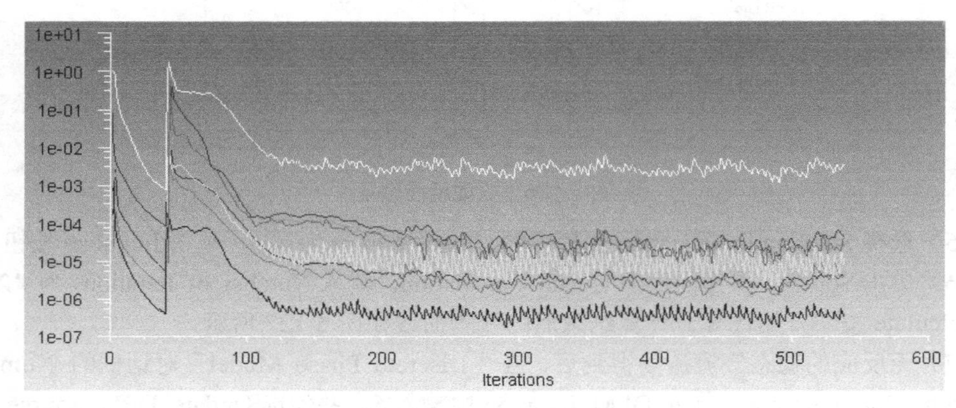

图 5-129　总的残差曲线

3．结果后处理

（1）单击 Results 面板中的 Graphics and Animations，在面板右下角单击 Views 按钮，弹

出“Views”对话框，选中 Mirror Planes 列表中的 duichen，单击 Apply 按钮。

（2）单击 Results 面板中的 Graphics and Animations，在展开的面板中双击 Contours，弹出“Contours”对话框，勾选 Options 下方的 Filled，选择 Contours of 中的 Temperature 和 Static Temperature，单击 Display 按钮，可得到如图 5-130 所示的温度云图。若选择 Contours of 中的 Pdf 和 Mean Mixture Fraction，单击 Display 按钮，可得如图 5-131 所示的混合分数分布云图。改变 Contours of 下方的选项为 Discrete Phase Model 和 DPM Evaporation/ Devolatilization，单击 Display 按钮，可得喷雾速率云图，如图 5-132 所示。若选择 Contours of 下方的选项为 Species 和 Mass fraction of c5h12，单击 Display 按钮，可得到图 5-133 所示的戊烷浓度分布云图。按照同样的方法，还可以得到 O_2 和 CO_2 的浓度分布云图，如图 5-134 和图 5-135 所示。

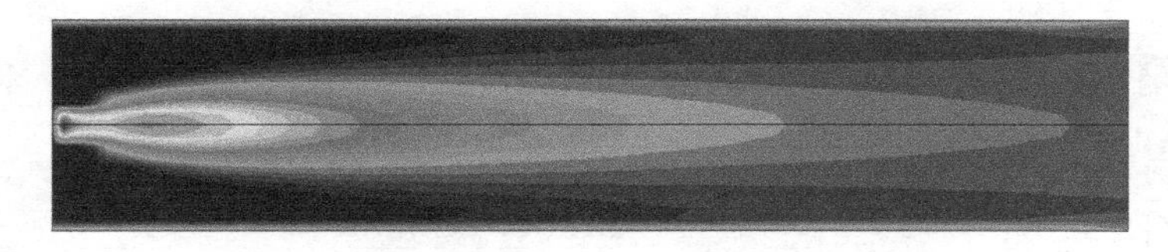

图 5-130　温度云图

图 5-131　混合分数分布云图

图 5-132　喷雾速率云图

图 5-133　戊烷浓度分布云图

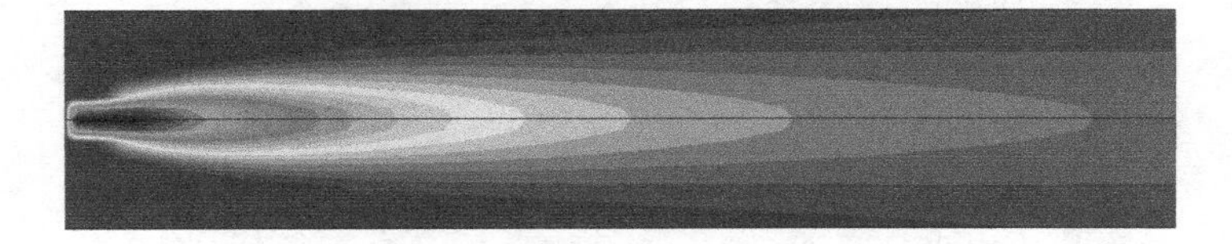

图 5-134　氧气浓度分布云图

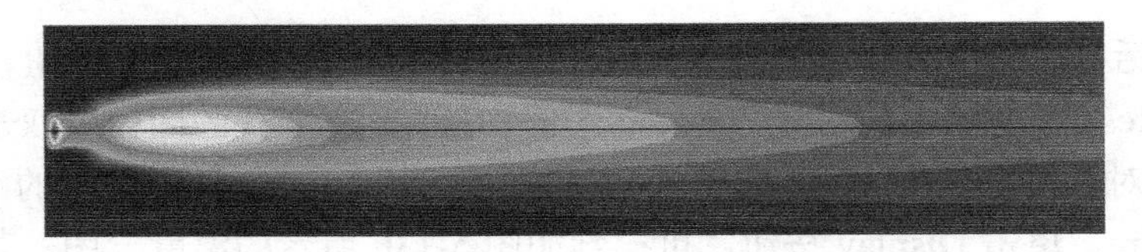

图 5-135　二氧化碳浓度分布云图

（3）Graphics and Animations 面板中双击 Particle Tracks，弹出如图 5-136 所示的“Particle Tracks”对话框，选择 Release from Injections 为 injection-0，Options 下方勾选 Node Values 和 Auto Range，Style 选择为 line（线型），并在 Color by 列表中选择 Particle Variables 和 Particle Diameter，Pulse Mode 设置为 Single，Report Type 为 Off，Skip 设为 0，单击 Display 按钮，可在视图窗口中看到喷雾液滴的分布情况，如图 5-137 所示。

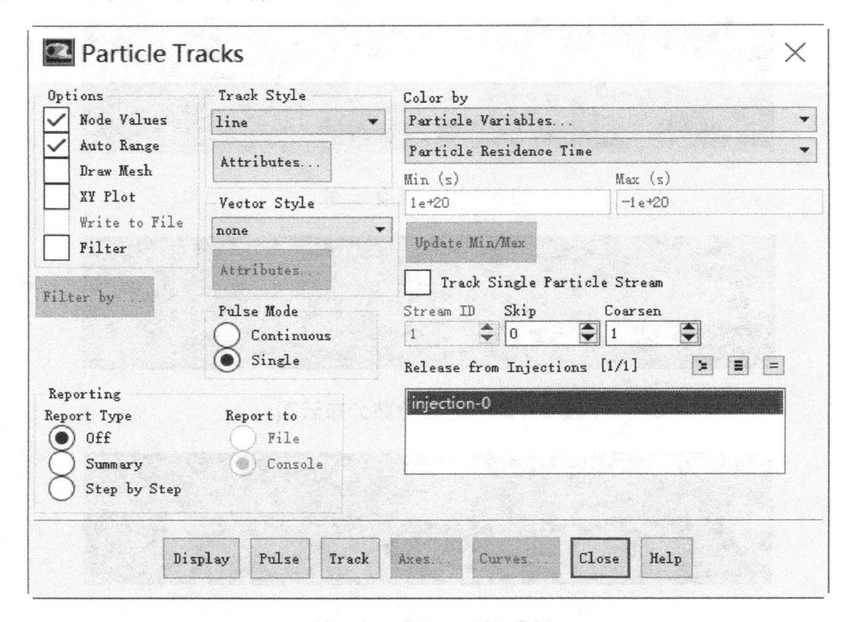

图 5-136　“Particle Tracks”对话框

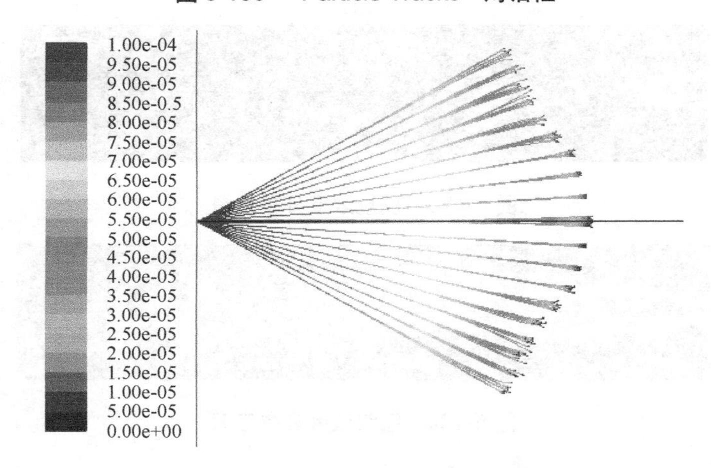

图 5-137　射流源液滴分布

（4）双击 Graphics and Animations 面板中 Vectors，弹出“Vectors”对话框，单击 Display 按钮，按住鼠标中键框选进口区域，可得到如图 5-138 所示的进口速度矢量图。

（5）图形分析完后，选择菜单 File→Export→Case & Data 命令，保存工程与数据结果文件（EX5-6.cas 和 EX5-6.dat）。

（6）最后，单击 File→Close FLUENT，安全退出 FLUENT 17.0。

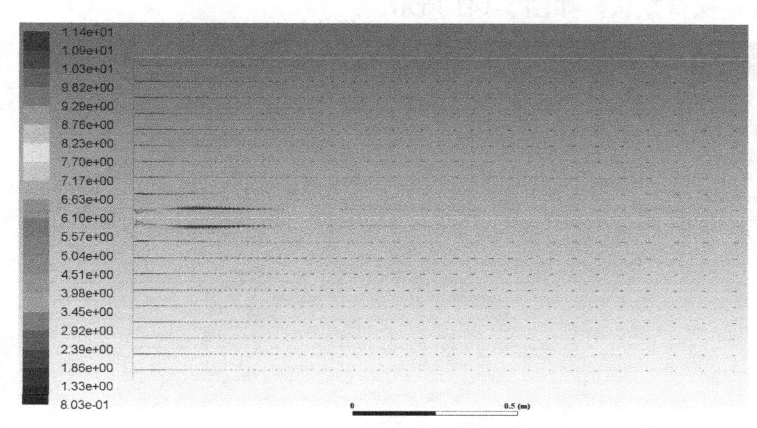

图 5-138　进口速度矢量图

实例 5-7　往复活塞腔内流动

1．实例概述

本例介绍如何进行基本的动网格计算，采用一个简化的三维活塞结构，圆柱代表活塞缸壁，运动壁面代表活塞。其半径为 3m，由初始时刻（活塞下死点）向上运动，开始慢慢地绝热压缩缸内流体，直到活塞到达上死点。（初始位置时）其结构尺寸如图 5-139 所示。

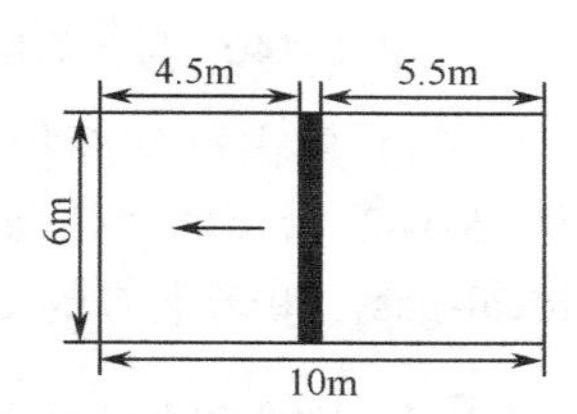

图 5-139　（初始位置时）活塞装置结构及尺寸

思路·点拨

为了能够模拟到活塞运动时缸体内流体的运动情况，本例需要采用动网格，利用网格重构来实现网格的挤压或拉伸变形。

起始文件——附带光盘“Ch5/EX5-7.msh”。

结果文件——附带光盘“Ch5/EX5-7.cas，EX5-7.dat”。

动画演示——附带光盘“AVI/Ch5/EX5-7.avi”。

2．模型计算设置

（1）单击桌面 FLUENT 图标，在弹出的 FLUENT Launcher 中选择 Dimension 为“3D”，即三维问题。单击 OK 按钮，打开 FLUENT 17.0。

（2）单击 File→Read→Mesh...，在弹出的“Select File”对话框中找到 EX5-7.msh 文件，并将其导入至 FLUENT 17.0 中。导入后，FLUENT 的视图窗口会自动出现研究问题的网格，如图 5-140 所示。

（3）单击 General 操作面板中 Mesh 下方的 Check，可实现网格的检查，文本窗口中同时呈现出网格检查的信息及结果，检查有无负网格出现。设置 Solver 选项，Time 选项下勾选 Transient，其他保持默认，如图 5-141 所示。

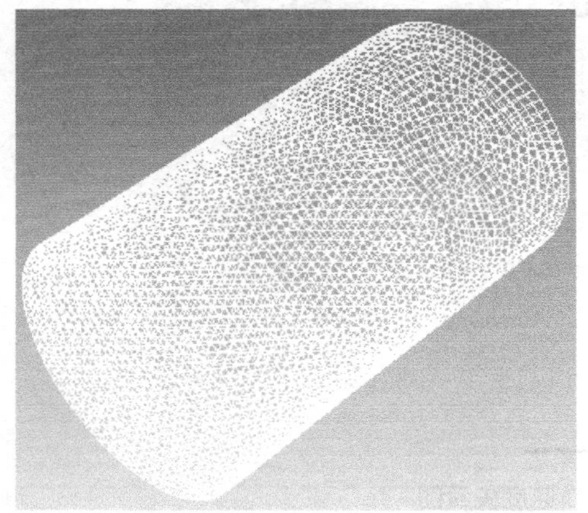

图 5-140　导入后自动呈现网格

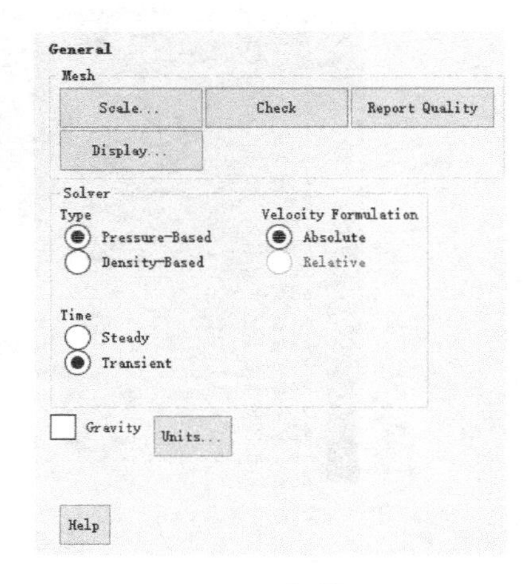

图 5-141　General 操作面板

（4）单击操作面板 Problem Setup 的 Materials，双击 Materials 面板中的 air，弹出如图 5-142 所示的“Create/Edit Materials”对话框，将 Properties 中的 Density(kg/m3)设置为 ideal-gas，单击下方的 Change/Create 按钮完成材料定义。

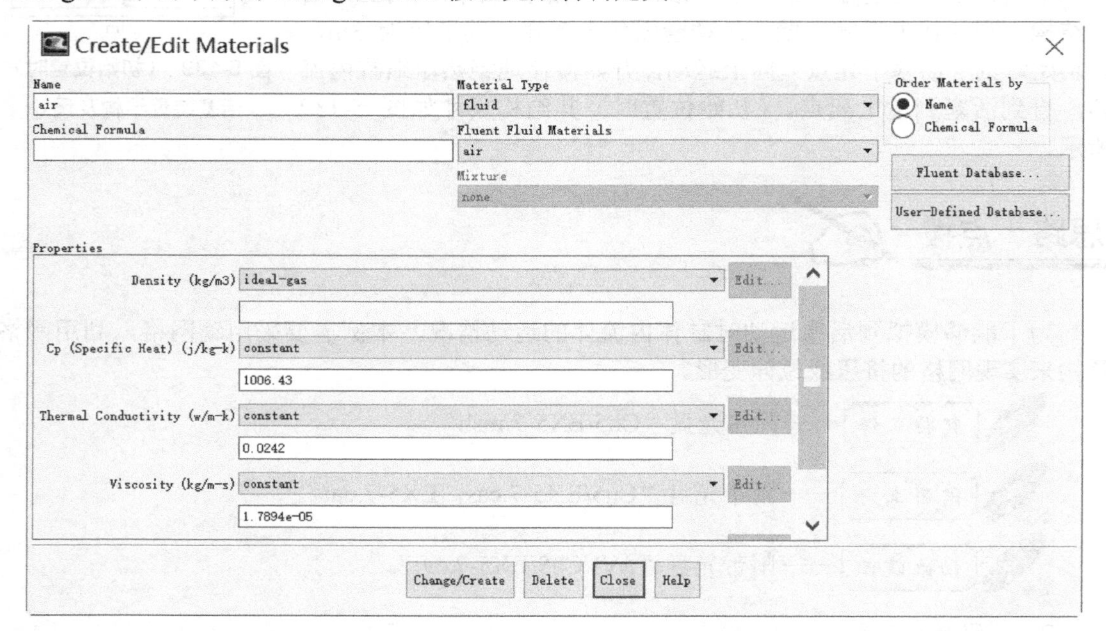

图 5-142　“Create/Edit Materials”对话框

（5）单击操作面板 Problem Setup 的 Dynamic Mesh，在 Dynamic Mesh 面板下勾选

Dynamic Mesh，选中 Mesh Methods 中的 Smoothing、Layering、Remeshing，以及 Options 中的 In-Cylinder，如图 5-143 所示。

（6）单击 Mesh Methods 中的 Settings…按钮，进行如下设置：Smoothing Parameters 中的 Spring Constant Facter 设为 0.4，Boundary Node Relaxation 设为 0.3，Convergence Tolerance 设为 0.1，其余有关 Smoothing 的设置保持默认，如图 5-144 所示；Layering 设置保持默认，如图 5-145 所示；在 Remeshing 中的 Remeshing Methods 下，选中 Local Cell 和 Region Face，其余有 Remeshing 的选项保持默认，如图 5-146 所示，单击对话框下方的 OK 按钮完成设置。

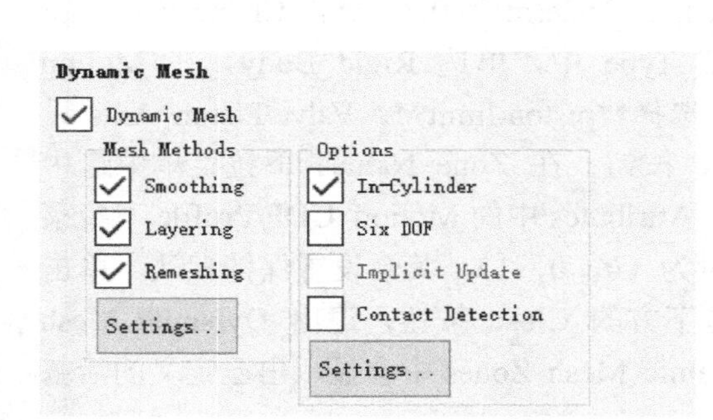

图 5-143　Dynamic Mesh 面板

图 5-144　Mesh Method Settings 对话框（Smoothing 设置）

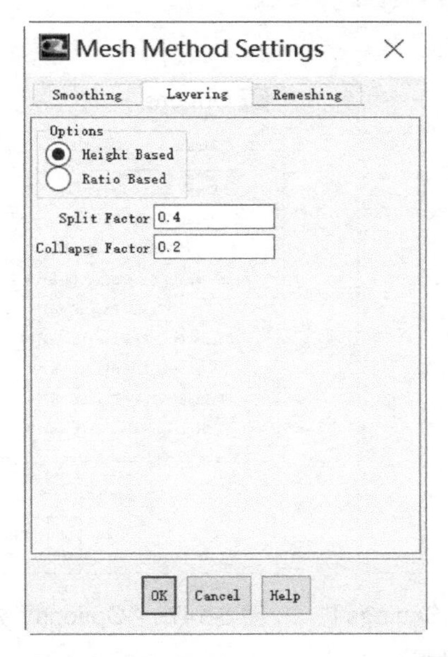

图 5-145　“Mesh Method Settings”对话框（Laying 设置）

（7）再然后单击 Options 中的 Settings…按钮，进行如下设置：只需在 In-Cylinder 栏中设置：Crank Shaft Speed (rpm)设为 10，Starting Crank Angle（deg）设为 180，Crank Period（deg）设为 720，Crank Angel Step Size（deg）设为 0.5，Crank Radius(m)设为 4，Connecting Rod Length（m）设为 14，Piston Stoke Cutoff（m）设为 4，如图 5-147 所示，单击对话框下方的 OK 按钮完成设置。

（8）回到 Dynamic Mesh 面板，单击 Dynamic Mesh Zones 下方的 Create/Edit…按钮，弹出“Dynamic Mesh Zones”对话框。在 Zone Names 下拉菜单中，选中 movingface，在 Type 中，单选 Rigid Body，在 Motion Attributes 中的 Motion UDF/Profile 下拉菜单中，选择 **piston-full**，Valve/Piston Axis 设为（0，0，1）；其余设置保持默认，单击 Create 按钮；在 Zone Names 下拉菜单中选中 bottomwall，在 Type 中单选 Deforming，在 Geometry Definition 中的 Definition 下拉菜单中选择 cylinder，设置 Cylinder Radius(m)为 3，Cylinder Axis 为（0，0，1），在 Meshing Options 中，将 Cell Height（m）设为 0.25，其余设置保持默认，在 Meshing Options 中，只勾选 Methods 中的 Remeshing，在 Zone Parameters 中，设置 Minimum Length Scale(m)为 0.2，Maximum Length Scale(m)为 0.7，单击 Create 按钮；在 Zone Names 下拉菜单中，选中 movingfluid，在 Type 中，单选 Rigid Body，在 Motion Attributes 中的 Motion UDF/Profile 下拉菜单中，选择**piston-limit**，Valve/Piston Axis 设为（0，0，1），其余设置保持默认，单击 Create 按钮；在 Zone Names 下拉菜单中选中 midfluid，在 Type 中单选 Rigid Body，在 Motion Attributes 中的 Motion UDF/Profile 下拉菜单中，选择**piston-limit**，Valve/Piston Axis 设为（0，0，1），其余设置保持默认，单击 Create 按钮；单击 Dynamic Mesh Zones 对话框下方的 Close 按钮，退出 Dynamic Mesh Zones 对话框。回到 Dynamic Mesh 面板后，Dynamic Mesh Zones 中会显示出已定义的活塞运动设置，如图 5-148 所示。

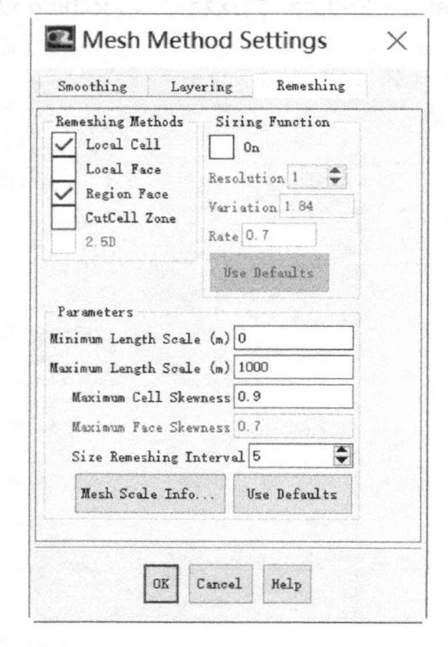

图 5-146 “Mesh Method Settings”对话框（Remeshing 设置）

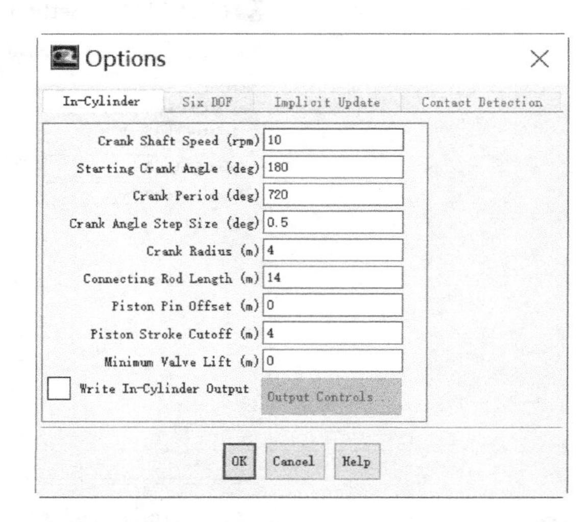

图 5-147 “Options”对话框（In-Cylinder 设置）

（9）单击 File→Write→Case，保存原始网格（因为在网格预览时，网格会发生变化），单击 Dynamic Mesh Zones 下方的 Preview Mesh Motion...按钮，弹出 Mesh Motion 面板，如图 5-149 所示，设置 Number of Time Steps 为 180（从下死点到上死点），Display Frequency 为 5，单击 Preview 按钮。

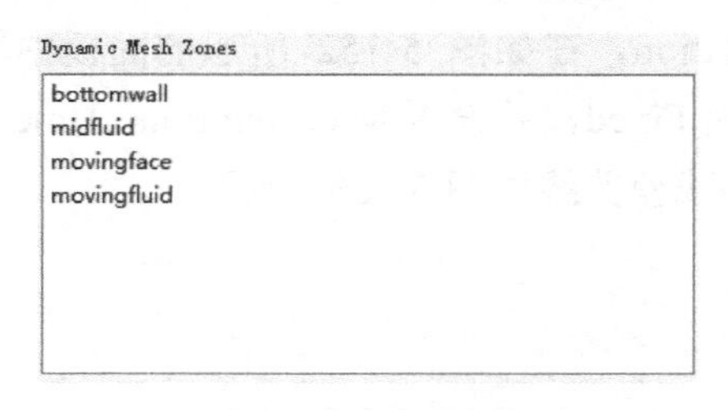

图 5-148 Dynamic Mesh Zones 面板

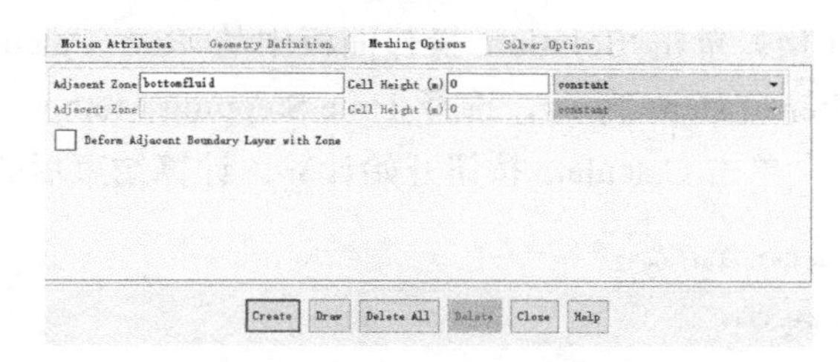

图 5-149 “Mesh Motion”对话框

（10）单击 Solution 操作面板中的 Solution Methods，展开 Methods 面板，在 Pressure-Velocity Coupling 中的 Scheme 下拉菜单下选择 PISO，关闭 Skewness-Neighbor Coupling；在 Spatial Discretization 中的 Pressure 下拉菜单下选择“PRESTO!”，Density 和 Momentum 均选择 First Order Upwind，其余保持默认设置，如图 5-150 所示。

（11）单击 Solution 操作面板中的 Solution Controls，展开 Solution Controls 面板，设置 Pressure 和 Momentum 的松弛因子分别为 0.6 和 0.9，其余参数松弛因子保持默认设置，如图 5-151 所示。

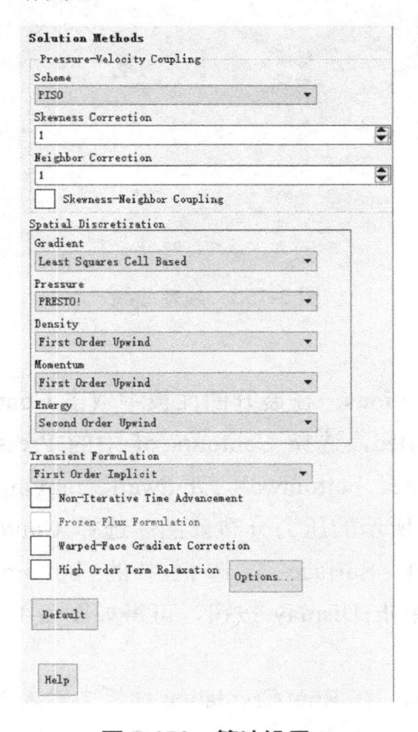

图 5-150 算法设置

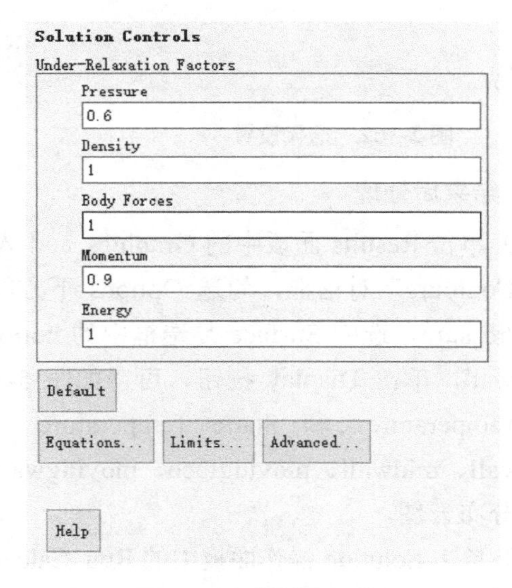

图 5-151 松弛因子设置

（12）单击 Solution 操作面板中的 Monitors，选择“Residuals-Print，Plot”，单击 Edit...按钮，弹出对话框，保持默认设置，单击 OK 按钮。

（13）单击 Solution 操作面板中的 Solution Initialization，保持默认设置，初始温度为默认的 300K，单击 Initialize 按钮，完成初始化。

（14）单击 Solution 操作面板中的 Run Calculation，在如图 5-152 所示的面板中输入 Number of steps 为 60，选择 Time Stepping Method 为 Fixed，并设置 Max Iterations/Time Step 为 20，单击 Calculate 按钮开始计算。计算结束后的残差曲线如图 5-153 所示。

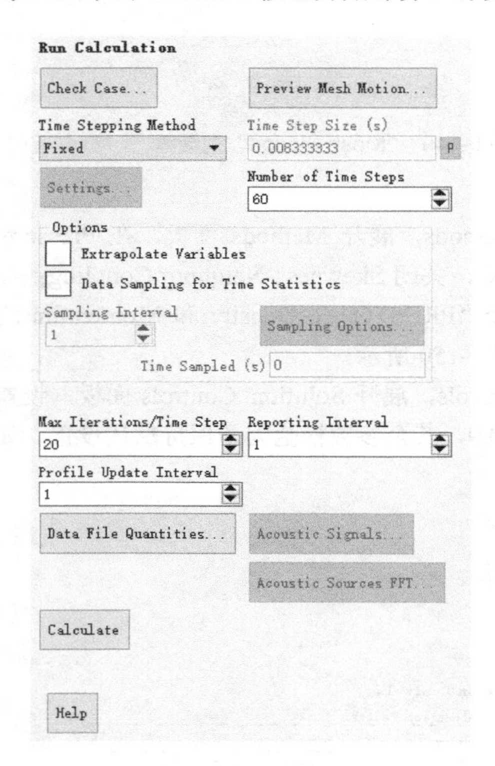

图 5-152 迭代设置

图 5-153 残差曲线

3. 结果后处理

（1）单击 Results 面板中的 Graphics and Animations，在展开的面板中双击 Contours，弹出“Contours”对话框，勾选 Options 下方的 Filled，选择 Contours of 中的 Pressure 和 Static Pressure，选中 Surface 复选框中的 bottomface、bottomwall、midwall、movingface、movingwall，单击 Display 按钮，可得如图 5-154 所示的压力分布云图；选择 Contours of 中的 Temperature...和 Static Temperature，选中 Surface 复选框中的 bottomface、bottomwall、midwall、movingface、movingwall，单击 Display 按钮，可得如图 5-155 所示的温度分布云图。

（2）单击 Solution 操作面板中的 Run Calculation，在 Run Caculation 面板中输入 Number of steps 为 60，可以得到 1.0s 时的压力（见图 5-156）和温度分布云图（见图 5-157）。

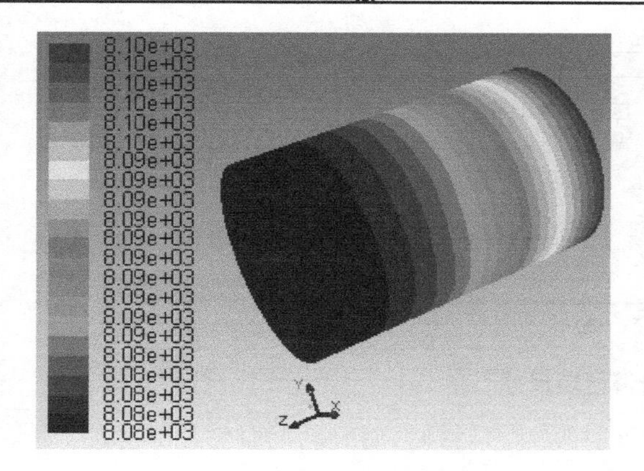

图 5-154　0.5s 时压力分布云图

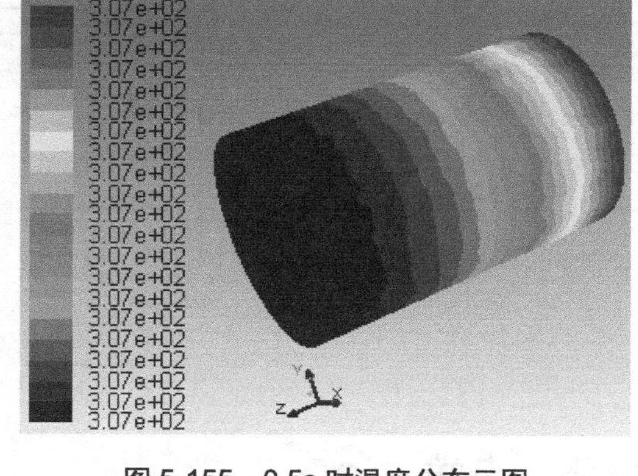

图 5-155　0.5s 时温度分布云图

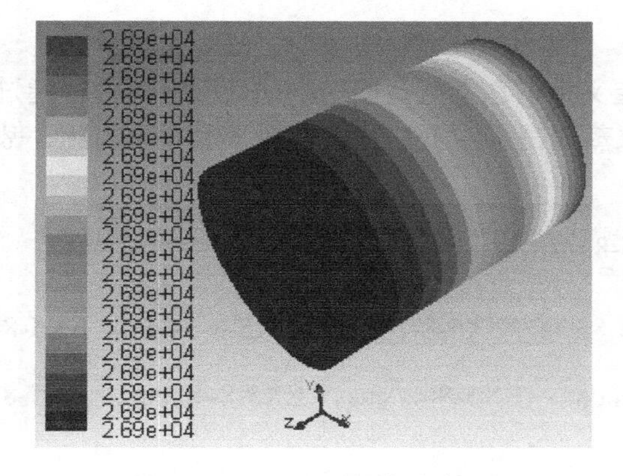

图 5-156　1.0s 时压力分布云图

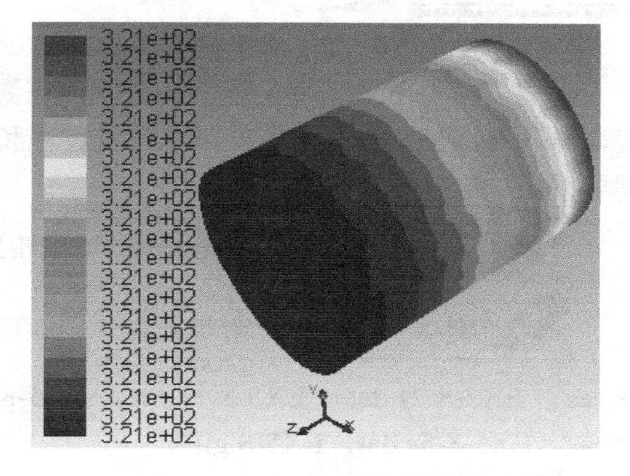

图 5-157　1.0s 时温度分布云图

（3）图形分析完后，选择菜单 File→Write→Case & Data…，保存工程与数据结果文件（EX5-7.cas 和 EX5-7.dat）。

（4）最后，单击 File→Close FLUENT，安全退出 FLUENT 17.0。

实例 5-8　液体蒸发模拟

蒸汽炉、沸腾炉及部分热交换器中存在着剧烈的流体相变现象，液态水在高温下蒸发会变成气态并从液面逸出，蒸汽与冷流体发生热交换后液化放热会变成水滴沉降。容器内流体的相变程度往往决定了该装置的工作效率及换热效率，如何提高流体的相变程度已成为相关容器设计者关注的首要问题。

1. 实例概述

本例针对一个简化二维容器内部水的蒸发相变过程进行模拟分析，其尺寸如图 5-158 所示，容器底部被持续地加热，可看作存在一个恒定的温度。在一个长 1m、宽 0.5m 的矩形容器内装满水，液面为自由液面（1atm），与底部高温壁面（300℃）接触的水蒸发形成水蒸气气泡，并逐渐上蹿至液面逸出，属于动态变化过程。模型为规则的矩形，因此，采用四边形网格生成规则的结构网格。

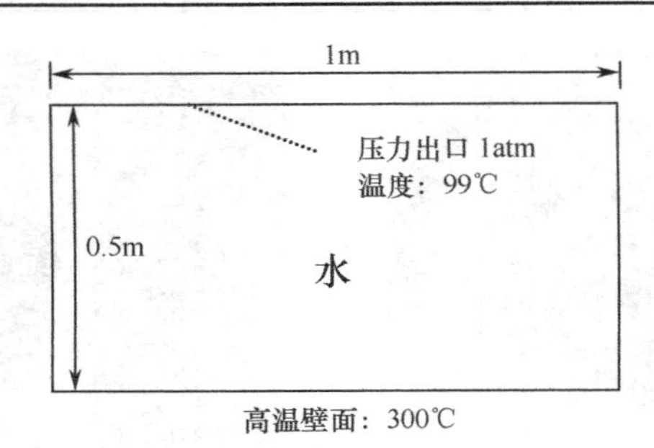

图 5-158　计算区域尺寸

思路·点拨

本例模拟水蒸发相变生成气的过程，需要定义水与水蒸气之间转换的 UDF 函数，通过编译导入 FLUENT 中。另外，水蒸发过程和水蒸气在水中上窜过程都属于非定常问题，故需要采用非定常模型。

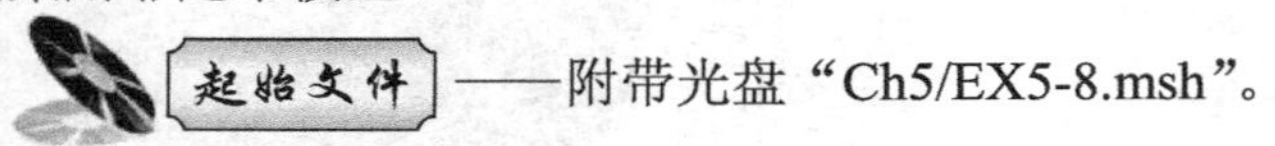

——附带光盘“Ch5/EX5-8.msh”。

结果文件——附带光盘“Ch5/EX5-8.cas，EX5-8-1s.cas，EX5-8-1s.dat，EX5-8-2s.cas，EX5-8-2s.dat，EX5-8-3s.cas，EX5-8-3s.dat，EX5-8-4s.cas，EX5-8-4s.dat，EX5-8-5s.cas，EX5-8-5s.dat，EX5-8.gif”。

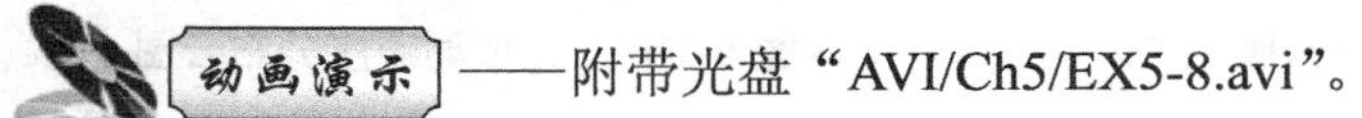

——附带光盘“AVI/Ch5/EX5-8.avi”。

2. 模型计算设置

（1）启动 FLUENT 17.0 的 2D 解算器。选择 File→Import→Mesh 命令，在弹出的 Select File 对话框中选择 EX5-8.msh，并将其导入 FLUENT 17.0 中，网格加载如图 5-159 所示。

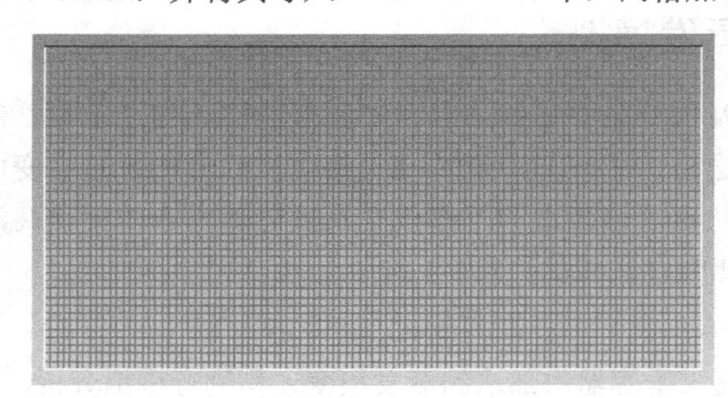

图 5-159　网格

（2）选择操作面板中 Problem Setup 下的 General 选项，在打开的面板中单击 Scale 按钮，弹出“Scale Mesh”对话框，对话框中显示了模型的尺寸范围，这里无须改动，单击 Close 按钮，关闭对话框。

（3）单击 General 面板中 Mesh 栏中的 Check 按钮，检查网格，待文本界面中出现

Done，表示模型网格合适。

（4）在 Solver 面板下方选择 Time 为 Transient，并勾选 Gravity，在 Y(m/s2)中输入−9.8。

（5）保持操作面板中 Problem Setup 下的 Modles 选项，在展开的面板中双击 Energy-Off 选项，弹出“Energy”对话框，如图 5-160 所示，选中 Energy Equation 复选框，启动能量方程计算，单击 OK 按钮。回到 Models 面板，双击 Multiphase Model-Off，弹出如图 5-161 所示对话框，选择 Volume of Fluid，单击 OK 按钮。

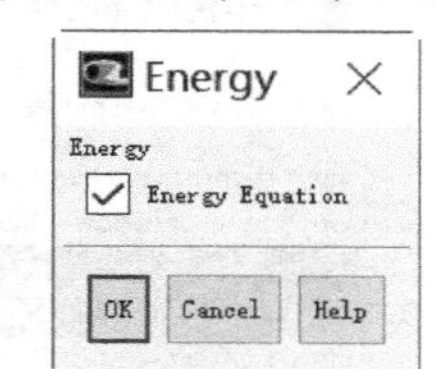

图 5-160　Energy 对话框

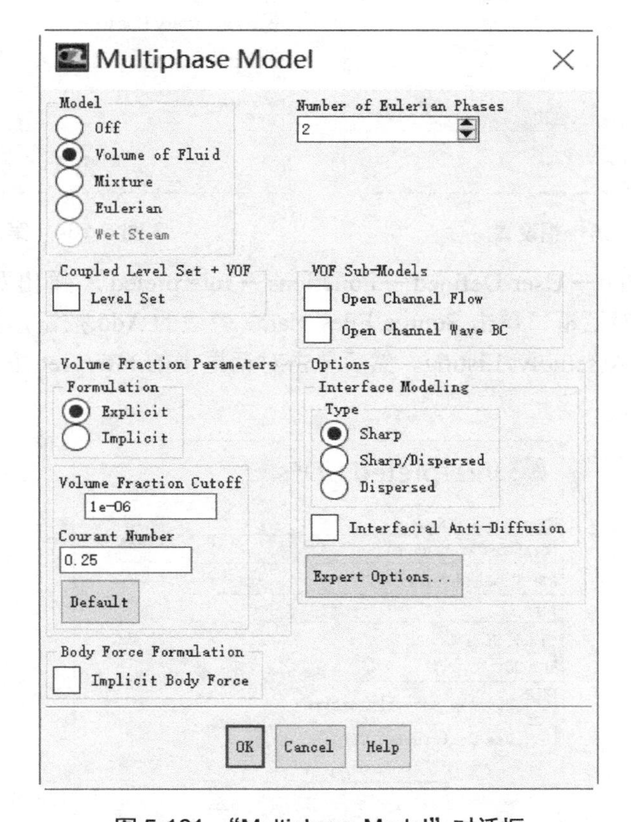

图 5-161　“Multiphase Model”对话框

（6）选择 Problem Setup 中的 Materials，单击 Materials 面板的 Create/Edit 按钮，弹出“Create/Edit Materials”对话框。在对话框中单击 FLUENT Database…按钮，弹出如图 5-162 所示的“FLUENT Database Materials”对话框，保持介质类型为 Fluid，选择左侧列表中的 water-liquid（h2o<1>）和 water-vapor（h2o），单击 Copy 按钮。回到“Create/Edit Materials”对话框，单击 Close 按钮。

（7）单击 Problem Setup 中的 Phases，双击 Phases 面板的 Phase-Primary Phase，弹出如图 5-163 所示的“Primary Phase”对话框，选择 Phase Material（第一相材料）为 water-liquid，单击 OK 按钮。回到 Phases 面板，双击 Phase-Secondary Phase，弹出如图 5-164 所示的“Secondary Phase”对话框，选择 Phase Material（第二相材料）为 water-vapor，单击

OK 按钮。

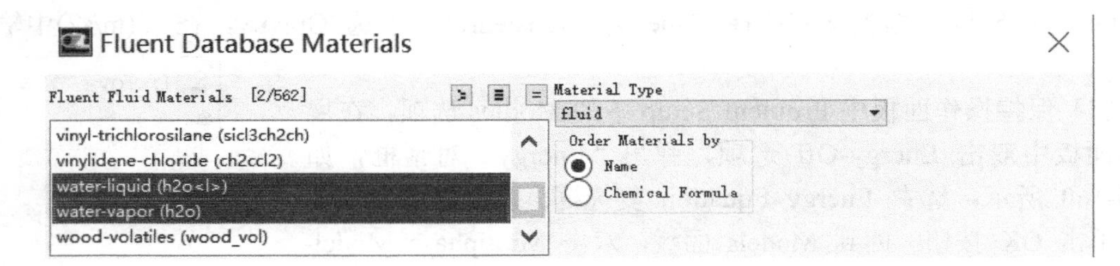

图 5-162 “FLUENT Database Materials”对话框

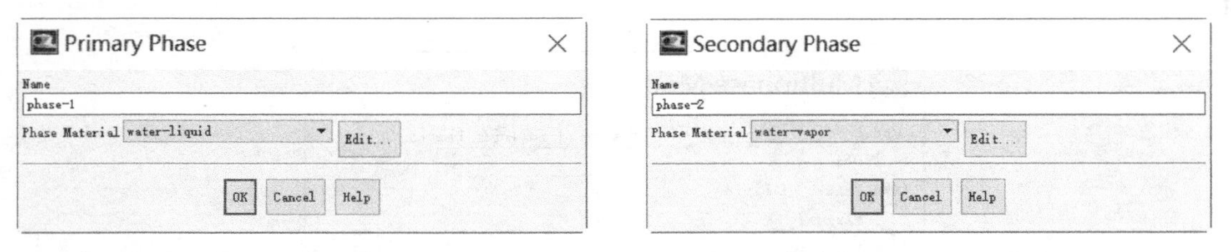

图 5-163 第一相设置

图 5-164 第二相设置

（8）选择 Define→User-Defined→Functions→Interpreted，弹出如图 5-165 所示的“Interpreted UDFs”对话框，单击 Source Files Name 旁边的 Add 按钮，找到 source.c 文件并导入，勾选 Display Assembly Listing。然后单击对话框中的 Interpret 按钮，单击 Close 按钮关闭该对话框。

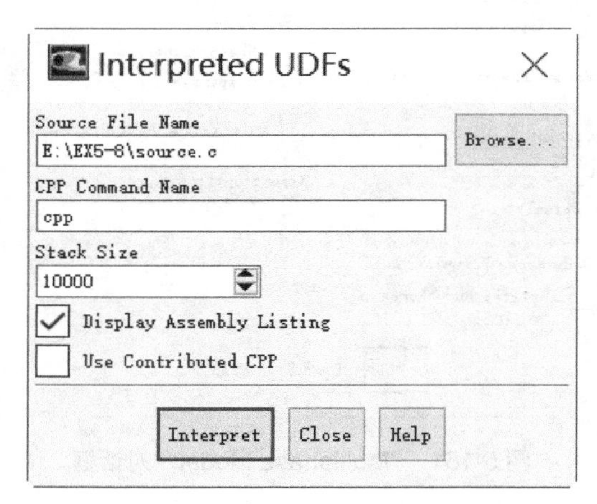

图 5-165 “Interpreted UDFs”对话框

（9）单击 Problem Setup 中的 Cell Zone Conditions，保持下方 Phase 列表选中为 mixture，单击 Edit 按钮，弹出如图 5-166 所示的“Fluid”对话框。勾选对话框中的 Source Terms 选项，并选择下方 Source Terms 子栏，单击其中 Energy 右侧的 Edit 按钮，弹出如图 5-167 所示的“Energy sources”对话框，选择右侧下拉列表中的 udf eney_scr，单击 OK 按钮。回到“Fluid”对话框，再次单击 OK 按钮。接着，在 Cell Zone Conditions 面板中选择下方 Phase 列表中的 phase-1，单击 Edit 按钮，弹出如图 5-168 所示对话框，勾选 Source Terms 选项，并选择 Source Terms 子栏，单击其中 Mass 右侧的 Edit 按钮，弹出“Mass sources”对话框，选择右侧下拉列表中的 udf liq_src，如图 5-169 所示，单击 OK 按钮。按照同样的方式设置（见图 5-170、图 5-171）第二相的介质源项为 udf vap_src。

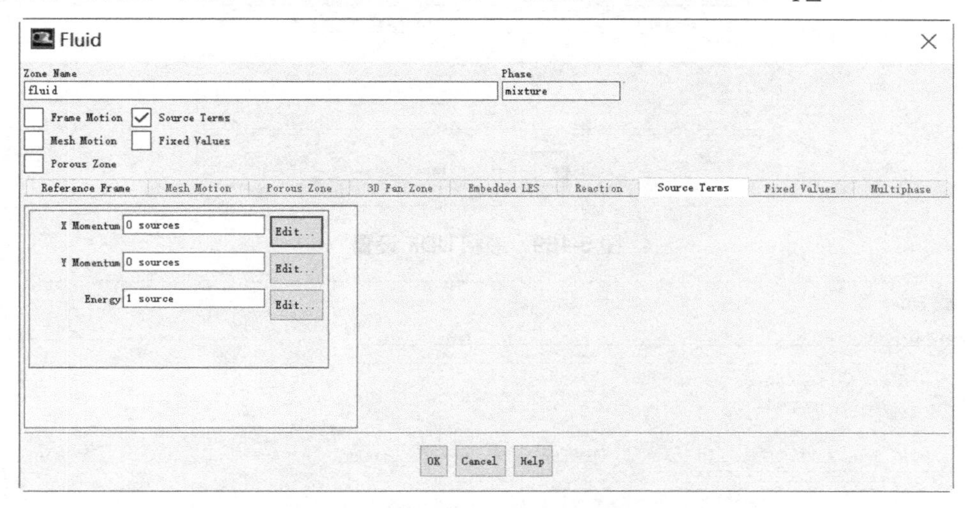

图 5-166 “Fluid”对话框

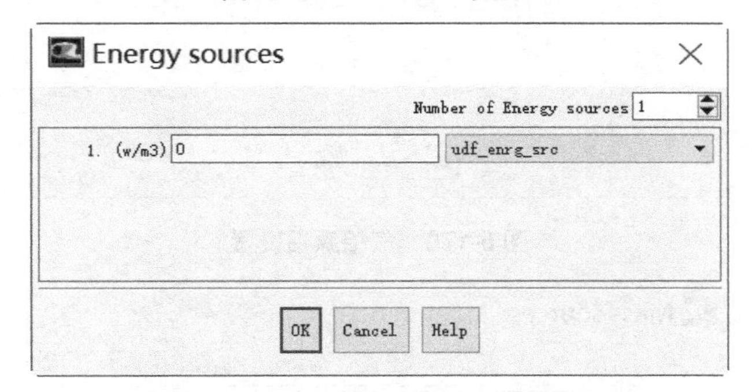

图 5-167 “Energy sources”对话框

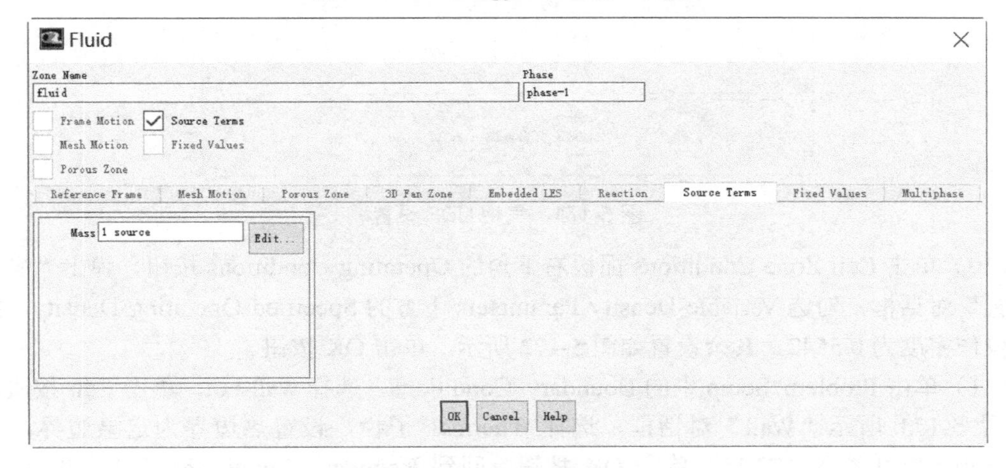

图 5-168 液相源项设置

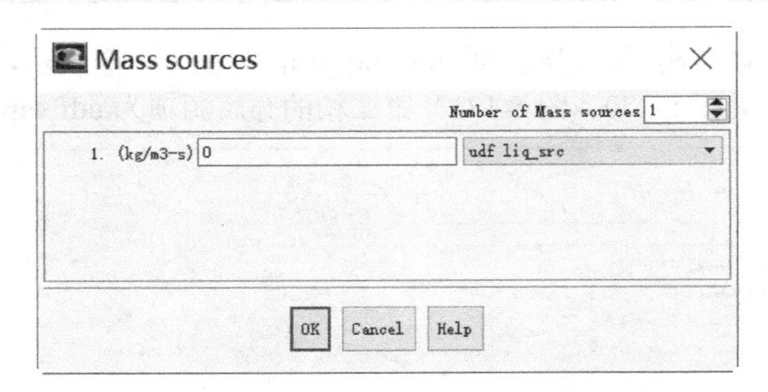

图 5-169　液相 UDF 设置

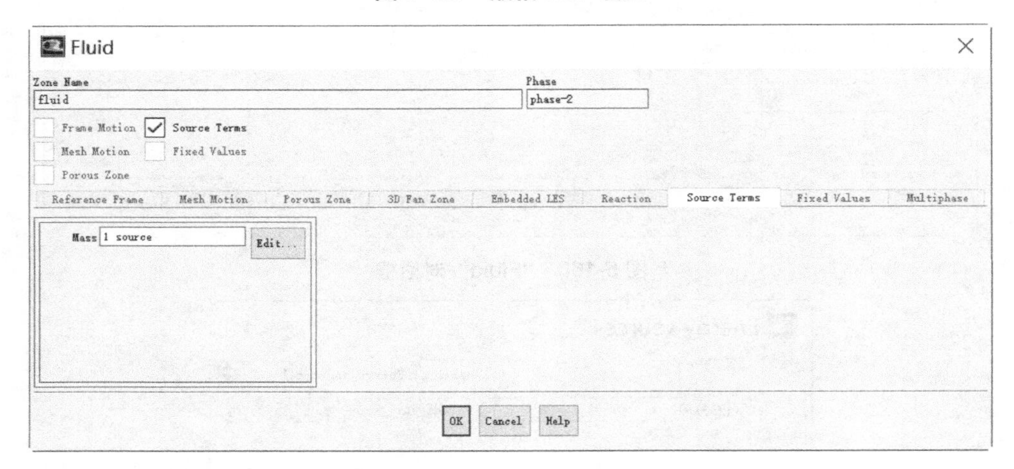

图 5-170　气相源相设置

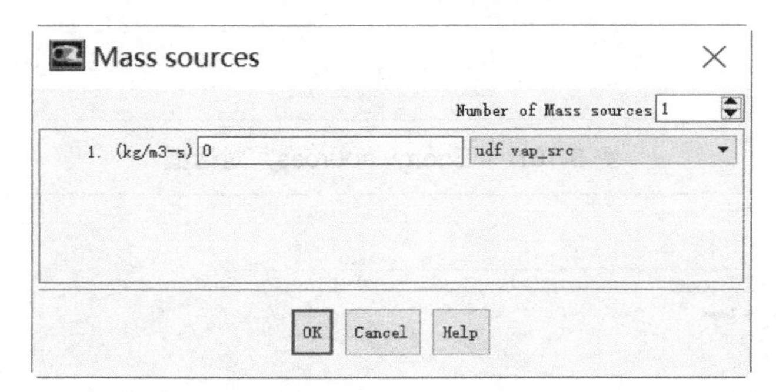

图 5-171　气相 UDF 设置

（10）单击 Cell Zone Conditions 面板右下角的 Operating Conditions 按钮，弹出“操作环境设置”对话框，勾选 Variable-Density Parameters 下方的 Specified Operating Density，并设置其操作密度为 0.5542，其余设置如图 5-172 所示，单击 OK 按钮。

（11）单击 Problem Setup 中的 Boundary Conditions，选择 wall-hot，单击 Edit 按钮，弹出如图 5-173 所示“Wall”对话框，选择 Thermal 子栏，设置热边界为定温边界，并在 Temperature(k)中输入 573.15，单击 OK 按钮。回到 Boundary Conditions 面板，选择 wall-you，单击 Edit 按钮，弹出如图 5-174 所示“Wall”对话框，选择 Thermal 子栏，并选择其热边界形式为 Heat Flux，在 Heat Flux(W/m2)中输入“0”，即为绝热边界，单击 OK 按钮。

按照同样的方式设置 wall-zuo 也为绝热边界，如图 5-175 所示。最后，在 Boundary Conditions 面板中选择 p-out，单击 Edit 按钮，弹出如图 5-176 所示的“Pressure Outlet”对话框，保持总压为 0，选择 Thermal 子栏，输入温度“372.15”，如图 5-177 所示，单击 OK 按钮。

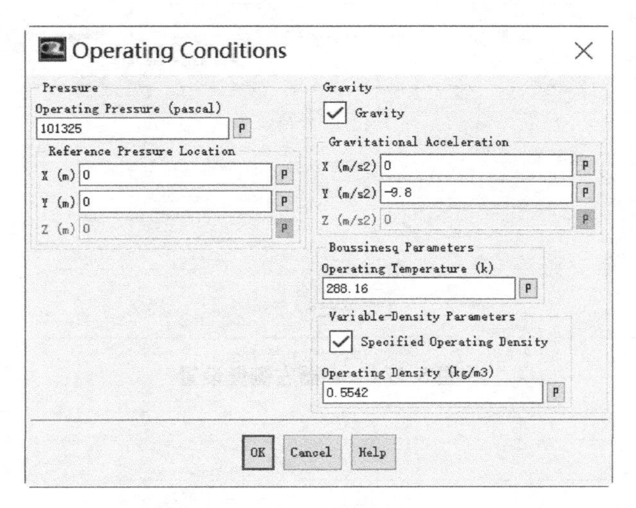

图 5-172 “Operating Conditions”对话框

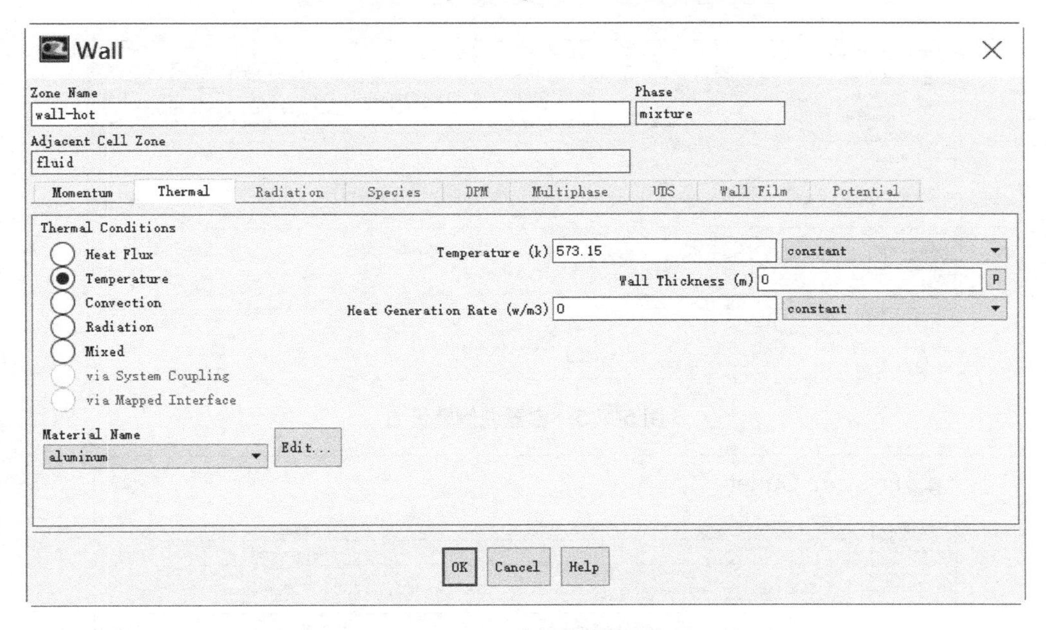

图 5-173 底部热壁设置

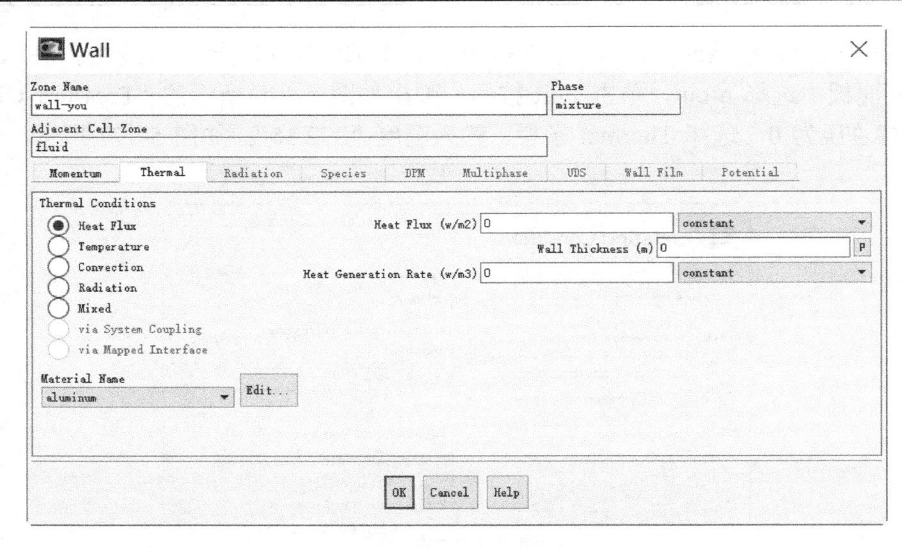

图 5-174　容器右侧壁设置

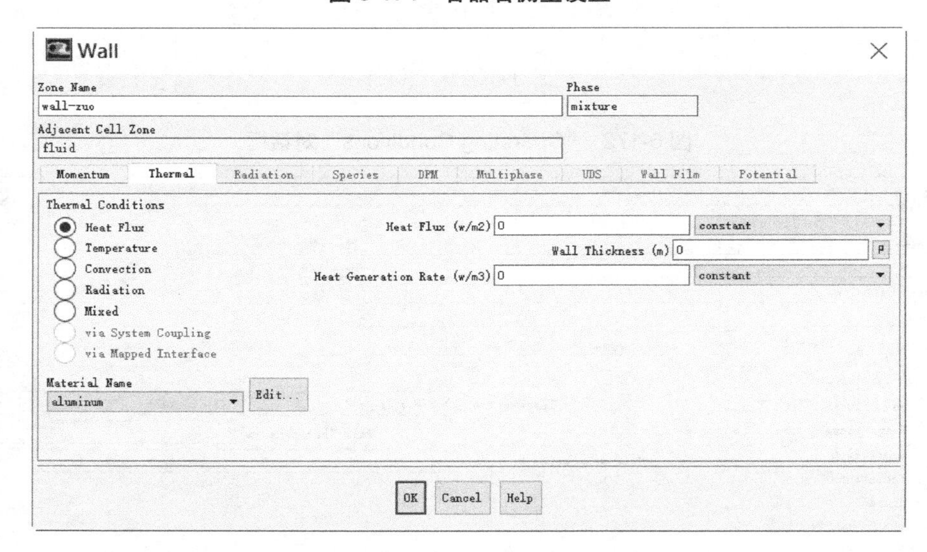

图 5-175　容器左侧壁设置

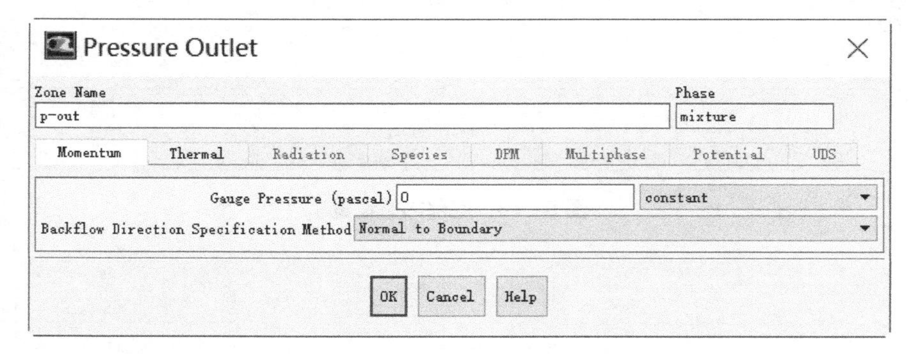

图 5-176　压力出口边界设置

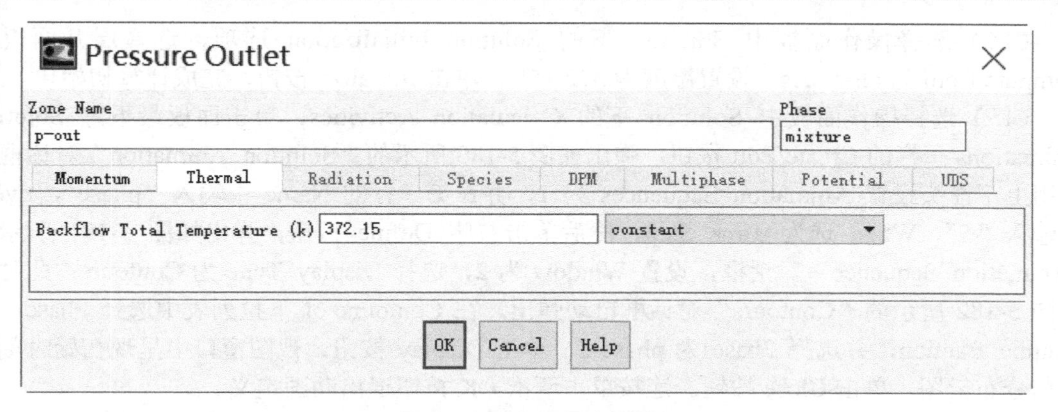

图 5-177　出口温度设置

（12）选择操作面板中 Solution 下的 Solution Methods 选项，展开 Solution Methods 面板，保持默认算法设置。单击 Solution 面板中的 Solution Controls，展开 Solution Controls 面板，设置 Pressure 和 Momentum 的松弛因子分别为 0.2 和 0.5，其余保持默认，如图 5-178 所示。

Solution Controls
Under-Relaxation Factors
Pressure
0.2
Density
1
Body Forces
1
Momentum
0.5
Energy
1
Default
Equations...
Limits...
Advanced...
Help

图 5-178　松弛因子设置

（13）选择操作面板中 Solution 下的 Monitors，选择“Residuals-Print，Plot”，单击 Edit 按钮，弹出如图 5-179 所示对话框，设置 energy 的精度为 1e-06，continuity 和 x-velocity 的收敛精度为 1e-05，y-velocity 的收敛精度为 0.0001，单击 OK 按钮。

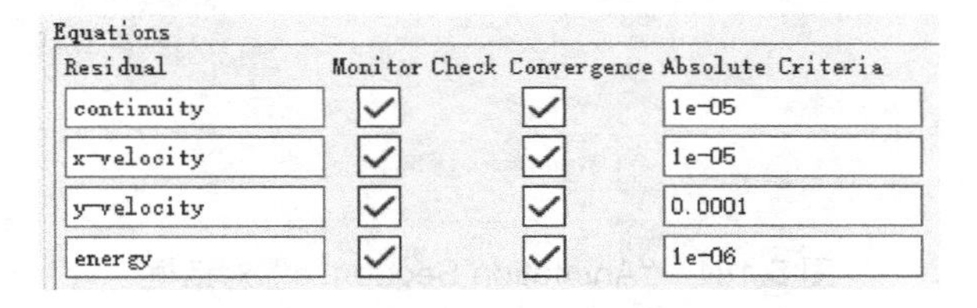
Equations

Residual	Monitor	Check Convergence	Absolute Criteria
continuity	✓	✓	1e-05
x-velocity	✓	✓	1e-05
y-velocity	✓	✓	0.0001
energy	✓	✓	1e-06

图 5-179　收敛精度设置

（14）选择操作面板中 Solution 下的 Solution Initialization 选项，选择展开面板中 Compute from 为 all-zones，设置温度为 372.15K，单击 Initialize 按钮，完成计算初始化。

（15）选择操作面板中 Solution 下的 Calculation Activities，单击面板最下方 Solution Animations 子栏的 Create/Edit 按钮，弹出如图 5-180 所示的“Solution Animation”对话框。利用上下箭头设置 Animation Sequences 为 1，并在第一行的 Name 中输入“phase”，Every 中输入“5”，When 选为 Time Step，然后单击右侧 Define 按钮，弹出如图 5-181 所示的“Animation Sequence”对话框，设置 Window 为 2，选择 Display Type 为 Contours，此时，如图 5-182 所示的“Contours”对话框自动弹出，在 Contours of 下拉列表中选择 Phase...和 Volume fraction，并选择 Phase 为 phase-2，单击 Display 按钮，视图窗口中呈现初始时刻的气相分布云图，单击 Close 按钮。连按单击两次 OK 按钮退出动画定义。

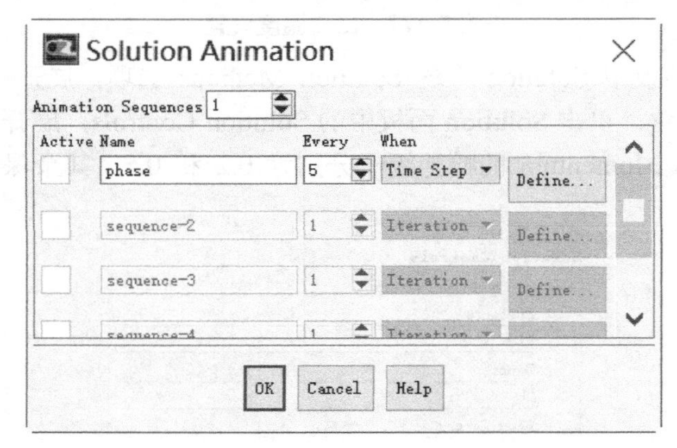

图 5-180 “Solution Animation”对话框

（16）初始化完后，选择菜单 File→Export→Case，保存工程文件（EX5-8.cas）。然后单击 Solution 操作面板中的 Run Calculation，设置 Number of Time Steps 为 100，设置 Time Step Size (s)为 0.01，Time Stepping Method 为 Fixed，并输入 Max Iterations/ Time Step 为“20”，单击 Calculate 按钮开始计算。

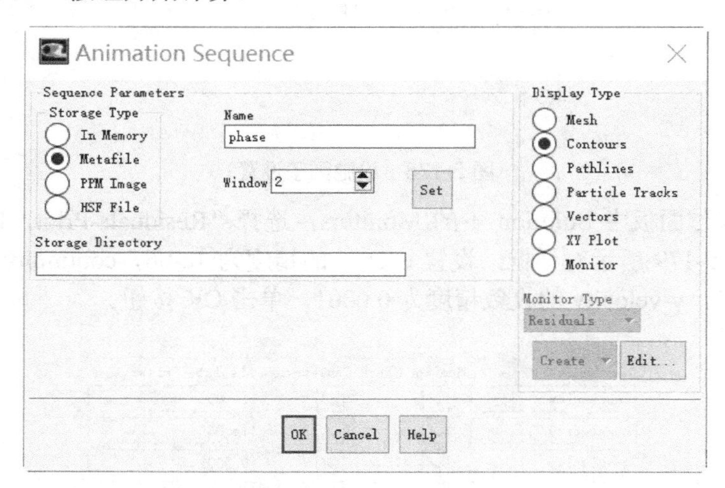

图 5-181 “Animation Sequence”对话框

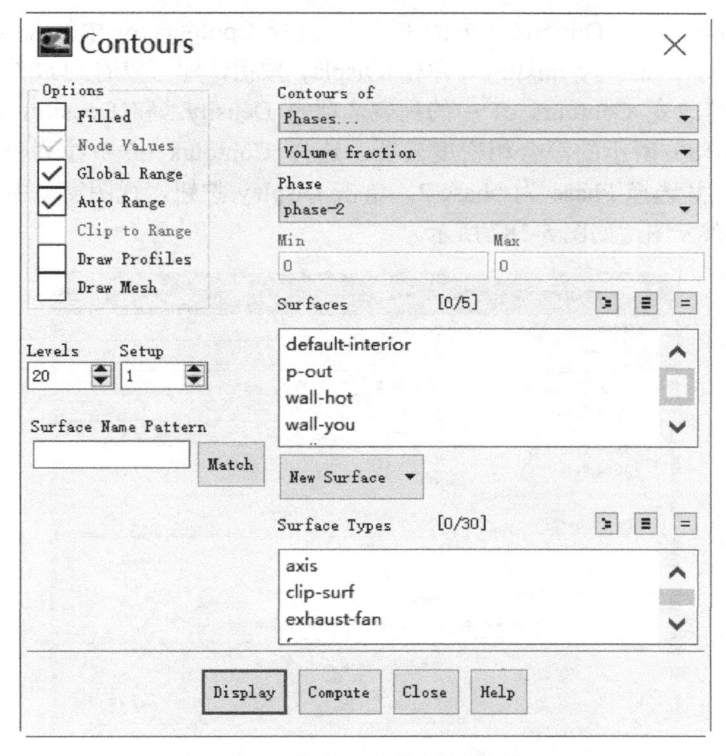

图 5-182 “Contours”对话框（1）

（17）第一个 100 步计算完后刚好为 1s，选择菜单 File→Export→Case & Data，保存工程与数据结果文件（EX5-8-1s.cas 和 EX5-8-1s.dat）。然后，再迭代四次 100 步，分别保存工程与数据结果文件（EX5-8-2s.cas 和 EX5-8-2s.dat）、（EX5-8-3s.cas 和 EX5-8-3s.dat）、（EX5-8-4s.cas 和 EX5-8-4s.dat）和（EX5-8-5s.cas 和 EX5-8-5s.dat）。

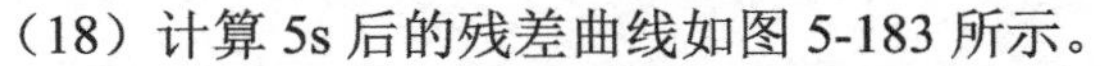
（18）计算 5s 后的残差曲线如图 5-183 所示。

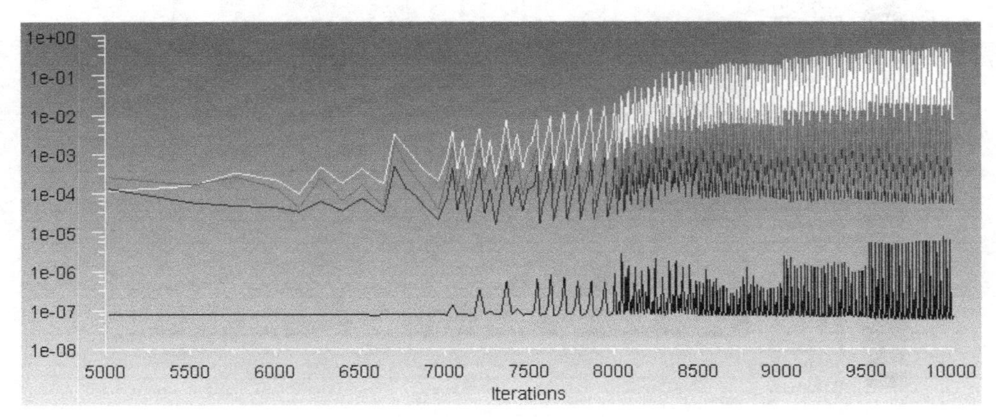

图 5-183 残差曲线

3．结果后处理

（1）双击 Graphics and Animations 面板中的 Contours，弹出如图 5-184 所示的

“Contours”对话框，勾选 Options 下方的 Filled，选择 Contours of 中的 Velocity 和 Velocity Magnitude，并选择 Phase 为 mixture，单击 Display 按钮，即可以看到如图 5-185 所示的混合相速度云图。若改变 Contours of 中的列表选项为 Density...和 Density，单击 Display 按钮，可得如图 5-186 所示的混合相密度云图。选择 Contours of 下拉列表中的 Phase...和 Volume fraction，并选择 Phase 为 phase-2，单击 Display 按钮，视图窗口中呈现出此时的水蒸气体积分数分布云图，如图 5-187 所示。

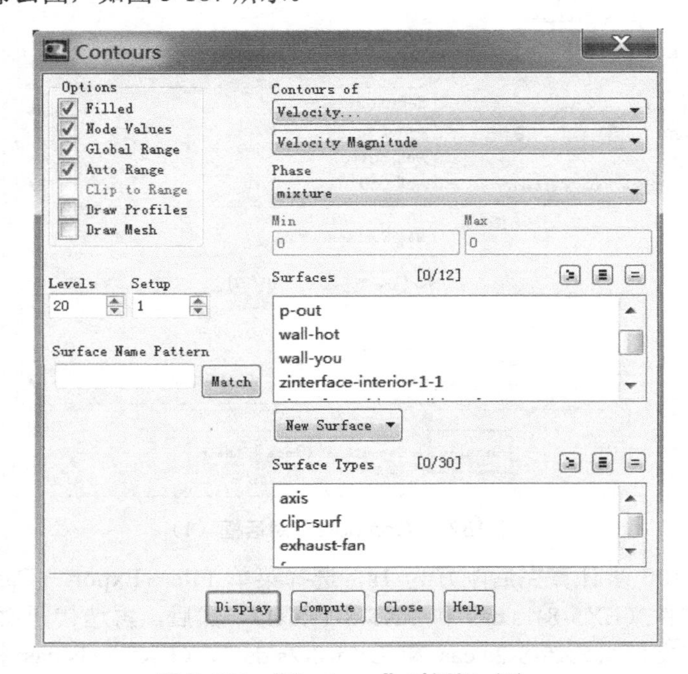

图 5-184 “Contours”对话框（2）

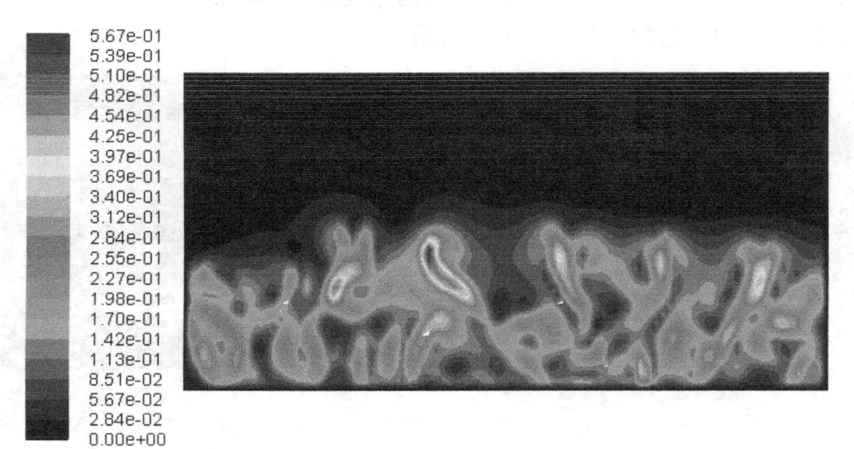

图 5-185 混合相速度云图

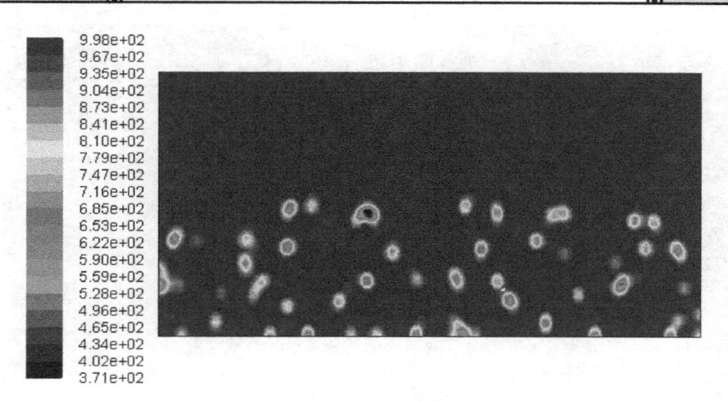

图 5-186　混合相密度云图

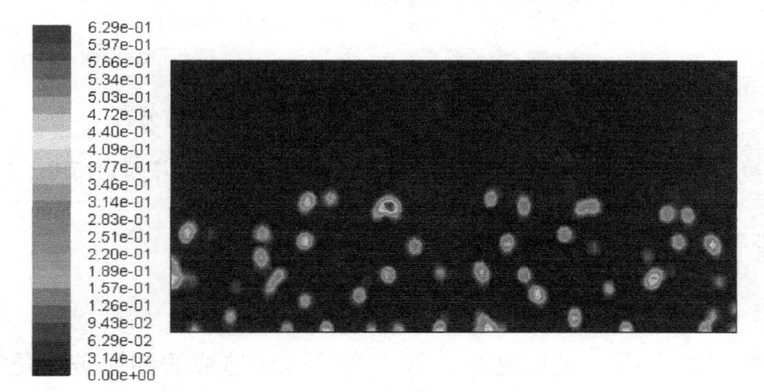

图 5-187　水蒸气体积分数分布云图

（2）双击 Plots 面板中的 XY Plot，弹出如图 5-188 所示对话框，勾选 Options 下方的 Position on X Axis，设置 Plot Direction 中 Y 为 1，在 Y Axis Function 下拉列表中选择 Phase…和 Volume fraction，在 Phase 下拉列表中选择 phase-2，并在 Surface 列表中选择 default-interior，单击 Plot 按钮，得到如图 5-189 所示的水蒸气沿垂向的体积分数分布。

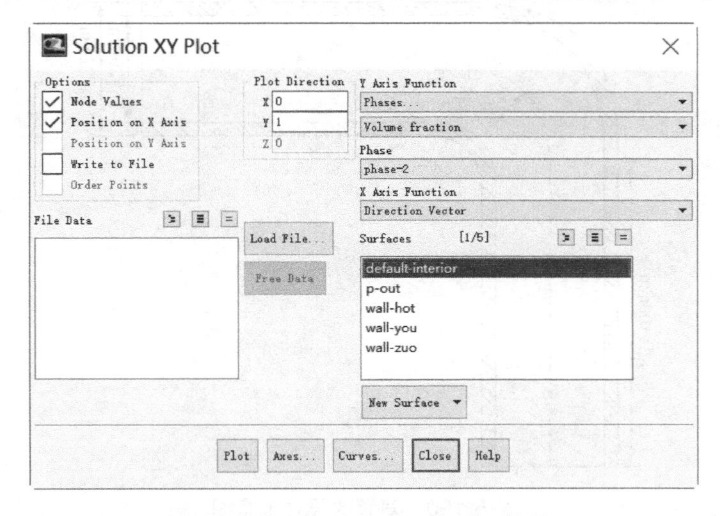

图 5-188　“Solution XY Plot”对话框

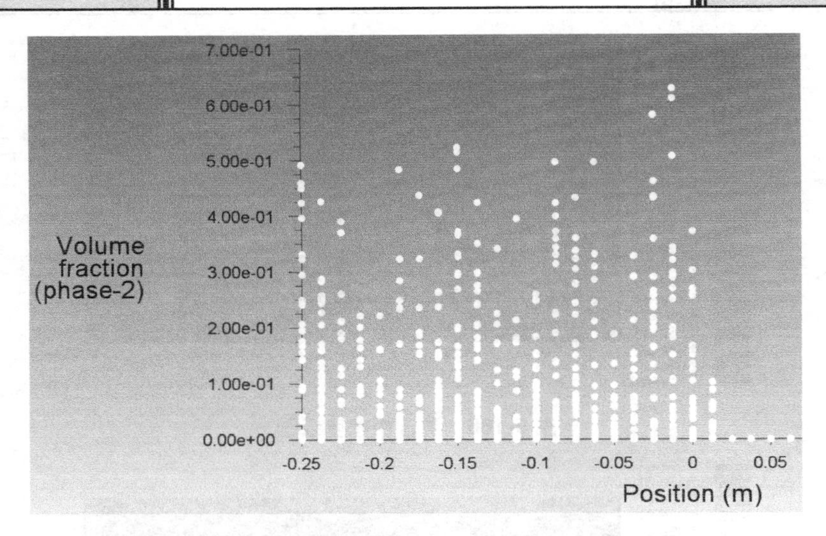

图 5-189　水蒸气体积分数沿垂向的体积分数分布

（3）最后，执行 File→Close FLUENT 命令，安全退出 FLUENT 17.0。

实例 5-9　弯管流固耦合模拟

1．实例概述

管道系统失效形式多样，机理复杂，其中介质流动造成的冲蚀破坏是管道常见的失效形式之一，而管件又是常见的失效部位，在腐蚀性多相流作用下，弯头的冲蚀失效尤为突出。本实例模拟的就是如图 5-190 所示尺寸的弯管的冲蚀失效，其内径为 20mm，外径为 22mm，直管段长度为 0.1m，水流以 1m/s 的速度由下向上进入弯管，其内所含固体颗粒的直径为 0.001m，流速与水流一致，质量流量为 0.0005kg/s，密度为 1500kg/m^3。

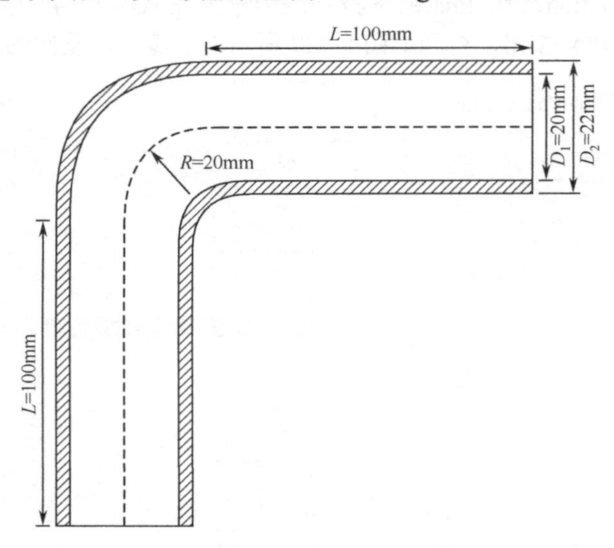

图 5-190　弯管的尺寸示意图

思路·点拨

本实例中，划分网格时采用扫略方式，并应用 DPM 模型对离散相颗粒的冲蚀效果进行计算。

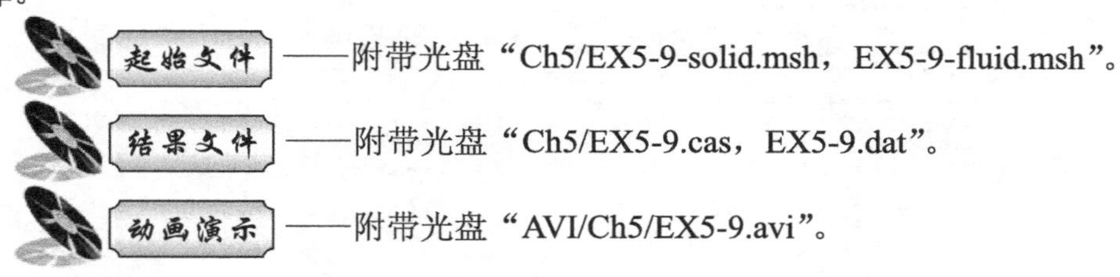

起始文件——附带光盘“Ch5/EX5-9-solid.msh，EX5-9-fluid.msh”。

结果文件——附带光盘“Ch5/EX5-9.cas，EX5-9.dat”。

动画演示——附带光盘“AVI/Ch5/EX5-9.avi”。

2．模型计算设置

（1）在 Workbench17.0 中，如图 5-191 所示的建立工程计算流程，在项目视图区 Project Schematic 中，首先选中 Geometry，单击右键载入 EX5-9.agdb 文件；双击 A 项目中的 Setup，出现“FLUENT Launcher”对话框，单击 OK 按钮，启动 3D FLUENT 解算器。选择 File→Import→Mesh 命令，在弹出的“Select File”对话框中选择 EX5-9-fluid.msh，将其导入 FLUENT 17.0 中。

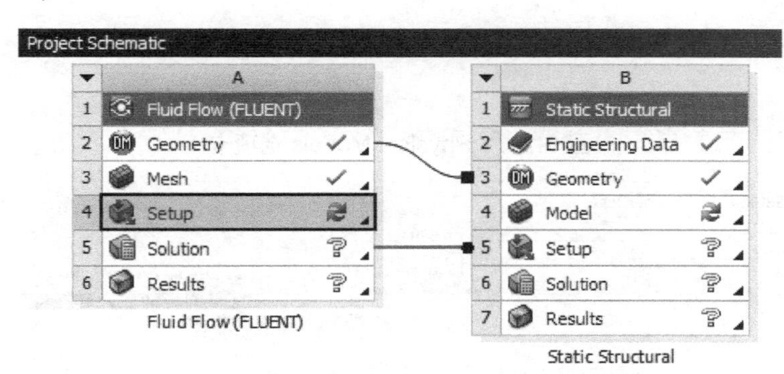

图 5-191　Project Schematic 项目视图区

（2）进入其操作界面后，单击 General→Mesh→Scale...，出现“Scale Mesh”对话框，观察该对话框，单击 Close 按钮；然后单击 Check 按钮，检查网格质量。

（3）单击 Models，双击 Viscous-Laminar，出现“Viscous Model”对话框，在该对话框中选中标准 k-ε 模型，单击 Close 按钮。

（4）双击 Discrete Phase-off，出现“Discrete Phase Model”对话框，在该对话框的 Interaction 参数设置中勾选 Interaction with Continuous Phase，将 Tracking 参数设置中的 Max. Number of Steps 设置为 10000，如图 5-192 所示；在 Physical Models→Option 中勾选 Erosion/Accretion 选项，如图 5-193 所示。

（5）单击图 5-192 中的 Injections...按钮，弹出“Injection”对话框，单击 Create 按钮，弹出“Set Injection Properties”对话框，设置离散相入射颗粒的相关参数，Injection Type 选为 Surface，Release From Surface 选为 inlet，颗粒的材料 Material 选择 Wood，入射速度为沿

Y 轴入射，大小为 1m/s，颗粒的直径为 0.001m，总的质量流量为 0.0005kg/s，如图 5-194 所示；单击 Turbulent Dispersion 按钮，勾选 Discrete Random Walk Model，并设置 Number of Tries 的值为 10，如图 5-195 所示，单击 OK 按钮。

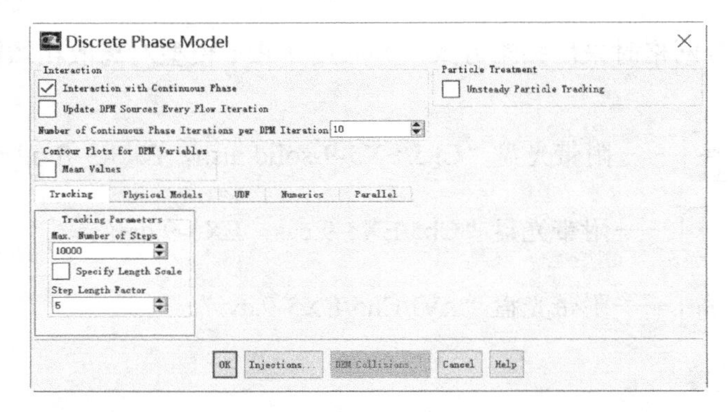

图 5-192 “Discrete Phase Model”对话框

图 5-193 Physical Models 选项卡

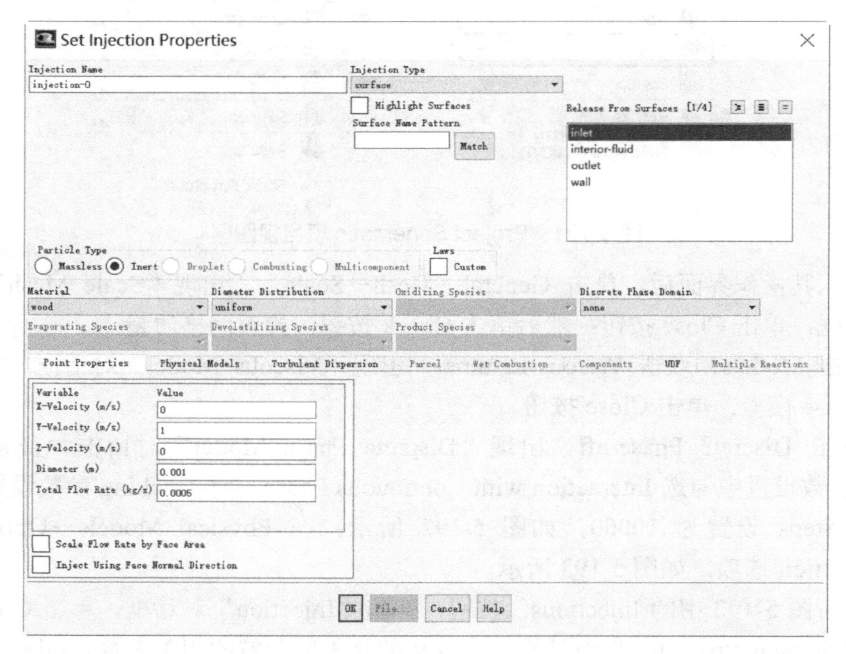

图 5-194 “Set Injection Properties”对话框

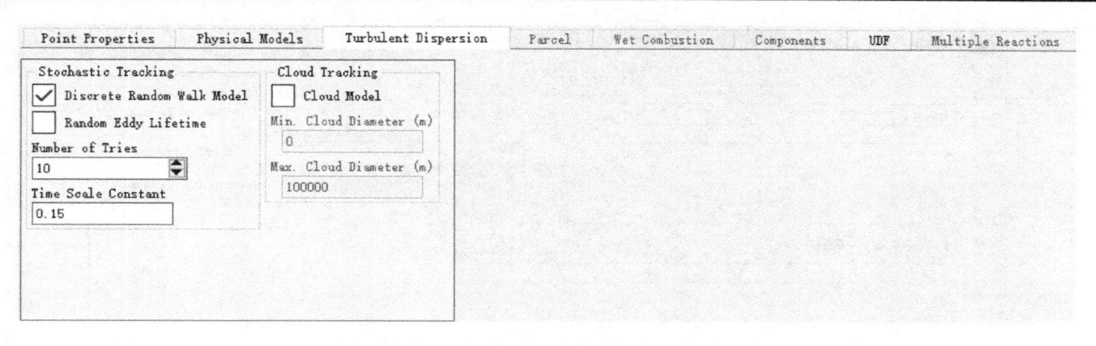

图 5-195　Turbulent Dispersion 选项卡

（6）单击 Materials→Fluid→Edit，弹出“Create/Edit Material”对话框，单击 FLUENT Database 按钮，弹出“FLUENT Database Materials”对话框（见图 5-196），在该对话框中选中 water-liquid(h2o<1>)，单击 Copy 按钮，然后单击 Close 按钮。

（7）单击 Materials→wood 或 Inter Particle→Edit 或双击，弹出“Create/Edit Material”对话框，将其密度改为 1500kg/m^3（见图 5-197），单击 Chang/Create 按钮，然后单击 Close 按钮。

（8）单击 Cell Zone Conditions，选中 fluid，Edit 或双击，弹出“Fluid”对话框（见图 5-198），在 Material Name 处单击向下箭头，选中 water-liquid 选项，单击 OK 按钮。

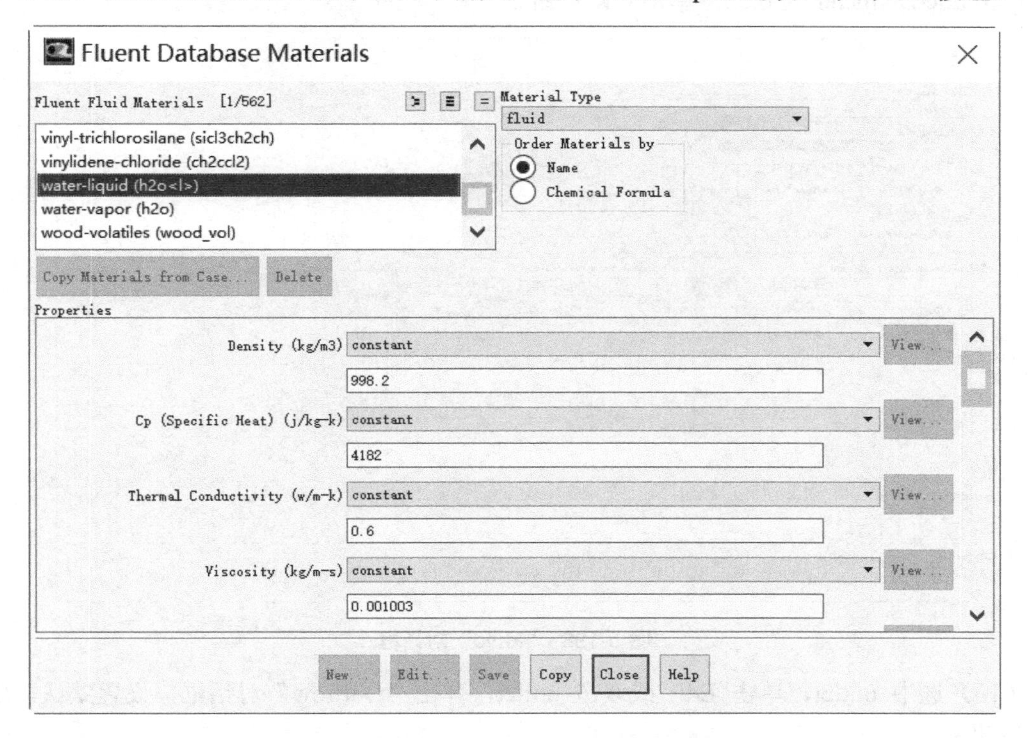

图 5-196　“FLUENT Database Materials”对话框

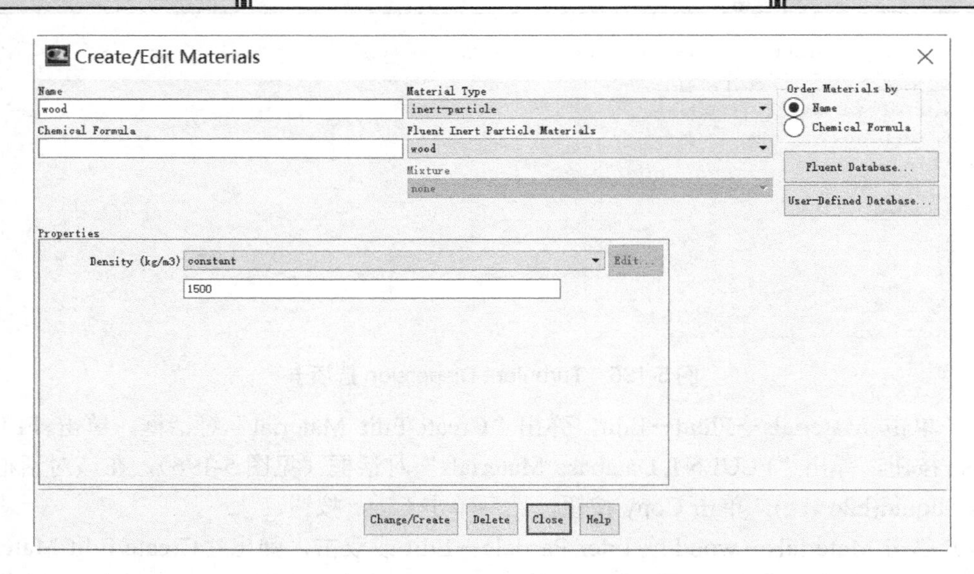

图 5-197 “Create/Edit Materials”对话框

（9）单击 Boundary Conditions，选中 inlet，单击 Edit 或双击 inlet，弹出“Velocity inlet”对话框（如图 5-199 所示），设置进口速度为 1m/s，Turbulent Intensity 为 5%，水力直径 Hydraulic Diameter 为 0.02，单击 OK 按钮。

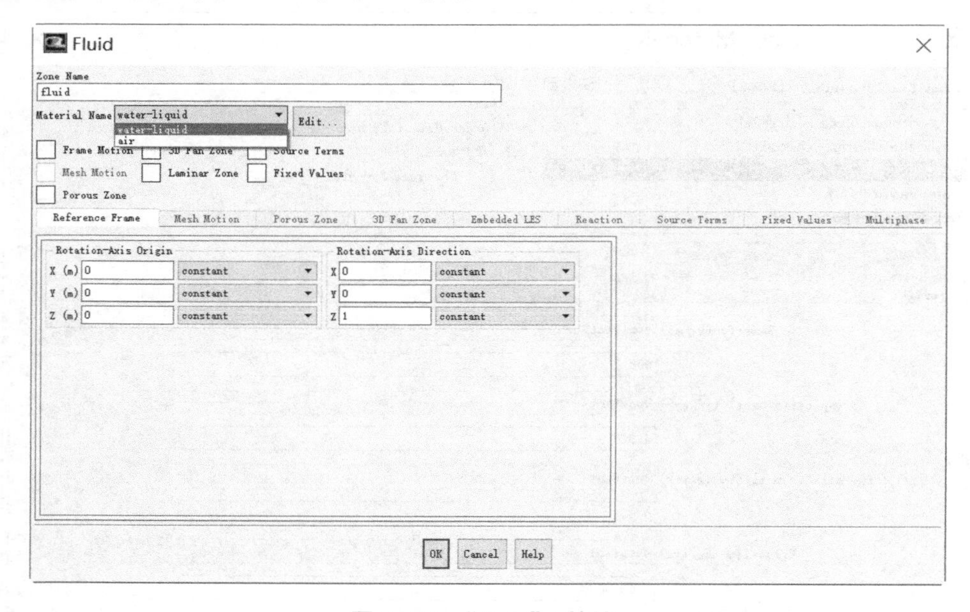

图 5-198 “Fluid”对话框

（10）选中 outlet，单击 Edit 或双击 outlet，弹出“Outflow”对话框，设置默认，单击 OK 按钮。

（11）选中 wall，单击 Edit 或双击 wall，弹出“Wall”对话框（见图 5-200），单击 Discrete Phase Reflection Coefficients→Normal→Edit，在 Polynomial Profile 对话框中输入如图 5-201 所示的数字，单击 OK 按钮。

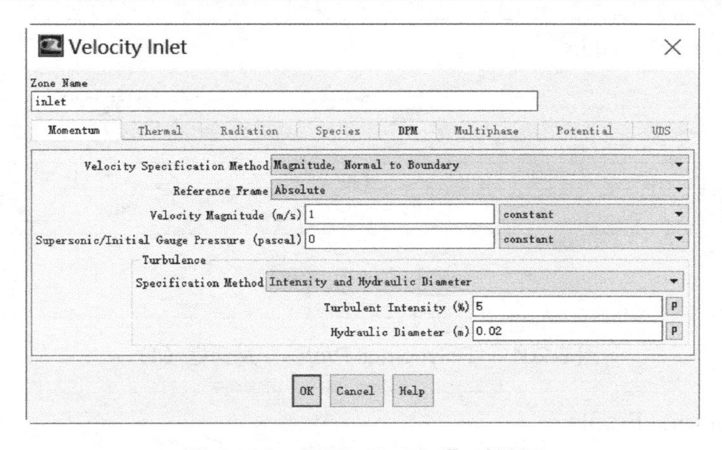

图 5-199 “Velocity Inlet”对话框

（12）回到“Wall”对话框（见图 5-200）中，单击 Discrete Phase Reflection Coefficients →Tangent→Edit，弹出“Polynomial Profile”对话框，在 Polynomial Profile 对话框中输入如图 5-202 所示的数字，单击 OK 按钮。

（13）在“Wall”对话框（见图 5-200）中，单击 Erosion Model→Impact Angle Function →Edit，弹出“Polynomial Profile”对话框，如图 5-203 所示，输入数据，单击 OK 按钮。

（14）回到“Wall”对话框（见图 5-200）中，单击 Erosion Model→Diameter Function 的下拉菜单，选中 constant，并输入数字“1.8e-09”；单击 Erosion Model→Velocity Exponent Function 的下拉菜单，选中 constant，并输入数字“2.6”，如图 5-204 所示，单击 OK 按钮。

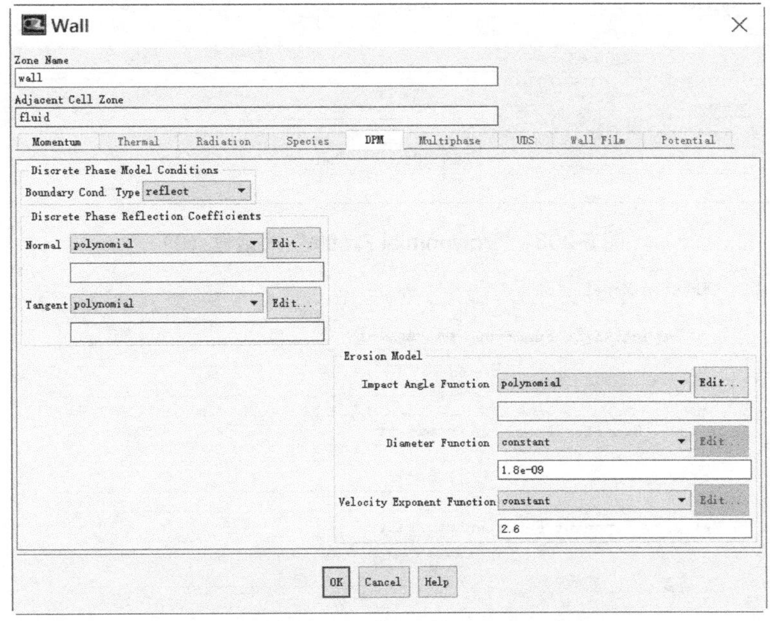

图 5-200 “Wall”对话框

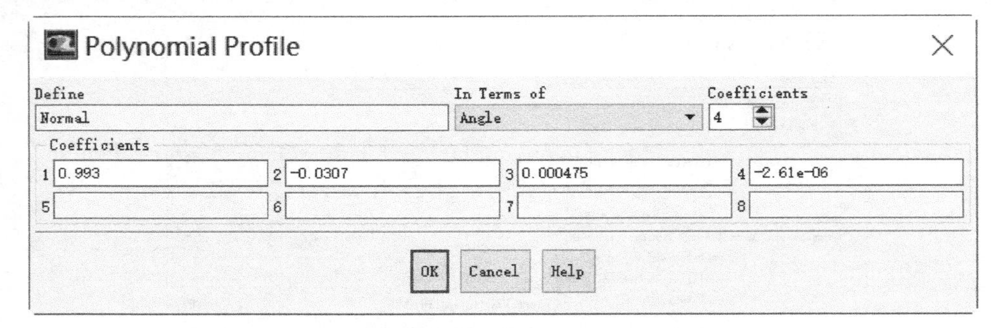

图 5-201 “Polynomial Profile”对话框（1）

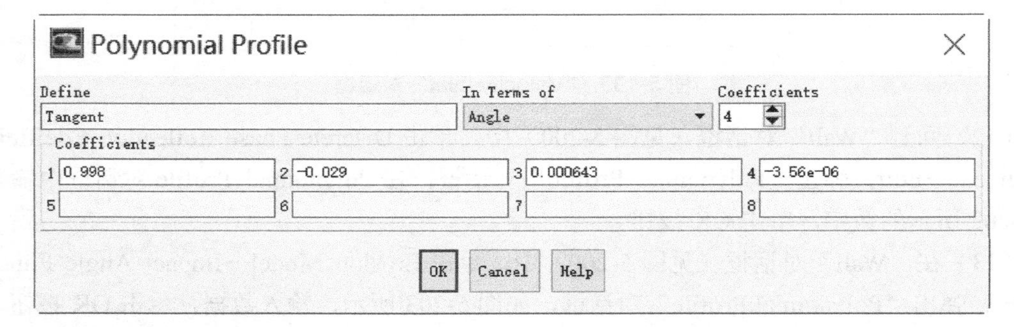

图 5-202 “Polynomial Profile”对话框（2）

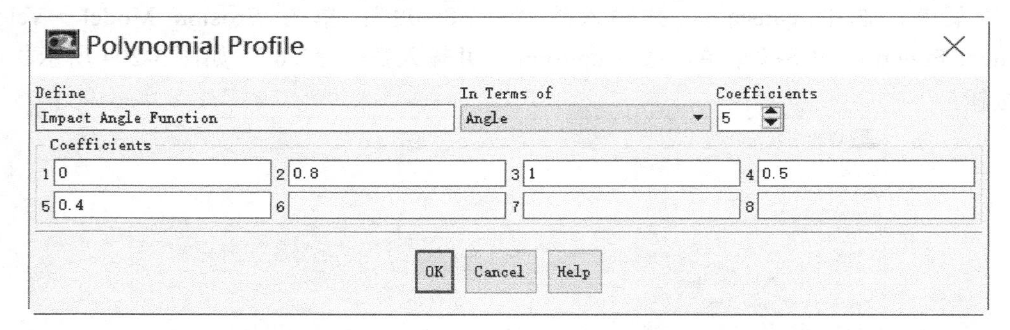

图 5-203 “Polynomial Profile”对话框（3）

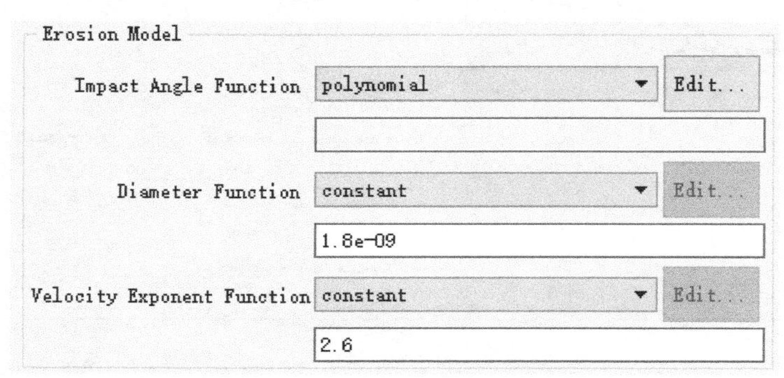

图 5-204 Erosion Modol 栏

（15）单击 Solution Controls，将 Pressure 的值改为 0.7，Momentum 的值改为 0.3。

（16）单击 Solution Initialization 设置，初始化方法选用 Standard Initialization，Compute From 设置为 all-zones，单击 Initialize 按钮。

（17）设置 Run Calculation 的迭代步数为 400 步，单击 Calculate 按钮，开始计算（见图 5-205）。

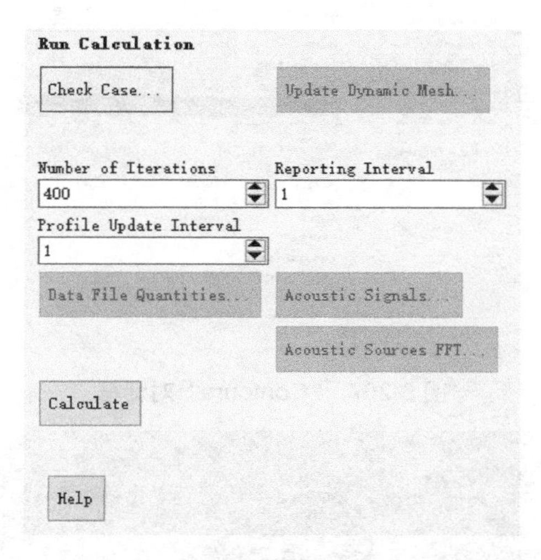

图 5-205　Run Calculation 操作界面

（18）在解算过程中，控制台窗口会实时显示计算步的基本信息，包括 X 与 Y 方向上的速度、k 和 ε 的收敛情况，且当计算达到收敛时，窗口中会出现“solution is converged”的提示语句。计算完成后，可得到计算结果的残差曲线图，如图 5-206 所示。

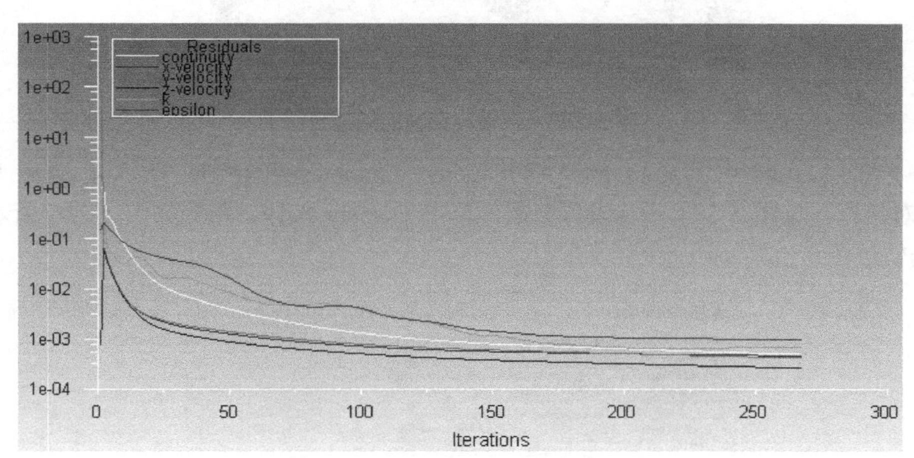

图 5-206　残差曲线图

3. 结果后处理

（1）在 FLUENT 后处理中，单击 Results→Graphics and Animations→ Graphics→Contours，弹出“Contours”对话框（见图 5-207），如图 5-207 所示设置参数，单击 Display 按钮，得到如图 5-208 所示的离散相颗粒的冲蚀云图。

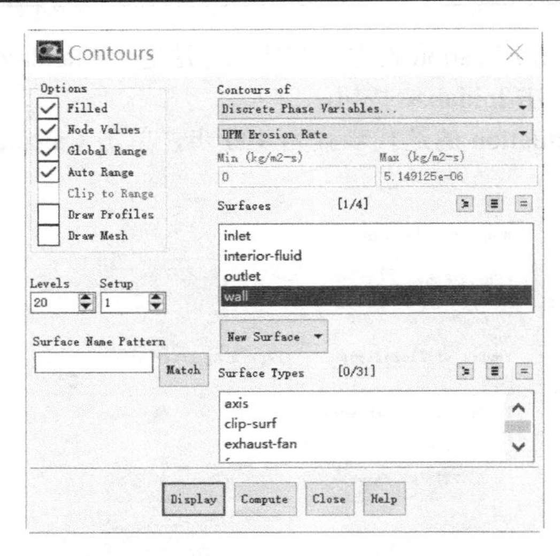

图 5-207 “Contours”对话框

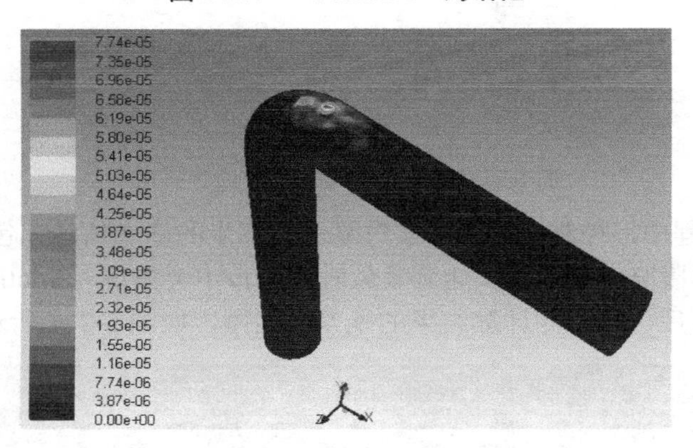

图 5-208 离散相颗粒的冲蚀云图

（2）单击 Results→Graphics and Animations→Graphics→Particle Tracks，弹出“Particle Tracks”对话框，见图 5-209 所示设置参数，单击 Display 按钮，得到如图 5-210 所示的离散相颗粒的轨迹图。

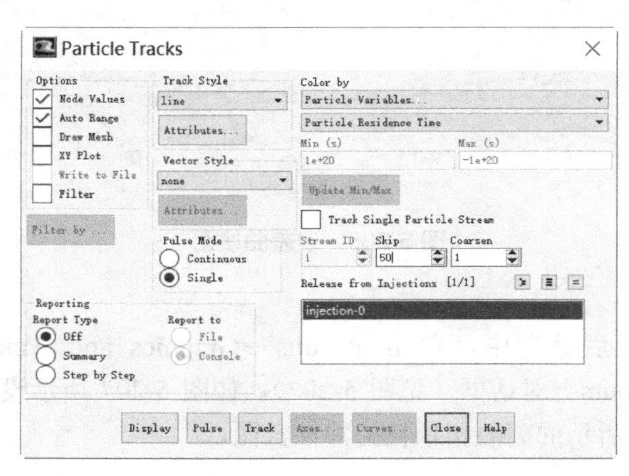

图 5-209 “Particle Tracks”对话框

（3）图形分析完后，选择菜单 File→ Export→ Case & Data...，保存工程与数据结果文件（EX5-9.cas 和 EX5-9.dat）。

（4）单击 File→Close FLUENT，安全退出 FLUENT。

（5）在 Workbench17.0 的项目视图区 Project Schematic 中，选中 Results，单击右键 Update，再双击 Results，进入 CFD-Post 操作界面。

（6）在 CFD-Post 操作界面的菜单栏中，单击 Insert→Location→Plane，创建一个平面（见图 5-211），命名为 Plane1（见图 5-212），且为 *XOY* 平面（见图 5-213）。

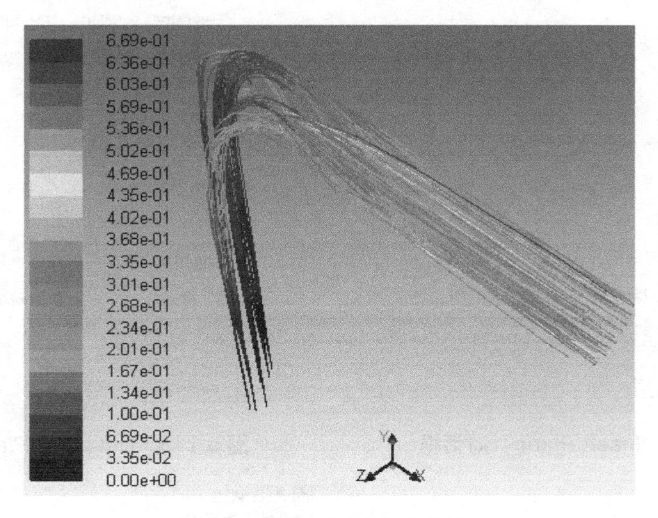

图 5-210　离散相颗粒的轨迹图

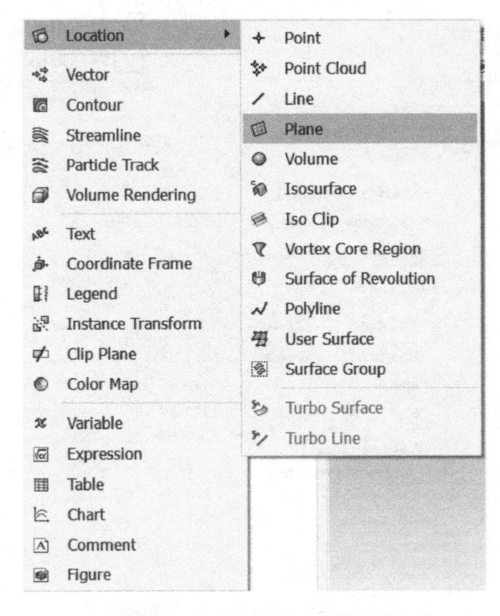

图 5-211　Insert 菜单

（7）在 CFD-Post 操作界面的工具栏中，单击按钮，创建一个 Contour1（见图 5-214），单击 OK 按钮。

（8）单击 Detail of Contour1→ Locations 的□按钮，弹出“Location Selector”对话框，在该对话框中选中 wall，如图 5-215 所示，单击 OK 按钮；选择可视参数为 Pressure（见图 5-216），单击 Apply 按钮，可显示出壁面上的压力云图（见图 5-217）。

（9）单击 Detail of Contour1→ Locations 的□按钮，弹出“Location Selector”对话框（见图 5-218），在该对话框中选中 Plane1，单击 OK 按钮；选择可视参数为 Velocity（见图 5-219），单击 Apply 按钮，可显示出对 Plane1 上的速度云图（见图 5-220）。

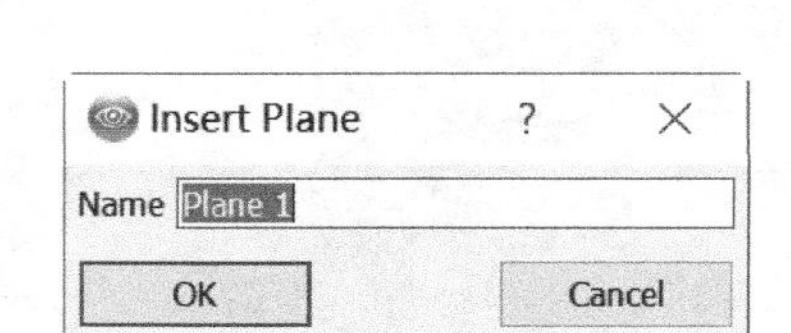

图 5-212 “Insert Plane”对话框

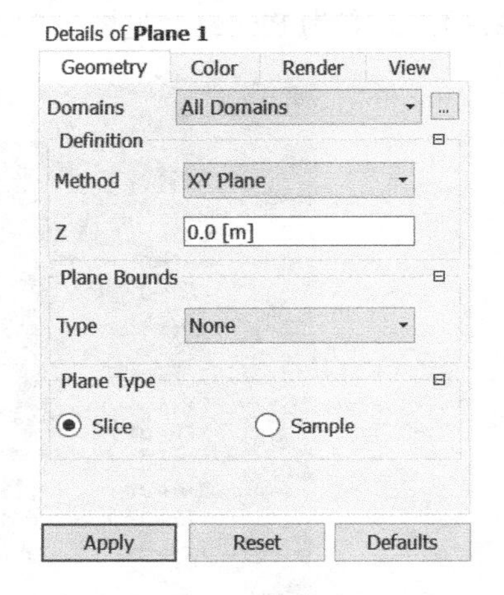

图 5-213 Details of Plane1 界面

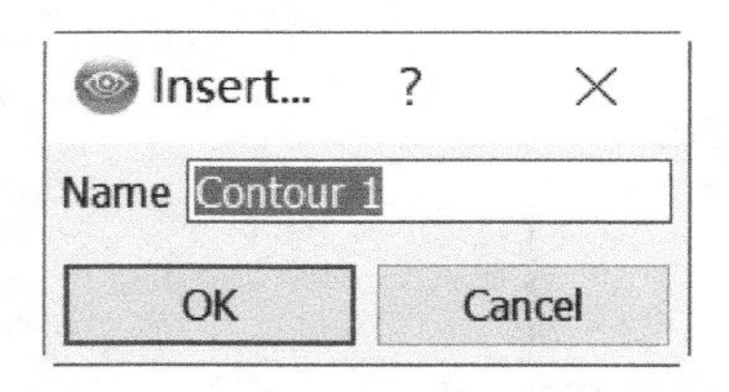

图 5-214 创建 Contour1

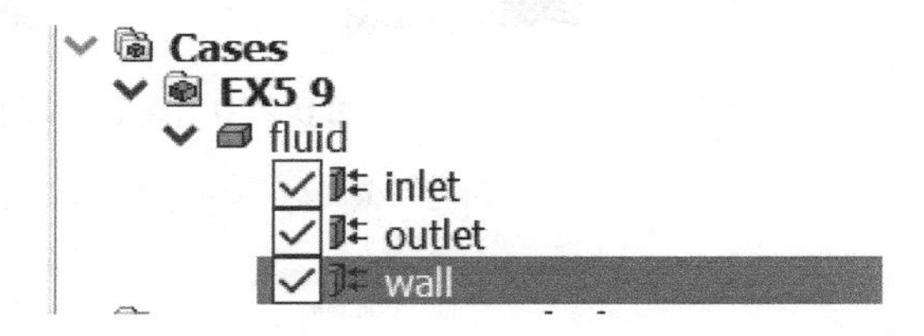

图 5-215 选中 wall 选项

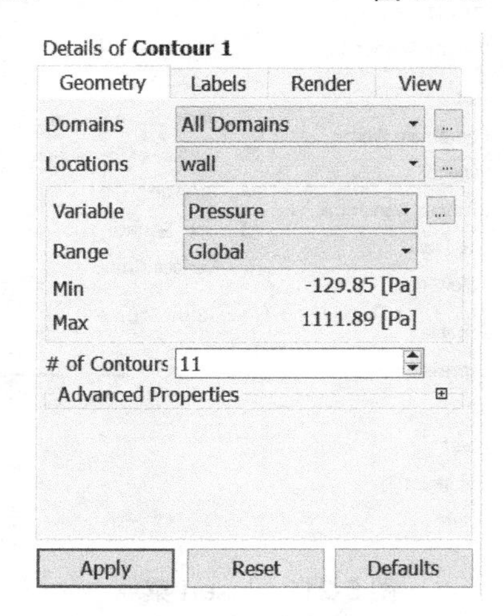

图 5-216 Detail of Contour1 操作界面

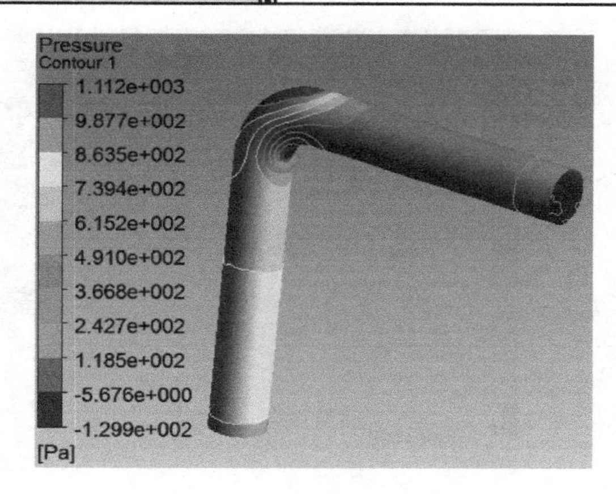

图 5-217　壁面上的压力云图

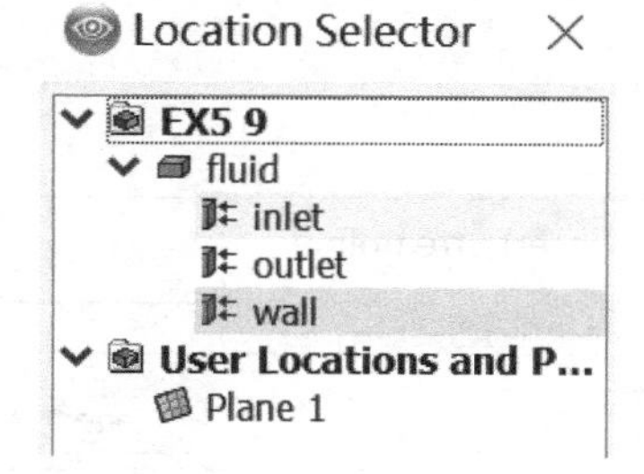

图 5-218　“Location Selector”对话框

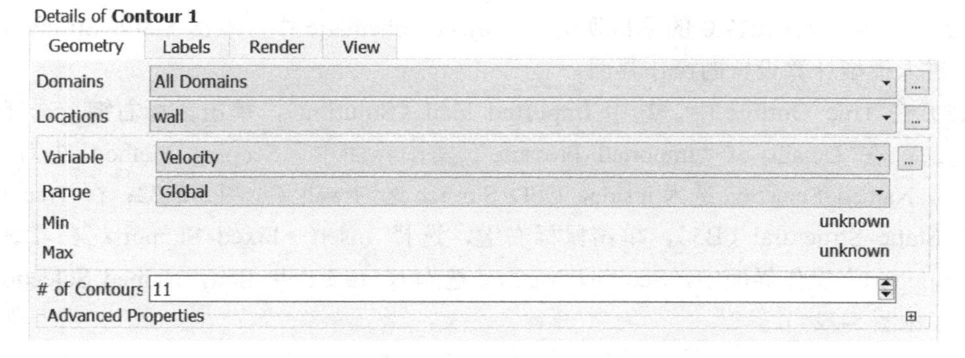

图 5-219　Detail of Contour1 操作界面

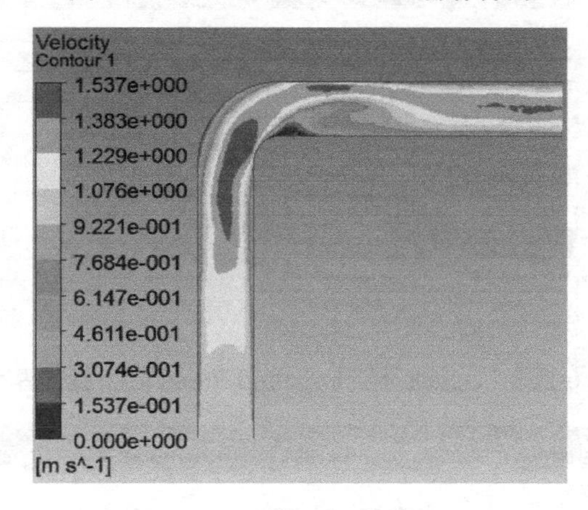

图 5-220　Plane1 上的速度云图

（10）在 CFD-Post 操作界面的工具栏中，单击按钮，创建一个 Streamline1（见图 5-221），单击 OK 按钮。

（11）单击 Detail of Streamline1→Start From 的按钮，弹出“Location Selector”对话框，在该对话框中选中 inlet，单击 OK 按钮；选择可视参数为 Velocity，单击 Apply 按钮，可显示出流体迹线图（见图 5-222）。

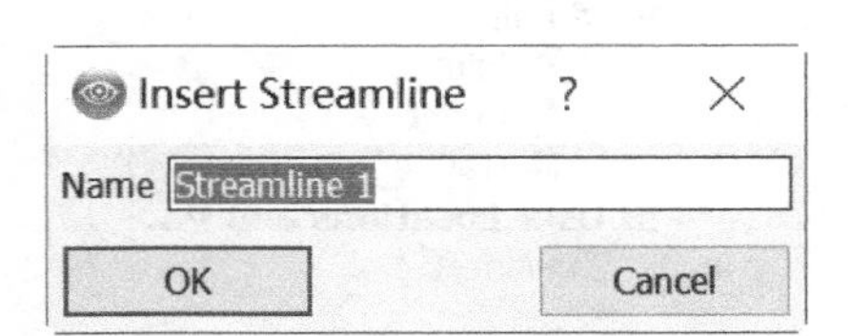

图 5-221　创建 Streamline1

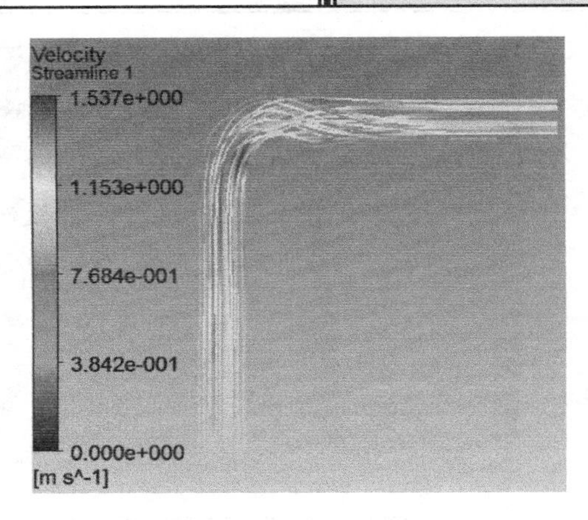

图 5-222　流体迹线图

（12）在 Workbench17.0 的项目视图区 Project Schematic 中，双击 Static Structural 中的 Setup，进入模型计算设置的操作界面。

（13）在 Tree Outline 中，选中 Imported load（Solution），单击鼠标右键，选择 Insert→Pressure；在 Details of“Imported Pressure”操作界面中，Scoping Method 选为 Named Selection，Named Selection 选为 inside，CFD Surface 选为 wall（见图 5-223）；在 Tree Outline 中选中 Static Structural（B5），单击鼠标右键，选择 Insert→Fixed Support；在 Details of“Fixed Support”操作界面中，Scoping Method 选为 Named Selection，Named Selection 选为“fixed”（见图 5-224）。

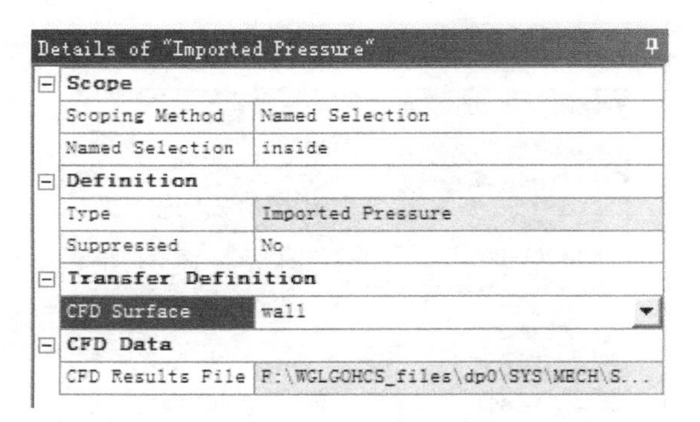

图 5-223　Details of“Imported Pressure”操作界面

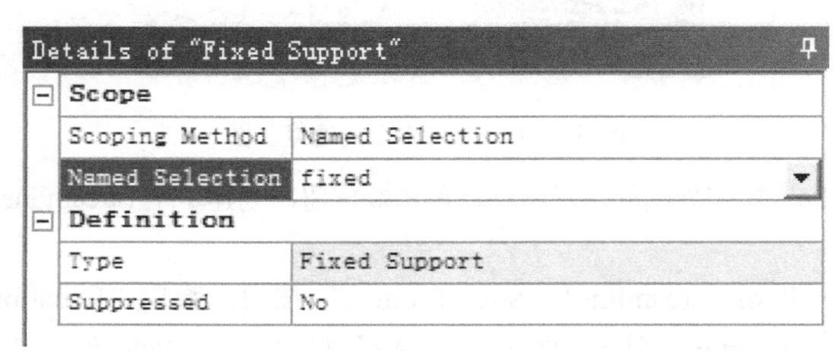

图 5-224　Details of“Fixed Support”操作界面

（14）在 Tree Outline 中选中 Solution（B6），单击鼠标右键，选择 Insert→Deformation→total；在 Tree Outline 中选中 Solution（B6），单击鼠标右键，选择 Insert→Stress→Equivalent（von-Mises）；单击 Solve 按钮。

（15）在 Tree Outline 中选中 Imported Pressure，得到压力加载图（见图 5-225）；在 Tree Outline 中选中 Total Deformation，得到总变形图（见图 5-226）；在 Tree Outline 中选中 Equivalent Stress，得到等效应力分布图（见图 5-227）。

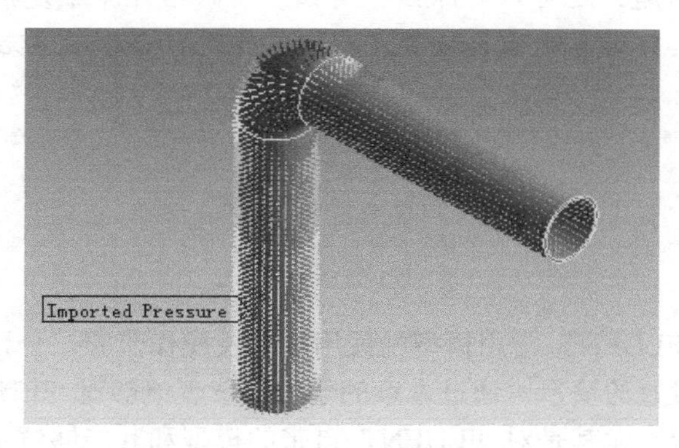

图 5-225　Imported Pressure 图像

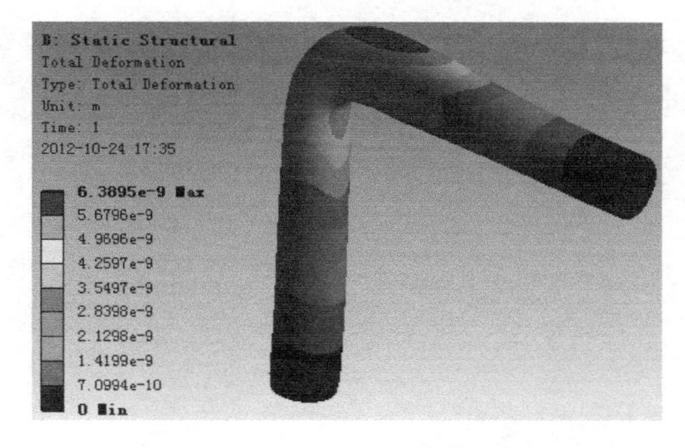

图 5-226　Total Deformation 图像

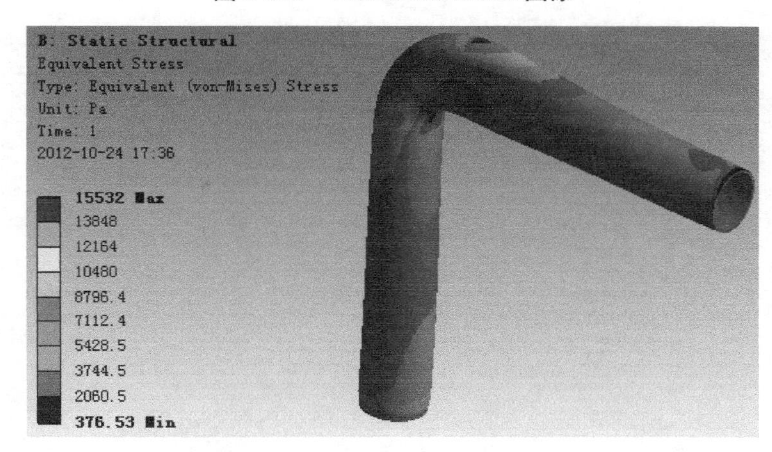

图 5-227　Equivalent Stress 图像

（16）最后，单击 File→Exit，安全退出。

应用·技巧

FLUENT 自带的一般模型均在 Models 面板中设置，可以模拟多相流、传热、组分输运、化学反应等问题，还可以对冲蚀、腐蚀、动网格计算等复杂问题开展模拟。每个模型的调用都有具体的参数需要设置，用户需要进行合理设置后才能得到理想的模拟结果。

5.3 本章小结

本章详细介绍了 FLUENT 常用模型的使用方法及操作步骤，分别通过实例进行了模型操作流程和关键参数设置的演示。通过本章的学习，读者能够对 FLUENT 的操作界面和模拟流程有较清晰的认识，尤其是对 FLUENT 自带的模型和其能够解决的模拟问题有了充分的认识。

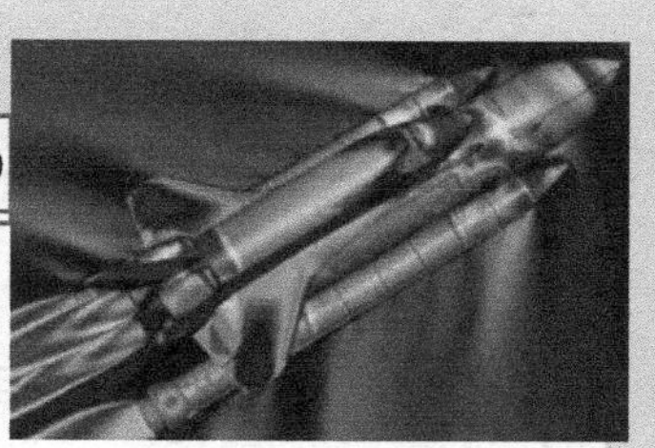

第6章 Tecplot 后处理

Tecplot 是 Amtec 公司推出的一款功能强大的科学绘图软件，不仅可以绘制二维图形、函数曲线，而且可以进行三维面绘图和三维体绘图，并提供了多种图形格式，且界面友好、易学易用。本章针对流动分析后处理的需要，介绍利用 Tecplot 进行模拟结果后处理的操作过程，帮助读者熟悉该软件的后处理功能，学会如何进行后处理操作以得到理想的分析结果。

本章内容

- Tecplot 界面
- Tecplot 后处理功能
- 云图后处理
- 矢量图后处理
- 散点曲线图后处理
- 流动迹线图后处理
- 后处理实例

本章案例

- 实例 6-1 三通管气液两相流场后处理
- 实例 6-2 管嘴气动喷砂流场后处理

视频教学

6.1 Tecplot 界面

Tecplot 界面分为菜单栏、工具栏、状态栏、工作区四部分，如图 6-1 所示。

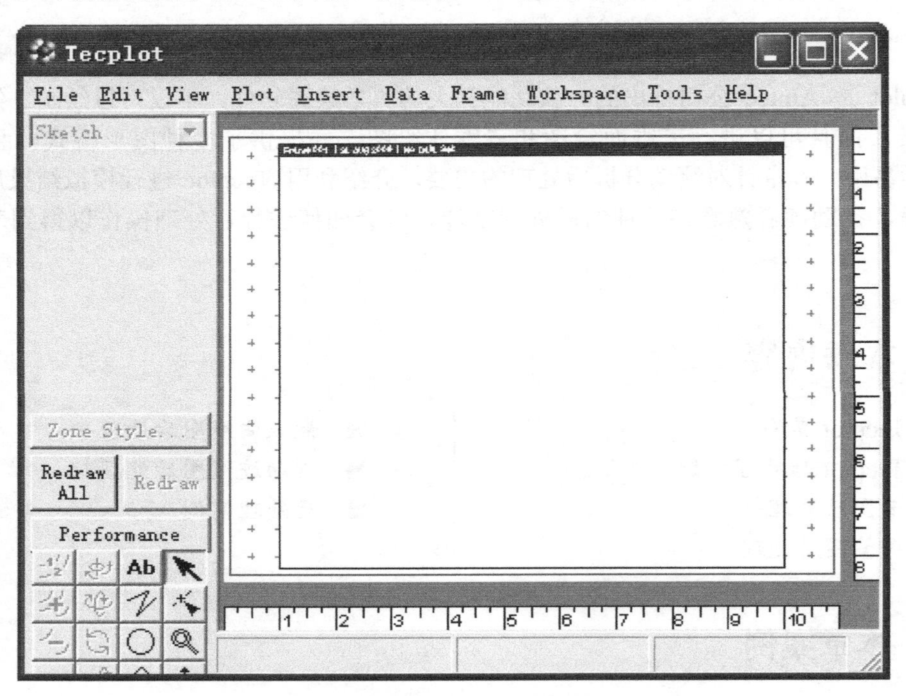

图 6-1 Tecplot 界面

1. 菜单栏

菜单栏与一般的 Windows 程序类似，可以帮助用户完成绝大多数 Tecplot 功能，如图 6-2 所示。

File	Edit	View	Plot	Insert	Data	Frame	Workspace	Tools	Help
文件	编辑	视图	曲线绘制	插入	数据	帧	工作区	工具	帮助

图 6-2 菜单栏

2. 工具栏

工具栏为 Tecplot 常用的画图控制按钮，可以进行常用的画图控制，另外，还可以控制帧的模式、活动帧和快照模式。工具栏如图 6-3 所示，包括帧模式、区域/图层、区域效果、重画按钮、工具按钮等部分。

3. 状态栏

状态栏位于窗口底部，在鼠标指针移动过工具栏时会给出帮助提示，如图 6-4 所示。状态栏可以在 File→Preference 中进行设定，包括颜色、大小等，如图 6-5 所示。

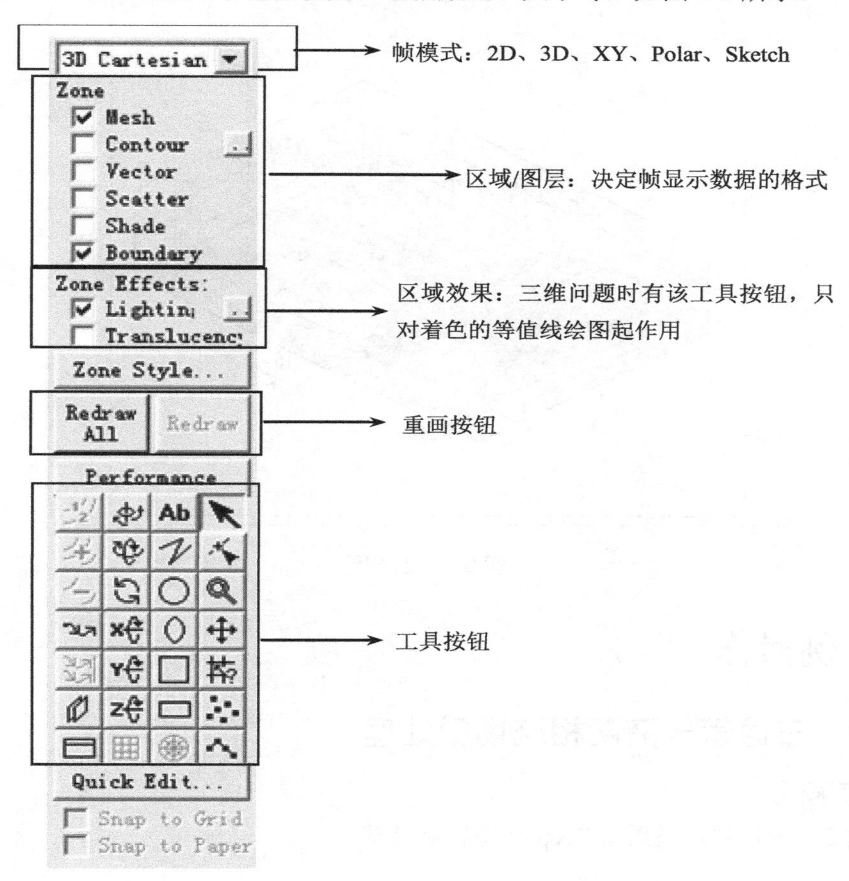

图 6-3　工具栏

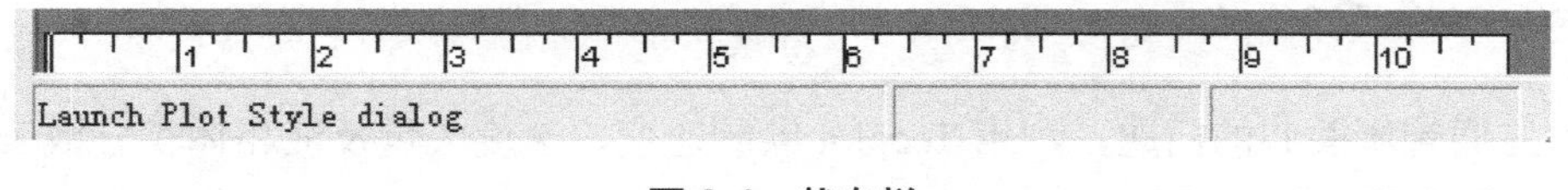

图 6-4　状态栏

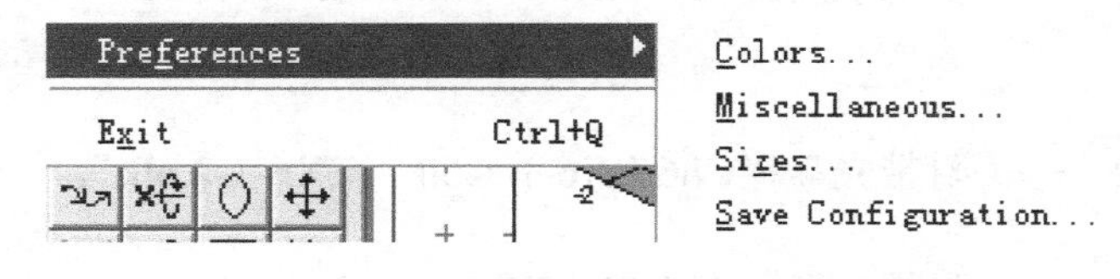

图 6-5　Preference 列表

4．工作区

工作区用于绘制和创建图形，在默认的情况下，Tecplot 同时显示网格和标尺，如图 6-6 所示，所有的操作都是在当前帧中完成的。

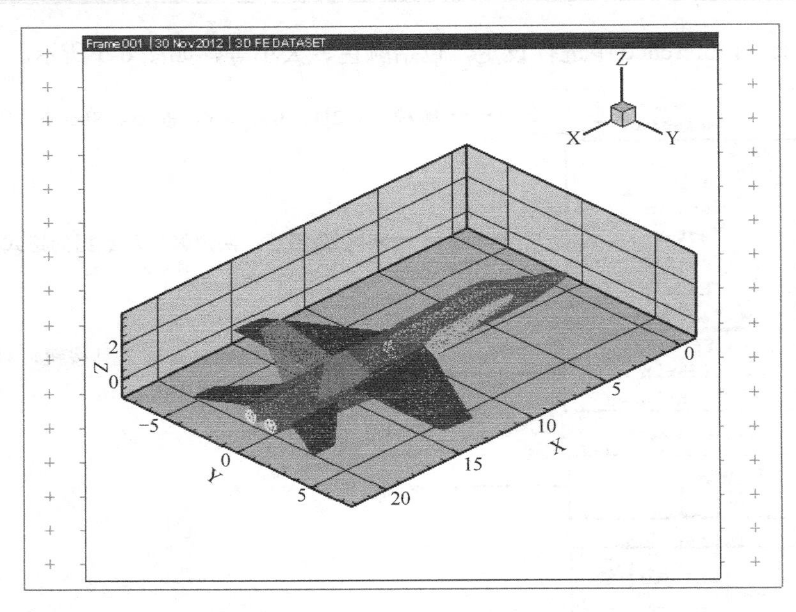

图 6-6　工作区

6.2　实例操作

实例 6-1　三通管气液两相流场后处理

1．实例概述

对实例 5-4 的模拟结果采用 Tecplot 进行后处理。

思路·点拨

针对三通管所关心的问题，利用 Tecplot 绘制速度、速度矢量及液相体积分数云图。

起始文件——附带光盘“Ch5/EX5-4-mixture.cas，EX5-4-mixture.dat，EX5-4-mixture_tec.dat”。

结果文件——附带光盘“Ch6/EX6-1-1.plk，EX6-1-2.plk”。

动画演示——附带光盘“AVI/Ch6/EX6-1.avi”。

2．数据导入

单击 File→Import，选择 Select Import Format 中的 FLUENT Data Loader，单击 OK 按钮。在弹出的对话框中选择 Load Case and Data Files，然后单击 Case File 和 Data File 输入框右侧的 ... 按钮，从硬盘上选择要加载的文件“EX5-4-mixture.cas”和“EX5-4-mixture.dat”，单击 OK 按钮。

3. 图形后处理

（1）数据文件导入 Tecplot 后，默认只显示网格及边界，如图 6-7 所示。

（2）在工具栏中取消选中 Mesh 复选框，选中 Contour 复选框，在弹出面板的 Var 中选择 Phase1，即显示出该问题的液相云图，如图 6-8 所示。接着，单击 Contour Details 面板的“More>>”按钮，选择 Legend 选项卡，并在 Show Contour legend 前打钩，得到有标尺的云图，如图 6-9 所示。改变 Contour Details 面板的 Var 为 X Velocity，可得速度云图，如图 6-10 所示。

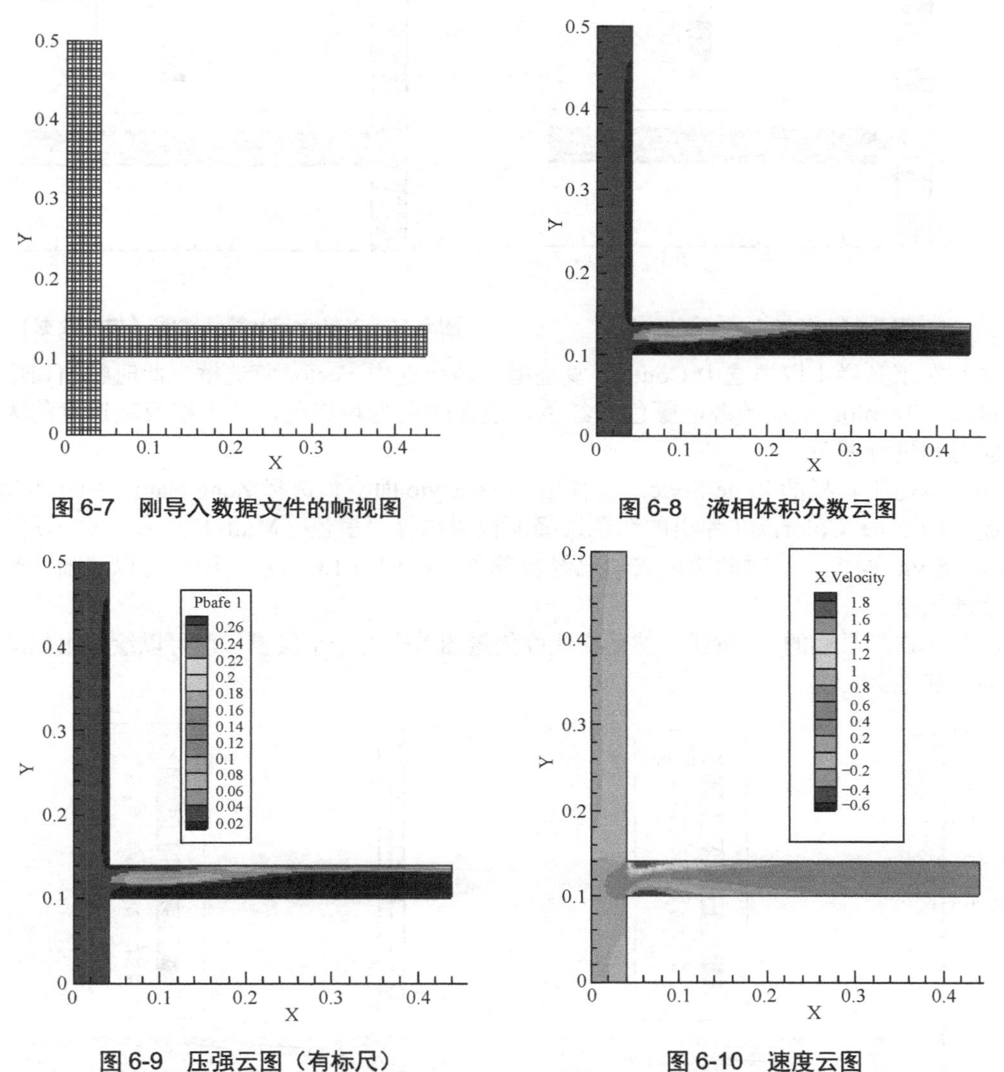

图 6-7 刚导入数据文件的帧视图

图 6-8 液相体积分数云图

图 6-9 压强云图（有标尺）

图 6-10 速度云图

（3）单击工具栏中的 Zone Style...，弹出 Zone Style 面板。在 Contour 选项卡中，选择 Zone Name 中的 fluid，单击 Contour Type 按钮，选择 Both Lines & Flood，即同时显示等值线与云图。然后单击 Line Color 按钮，将等值线颜色设置为黑色，如图 6-11 所示。

（4）打开 Contour Details 面板，选择 Labels 选项卡，并在 Show Labels 前打钩。Tecplot 默认的 Font 为 1.5%，若字体太小，可以将其调节到合适数值来放大字体，如调节到 3.5%。对于等值线较密时，加注的数据会显得过多，这时可以将 Labels 选项卡的 Level Skip 调大到合适数值，如调至 4。此时，加注数据后的等值线图如图 6-12 所示。

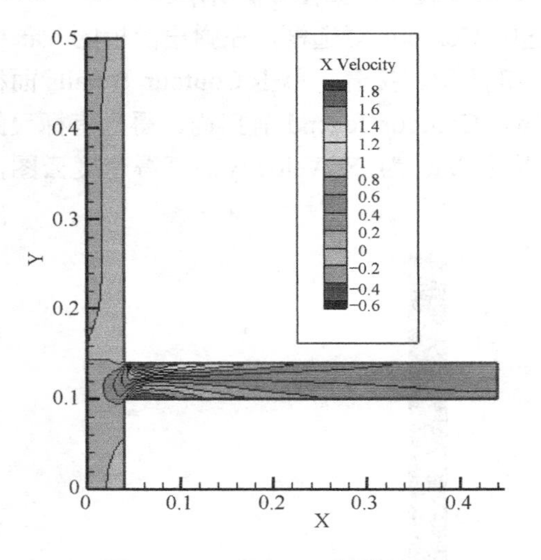

图 6-11　X Velocity 等值线图

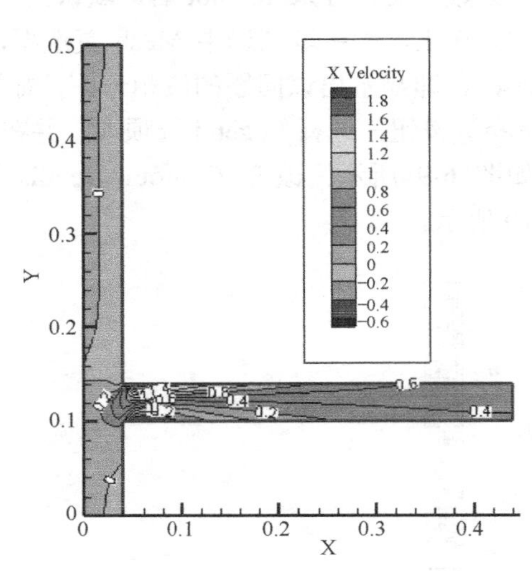

图 6-12　X Velocity 等值线图（加注数据）

（5）在工具栏中取消选中 Contour 复选框，转而选中 Vector 复选框。此时帧窗口中的速度矢量图，Tecplot 默认的源面颜色为红色，镜像颜色为粉红色，均不能反映速度的大小，所以应对其进行着色。

（6）单击工具栏的 Zone Style...，弹出 Zone Style 面板，选择 Zone Name 中的 fluid，单击面板中的 Line Color，在弹出的颜色选择面板中选择“多色（Multi）”。单击 Close 按钮关闭 Zone Style 面板。这时的速度矢量已经被着色，如图 6-13 所示，用户可以清晰地辨别各点速度的大小。

（7）单击工具栏的按钮，然后在速度矢量图单击若干个矢量，便可以绘制出如图 6-14 所示的迹线图。

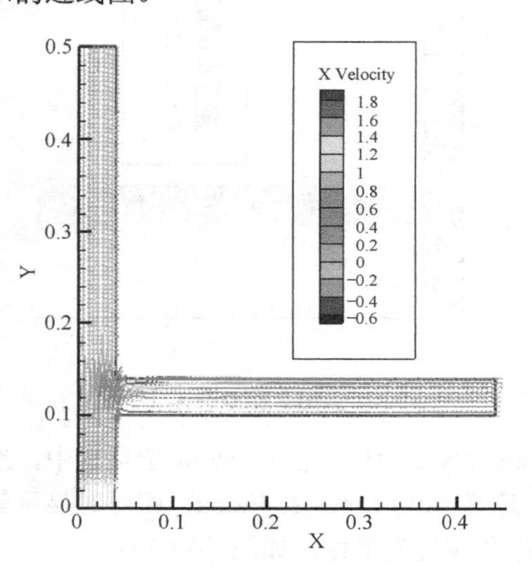

图 6-13　速度矢量图（着色后）

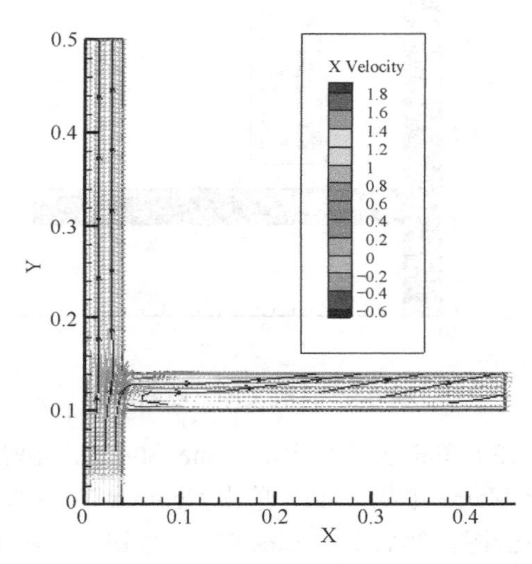

图 6-14　迹线图

（8）单击 File 菜单中的 Save Layout As 选项，弹出 Save out 面板，在文件名中，输入“EX6-1-1.lpk”，并在保存类型选中 Packaged Data（*.lpk）。

（9）出曲线图时，首先需从 FLUENT 导出要处理的数据文件，单击 Surface→Line/Rake…，设置“x0=0，x1=0.44，y0=0.12，y1=0.12”，即创建一条 Y=0.12 的直线，设置 New Surface Name 为 line-5，如图 6-15 所示。单击 File→Export 命令，弹出如图 6-16 所示的“Export”对话框。选择面板最左侧 File Type 中的 Tecplot 数据格式，Surfaces 选为“line-5”，Functions to Write 选为“Static Pressure”。单击 Write…按钮，把管轴线上的 *X* 方向压强输出为 EX5-4-mixture_tec.dat 文件。在 Tecplot 中通过 File→Load Data File（s），读取 EX5-4-mixture_tec.dat。在工具栏的帧模式中选择 XY Line，图层格式则同时选择直线式和符号式两个复选框。

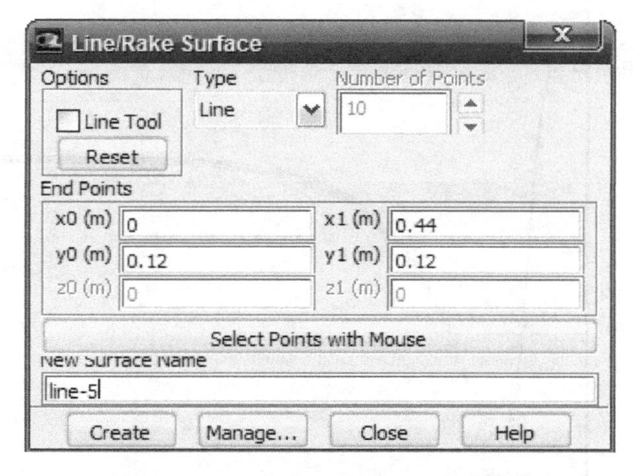

图 6-15 “Line/Rake Surface”对话框

（10）单击 Mapping Style…按钮，在如图 6-17 所示面板中设置曲线的颜色、点符号的间距与大小。

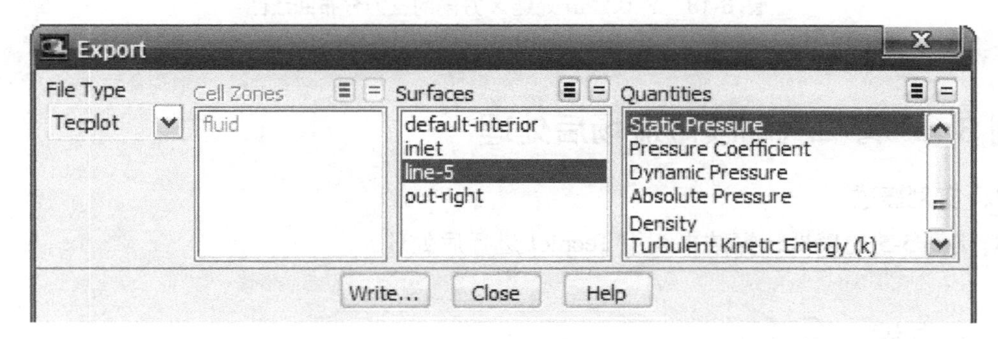

图 6-16 导出数据

（11）然后，单击 *X* 轴或 *Y* 轴，使其显示为黑色方块包裹的状态后双击，在弹出的 Axis Details 面板中调节 *X* 轴与 *Y* 轴合适的尺寸范围，单击 Mapping Style... 按钮，设置曲线上的标志形状及其大小。最后，得到如图 6-18 所示的曲线图。

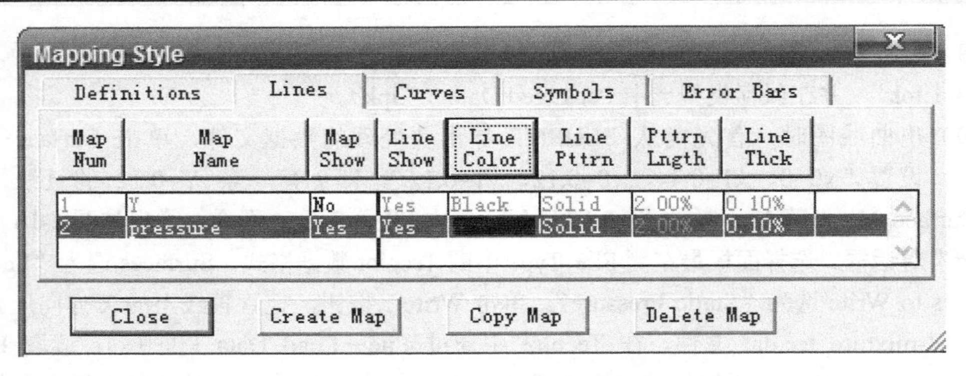

图 6-17 “Mapping Style”对话框

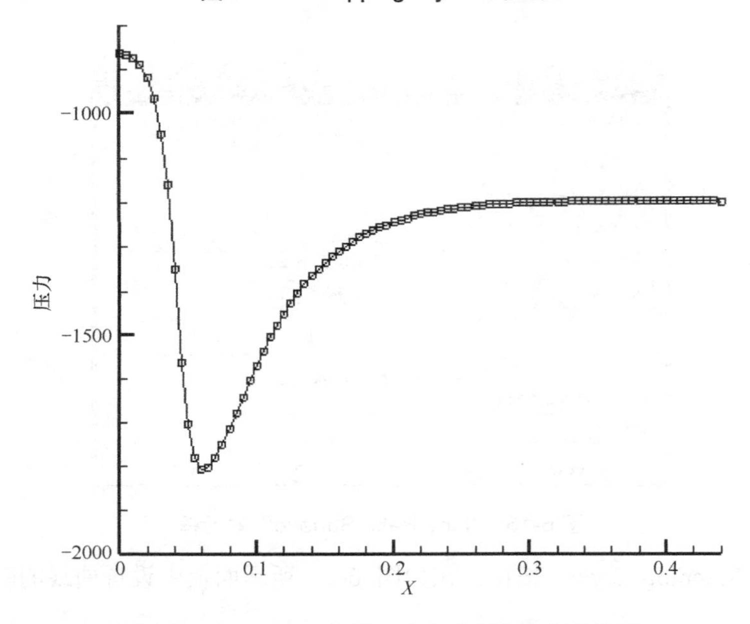

图 6-18 *Y*=0.12m 处延 *X* 方向的压力分布曲线图

（12）选择 File→Save Layout As，保存为 EX6-1-2.plk。

实例 6-2 管嘴气动喷砂流场后处理

1. 实例概述

对实例 5-5 的模拟计算结果利用 Tecplot 进行后处理。

思路·点拨

运用 Tecplot 生成管嘴气动喷砂管内的压强、冲蚀速率云图及关键剖面的速度分布图。

起始文件——附带光盘“Ch5/EX5-5.cas，EX5-5.dat，EX5-5_tec.dat，EX5-5-z0_tec.dat”。

视频教学

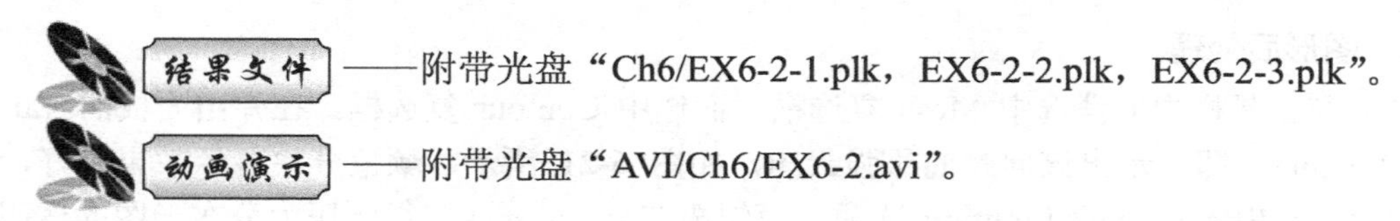

——附带光盘“Ch6/EX6-2-1.plk，EX6-2-2.plk，EX6-2-3.plk”。

——附带光盘“AVI/Ch6/EX6-2.avi”。

2．数据导入

（1）单击 File→Import，选择 Select Import Format 中的 FLUENT Data Loader，单击 OK 按钮。在弹出的对话框中选择 Load Case and Data Files，然后单击 Case File 和 Data File 输入框右侧的 ... 按钮，从硬盘上选择要加载的文件“EX5-5.cas”和“EX5-5.dat”，单击 OK 按钮。导入数据文件后的帧视图窗口如图 6-19 所示，管嘴模型呈畸形显示，故需要调节坐标轴。

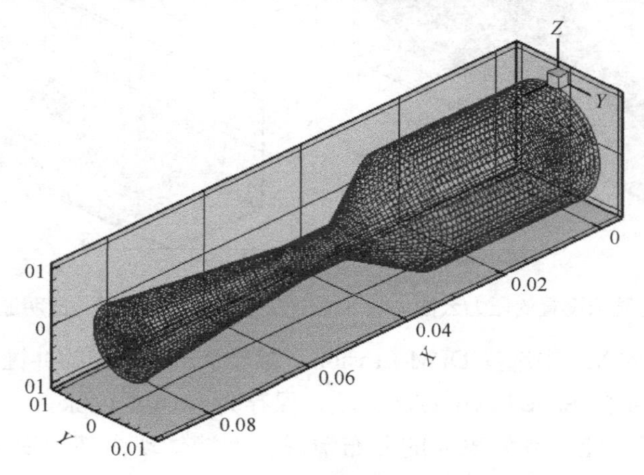

图 6-19　导入数据文件后的帧视图

（2）单击 *X* 轴、*Y* 轴或 *Z* 轴，使模型区域被黑色方块包裹，然后双击，弹出如图 6-20 所示的“Axis Details”对话框，保证 Dependency 下 XYZ Dependent 选中，得到正常显示的模型。

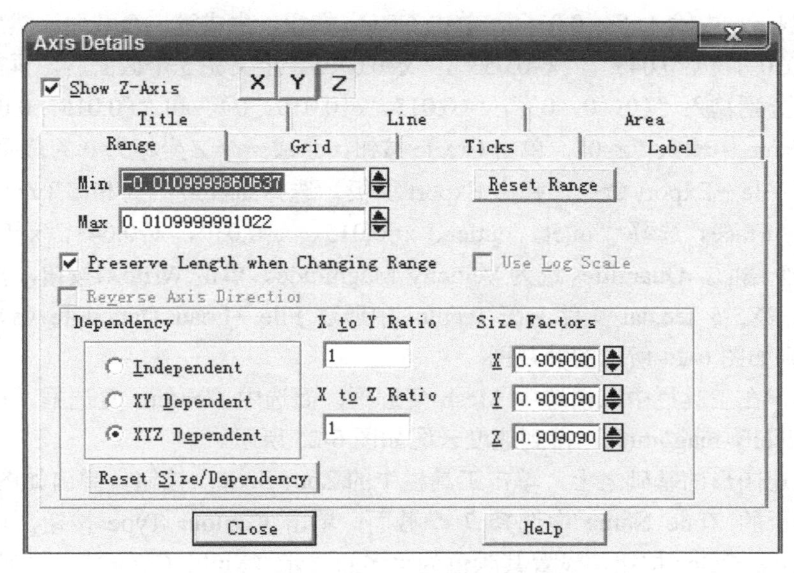

图 6-20　“Axis Details”对话框

3. 图形后处理

（1）在工具栏中取消选中 Mesh 复选框，而选中 Contour 复选框，在弹出面板的 Var 中选择 Pressure，即显示出该问题的压强云图，如图 6-21 所示，颜色分块显示效果不好，需要取消 Zone Effects 下的 Lighting 选项，而勾选 Translucency，得到压力分布云图的透明显示，如图 6-22 所示。

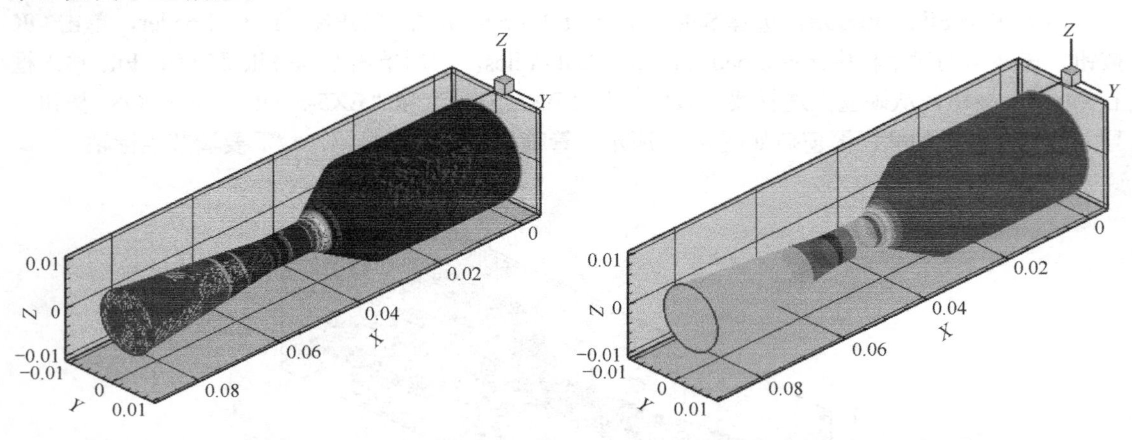

图 6-21 未做透明显示设置的压力云图　　图 6-22 透明显示的压力云图

（2）在弹出面板的 Var 中选择 DPM-Erosion，即显示出该问题的冲蚀速率云图，如图 6-23 所示。选择 File 菜单中的 Save Layout As 选项，保存为 EX6-2-1.lpk。

（3）这里的云图只能看到外表面的分布情况，不能体现内部的变化。因此，采取切面的形式来呈现沿流程不同横剖面上物理变量的变化情况。在 FLUENT 中导入“EX5-5.cas”和“EX5-5.dat”。

（4）在 FLUENT 中新建 5 个辅助分析的几个截面，单击 Surface→Plane...，在 Points 下方的三点坐标中分别输入“(0.015，0，0)，(0.015，0.010，0) 和 (0.015，0，0.010)”，在 New Surface Name 中输入“x=0.015”，单击 Create 按钮，生成第一个截面。然后用类似的方法创建“x=0.030”，“x=0.043”，“x=0.053”，“x=0.070”。定义完 5 个截面后，再在 Points 下方的三点坐标中分别输入“(0，0，0)”，“(0.015，−0.010，0)”和“(0.015，0.010，0)”，在 New Surface Name 中输入“z=0”，单击 Create 按钮，生成一个 *Z* 坐标为 0 的截面。

（5）单击 File→Export 命令，弹出 Export 面板，选择面板最左侧 File Type 为 Tecplot 数据格式，在 Surfaces 选择“inlet、outlet、x=0.015、x=0.030，x=0.043，x=0.053”，以及“x=0.070”七个截面，Quantities 选为 Velocity Magnitude。单击 Write...按钮，把七个截面上的速度输出为 EX5-5_tec.dat 文件。在 Tecplot 中通过 File→Load Data File（s），读取 EX5-5_tec.dat，得到如图 6-24 所示的帧视图。

（6）同样，在工具栏中取消选中 Mesh 复选框，而选中 Contour 复选框，在弹出面板的 Var 中选择 Velocity-magnitude，得到速度云图如图 6-25 所示。

（7）在上述图形的基础之上，单击工具栏中的 Zone Style...按钮，弹出如图 6-26 所示的对话框。在面板的 Zone Name 中选择 7 个截面，单击 Contour Type 按钮，设置其格式为 Lines，单击 Line Color 按钮，设置其颜色为“多彩显示（Multi Color）”，得到如图 6-27 所示的速度等值线图。单击 File 菜单中的 Save Layout As 选项，保存为 EX6-2-2.lpk。

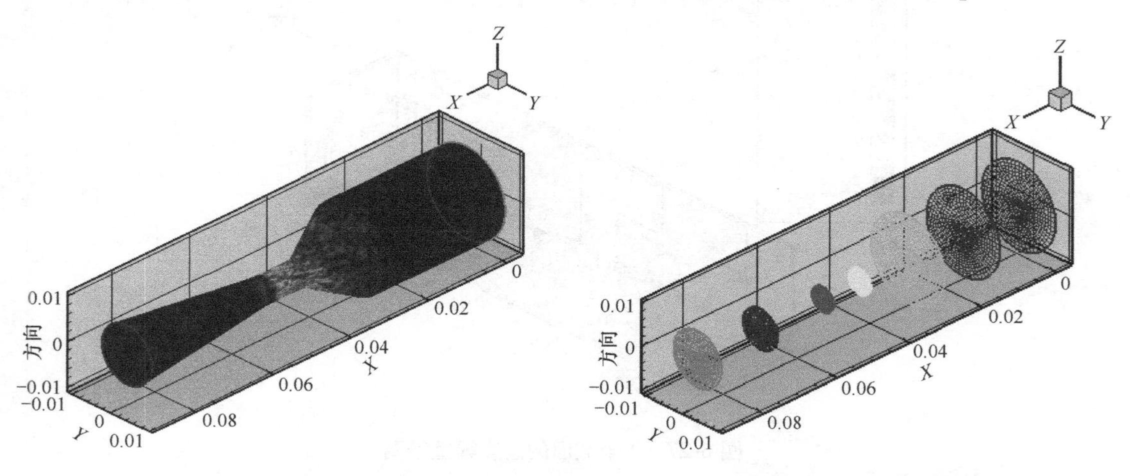

图 6-23　DPM-Erosion 云图

图 6-24　7 个截面的网格图

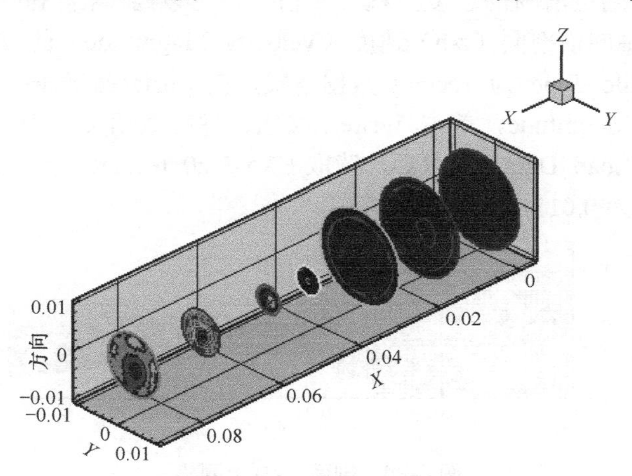

图 6-25　7 个截面的速度云图

Zone Style

Surfaces　Volume　Effects
Mesh　Contour　Vector　Scatter　Shade　Boundary　Points

Zone Num	Zone Name	Zone Grp	Zone Show	Cont Show	Contour Type	Flood By	Lines By	Line Color	Line Pttrn	Pttrn Lngth	Line Thck	Use Lighting
1	inlet	1	Yes	Yes	Lines	C1	C1	Multi C1	Solid	2.00%	0.10%	Yes
2	outlet	1	Yes	Yes	Lines	C1	C1	Multi C1	Solid	2.00%	0.10%	Yes
3	x=0.015	1	Yes	Yes	Lines	C1	C1	Multi C1	Solid	2.00%	0.10%	Yes
4	x=0.030	1	Yes	Yes	Lines	C1	C1	Multi C1	Solid	2.00%	0.10%	Yes
5	x=0.043	1	Yes	Yes	Lines	C1	C1	Multi C1	Solid	2.00%	0.10%	Yes
6	x=0.053	1	Yes	Yes	Lines	C1	C1	Multi C1	Solid	2.00%	0.10%	Yes
7	x=0.070	1	Yes	Yes	Lines	C1	C1	Multi C1	Solid	2.00%	0.10%	Yes

Close　Help

图 6-26　“Zone Style”对话框

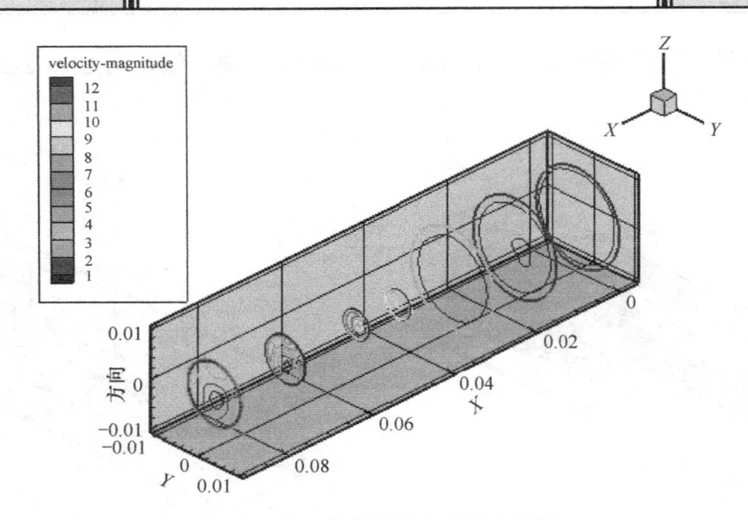

图 6-27　7 个截面的速度等值线图

（8）若用户想得到更清晰的速度沿程分布情况，可以绘制沿轴向横剖面的二维图形。在 FLUENT 中输出轴向横剖面（z-h）速度（Velocity Magnitude）的 Tecplot 数据，即选择 Export 面板最左侧 File Type 为 Tecplot 数据格式，在 Surfaces 选择“z =0”，Functions to Write 选为 Velocity Magnitude，单击 Write…按钮，保存数据文件为 EX5-5-z0_tec.dat。在 Tecplot 中通过 File→Load Data File（s），读取 EX5-5-z0_tec.dat，得到帧视图，单击 *Y* 轴，调节 range 下的 Max 为 0.015，如图 6-28 所示。

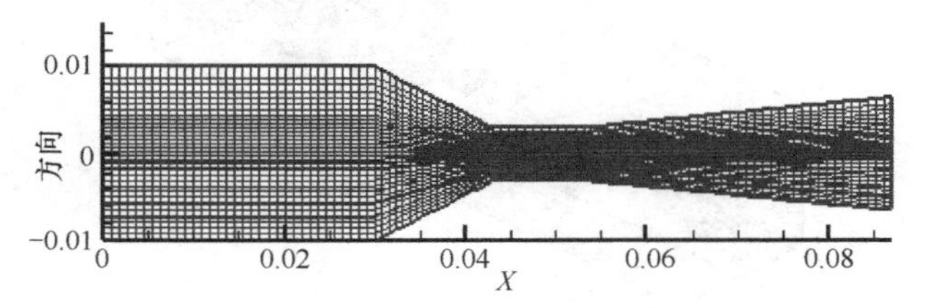

图 6-28　剖面 z =0 上网格

（9）此时的视图仍默认显示的是网格，在工具栏中取消选中 Mesh 复选框，而选中 Contour 复选框，在弹出面板的 Var 中选择 Velocity-magnitude，即可得到该横剖面上的速度云图。

（10）接着，单击工具栏中的 Zone Style…按钮，在弹出面板的 Zone Name 中选择 z=0，单击 Contour Type 按钮，设置其格式为 Lines，单击 Line Color 按钮，设置其颜色为“多彩显示（Multi Color）”。在 Contour Details 面板下设置 Labels 和 Legend，并进行相应显示设置，此时的速度等值线如图 6-29 所示。

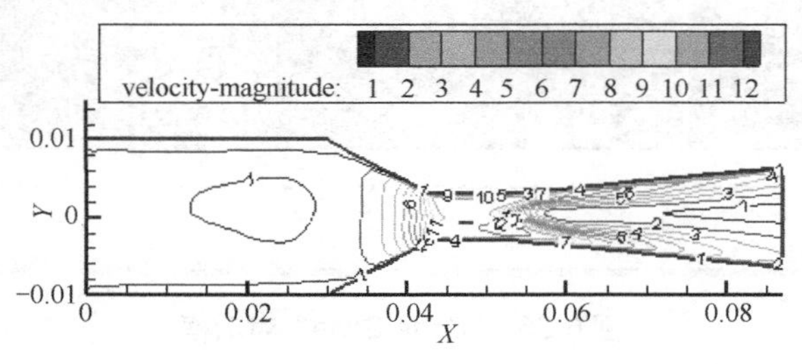

图 6-29　剖面 z =0 上速度等值线图

（11）在工具栏中取消选中 Contour 复选框，而选中 Vector 复选框。此时，弹出如图 6-30 所示的 Select Variables 面板，在 U 中选择 X，单击 OK 按钮。

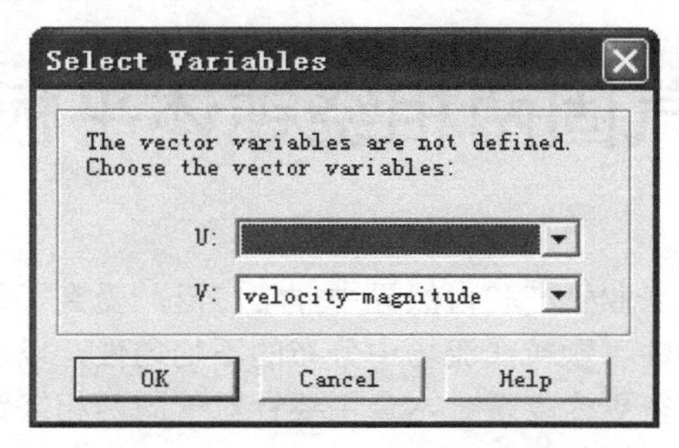

图 6-30 “Select Variables”对话框

（12）此时，帧窗口中的速度矢量图为红色显示，单击工具栏的 Zone Style...按钮，弹出 Zone Style 面板，选择 Zone Name 中的 z=0，单击面板中的 Line Color 按钮，在弹出的颜色选择面板中选择“多色（Multi）”。这时的速度矢量已经被着色，如图 6-31 所示，用户可以清晰地辨别各点速度的大小。

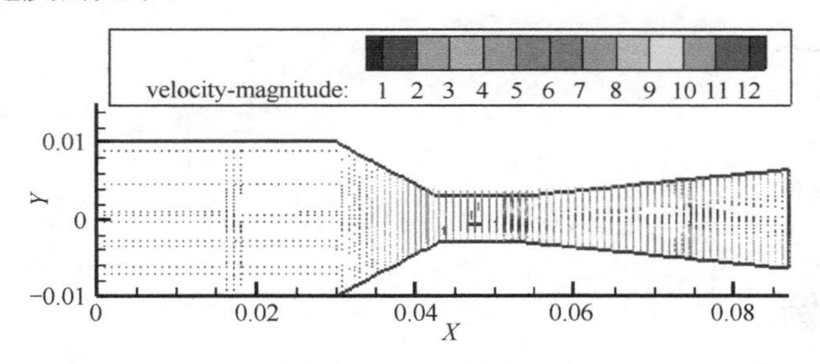

图 6-31 速度矢量图

（13）单击 File 菜单中的 Save Layout As 选项，保存为 EX6-2-3.lpk。

应用 · 技巧

Tecplot 可以直接导入 FLUENT 的 cas 和 dat 文件进行后处理出图，但只能处理压强、速度等常规参数的云图、等值线图，若涉及涡量、冲蚀速率等特殊参数，则需要在 FLUENT 中先导出适用于 Tecplot 的数据，再在 Tecplot 中用 Load 导入处理。

6.3 本章小结

本章介绍了专门的后处理软件 Tecplot 的操作界面，以及利用 Tecplot 进行图形后处理，包括云图、速度矢量图、等值线图、曲线图等的生成步骤和方法。Tecplot 可以实现图形的叠加，可以在等值线或云图上标注数据，丰富出图的信息量。Tecplot 可以直接对 FLUENT 的工程和数据文件进行后处理，但涡量、冲蚀速率等特殊参数的处理，则需要先在 FLUENT 中导出数据，再在 Tecplot 中导入处理。

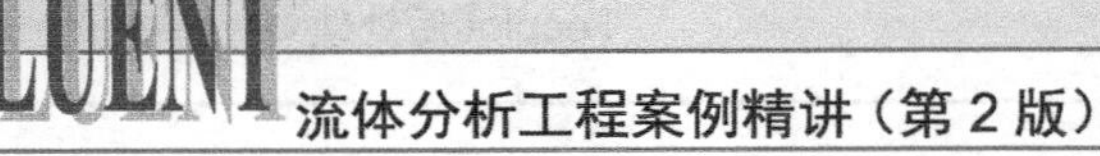

第 7 章　气固两相绕钝体平板流动模拟

气固两相绕流现象在工业生产和自然界中非常广泛，受到了越来越多研究者的关注。由于气流绕钝体的不规则性，颗粒在流场中分布的不均匀性，以及颗粒与气场的相互耦合作用，使得其流动特性变得更为复杂。本章主要针对气固两相绕钝体平板流动进行模拟，观察钝体平板周围流场的分布情况。

本章内容

- Mixture 模型
- 颗粒材料定义
- 非定常设置
- 多相设置
- 多相绕流实例

本章案例

- 实例　气固两相绕钝体平板流动模拟

视频教学

7.1 实例概述

图 7-1 所示为本例的几何模型简图，其中小矩形长为 2m、宽为 0.5m，计算区域为 20m×5m，小矩形位于图示位置，左侧气相与固体颗粒的入口速度均为 1m/s，右侧出口为自由出流。

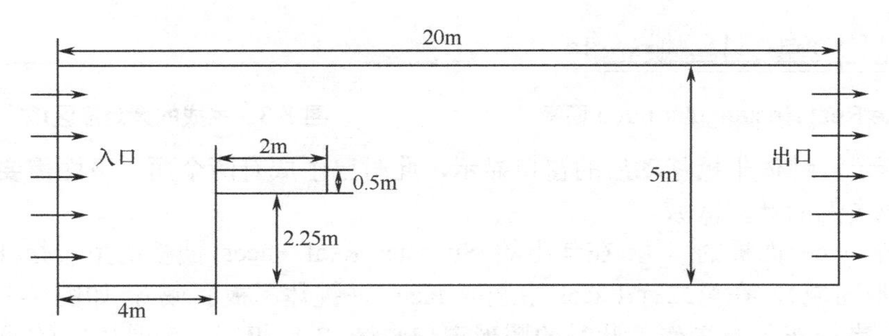

图 7-1 气固两相绕钝体平板流动模拟

思路·点拨

本例涉及气固两相流，可以采用 Mixture 多相流模型，由于是空气携带直径为 0.5mm 的固体颗粒流动，所以应将空气定义为基本相，而将固体颗粒定义为第二相，然后采用非定常模型，进行绕流计算。

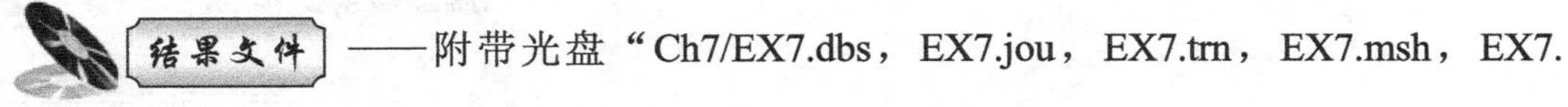
结果文件 ——附带光盘“Ch7/EX7.dbs，EX7.jou，EX7.trn，EX7.msh，EX7.cas，EX7.dat”。

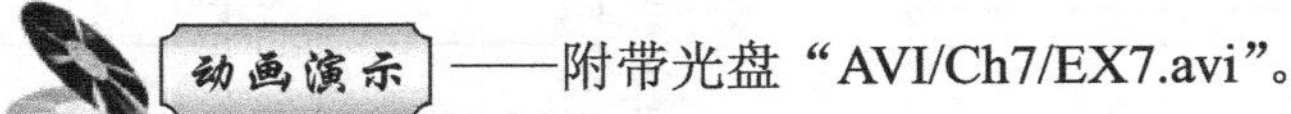
动画演示 ——附带光盘“AVI/Ch7/EX7.avi”。

7.2 几何模型建立

本例模型需要建立两个面域，然后进行布尔操作生成如图 7-1 所示的几何模型。

（1）启动 Gambit 软件，单击控制面板命令 → → ，在 Create Real Rectangular Face 面板的 Width 和 Height 中分别输入“20”和“5”，如图 7-2 所示，单击 Apply 按钮，生成大矩形区域，如图 7-3 所示。这里，矩形中点与原点重合。

（2）然后在该面板中继续建立另外一个矩形（即钝体平板），Width 和 Height 中分别输入“2”和“0.5”，单击 Apply 按钮，如图 7-4 所示。

（3）此时的平板是以原点为中点，需要移动其至正确位置。单击 Face 面板的 （Move/Copy）命令，在弹出的如图 7-5 所示的 Move/Copy Faces 面板中选取平板（面 2（face.2）），保持 Move 为红色选中状态，选择 Operation 下方的 Translate（平移），在 X：后输入“−5”后，单击 Apply 按钮，即完成了钝体平板的平移操作。

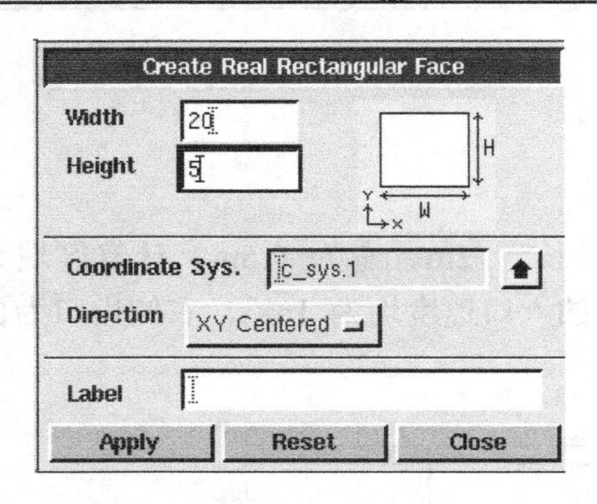

图 7-2　Create Real Rectangular Face 面板

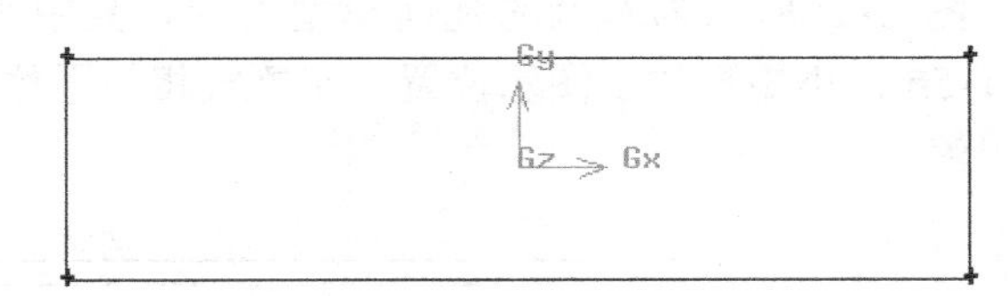

图 7-3　生成的大矩形区域

图 7-6 所示为钝体平板移动后的窗口显示，此时已生成有两个面，下面需要进行布尔减操作，以生成本例的计算区域。

（4）单击 Face 面板的，在弹出的 Subtract Real Faces 面板的第一行 Face 中选取 face.1（大矩形面域），在第二行 Faces 中选取 face.2（钝体平板面域），如图 7-7 所示，单击 Apply 按钮，完成布尔减操作。此时的图形窗口与图 7-6 相同，但是中间的面域已经被剪去，为了能够直观地观察到图形的变化，可以单击右下角视图控制面板中的，这时就可以看到计算区域被灰色显示，如图 7-8 所示。

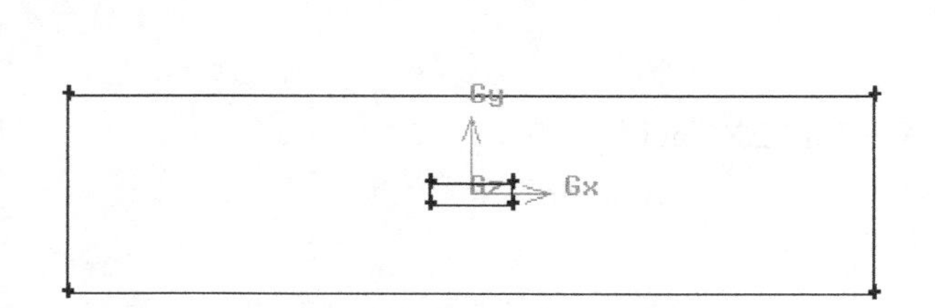

图 7-4　生成第二个矩形区域

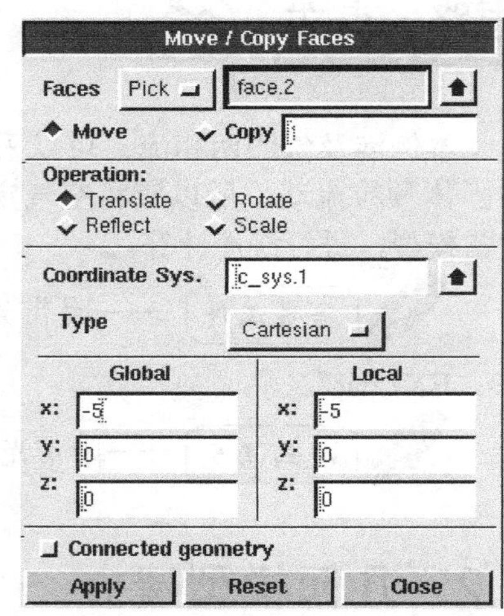

图 7-5　Move/Copy Faces 面板

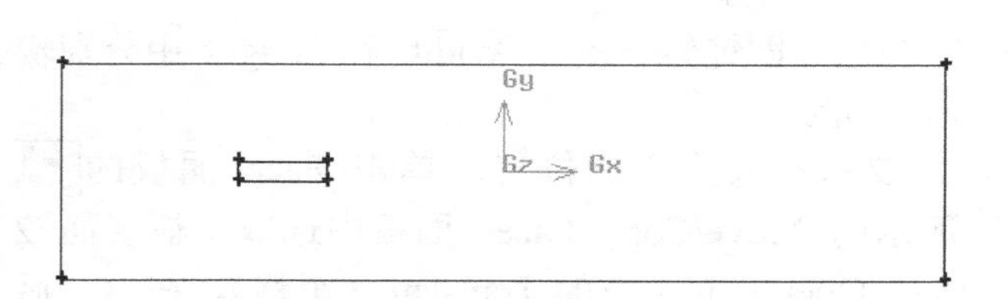

图 7-6　移动后的钝体平板

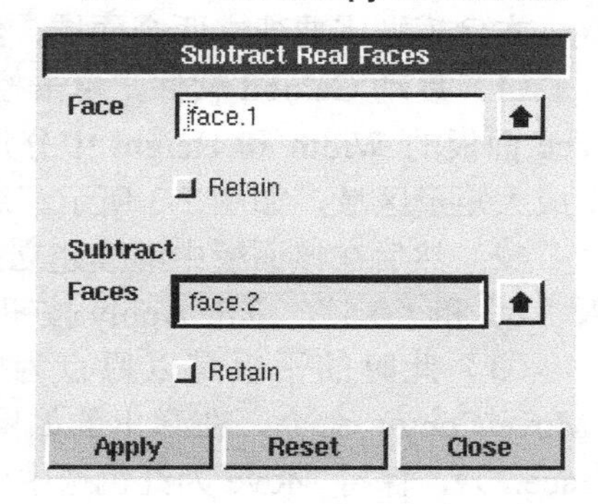

图 7-7　Subtract Real Faces 面板

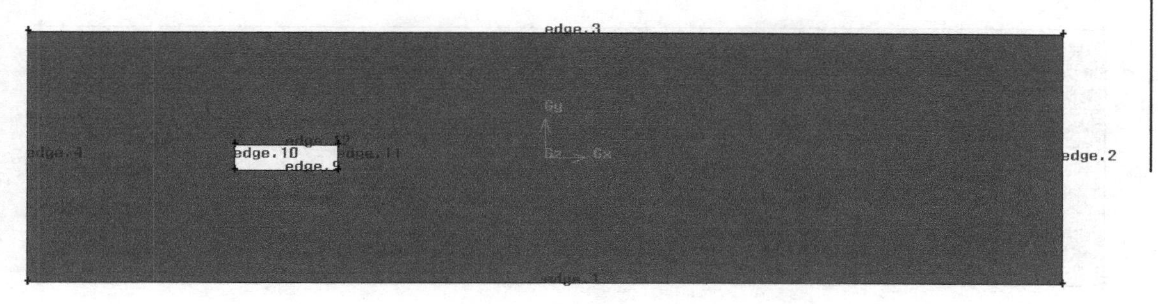

图 7-8　计算区域示意图

7.3　网格划分

（1）单击 → → ，在 Mesh Edges 面板的 Edges 黄色输入栏中选取大矩形区域的上、下两根线（线段 1、线段 3）和小矩形区域（钝体平板）的上、下两根线（线段 9、线段 12），以等间距比例及 Interval Count 分段方式进行划分，并在 Interval Count 左侧输入栏中输入“100”，保持其他默认设置，单击 Apply 按钮生成线段 1、线段 3、线段 9 和线段 12 的线网格。用同样的线网格划分方式将大矩形区域的左、右两根线（线 2 和线 4）及小矩形（钝体平板）的左、右两根线（线 10 和线 11）划分为 50 等份，划分好的线网格如图 7-9 所示。

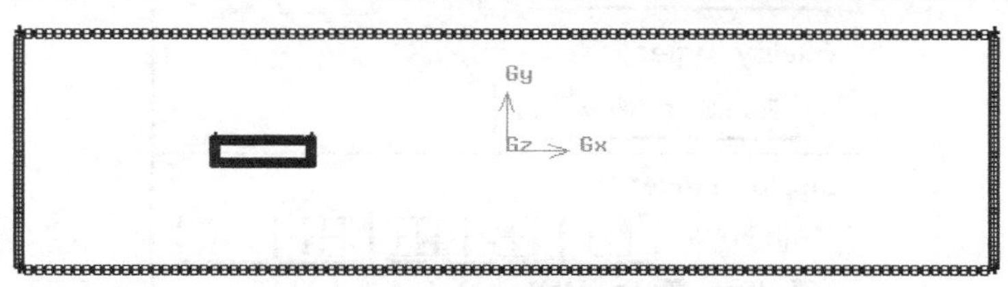

图 7-9　划分好的线网格

（2）线网格划分好后，单击 → → ，打开 Mesh Faces 面板，选中本例计算区域的面 1，以 Elements：Tri 和 Type：Pave 的网格划分方式划分面网格，保持其他默认设置，如图 7-10 所示，单击 Apply 按钮，生成如图 7-11 所示的面网格。

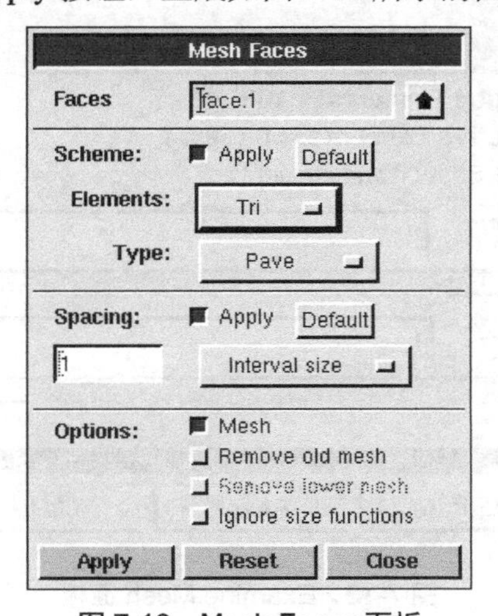

图 7-10　Mesh Faces 面板

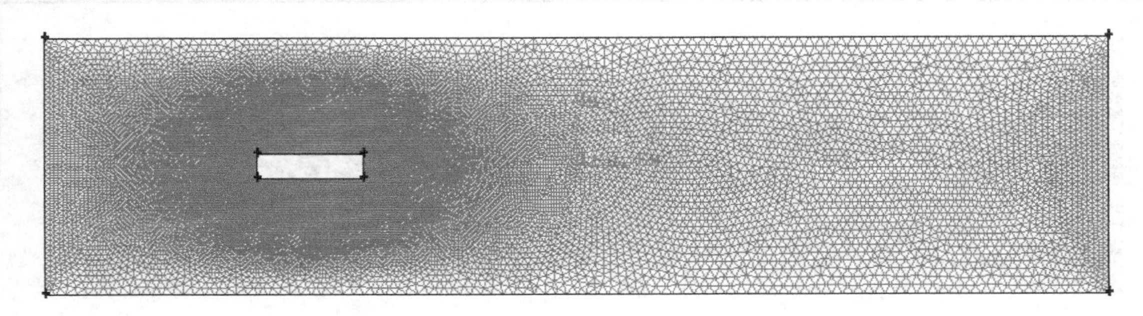

图 7-11　划分好的面网格

（3）单击视图控制面板按钮，弹出如图 7-12 所示的 Examine Mesh 面板。选择面板中的 2D Element 按钮，并按下右侧的三角形网格。当选取 Range 质量值范围选项时，图中显示最左侧的柱体最高，表示划分的体网格质量较好，可以用于下步计算。

Examine Mesh
Display Type:
Plane　Sphere　Range
2D Element
Quality Type:
EquiSize Skew
Display Mode:
Windows　All
Wire　Faceted
Faceting Type:
Quality　Shade　Hidden
Total Elements: 100
Active Elements: 50 (50%)
Show worst element
Lower　0
Upper　1
0　1
Update　Reset　Close

图 7-12　Examine Mesh 面板

（4）网格划分好后定义边界类型，单击 → ，在 Specify Boundary Types 面板中选择大矩形左侧入口线段（edge.4），定义为速度入口边界（VELOCITY_INLET），名称为“inlet”；定义大矩形右侧出口线段（edge.2）为自由出口（OUTFLOW），名称为“outlet”；定义小矩形（钝体平板）的四条边（edge.9、edge.10、edge.11、edge.12）为壁面（WALL），名称为“wall”；其余矩形的上下边界为壁面（WALL），名称为“duichenbian”。定义好的边界如图 7-13 所示。

（5）最后，执行 File→Export→Mesh 菜单命令，将网格输出的为 EX7.msh。

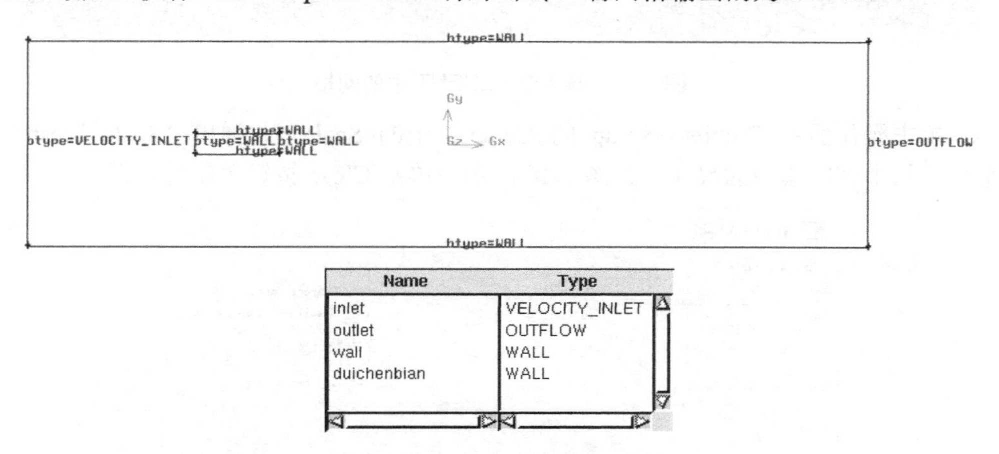

Name	Type
inlet	VELOCITY_INLET
outlet	OUTFLOW
wall	WALL
duichenbian	WALL

图 7-13　定义好的边界类型

7.4　模型计算设置

（1）启动 FLUENT 17.0 2D 解算器，如图 7-14 所示。

图 7-14　启动 2D 解算器

（2）单击 File→Read→Mesh...，在弹出的“Select File”对话框中找到 EX7.msh 文件，并将其导入至 FLUENT 17.0 中，网格如图 7-15 所示。

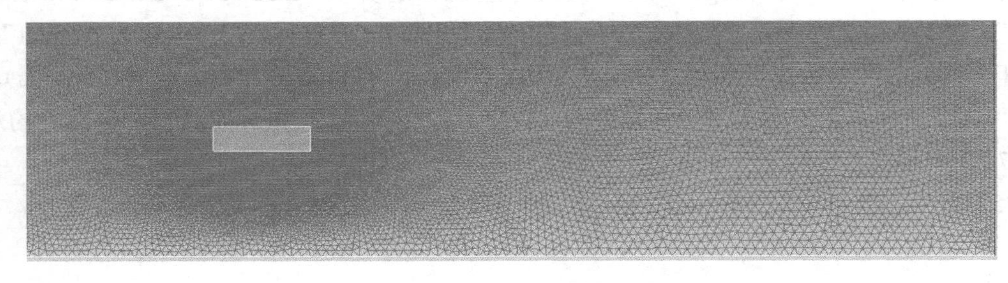

图 7-15　导入到 FLUENT 中的网格

（3）单击操作面板 Problem Setup 的 General 中的 Scale...，弹出“Scale Mesh”对话框，用户可从中查看模型的尺寸，如图 7-16 所示，单击 Close 按钮关闭对话框。

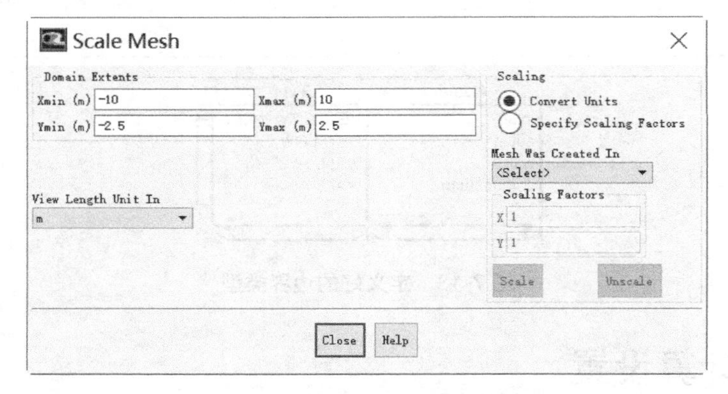

图 7-16　“Scale Mesh”对话框

（4）单击 General 操作面板 Mesh 中的 Check，检查网格，待文本窗口中出现 Done 语句，表示模型网格合适。

（5）在 Solver 下方为基本模型设置选项，这里需要选择 Time 下方的 Transient，以启动瞬态模型，其余保持默认设置，如图 7-17 所示。

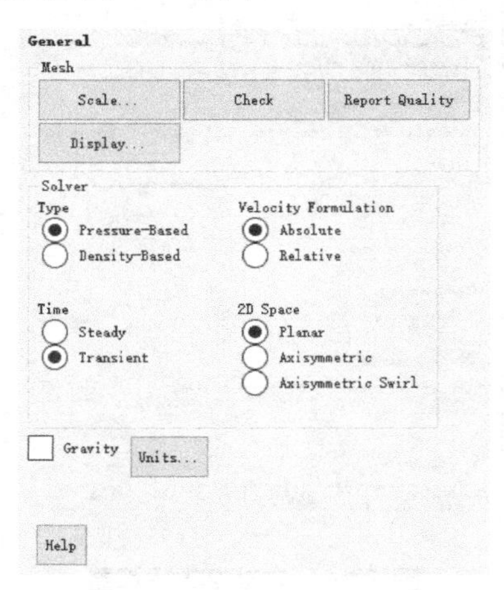

图 7-17　启动瞬态模型

（6）单击操作面板 Problem Setup 的 Models 按钮，双击 Multiphase-Off，弹出如图 7-18 所示的“Multiphase Model”对话框，选择 Mixture，并设置 Number of Eulerian Phases 为 2，其他设置保持默认，单击 OK 按钮。回到 Models 面板，双击 Viscous-Laminar，弹出“Viscous Model”对话框，如图 7-19 所示，选择 k-epsilon(2 eqn)，并选择 k-epsilon Model 为 Standard，单击 OK 按钮。

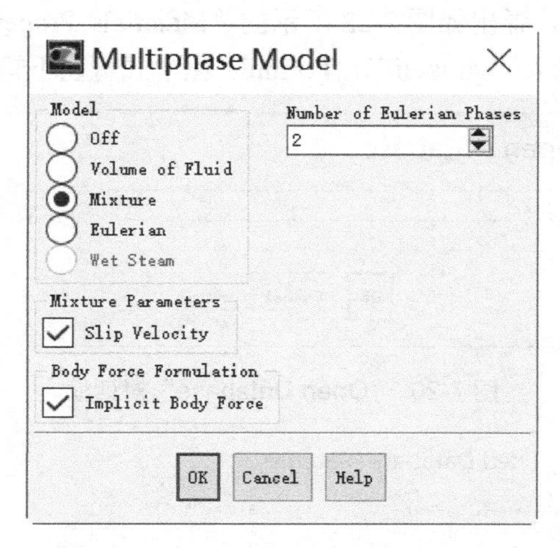

图 7-18 “Multiphase Model”对话框

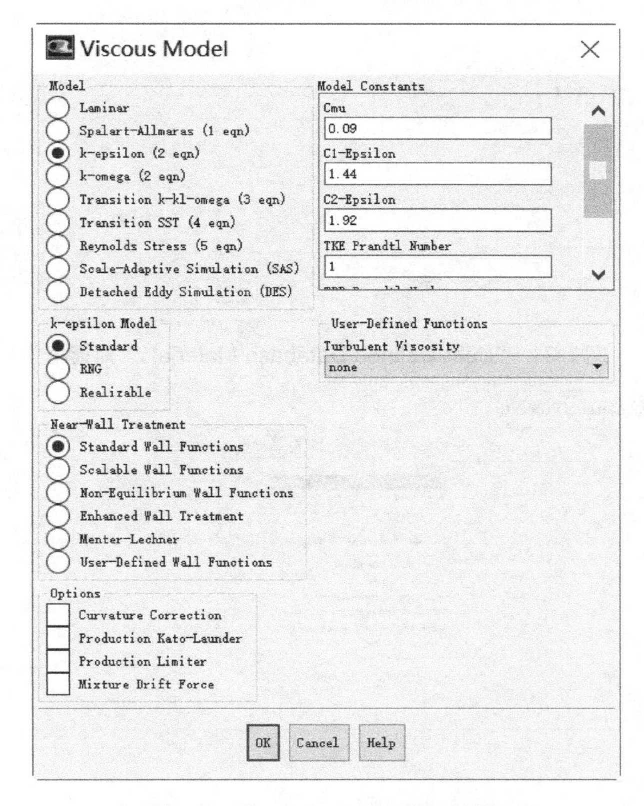

图 7-19 “Viscous Model”对话框

（7）下面定义本例的固体颗粒材料，单击 Problem Setup 中的 Materials 按钮，单击 Create/Edit…按钮，弹出“Create/Edit Materials”对话框，单击 User-Defined Database…按钮，弹出如图 7-20 所示的“Open Database”对话框。在 Database Name 中输入“New Materials”，单击 OK 按钮。此时，“User-Defined Database Materials”对话框被弹出，左侧列表中尚没有自定义材料，如图 7-21 所示。保持介质类型为 Fluid（欧拉模型采用的固体颗粒也必须定义成流体介质），单击 New…按钮，弹出如图 7-22 所示的“Materials Properties”对话框，在 Name 中输入新材料的名字（此处输入“gutikeli”），Formula 化学式可以不输入。选择 Types 为 fluid，

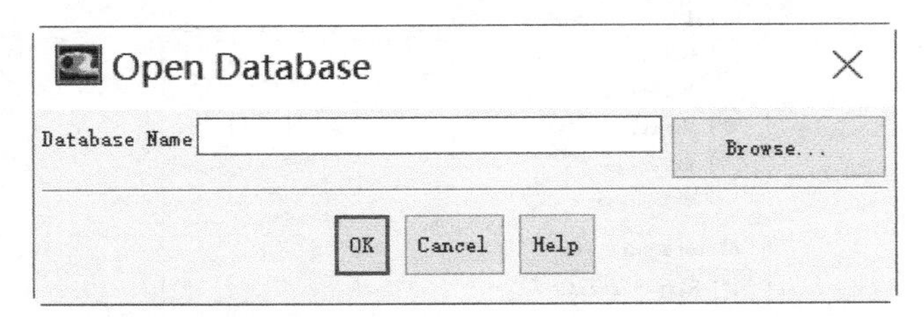

图 7-20　“Open Database”对话框

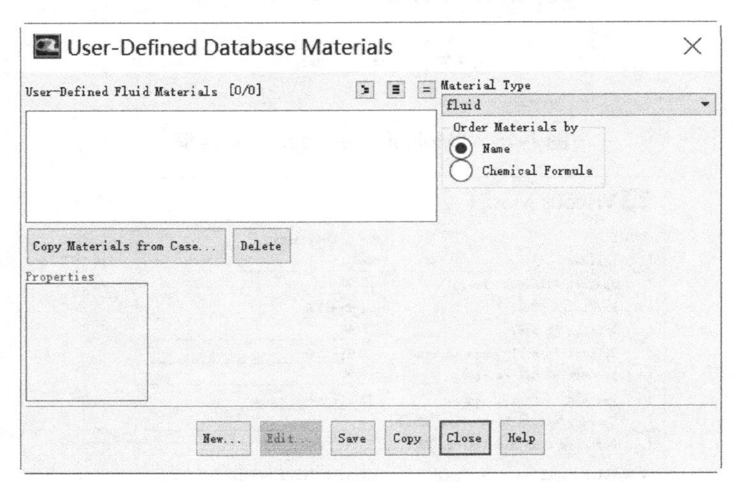

图 7-21　“User-Defined Database Materials”对话框

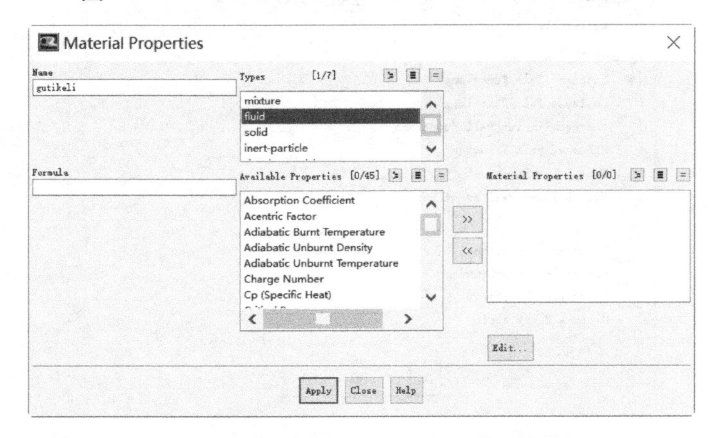

图 7-22　“Materials Properties”对话框

并从左侧 Available Properties 列表中选择 Cp(Specific Heat)、Density、Thermal Conductivity、Viscosity 四个参数到右侧 Material Properties 列表中，如图 7-23 所示。然后，选择 Cp(Specific Heat)，单击 Edit…按钮，弹出如图 7-24 所示的对话框，选择比热容为常数，并在最下端输入“1230”，单击 OK 按钮。采用同样的方法定义密度、导热系数和黏度三个参数为常数，定义对话框如图 7-25～图 7-27 所示。回到 Materials Properties 对话框，依次单击 Apply 和 Close 按钮，即可看到“User-Defined Database Materials”对话框中已经存在新材料——gutikeli，如图 7-28 所示，单击 Copy 按钮，把自定义材料数据库中的 gutikeli 调入到当前工程中来，单击 Close 按钮，关闭“Create/Edit Materials”对话框，完成材料定义设置。

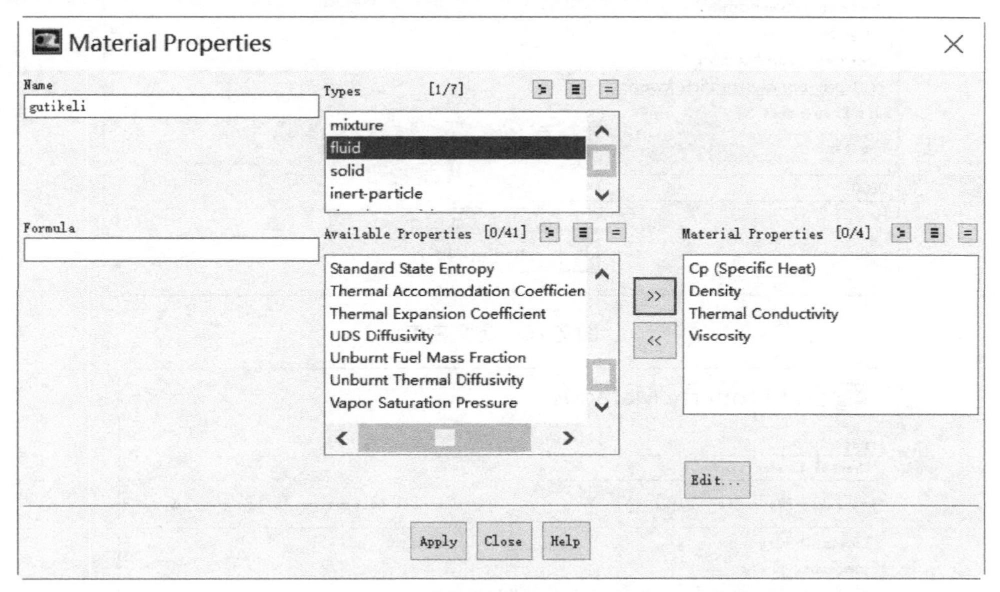

图 7-23　选择要定义的物性参数

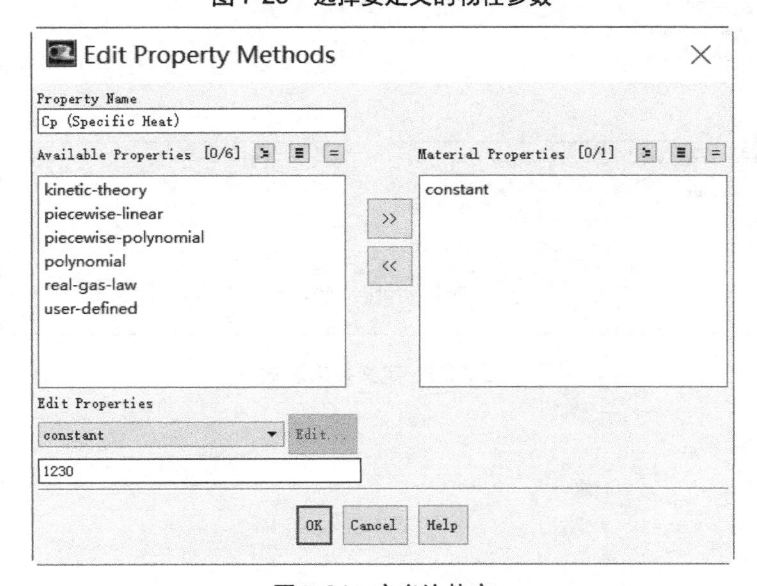

图 7-24　定义比热容

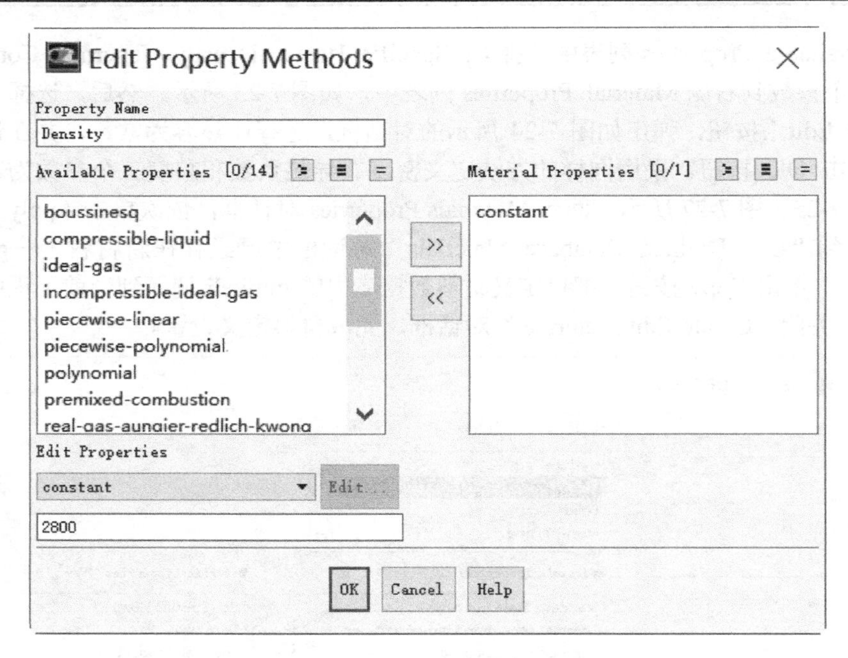

图 7-25　定义密度

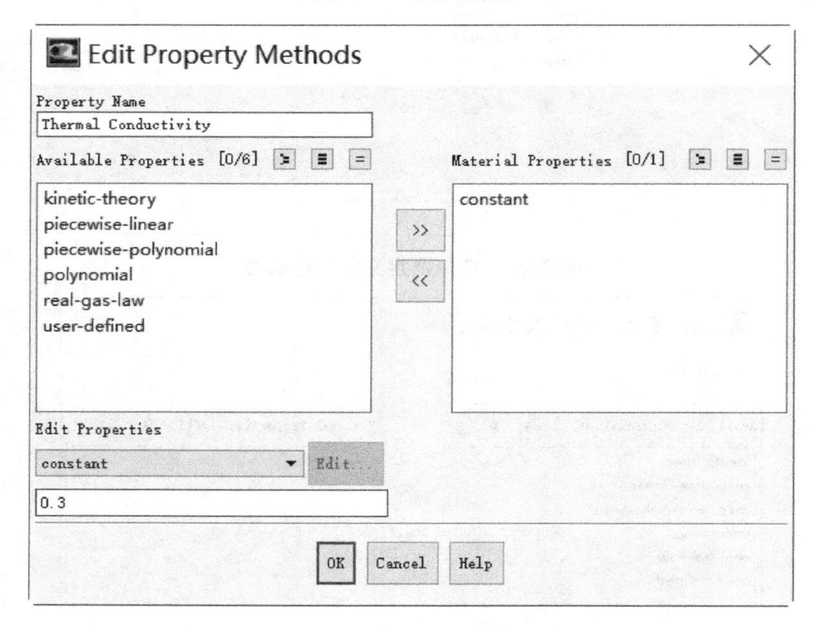

图 7-26　定义导热系数

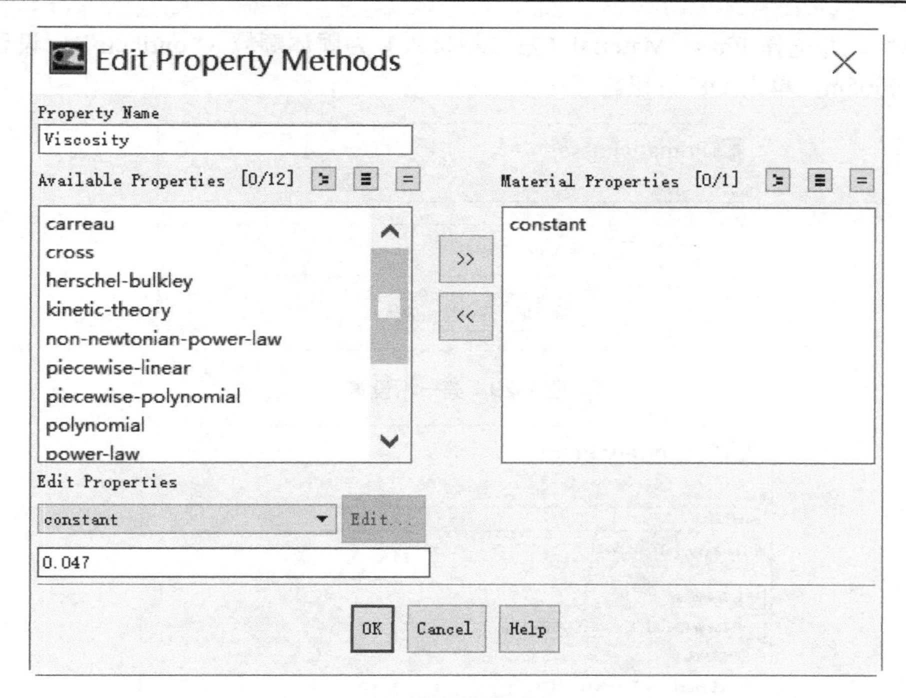

图 7-27　定义黏度

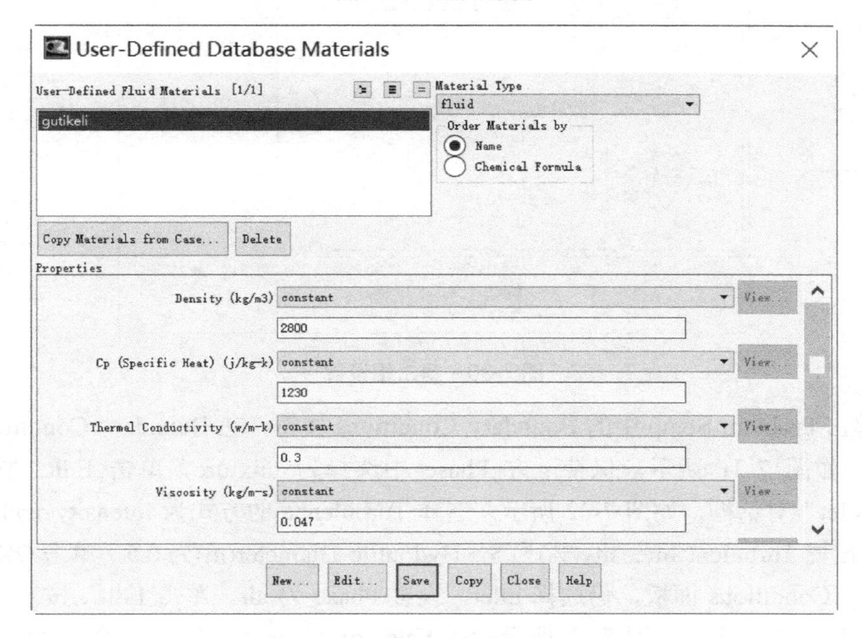

图 7-28　定义好的材料

（8）接着，单击 Problem Setup 中的 Phases 按钮，双击 Phases 面板的 Phase-Primary Phase，弹出如图 7-29 所示的“Primary Phase”对话框，设置 Name 为 air，并选择 Phase Material（第一相材料）为空气，单击 OK 按钮。回到 Phases 面板，双击 Phase-Secondary Phase 按钮，弹出如图 7-30 所示的“Secondary Phase”对话框，改变 Name 为固体颗粒

（“qutikeli”），并选择 Phase Material（第二相材料）为固体颗粒（“qutikeli”），设置其颗粒直径为 0.0005m，单击 OK 按钮。

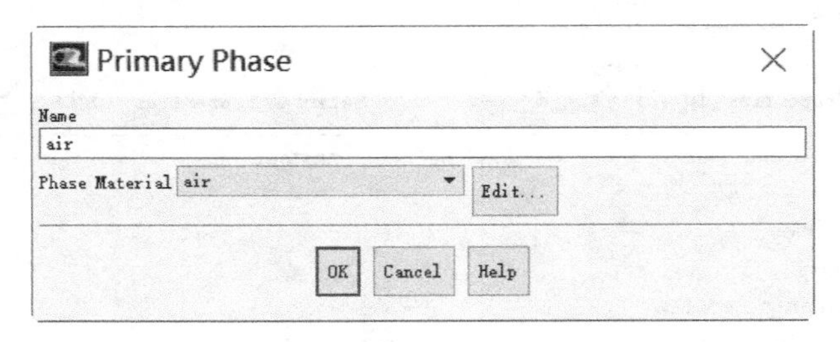

图 7-29　第一相设置

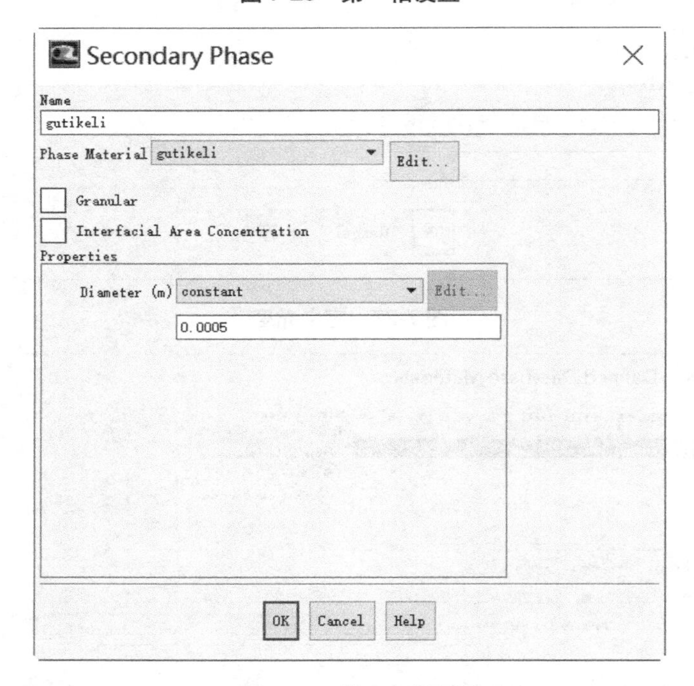

图 7-30　第二相设置

（9）单击 Problem Setup 中的 Boundary Conditions 按钮，在 Boundary Conditions 面板中选择 inlet，如图 7-31 所示，保持下方 Phase 中选择为 mixture，单击 Edit...按钮，弹出“Velocity Inlet”对话框，如图 7-32 所示，选择 Turbulence 的方式为 Intensity and Hydraulic Diameter，设置 Turbulent Intensity(%)为 5，Hydraulic Diameter(m)为 0.5，单击 OK 按钮。回到 Boundary Conditions 面板，仍选择 inlet，设置 Phase 为 air，单击 Edit...按钮，再次弹出“Velocity Inlet”对话框，如图 7-33 所示，在 Velocity Magnitude(m/s)中输入“1”，单击 OK 按钮。再回到 Boundary Conditions 面板，仍选择 inlet，设置 Phase 为 gutikeli，单击 Edit...按钮，在弹出的“Velocity Inlet”对话框中设置速度为 1，如图 7-34 所示，并选择 Multiphase 子栏，如图 7-35 所示，在 Volume Fraction 中输入“0.1”，单击 OK。入口边界定义完后，在边界设置面板中选择 outlet，单击 Edit...按钮，弹出如图 7-36 所示的“Outflow”对话框，单击 OK 按钮。

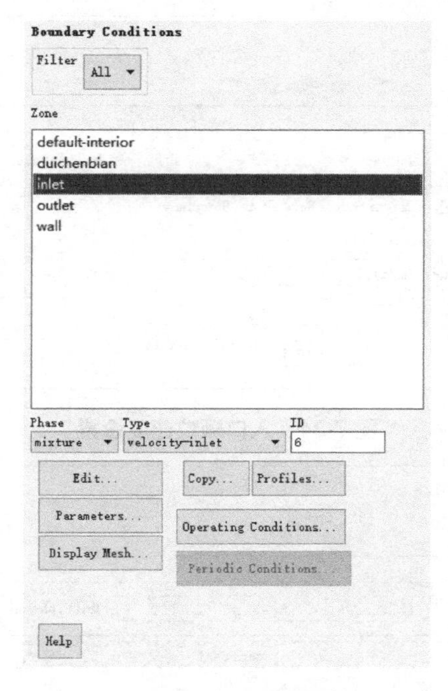

图 7-31　边界设置面板

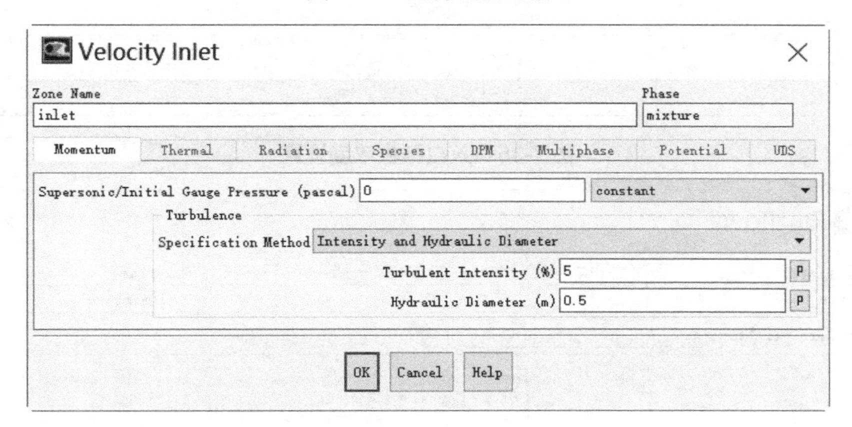

图 7-32　“Velocity Inlet”对话框

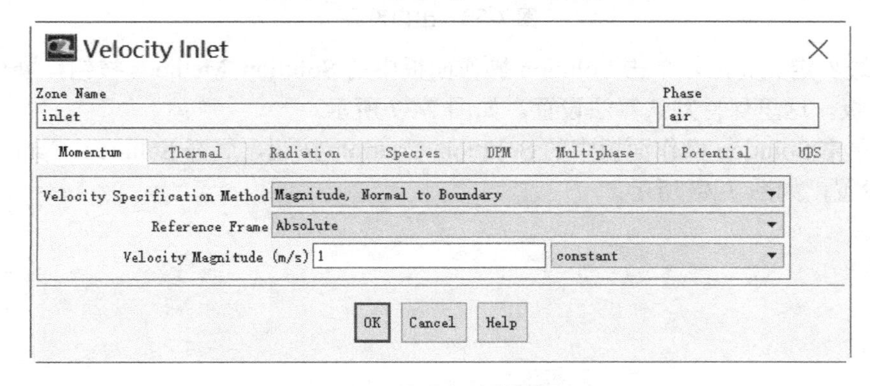

图 7-33　入口气体速度设置

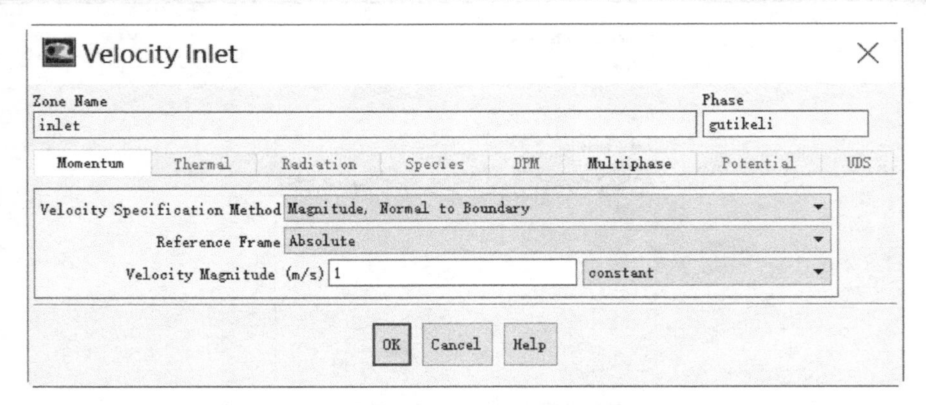

图 7-34　入口颗粒速度设置

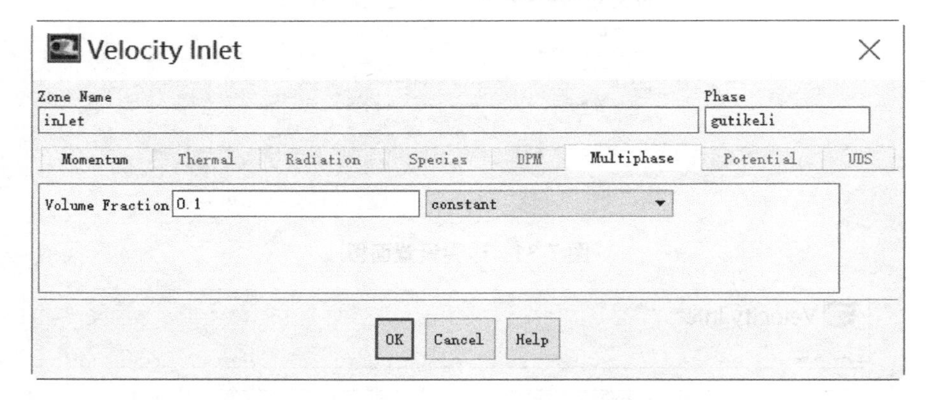

图 7-35　入口颗粒浓度设置

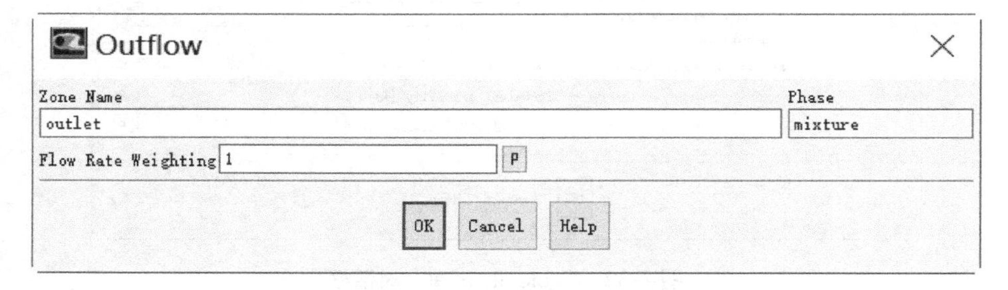

图 7-36　出口设置

（10）边界定义完后，单击 Solution 操作面板中的 Solution Methods 按钮，展开 Solution Methods 面板，这里保持默认算法设置，如图 7-37 所示。

（11）单击 Solution 操作面板中的 Solution Controls 按钮，展开 Solution Controls 面板，保持默认设置，如图 7-38 所示。

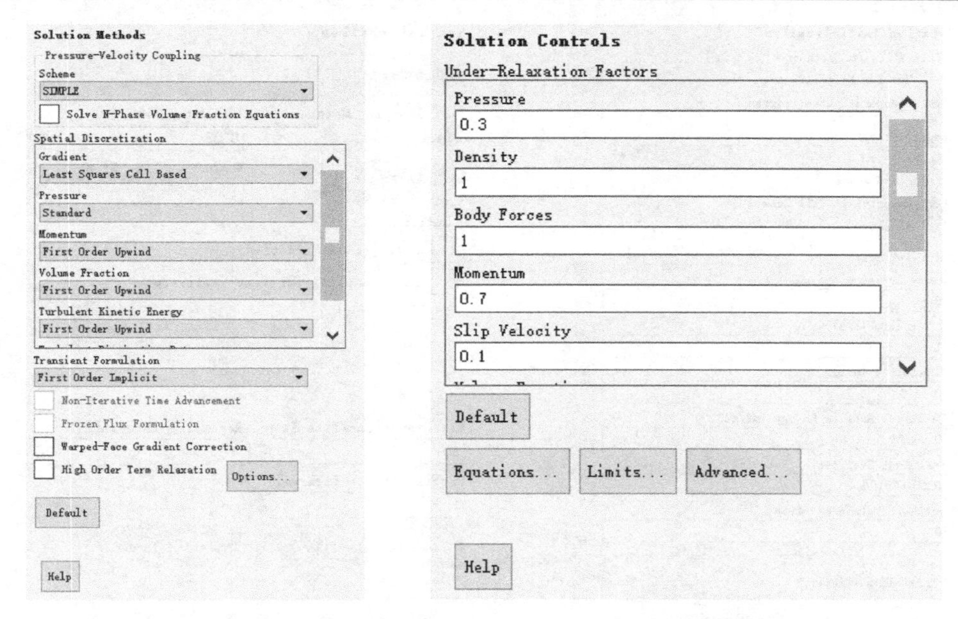

图 7-37　算法设置　　　　图 7-38　松弛因子设置

（12）单击 Solution 操作面板中的 Monitors 按钮，选择“Residuals-Print，Plot”，单击 Edit…按钮，弹出如图 7-39 所示对话框，设置所有项的收敛精度均为 le-05，单击 OK 按钮。

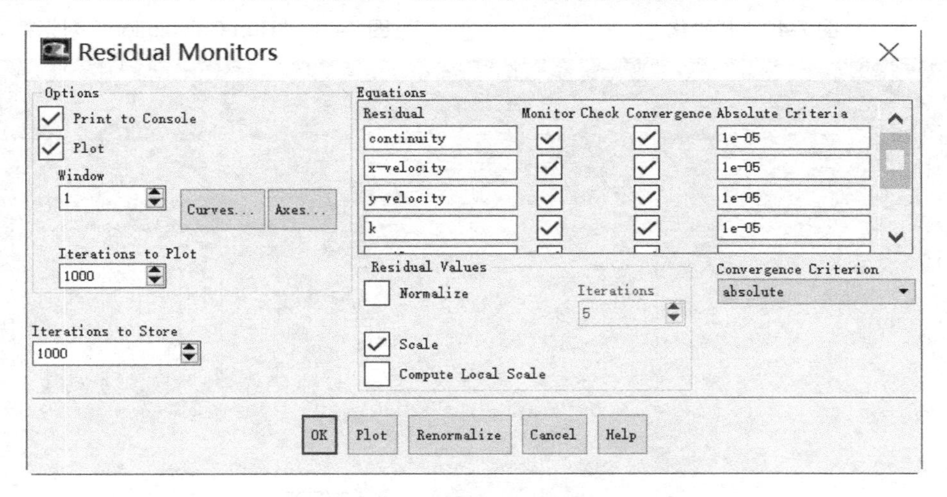

图 7-39　收敛精度设置

（13）接着，单击 Solution 操作面板中的 Solution Initialization 按钮，选择展开面板中 Compute from 为 inlet，如图 7-40 所示，单击 Initialize 按钮，完成初始化。

（14）单击 Solution 操作面板中的 Run Calculation 按钮，在如图 7-41 所示的面板中输入 Time Step Size(s)为“0.02”，Number of Time Steps 为“1000”，选择 Time Stepping Method 为 Fixed，并设置 Max Iterations/Time Step 为“30”，单击 Calculate 按钮开始计算。计算结束后的残差曲线如图 7-42 所示。

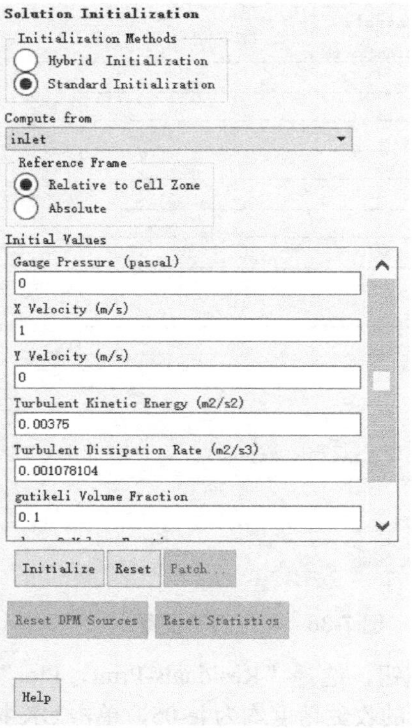

图 7-40　初始化

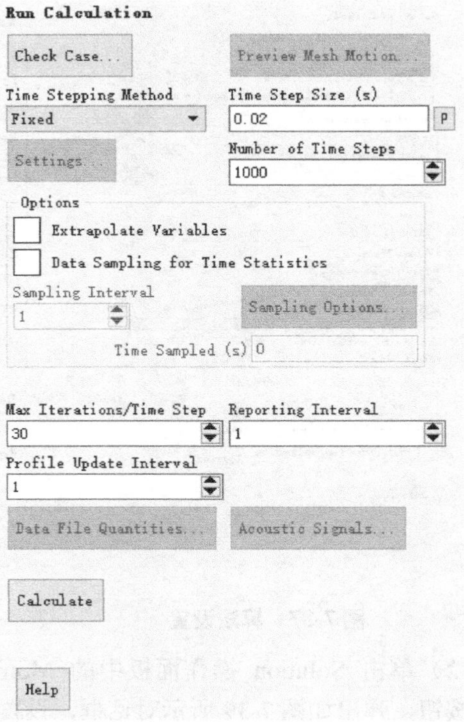

图 7-41　“Run Calculation”对话框

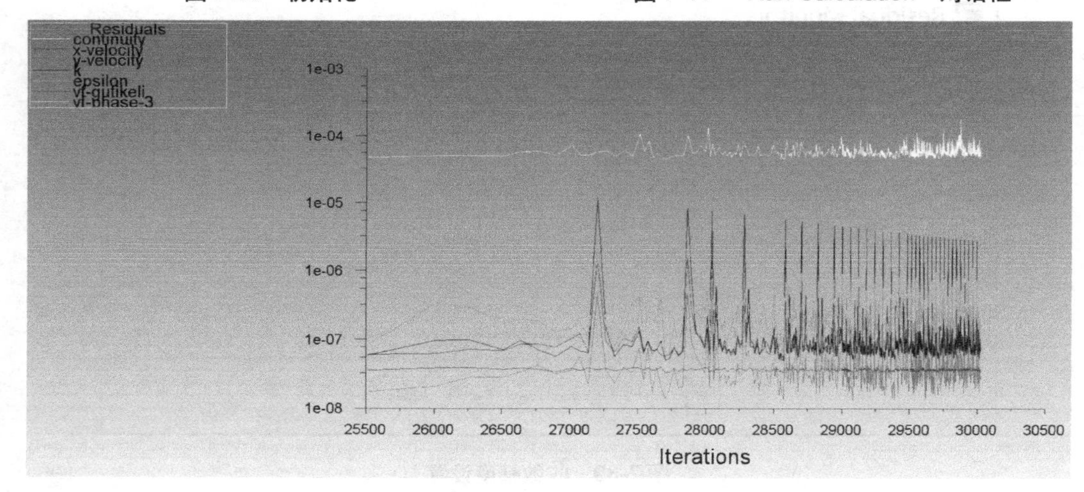

图 7-42　残差曲线

7.5　结果后处理

（1）双击 Graphics and Animations 面板中 Contours，弹出如图 7-43 所示的“Contours”对话框，勾选 Options 下方的 Filled，选择 Contours of 中的 Phase...和 Volume Fraction，并选择 Phase 为 air，单击 Display 按钮，可得如图 7-44 所示的空气体积分数云图。设置 Phase

为 gutikeli，可得如图 7-45 所示的固体颗粒体积分数云图。

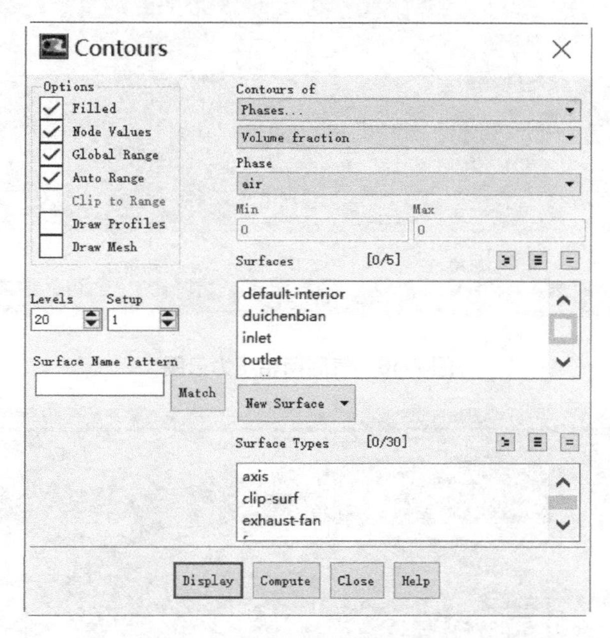

图 7-43 “Contours”对话框

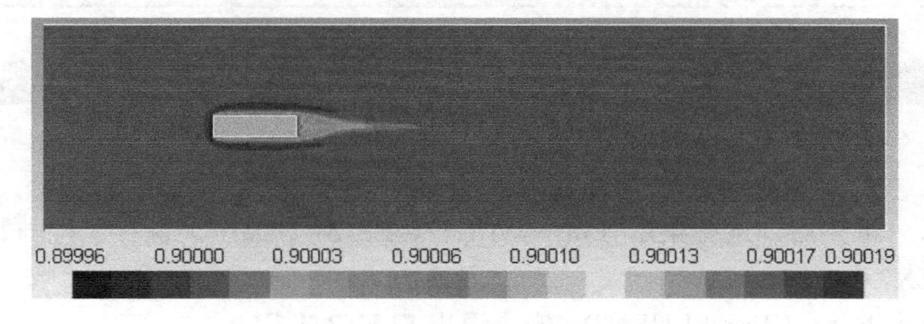

图 7-44 空气的体积分数云图

（2）选择 Contours of 中的 Pressure…和 Static Pressure，单击 Display 按钮，即可以看到如图 7-46 所示的压强云图。若选择 Contours of 中的 Velocity…和 Velocity Magnitude，并选择 Phase 为 air，单击 Display 按钮，可得到如图 7-47 所示的空气速度云图。

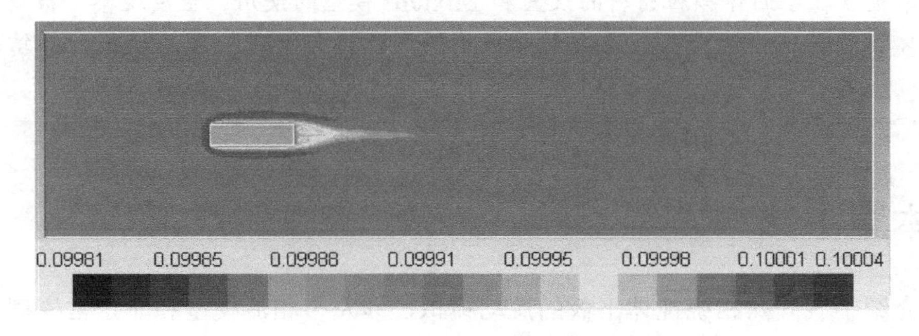

图 7-45 固体颗粒的体积分数云图

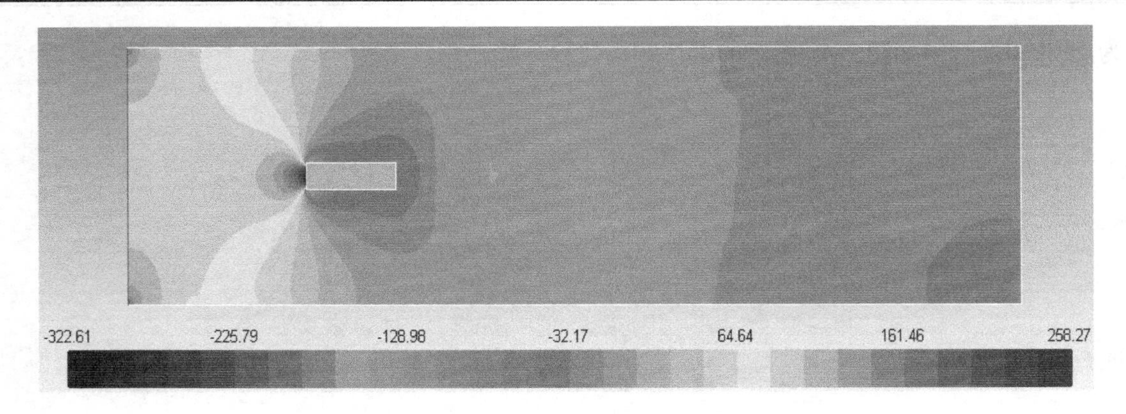

图 7-46　气固两相压力云图

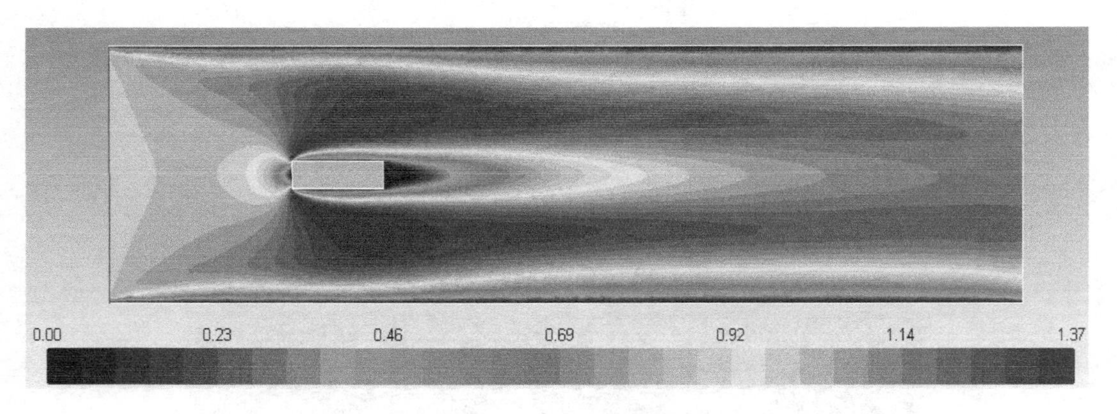

图 7-47　空气速度云图

（3）图形分析完后，选择菜单 File→Write→Case & Data…，保存工程与数据结果文件（EX7.cas 和 EX7.dat）。

最后，单击 File→Close FLUENT，安全退出 FLUENT 17.0。

应用 · 技巧

本章重点在于固体颗粒材料的设置和 Mixture 模型的使用，主要观察平板周围的颗粒及流体运移情况，因此，一定要对平板周围网格进行加密处理，使得计算结果更加精确。

7.6　本章小结

本章介绍了气固两相绕钝体平板的流动模拟，涉及多相流模型和非定常模型，且绕流问题必须对绕流体近壁面区域进行网格的加密。若考虑到固体对绕流体的冲蚀效应，还需要调用 DPM 模型，参见第 8 章的实例。

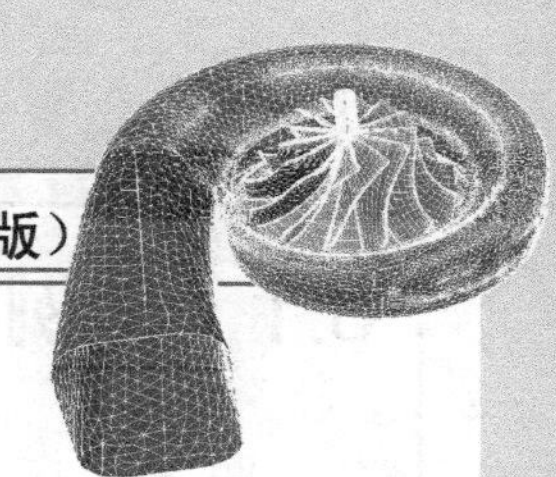

第8章 沙尘对汽车的冲蚀模拟

多相流的冲蚀问题越来越受到关注，其中高速携带固体颗粒的气流产生的冲蚀问题尤为严重，如北方的沙尘暴经过后，会发现路边的很多结构物出现了不同程度的冲蚀。本章将针对沙尘对汽车的冲蚀展开模拟，帮助读者学会利用 FLUENT 进行冲蚀问题模拟。

本章内容

- DPM 模型
- 冲蚀参数设置
- 冲蚀实例

本章案例

- 实例8 沙尘对汽车的冲蚀模拟

视频教学

8.1 实例概述

图 8-1 所示为一个停靠于水平地面的汽车，汽车的头部高度为 0.5m，尾部高度为 1.0m，整个车身长 3.0m，宽 2m。其中，风携带颗粒从汽车头部正前方水平进入，风与颗粒的流速均为 10m/s，且风所携带的颗粒均匀分布，颗粒直径为 0.001m，质量流量为 1kg/s。

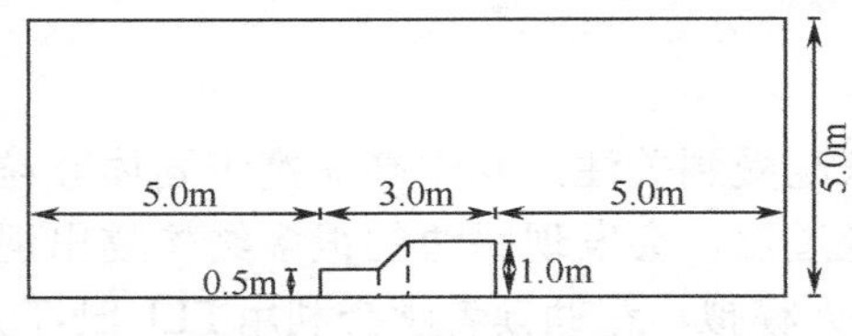

图 8-1　汽车模型示意图

本例涉及冲蚀计算，故需要调用 DPM 模型，定义空气为连续相，颗粒为离散相。

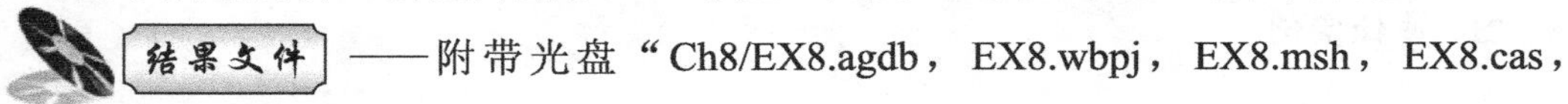

——附带光盘“Ch8/EX8.agdb，EX8.wbpj，EX8.msh，EX8.cas，EX8.dat”

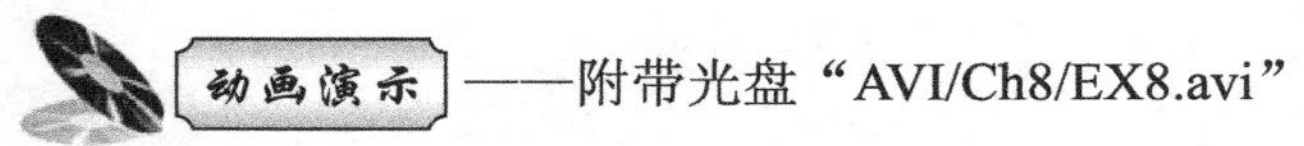

——附带光盘“AVI/Ch8/EX8.avi”

8.2 几何模型建立

（1）双击 Workbench 17.0 图标，进入 Workbench 17.0 的工作环境，选择菜单栏 Tools→Options，弹出如图 8-2 所示对话框，勾选 Named Selections，并删除 Filtering Prefixes 输入框中的文字，使得 DM 建模时可定义边界名称，以便应用于后面的模拟计算中。

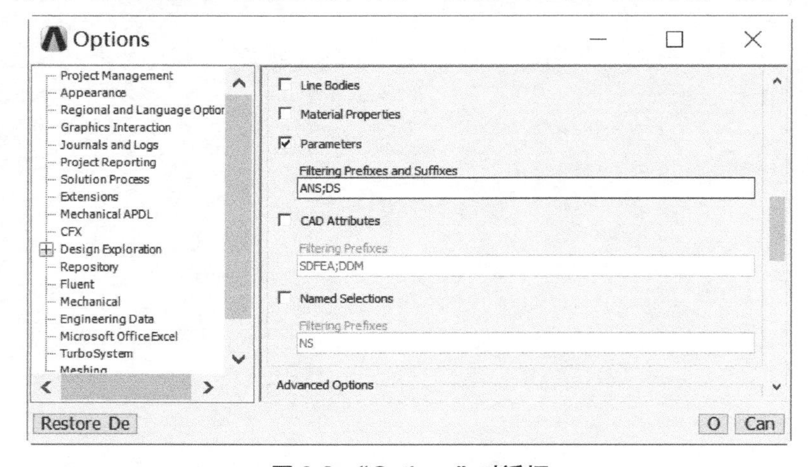

图 8-2　“Options”对话框

（2）在 Workbench 17.0 的工具箱 Toolbox→Analysis Systems 中，如图 8-3 所示，双击

Fluid Flow（FLUENT）或直接拖入项目视图区 Project Schematic，生成项目 A，如图 8-4 所示；双击 Geometry，即可进入 DM 操作界面，选择单位标准为 m，如图 8-5 所示。

（3）在绘制汽车平面简化草图时，在 Modeling 条件下 Tree Outline 中，选中 XYPlane（见图 8-6），单击 Sketching，进入 Sketching Toolboxes（见图 8-7）的操作界面。

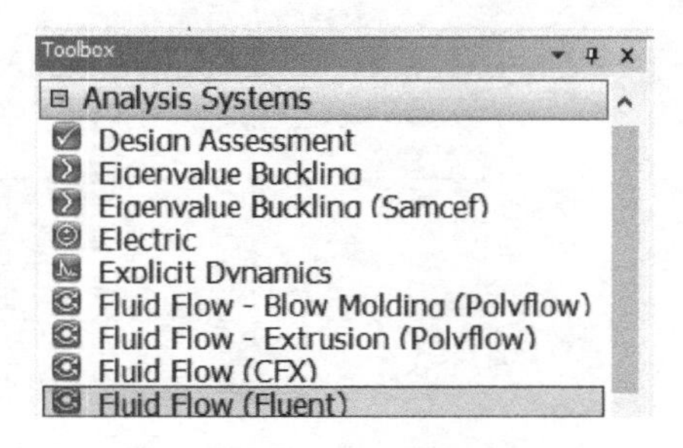

图 8-3　Toolbox 工具箱示意图

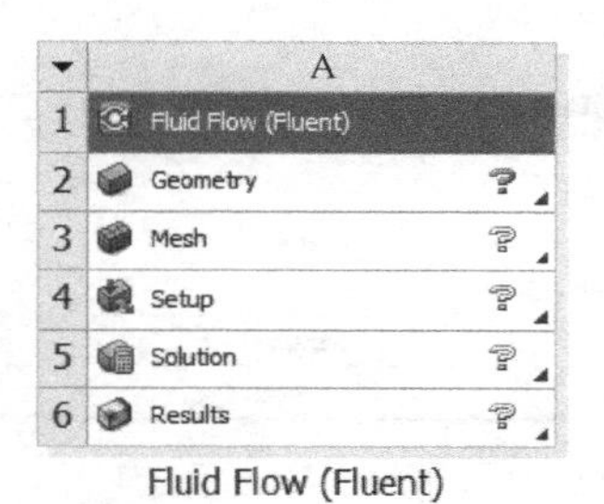

图 8-4　Fluid Flow 示意图

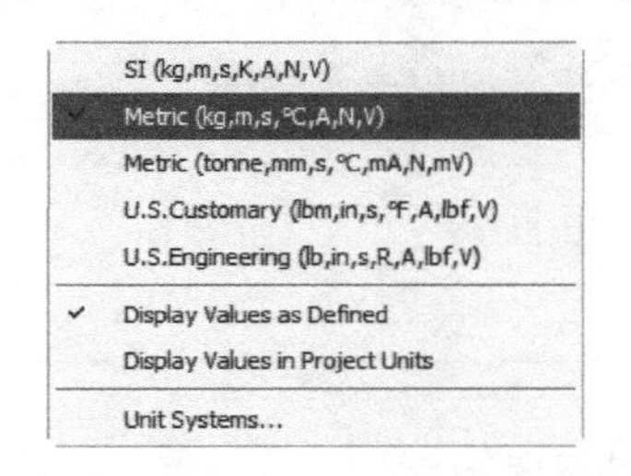

图 8-5　单位长度选项示意图

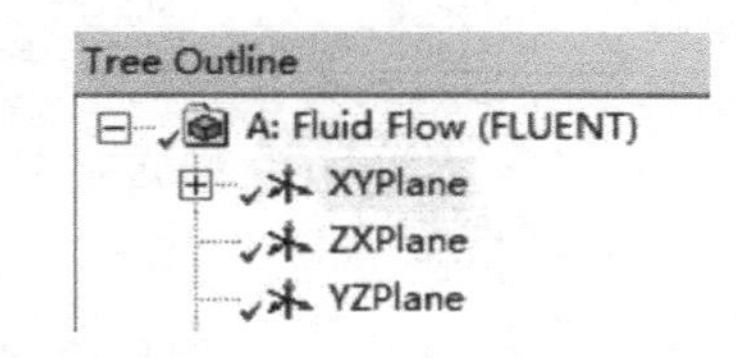

图 8-6　Tree Outline 操作界面（1）

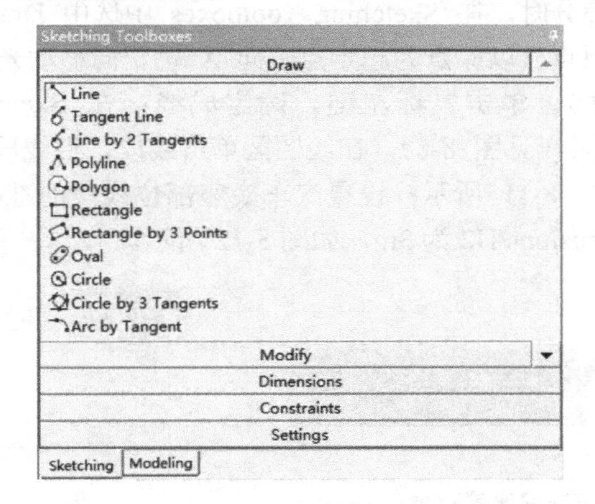

图 8-7　Sketching 操作界面

（4）先绘制汽车轮廓的车头部分，在 Sketching Toolboxes 中选中 Draw→Line 工具（见图 8-7），在绘图区单击坐标原点，以原点为起始点，向 *Y* 轴正向移动光标，当出现“V”（意为垂直字样的字母出现时），单击鼠标左键，确定成线；在 Sketching Toolboxes 中选中 Dimensions→General 工具（见图 8-8），在绘图区单击线段，沿线段垂直的方向侧拉鼠标光标，单击鼠标左键，生成如图 8-9 所示的尺寸线；设置车头线段的准确高度，只需在 Details View 的操作界面设置 Dimensions/V1 为 0.5m（见图 8-10）即可。

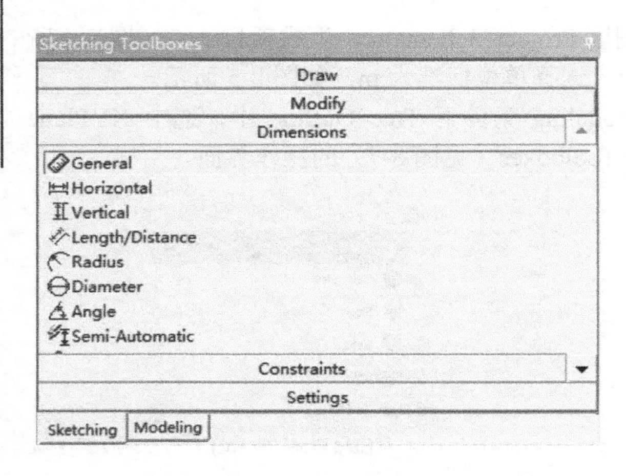

图 8-8　Dimensions 操作界面

图 8-9　绘制汽车车头尺寸线

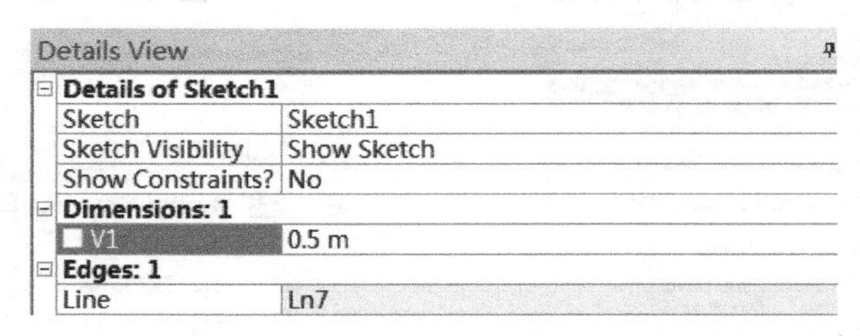

Details View

Details of Sketch1	
Sketch	Sketch1
Sketch Visibility	Show Sketch
Show Constraints?	No
Dimensions: 1	
V1	0.5 m
Edges: 1	
Line	Ln7

图 8-10　定义车头高度

（5）绘制汽车底座部分时，在 Sketching Toolboxes 中选中 Draw→Line 工具（见图 8-7），在绘图区单击坐标原点，以原点为起始点，向 *X* 轴正向移动光标，当出现“H”（意为水平字样的字母出现时），单击鼠标左键，确定成线；在 Sketching Toolboxes 中选中 Dimensions→General 工具（见图 8-8），在绘图区单击线段，沿线段垂直的方向侧拉鼠标光标，单击鼠标左键，如图 8-11 所示；设置汽车底座部位线段的准确长度，只需在 Details View 操作界面设置 Dimensions/H2 为 3m，如图 8-12 所示。

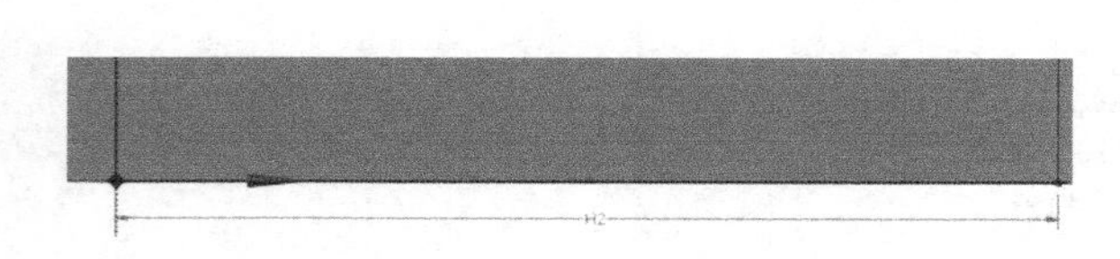

图 8-11　绘制汽车底座轮廓线

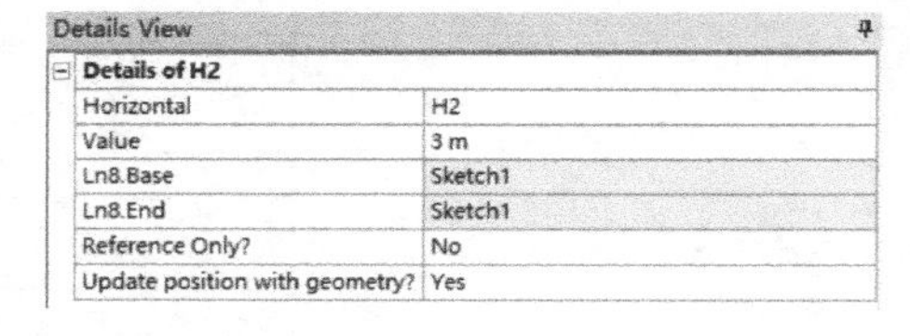

Details View

Details of H2	
Horizontal	H2
Value	3 m
Ln8.Base	Sketch1
Ln8.End	Sketch1
Reference Only?	No
Update position with geometry?	Yes

图 8-12　定义汽车底座长度

（6）接下来，绘制汽车的车尾部分，在 Sketching Toolboxes 中选中 Draw→Line 工具（见图 8-7），在绘图区单击汽车底座轮廓线的另一端点，以该点为起始点，向 *Y* 轴正向移动光标，当出现“V”（意为垂直字样的字母出现时），单击鼠标左键，确定成线；在 Sketching Toolboxes 中选中 Dimensions→General 工具（见图 8-8），在绘图区单击线段，沿线段垂直的方向侧拉鼠标光标，单击鼠标左键（见图 8-13）；设置车尾线段的准确高度，只需在 Details View 的操作界面设置 Dimensions/V3 为 1m 即可，如图 8-14 所示。

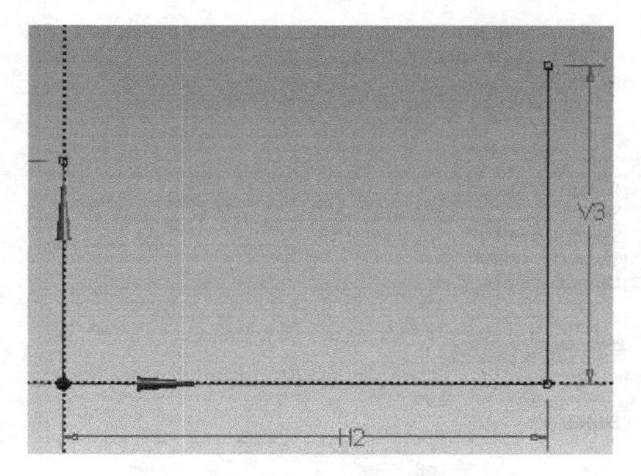

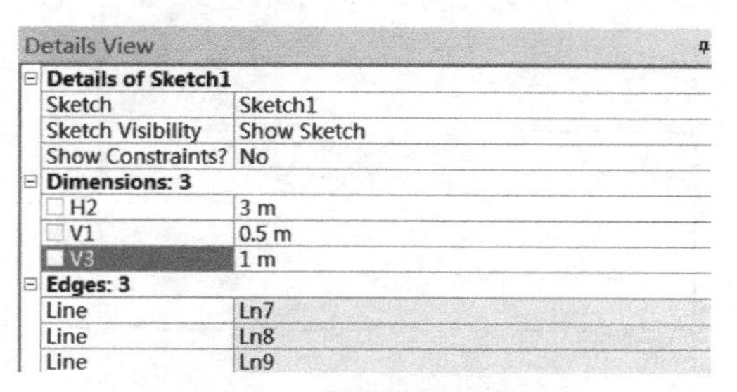

图 8-13　绘制汽车车尾轮廓线

图 8-14　设置车尾线段高度

（7）绘制汽车的车顶部分，在 Sketching Toolboxes 中选中 Draw→Line 工具（见图 8-7），在绘图区单击汽车车尾轮廓线的另一端点，以该点为起始点，向 *X* 轴正向移动光标，当出现“H”（意为水平字样的字母出现时），单击鼠标左键，确定成线；在 Sketching Toolboxes 中选中 Dimensions→General 工具（见图 8-8），在绘图区单击线段，沿线段垂直的方向侧拉鼠标光标，单击鼠标左键，如图 8-15 所示；设置车顶线段的准确高度，只需在 Details View 的操作界面设置 Dimensions/H4 为 1.5m，如图 8-16 所示。

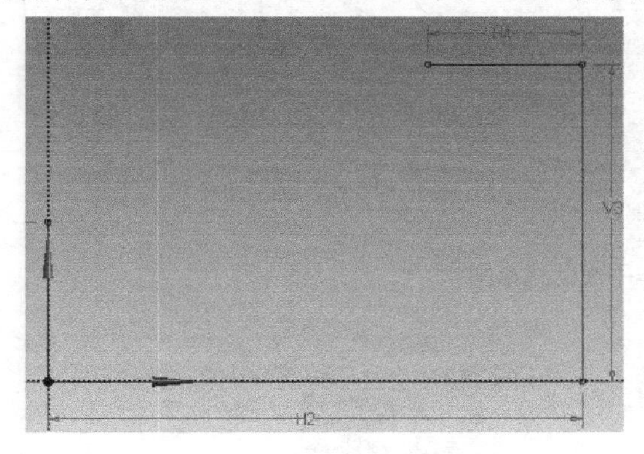

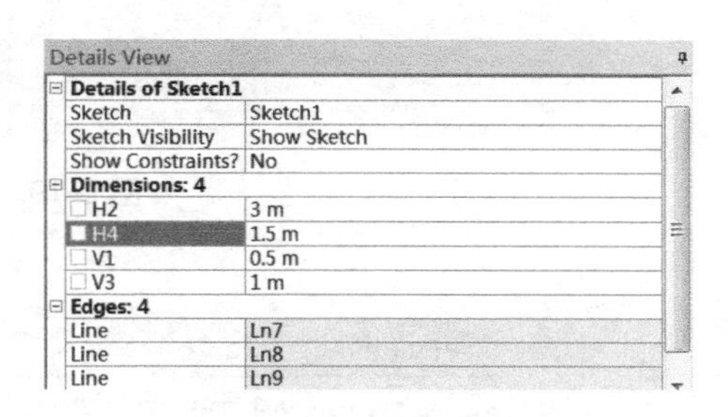

图 8-15　绘制汽车车顶轮廓线

图 8-16　设置车顶线段高度

（8）再绘制汽车引擎盖的轮廓线，在 Sketching Toolboxes 中选中 Draw→Line 工具（见图 8-7），在绘图区单击汽车车头轮廓线的另一端点，以该点为起始点，向 *x* 轴正向移动光标，当出现“H”（意为水平字样的字母出现时），单击鼠标左键，确定成线；在 Sketching Toolboxes 中选中 Dimensions→General 工具（见图 8-8），在绘图区单击线段，沿线段垂直的方向侧拉鼠标光标，单击鼠标左键，如图 8-17 所示；设置汽车引擎盖的轮廓线的准确高度，只需在 Details View 的操作界面设置 Dimensions/H5 为 1m，如图 8-18 所示。

（9）将整个汽车平面图像闭合，如图 8-19 所示。

（10）将操作界面转至 Modeling（见图 8-20），单击工具栏中的 Extrude 按钮或是选择菜单栏 Create 下的 Extrude 选项，Tree Outline 的显示情况变化如图 8-21 所示。在 Details View 中选择拉伸对象为 Sketch1（在 Tree Outline 单击选择），单击 Apply 按钮；设置对称拉伸，长度为 1m，如图 8-22 所示；最后单击 Generate 按钮，生成汽车的空间模型（见图 8-23）。

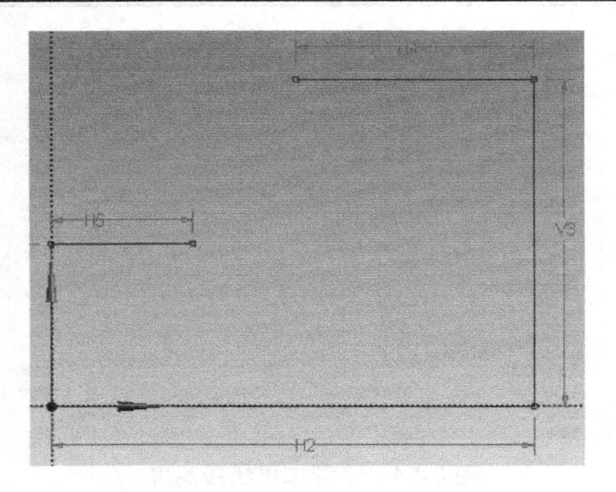

图 8-17　绘制汽车引擎盖轮廓线

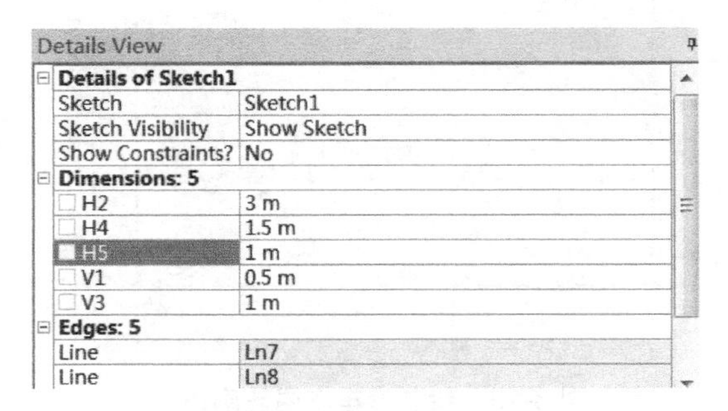

Details View	
Details of Sketch1	
Sketch	Sketch1
Sketch Visibility	Show Sketch
Show Constraints?	No
Dimensions: 5	
H2	3 m
H4	1.5 m
H5	1 m
V1	0.5 m
V3	1 m
Edges: 5	
Line	Ln7
Line	Ln8

图 8-18　设置汽车引擎盖轮廓线高度

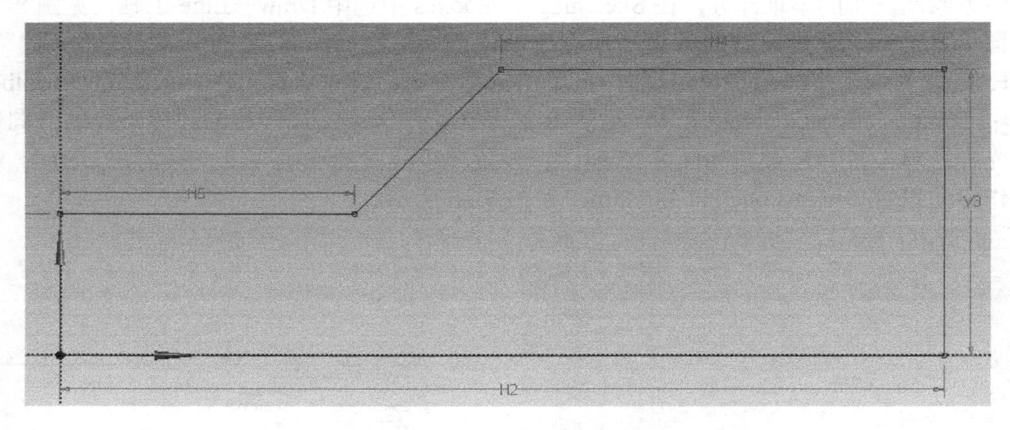

图 8-19　汽车平面简化草图

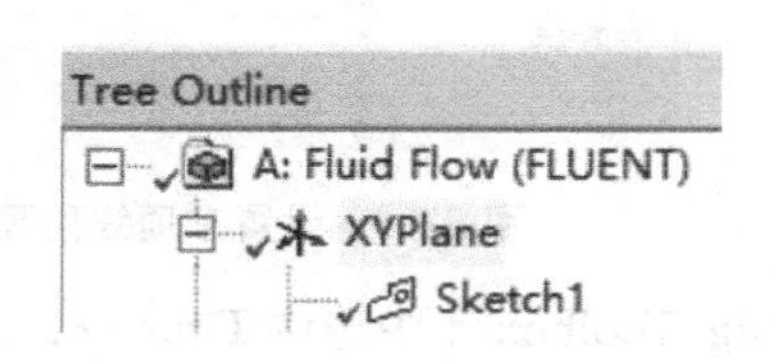

图 8-20　Modeling 操作界面

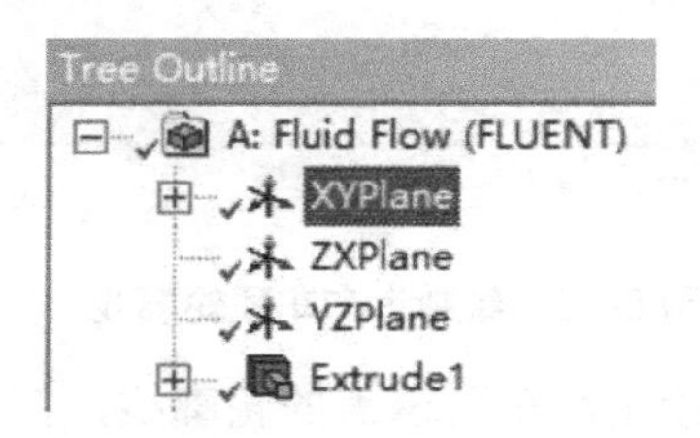

图 8-21　创建 Extrude 拉伸选项

Details View	
Details of Extrude1	
Extrude	Extrude1
Geometry	Sketch1
Operation	Add Material
Direction Vector	None (Normal)
Direction	Both - Symmetric
Extent Type	Fixed
FD1, Depth (>0)	1 m
As Thin/Surface?	No
Merge Topology?	Yes
Geometry Selection: 1	
Sketch	Sketch1

图 8-22　设置拉伸条件

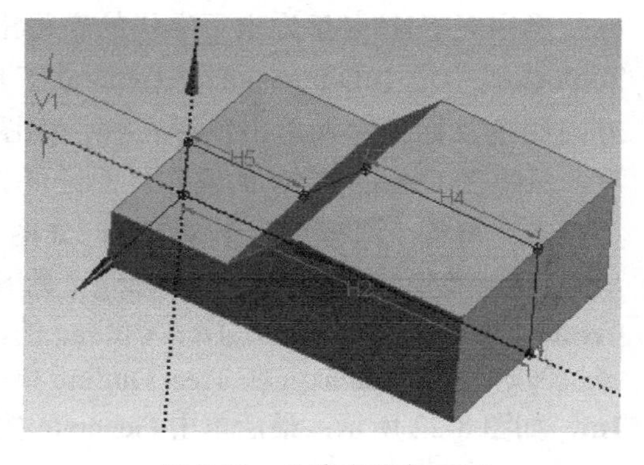

图 8-23　汽车的空间模型

（11）在 Tree Outline 单击选中 XYPlane，单击工具栏中按钮，生成一个 Sketch2（见图 8-24），选中 Sketch2，单击 Sketching 按钮进入 Sketching Toolboxes。

（12）绘制以原点为起点的两条直线段，分别标尺寸为 H6 和 H7（见图 8-25），在 Detail View 的操作界面设置 Dimensions/H6 和 H7 的长度为 5m 和 8m；然后以这两条直线段的另一端点为起点，分别绘制尺寸标注 V8 和 V9 两条直线段（见图 8-25），在 Details View 的操作界面设置 Dimensions/V8 和 V9 的长度为 5m（见图 8-26）；最后闭合线框，绘制完成的汽车外部环境平面草图，如图 8-25 所示。

（13）将操作界面转至 Modeling，单击工具栏中的 Extrude 按钮或是选择菜单栏 Create 下的 Extrude 选项，在 Details View 中选择拉伸对象为 Sketch2（在 Tree Outline 单击选择），单击 Apply 按钮；设置对称拉伸，长度为 5m，设置 Operation 为 Add Frozen，如图 8-27 所示；最后单击 Generate 按钮，生成汽车的空间模型（见图 8-28）。

（14）选择菜单栏中 Create→Boolean（见图 8-29）生成一个布尔函数，Tree Outline 中的显示如图 8-30 所示；并按照图 8-31 设置 Boolean1 的 Details View，其中，Operation 选项设为减法，Target Bodies 是汽车外部环境，Tool Bodies 是汽车本身；单击 Generate 按钮，完成的流体域的空间模型，如图 8-32 所示。

（15）选择菜单栏 Tools→Symmetry 选项（见图 8-33），对 Symmetry1（见图 8-34）进行 Details View（见图 8-35）设置，选取 XYPlane 为对称面，单击 Generate 得到如图 8-36 所示的结果。

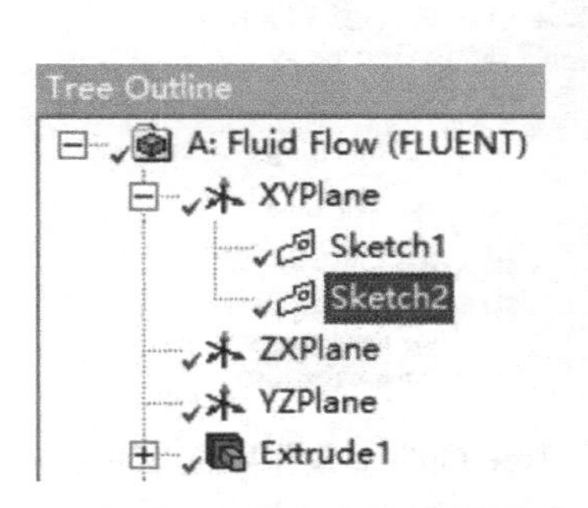

图 8-24　Tree outline 操作界面（2）

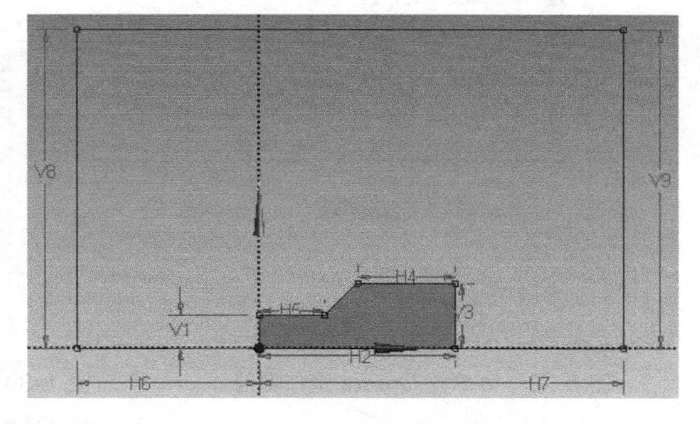

图 8-25　汽车外部环境平面草图

Details View

Details of Sketch2	
Sketch	Sketch2
Sketch Visibility	Show Sketch
Show Constraints?	No
Dimensions: 4	
H6	5 m
H7	8 m
V8	5 m
V9	5 m
Edges: 5	
Line	Ln15
Line	Ln16
Line	Ln17

图 8-26　汽车外部环境平面草图尺寸设置

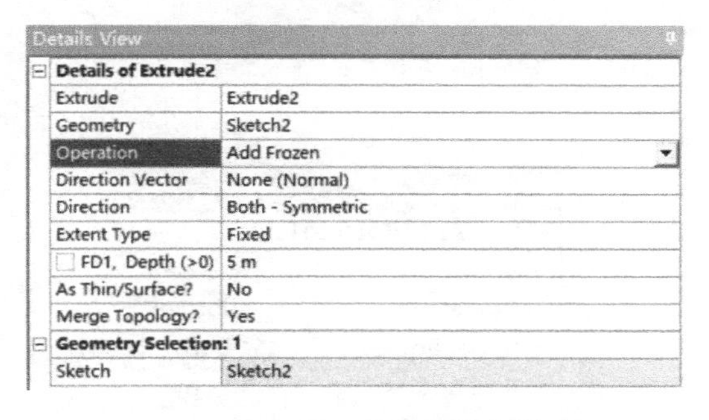
Details View

Details of Extrude2	
Extrude	Extrude2
Geometry	Sketch2
Operation	Add Frozen
Direction Vector	None (Normal)
Direction	Both - Symmetric
Extent Type	Fixed
FD1, Depth (>0)	5 m
As Thin/Surface?	No
Merge Topology?	Yes
Geometry Selection: 1	
Sketch	Sketch2

图 8-27　设置拉伸条件

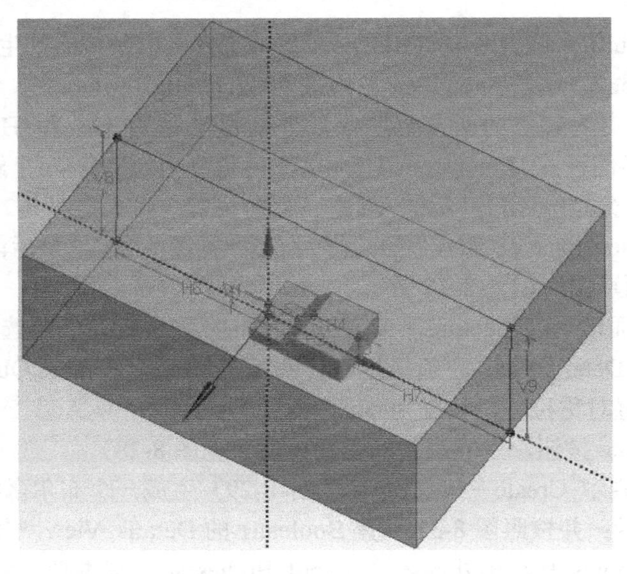

图 8-28　汽车外部环境的空间模型

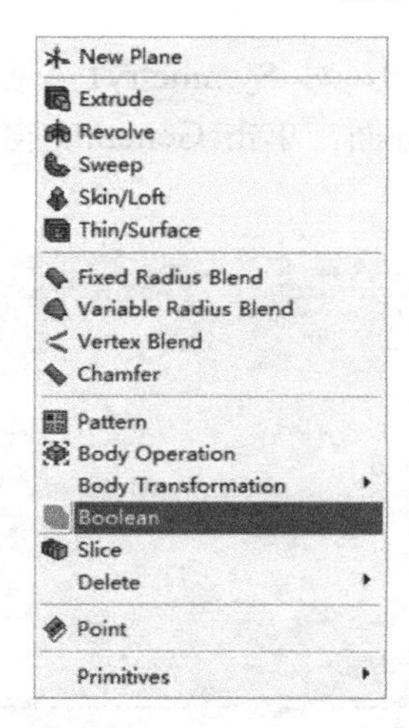

图 8-29　菜单栏 Create 操作界面

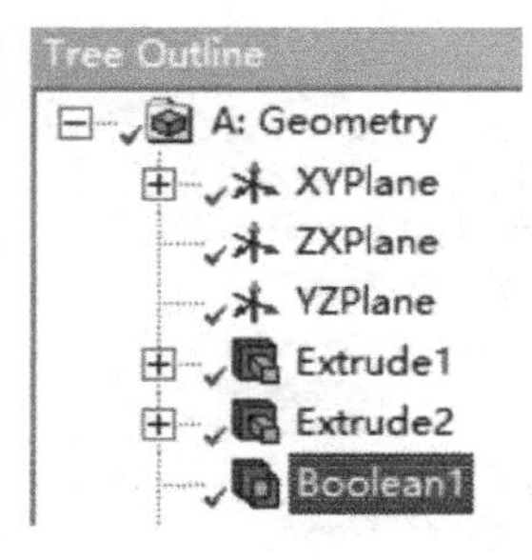

图 8-30　Tree Outline 操作界面（3）

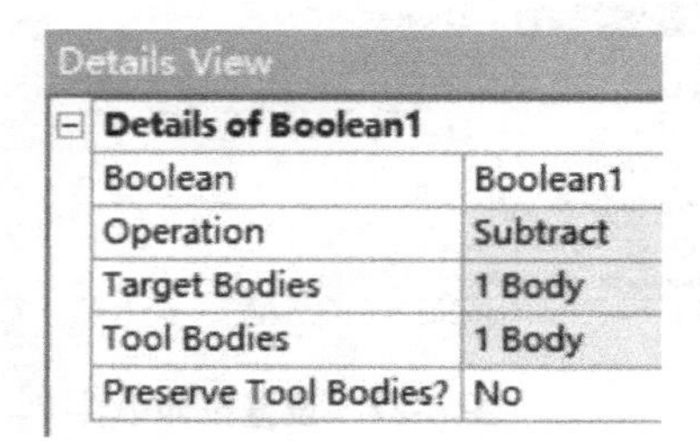

图 8-31　Details View 操作界面（1）

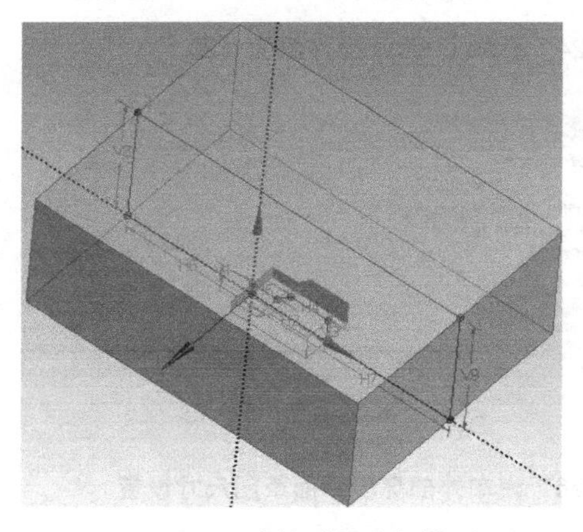

图 8-32　流体域的空间模型

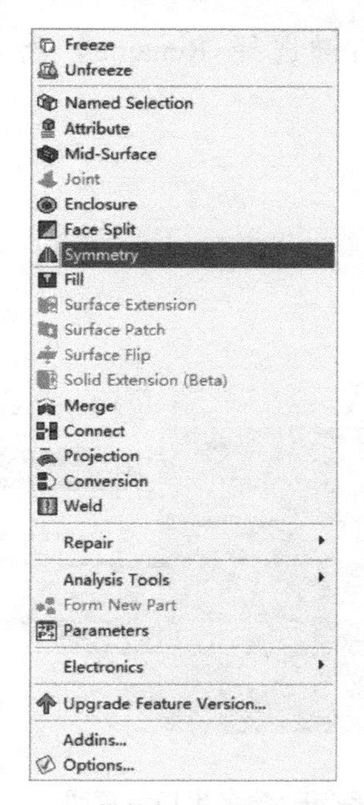

图 8-33　菜单栏 Tools 操作界面

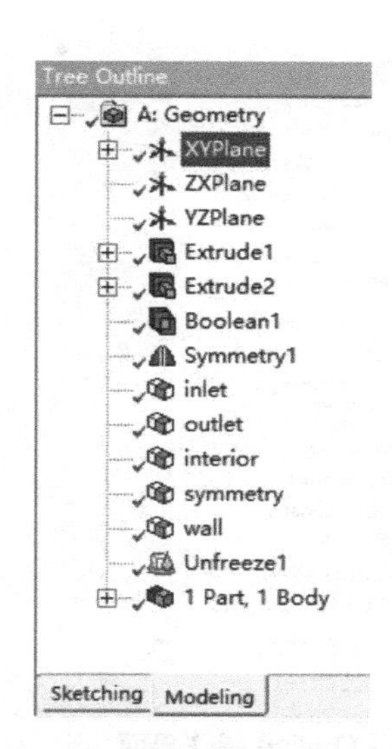

图 8-34　Tree Outline 操作界面（4）

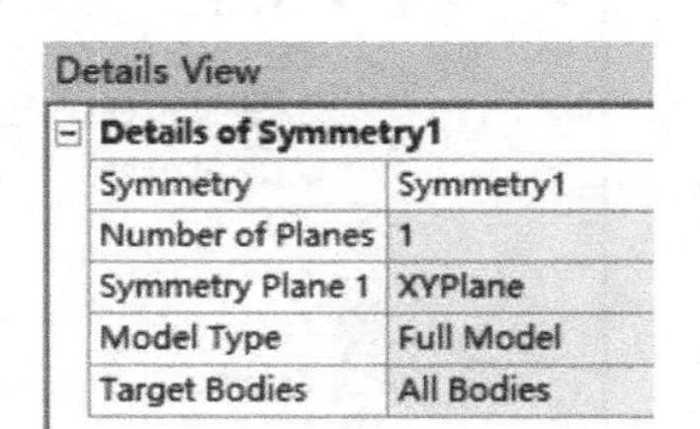

Details View

Details of Symmetry1	
Symmetry	Symmetry1
Number of Planes	1
Symmetry Plane 1	XYPlane
Model Type	Full Model
Target Bodies	All Bodies

图 8-35　Details View 操作界面（2）

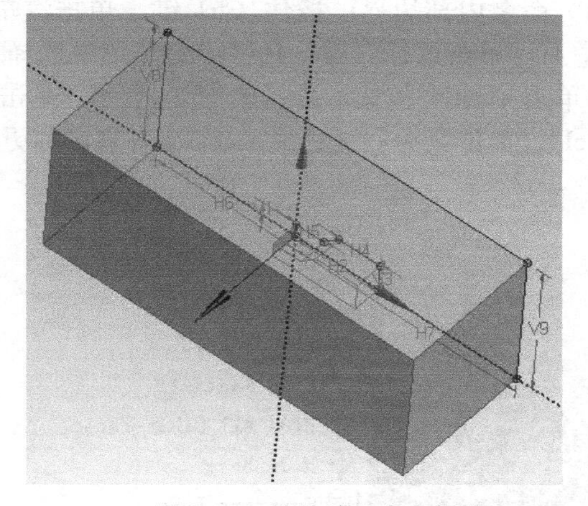

图 8-36　流体域的半空间模型

（16）命名进口：单击汽车车头一侧环境几何空间上的面，选中后，单击鼠标右键，在弹出的菜单中选择 Named Selection（见图 8-37）；在 Details View 中单击 Apply 按钮，显示选中 1 个面；单击 Generate 按钮；在 Tree Outline 中选中 NamedSel1，单击鼠标右键选择 Rename，将名称更改为“inlet”（见图 8-38）。

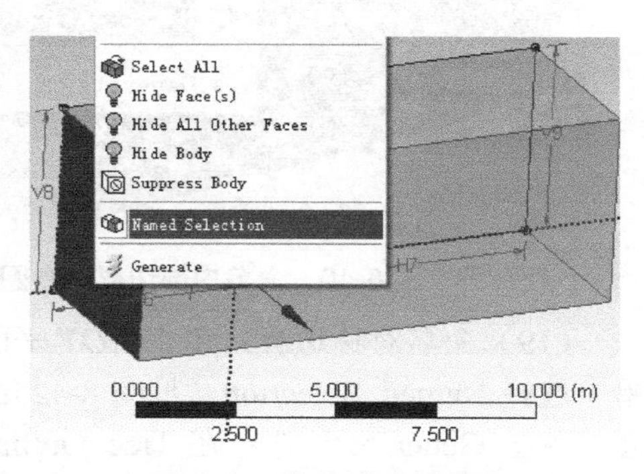

图 8-37　命名进口示意图

（17）命名出口：单击汽车车尾一侧环境几何空间上的面，选中后，单击鼠标右键，在菜单中选择 Named Selection（见图 8-39）；在 Details View 中单击 Apply 按钮，显示选中 1 个面；单击 Generate 按钮；在 Tree Outline 中选中 NamedSel2，单击鼠标右键选择 Rename，将名称更改为“outlet”。

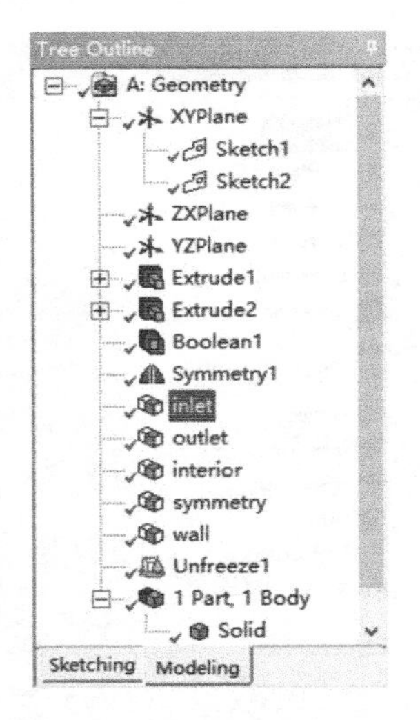

图 8-38　Tree Outline 操作界面（5）

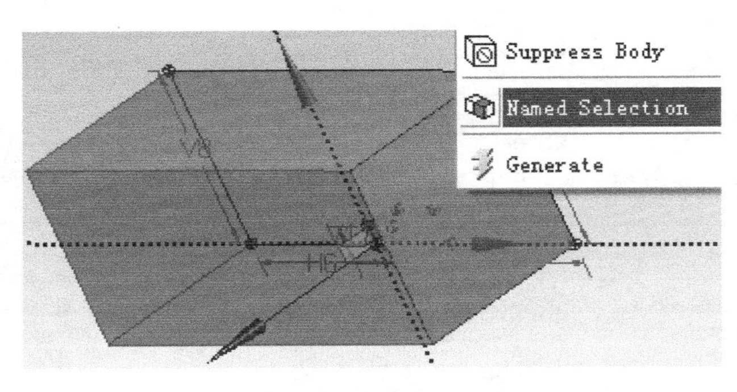

图 8-39　命名出口示意图

（18）命名内部边界：按住 Ctrl 键，单击汽车上部和车身侧面一侧环境几何空间上的面，选中后，单击鼠标右键，在弹出的菜单中选择 Named Selection（见图 8-40）；在 Details View 中单击 Apply 按钮，显示选中 2 个面；单击 Generate 按钮；在 Tree Outline 中选中 NamedSel3，单击鼠标右键选择 Rename，将名称更改为“interior”（见图 8-41）。

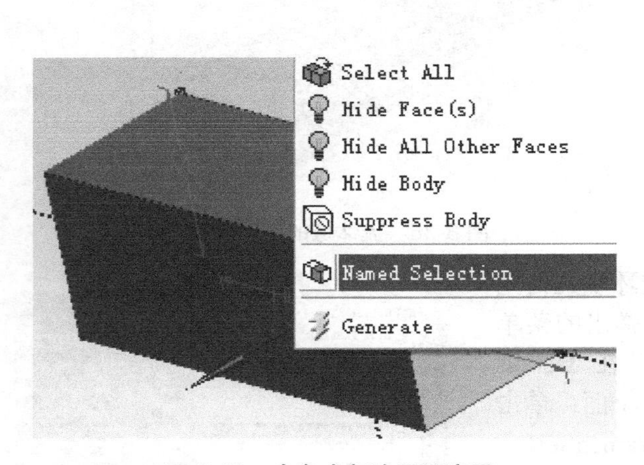

图 8-40　命名内部边界示意图

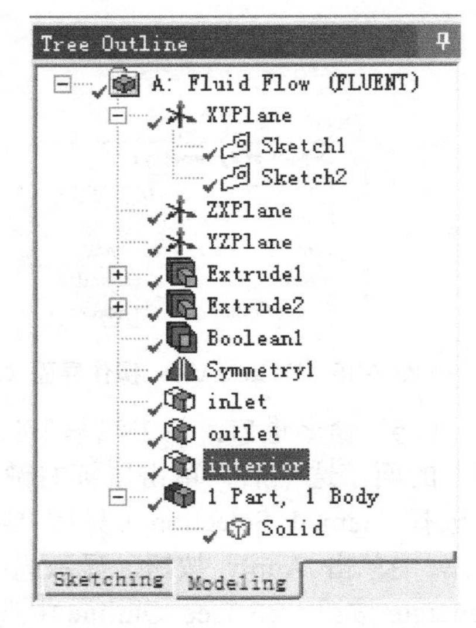

图 8-41　Tree Outline 操作界面（6）

（19）命名对称边界：单击 *XOY* 平面上的对称面，选中后，单击鼠标右键，在弹出的菜单中选择 Named Selection（见图 8-42）；在 Details View 中单击 Apply 按钮，显示选中 1 个面；单击 Generate 按钮；在 Tree Outline 中选中 NamedSel4，单击鼠标右键选择 Rename，将名称更改为“symmetry”（见图 8-43）。

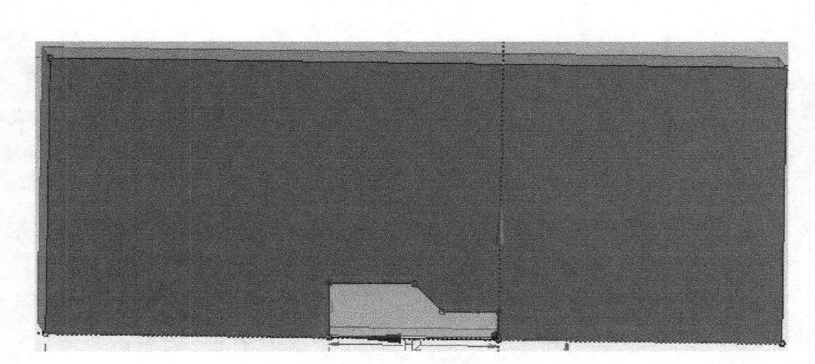

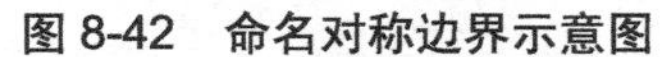

图 8-42　命名对称边界示意图

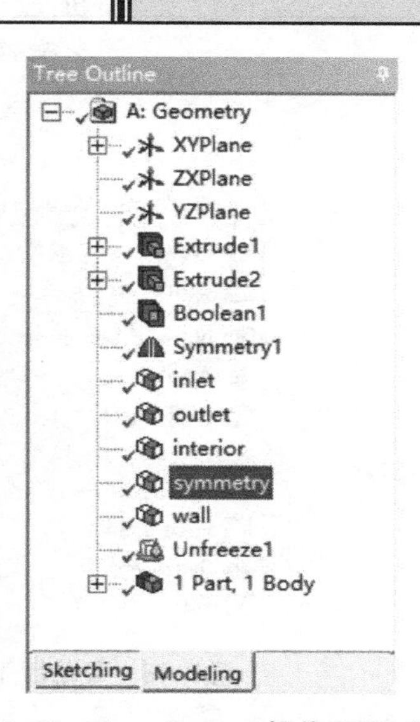

图 8-43　Tree Outline 操作界面（7）

（20）命名壁面：按住 Ctrl 键单击剩下的面，选中后，单击鼠标右键，在弹出的菜单中选择 Named Selection（见图 8-44）；在 Details View 中单击 Apply 按钮，显示选中 7 个面；单击 Generate 按钮；在 Tree Outline 中选中 NamedSel5，单击鼠标右键选择 Rename，将名称更改为“wall”（见图 8-45）。

（21）选择菜单栏 Tools→Unfreeze 选项（见图 8-46），选中 Solid 体，依次单击 Apply、Generate，Tree Outline 按钮的显示结果如图 8-47 所示。

（22）选择菜单 File→Export，保存几何文件 EX8.agdb；选择 File→Close DesignModeler，安全退出。

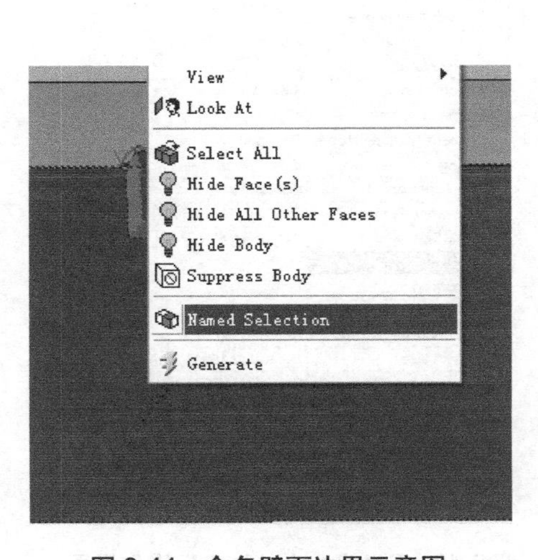

图 8-44　命名壁面边界示意图

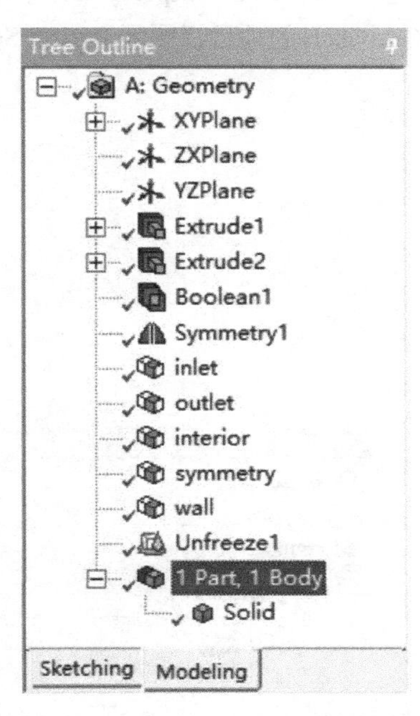

图 8-45　Tree Outline 操作界面（8）

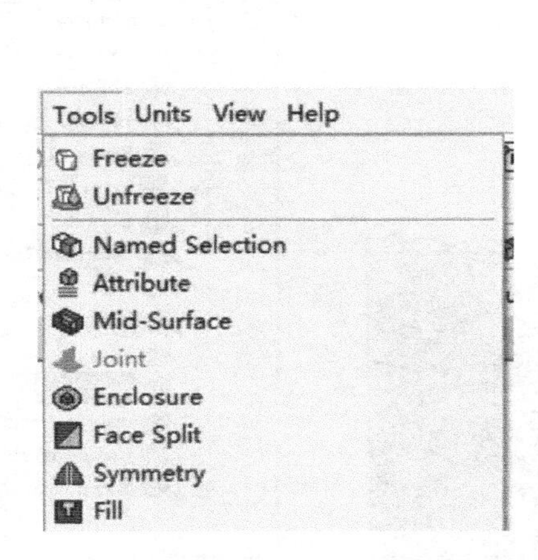

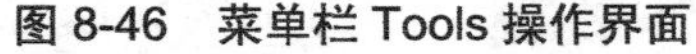
图 8-46　菜单栏 Tools 操作界面

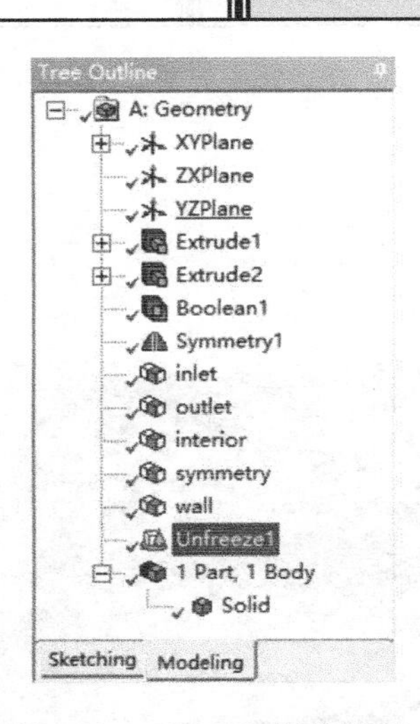

图 8-47　Tree Outline 操作界面（9）

8.3　网格划分

（1）在 Workbench 17.0 的项目视图区 Project Schematic 中，双击 Mesh，进入网格划分的操作界面。

（2）在 Outline 操作界面（见图 8-48）上，单击 Mesh 按钮，在 Outline 下方出现的 Details of “Mesh”操作界面（见图 8-49）中设置参数，单击 Generate Mesh 按钮，网格划分完成后如图 8-50 所示。

（3）选择菜单 File→Export，保存网格文件 EX8.msh；单击 File→Close Meshing，安全退出；在 Workbench 的项目视图区 Project Schematic，选中 Mesh，单击鼠标右键，选择 Update。

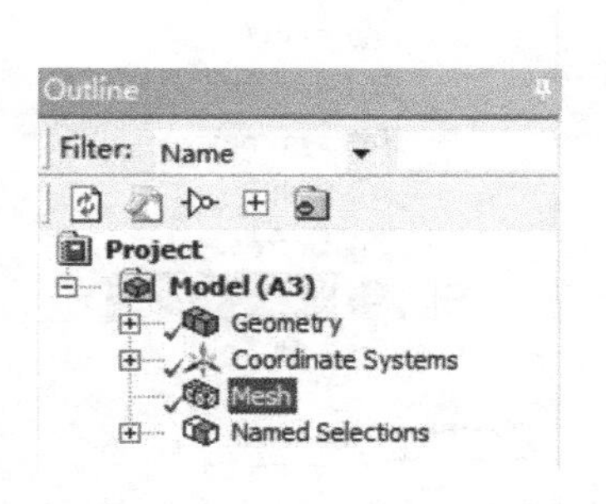

图 8-48　Outline 操作界面

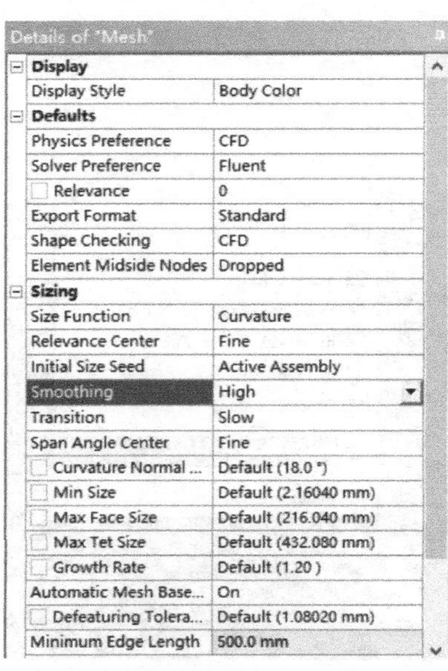
Details of "Mesh"

Display	
Display Style	Body Color
Defaults	
Physics Preference	CFD
Solver Preference	Fluent
Relevance	0
Export Format	Standard
Shape Checking	CFD
Element Midside Nodes	Dropped
Sizing	
Size Function	Curvature
Relevance Center	Fine
Initial Size Seed	Active Assembly
Smoothing	High
Transition	Slow
Span Angle Center	Fine
Curvature Normal ...	Default (18.0 °)
Min Size	Default (2.16040 mm)
Max Face Size	Default (216.040 mm)
Max Tet Size	Default (432.080 mm)
Growth Rate	Default (1.20)
Automatic Mesh Base...	On
Defeaturing Tolera...	Default (1.08020 mm)
Minimum Edge Length	500.0 mm

图 8-49　Details of “Mesh”操作界面

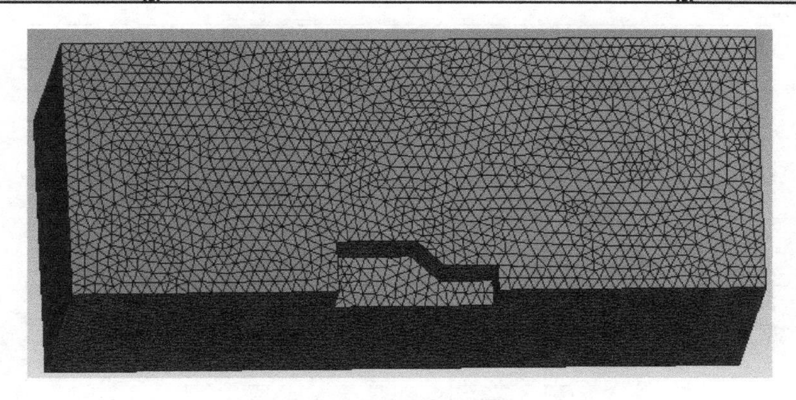

图 8-50　网格划分结果

8.4　模型计算设置

（1）在 Workbench 的项目视图区 Project Schematic，双击 Setup，出现“FLUENT Launcher”对话框，单击 OK 按钮，进入模型计算设置的操作界面。

（2）进入操作界面后，单击 General→Mesh→Scale…，出现“Scale Mesh”的对话框，用户可以查看计算区域位置，单击 Close 按钮；Check 网格待文本窗口出现 Done 语句后，表示网格没有质量问题。

（3）双击 Viscous-Laminar，出现“Viscous Model”对话框，在该对话框中选中标准 k-ε 模型（见图 8-51），单击 Close 按钮。

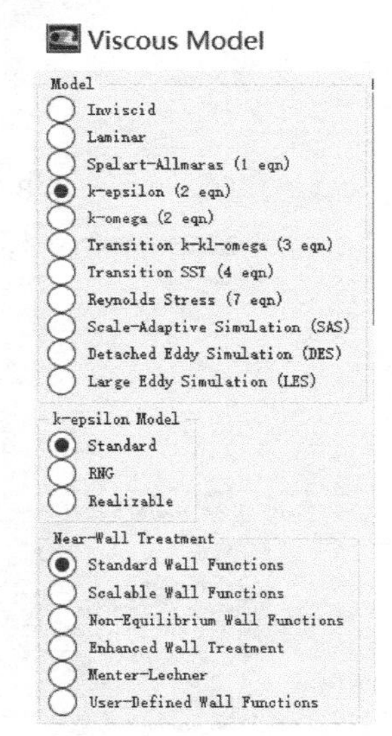

图 8-51　“Viscous Model”对话框

（4）双击 Discrete Phase-off，出现“Discrete Phase Model”的对话框，在该对话框的 Interaction 参数设置中勾选 Interaction with Continuous Phase，在 Tracking 参数设置中将 Max. Number of Steps 设置为“10000”，如图 8-52 所示；在 Physical Models→Options 中勾选 Erosion/Accretion 选项，如图 8-53 所示。

（5）单击 Injection 选项，弹出“Injection”对话框，单击 Create 按钮，出现“Set Injection Properties”对话框，在此设置离散相入射颗粒的相关参数。将 Injection Type 选为 Surface，Release From Surface 选为 inlet，颗粒的材料 Material 选择为 Wood，入射速度设为沿 X 轴入射，大小为 10m/s，颗粒的直径为 0.001m，总的质量流量为 1kg/s，如图 8-54 所示；单击 Turbulent Dispersion 选项卡，勾选 Discrete Random Walk Model，并设置 Number of Tries 的值为 10，如图 8-55 所示，依次单击 OK、Close 按钮，退出“Set Injection Properties”对话框，再单击 OK 按钮，退出“Injection”对话框。

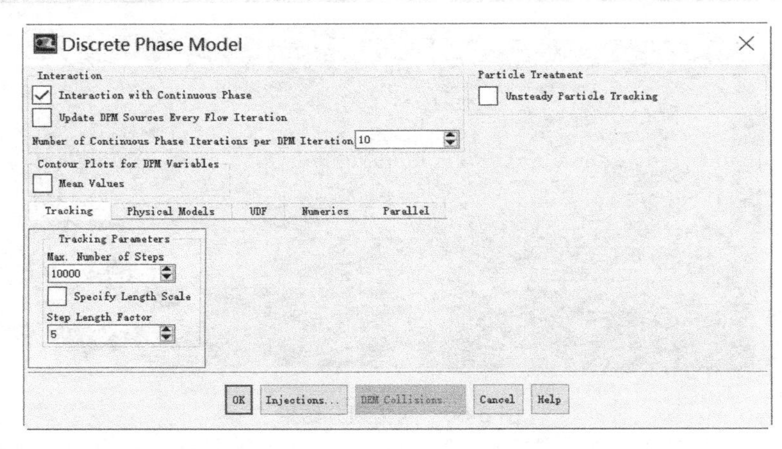

图 8-52 “Discrete Phase Model”对话框

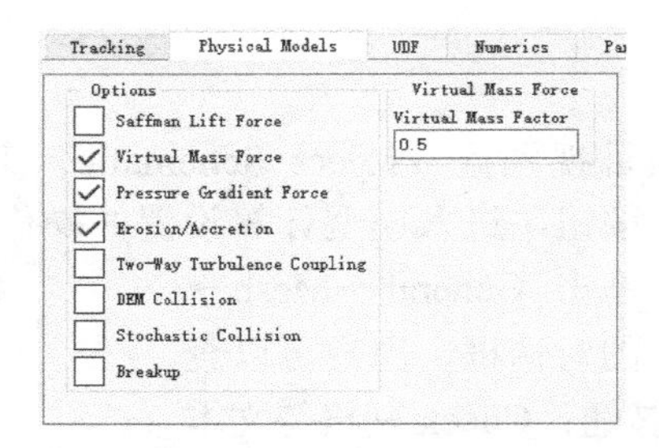

图 8-53 “Discrete Phase Model”对话框

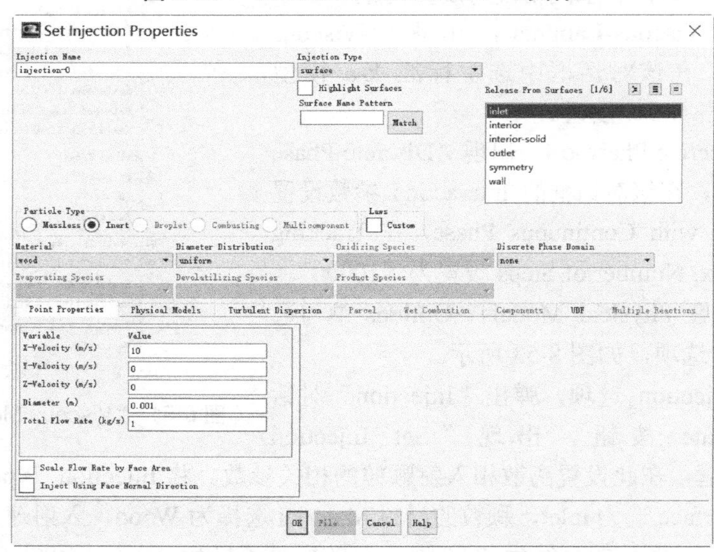

图 8-54 “Set Injection Properties”对话框

（6）单击 Materials，选中 wood，单击 Edit 按钮，弹出“Create/Edit Material”对话框，将其密度改为 1500kg/m^3（见图 8-56），依次单击 Chang/Create、Close 按钮。

（7）单击 Cell Zone Conditions 按钮，选中 solid，单击 Edit 按钮，弹出“Fluid”对话框，默认设置，单击 OK 按钮。

（8）单击 Boundary Conditions 按钮，选中 inlet，单击 Edit 按钮，弹出“Velocity inlet”

对话框（见图 8-57），设置进口速度为 10m/s，Turbulent Intensity 为 5%，水力直径 Hydraulic Diameter 为 6.667，单击 OK 按钮。

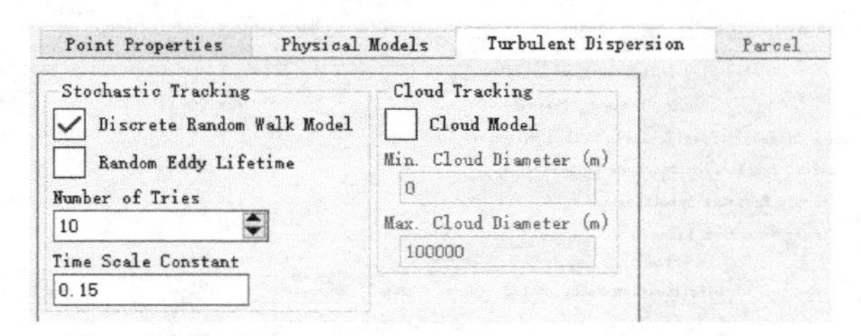

图 8-55 Turbulent Dispersion 选项卡

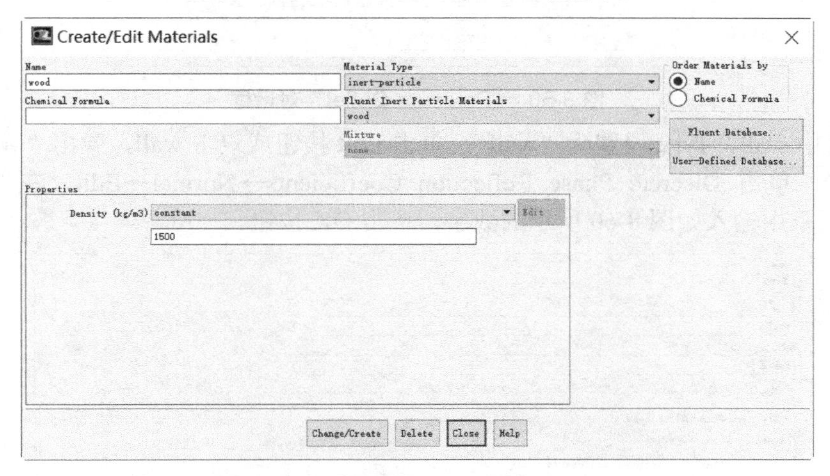

图 8-56 “Create/Edit Materials”对话框

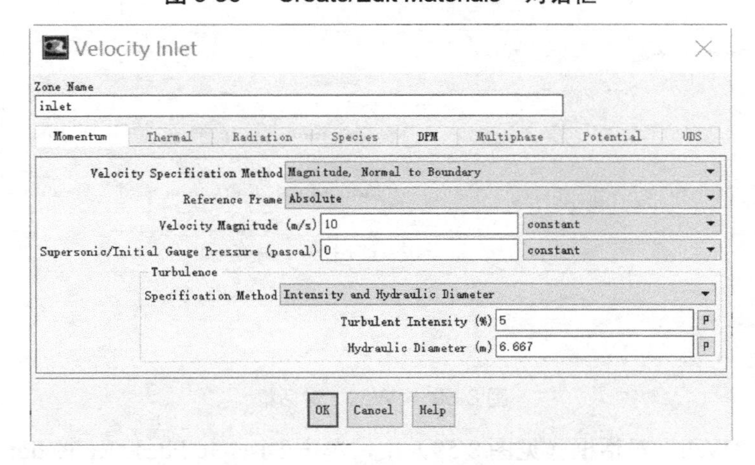

图 8-57 “Velocity Inlet”对话框

（9）选中 interior，将 Type 设为 symmetry，单击 OK 按钮。

（10）选中 outlet，进口设置为压力出口，单击 Edit 或双击 outlet，弹出“Pressure outlet”对话框（见图 8-58），设置 Turbulent Intensity 为 5%，水力直径 Hydraulic Diameter 为 6.667，单击 OK 按钮。

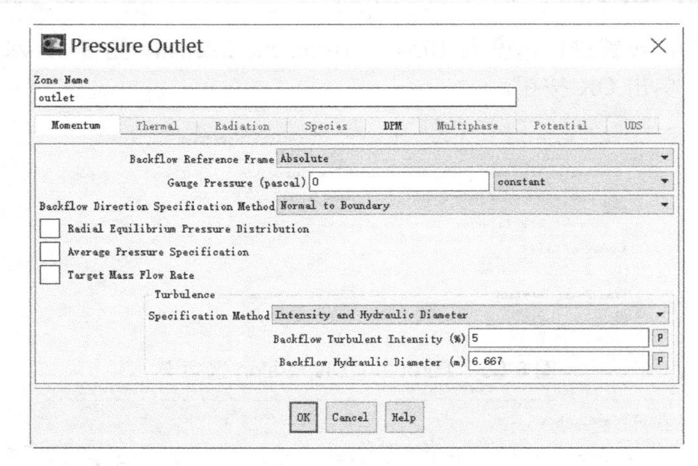

图 8-58 “Pressure Outlet”对话框

（11）选中 wall，Type 设置为“wall”，单击 Edit 按钮或双击 wall，弹出“Wall”对话框（见图 8-59），单击 Discrete Phase Reflection Coefficients→Normal→Edit，在“Polynomial Profile”对话框中输入如图 8-60 所示的数字，单击 OK 按钮。

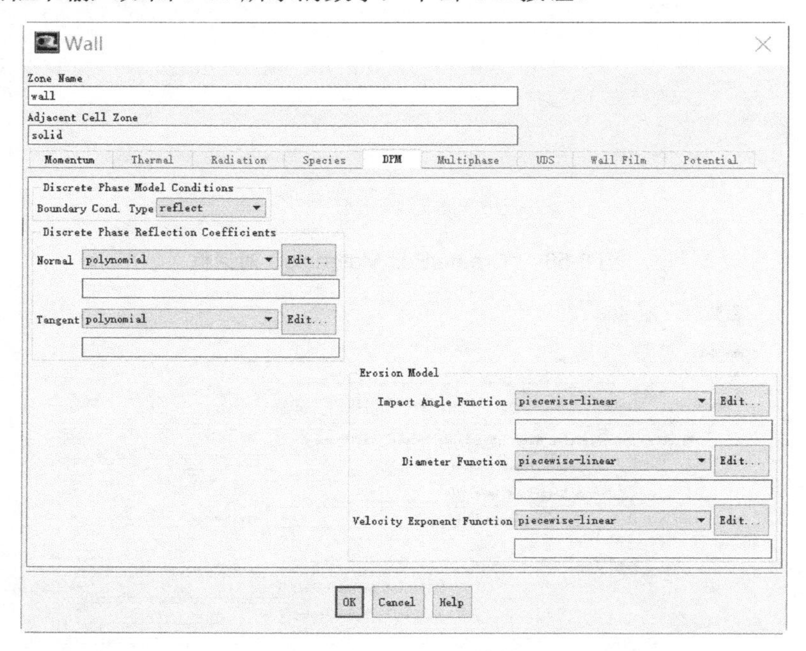

图 8-59 “Wall”对话框

（12）回到“Wall”对话框（见图 8-59）中，单击 Discrete Phase Reflection Coefficients → Tangent→Edit，弹出“Polynomial Profile”对话框（见图 8-61），在“Polynomial Profile”对话框中输入如图 8-61 所示的数字，单击 OK 按钮。

（13）在“Wall”对话框（见图 8-59）中，单击 Erosion Model→Impact Angle Function 的下拉菜单，选中 Piecewise-linear（见图 8-62），单击 Edit 按钮，弹出“Piecewise-Linear Profile”对话框，输入图 8-63 所示数据，单击 OK 按钮。

（14）回到“Wall”对话框中，单击 Erosion Model→Diameter Function 的下拉菜单，选

中 constant，输入数字“1.8e-09”；单击 Erosion Model→Velocity Exponent Function 的下拉菜单，选中 constant，输入数字“2.6”，如图 8-64 所示，单击 OK 按钮。

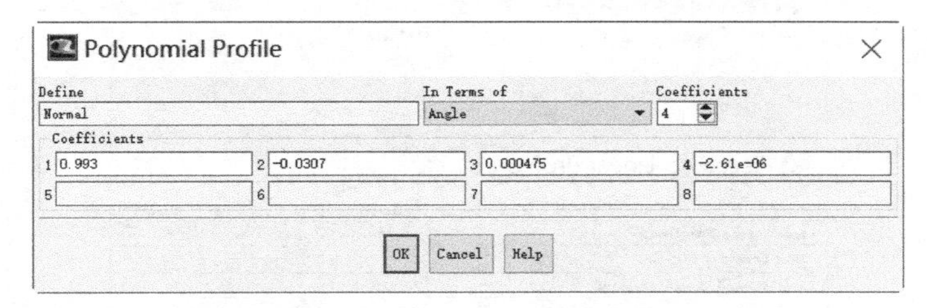

图 8-60 “Polynomial Profile”对话框（1）

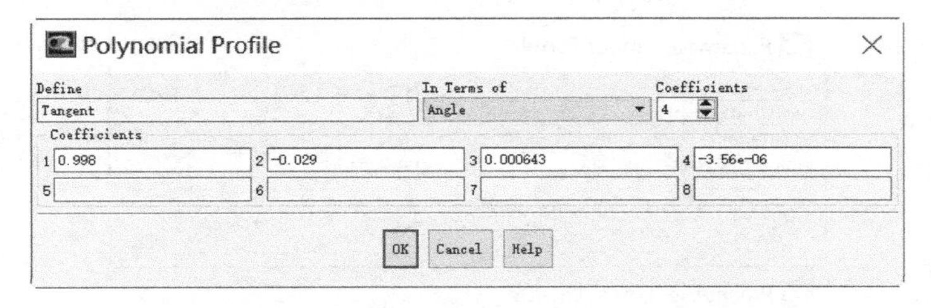

图 8-61 “Polynomial Profile”对话框（2）

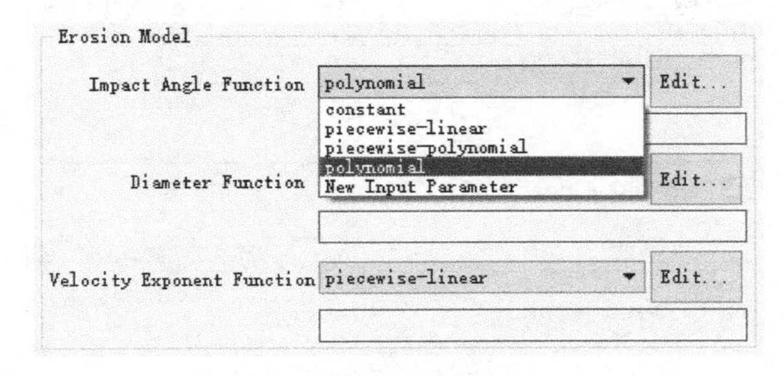

图 8-62 Erosion Model 栏（1）

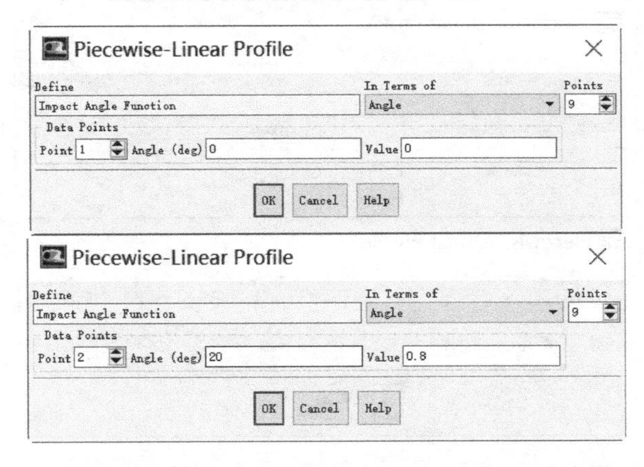

图 8-63 “Piecewise-Linear Profile”对话框

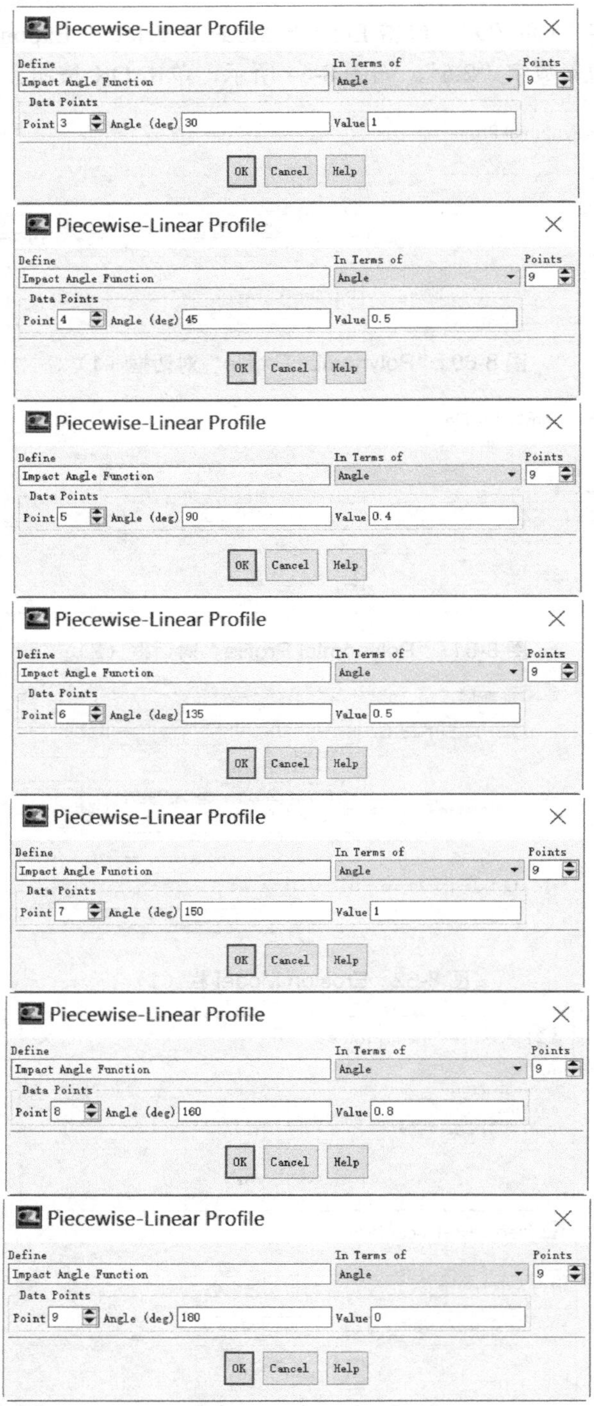

Piecewise-Linear Profile
Define: Impact Angle Function　In Terms of: Angle　Points: 9
Data Points
Point 3　Angle (deg) 30　Value 1
OK　Cancel　Help

Piecewise-Linear Profile
Define: Impact Angle Function　In Terms of: Angle　Points: 9
Data Points
Point 4　Angle (deg) 45　Value 0.5
OK　Cancel　Help

Piecewise-Linear Profile
Define: Impact Angle Function　In Terms of: Angle　Points: 9
Data Points
Point 5　Angle (deg) 90　Value 0.4
OK　Cancel　Help

Piecewise-Linear Profile
Define: Impact Angle Function　In Terms of: Angle　Points: 9
Data Points
Point 6　Angle (deg) 135　Value 0.5
OK　Cancel　Help

Piecewise-Linear Profile
Define: Impact Angle Function　In Terms of: Angle　Points: 9
Data Points
Point 7　Angle (deg) 150　Value 1
OK　Cancel　Help

Piecewise-Linear Profile
Define: Impact Angle Function　In Terms of: Angle　Points: 9
Data Points
Point 8　Angle (deg) 160　Value 0.8
OK　Cancel　Help

Piecewise-Linear Profile
Define: Impact Angle Function　In Terms of: Angle　Points: 9
Data Points
Point 9　Angle (deg) 180　Value 0
OK　Cancel　Help

图 8-63 “Piecewise-Linear Profile”对话框（续）

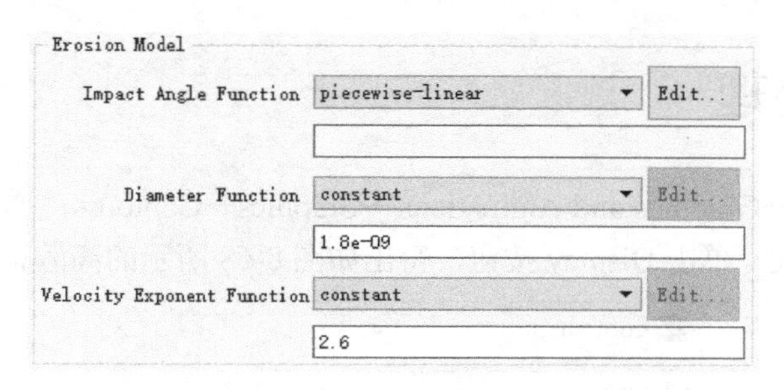

图 8-64　Erosion Model 栏

（15）单击 Solution Controls 按钮，如图 8-65 所示，将 Pressure 的值改为 0.7，Momentum 的值改为 0.3。

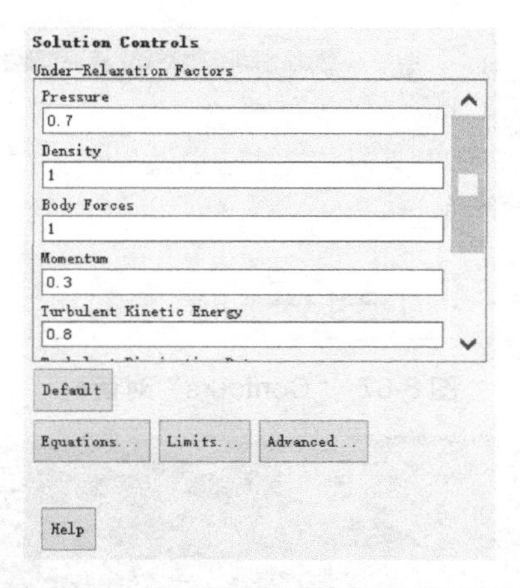

图 8-65　Solution Controls 操作界面

（16）单击 Solution Initialization 按钮，初始化方法选用 Standard Initialization，Compute From 设置为 all-zones，并将 Turbulent Dissipation Rate 设置为 100000，单击 Initialize。

（17）设置 Run Calculation 的迭代步数为 400 步，单击 Calculate 按钮，开始计算，计算的残差曲线如图 8-66 所示。

（18）选择菜单 File→Export→Case & Data...，保存工程与数据结果文件（EX8.cas 和 EX8.dat）。

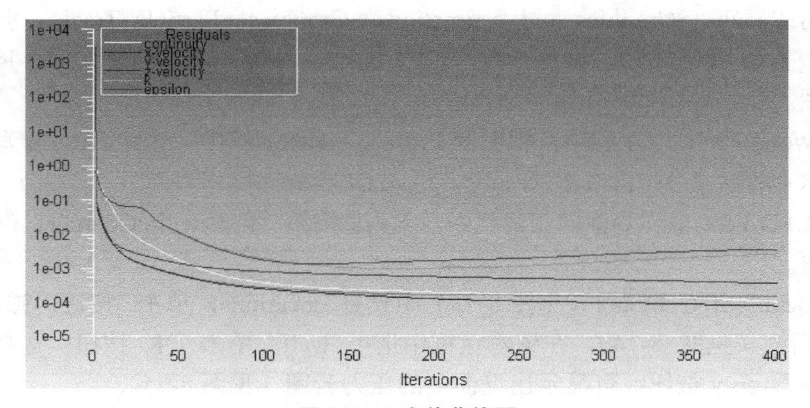

图 8-66　残差曲线图

8.5 结果后处理

（1）单击 Results→Graphics and Animations→Graphics→Contours，弹出“Contours”对话框（见图 8-67），设置参数，单击 Display 按钮，得出如图 8-68 所示的离散相颗粒的冲蚀云图。

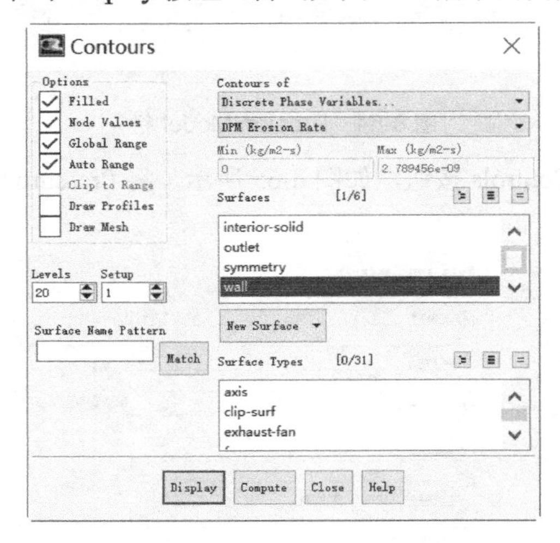

图 8-67 “Contours”对话框

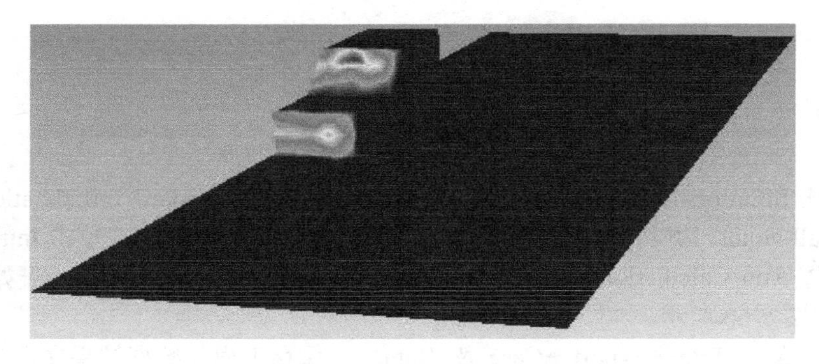

图 8-68 离散相颗粒的冲蚀云图

（2）单击 Results→Graphics and Animations→Graphics→Particle Tracks，弹出“Particle Tracks”对话框（见图 8-69），设置参数，单击 Display 按钮，得出如图 8-70 所示的离散相颗粒的轨迹图。

（3）在 Workbench 17.0 的项目视图区 Project Schematic 中，选中 Results 单击鼠标右键选择 Update（见图 8-71），再双击 Results，进入 CFD-Post 操作界面。

（4）在 CFD-Post 操作界面的工具栏中，单击按钮，创建一个 Contour1（见图 8-72），单击 OK 按钮。

（5）在 Detail of Contour1（见图 8-73）中设置 Locations，单击按钮，弹出“Location Selector”对话框（见图 8-74），在该对话框中选中 wall，单击 OK 按钮；选择可视参数为 Pressure，单击 Apply 按钮，可显示出壁面上的压力云图（见图 8-75）。

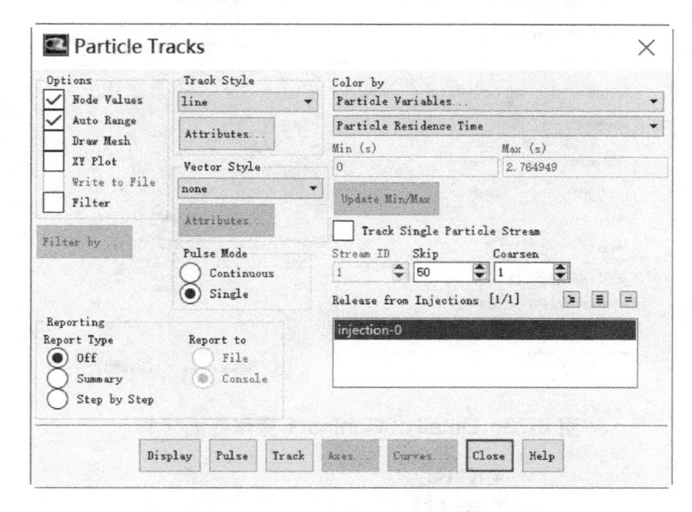

图 8-69 “Particle Tracks”对话框

图 8-70 离散相颗粒的轨迹图

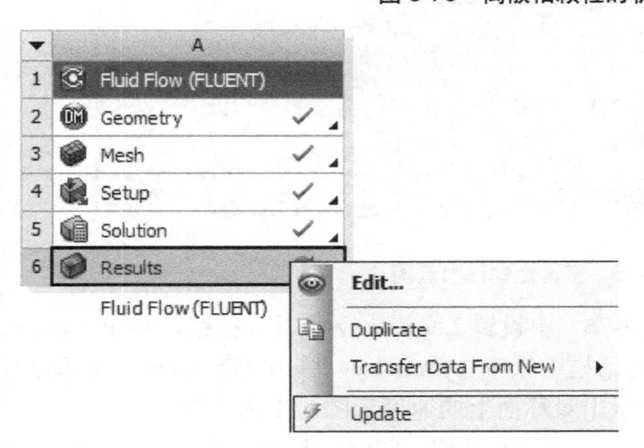

图 8-71 Project Schematic 项目视图区

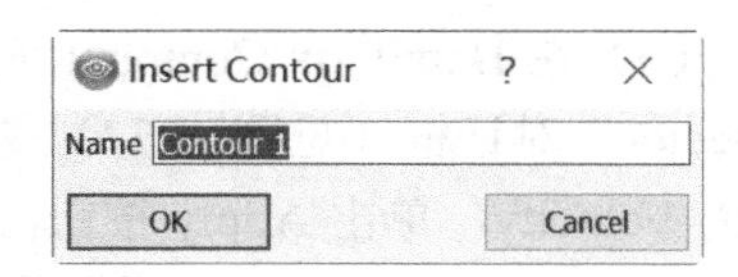

图 8-72 创建“Contour1”

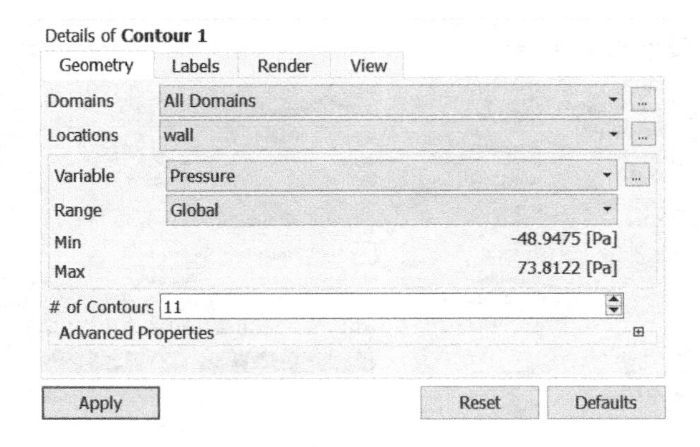

图 8-73　Detail of Contour1 操作界面（1）

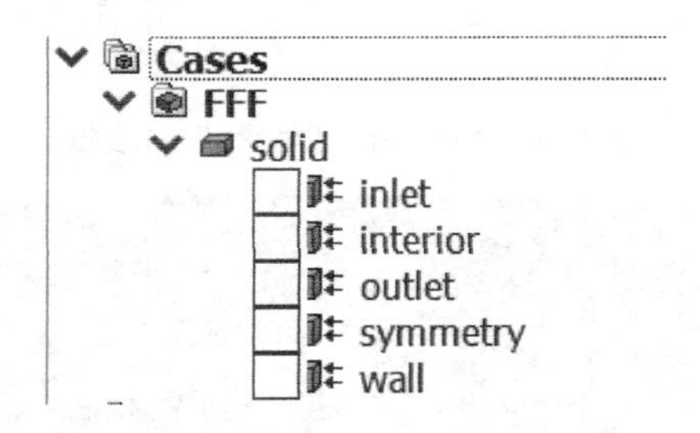

图 8-74　“Location Selector”对话框（1）

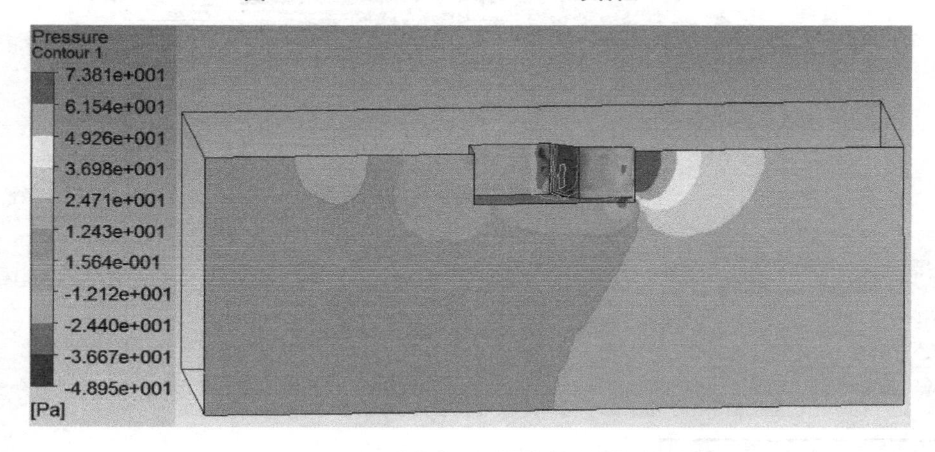

图 8-75　壁面上的压力云图

（6）在 Detail of Contour1（见图 8-76）中设置 Locations，单击□按钮，弹出“Location Selector”对话框（见图 8-77），在该对话框中选中 symmetry，单击 OK 按钮；选择可视参数为 Velocity，单击 Apply 按钮，可显示出对称面上的速度云图（见图 8-78）。

（7）在 CFD-Post 操作界面的工具栏中，单击按钮，创建一个 Streamline1（见图 8-79），单击 OK 按钮。

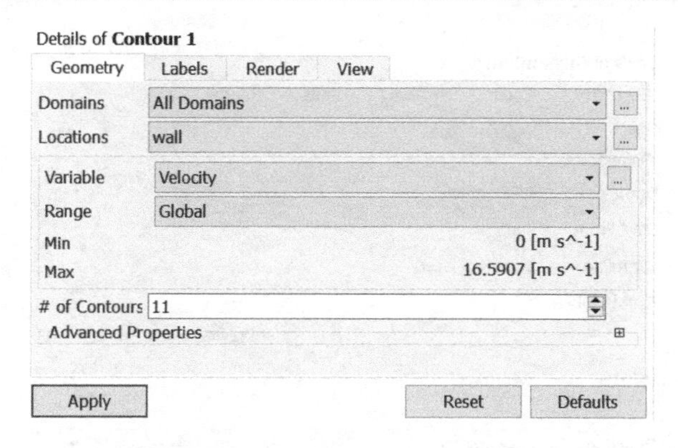

图 8-76　Detail of Contour1 操作界面（2）

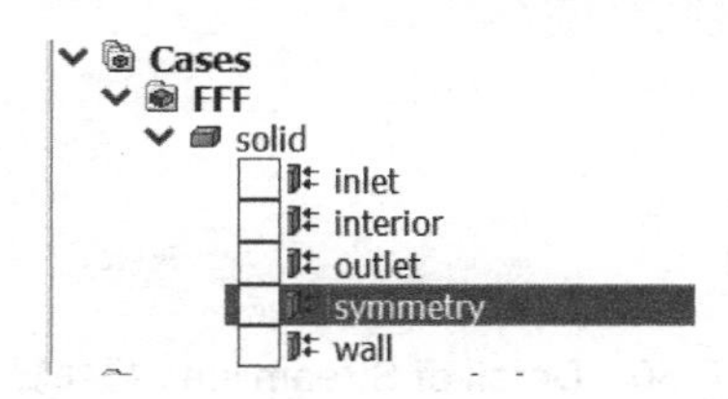

图 8-77　“Location Selector”对话框（2）

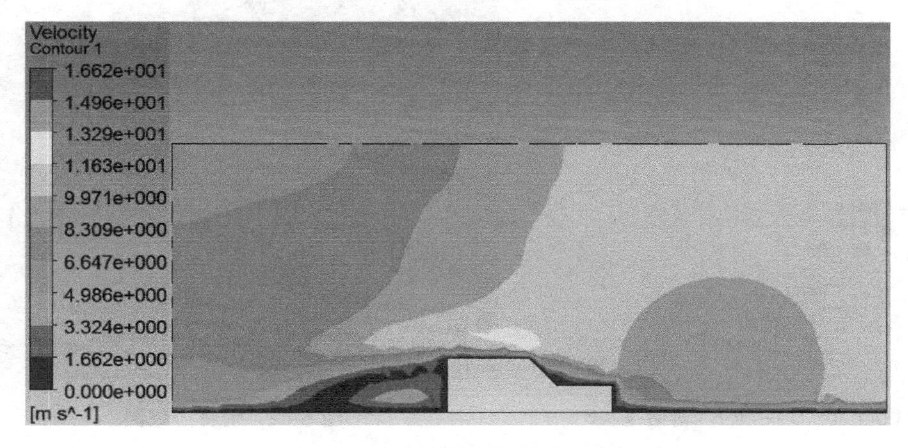

图 8-78　对称面上的速度云图

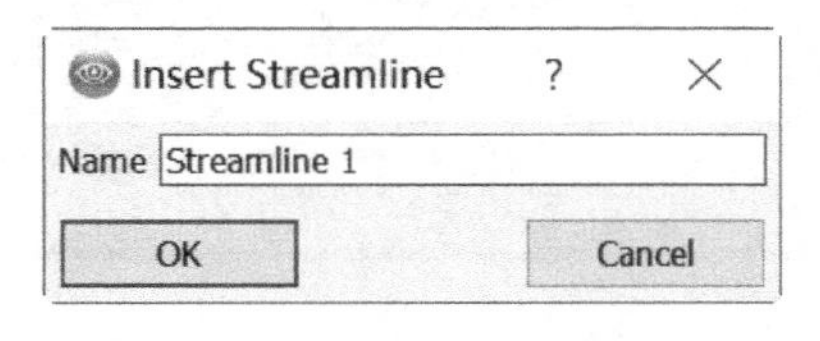

图 8-79　创建“Streamline1”

（8）在 Detail of Streamline1（见图 8-80）中设置 Start From，单击□按钮，弹出“Location Selector”对话框（见图 8-81），在该对话框中选中 inlet，单击 OK 按钮；选择可视参数为 Velocity，单击 Apply 按钮，可显示出流体迹线图（见图 8-82）。

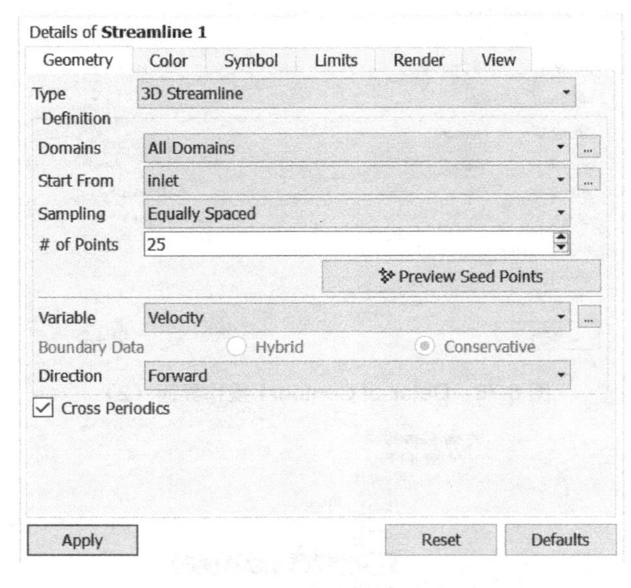

图 8-80　Detail of Streamline1 操作界面

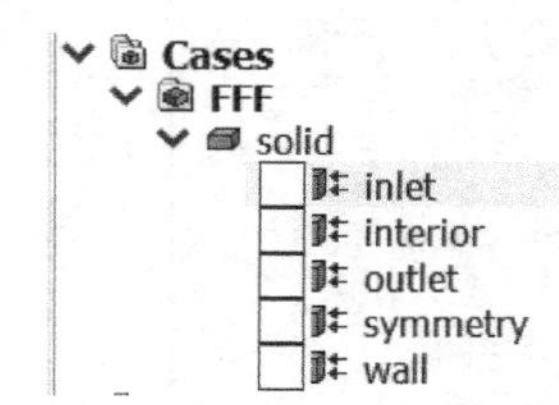

图 8-81　“Location Selector”对话框（3）

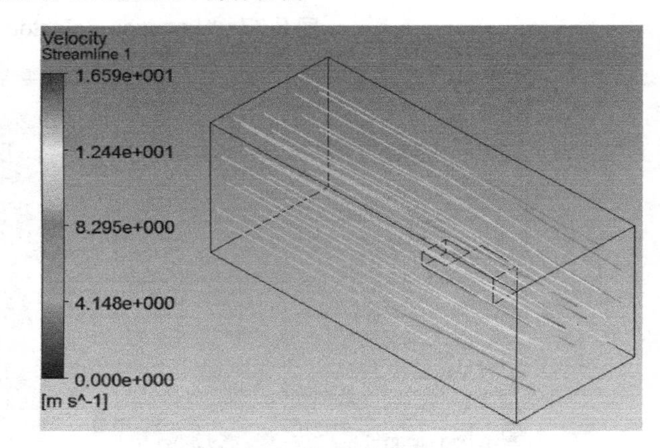

图 8-82　流体迹线图

（9）安全退出该操作窗口，在 Workbench 17.0 的工具栏中，单击 Save as…，保存工程文件 EX8.wbpj。

应用·技巧

冲蚀问题的关键是正确使用 DPM 模型，尤其是 DPM 模型的颗粒源入口参数的设定，以及离散相颗粒与壁面之间的作用形式、冲击角的设置。相关参数需要借助其他实验或经验参数。

8.6 本章小结

本章介绍了FLUENT中利用DPM模型进行冲蚀问题模拟的过程。冲蚀模拟的精确度主要取决于颗粒源入口参数的设置，包括入射速度、入射量、颗粒直径分布等，还取决于颗粒与壁面的作用形式及冲蚀角函数。为了反映实际，这些参数的设置应尽可能来源于实测值。

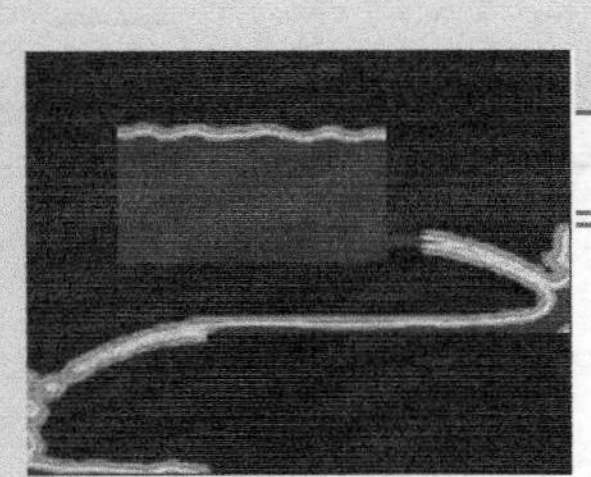

第 9 章　管嘴自由出流模拟

管嘴出流是流体力学一类典型的问题，涉及气液两相流和非恒定流动。随着出流时间的增加，水箱液面逐渐下降，箱内液体的势能逐渐减小，管嘴出口的流速也将逐渐减小。铜壶滴漏就是我们的祖先运用管嘴出流知识设计出的计时工具，在现今的生产和生活中，仍然存在着大量的管嘴出流现象，有效利用管嘴出流是我们所关注的话题。本章我们利用多相流模型和瞬态模型对管嘴自由出流进行模拟。

本章内容

- VOF 模型
- 瞬态模型
- 计算域初始相体积分数设置
- 管嘴出流实例

本章案例

- 实例 9　管嘴自由出流模拟

9.1 实例概述

本例对二维管嘴自由出流进行模拟，模型的具体尺寸见图 9-1。容器高 0.5m，宽 0.3m，管嘴部分长为 0.05m，宽为 0.02m，其中装有 4/5 的水，水在重力的作用下往外流，空气区域为包围管嘴在内的长为 0.7m，宽为 0.5m 的矩形区域。模型为规则的矩形，因此采用四边形划分网格。

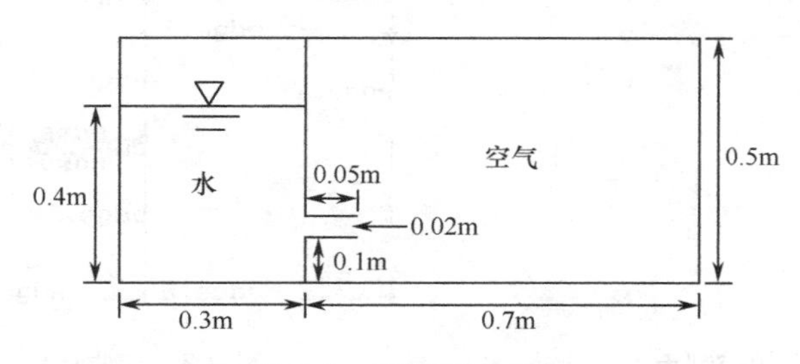

图 9-1 计算区域尺寸

思路·点拨

由于本例涉及气液两相，故选用 VOF 模型，计算区域中气体占据的空间较多，可将空气定义为基本相，而将水定义为第二相。随着时间的推移，容器里的水不断向外流，故该问题为非定常流动，需要启动非定常模型。另外，在初始化时，需要对水进行补充设置，以实现容器中水的初始状态。

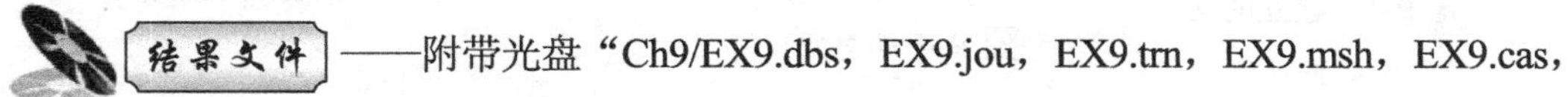

结果文件——附带光盘“Ch9/EX9.dbs，EX9.jou，EX9.trn，EX9.msh，EX9.cas，EX9.dat”

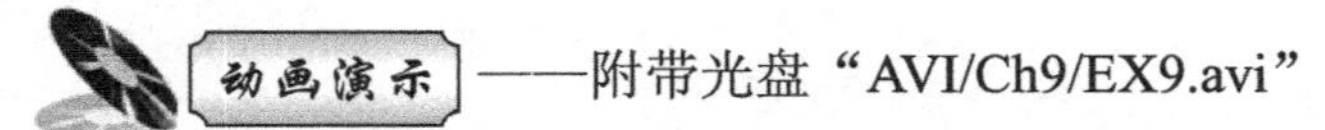

动画演示——附带光盘“AVI/Ch9/EX9.avi”

9.2 几何模型建立

（1）启动 Gambit，首先建立模型的控制点。→→，在 Create Real Vertex 面板的 *x*、*y*、*z* 坐标输入栏中输入“(0，0，0)”，单击 Apply 按钮生成第一个点，按同样方法建立点（0.3，0，0），（1，0，0），（1，0.5，0），（0.3，0.5，0），（0，0.5，0），（0，0.4，0），（0.3，0.4，0），（0.3，0.1，0），（0.3，0.12，0），（0.35，012，0）和（0.35，0.1，0）11 个点，建立好的几何点如图 9-2 所示。

（2）单击→→，在 Create Straight Edge 面板中选择点 1（Vertix.1）与点 2（Vertix.2），连接这两点生成直线段，接着按照同样的方法连接其余线段，分别为点 2（Vertix.2）与点 3（Vertix.3），点 3（Vertix.3）与点 4（Vertix.4），点 4（Vertix.4）与点 5（Vertix.5），点 5（Vertix.5）与点 6（Vertix.6），点 6（Vertix.6）与点 7（Vertix.7），点

7（Vertix.7）与点 8（Vertix.8），点 8（Vertix.8）与点 10（Vertix.10），点 10（Vertix.10）与点 11（Vertix.11），点 11（Vertix.11）与点 12（Vertix.12），点 12（Vertix.12）与点 9（Vertix.9），点 10（Vertix.10）与点 9（Vertix.9），点 9（Vertix.9）与点 2（Vertix.2），点 5（Vertix.5）与点 8（Vertix.8），点 7（Vertix.7）与点 1（Vertix.1）之间的线段，共 15 条线段，如图 9-3 所示。

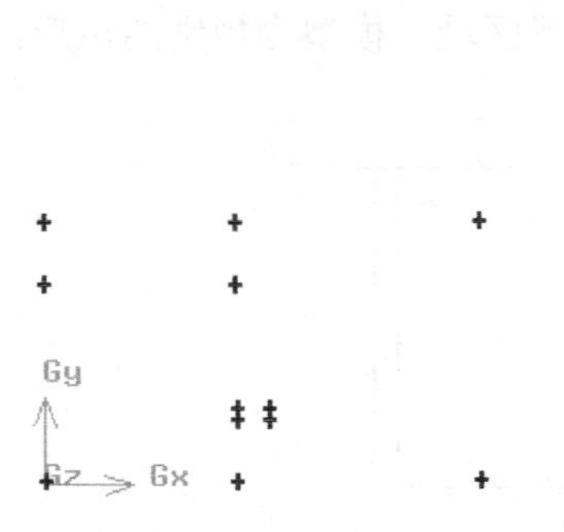

图 9-2　建立的控制点

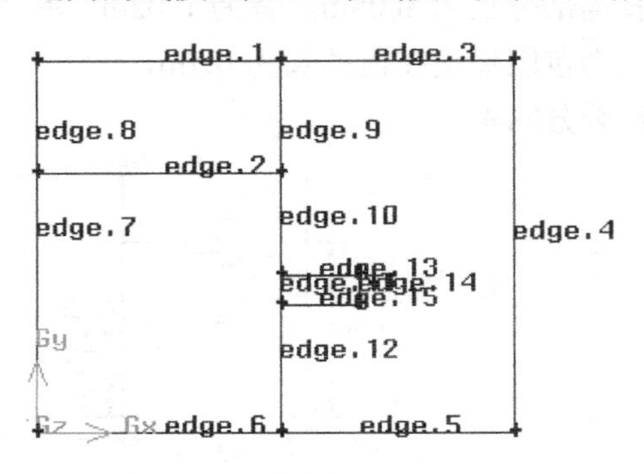

图 9-3　建立的线

（3）单击 → → ，在 Create Face from Wireframe 面板中利用 Shift+鼠标左键框选 edge.1、edge.2、edge.8、edge.9，然后单击 Apply 按钮创建面 1（face.1），按照同样的方法连接 edge.3、edge.4、edge.5、edge.9、edge.10、edge.12、edge.13、edge.14、edge.15 创建面 2（face.2），连接 edge.11、edge.12、edge.14、edge.15 创建面 3（face.3），连接 edge.2、edge.6、edge.7、edge.10、edge.11、edge.12 创建面 4（face.4），最后生成的 4 个面如图 9-4 所示。

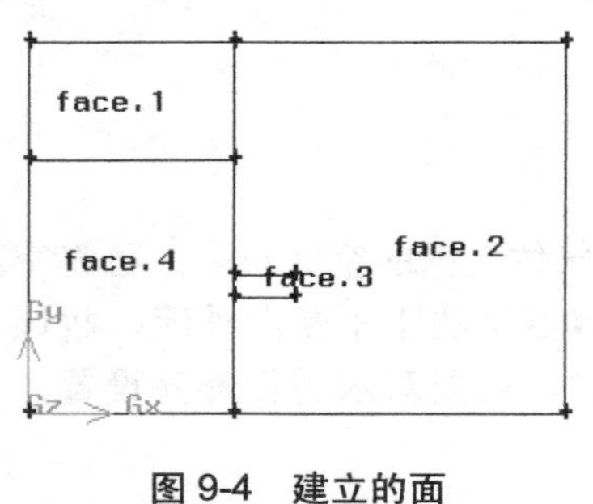

图 9-4　建立的面

9.3　网格划分

（1）单击 → → ，在 Mesh Edges 面板的 Edges 中选取线段 1（edge.1）、线段 2（edge.2）、线段 6（edge.6）三条边，保持 Ratio 为 1，运用 Interval count 划分方法，并于左侧输入 30，即划分为 30 个间隔，单击 Apply，生成这三条线的线网格。按照同样的方法将线段 3（edge.3）和线段 5（edge.5）划分为 70 个间隔，线段 8（edge.8）和线段 9（edge.9）划分为 10 个间隔，线段 13（edge.13）和线段 15（edge.15）划分为 5 个间隔，线段 11（edge.11）和线段 14（edge.14）划分为 2 个间隔，线段 7（edge.7）划分为 40 个间隔，线段 10（edge.10）划分为 28 个间隔，线段 12（edge.12）划分为 10 个间隔，线段 4（edge.4）划分为 50 个间隔，最后生成如图 9-5 所示的线网格。

（2）线网格划分完后，单击 → → ，打开 Mesh Faces 面板，选取面 1（face.1）～面 4（face.4），运用 Quad 单元与 Map 方法对面进行面网格划分，保留其他默认设置，单击 Apply 按钮。最后生成的面网格如图 9-6 所示。

（3）下面定义边界类型。单击 → ，在 Specify Boundary Types 面板中将容器口（edge.1）定义为压力进口（PRESSURE_INLET），名称为 p-in，将出口（edge.3）、 (edge.4)、(edge.5)定义为压力出口(PRESSURE_OUTLET),名称为 p-out,将容器壁面(edge.6)、(edge.7)、(edge.8)、(edge.9)、(edge.10)、(edge.12)、(edge.13)、(edge.15)定义为壁面(WALL),名称为 wall,如图 9-7 所示。

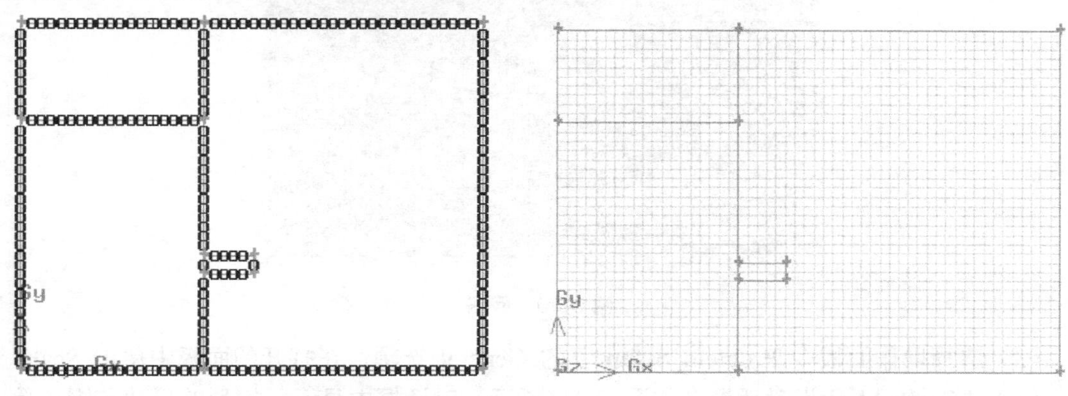

图 9-5　划分好的线网格　　　　图 9-6　划分好的面网格

(4)定义介质类型,单击→,在 Specify Continuum Types 面板中将容器盛水部分(face.4)定义为流体(FLUID),名称为 f1,管嘴部分(face.3)也定义为流体(FLUID),名称为 f2,如图 9-8 所示。

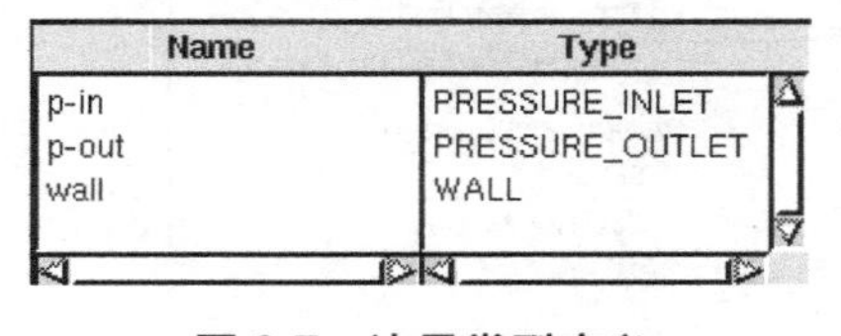

Name	Type
p-in	PRESSURE_INLET
p-out	PRESSURE_OUTLET
wall	WALL

图 9-7　边界类型定义

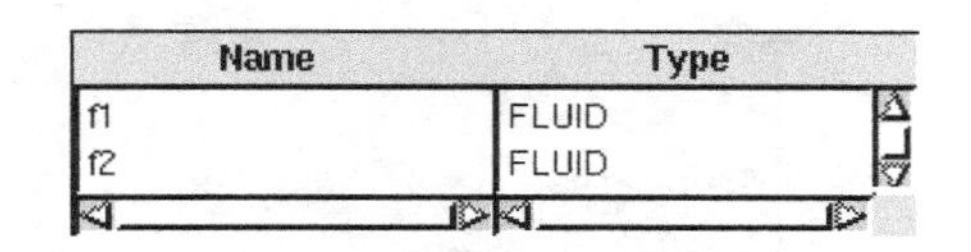

Name	Type
f1	FLUID
f2	FLUID

图 9-8　介质类型定义

(5)最后执行 File→Export→Mesh 菜单命令,将网格输出为 EX9.msh。

9.4　模型计算设置

(1)启动 FLUENT 17.0 的 2D 解算器,如图 9-9 所示。

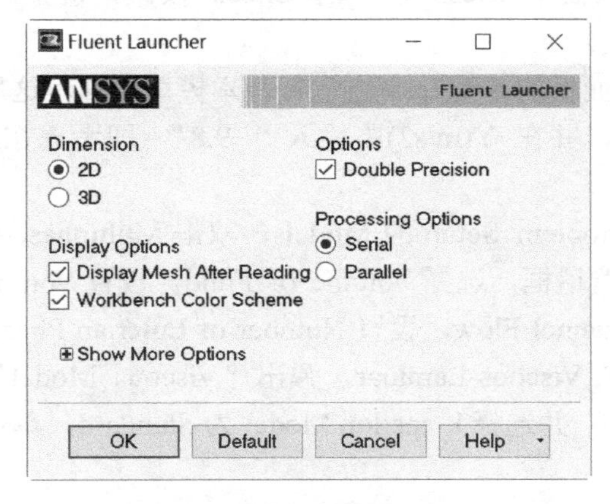

图 9-9　启动 2D 解算器

（2）选择 File→Import→Mesh 命令，在弹出的“Select File”对话框中选择 EX9.msh，并将其导入 FLUENT 17.0 中，网格加载如图 9-10 所示。

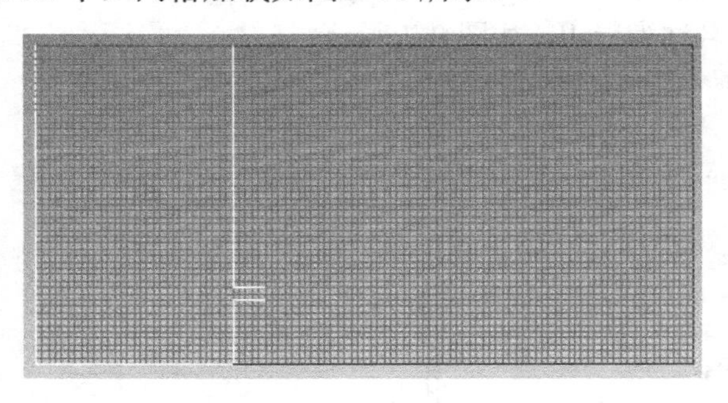

图 9-10　网格

（3）选择操作面板中 Problem Setup 下的 General 选项，在打开的面板中单击 Scale 按钮，弹出“Scale Mesh”对话框，如图 9-11 所示，对话框中显示了模型的尺寸范围，单击 Close 按钮，关闭对话框。

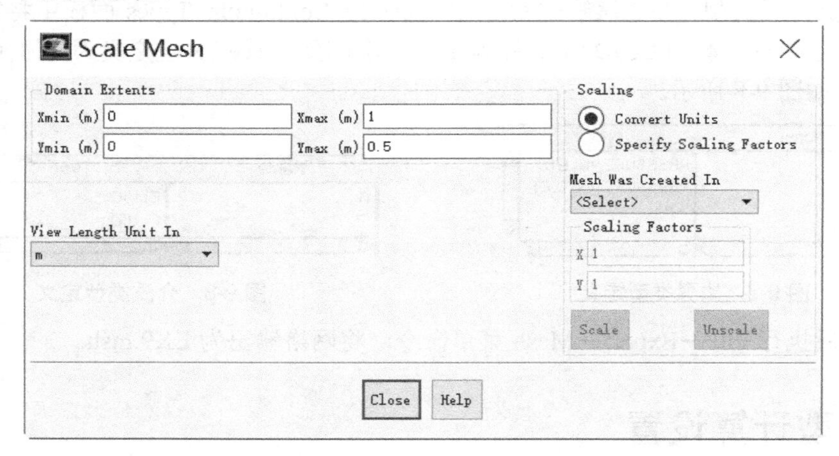

图 9-11　“Scale Mesh”对话框

（4）单击 General 面板中 Mesh 栏中的 Check 按钮，检查网格，待文本界面中出现 Done，表示模型网格合适。

（5）在 General 操作面板的 Solver 下方进行基本模型设置，这里选择非定常模型及绝对速度选项，勾选 Gravity，并在 Y(m/s2)中输入“−9.8”，即考虑在 *Y* 轴负向存在重力加速度，如图 9-12 所示。

（6）选择操作面板 Problem Setup 的 Models，双击 Multiphase-Off，弹出如图 9-13 所示的“Multiphase Model”对话框，选择 Volume of Fluid，设置 Volume Fraction Parameters 为 Implicit，并勾选 Open Channel Flow，设置 Number of Eulerian Phases 为 2，单击 OK 按钮。回到 Models 面板，双击 Viscous-Laminar，弹出“Viscous Model”对话框，如图 9-14 所示，选择 k-epsilon (2 eqn)，并选择 k-epsilon Model 为 Standard，单击 OK 按钮。

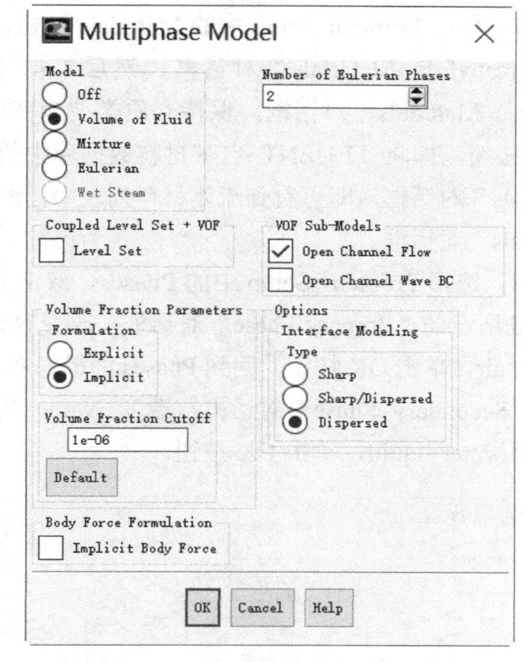

图 9-12　设置重力加速度

图 9-13　“Multiphase Model”对话框

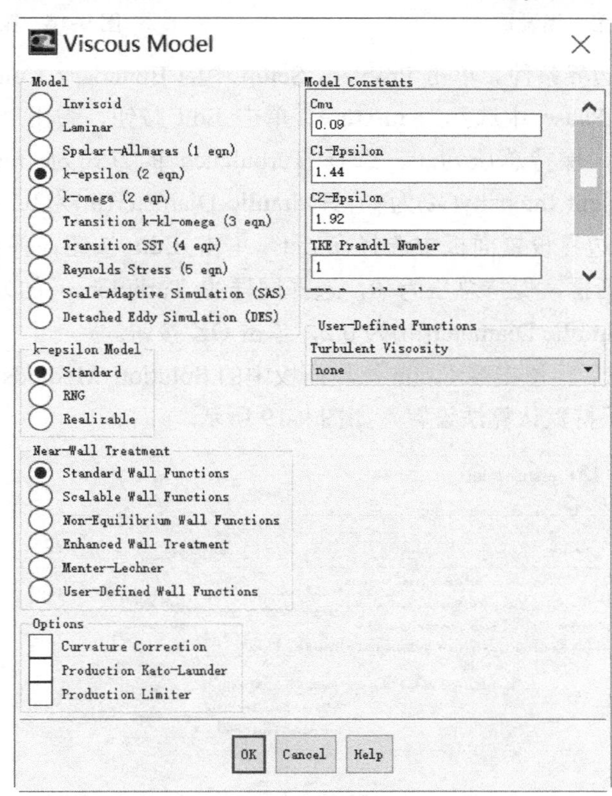

图 9-14　“Viscous Model”对话框

（7）单击 Problem Setup 中的 Materials 按钮，单击 Materials 面板的 Create/Edit 按钮，弹出“Create/Edit Materials”对话框，然后单击 FLUENT Database 按钮，弹出“FLUENT Database Materials”对话框，保持介质类型为 Fluid，选择左侧列表中的 water-liquid，单击 Copy 按钮，即将 FLUENT 自带材料数据库中的水调用到当前工程中来。回到“Create/Edit Materials”对话框，即可看到流体材料列表中已经有水。单击 Close 按钮，关闭“Create/Edit Materials”对话框。

（8）选择 Problem Setup 中的 Phases，双击 Phases 面板的 Phase-Primary Phase，弹出如图 9-15 所示的“Primary Phase”对话框，改变 Name 为 air，并选择 Phase Material（第一相材料）为 air，单击 OK 按钮。回到 Phases 面板，双击 Phase-Secondary Phase，弹出如图 9-16 所示的“Secondary Phase”对话框，改变 Name 为 water，并选择 Phase Material（第二相材料）为 water-liquid，单击 OK 按钮。

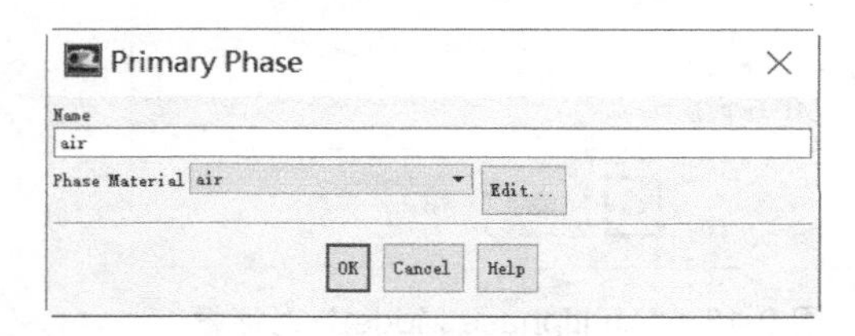

图 9-15　第一相设置

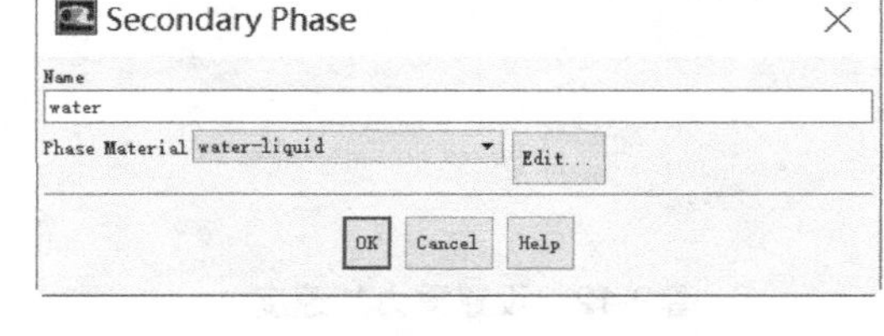

图 9-16　第二相设置

（9）定义本例的边界条件。单击 Problem Setup 中的 Boundary Conditions，在其面板中选择 p-in，保持下方 Phase 中选择为 mixture，单击 Edit 按钮，弹出“Pressure Inlet”对话框，如图 9-17 所示，保持总压为 0，选择 Turbulence 的方式为 Intensity and Hydraulic Diameter，设置 Turbulent Intensity(%)为 1，Hydraulic Diameter(m)为 0.2，单击 OK 按钮。入口边界定义完后，在边界设置面板中选择 p-out，单击 Edit 按钮，弹出如图 9-18 所示的“Pressure Outlet”对话框，保持总压为 0，选择同样的 Turbulence 的方式，设置 Turbulent Intensity(%)为 1，Hydraulic Diameter(m)为 0.2，单击 OK 按钮。

（10）边界定义完后，单击 Solution 操作面板中的 Solution Methods 按钮，展开 Solution Methods 面板，这里保持默认算法设置，如图 9-19 所示。

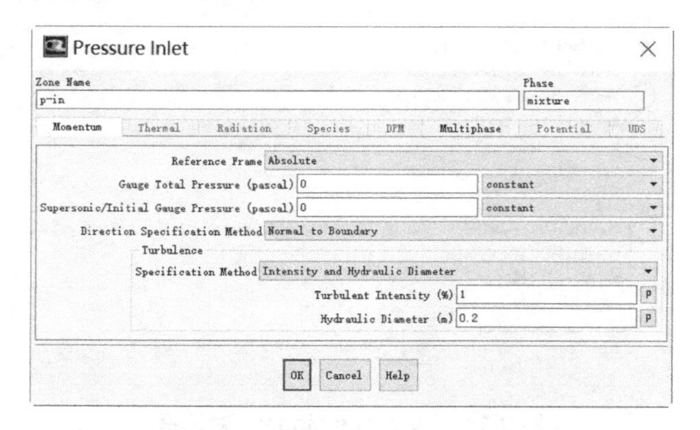

图 9-17　“Pressure Inlet”对话框

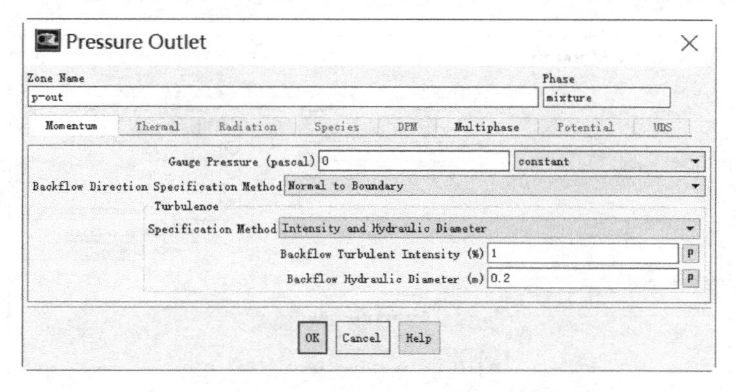

图 9-18 “Pressure Outlet”对话框

（11）单击 Solution 操作面板中的 Solution Controls 按钮，展开 Solution Controls 面板，设置 Volume Fraction 的松弛因子为 0.5，Pressure 和 Momentum 的松弛因子分别为 0.3 和 0.7，Turbulent Kinetic Energy 和 Turbulent Dissipation Rate 均为“0.8”，其余各项为 1，如图 9-20 所示。

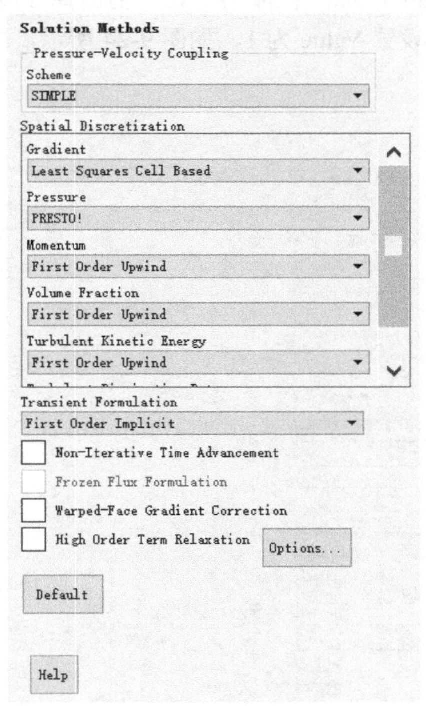

图 9-19 算法设置

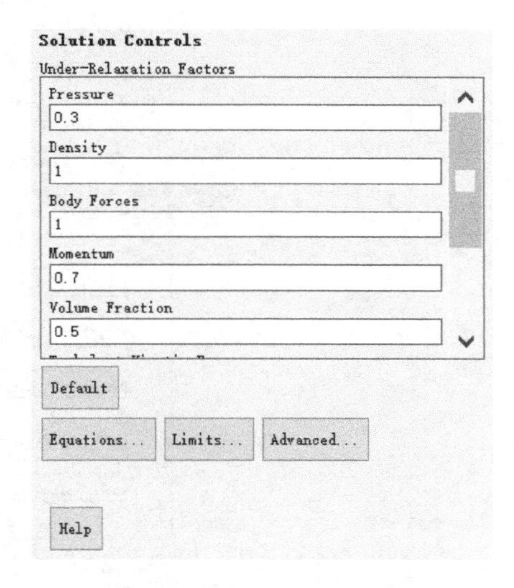

图 9-20 松弛因子设置

（12）单击 Solution 操作面板中的 Monitors 按钮，选择“Residuals-Print，Plot”，单击 Edit 按钮，弹出如图 9-21 所示对话框，保持默认设置，单击 OK 按钮。

（13）单击 Solution 操作面板中的 Solution Initialization 按钮，在展开面板中选择 Compute from 为 all-zones，如图 9-22 所示，单击 Initialize 按钮，完成初始化。

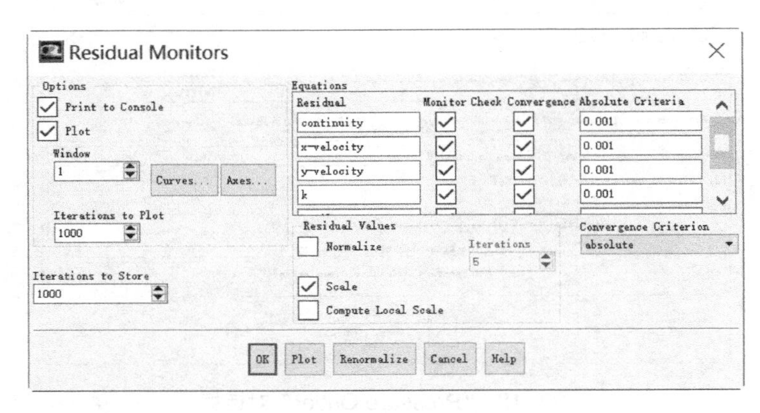

图 9-21　收敛精度设置

（14）初始化完后，需要进行区域补充设置，单击 Solution Initialization 面板下方的 Patch 按钮，弹出如图 9-23 所示的“Patch”对话框。首先选择 Zones to Patch 列表中的 fluid，选择 Phase 为 water，并在 Variable 中选择 Volume Fraction，设置 Value 为 0，即将整个计算区域都定义为空气。然后，选择 ones to Patch 列表中的 f1、f2，仍选择 Phase 为 water，并在 Variable 中选择 Volume Fraction，这时设置 Value 为 1，如图 9-24 所示，即将这两个计算区域都定义为水。

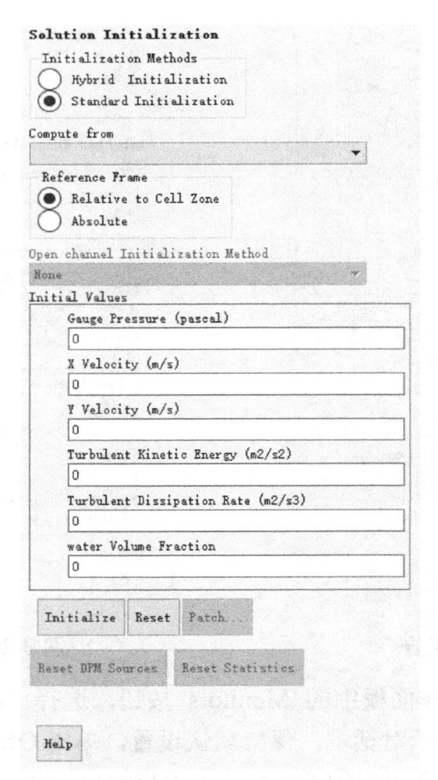

图 9-22　初始化

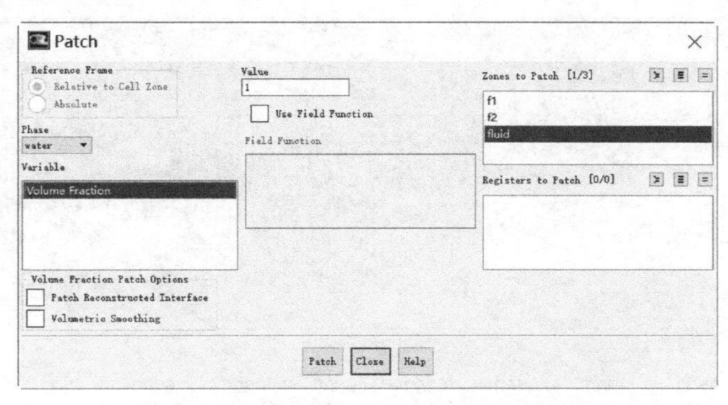

图 9-23 “Patch”对话框

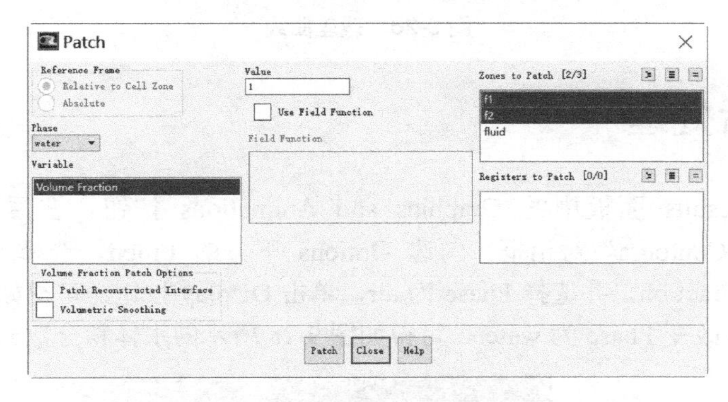

图 9-24 定义水的初始区域

（15）单击 Solution 操作面板中的 Run Calculation，在如图 9-25 所示的面板中输入 Time Step Size (s)为 0.01，Number of Time Steps 为 200，选择 Time Stepping Method 为 Fixed，并设置 Max Iterations/Time Step 为 40，单击 Calculate 按钮开始计算。计算结束后的残差曲线如图 9-26 所示。

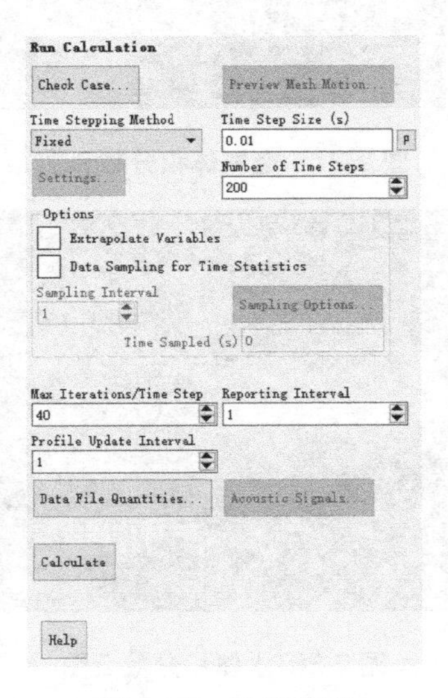

图 9-25 迭代设置

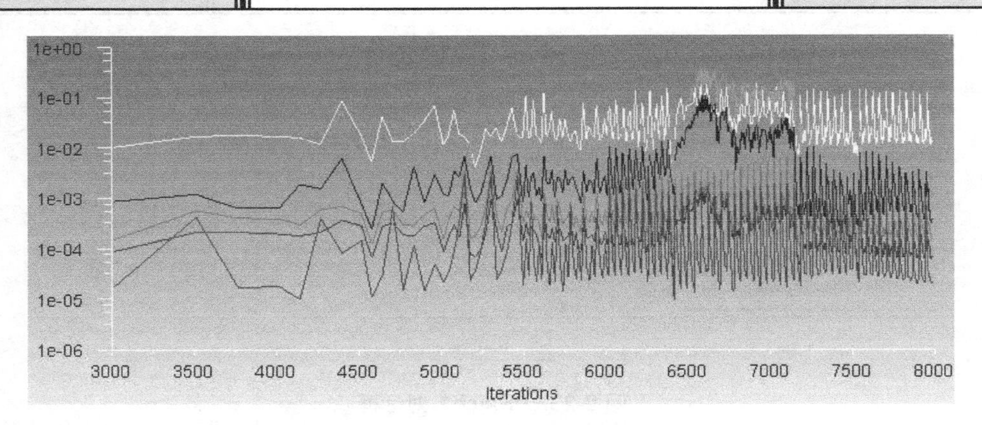

图 9-26　残差曲线

9.5　结果后处理

（1）单击 Results 面板中的 Graphics and Animations 按钮，在展开的面板中双击 Contours，弹出“Contours”对话框，勾选 Options 下方的 Filled，选择 Contours of 中的 Phase 和 Volume Fraction，并选择 Phase 为 air，单击 Display 按钮，可得如图 9-27 所示的空气体积分数云图。改变 Phase 为 water，可得如图 9-28 所示的水体积分数云图。

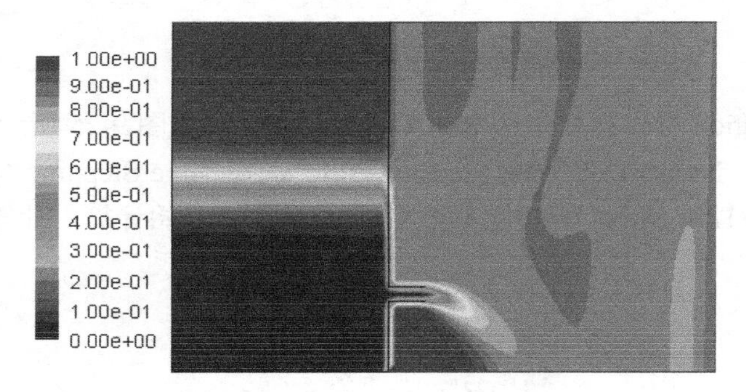

图 9-27　空气体积分数云图

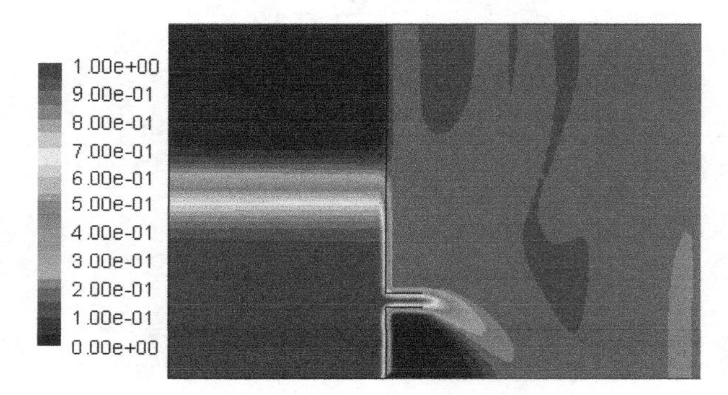

图 9-28 水体积分数云图

（2）图形分析完后，选择菜单 File→Export→Case & Data，保存工程与数据结果文件

（EX9.cas 和 EX9.dat）

（3）最后单击 File→Close FLUENT，安全退出 FLUENT 17.0。

应用・技巧

打补丁（Patch）的使用可以定义某一相在某一区域的初始含量，因此，本例的初始时刻，水箱里面水含量的定义用的就是打补丁的方式。实例中的时间步长乘以时间步就是实际流动时间，这里只计算了 2s，读者可以设置更长的时间来观察后续流动情况。

9.6 本章小结

本例涉及气液两相流动，且关注水流在气相中的分界面形状，因此选择使用 VOF 模型，以实现两相交界面的重构，而初始时刻水相分布用的是打补丁（Patch）的方法定义的。本例属于瞬态流动，因此需要调用非定常模型。随着时间的增加，在重力的作用下，水面逐渐下降，水流从管嘴流出，射入大气，每一时刻的水面及射流形状都将发生着变化。读者可以设置每隔一段时间保存一次 dat 文件或直接设置动画，来观察不同时间的出流情况。

第10章　泄洪坝挑射模拟

泄洪坝是水利工程中的典型构筑物，泄洪闸门打开后，水流将高速下泄，势能转变为动能，对下游建筑物构成了冲击威胁。因此，需要在泄洪坝下游设置挑射坎，以削减下泄的水流动能，减小对下游建筑物的影响。本章针对泄洪坝的挑射问题进行模拟，以帮助读者分析泄洪挑射的水力特点。

本章内容

- VOF模型
- Adapt区域划定
- 初始相定义
- 挑射实例

本章案例

- 实例　泄洪坝挑射模拟

视频教学

10.1 实例概述

本例对二维泄洪坝挑射的流动情况进行模拟分析，其具体尺寸如图 10-1 所示。由于计算域不规则，划分网格时需要对面进行切分，然后分别划分网格。这里，将弧形的挑射部分切开，用三角形网格进行划分，其余的用四边形网格进行划分。

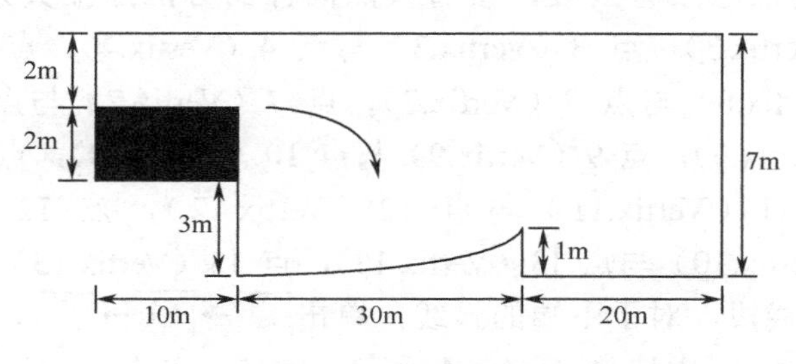

图 10-1 计算区域尺寸

思路·点拨

由于本例涉及气液两相流，且液体的流动界面时刻发生着变化，故应选用 VOF 模型。由于计算区域中气体占据的空间较多，这里可将空气定义为基本相，而将水定义为第二相。本例初始状态的水流分布在图 10-1 中的黑色区域，随着时间的推移，上游的水流经过坎跌入下游，故该问题为非定常流动，需要启用非定常模型。另外，在初始化的时候，需要对水域进行补充设置，以实现如图 10-1 所示的水流分布初始状态。

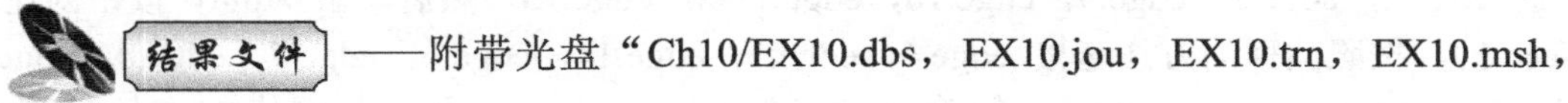

——附带光盘“Ch10/EX10.dbs，EX10.jou，EX10.trn，EX10.msh，EX10.cas，EX10.dat”。

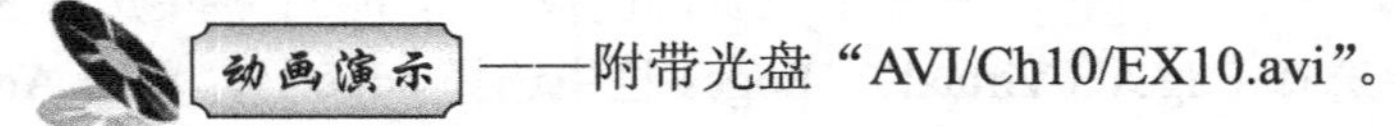

——附带光盘“AVI/Ch10/EX10.avi”。

10.2 几何模型建立

（1）启动 Gambit，首先建立模型的控制点。→→，在 Create Real Vertex 面板的 *x*、*y*、*z* 坐标输入栏中输入（0，0，0），单击 Apply 按钮生成第一个点，按同样方法建立（10，0，0），（10，−3，0），（40，−3，0），（60，−3，0），（60，4，0），（0，4，0）六个点，为后续网格划分方便，再建立 6 个用于分块划分网格的控制点，坐标分别为（10，−2，0），（40，−2，0），（60，−2，0），（10，4，0），（10，2，0），（0，2，0），建立好的几何点如图 10-2 所示。

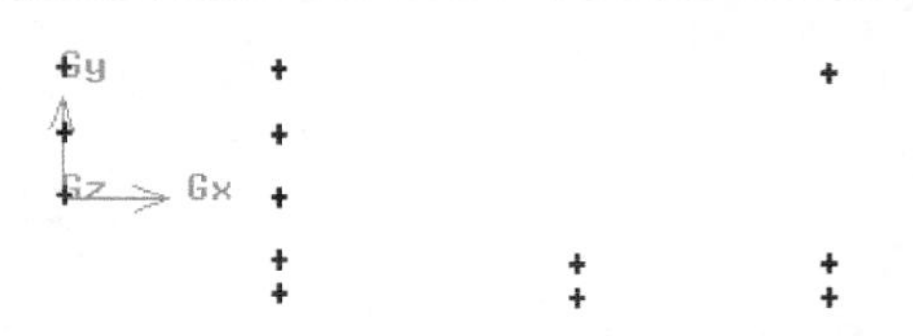

图 10-2　建立的控制点

（2）单击[图标]→[图标]→[图标]，在 Create Straight Edge 面板中选择点 1（Vertix.1）与点 2（Vertix.2），连接这两点生成直线段，接着按照同样的方法连接其余线段，分别为点 2（Vertix.2）与点 3（Vertix.3），点 3（Vertix.3）与点 4（Vertix.4），点 5（Vertix.5）与点 6（Vertix.6），点 6（Vertix.6）与点 7（Vertix.7），点 7（Vertix.7）与点 8（Vertix.8），点 8（Vertix.8）与点 9（Vertix.9），点 9（Vertix.9）与点 10（Vertix.10），点 10（Vertix.10）与点 11（Vertix.11），点 11（Vertix.11）与点 12（Vertix.12），点 12（Vertix.12）与点 1（Vertix.1），点 10（Vertix.10）与点 13（Vertix.13），点 13（Vertix.13）与点 2（Vertix.2）之间的线段，共 13 根线段。对于下端的弧线，单击[图标]→[图标]→[图标]，在 Center 栏中选择 Vertex.9，在 End-Points 栏中选择 Vertex.4 和 Vertex.5，单击 Apply 按钮，生成线段 14（edged.14），为了后面划分网格的需要，选择点 3（Vertix.3）与点 5（Vertix.5）生成线段 15（edge.15），如图 10-3 所示。

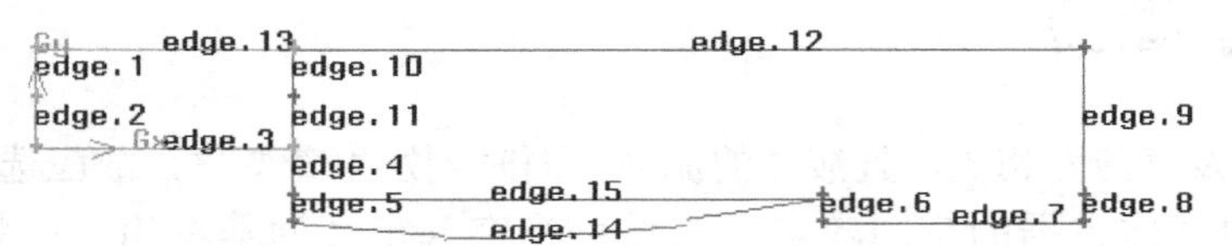

图 10-3　建立的线

（3）单击[图标]→[图标]→[图标]，在 Create Face from Wireframe 面板中利用 Shift+鼠标左键框选 edge.1，edge.2，edge.3，edge.10，edge.11 和 edge.13，然后单击 Apply 按钮创建面 1（face.1），按照同样的方法连接 edge.4，edge.5，edge.14，edge.6，edge.7，edge.8，edge.9，edge.12，edge.10，和 edge.11 创建面 2（face.2），为了后面划分网格的方便，将面 2（face.2）划分为两个面，单击[图标]→[图标]→[图标]，在 Split Face 面板中的 Face 栏中选择面 2（face.2），Split with 下拉菜单中选择 Edges（Virtual），Edges 栏中选择 edge.15，单击 Apply 按钮，生成面 3（v_face.3）和面 4（v_face.4），最后生成的面如图 10-4 所示。

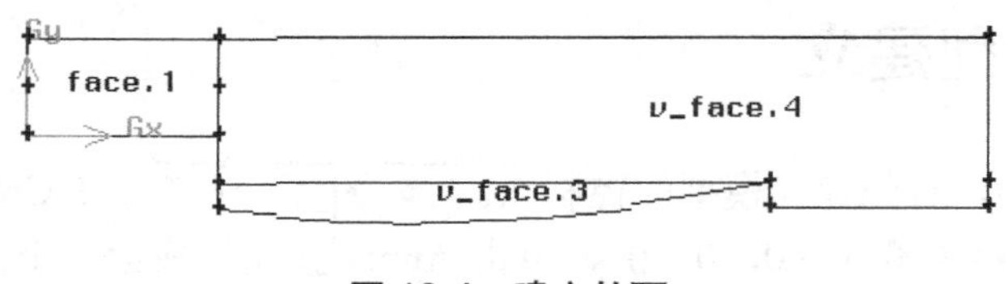

图 10-4　建立的面

10.3　网格划分

（1）单击[图标]→[图标]→[图标]，在 Mesh Edges 面板的 Edges 中选取线段 1（edge.1）、线段 2（edge.2）、线段 10（edge.10）、线段 11（edge.11）4 条边，并保持 Ratio 为 1，运用

Interval count 划分方法，并于左侧输入“5”，即划分为 5 个间隔，单击 Apply 按钮，生成 4 条线的线网格。

（2）按照同样的线网格划分方法，将线段 3（edge.3）、线段 13（edge.13）两条边划分为 20 个间隔，将线段 5（edge.5）、线段 6（edge.6）划分为 3 个间隔，将线段 14（edge.14）、线段 15（edge.15）划分为 60 个间隔，将线段 4（edge.4）划分为 5 个间隔，线段 7（edge.7）划分为 40 个间隔，线段 8（edge.8）划分为 3 个间隔，线段 9（edge.9）划分为 15 个间隔，线段 12 划分为 100 个间隔，最后生成的线网格如图 10-5 所示。

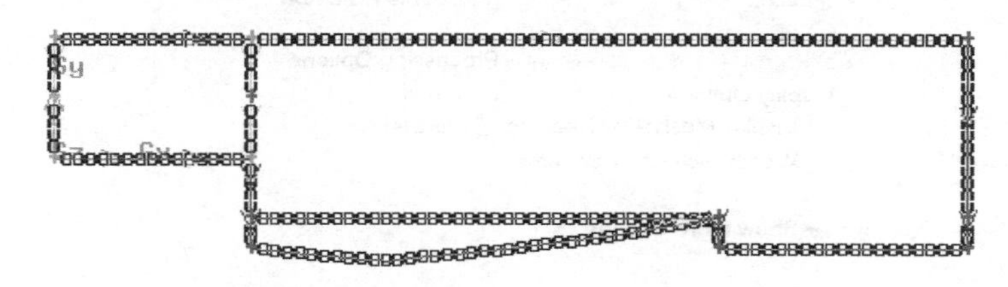

图 10-5　划分好的线网格

（3）线网格划分完后，单击 → → ，打开 Mesh Faces 面板，选取面 1（face.1）、面 4（v_face.4），运用 Quad 单元与 Map 方法对面进行面网格划分，保留其他默认设置，单击 Apply 按钮。对于面 3（v_face.3）网格的划分，因为不是规则的多边形，因此不能用四边形网格划分，而采用三角形网格，单击 → → ，打开 Mesh Faces 面板，选择面 3（v_face.3），运用 Tri 单元与 Pave 方法对面进行面网格划分，保留其他默认设置，单击 Apply 按钮。生成的面网格如图 10-6 所示。

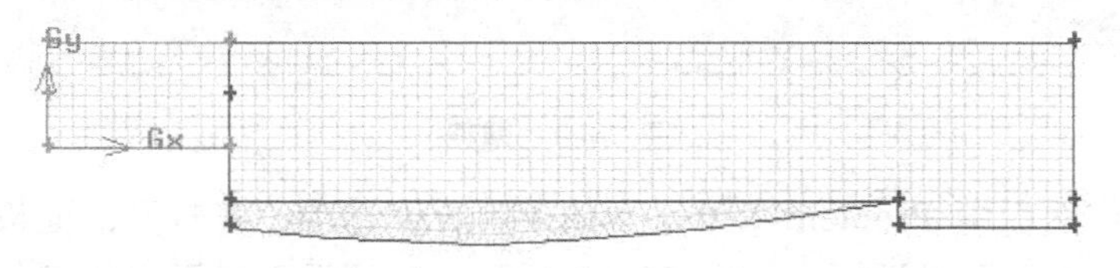

图 10-6　划分好的面网格

（4）下面定义边界类型。单击 → ，在 Specify Boundary Types 面板中将水流进口（edge.2）定义为速度进口（VELOCITY_INLET），名称为 in，将空气进口（edge.1）定义为压力进口（PRESSURE_INLET），名称为 p-in，将出口（edge.8）、（edge.9）、（edge.12）、（edge.13）定义为压力出口（PRESSURE_OUTLET），名称分别为 out，将（edge.3）、（edge.4）、（edge.5）、（edge.6）、（edge.7）、（edge.14）定义为壁面（WALL），名称为 wall，如图 10-7 所示。

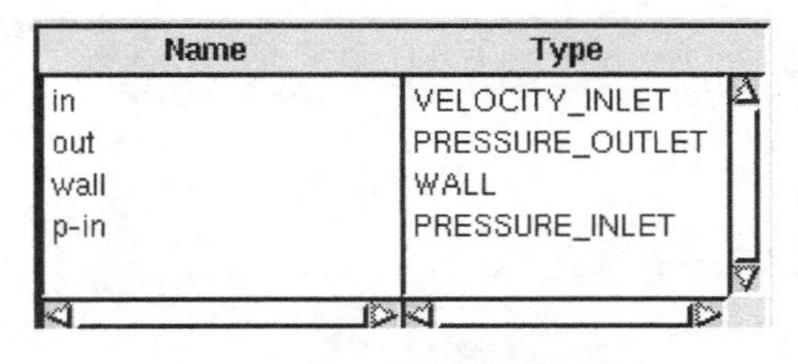

Name	Type
in	VELOCITY_INLET
out	PRESSURE_OUTLET
wall	WALL
p-in	PRESSURE_INLET

图 10-7　边界类型定义

（5）最后执行 File→Export→Mesh 菜单命令，将网格输出为 EX10.msh。

10.4 模型计算设置

（1）启动 FLUENT 17.0 的 2D 解算器，如图 10-8 所示。

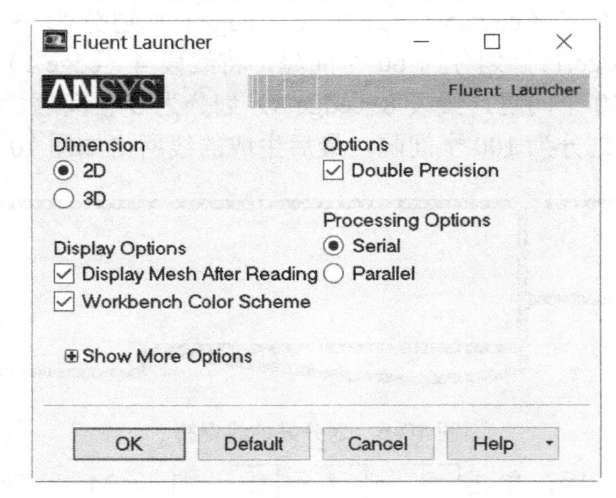

图 10-8 启动 2D 解算器

（2）选择 File→Import→Mesh 命令，在弹出的“Select File”对话框中选择 EX10.msh，并将其导入 FLUENT 17.0 中，网格加载如图 10-9 所示。

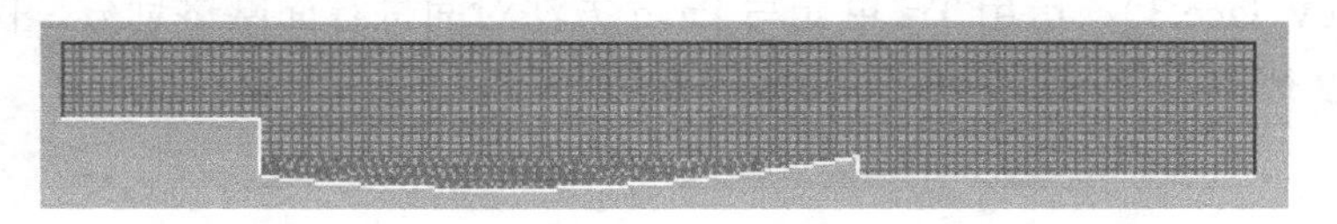

图 10-9 网格

（3）选择操作面板中 Problem Setup 下的 General 选项，在打开的面板中单击 Scale 按钮，弹出“Scale Mesh”对话框，如图 10-10 所示，对话框中显示了模型的尺寸范围，单击 Close 按钮，关闭对话框。

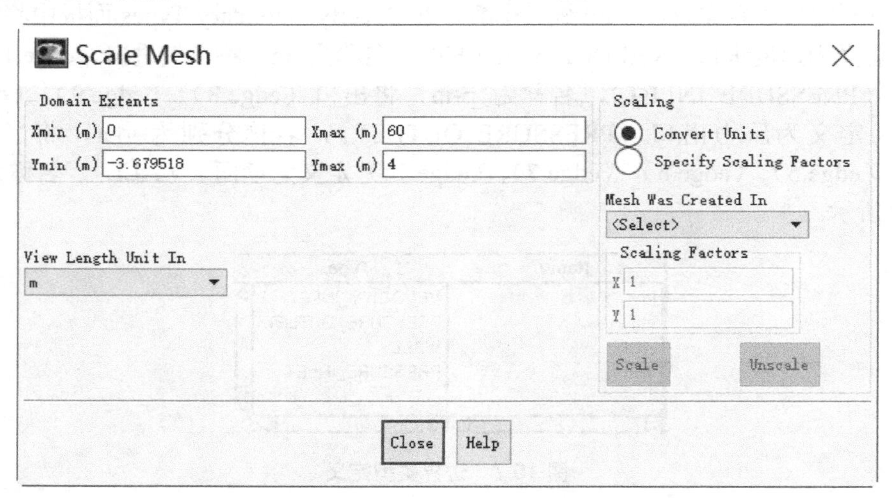

图 10-10 “Scale Mesh”对话框

（4）单击 General 面板中 Mesh 栏中的 Check 按钮，检查网格，待文本界面中出现 Done，表示模型网格合适。

（5）在 General 操作面板的 Solver 下方进行基本模型设置，这里选择非定常模型及绝对速度选项，勾选 Gravity，并在 Y(m/s2)中输入“-9.8”，即考虑在 *Y* 轴负向存在重力加速度，如图 10-11 所示。

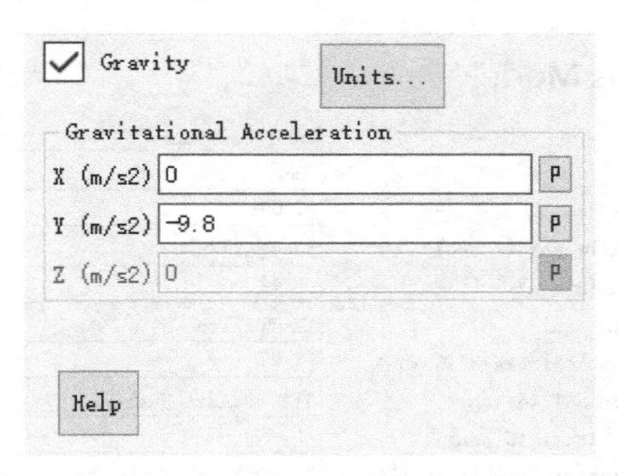

图 10-11　设置重力加速度

（6）选择操作面板 Problem Setup 的 Models，双击 Multiphase-Off，弹出如图 10-12 所示的“Multiphase Model”对话框，选择 Volume of Fluid，设置 Volume Fraction Parameters 为 Implicit，并勾选 Open Channel Flow，设置 Number of Eulerian Phases 为 2，单击 OK 按钮。回到 Models 面板，双击 Viscous-Laminar，弹出“Viscous Model”对话框，如图 10-13 所示，选择 k-epsilon (2 eqn)，并选择 k-epsilon Model 为 Standard，单击 OK 按钮。

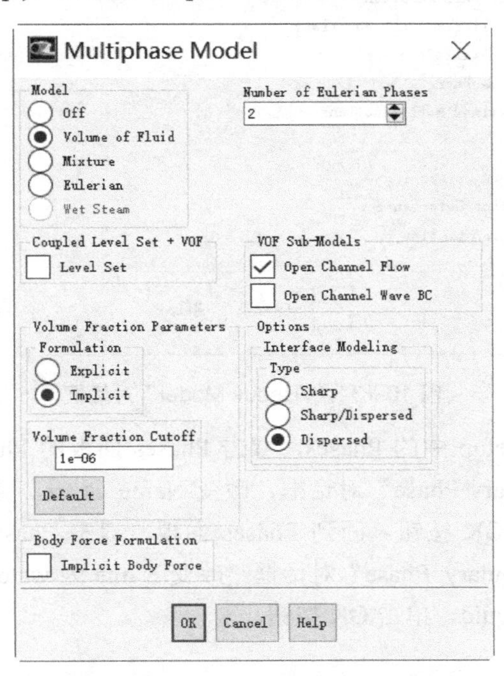

图 10-12　“Multiphase Model”对话框

（7）单击 Problem Setup 中的 Materials 按钮，单击 Materials 面板的 Create/Edit 按钮，

弹出“Create/Edit Materials”对话框，然后单击 FLUENT Database 按钮，弹出“FLUENT Database Materials”对话框，保持介质类型为 Fluid，选择左侧列表中的 water-liquid，单击 Copy 按钮，即将 FLUENT 自带材料数据库中的水调用到当前工程中来。回到“Create/Edit Materials”对话框，即可看到流体材料列表中已经有水。单击 Close 按钮，关闭“Create/Edit Materials”对话框。

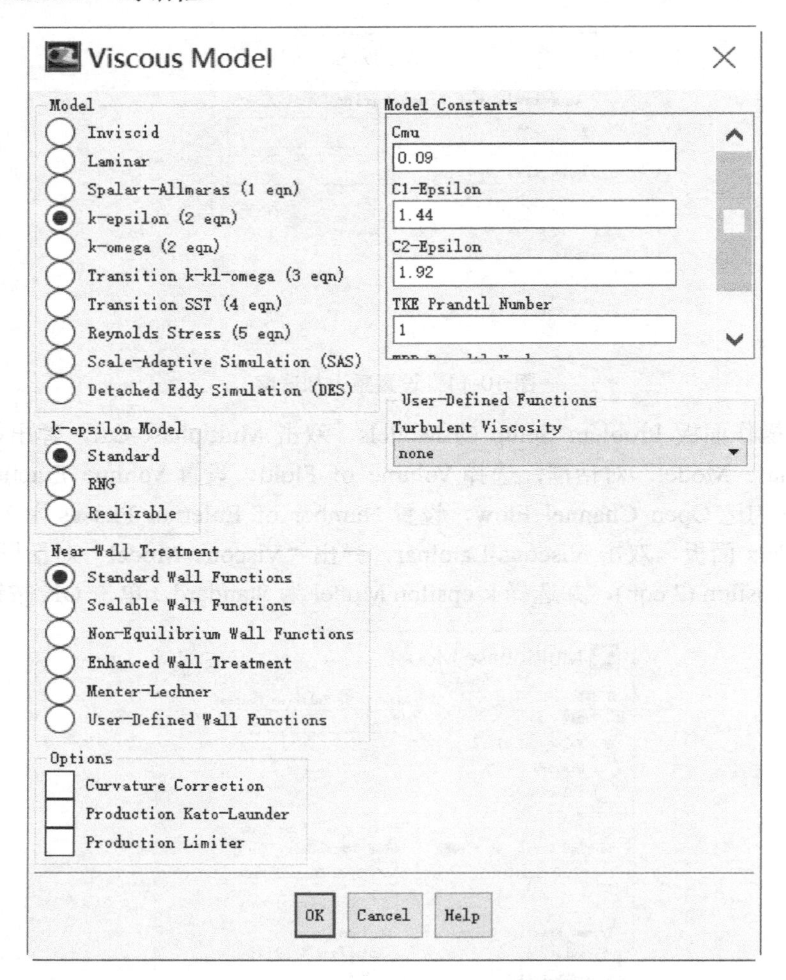

图 10-13 “Viscous Model”对话框

（8）选择 Problem Setup 中的 Phases，双击 Phases 面板的 Phase-Primary Phase，弹出如图 10-14 所示的“Primary Phase”对话框，改变 Name 为 air，并选择 Phase Material（第一相材料）为 air，单击 OK 按钮。回到 Phases 面板，双击 Phase-Secondary Phase，弹出如图 10-15 所示的“Secondary Phase”对话框，改变 Name 为 water，并选择 Phase Material（第二相材料）为 water-liquid，单击 OK 按钮。

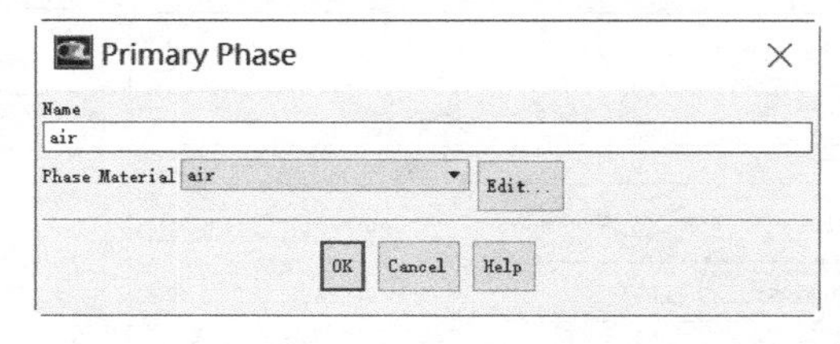

图 10-14　第一相设置

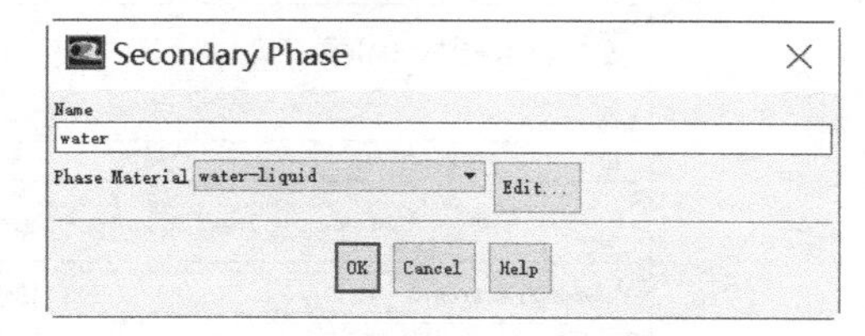

图 10-15　第二相设置

（9）定义本例的边界条件。单击 Problem Setup 中的 Boundary Conditions 按钮，在其面板中选择 in，保持下方 Phase 中选择为 mixture，单击 Edit 按钮，弹出“Velocity Inlet”对话框，如图 10-16 所示，在 Velocity Magnitude (m/s)中输入“5”，选择 Turbulence 的方式为 Intensity and Hydraulic Diameter，设置 Turbulent Intensity (%)为 5，Hydraulic Diameter (m)为 2，单击 OK 按钮。回到 Boundary Conditions 面板，仍选择 in，改变下方 Phase 中的选择为 water，单击 Edit 按钮，再次弹出“Velocity Inlet”对话框，如图 10-17 所示，选择 Multiphase 子栏，在 Volume Fraction 中输入“1”，单击 OK 按钮。回到 Boundary Conditions 面板，选择 p-in，单击 Edit 按钮，弹出“Pressure Inlet”对话框，如图 10-18 所示，保持总压为 0，选择 Turbulence 的方式为 Intensity and Hydraulic Diameter，设置 Turbulent Intensity(%)为 1，Hydraulic Diameter(m)为 68，单击 OK 按钮。入口边界定义完后，在边界设置面板中选择 out，单击 Edit 按钮，弹出如图 10-19 所示的“Pressure Outlet”对话框，保持总压为 0，选择同样的 Turbulence 的方式，设置 Turbulent Intensity(%)为 5，Hydraulic Diameter(m)为 1，单击 OK 按钮。

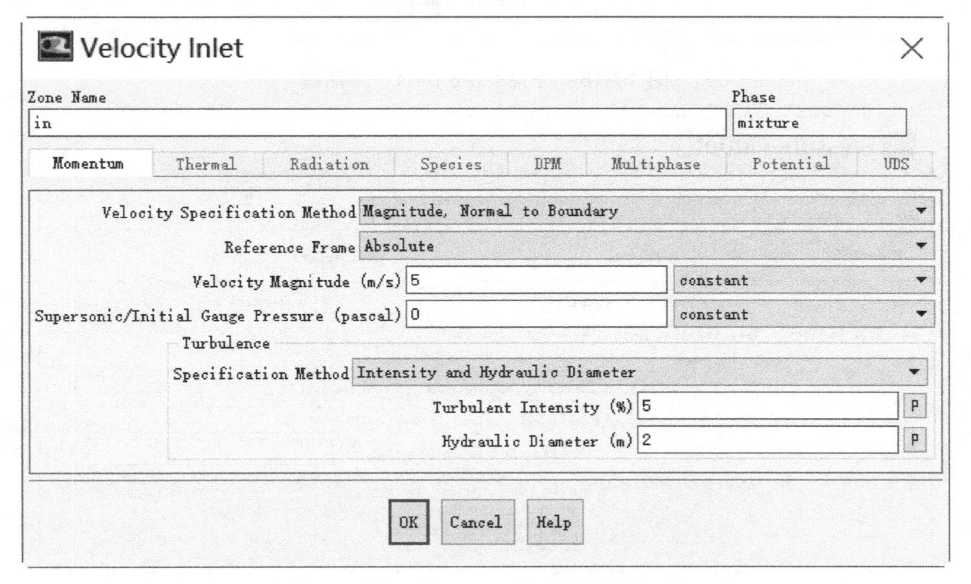

图 10-16　“Velocity Inlet”对话框

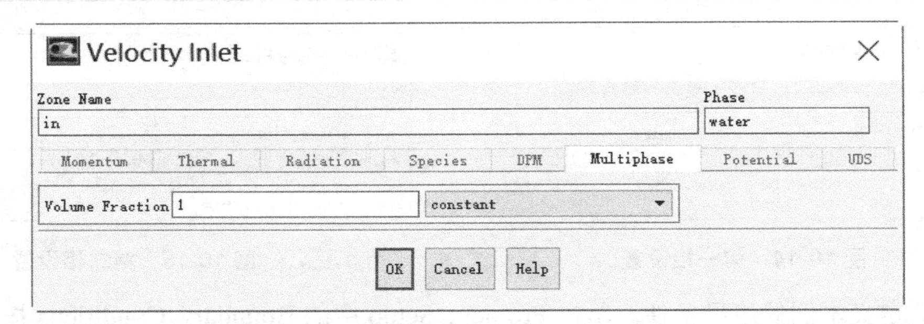

图 10-17　入口水的体积分数设置

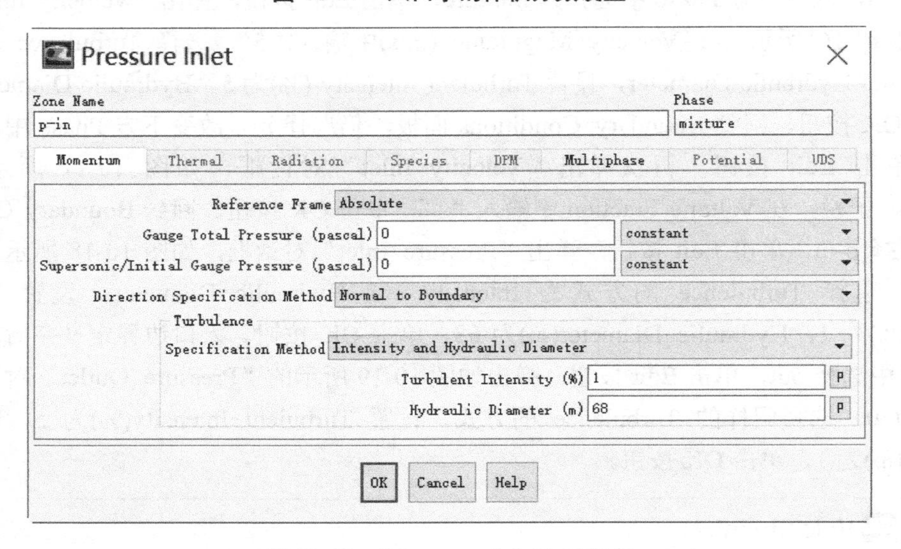

图 10-18　“Pressure Inlet”对话框

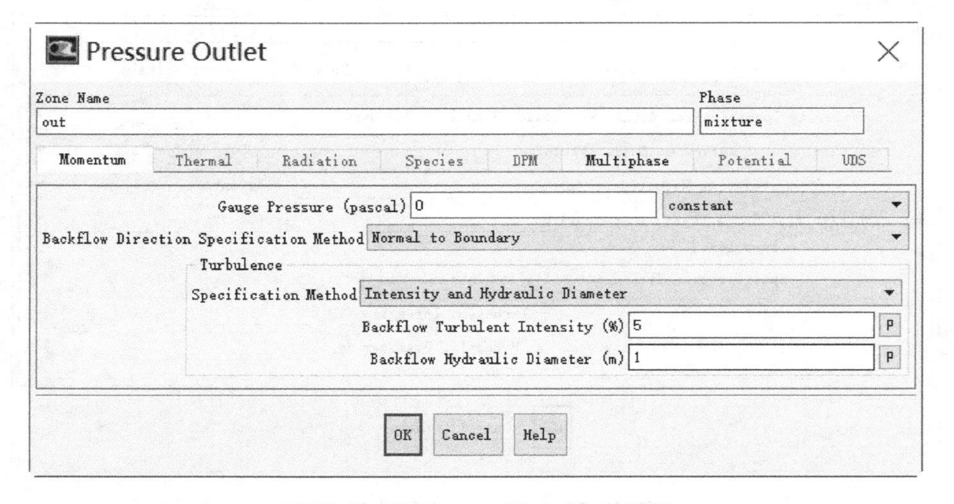

图 10-19　“Pressure Outlet”对话框

（10）边界定义完后，单击 Solution 操作面板中的 Solution Methods 按钮，展开 Solution Methods 面板，保持默认算法设置。

（11）单击 Solution 操作面板中的 Solution Controls 按钮，展开 Solution Controls 面板，

设置 Volume Fraction 的松弛因子为 0.5，Pressure 和 Momentum 的松弛因子分别为 0.3 和 0.7，Turbulent Kinetic Energy 和 Turbulent Dissipation Rate 均为 0.8，其余各项为 1，如图 10-20 所示。

（12）单击 Solution 操作面板中的 Monitors，选择“Residuals-Print，Plot”，单击 Edit 按钮，弹出“Residual Monitors”对话框，保持默认设置，单击 OK 按钮。

（13）单击 Solution 操作面板中的 Solution Initialization，选择展开面板中 Compute from 为 in，如图 10-21 所示，单击 Initialize 按钮，完成初始化。

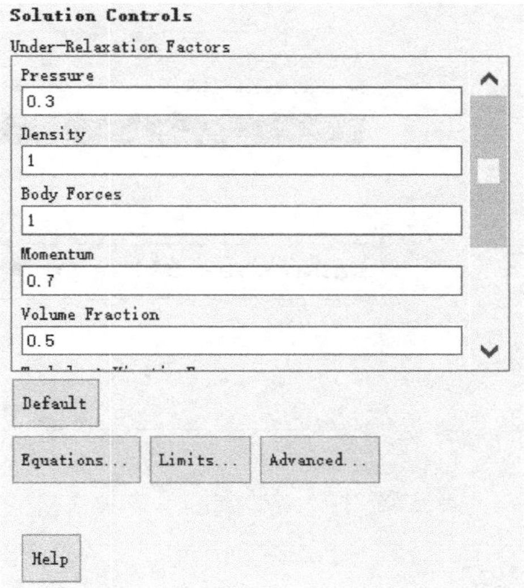

图 10-20　松弛因子设置

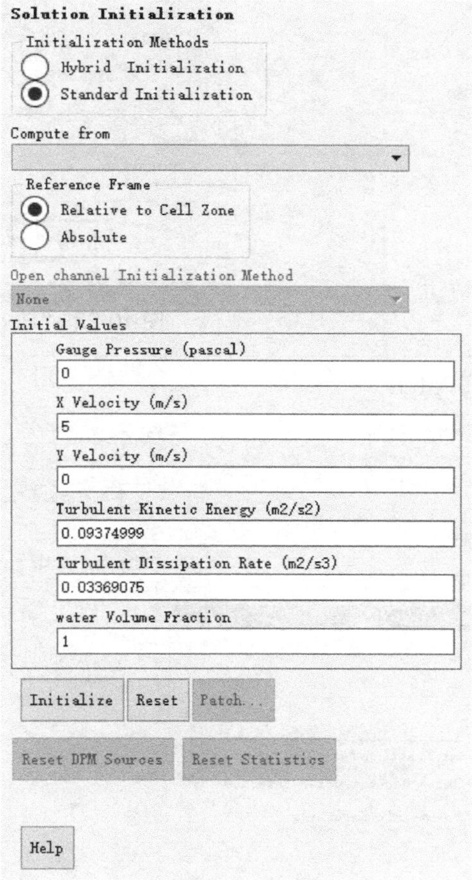

图 10-21　初始化

（14）初始化完后，需要进行区域补充设置。用类似网格自适应的方法定义一个区域，执行 Adapt→Region 命令，在如图 10-22 所示的 Region adaption 对话框中，设置 X Min[m]为 0，X Max[m]为 10，Y Min[m]为 0，Y Max[m]为 2，然后单击 Mark 按钮创建临时区域，单击 Close 按钮关闭该对话框。

（15）单击 Solution Initialization 面板下方的 Patch 按钮，选择 Phase 为 water。选择 Zones to Patch 列表中的 fluid，并选择 Phase 为 water，在 Variable 中选择 Volume Fraction，设置 Value 为 0，即将整个计算区域都定义为空气，如图 10-23 所示。然后选择 Registers to

Patch 列表中 hemxhedron-r0（已定义的临时区域），仍选择 Phase 为 water，并在 Variable 中选择 Volume Fraction，这时设置 Value 为 1，单击 Patch 按钮，如图 10-24 所示，即将之前建立的临时区域定义为水。

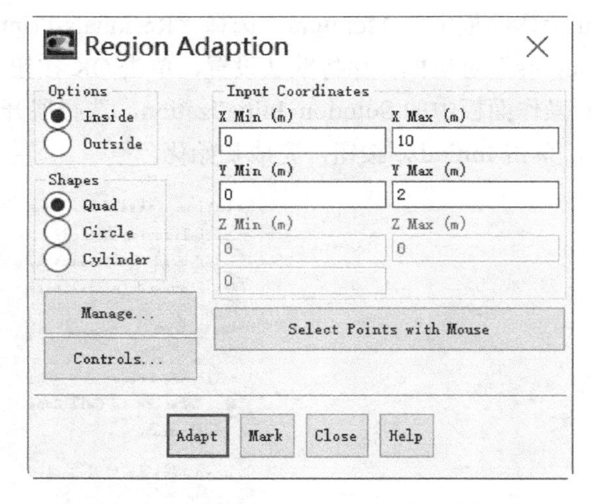

图 10-22 “Region Adaption”对话框

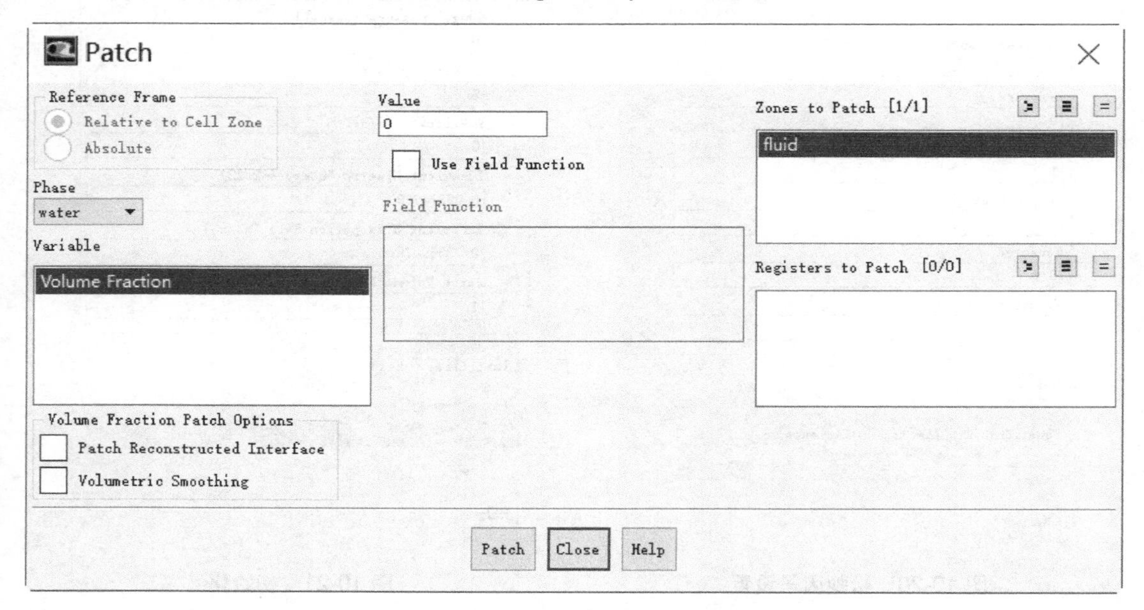

图 10-23 “Patch”对话框

（16）单击 Solution 操作面板中的 Run Calculation 按钮，在如图 10-25 所示的面板中输入 Time Step Size (s)为 0.05，Number of Time Steps 为 300，选择 Time Stepping Method 为 Fixed，并设置 Max Iterations/Time Step 为 30，单击 Calculate 按钮开始计算。计算结束后的残差曲线如图 10-26 所示。

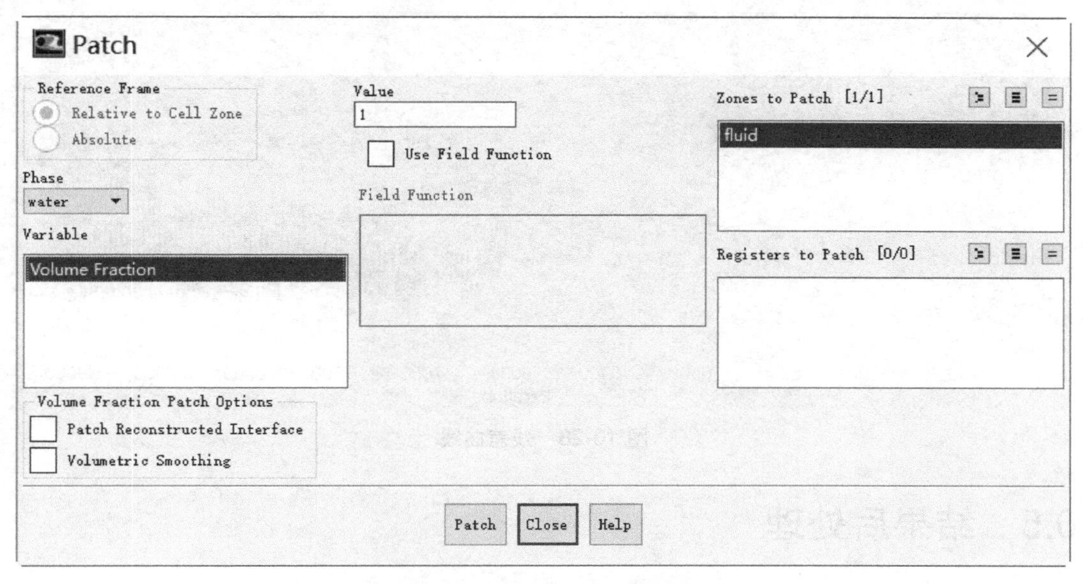

图 10-24 定义水的初始区域

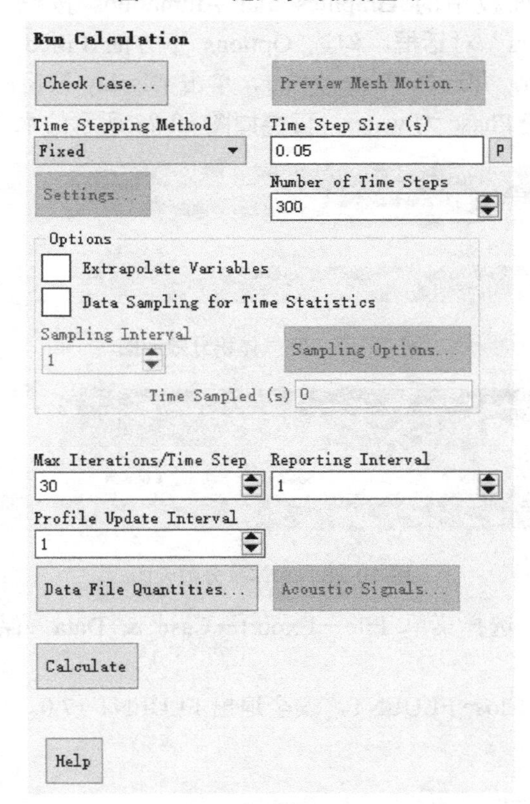

图 10-25 迭代设置

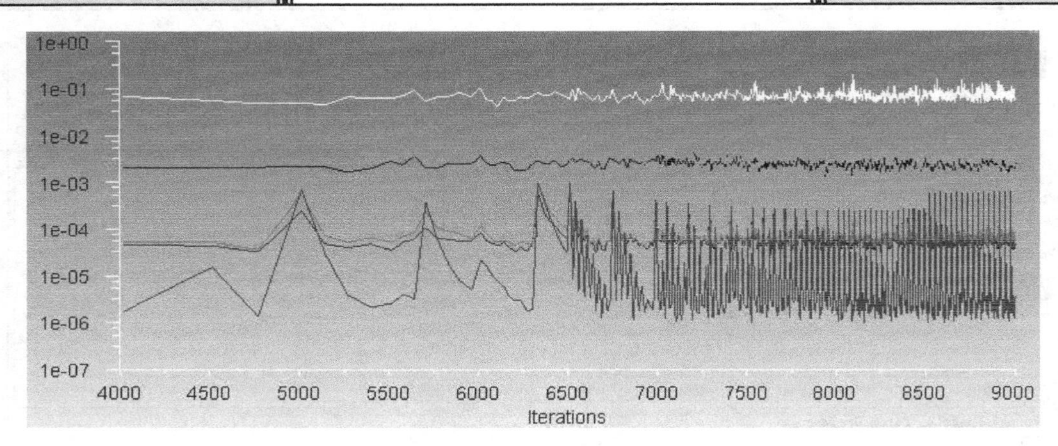

图 10-26　残差曲线

10.5　结果后处理

（1）单击 Results 面板中的 Graphics and Animations 按钮，在展开的面板中双击 Contours，弹出“Contours”对话框，勾选 Options 下方的 Filled，选择 Contours of 中的 Phase 和 Volume Fraction，并选择 Phase 为 air，单击 Display 按钮，可得如图 10-27 所示的空气体积分数云图。改变 Phase 为 water，可得如图 10-28 所示的水的体积分数云图。

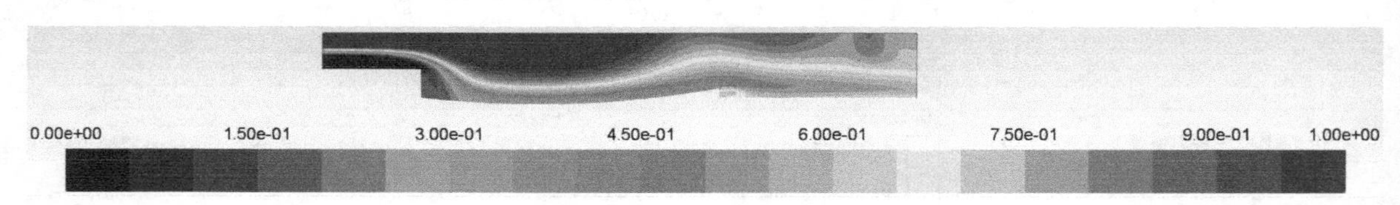

图 10-27　空气体积分数云图

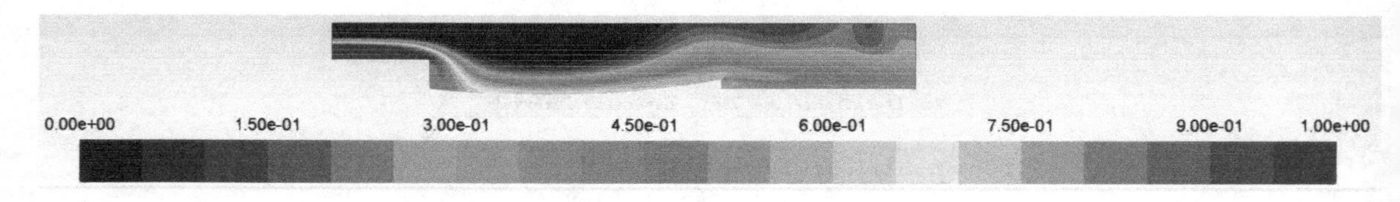

图 10-28　水体积分数云图

（2）图形分析完后，选择菜单 File→Export→Case & Data，保存工程与数据结果文件（EX10.cas 和 EX10.dat）

（3）最后单击 File→Close FLUENT，安全退出 FLUENT 17.0。

应用・技巧

初始时刻区域相含量的定义可以利用 Adapt 先构建该区域，然后再定义其中的相含量。这里，用的是 Adapt 构建矩形区域，通过对角线的两点即可构建该区域。

10.6 本章小结

本章利用 VOF 模型模拟了泄洪坝挑射情况，初始时刻的水相分布采用的是 Adapt 的方法构建区域后再定义相含量。同样，该实例属于瞬态流动，调用了瞬态模型。通过模拟，可以分析泄洪坝下游挑流坎处的局部流场，从而为挑流坎的结构设计与布置提供依据。

第11章 平台桩柱群绕流模拟

海洋平台是海洋石油勘探、开发必需的基础装备，大多数海洋平台都需要桩柱来支撑。在复杂海洋环境下，海流及波浪的作用使得平台桩柱产生涡激振动，极易引发疲劳失效，从而可能造成十分严重的安全事故。为了有效预测此类安全隐患和有针对性地采取有效的应对措施，就需要我们对平台桩柱群的绕流有深刻的理解。本章即利用 FLUENT 软件对海洋平台桩柱群的绕流场进行模拟。

本章内容

- 湍流模型
- 瞬态模型
- 升阻力系数监测
- 绕流实例

本章案例

- 实例 平台桩柱群绕流模拟

11.1 实例概述

本例主要是对如图 11-1 所示的二维平台桩柱群绕流进行数值模拟，其中大圆直径 2m，小圆直径 0.6m，小圆每隔 72° 均匀分布在大圆周围。大圆的圆心与小圆的圆心距离为 2m，其具体位置如图 11-1 所示。

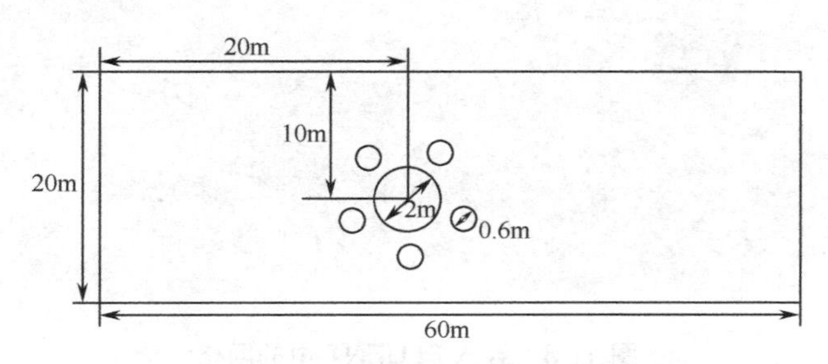

图 11-1 平台桩柱群绕流几何模型

由于本章实例的网格划分已经在第 3 章介绍，这里仅从网格文件导入 FLUENT 后开始介绍。本例属于瞬态流动，因此需要设置非定常模型，监测绕流的升阻力系数，并注意设置合适的时间步长及步数。

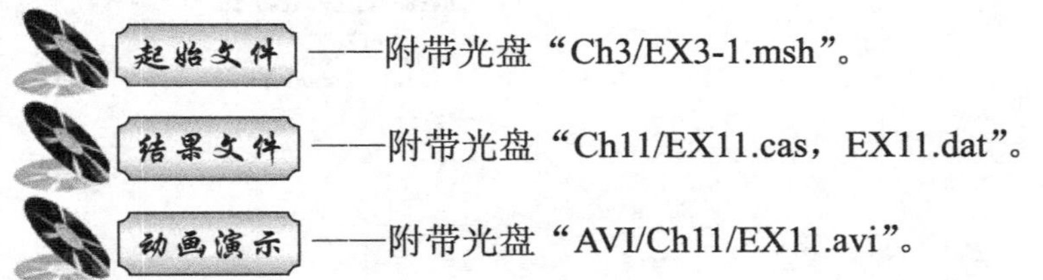

起始文件——附带光盘“Ch3/EX3-1.msh”。

结果文件——附带光盘“Ch11/EX11.cas，EX11.dat”。

动画演示——附带光盘“AVI/Ch11/EX11.avi”。

11.2 模型计算设置

（1）启动 FLUENT 17.0 的 2D 解算器，如图 11-2 所示。

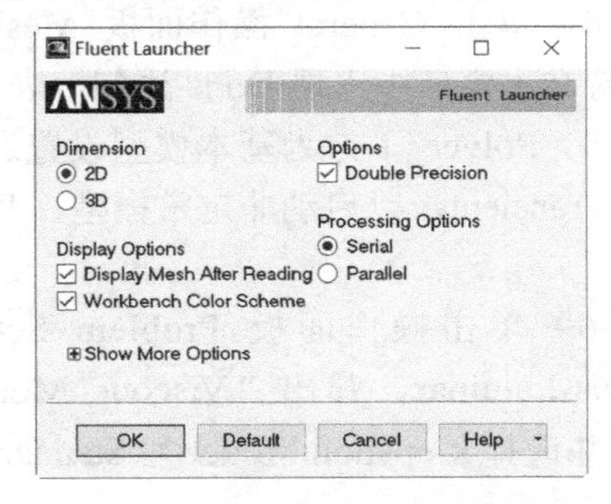

图 11-2 启动 FLUENT 解算器

（2）单击 File→Read→Mesh…，在弹出的“Select File”对话框中找到 EX3-1.msh 文件，并将其导入至 FLUENT 17.0 中，网格如图 11-3 所示。

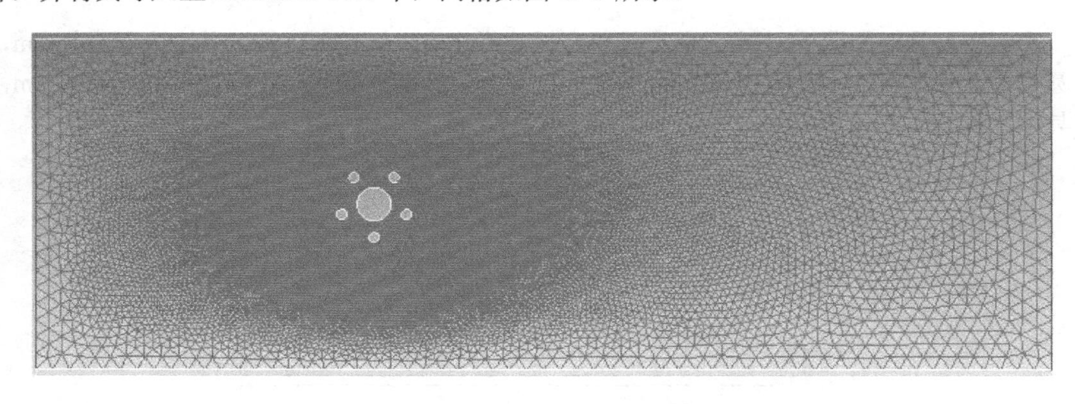

图 11-3　导入 FLUENT 中的网格

（3）单击操作面板 Problem Setup 的 General 中的 Scale…按钮，弹出“Scale Mesh”对话框，用户可从中查看模型的尺寸，如图 11-4 所示，单击 Close 按钮关闭对话框。

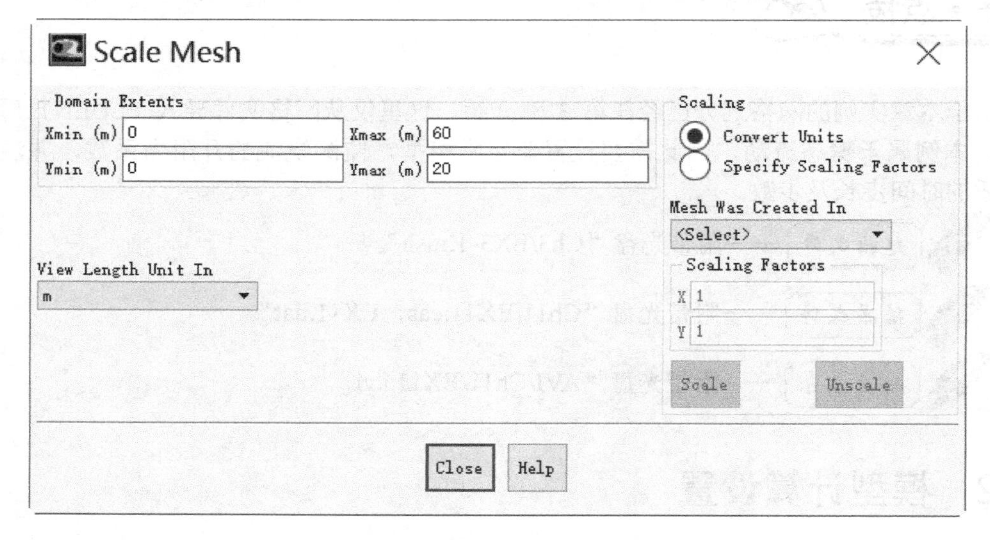

图 11-4　“Scale Mesh”对话框

（4）单击 General 操作面板 Mesh 中的 Check 按钮，检查网格，待文本窗口中出现 Done 语句，表示模型网格合适。

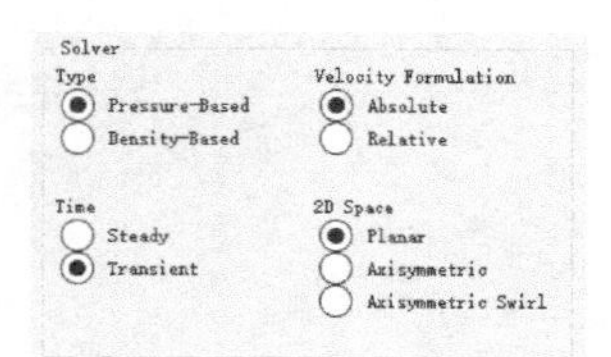

图 11-5　启动非定常模型

（5）Solver 下方为基本模型设置选项，这里需要选择 Time 下方的 Transient，以启动非定常模型，其余保持默认设置，如图 11-5 所示。

（6）单击操作面板 Problem Setup 的 Models 按钮，双击 Viscous-Laminar，弹出“Viscous Model”对话框，如图 11-6 所示，选择 k-epsilon（2 eqn），并选择 k-epsilon Model 为 Standard，单击 OK 按钮。

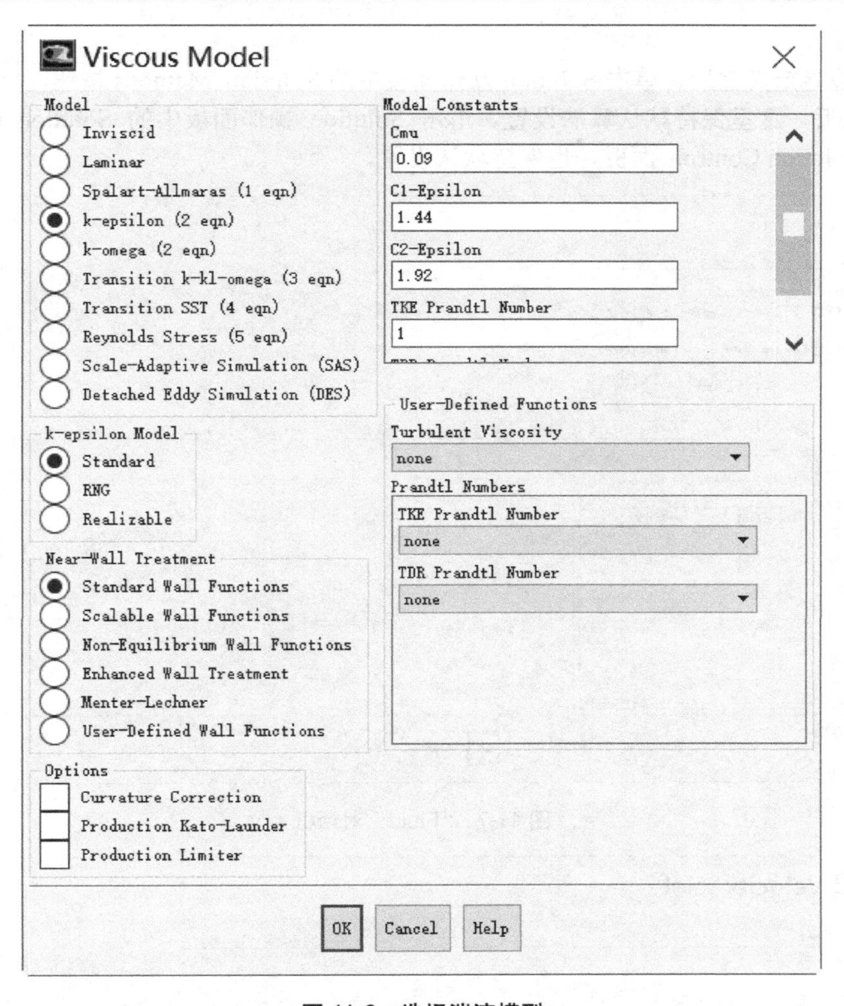

图 11-6　选择湍流模型

（7）接着，单击 Problem Setup 中的 Materials 按钮，本例的流动介质为水，故单击 Materials 面板的 Create/Edit…按钮，弹出“Create/Edit Materials”对话框。单击 FLUENT Database…按钮，弹出“FLUENT Database Materials”对话框，保持介质类型为 Fluid，选择左侧列表中的 water-liquid，单击 Copy 按钮。回到“Create/Edit Materials”对话框，单击 Close 按钮。

（8）单击 Problem Setup 中的 Cell Zone Conditions 按钮，展开 Cell Zone Conditions 面板，单击 Edit…按钮，弹出如图 11-7 所示的“Fluid”对话框，选择 Material Name 右侧列表中的 water-liquid，单击 OK 按钮。

（9）单击 Cell Zone Conditions 面板右下角的 Operating Conditions…按钮，弹出“操作环境设置”对话框，这里保持默认设置，单击 OK 按钮。

（10）单击 Problem Setup 中的 Boundary Conditions，在 Boundary Conditions 面板中选择 inlet，单击 Edit…按钮，弹出“Velocity Inlet”对话框，设置 Velocity Magnitude（m/s）为 0.5，如图 11-8 所示，单击 OK 按钮。接着，选中 Boundary Conditions 面板列表中的 out，单击 Edit…按钮，弹出“Outflow”对话框，保持 Flow Rate Weighting 为 1，单击 OK 按钮。

如图 11-9 所示。

（11）边界定义完后，单击 Solution 操作面板中的 Solution Methods 按钮，展开 Solution Methods 面板，这里保持默认算法设置。单击 Solution 操作面板中的 Solution Controls 按钮，展开 Solution Controls 面板，也保持默认设置。

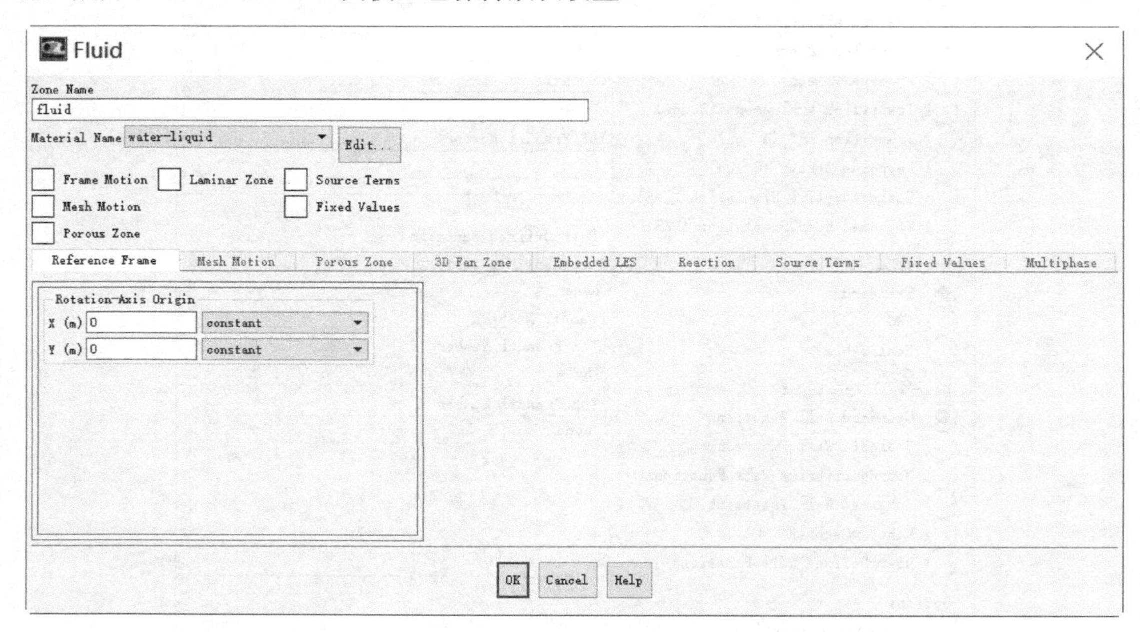

图 11-7 “Fluid”对话框

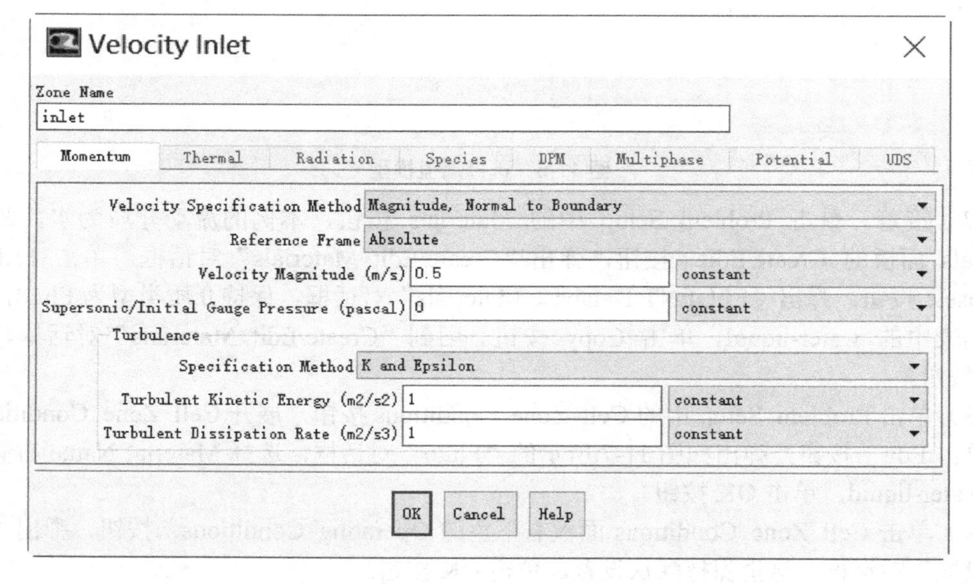

图 11-8 速度入口设置

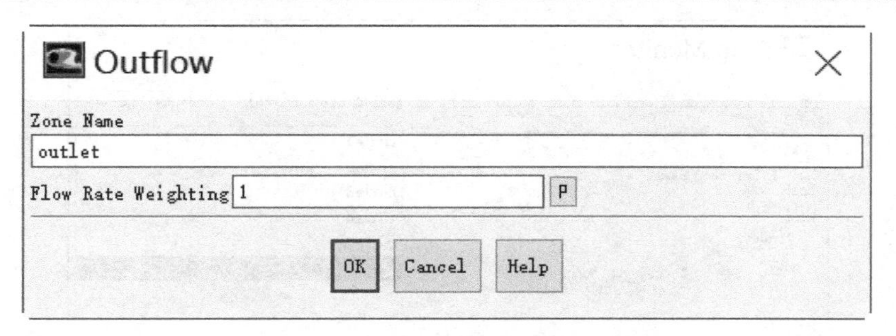

图 11-9 速度出口设置

（12）接下来设置升力与阻力系数监视器，为确保其精确性，在这之前首先需要设置参考值，选择菜单 Report→Reference Values…，在 Compute From 下拉列表中选择 in，并在 Area[m2]右侧均输入圆柱的直径为 2，保持 Reference Zone 为 fluid，单击 OK 按钮，如图 11-10 所示。

（13）单击 Solution 操作面板中的 Monitors 按钮，选择“Residuals-Print，Plot”，单击 Edit…按钮，弹出“Residual Monitors”对话框，设置所有项的收敛精度均为 0.00001，单击 OK 按钮。

（14）然后，单击 Create 下拉列表，选择 Drag，弹出“Drag Monitor”对话框，勾选 Options 中的 Print to Console、Plot 和 Write 三个选项，选取 Wall Zones 中的 zhumian，然后将 File Name 设为 cd-1-history，如图 11-11 所示，单击 Apply 按钮。

Reference Values
Compute from
Reference Values
Area (m2) 2
Density (kg/m3) 998.1995
Depth (m) 1
Enthalpy (j/kg) 0
Length (m) 1
Pressure (pascal) 0
Temperature (k) 288.16
Velocity (m/s) 0.5
Viscosity (kg/m-s) 0.001003
Ratio of Specific Heats 1.4
Reference Zone
fluid
Help

图 11-10 参考值设置

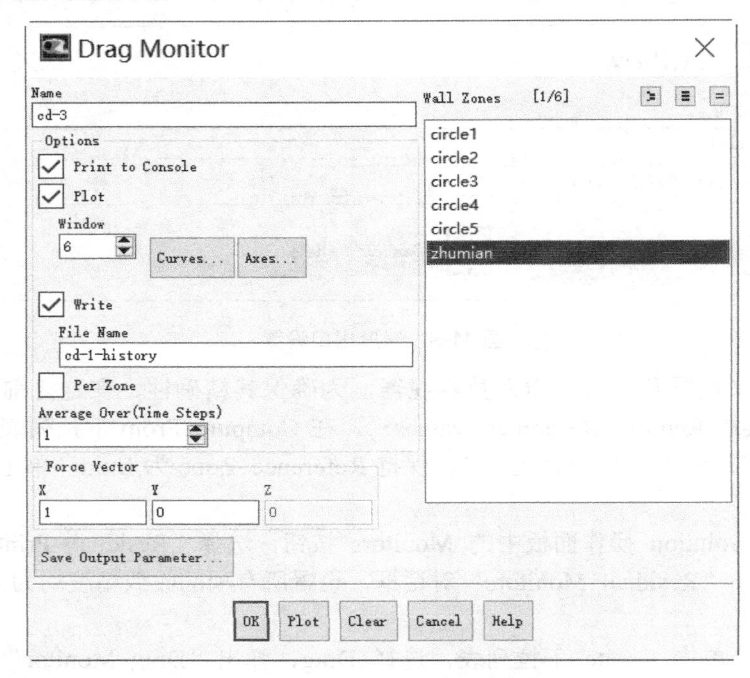

图 11-11 “Drag Monitor”对话框

（15）设置完阻力系数监视后，只需将“Lift Monitors”对话框的 Coefficient 选为 Lift，窗口设为“3 号”，File Name 设为 cl-1-history，其余与阻力系数监视器设置一致，如图 11-12 所示，单击 Apply 按钮。同样选中 circle1、circle2、circle3、circle4 及 circle5 设置生阻力系数监视器，此时即完成了升力与阻力系数监视的设置，单击 Close 按钮关闭“Lift Monitors”对话框。

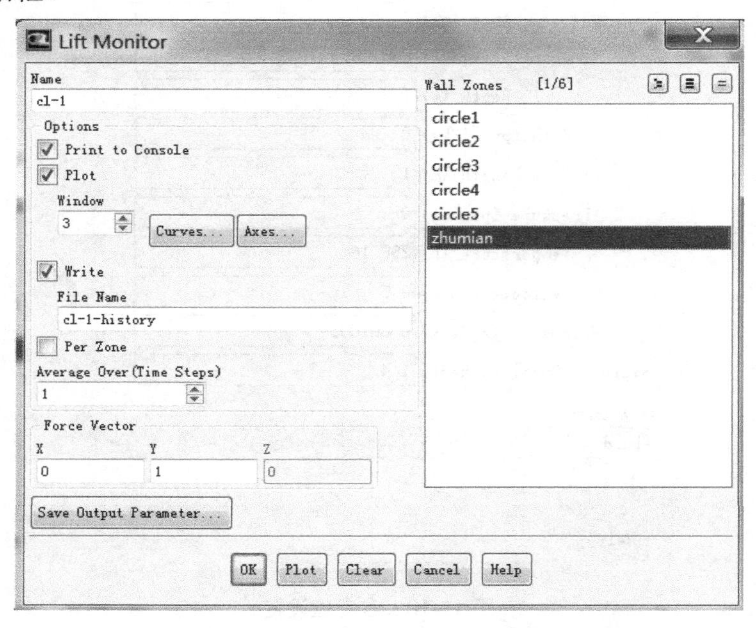

图 11-12 “Lift Monitor”对话框

（16）接着，单击 Solution 操作面板中的 Solution Initialization 按钮，选择展开面板中 Compute from 为 inlet，单击 Initialize 按钮，完成初始化。

（17）单击 Solution 操作面板中的 Run Calculation 按钮，在如图 11-13 所示的面板中输入 Number of Time Steps 为 1000，设置 Time Step Size (s)为 0.05，Time Stepping Method 为 Fixed，并输入 Max Iterations/ Time Step 为 30，单击 Calculate 按钮开始计算。计算结束后的残差曲线如图 11-14 所示。图 15～图 18 所示为监测得到的大圆柱面和小圆柱面的阻力、升力系数曲线。

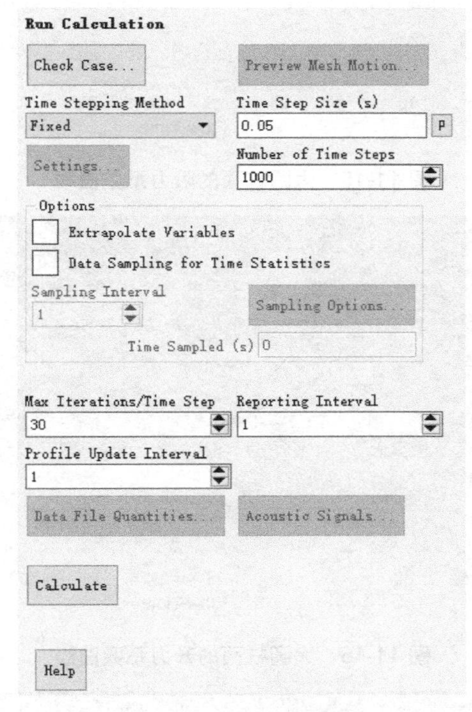

图 11-13　时间步长设置

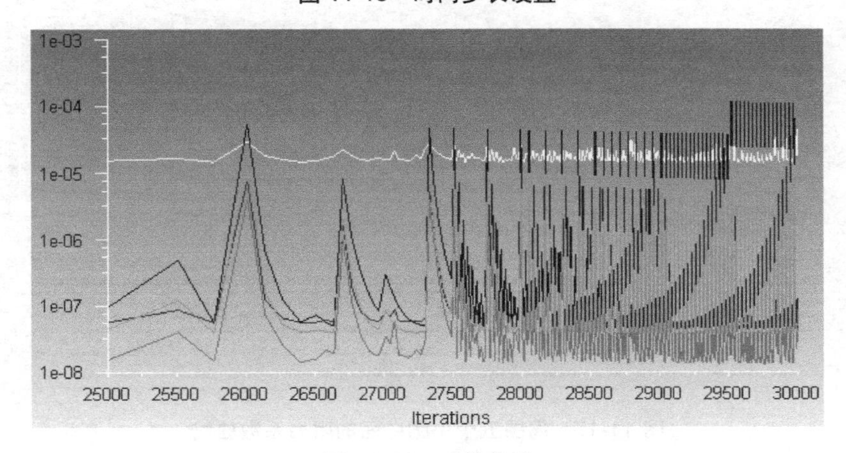

图 11-14　残差曲线

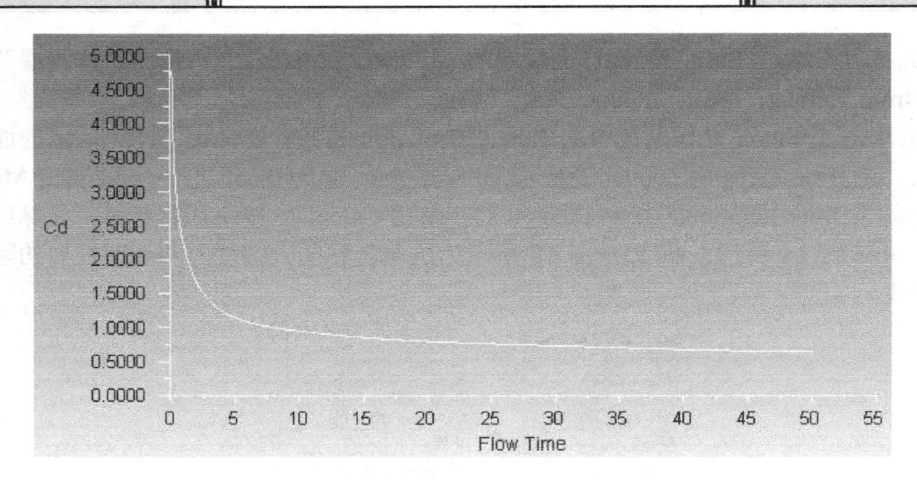

图 11-15　大圆柱面的阻力系数曲线

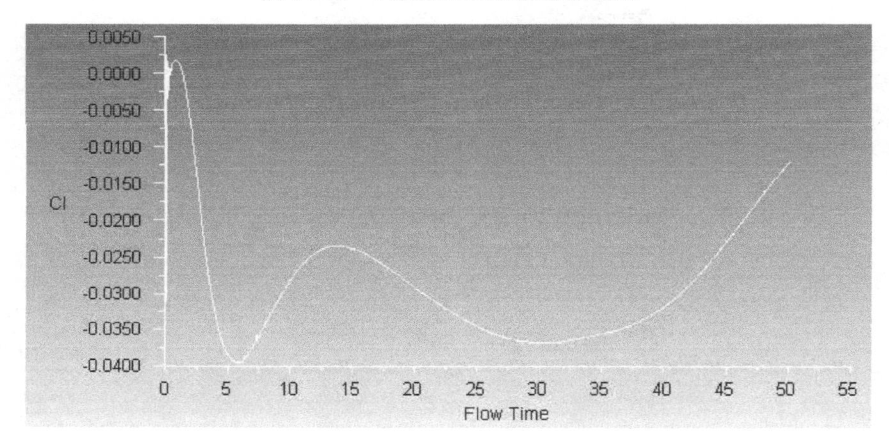

图 11-16　大圆柱面的升力系数曲线

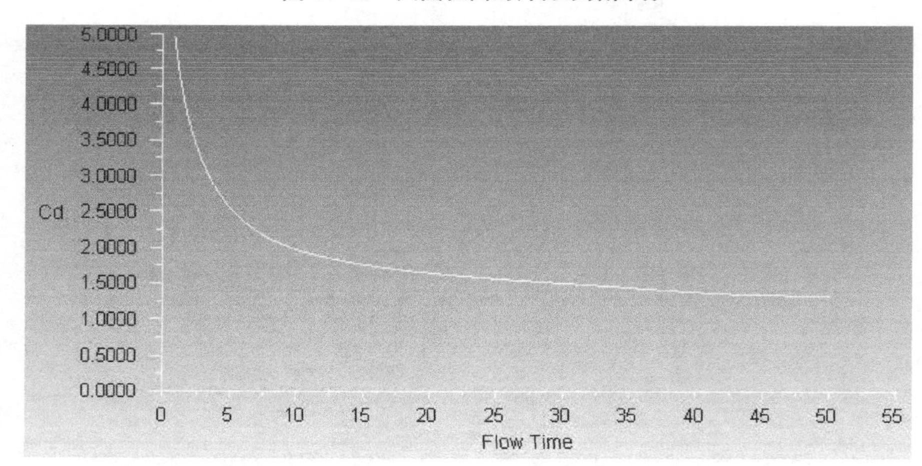

图 11-17　周围五个小圆柱面的阻力系数曲线

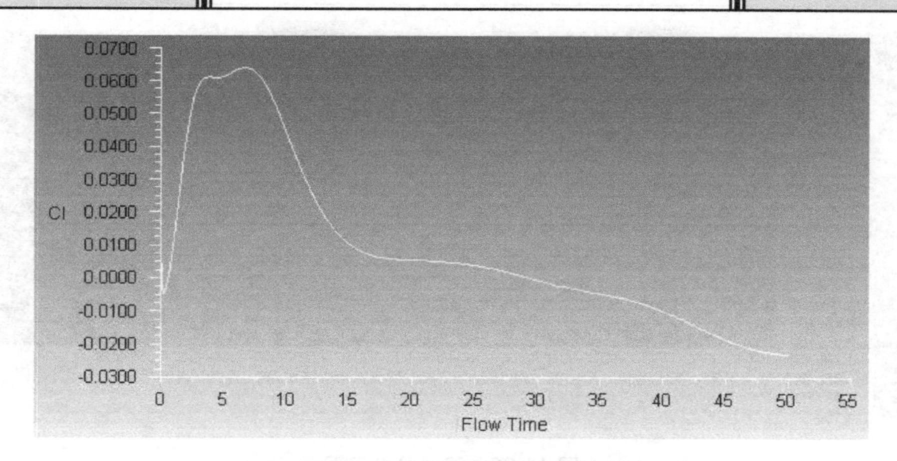

图 11-18 周围五个小圆柱面的升力系数曲线

11.3 结果后处理

（1）单击 Display→Contours...，在 Contours 面板中选择 Contours of 下拉列表栏中的 Velocity...和 Velocity Magnitude，并选中 Options 选择栏中的 Filled，单击 Display 按钮，得到 25s 后的速度分布云图，如图 11-19 所示。

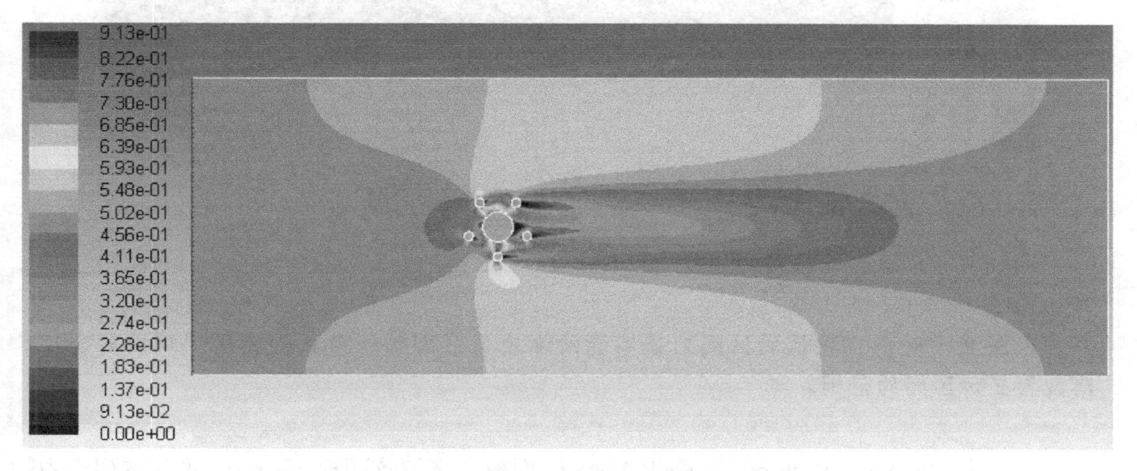

图 11-19 速度分布云图

（2）改变 Contours of 下拉列表栏选项为 Velocity...和 Vorticity Magnitude，再次单击 Display 按钮，得到 25s 后的涡量分布云图，如图 11-20 所示。若取消 Contours 面板中的 Auto Range，设置 Min[1/s]为 0，Max[1/s]为 2，单击 Display 按钮，则得到涡量值在 0～2 范围内的涡量分布云图，如图 11-21 所示。可见，缩小涡量值范围的显示区间，可以更加清晰地看到圆柱体后的漩涡脱落情况。

图 11-20　涡量分布云图

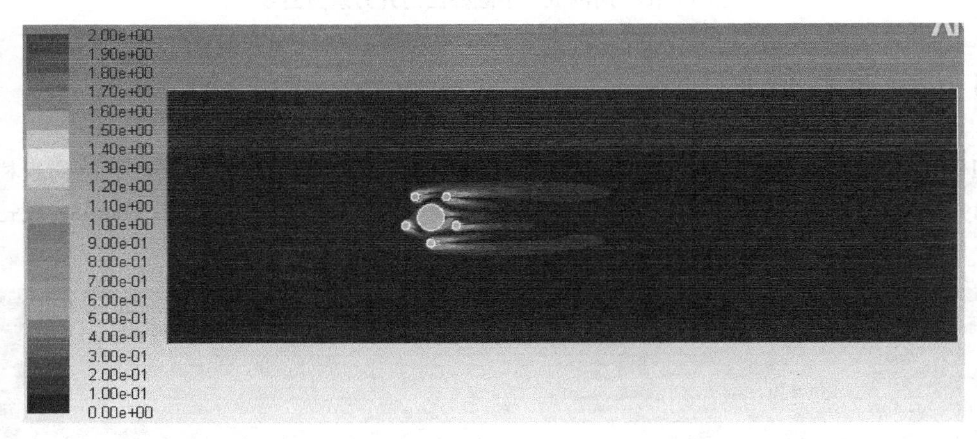

图 11-21　改变范围后的涡量分布云图

云图显示时，在默认的区间内若不能清晰地观察到物理参数的变化，则需要合理地设置显示区间的范围。

（3）单击 Display→Vectors…，弹出 Vectors 面板，选取该面板 Vectors of 下方列表中的 Velocity 和 Color by 列表中的 velocity…及 Velocity Magnitude，将左侧的 Scale 改为 2，单击 Display 按钮，得到如图 11-22 所示的速度矢量图。鼠标中键框取柱体附近的速度矢量图，则该局部范围的速度矢量图得以放大，改变 Scale 为 3 及 Skip 为 5，得到局部速度矢量如图 11-23 所示。

（4）图形分析完后，选择菜单 File→Write→Case & Data…，保存工程与数据结果文件（EX11.cas 和 EX11.dat）。

（5）最后，单击 File→Close FLUENT，安全退出 FLUENT 17.0。

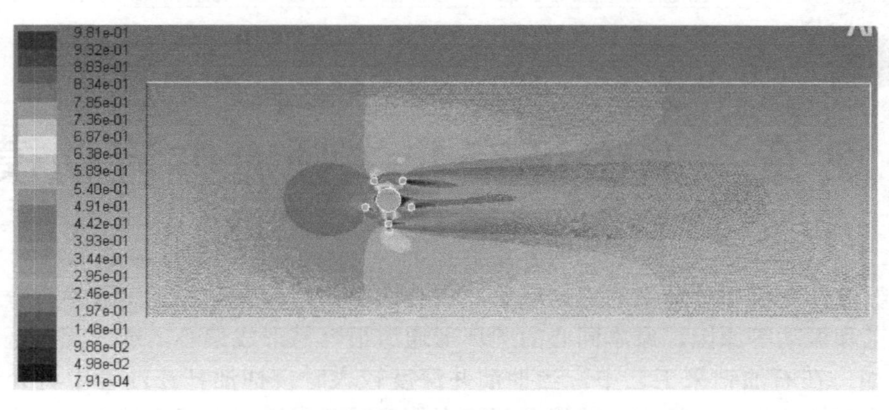

图 11-22　速度矢量图

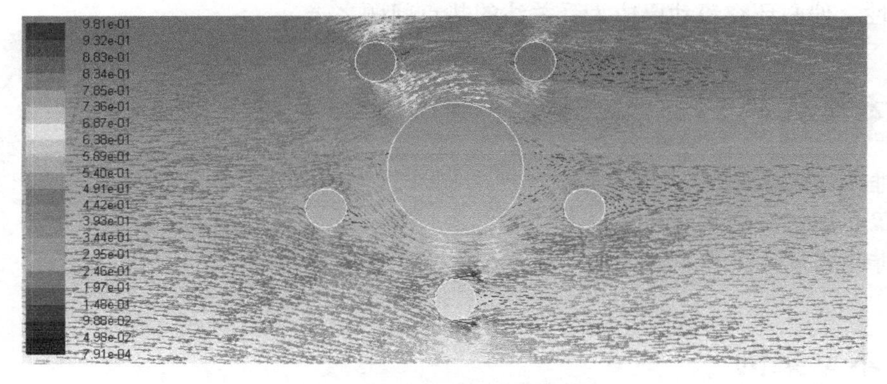

图 11-23　速度矢量图局部放大显示

应用・技巧

模拟圆柱绕流的关键在于监测的升阻力系数曲线是否正确，升阻力系数的数值大小与参考值的设置有极大关系。对于二维圆柱绕流，Area 为直径，depth 为默认值（不能更改，否则算出的系数按所填数值的倍数增加），length 与升阻力系数的计算无关，只有计算力矩系数的时候才采用。

11.4　本章小结

本章模拟了平台桩柱群非定常绕流，对升阻力系数进行了监测，需要特别注意参考值的设定，其直接关系到升阻力系数的正确与否。另外，计算时间步长的设置和网格单元尺寸及流体流速有关，应尽可能小于流体通过一个网格单元所需的时间。

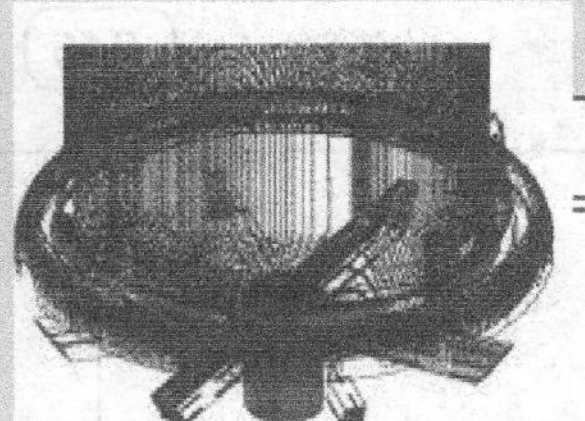

第12章 偏心环空非牛顿流体流动模拟

非牛顿流体在偏心圆环中的流动现象，在石油、化工和食品加工工业中十分常见。由于制造加工和振动等原因，原本同心的圆环形通道很容易形成偏心，造成流动区域的不规则性。例如，在石油钻采工艺中，当抽油井深度较大时，抽油杆在油管中将处于偏心状态，采出液在抽油杆与油管构成的偏心环空中的流动就属于偏心环空轴向流。由于流动具有非对称性，偏心环空流动已成为受关注的热点问题之一。

本章内容

- 非牛顿流体定义
- 偏心环空的建立
- 非牛顿流体流动实例

本章案例

- 实例　偏心环空非牛顿流体流动模拟

视频教学

12.1 实例概述

本例采用结构化网格，针对偏心管内层流流动进行数值模拟计算，研究非牛顿流体在偏心管中的流动特性。具体尺寸如图 12-1 所示，其中大圆半径 0.5m，小圆半径 0.1m，小圆的偏心距为 0.1m，偏心管总长度为 5m。

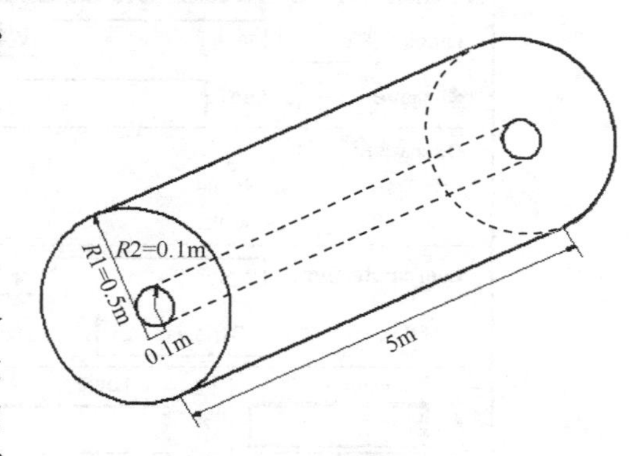

图 12-1 偏心管尺寸

思路·点拨

本例需要构建的偏心环空，可以采用建立两个同心柱体后，偏移小柱体 0.1m（偏心距），再布尔减生成。也可以建立好偏心环空面，并划分好网格，采用拉伸的方法生成三维体。而本例的非牛顿流体定义可以在 FLUENT 自定义材料中设置。

——附带光盘“Ch12/EX12.dbs，EX12.jou，EX12.trn，EX12.msh，EX12.cas，EX12.dat”。

——附带光盘“AVI/Ch12/EX12.avi”。

12.2 几何模型建立

（1）选择菜单栏 File 下方的 New…按钮，弹出“Create New Session”对话框，在“ID:”和“Title:”文本框中输入“EX12”，取消选中 Save current session（若选中，其左侧按钮将显示为红色），单击 Accept 按钮。

（2）单击 → → ，在如图 12-2 所示的 Create Real Circular Face 面板的 Radius 输入“0.5”，单击 Apply 按钮。利用同样的方式再创建一个半径为 0.1 的圆，如图 12-3 所示。

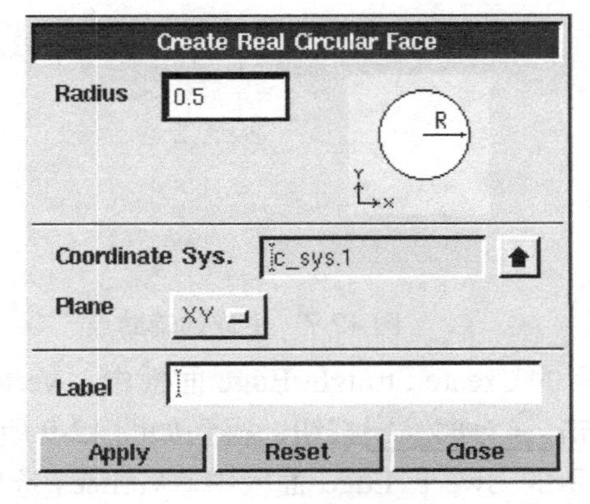

图 12-2 Create Real Circular Face 面板

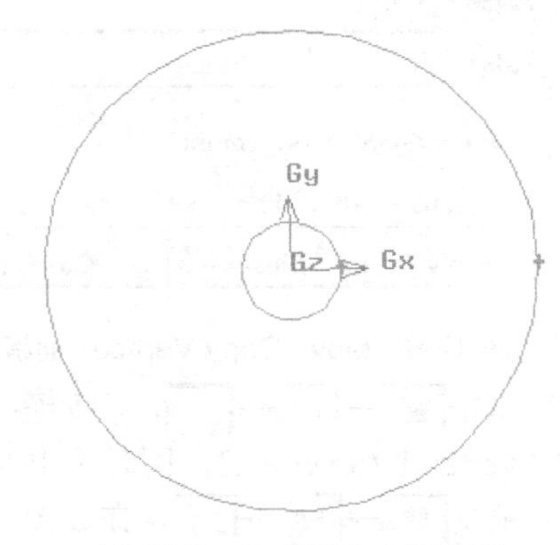

图 12-3 生成的大小同心圆

（3）单击 Face 面板中的 按钮，如图 12-4 所示，在 Move/Copy Faces 面板中选择面 2（小圆），保持 Move 被选中，在 Global 下的 x 中输入“0.1”，单击 Apply 按钮完成该面的移动操作，如图 12-5 所示。

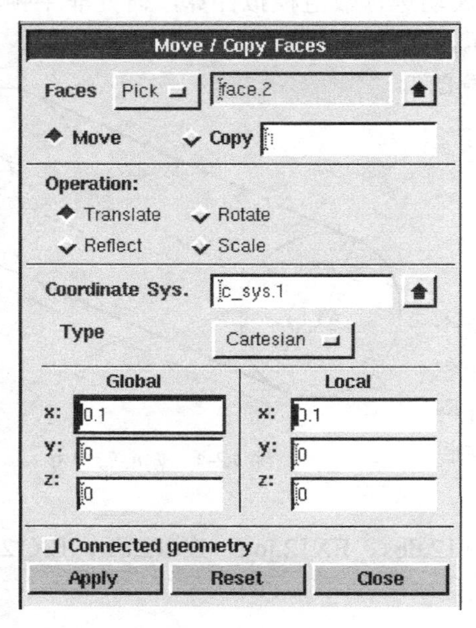

图 12-4　Move/Copy Faces 面板

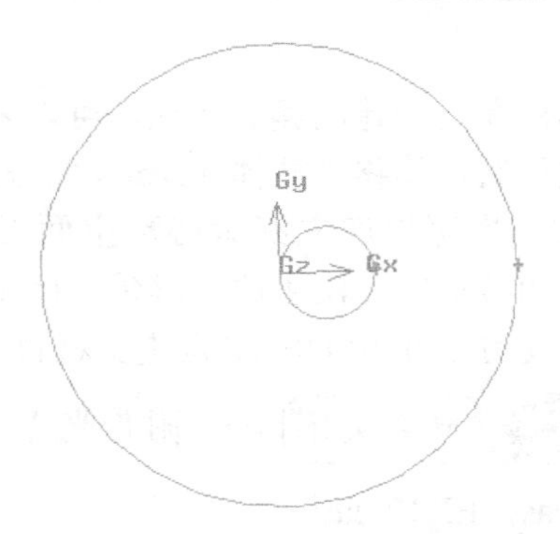

图 12-5　小圆偏心后的大小圆面

（4）单击 → → ，在如图 12-6 所示的 Move/Copy Vertices 面板中，Vertices 选项下选中 vertex.1，同时选中 Copy，Operation 选项下选中 Rotate，Angle 选项下输入“180”，单击 Apply 按钮，生成点如图 12-7 所示。

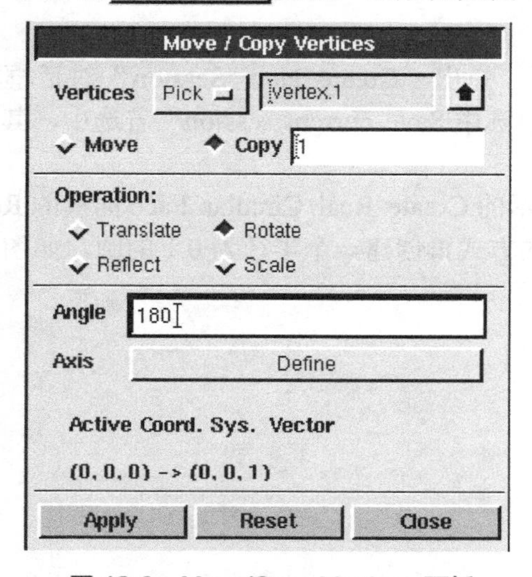

图 12-6　Move/Copy Vertices 面板

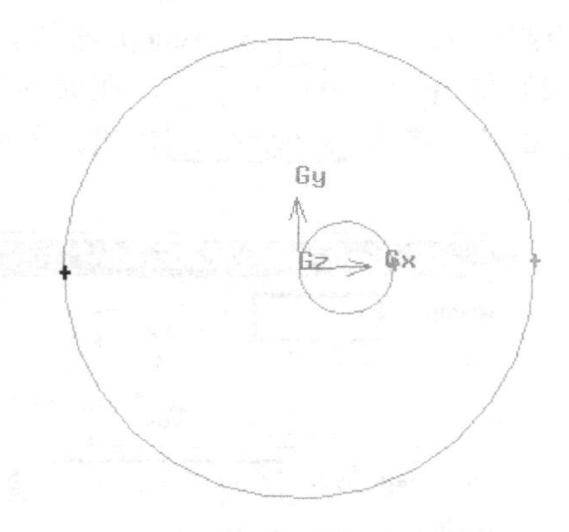

图 12-7　生成的辅助点

（5）单击 → → ，在如图 12-8 所示的 Create Straight Edge 面板中，Vertices 选项下选中 vertex.1 和 vertex.3，同时选中 Real，单击 Apply 按钮，得到如图 12-9 所示。

（6）单击 → → ，在如图 12-10 所示的 Sweep Edge 面板中，Vertices 选项下选

中 edge.3，同时选中 Real，单击选中 Vector，单击 Define 按钮，进入 Vector Defination 面板，单击选中 Magnitude，输入“0.5”，Direction 点选 Z 方向的 Negative，单击 Apply 按钮。退出向量定义面板后，单击 Apply 按钮，得到一个辅助平面，如图 12-11 所示。

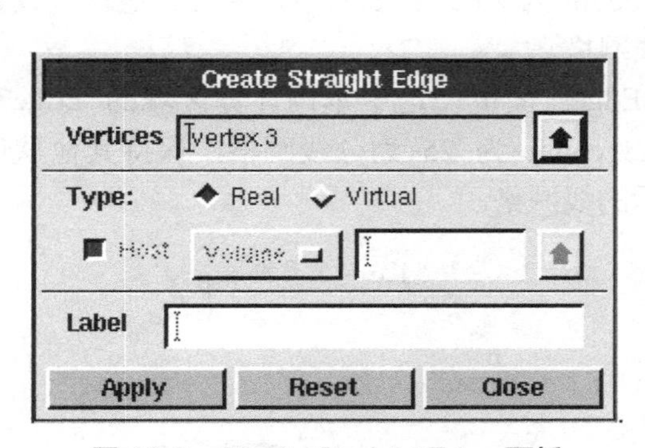

图 12-8　Create Straight Edge 面板

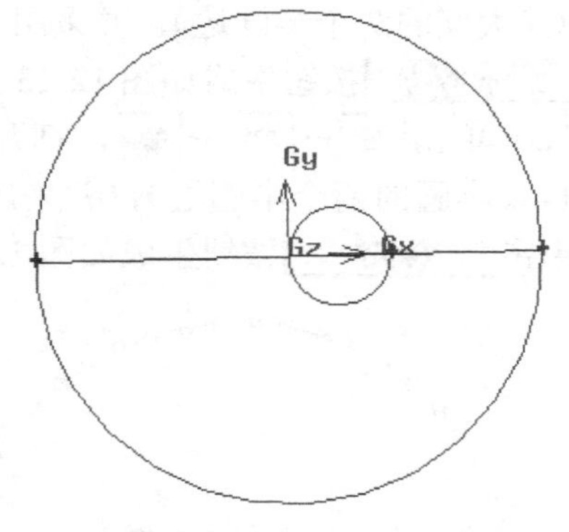

图 12-9　生成的辅助线

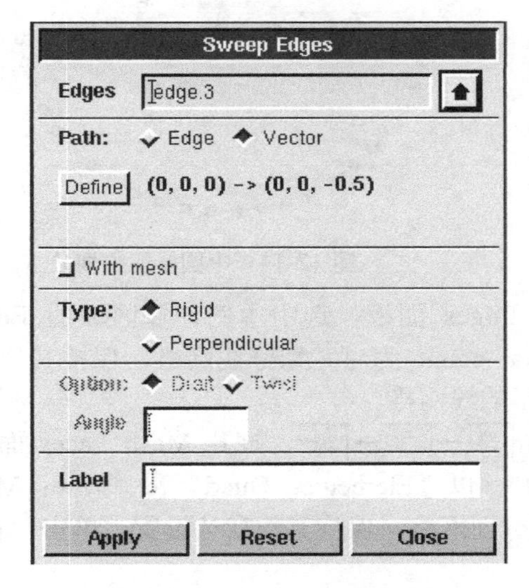

图 12-10　Sweep Edges 面板

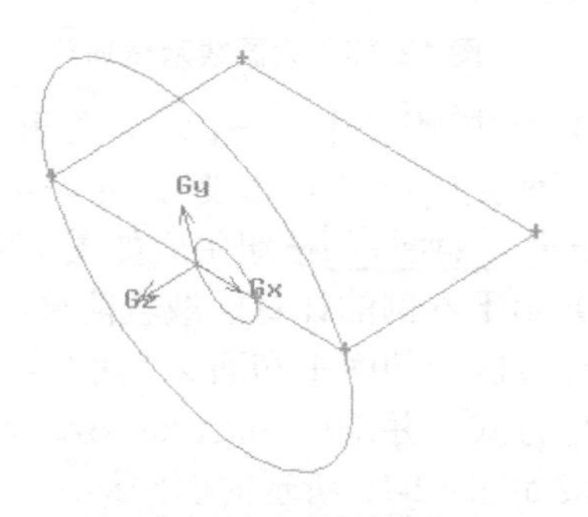

图 12-11　生成的辅助面

（7）单击 Face 面板中的按钮，在弹出面板的第一行 Face 中选取 face.1（大圆面域），在第二行 Faces 中选取 face.2（小圆面域），不选中 Retain 按钮（不保留小圆面域），单击 Apply 按钮，完成布尔减操作。此时的图形窗口的大圆面域已经被剪成一个圆环了。再次单击 Face 面板中的按钮，并单击按钮，在弹出面板的第一行 Face 中选取 face.1（圆环面），在第二行 Faces 中选取 face.2（辅助面），不选中 Retain 按钮（不保留辅助面），单击 Apply 按钮，完成布尔减操作。此时的图形窗口的圆环已经被剪成两个半圆环面，如图 12-12 所示。

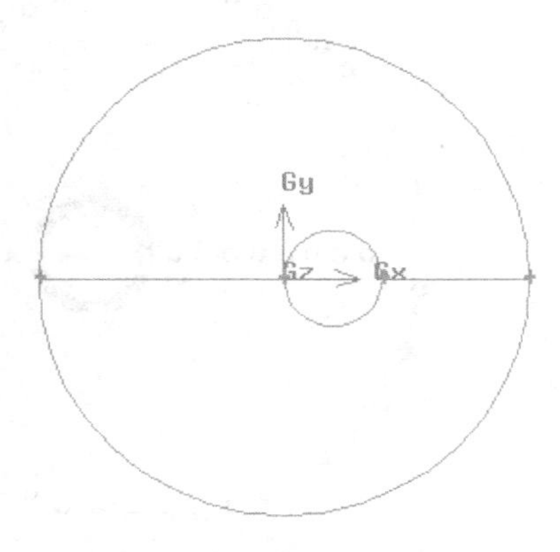

图 12-12　生成的两个半圆环

12.3 网格划分

（1）单击→→，打开 Mesh Edges 面板，选中本例计算区域的 Edge1 和 Edge8（大圆的两个半圆边），并采用 Interval count 为 25 划分线网格，保持其他默认设置，单击 Apply 按钮生成如图 12-13 所示的线网格。

（2）单击→→，打开 Mesh Edges 面板，选中本例计算区域的 Edge7 和 Edge11（小圆的两个半圆边），并采用 Interval count 为 25 划分线网格，保持其他默认设置，单击 Apply 按钮生成如图 12-14 所示的线网格。

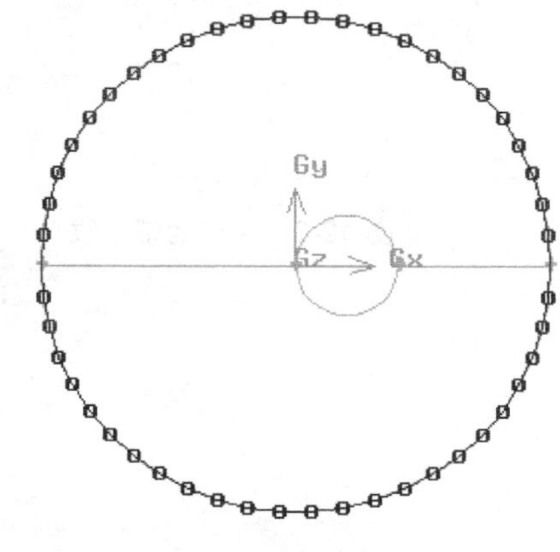

图 12-13 大圆线网格划分

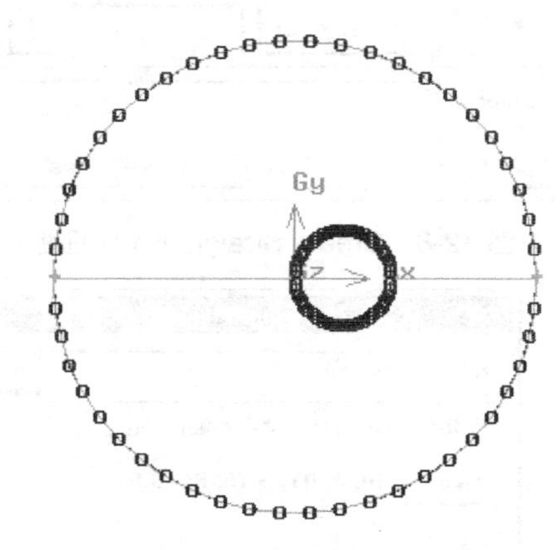

图 12-14 小圆线网格划分

（3）单击→→，打开 Mesh Edges 面板，选中本例计算区域的 Edge9 和 Edge10（两条辅助径向线段），并采用 Interval count 为 10 划分线网格，保持其他默认设置，单击 Apply 按钮生成如图 12-15 所示的线网格。

（4）由于本例的计算区域较简单，故单击→→，打开 Mesh Faces 面板，选中本例计算区域的面 1 和面 2（两个半圆环面），以"Elements：Quad"和"Type：Map"的网格划分方式，并采用 Interval size 为 1 划分面网格，保持其他默认设置，单击 Apply 按钮，生成如图 12-16 所示的面网格。

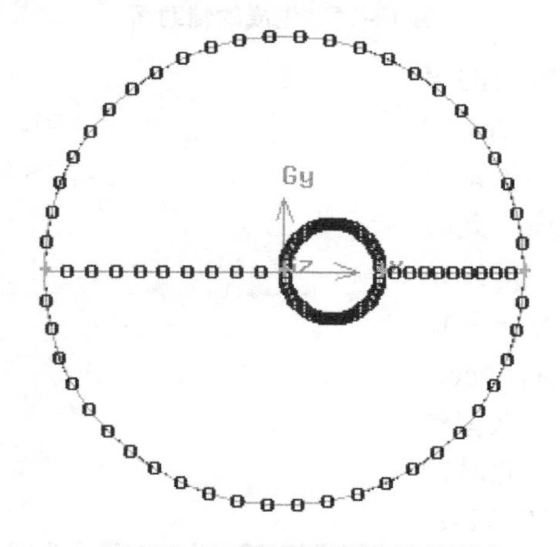

图 12-15 径向线段线网格划分

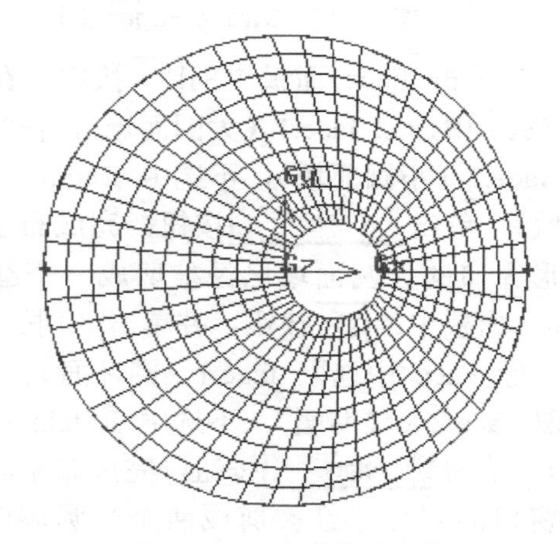

图 12-16 生产的面网格

（5）单击 → → ，打开 Sweep Faces 面板，选中本例计算区域的 Face1 和 Face4（两个半圆环面），单击选中 Vector，单击 Define 按钮，进入 Vector Defination 面板，单击选中 Magnitude，输入“5”，然后单击 Apply 按钮，回到 Sweep Faces 面板，单击选中 With mesh，其他保持默认设置，单击 Apply 按钮，生成网格如图 12-17 所示，这里轴向网格间距默认为 1m，需要调整。

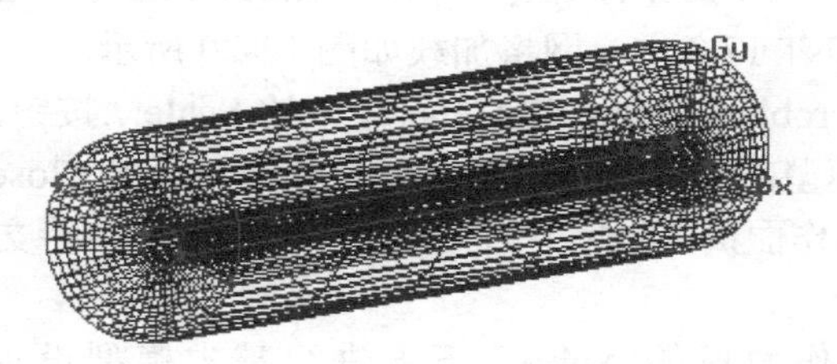

图 12-17 拉伸网格

（6）单击 → → ，打开 Mesh Edges 面板，选中本例计算区域的 Edge12、Edge13、Edge14 和 Edge15（四条轴向直线），并采用 Interval count 为 50 划分线网格，保持其他默认设置，单击 Apply 按钮。单击 → 打开 Mesh Volumes 面板，选中本例计算区域的 Volume1 和 Volume2，以“Elements：Hex/Wedge”和“Type：Cooper”的网格划分方式，并采用 Interval size 为 1 划分体网格，保持其他默认设置，单击 Apply 按钮生成如图 12-18 所示的体网格。

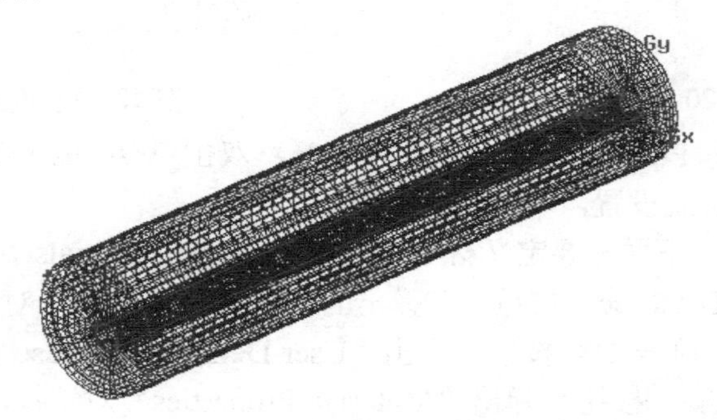

图 12-18 最终的体网格

（7）网格划分好后定义边界类型，单击 → ，选中一端面，定义为速度入口边界（VELOCITY_INLET），名称为 inlet；选中另一端面，定义为自由出流边界（OUTFLOW），名称为 outlet，定义后边界如图 12-19 所示。

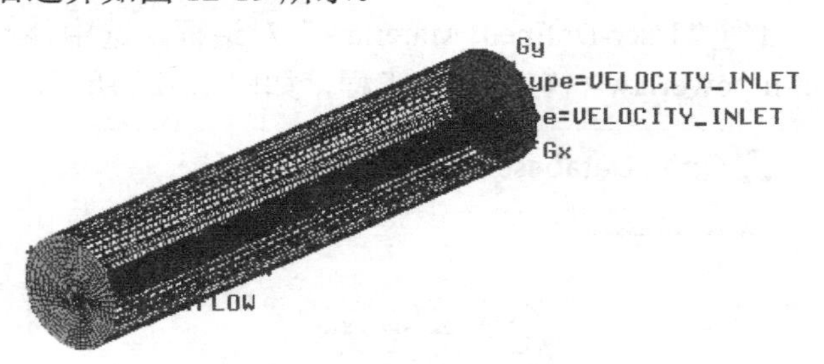

图 12-19 定义好的边界

（8）最后，执行 File→Export→Mesh 菜单命令，将网格输出的为 EX12.msh。

12.4 模型计算设置

（1）单击桌面 FLUENT 图标，在弹出的 FLUENT Launcher 中选择 Dimension 为“3D”，即三维问题，单击 OK 按钮，打开 FLUENT 17.0。

（2）单击 File→Read→Mesh…，在弹出的“Select File”对话框中选择 EX12.msh 文件，并将其导入至 FLUENT 17.0 中，网格加载如图 12-20 所示。

（3）单击操作面板 Problem Setup 的 General 中的 Scale…按钮，弹出“Scale Mesh”对话框，对话框中显示了模型的尺寸范围，这里无须改动，单击 Close 按钮，关闭对话框。

（4）单击 General 操作面板 Mesh 中的 Check，检查网格，待文本窗口中出现 Done，表示模型网格合适。

（5）在 General 操作面板的 Solver 下方进行基本模型设置，勾选 Gravity，在 Y（m/s2）中输入“−9.81”，即在 *Y* 轴负向存在重力加速度，如图 12-21 所示。

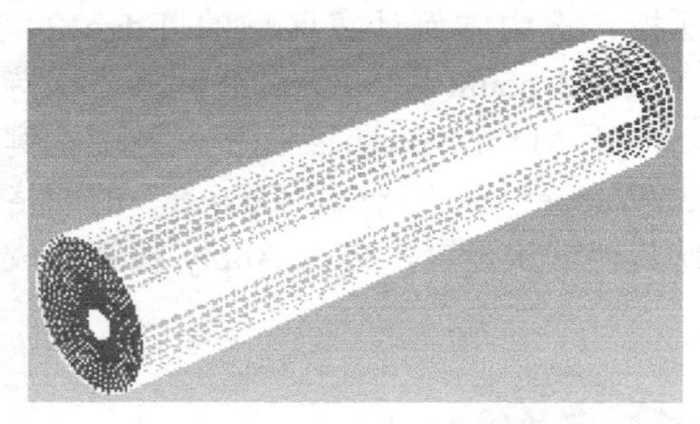

图 12-20　网格加载

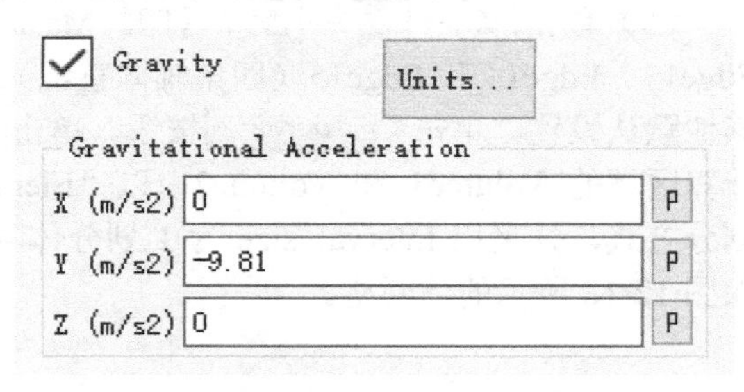

图 12-21　设置重力加速度

（6）单击操作面板 Problem Setup 的 Models，双击 Viscous-Laminar，弹出“Viscous Model”对话框，保持层流设置，单击 OK 按钮。

（7）模型选择完后，下面需要定义材料，执行 Define→Materials 命令，单击 Materials 面板右侧的 User-Defined Database…按钮，在弹出的“Open Database”对话框中，如图 12-22 所示，输入“newmatial”，单击 OK 按钮，弹出“User-Defined Database Materials”对话框，如图 12-23 所示，单击 New... 按钮，弹出“Material Properties”对话框，如图 12-24 所示，在 Name 中输入“Non-n-powerlaw”，Types 保持为 fluid，在 Available Properties 列表中选择 Density、Viscosity，分别选中这两个性质，单击 Edit... 进行编辑，Desity 为 1200kg/m^3，如图 12-25 所示；Viscosity 选择 non-newtonian-power-law，如图 12-26 所示，然后单击 Edit... 按钮，编辑 Consistency Index 为 1.8，Power Law 为 1.5，如图 12-27 所示，单击 OK 按钮，再单击 Apply 按钮，回到“User-Defined Materials”对话框，选中 Non-n-powerlaw，单击 Copy 按钮，添加 Non-n-powerlaw 材料至当前工程，如图 12-28 所示。

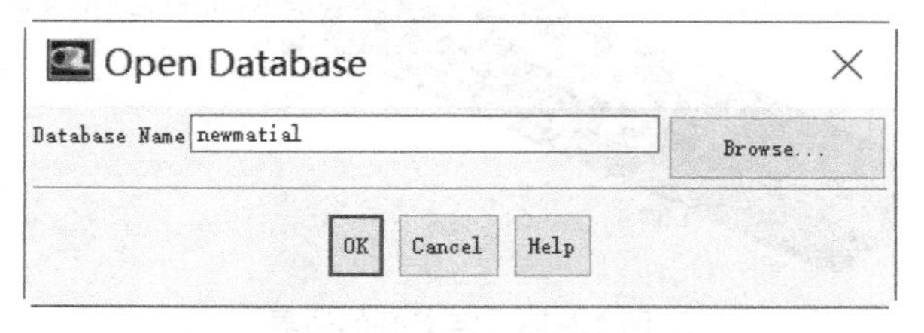

图 12-22　“Open Database”对话框

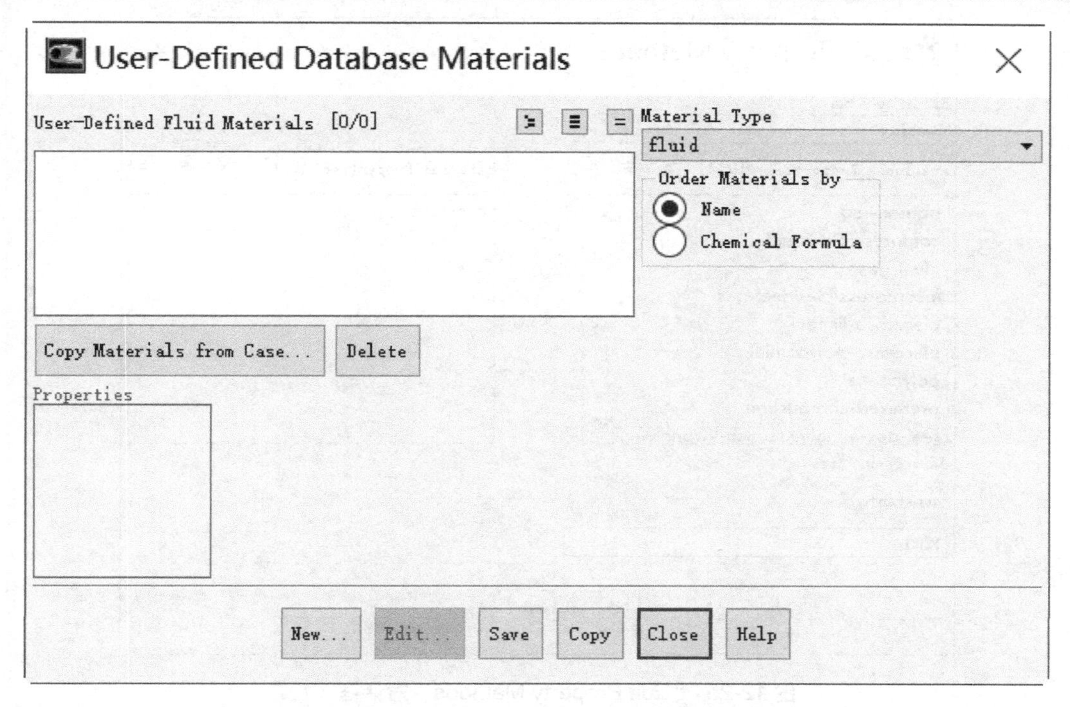

图 12-23 “User-Defined Database Materials”对话框（1）

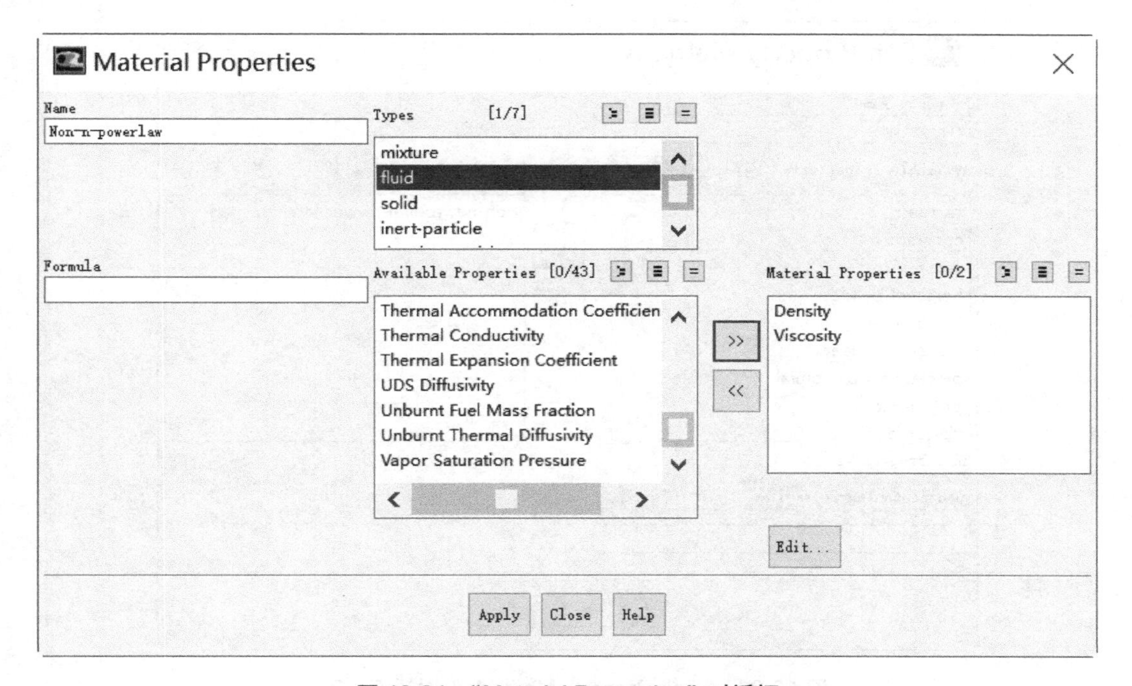

图 12-24 “Material Properties”对话框

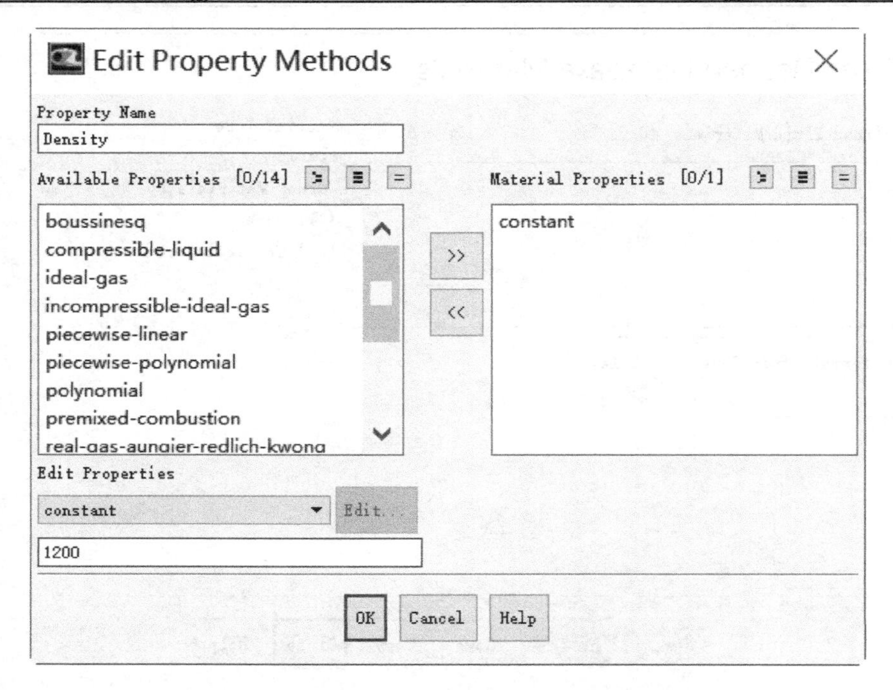

图 12-25 “Edit Property Methods”对话框（1）

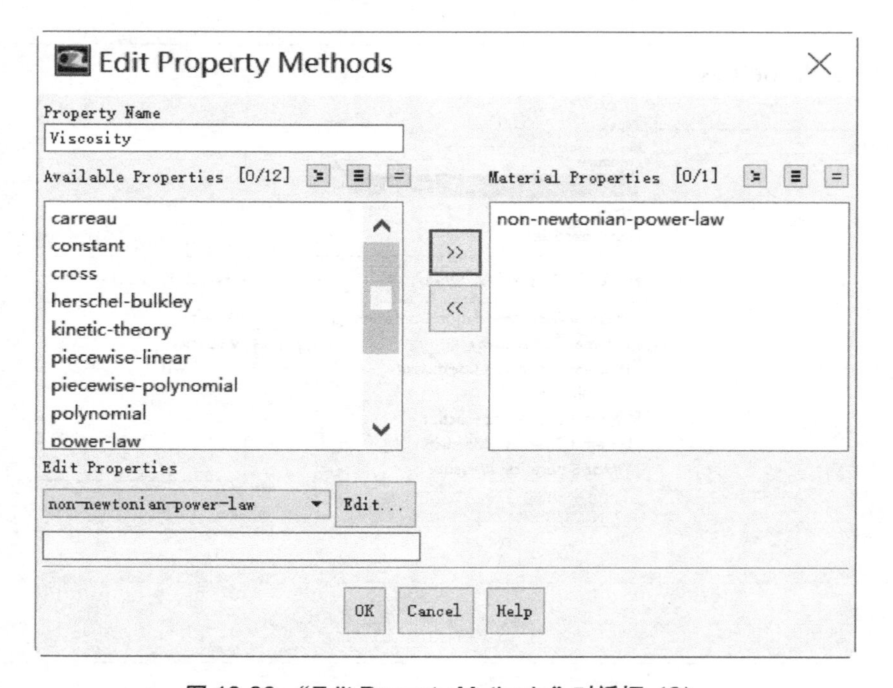

图 12-26 “Edit Property Methods”对话框（2）

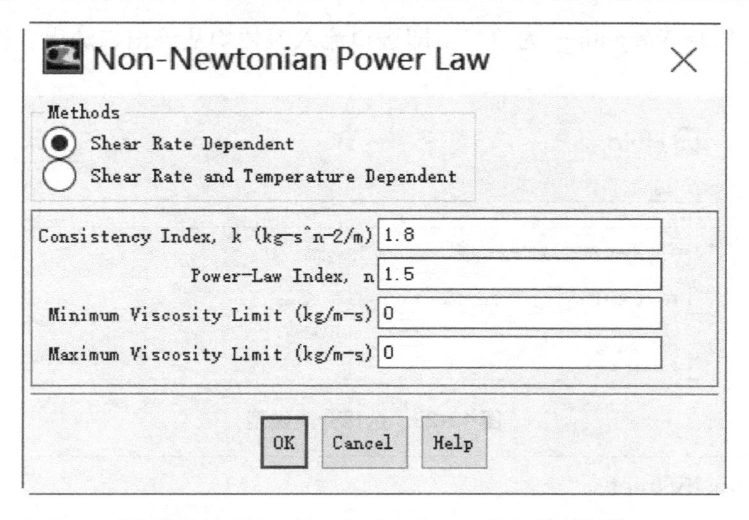

图 12-27 “Non-Newtonian Power Law”对话框

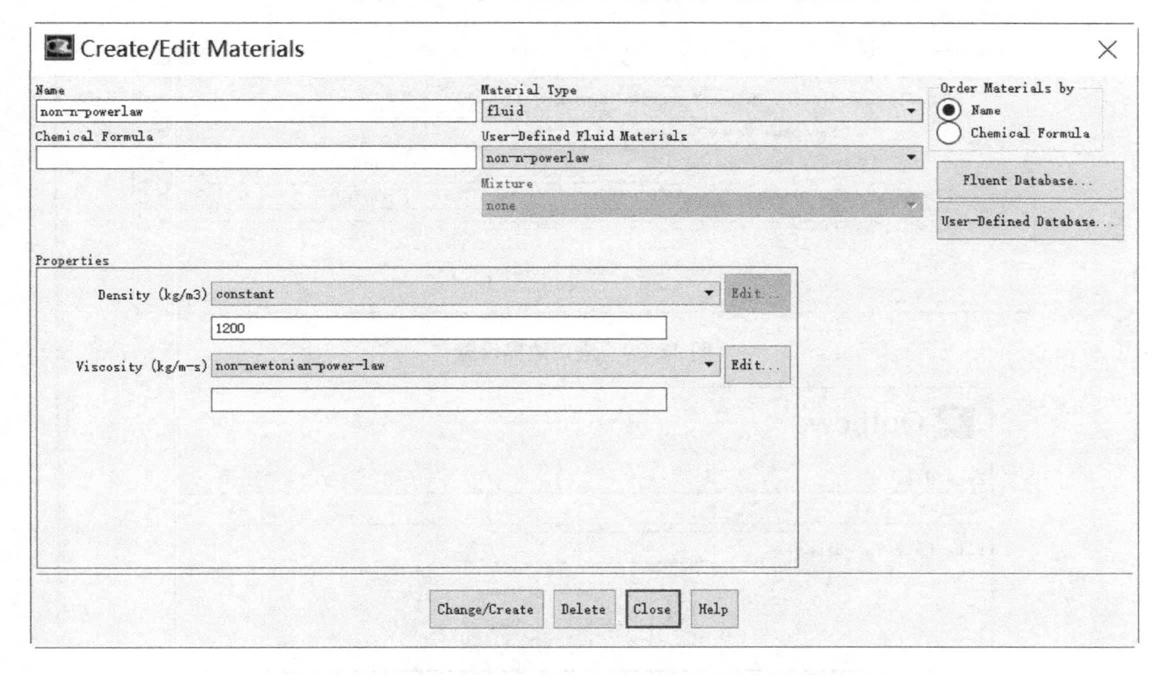

图 12-28 “User-Defined Database Materials”对话框（2）

（8）单击 Problem Setup 中的 Cell Zone Conditions，在展开的介质类型面板中，单击 Edit...按钮，弹出如图 12-29 所示的“Fluid”对话框，选择 Material Name 右侧列表中的 Non-n-powerlaw，单击 OK 按钮，即将管内流动的流体定义为 Non-n-powerlaw。

（9）单击 Problem Setup 中的 Boundary Conditions，可见，Boundary Conditions 面板中已存在的边界名称（在 Gambit 中已定义好）。这里有进、出口和壁面三个边界，首先选中 inlet，单击 Edit...按钮，弹出如图 12-30 所示的“Velocity Inlet”对话框，设置 Velocity Magnitude（m/s）为 2，即表示入口流速为 2m/s，单击 OK 按钮。接着，选中 Boundary Conditions 面板列表中的 outlet，单击 Edit...按钮，弹出如图 12-31 所示“Outflow”对话

框，保持 Flow Rate Weighting 为“1”，即进口流入流体均从该出口流出，符合质量守恒，单击 OK 按钮。

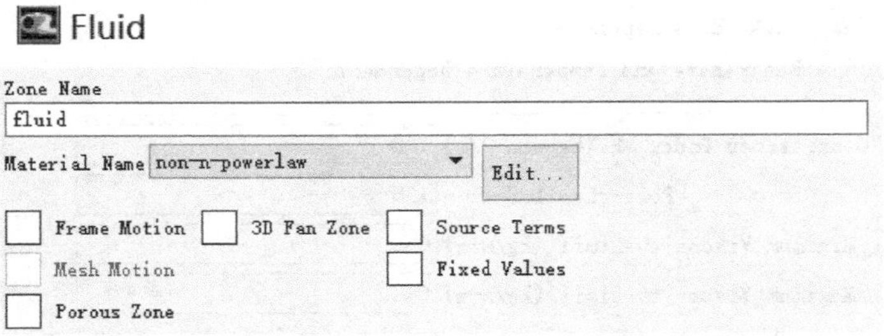

图 12-29　选择介质类型

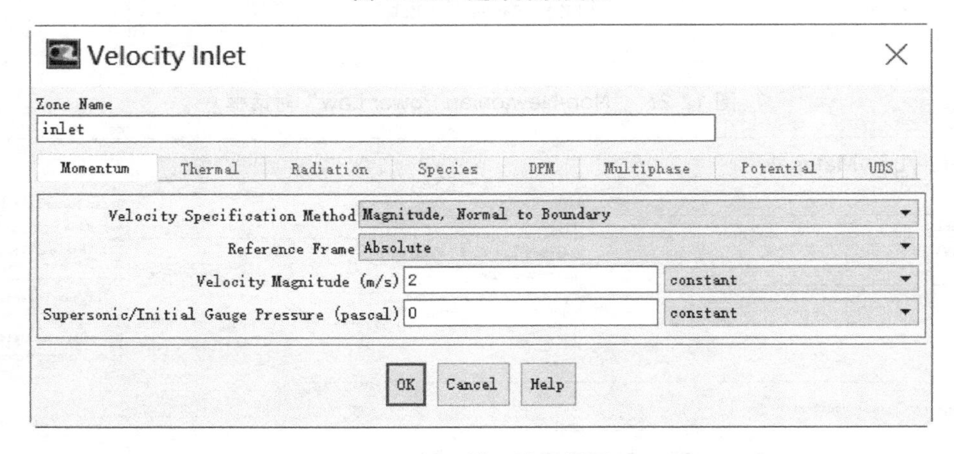

图 12-30　进口边界设置

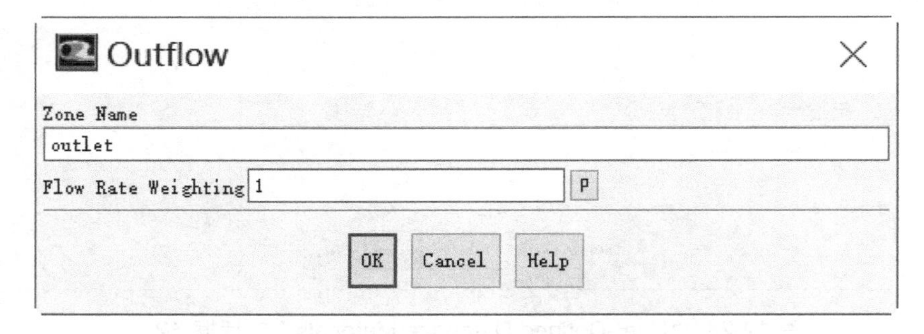

图 12-31　出口边界设置

（10）单击 Solution 操作面板中的 Solution Methods 按钮，展开如图 12-32 所示的面板，在其中可进行压力—速度耦合算法设置，压强、动量、能量方程的离散格式等，这里保持默认设置。

（11）单击 Solution 操作面板中的 Solution Controls 按钮，展开如图 12-33 所示的 Solution Controls 面板，用户可在其中设置相关参数的松弛因子，这里也保持为默认设置。

（12）接下来就可以将问题初始化了，单击 Solution 操作面板中的 Solution Initialization 按钮，选择展开面板中 Compute from 为 inlet，单击 Initialize 按钮，完成计算初始化，如

图 12-34 所示。

Solution Methods
Pressure-Velocity Coupling
Scheme
SIMPLE
Spatial Discretization
Gradient
Least Squares Cell Based
Pressure
Standard
Momentum
Second Order Upwind

图 12-32　Solution Methods 面板

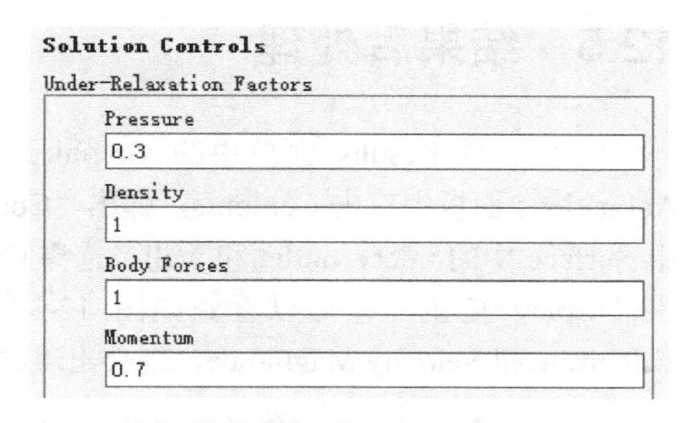

图 12-33　Solution Controls 面板

（13）初始化完后开始迭代计算，单击 Solution 操作面板中的 Run Calculation 按钮，在如图 12-35 所示的 Run Calculation 面板中输入 Number of Iterations 为“1000”，单击 Calculate 按钮开始计算，残差曲线如图 12-36 所示。计算过程中会出计算过程对话框，待对话框中出现 Calculating Completed，则表示计算结束。

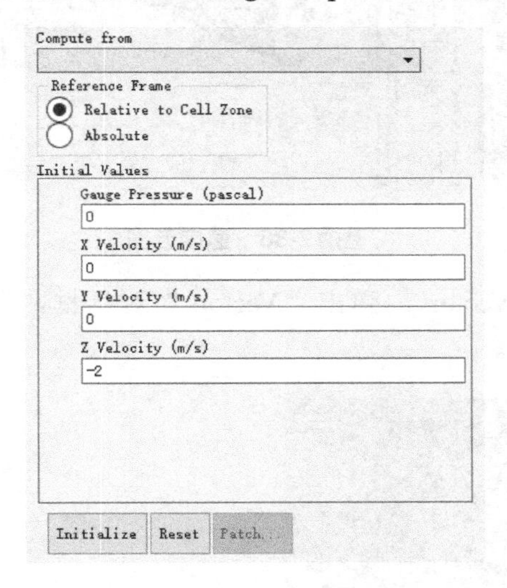

图 12-34　Solution Initialization

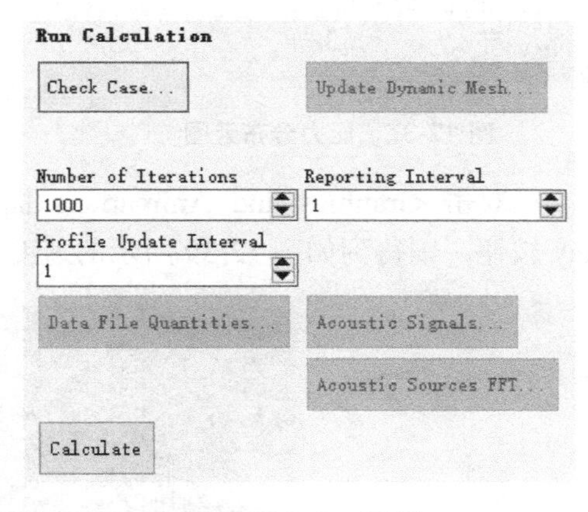

图 12-35　Run Calculation 面板

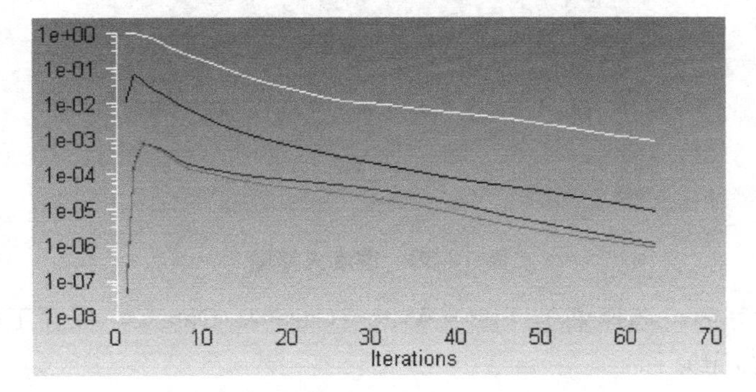

图 12-36　残差曲线

12.5 结果后处理

（1）单击 Results 面板中的 Graphics and Animations 按钮，在展开的 Graphics and Animations 面板中双击 Contours，弹出“Contours”对话框，勾选 Options 下方的 Filled，选中 Surface 中的 inlet、outlet 和 wall，选择 Contours of 中的 Pressure...和 Static Pressure，单击 Display 按钮，即可以看到如图 12-37 所示的压力云图。若选择 Contours of 中的 Velocity...和 Velocity Magnitude，则会出现如图 12-38 所示的速度云图。

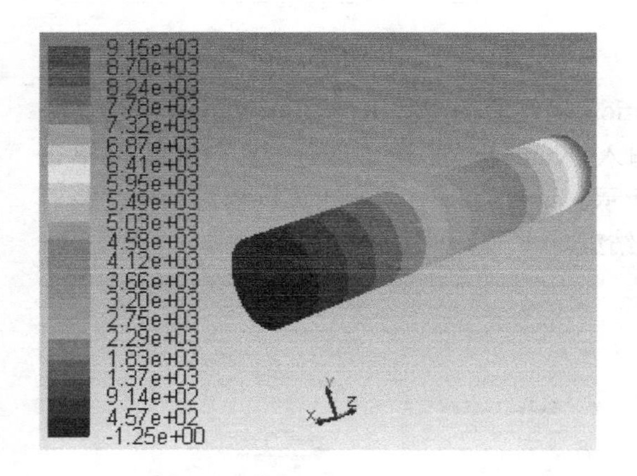

图 12-37　压力分布云图

图 12-38　速度云图

（2）双击 Graphics and Animations 面板中 Vectors，弹出“Vectors”对话框，单击 Display 按钮，则得到如图 12-39 所示的速度矢量图。

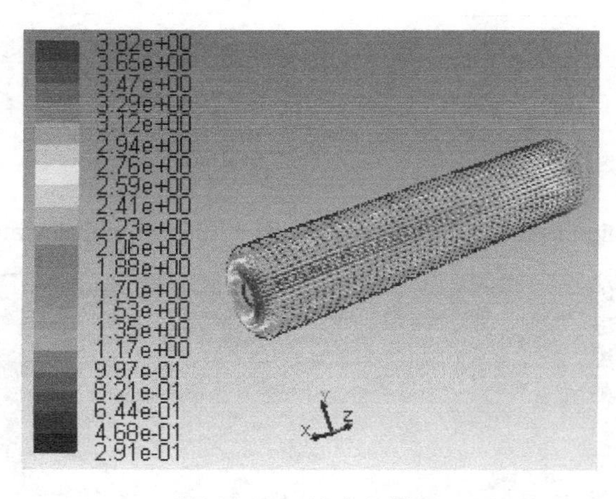

图 12-39　速度矢量图

（3）图形分析完后，选择菜单 File→Write→Case & Data...，保存工程与数据结果文件（EX12.cas 和 EX12.dat）。

（4）最后，单击 File→Close FLUENT，安全退出 FLUENT 17.0。

应用·技巧

非牛顿流体流动多数属于层流，若不涉及传热计算，在定义非牛顿流体材料时主要定义材料的密度和黏度，非牛顿流体的黏度与速度梯度可能满足幂律或多项式的关系，需要事先由实验测得。

12.6 本章小结

本章介绍了非牛顿流体的流动模拟，需要用户自定义非牛顿流体的材料，尤其是黏度的定义，其表达式应事先由实验测得。因非牛顿流体黏度较大，其流动大多数属于层流，不需要调用 RANS 模型，相对简单。

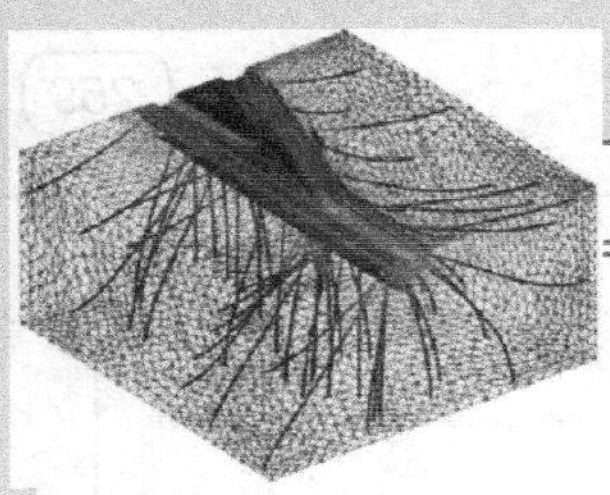

第13章　多孔介质渗流模拟

多孔介质中流体的渗流问题与很多应用科学和工程技术领域有着密切的关系。例如，岩土力学、地下水力学、生物力学、石油工程学、农业土壤学，以及水的净化、工业过滤、陶瓷工程、粉末冶金、防毒面具制造等都与这个问题有关。为了研究流体在多孔介质内的渗流机理，分析流体在多孔介质内部的速度分布及压力分布情况，本章借助 FLUENT 流体软件对此问题进行模拟研究。

本章内容

- 多孔介质域的定义
- 渗流模拟的参数设置
- 流量监测
- 多孔介质渗流实例

本章案例

- 实例13　多孔介质渗流模拟

视频教学

13.1 实例概述

图 13-1 所示为本例的几何模型，入口处的管道直径为 0.06m，长为 0.1m，渐缩管的一端直径为 0.06m；另一端直径为 0.2m，长度为 0.1m，多孔介质区域为长为 0.5m，直径为 0.2m 的圆柱。

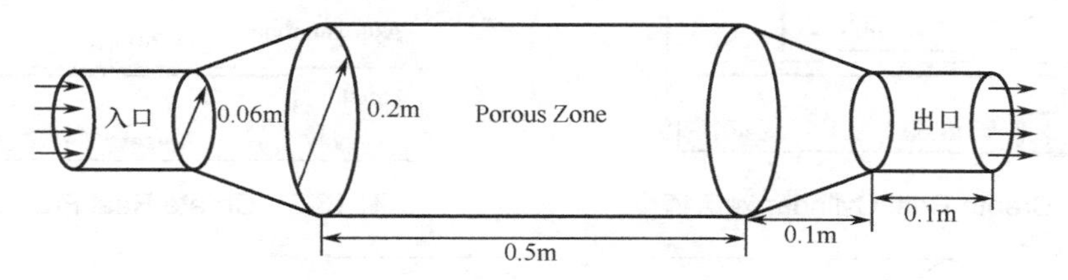

图 13-1 多孔介质渗流几何模型

思路·点拨

在 Gambit 中建立多孔介质几何模型，然后划分网格，并导出网格文件。在 FLUENT 17.0 中导入网格后，进行模型的设置，尤其是多孔介质区域的参数设置，定义合适的边界参数后即可迭代求解。

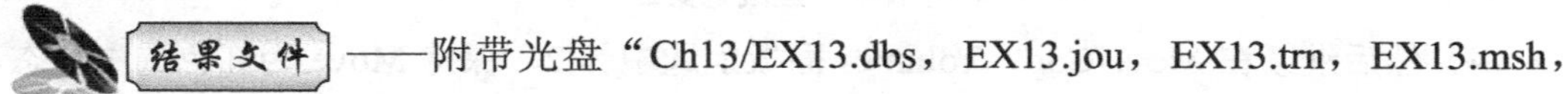
结果文件——附带光盘“Ch13/EX13.dbs，EX13.jou，EX13.trn，EX13.msh，EX13.cas，EX13.dat，surf-mon-1.out”。

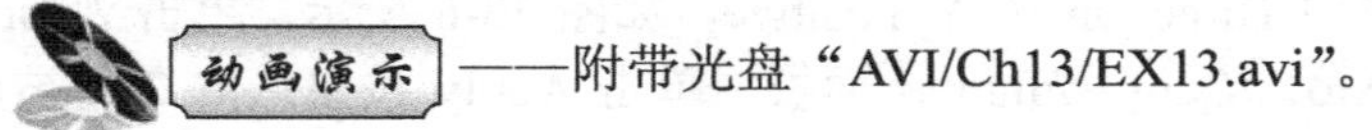
动画演示——附带光盘“AVI/Ch13/EX13.avi”。

13.2 几何模型建立

（1）启动 Gambit 软件，单击控制面板命令 → → ，右击 ，选中 Cylinder，弹出 Create Real Cylinder 面板，如图 13-2 所示。在 Height、Radius 1、Radius 2 分别输入“0.5”、“0.1”和“0.1”，并在 Axis Location 中选择 Positive *X*，即圆柱体的轴线方向为 *X* 轴的正方向，单击 Apply 按钮。

（2）右击 ，选中 Frustum，弹出 Create Real Frustum 面板，如图 13-3 所示，Height 代表高度，Radius 1 代表底面椭圆的短半轴长，Radius 2 代表底面椭圆的长半轴长，Radius3 代表顶面圆的半径。在 Height（H）、Radius 1、Radius 2、Radius 3 中分别输入“0.1”、“0.1”、“0.1”及“0.03”，并在 Axis Location 中选择 Positive X，单击 Apply 按钮。生成如图 13-4 所示的第二个体。

（3）为了生成如图 13-1 所示的几何模型，此时的体 2（volume），需要移动其至正确位置。单击 Volume 面板的 （Move/Copy）命令，在弹出如图 13-5 所示的 Move/Copy Volumes 面板中选取体 2（Volume.2），保持 Copy 为红色选中状态，选择 Operation 下方的 Translate（平移），在 X：输入“0.5”后，单击 Apply 按钮，即在 *X*=0.5m 处复制了一个圆台体体 3（Volume.3）。

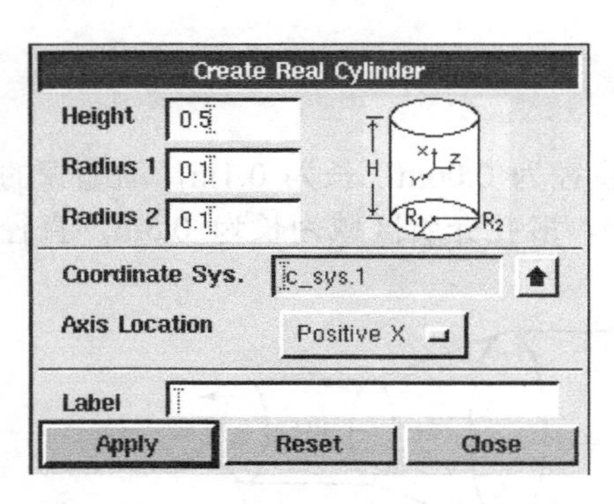

图 13-2　Create Real Cylinder 对话框

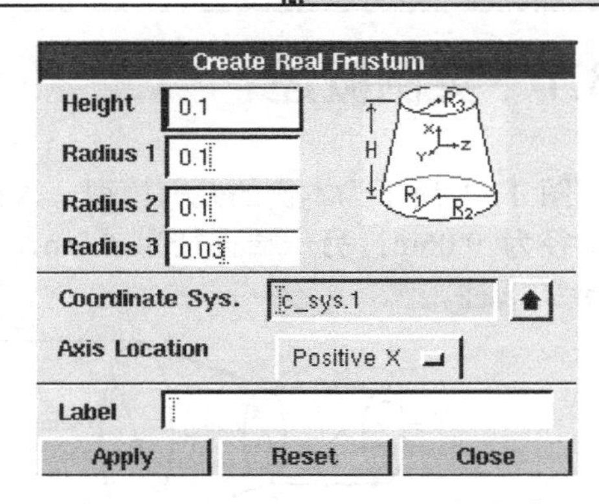

图 13-3　Create Real Frustum 面板

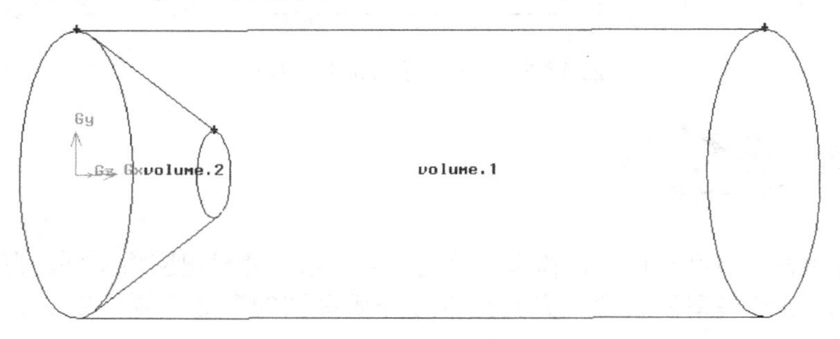

图 13-4　生成的第二个体

（4）然后继续在 Move/Copy Volumes 面板上选中体 2，保持 Move 为红色选中状态，选中 Operation 下方的 Rotate（旋转），在 Angle 中输入“180”，并单击自定义 Define 按钮。弹出 Vector Definition 面板，选中 Direction 中 Y Positive，如图 13-6 所示，单击 Apply 按钮，完成旋转轴的定义。回到 Move/Copy Volumes 面板，单击 Apply 按钮，体 2 即被旋转到正确位置上，如图 13-7 所示。

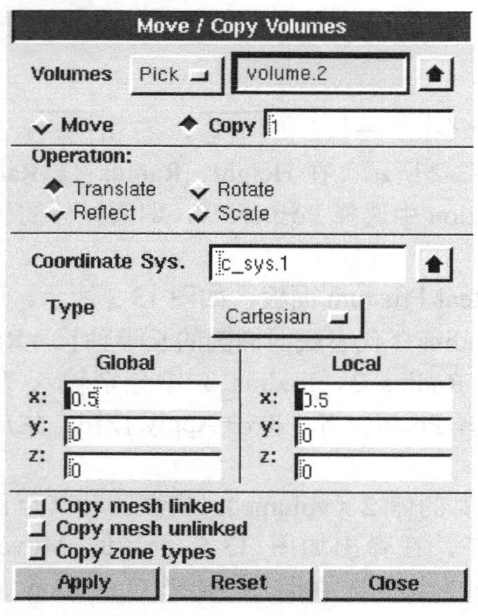

图 13-5　Move/Copy Volumes 面板

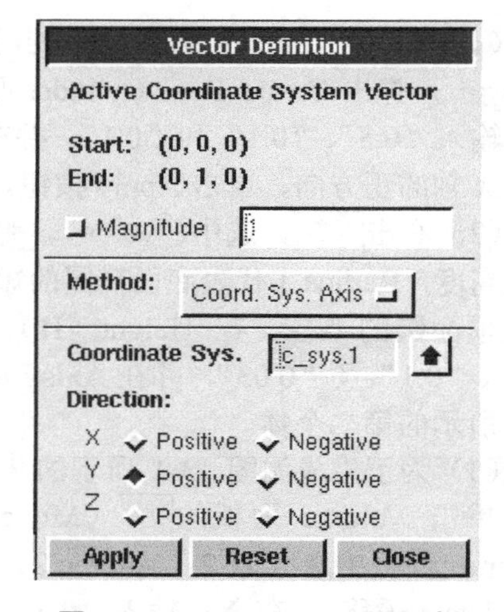

图 13-6　Vector Definition 面板

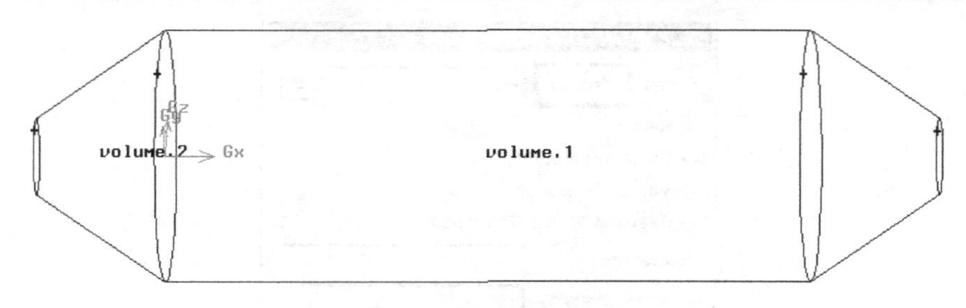

图 13-7　旋转后的体

（5）回到“Create Real Cylinder”对话框，在 Height、Radius 1、Radius 2 分别输入“0.1”、“0.03”和“0.03”，并在 Axis Location 中选择 Positive X，单击 Apply 按钮。生成新的体 4，如图 13-8 所示。

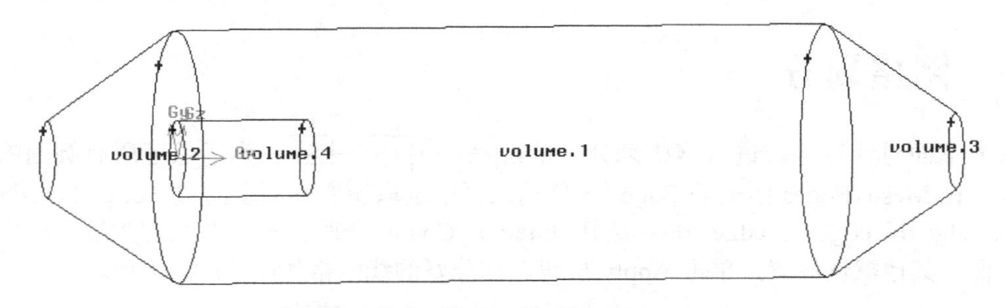

图 13-8　新生成的体 4

（6）单击 Volume 面板的（Move/Copy）命令，在弹出 Move/Copy Volumes 面板中选取体 4（Volume.4），保持 Copy 为红色选中状态，选择 Operation 下方的 Translate（平移），在 X：后输入“0.6”后单击 Apply 按钮，即复制出体 5（Volume.5）。类似操作，选取体 4，保持 Move 为红色选中状态，选择 Operation 下方的 Translate（平移），在 X：后输入“−0.2”后单击 Apply 按钮。如图 13-9 所示，完成小圆柱的平移操作。

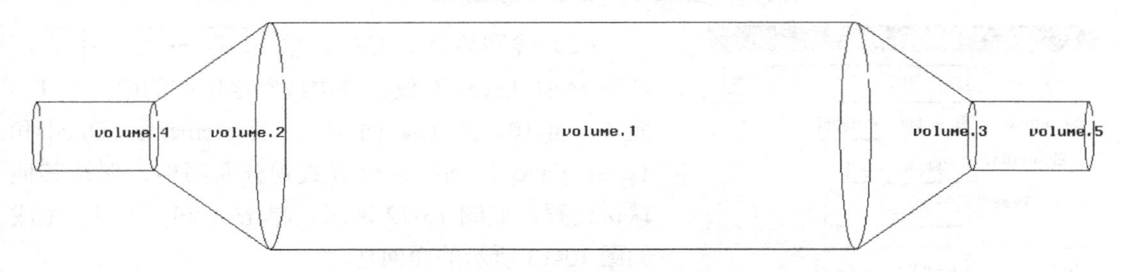

图 13-9　平移后的体

（7）由于本模型是由五个体组成，因此每两个相邻的体之间都有两个接触面，需要对面进行合并。单击→→，弹出 Connect Faces 面板，如图 13-10 所示，选中体 2 和体 4 的两个交界面，单击 Apply 按钮，就会删除其中的一个面。同样操作合并体 2 和体 1、体 1 和体 3、体 3 和体 5 的交界面。

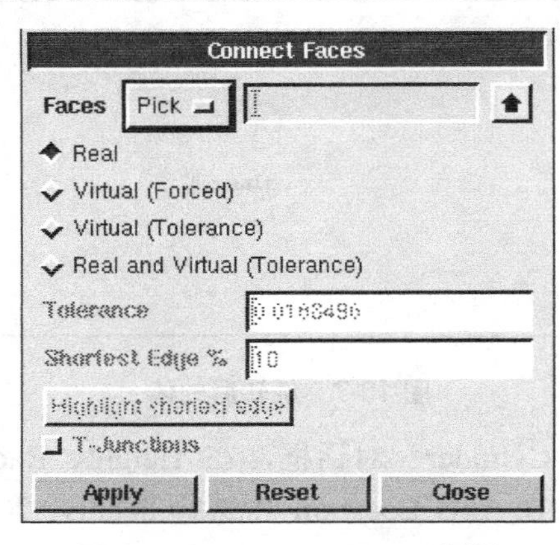

图 13-10　Connect Faces 面板

13.3　网格划分

（1）下面对计算区域进行网格划分，单击 → → ，为了保证所有圆面的节点一致性，在 Mesh Edges 面板的 Edges 黄色输入栏中选取所有圆面上的边（edge.1、edge.2、edge.4、edge.6、edge.7、edge.10），选择 Interval Count 分段方式，并在左侧输入栏中输入“50”，保持其他默认设置，单击 Apply 按钮，划分好的线网格如图 13-11 所示。

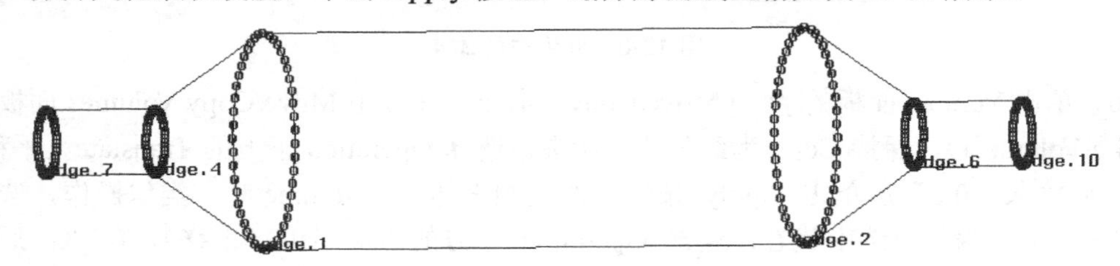

图 13-11　划分好的线网格

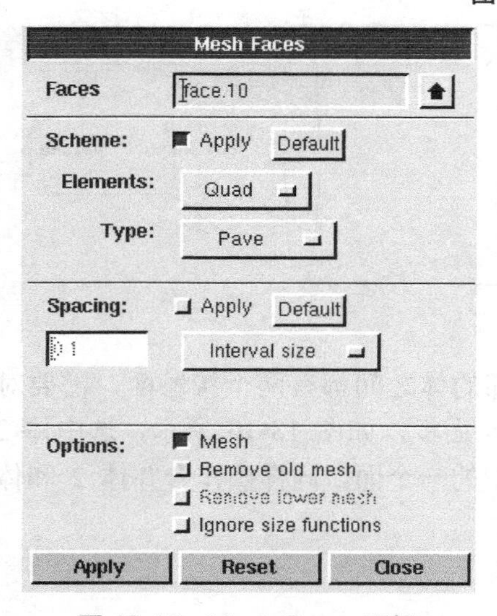

图 13-12　Mesh Faces 面板

（2）线网格划分好后，单击 → → ，打开 Mesh Faces 面板，选中线网格所在的面（面 1、面 6、面 10、面 15、面 19），以 Elements：Quad 和 Type：Pave 的网格划分方式划分面网格，保持其他默认设置，如图 13-12 所示，单击 Apply 按钮，生成如图 13-13 所示的面网格。

（3）单击 → → ，打开 Mesh Volumes 面板，如图 13-14 所示，选中体 4，以“Elements：Hex/wedge”和“Type：Cooper”的网格划分方式划分体网格，并选中 Options 下的 Mesh、Remove old mesh、Remove lower mesh 及 ignore size function，单击 Apply 按钮。采用同样的操作完成其他体的划分，划分好的体网格如图 13-15 所示。

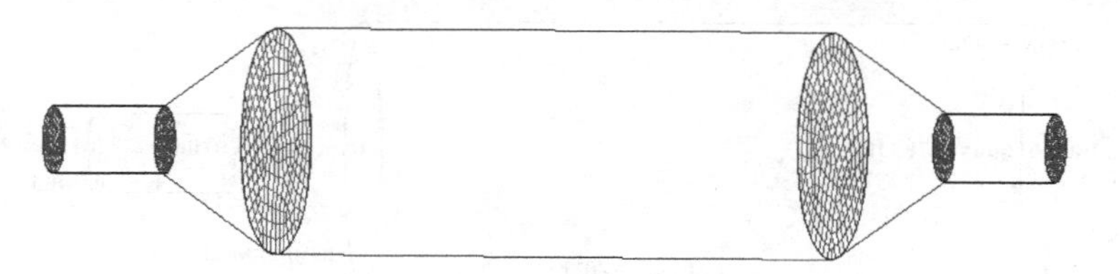

图 13-13　生成好的面网格

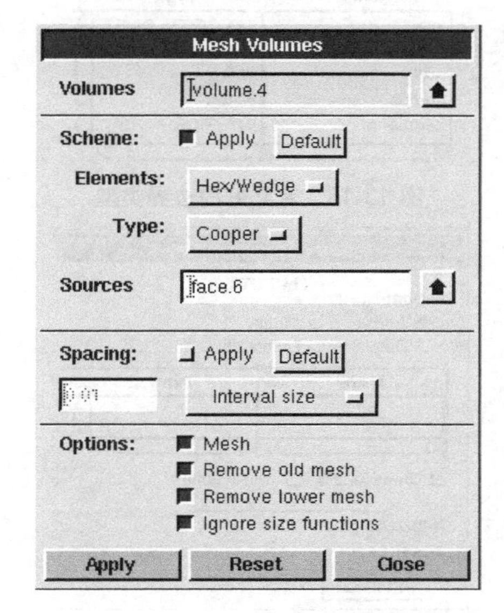

图 13-14　Mesh Volumes 面板

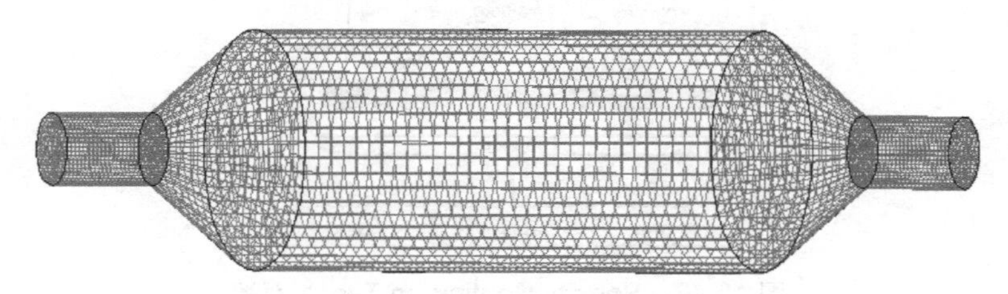

图 13-15　划分好的体网格

（4）网格划分好后定义边界类型，单击 → ，在 Specify Boundary Types 面板中选择矩形左侧入口面（face.10），定义为速度入口边界（VELOCITY_INLET），名称为 inlet；定义矩形右侧出口面（face.15）为压力出口（PRESSURE_OUT），名称为 outlet；定义体 2 和体 1 的接触面（face1）为内部边界（INTREOR），名称为 porous-in，定义体 1 和体 3 的接触面（face3）为内部边界（INTREOR），名称为 porous-out，定义面 2 为壁面（WALL），名称为 porous。剩余面定义为壁面（WALL），名称为 wall。定义好的边界类型如图 13-16 所示。

（5）定义多孔介质流动区域，单击 → ，在 Specify Continuum Types 面板中选择体 1（Volume.1），如图 13-17 所示，定义为流体（FLUID），名称为 Porous zone，单击 Apply 按钮。

（6）最后，执行 File→Export→Mesh 菜单命令，将网格输出的为 EX13.msh。

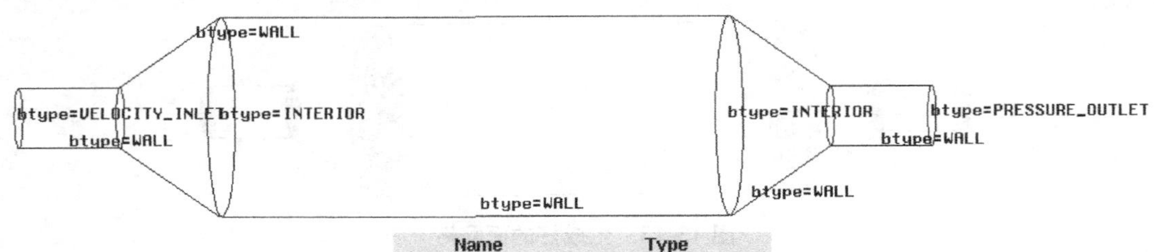

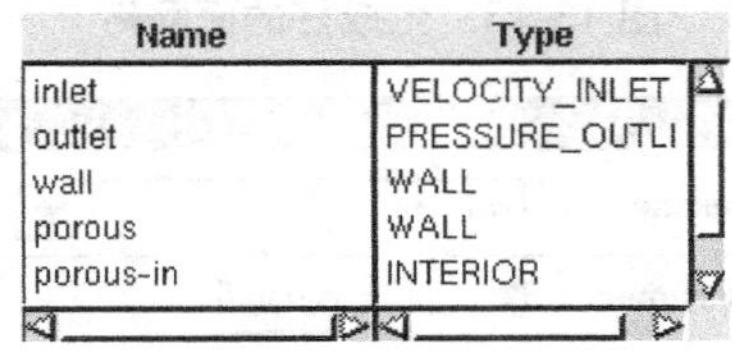

Name	Type
inlet	VELOCITY_INLET
outlet	PRESSURE_OUTLI
wall	WALL
porous	WALL
porous-in	INTERIOR

图 13-16　定义好的边界类型

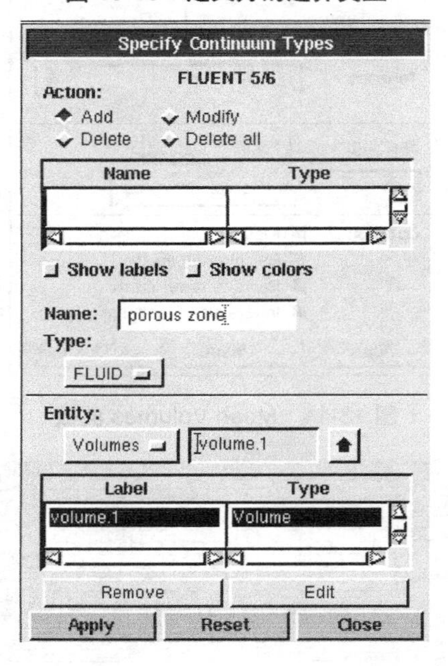

图 13-17　Specify Continuum Types 面板

13.4　模型计算设置

（1）启动 FLUENT 17.0 的 3D 解算器，单击 File→Read→Mesh…，在弹出的“Select File”对话框中找到 EX13.msh 文件，并将其导入至 FLUENT 17.0 中，网格如图 13-18 所示。

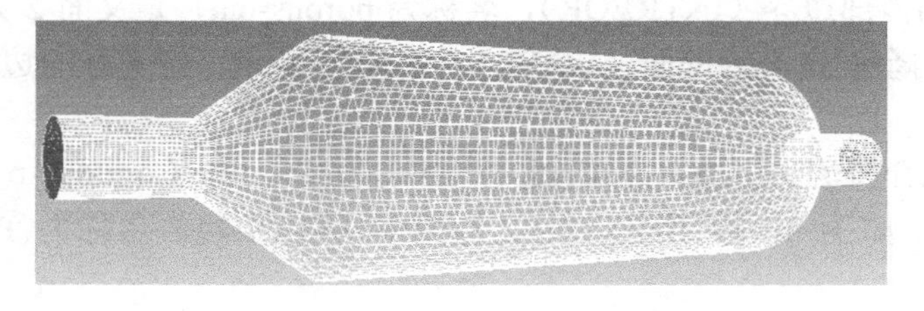

图 13-18　导入 FLUENT 中的网格

（2）单击操作面板 Problem Setup 的 General 中的 Scale…按钮，弹出“Scale Mesh”对话框，用户可从中查看模型的尺寸，单击 Close 按钮关闭对话框。然后，单击 General 操作面板 Mesh 中的 Check 按钮，检查网格，待文本窗口中出现 Done 语句，表示模型网格合适。Solver 下方为基本模型设置选项，保持默认设置。

（3）单击操作面板 Problem Setup 的 Models 按钮，双击 Viscous-Laminar，弹出“Viscous Model”对话框，如图 13-19 所示，选择 k-epsilon(2 eqn)，并选择 k-epsilon Model 为 Standard，单击 OK 按钮。

（4）接着，单击 Problem Setup 中的 Materials 按钮，本例的流动介质为氮气，故单击 Materials 面板的 Create/Edit…按钮，弹出“Create/Edit Materials”对话框。单击 FLUENT Database…按钮，弹出“FLUENT Database Materials”对话框，保持介质类型为 Fluid，选择左侧列表中的 nitrogen（n2），单击 Copy 按钮。回到“Create/Edit Materials”对话框，单击 Close 按钮。

（5）单击 Problem Setup 中的 Cell Zone Conditions 按钮，展开 Cell Zone Conditions 面板，单击 Edit…按钮，弹出如图 13-20 所示的“Fluid”对话框，选择 Material Name 右侧列表中的 nitrogen，单击 OK 按钮。

Model
Inviscid
Laminar
Spalart-Allmaras (1 eqn)
k-epsilon (2 eqn)
k-omega (2 eqn)
Transition k-kl-omega (3 eqn)
Transition SST (4 eqn)
Reynolds Stress (7 eqn)
Scale-Adaptive Simulation (SAS)
Detached Eddy Simulation (DES)
Large Eddy Simulation (LES)
k-epsilon Model
Standard
RNG
Realizable
Near-Wall Treatment
Standard Wall Functions
Scalable Wall Functions
Non-Equilibrium Wall Functions
Enhanced Wall Treatment
Menter-Lechner
User-Defined Wall Functions

图 13-19　Viscous Model 面板

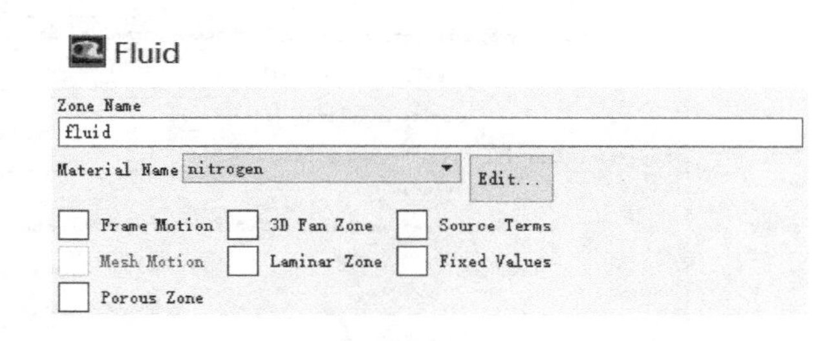

图 13-20　“Fluid”对话框

（6）在 Cell Zone Conditions 面板中选中 Porous_zone 多孔介质区域，单击 Edit…按钮，弹出“Fluid”对话框，选择 Material Name 右侧列表中的 nitrogen，选中 Porous Zone 和 Laminar Zone 前的复选框，以激活多孔介质模型及忽略多孔区域对湍流的影响。单击 Porous Zone 标签，如图 13-21 所示，在 Direction-1 vector 和 Direction-2 vector 中填入速度方向（1，0，0）和（0，1，1），按住下拉按钮，填入黏性阻力系数和惯性阻力系数，在

Viscous Resistance 的 Direction-1，Direction-2，Direction-3 三个方向中分别输入“3.846e+07”，“3.846e+10”，“3.846e+10”。在 Inertial Resistance 的 Direction-1，Direction-2，Direction-3 三个方向中分别输入“20.414”、“20414”、“20414”。可以看到 *X* 方向的阻力系数都比其他两个方向的阻力系数小 1000 倍，说明 *X* 方向是主要的压力降方向，其他两个方向不流通，压力降无限大。其他设置保持默认，单击 OK 按钮。完成多孔介质部分的设置。

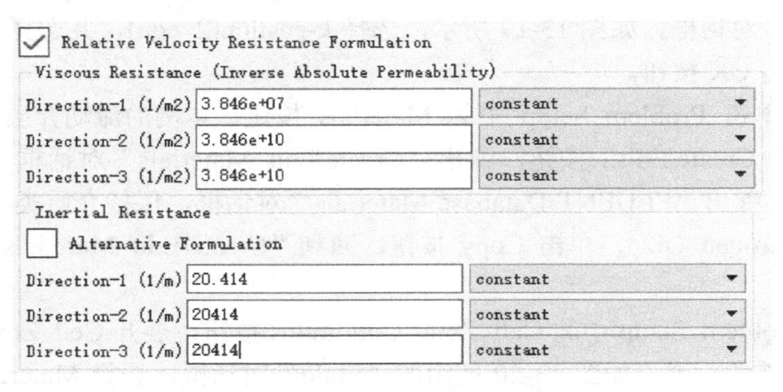

图 13-21　Porous_zone 区域参数设置

（7）单击 Problem Setup 中的 Boundary Conditions 按钮，在 Boundary Conditions 面板中选择 inlet，单击 Edit…按钮，弹出“Velocity Inlet”对话框，如图 13-22 所示，在 Velocity Magnitude(m/s)中输入“22.6”，选择 Turbulence 的方式为 Intensity and Hydraulic Diameter，设置 Turbulent Intensity(%)为 10，Hydraulic Diameter(m)为 0.03，单击 OK 按钮。回到 Boundary Conditions 面板中，选择 outlet，单击 Edit…按钮，弹出“Pressure Out”对话框，同样选择 Turbulence 的方式为 Intensity and Hydraulic Diameter，设置 Turbulent Intensity(%)为 5，Hydraulic Diameter(m)为 0.03，单击 OK 按钮，完成边界条件的设置。

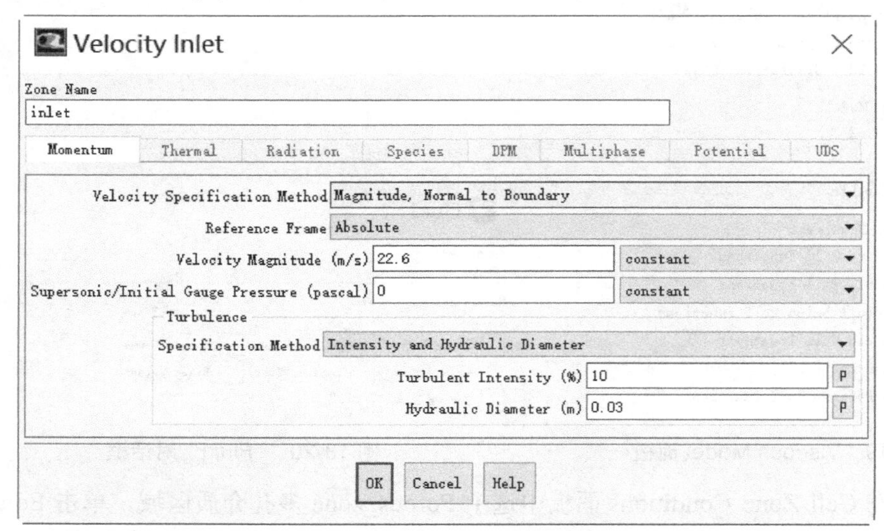

图 13-22　速度进口参数设置

（8）边界定义完后，单击 Solution 操作面板中的 Solution Methods 按钮，展开 Solution Methods 面板，这里保持默认算法设置。单击 Solution 操作面板中的 Solution Controls 按

钮，展开 Solution Controls 面板，保持默认设置。

（9）单击 Solution 操作面板中的 Monitors，选择“Residuals-Print，Plot”，单击 Edit...按钮，弹出“Residual Monitors”对话框，设置所有项的收敛精度均为 0.00001，单击 OK 按钮。单击 Solution 操作面板中的 Surface Monitors 按钮，单击 Create 按钮，弹出如图 13-23 所示对话框，选择 Option 选项中的 Print to console、plot、write。在 Report Type 中选择 Mass Flow Rate 并在 Surface 面板中选中 outlet。完成对出口的质量流动速率的监测。

（10）接着，单击 Solution 操作面板中的 Solution Initialization 按钮，在 Initialization Methods 中选择 Hybrid Initialization，单击 Initialize 按钮，单击 More Settings 按钮，展开 Hybrid Initialization 面板，在 Number of Iterations 中输入“15”，其他保持默认如图 13-24 所示，单击 OK 按钮，回到 Solution Initialization 列表，再次单击 Initialize 按钮，完成初始化。

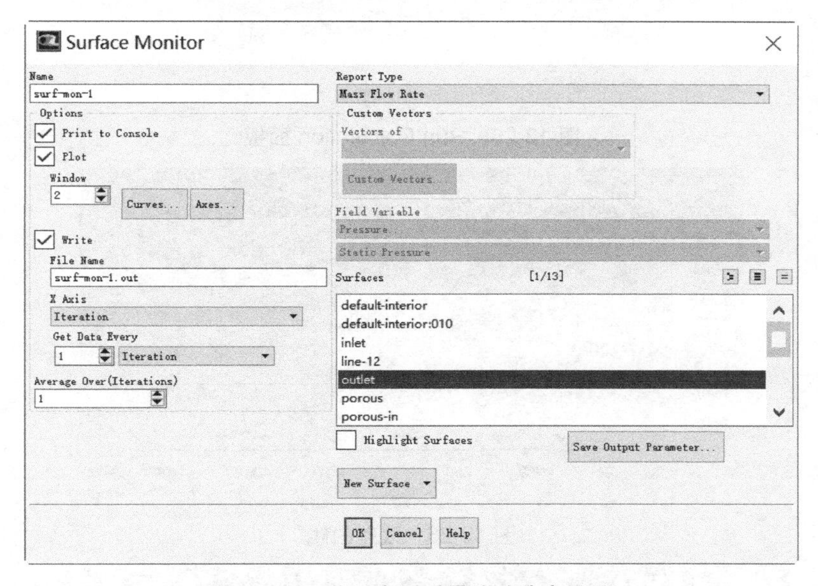

图 13-23　监测出口质量流动速率设置

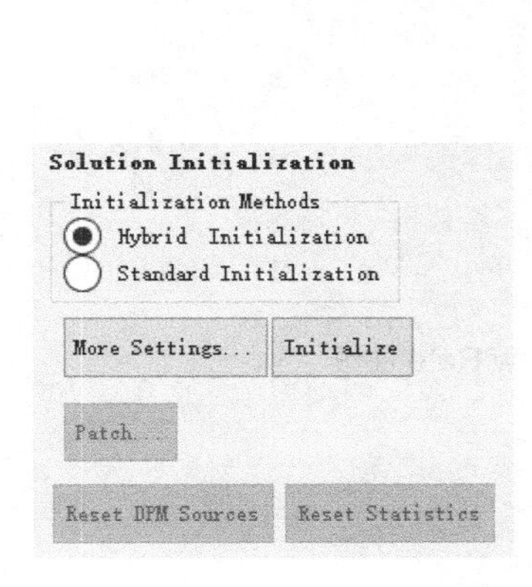

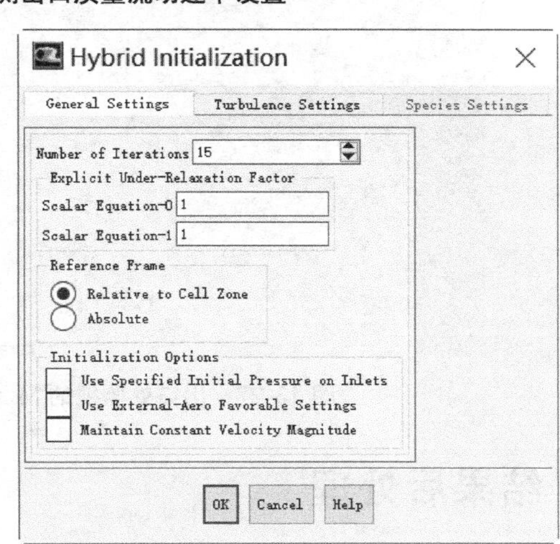

图 13-24　初始化

（11）单击 Solution 操作面板中的 Run Calculation，在如图 13-25 所示的对话框中输入 Number of Time Steps 为“1000”，设置 Time Step Size (s)为 1，单击 Calculate 按钮开始计算。计算结束后的残差曲线如图 13-26 所示。出口的质量流动速率的监测曲线如图 13-27 所示。

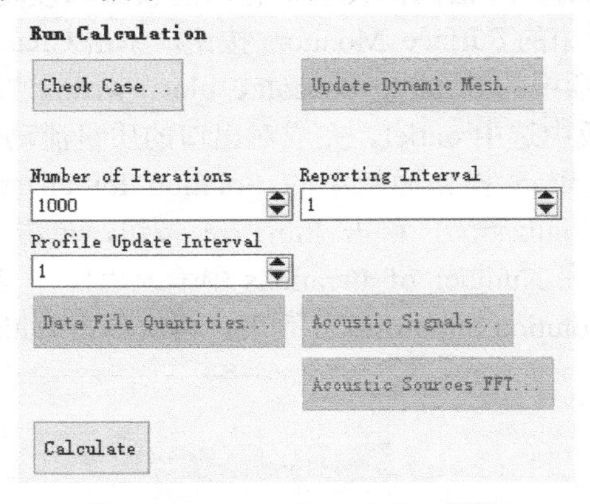

图 13-25　Run Calculation 面板

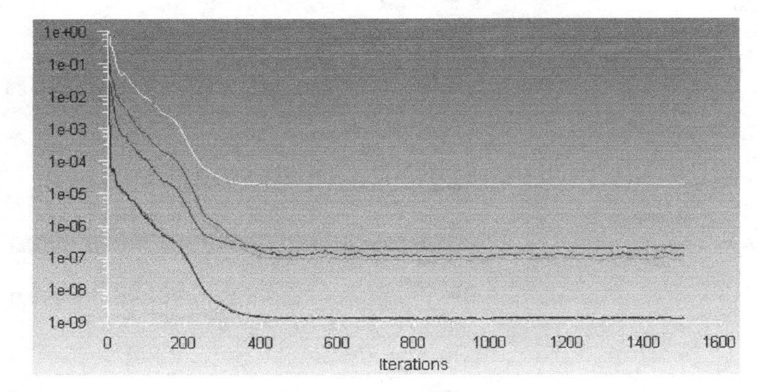

图 13-26　残差曲线

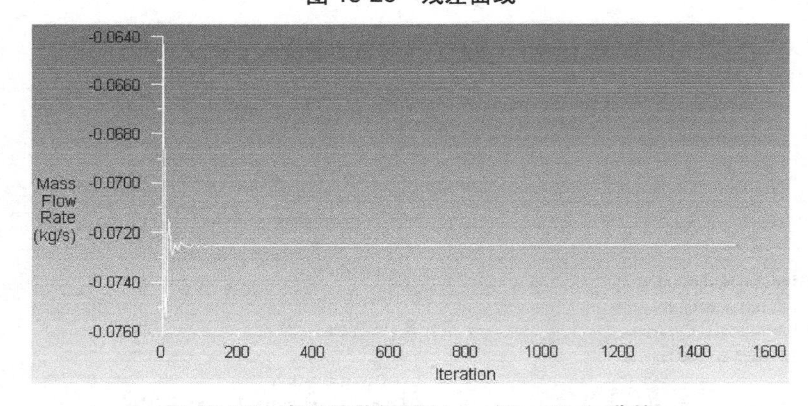

图 13-27　出口处监视的 Mass Flow Rate 曲线

13.5　结果后处理

（1）为了能够观察到该多孔介质内部压力及速度的变化情况，需要建立切片。选择菜单栏中的 Surface→Iso-surface，弹出如图 13-28 所示的“Iso-Surface”对话框，在 Surface of Constant 下拉列表中选择“Mesh”、“Y-Coordinate”。单击 Compute 按钮，就会自动计算出 *Y* 轴的最大值和最小值。在 Iso-Values 中输入“0”，New Surface Name 中输入“y=0”，单击 Create 按钮，生成 y=0 切面。

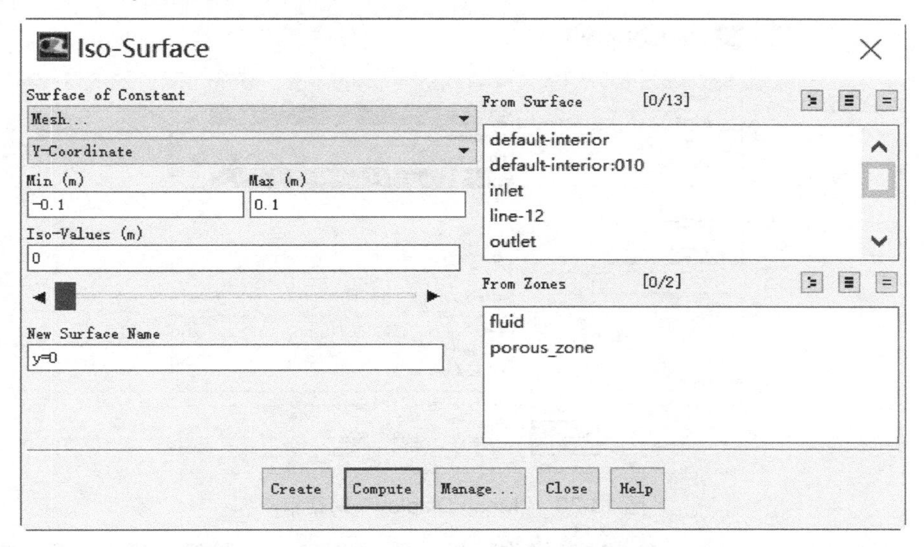

图 13-28 “Iso-Surface”对话框

（2）在 Surface of Constant 下拉列表中选择 Mesh，X-Coordinate。单击 Compute 按钮，就会自动计算出 X 轴的最大值和最小值。在 Iso-Values 中输入“0.1”，New Surface Name 中输入“x=0.1”，单击 Create 按钮，创建 x=0.1 切面。同样操作，在 x=0.3 处创建名字为 x=0.3 切面，在 x=0.5 处创建名字为 x=0.5 切面。

（3）为了读出多孔介质区域压力变化数据，需要在多孔介质内添加一条中心线。选择菜单栏中的 Surface→Line/Rake 按钮，弹出如图 13-29 所示的“Line/Rake Surface”对话框，在 x0、y0、z0 中输入“0”、“0”、“0”，在 x1、y1、z1 中分别输入“0.5”、“0”、“0”。单击 Create 按钮，即完成线的添加。

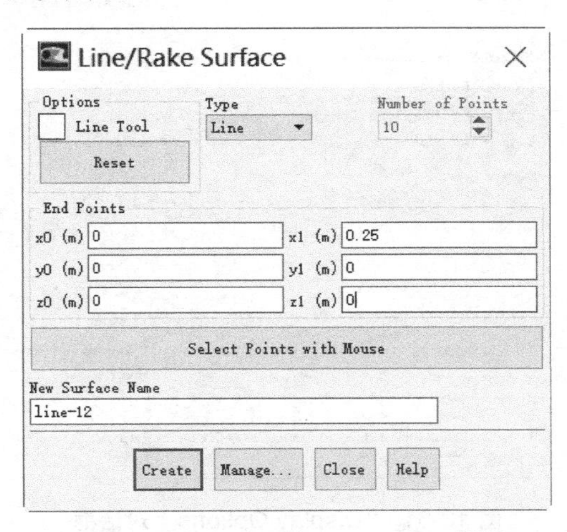

图 13-29 “Line/Rake Surface”对话框

（4）为了更好地观察多孔介质区域的内部结构，需要对模型的透明度及灯光效果进行设置。单击操作面板 Problem Setup 的 General 中的 Display…按钮，弹出如图 13-30 所示的“Mesh Display”对话框，在 Option 中勾选 Faces 选项，并在 Surfaces 列表中使 porous 和 wall 保持选中状态。单击 Display 按钮，这样就只显示整个模型的外表面。

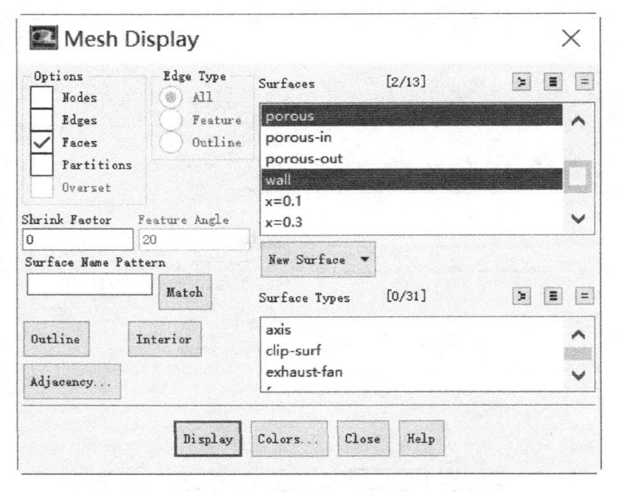

图 13-30 “Mesh Display”对话框

（5）回到 Graphics and Animations 操作面板，单击 Options…按钮，弹出如图 13-31 所示的“Display Options“对话框，选中 Lighting Attributes 下的 Lights On 选项，并在 Lighting 下拉菜单中选中 Gouraud，单击 Apply 按钮。完成后的灯光效果图如图 13-32 所示。

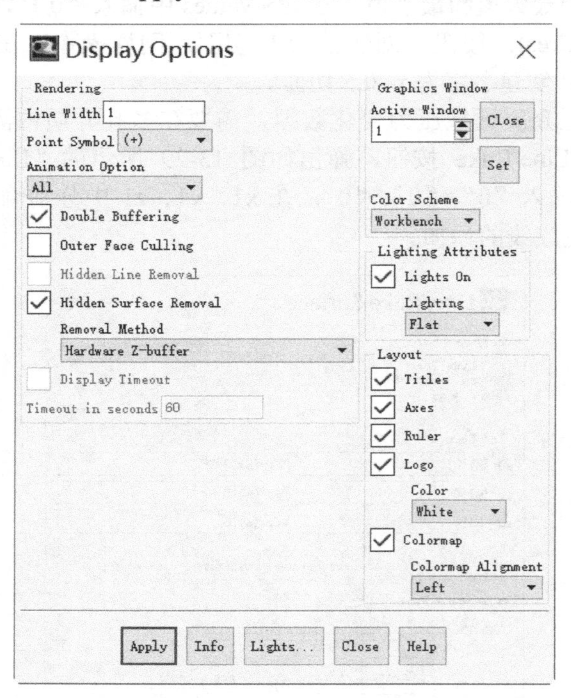

图 13-31 “Display Options“对话框

图 13-32　完成后的灯光效果

（6）回到 Graphics and Animations 操作面板，单击 Scene...按钮，弹出如图 13-33 所示的“Scene Description“对话框，选中 Names 列表框中的 porous 和 wall，单击 Geometry Attributes 下的 Display...按钮，弹出”Display Properties”对话框，如图 13-34 所示。调节 Transparency 透明度为 75。单击 Apply 按钮后，关闭该面板，回到“Scene Description”对话框，单击 Apply 按钮。设置完成后的效果图如图 13-35 所示。

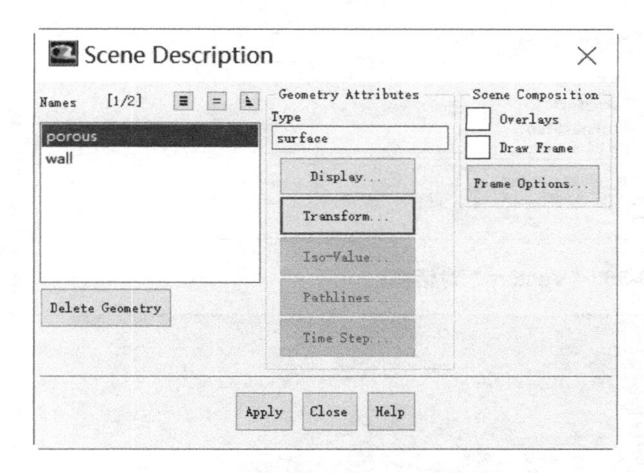

图 13-33　“Scene Description”对话框

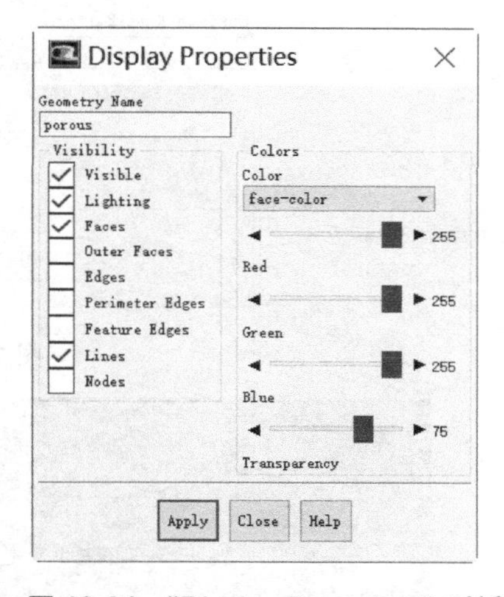

图 13-34　“Display Properties”对话框

图 13-35　设置完成后的效果图

（7）若双击 Graphics and Animations 面板中的 Vectors，则会弹出如图 13-36 所示的“Vectors”对话框，选择显示面为 y=0，勾选 Option 下的 Draw Mesh 选项，弹出“Mesh Display”对话框，查看 Porous 和 wall 是否为选中状态，关闭该对话框。回到“Vectors”对话框，在 Scale 中输入“5”，保持其余默认设置，单击 Display 按钮，则得到如图 13-37 所示的速度矢量图。

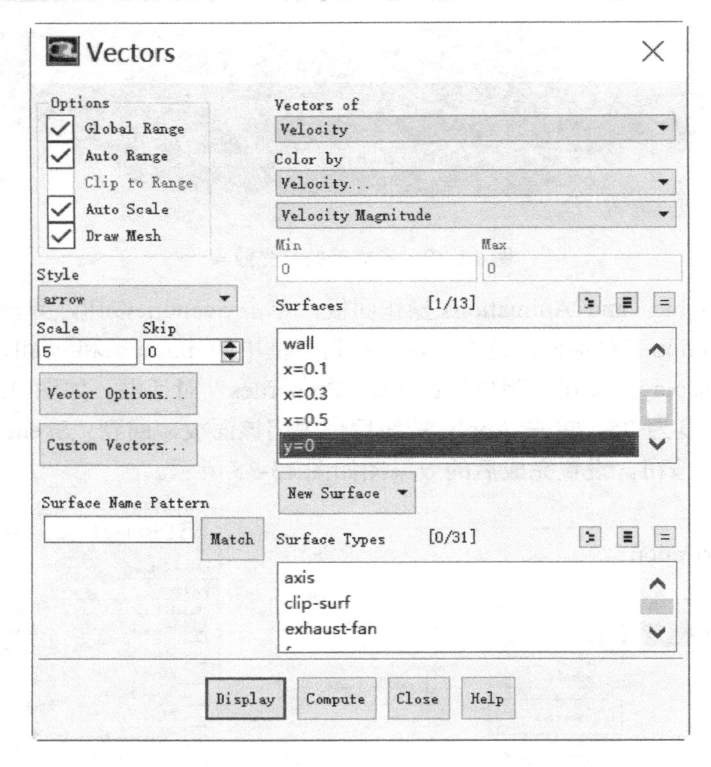

图 13-36 “Vectors”对话框

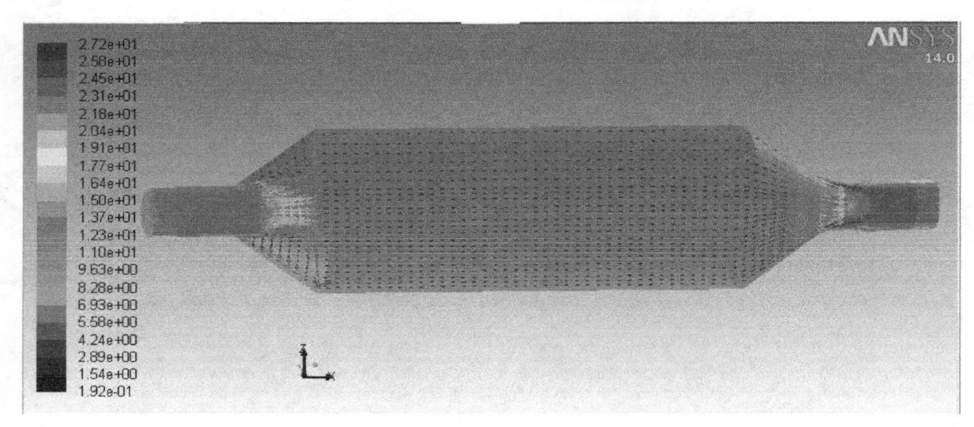

图 13-37 速度矢量图

（8）在展开的 Graphics and Animations 面板中双击 Contours，此时，弹出如图 13-38 所示的“Contours”对话框，勾选 Options 下方的 Filled 和 Draw Mesh 选项，选择 Contours of 中的 Pressure…和 Static Pressure，并选择显示的面为 y=0，单击 Display 按钮，即可以看到如图 13-39 所示的压强云图。选择显示的面为 x=0.1，x=0.3，x=0.5，可以看到切面上的压强分布情况，如图 13-40 所示。

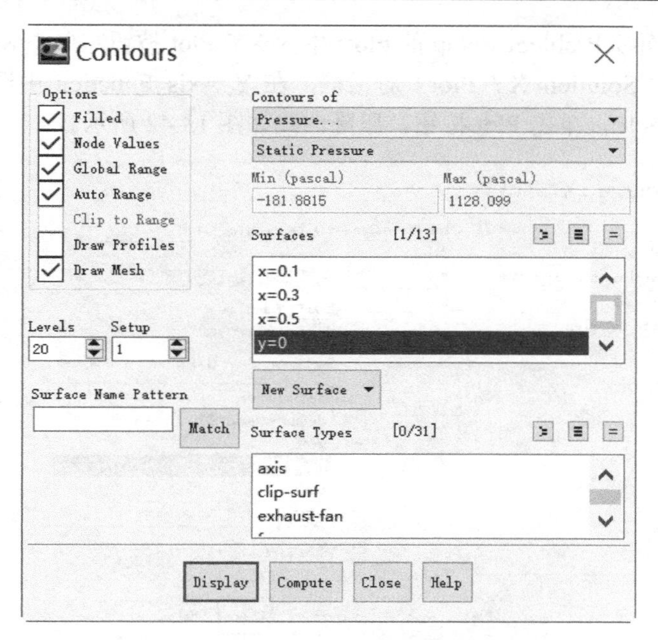

图 13-38 “Contours”对话框

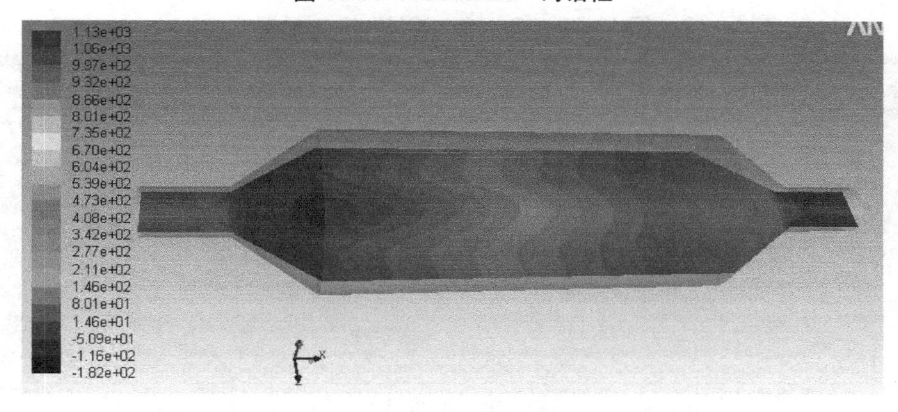

图 13-39 y=0 处的压力云图

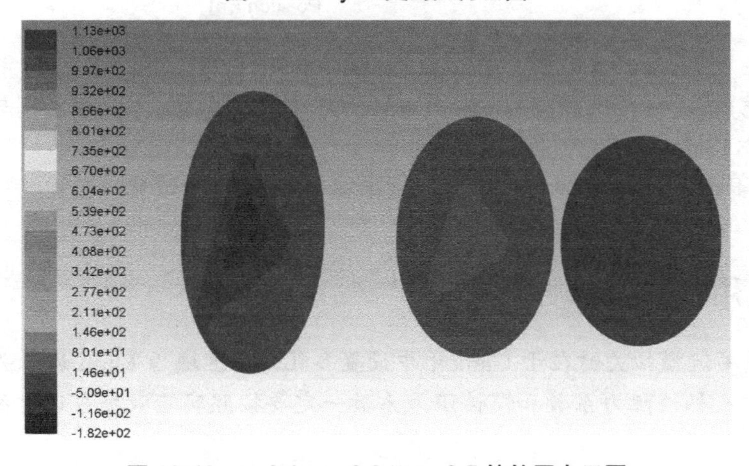

图 13-40 x=0.1、x=0.3 及 x=0.5 处的压力云图

（9）单击操作面板 Problem Setup 的 plots 中的 XY Plot 按钮，单击 Set up…按钮，弹出如图 13-41 所示的“Solution XY Plot”对话框，在 Y Axis Function 中选择 Pressure，并在 surfaces 中选中 Line-12，单击 Plot 按钮，压降曲线如图 13-42 所示。

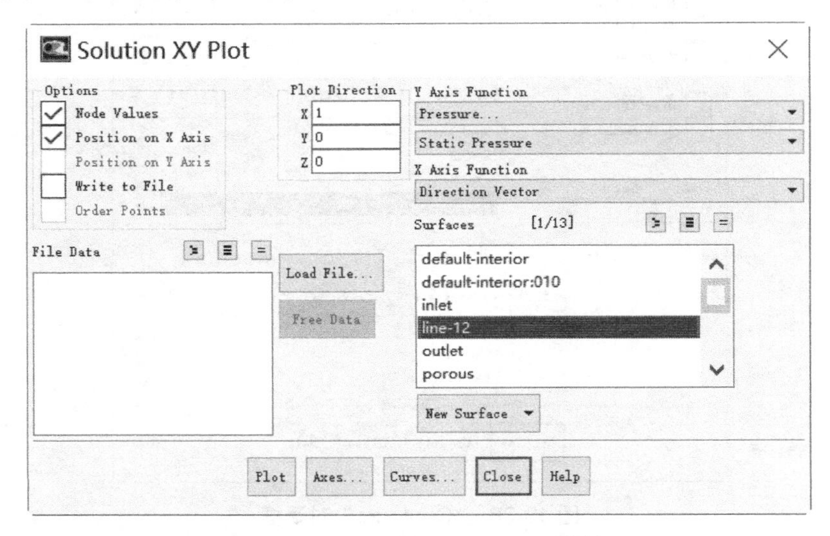

图 13-41 “Solution XY Plot”对话框

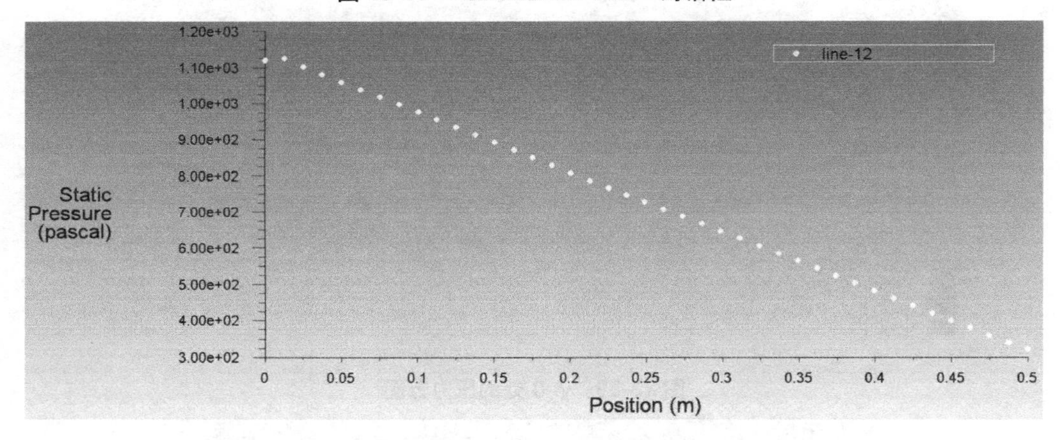

图 13-42 多孔介质区域压降曲线

（10）图形分析完后，选择菜单 File→Write→Case & Data…，保存工程与数据结果文件（EX13.cas 和 EX13.dat）。

（11）最后单击 File→Close FLUENT，安全退出 FLUENT 17.0。

应用·技巧

多孔介质渗流模拟关键在于 Gambit 中设置多孔介质区域为 Fluid 域，并且 FLUENT 中的渗流方向及黏性阻力系数和惯性阻力系数一定要按照实验数据或通过经验公式进行设置。

13.6　本章小结

本章介绍了多孔介质模型的应用，对于多孔介质而言，最关键的是要单独建立其所在区域并定义它的渗流方向，以及渗流的黏性阻力系数和惯性阻力系数，而这些参数需要来源于实验数据或已知的图表数据，不能随便设定。除此之外，渗流问题通常属于层流的范畴，所以我们对渗流区域采用的是层流模型，而其他区域采用的湍流模型。

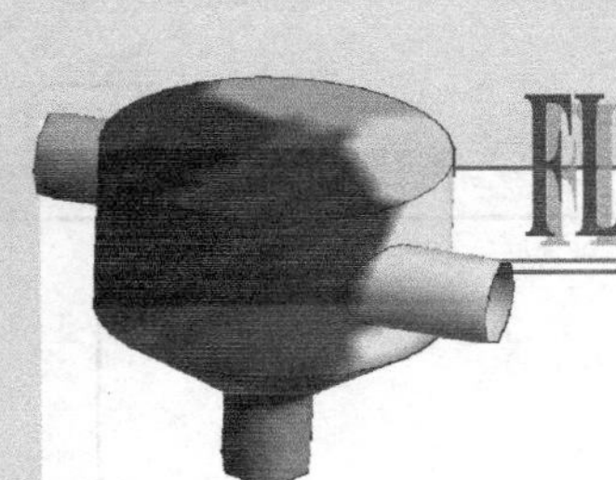

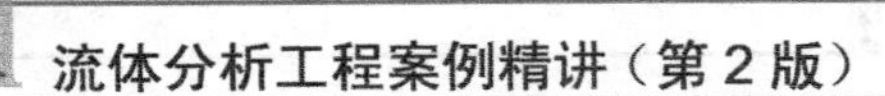

第 14 章　毕托管流固耦合模拟

随着模拟技术的发展和模拟问题的不断深入，人们发现实际生产、生活中的很多问题都涉及流固耦合，因此，开展流固耦合甚至更多的多场耦合模拟已是科技发展的需要。本章针对伸入流动流体域的毕托管进行流固耦合，帮助读者认识 FLUENT 实现流固耦合的功能和模拟过程。

本章内容

- 流固耦合
- 单向耦合设置
- 流动压力的加载
- 固体变形的分析
- 流固耦合实例计算

本章案例

- 实例　毕托管流固耦合模拟

视频教学

14.1 实例概述

毕托管又称皮托管，是实验室内量测一点流速常用的仪器。在科研、生产、教学、环境保护，以及净化室、矿井通风、能源管理部门，常用毕托管测速和确定流量，图 14-1 是本例计算域和毕托管的尺寸示意图。

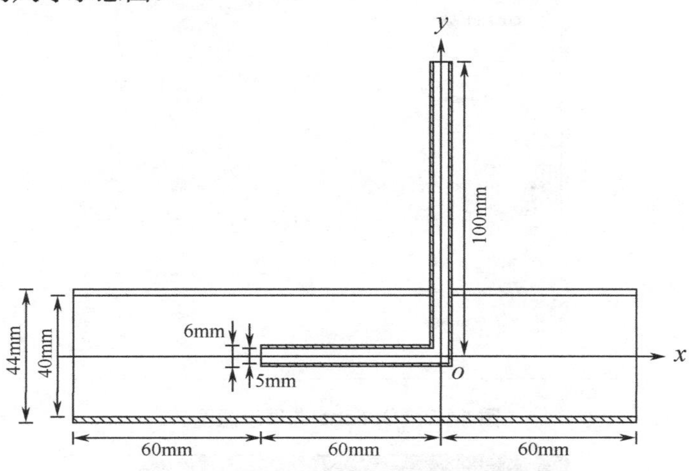

图 14-1　计算域和毕托管的尺寸示意图

思路·点拨

在建模过程中，先用毕托管的外径实体与水流通过的水平管实体进行布尔减计算，并保留毕托管的外径实体，再用毕托管的内径实体与毕托管的外径实体进行布尔减计算，并保留毕托管的内径实体。在 FLUENT 17.0 的计算过程中采用 k-ε 模型做流体的紊流计算。

结果文件 ——附带光盘“Ch14/EX14.agdb，EX14-solid.msh，EX14-fluid.msh，EX14.cas，EX14.dat，EX14.wbpj”

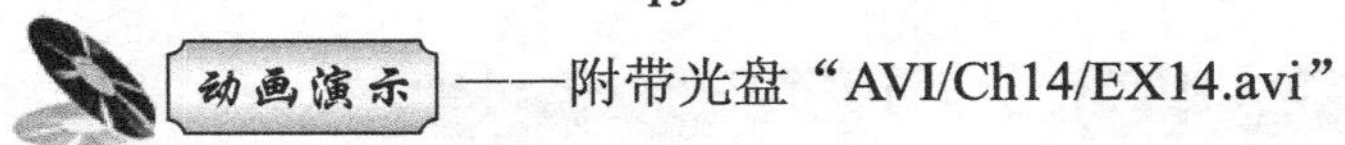

动画演示 ——附带光盘“AVI/Ch14/EX14.avi”

14.2 几何模型建立

（1）双击 Workbench 17.0 图标，进入 Workbench 17.0 的工作环境，选择菜单栏 Tools→Options，按照如图 14-2 所示，勾选 Named Selections，并删除 Filtering Prefixes 输入框中的文字，使得 DM 建模时可定义边界名称，以便应用于后面的模拟计算中。

（2）在 Workbench 17.0 的工具箱 Toolbox→Custom Systems 中（如图 14-3 所示），双击 Fluid Flow(FLUENT)→Static Structural，在项目视图区 Project Schematic 中生成项目（如图 14-4 所示），双击 Geometry，选择单位标准为 mm（如图 14-5 所示），单击 OK 按钮，即可进入 DM 操作界面。

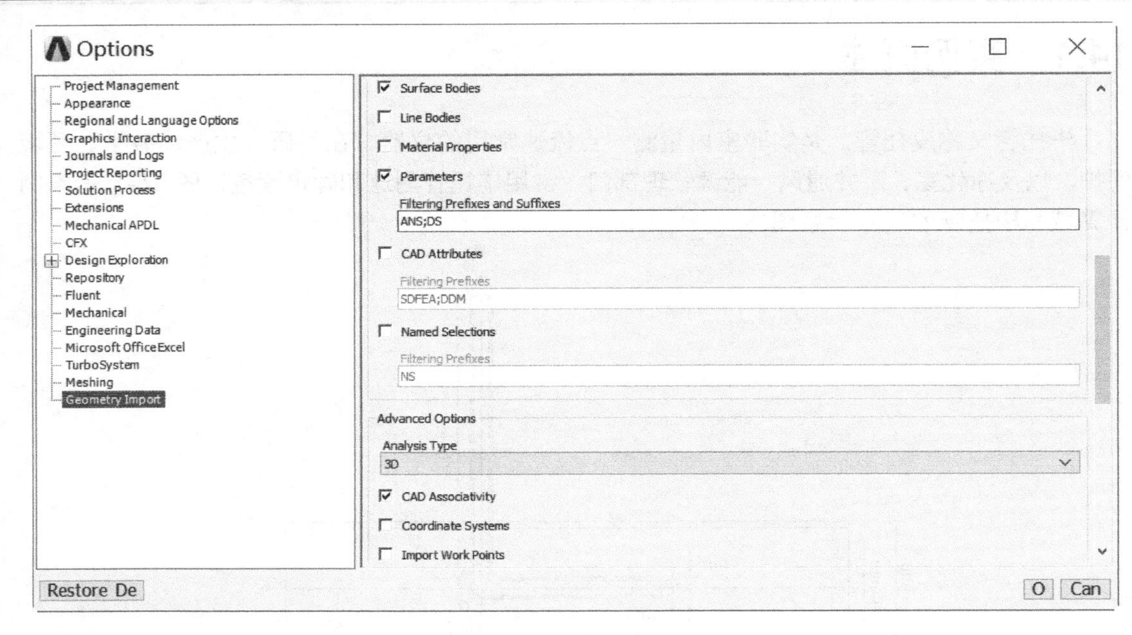

图 14-2　Options 选项示意图

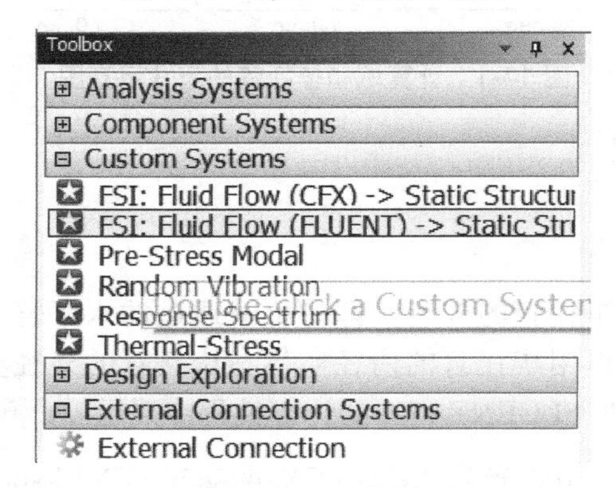

图 14-3　Toolbox 工具箱示意图

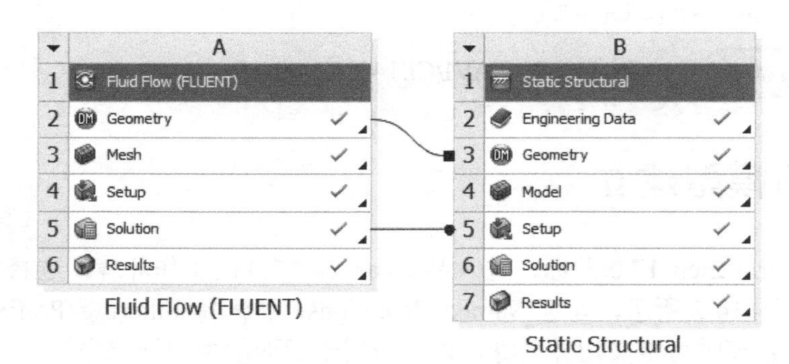

图 14-4　Fluid Flow(FLUENT)→Static Structural 示意图

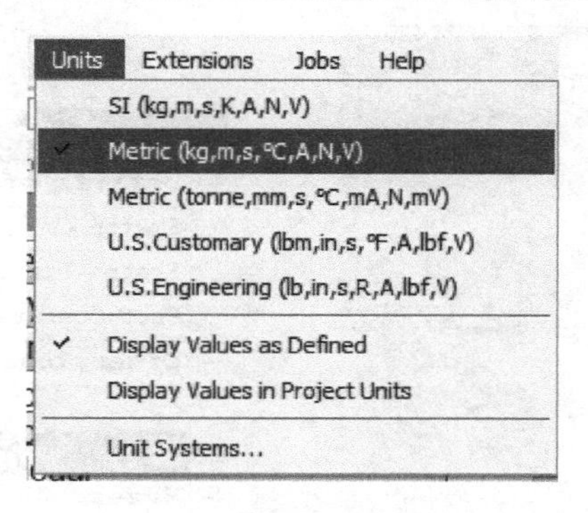

图 14-5　单位长度选项示意图

（3）在绘制水平管段的空间模型时，首先在 Modeling 条件下 Tree Outline 中选中 YZPlane，单击 Sketching 进入 Sketching Toolboxes（见图 14-6）操作界面。在 Sketching Toolboxes 中选中 Draw→Circle 工具（见图 14-6），在绘图区单击坐标原点，以原点为圆心，向外移动光标，单击鼠标左键，确定成圆，再重复前面的步骤，以原点为圆心绘制另一个圆；在 Sketching Toolboxes 界面中选中 Dimensions→Diameter 工具（见图 14-7），在绘图区单击圆弧，向圆内侧移动鼠标光标，单击鼠标左键，生成如图 14-8 所示的尺寸标注；分别设置两个圆的直径大小，只需在 Details View 操作界面设置 Dimensions/D1 为 40mm，D2 为 44mm，如图 14-9 所示。

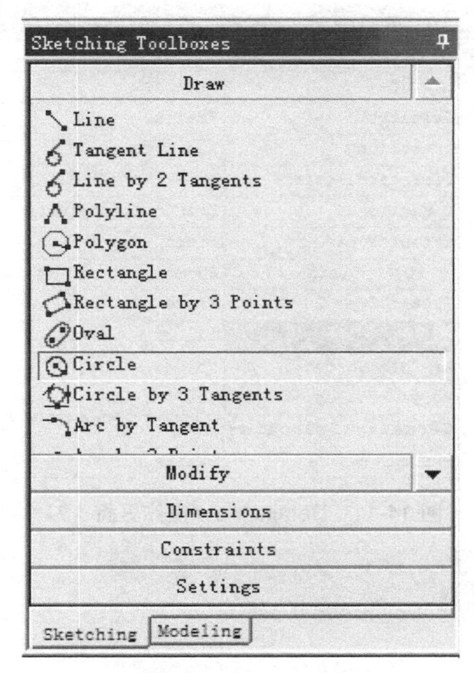

图 14-6　Draw 操作界面

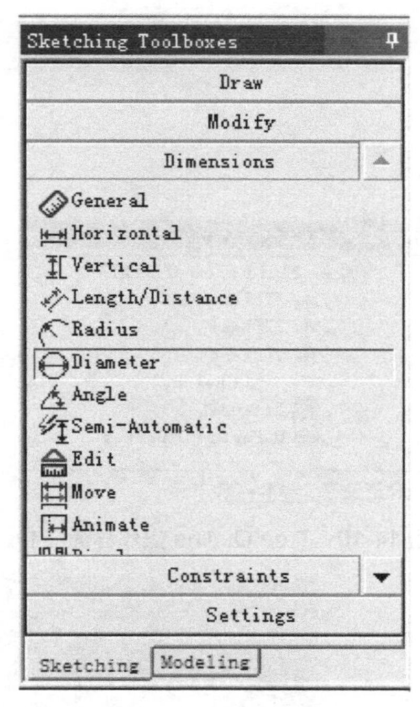

图 14-7　Dimensions 操作界面

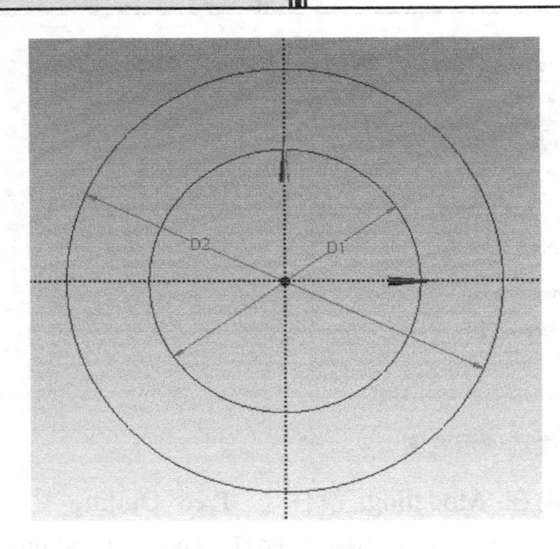

图 14-8　同心圆示意图

Details View

Details of Sketch1	
Sketch	Sketch1
Sketch Visibility	Show Sketch
Show Constraints?	No
Dimensions: 2	
D1	40 mm
D2	44 mm
Edges: 2	
Full Circle	Cr7
Full Circle	Cr8

图 14-9　Details View 操作界面（1）

（4）将操作界面转至 Modeling，单击工具栏中的 Extrude 按钮或是选择菜单栏 Create 下的 Extrude 选项，Tree Outline 操作面板的显示情况变化如图 14-10 所示。在 Details View 界面中选择拉伸对象为 Sketch1（在 Tree Outline 单击选择），单击 Apply 按钮；设置不对称拉伸，FD1 设为 60mm，FD4 设为 120mm，如图 14-11 所示；最后单击 Generate 按钮，生成水平管段的空间模型（见图 14-12）。

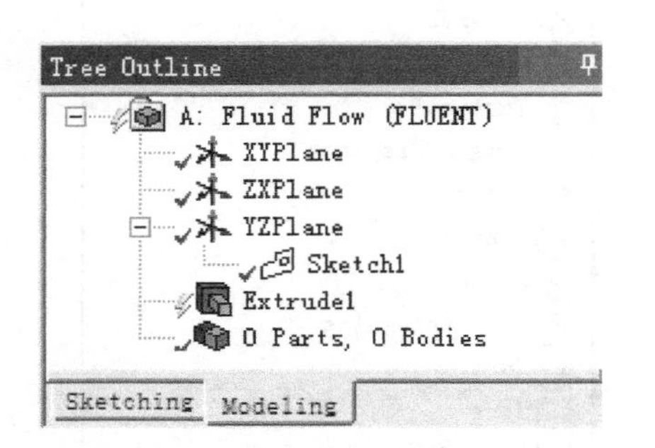

图 14-10　Tree Outline 操作界面（1）

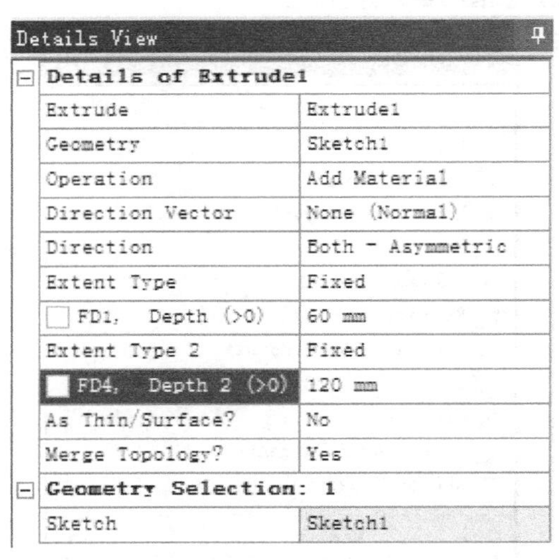
Details View

Details of Extrude1	
Extrude	Extrude1
Geometry	Sketch1
Operation	Add Material
Direction Vector	None (Normal)
Direction	Both - Asymmetric
Extent Type	Fixed
FD1, Depth (>0)	60 mm
Extent Type 2	Fixed
FD4, Depth 2 (>0)	120 mm
As Thin/Surface?	No
Merge Topology?	Yes
Geometry Selection: 1	
Sketch	Sketch1

图 14-11　Details View 操作界面（2）

图 14-12　水平管段的空间模型

（5）建立毕托管水平段的外径空间模型：在 Tree Outline 界面选中 YZPlane，单击工具栏中按钮，生成一个 Sketch2（见图 14-13），选中 Sketch2，单击 Sketching 进入 Sketching Toolboxes 操作界面。

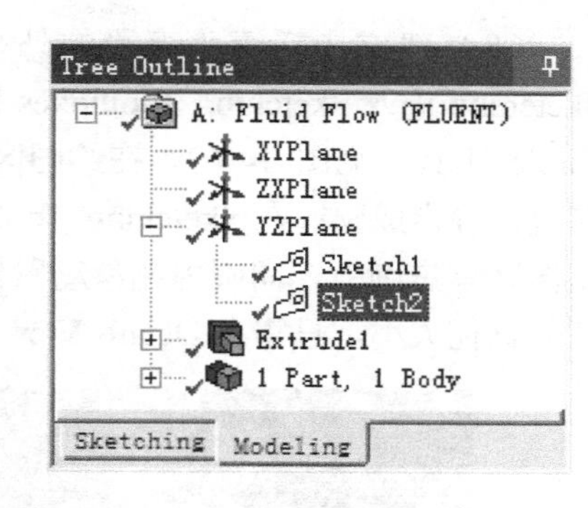

图 14-13　Tree Outline 操作界面（2）

（6）在 Sketching Toolboxes 中选中 Draw→Circle 工具（见图 14-6），在绘图区单击坐标原点，以原点为圆心，向外移动光标，单击鼠标左键，确定成圆；在 Sketching Toolboxes 中选中 Dimensions→Diameter 工具（见图 14-7），在绘图区单击圆弧，向圆内侧移动鼠标光标，单击鼠标左键；设置圆的直径大小，只需在 Details View 的操作界面设置 Dimensions/D3 为 6mm，如图 14-14 所示。

（7）将操作界面转至 Modeling，单击工具栏中的按钮或是选择菜单栏 Create 下的 Extrude 选项；在 Details View 界面中选择拉伸对象为 Sketch2（在 Tree Outline 单击选择），单击 Apply 按钮；设置拉伸为反向拉伸（Reversed），Operation 为添加冻结（Add Frozen），FD1 设为 60mm，如图 14-15 所示；最后单击 Generate 按钮，生成毕托管水平段外径的空间模型（见图 14-16）。

Details View

Details of Sketch2	
Sketch	Sketch2
Sketch Visibility	Show Sketch
Show Constraints?	No
Dimensions: 1	
D3	6 mm
Edges: 1	
Full Circle	Cr9
References: 1	
Cr8	Sketch1

图 14-14　Details View 操作界面（3）

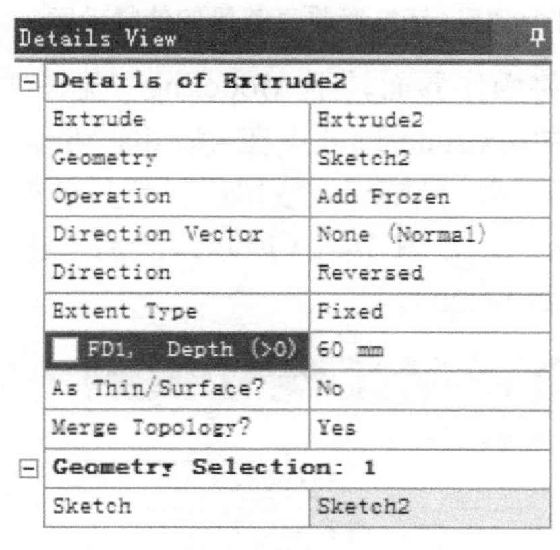

Details View

Details of Extrude2	
Extrude	Extrude2
Geometry	Sketch2
Operation	Add Frozen
Direction Vector	None (Normal)
Direction	Reversed
Extent Type	Fixed
FD1, Depth (>0)	60 mm
As Thin/Surface?	No
Merge Topology?	Yes
Geometry Selection: 1	
Sketch	Sketch2

图 14-15　Details View 操作界面（4）

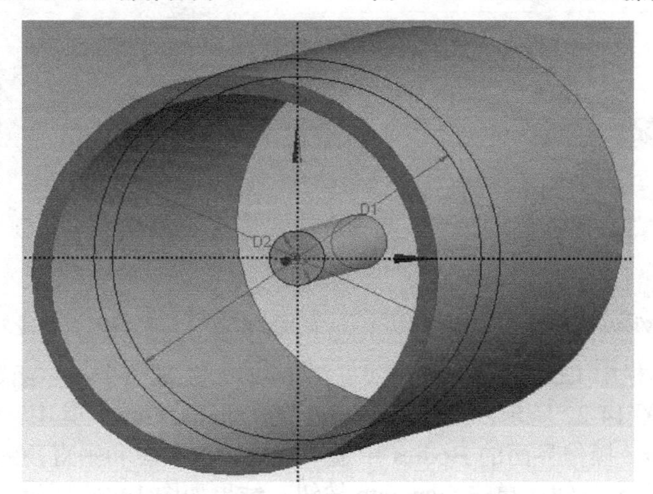

图 14-16　毕托管水平段外径的空间模型

（8）建立毕托管垂直段的外径空间模型：在 Tree Outline 界面选中 ZXPlane，单击 Sketching 进入 Sketching Toolboxes 操作界面；在 Sketching Toolboxes 操作界面中选中 Draw→Circle 工具（见图 14-6），在绘图区单击坐标原点，以原点为圆心，向外移动光标，单击鼠标左键，确定成圆；在 Sketching Toolboxes 中选中 Dimensions→Diameter 工具（见图 14-7），在绘图区单击圆弧，向圆内侧移动鼠标光标，单击鼠标左键，生成如图 14-17 所示结果；设置圆的直径大小，只需在 Details View 操作界面设置 Dimensions/D1 为 6mm，如图 14-18 所示。

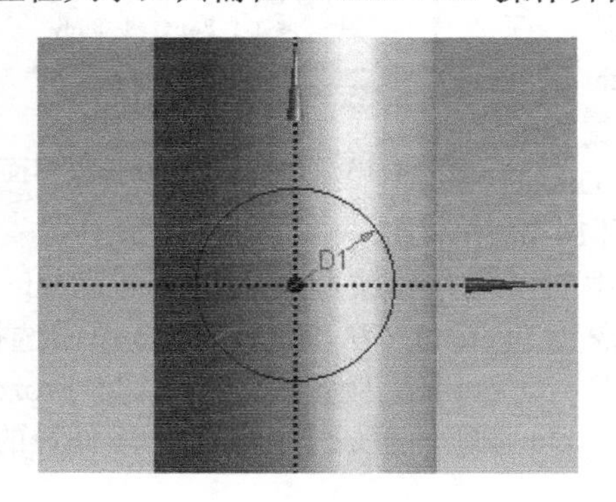

图 14-17　毕托管垂直管段的外径轮廓

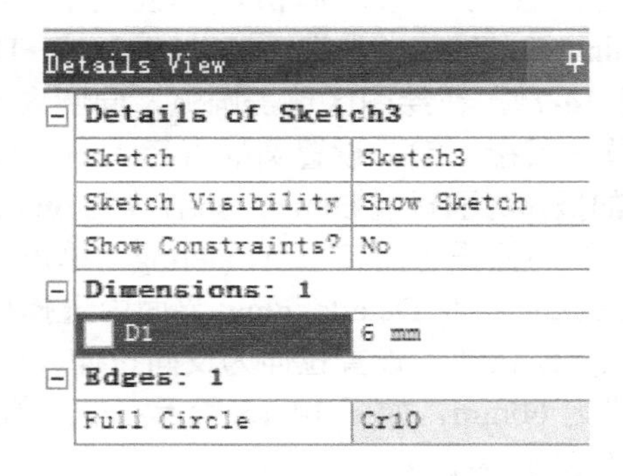

Details View

Details of Sketch3	
Sketch	Sketch3
Sketch Visibility	Show Sketch
Show Constraints?	No
Dimensions: 1	
D1	6 mm
Edges: 1	
Full Circle	Cr10

图 14-18　Details View 操作界面（5）

（9）将操作界面转至 Modeling（见图 14-6），单击工具栏中的 Extrude 按钮或是选择菜单栏 Create 下的 Extrude 选项；在 Details View 界面中选择拉伸对象为 Sketch3（在 Tree Outline 单击选择），单击 Apply 按钮；设置拉伸时，Operation 为添加冻结（Add Frozen），FD1 设为“100mm”，如图 14-19 所示；最后单击 Generate 按钮，生成毕托管垂直管段外径的空间模型（见图 14-20）。

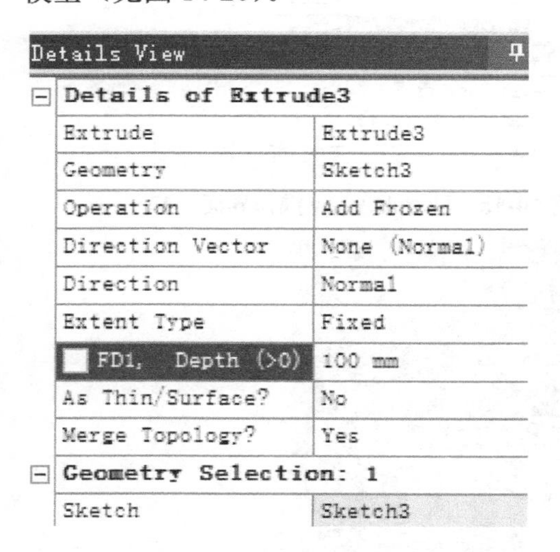

Details View

Details of Extrude3	
Extrude	Extrude3
Geometry	Sketch3
Operation	Add Frozen
Direction Vector	None (Normal)
Direction	Normal
Extent Type	Fixed
FD1, Depth (>0)	100 mm
As Thin/Surface?	No
Merge Topology?	Yes
Geometry Selection: 1	
Sketch	Sketch3

图 14-19　Details View 操作界面（b）

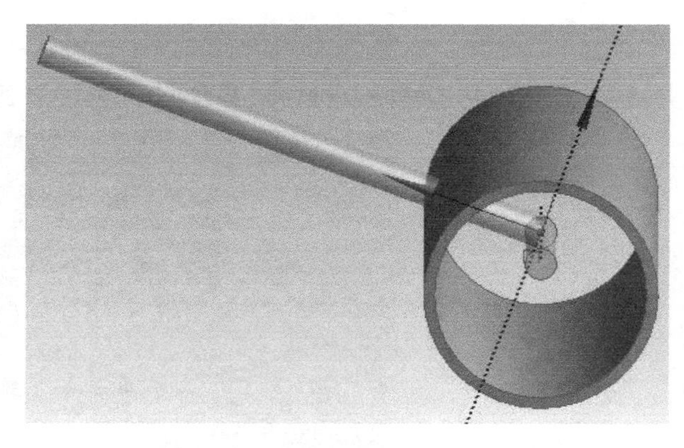

图 14-20　毕托管垂直管段外径的空间模型

（10）选择菜单栏中 Create→Boolean（见图 14-21）生成一个布尔函数，Tree Outline 操作界面中的显示如图 14-22 所示；设置 Boolean1 的 Details View，其中，Operation 选项设为加法，在 Tree outline 操作界面的 Bodies 中选中毕托管水平段和垂直段的外径空间模型（见图 14-23），单击 Apply 按钮；单击 Generate 按钮，结果如图 14-24 所示。

（11）选择菜单栏中 Create→Face Delete（见图 14-25）；设置其 Details View，如图 14-26 所示，按住 Ctrl 键，选中需要闭合处的两个面，单击 Apply 按钮（见图 14-27）；单击 Generate 按钮，结果如图 14-28 所示。

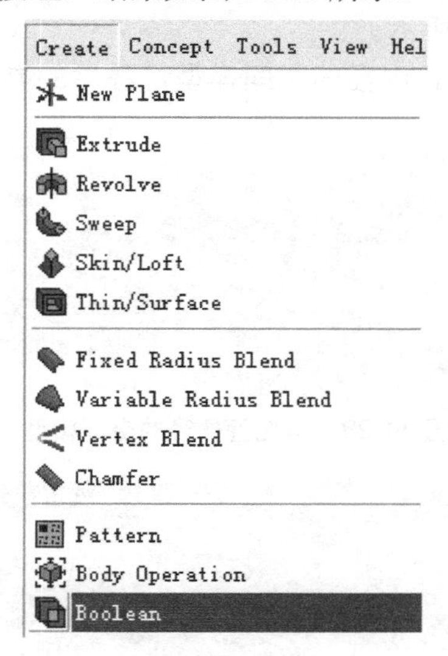

图 14-21　Create 菜单

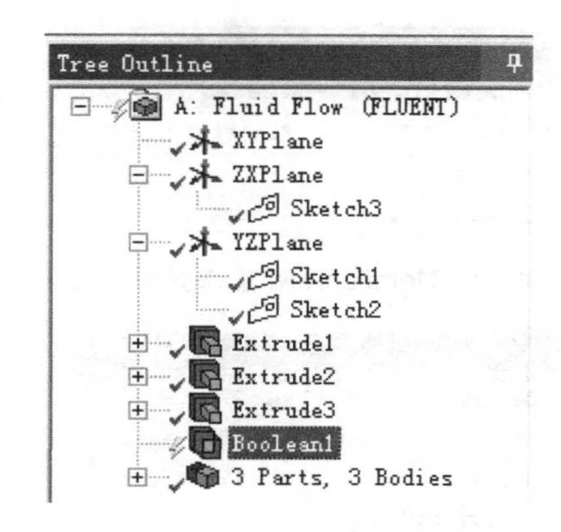

图 14-22　Tree Outline 操作界面（3）

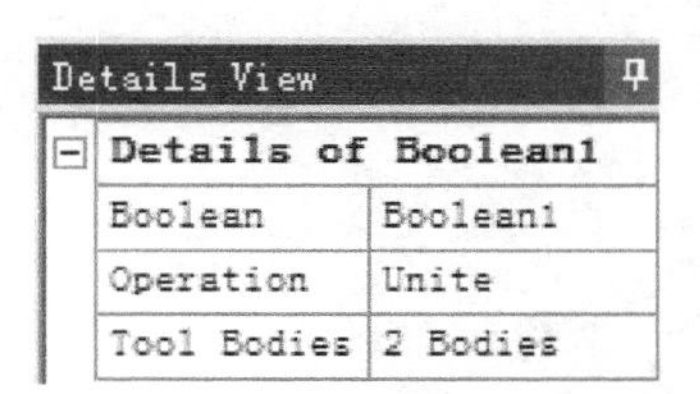

图 14-23　Details View 操作界面（7）

图 14-24　毕托管外径的空间模型

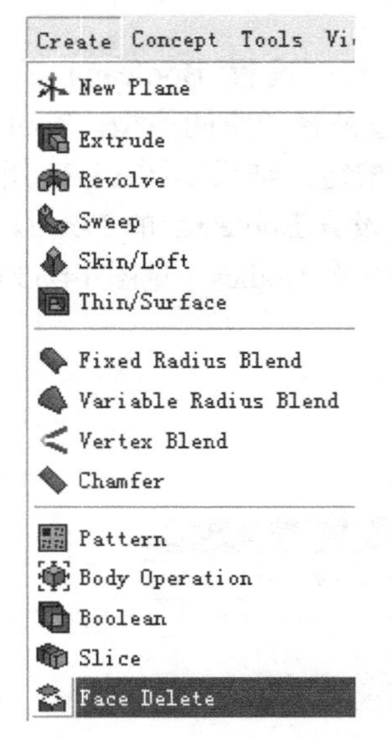

图 14-25　Face Delete 菜单

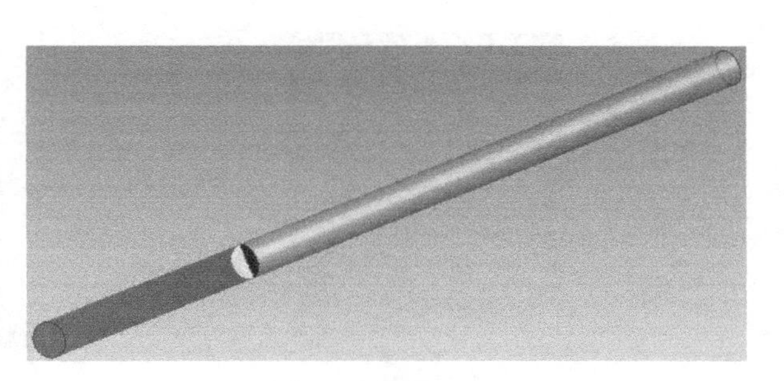

图 14-26　面的选取

（12）选择菜单栏中 Create→Boolean 按钮（见图 14-21）生成一个布尔函数；设置 Boolean2 的 Details View，其中，Operation 选项设为减法，Target Bodies 是水平管段的空间模型，Tool Bodies 是毕托管外径的空间模型，并保留 Tool Bodies，单击 Apply 按钮（见图 14-29）；单击 Generate 按钮，结果如图 14-30 所示。

（13）依照前面的做法，建立直径为 5mm 毕托管内径的空间模型，最后的显示结果如图 14-31 所示。

Details View

Details of FDelete1	
Face Delete	FDelete1
Faces	2
Healing Method	Automatic

图 14-27　Details View 操作界面（8）

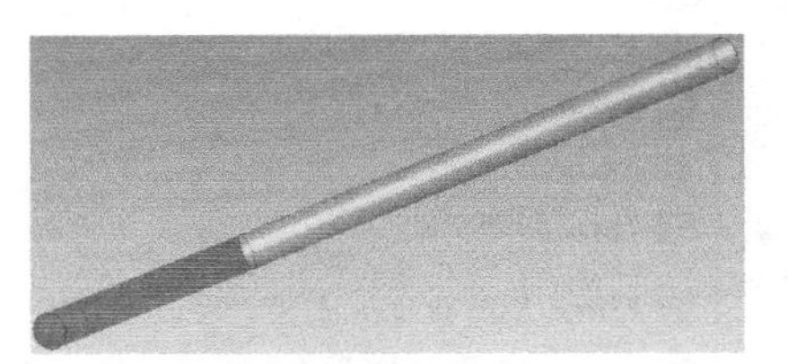

图 14-28　毕托管外径的空间模型

Details View

Details of Boolean2	
Boolean	Boolean2
Operation	Subtract
Target Bodies	1 Body
Tool Bodies	1 Body
Preserve Tool Bodies?	Yes

图 14-29　Details View 操作界面（9）

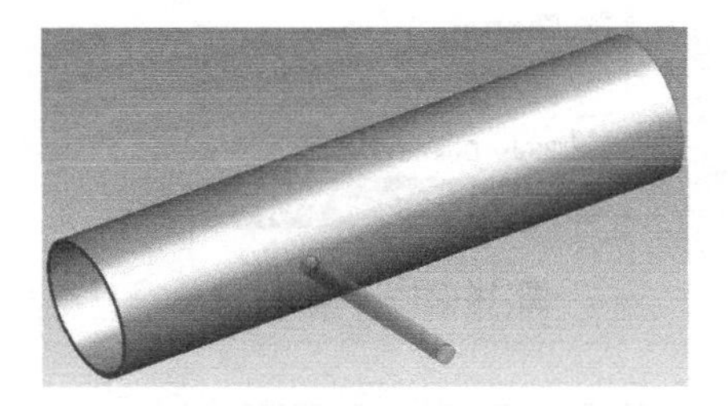

图 14-30　布尔运算结果

图 14-31　毕托管内径的空间模型

（14）选择菜单栏中 Create→Boolean 生成一个布尔函数；设置 Boolean4 的 Details View，其中 Operation 选项设为减法，Target Bodies 是毕托管外径的空间模型，Tool Bodies 是毕托管内径的空间模型，单击 Apply 按钮；单击 Generate 按钮，结果如图 14-32 所示。

（15）选择菜单栏中 Create→Boolean 生成一个布尔函数；设置 Boolean5 的 Details View，其中 Operation 选项设为加法，在 Tree outline 操作界面中选中 2 个 Bodies（见图 14-33），单击 Apply 按钮，单击 Generate 按钮。

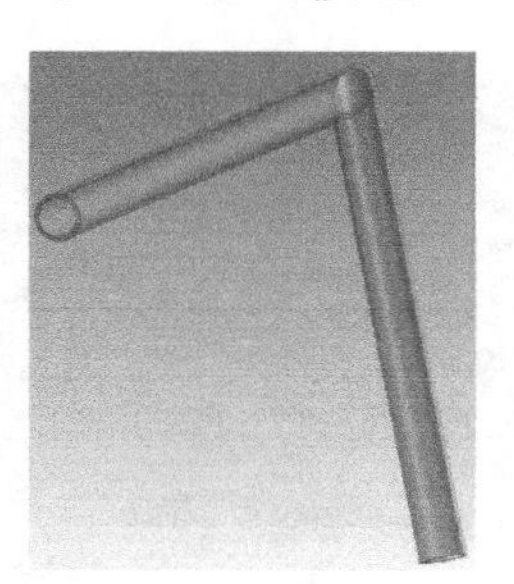

图 14-32　布尔运算结果图

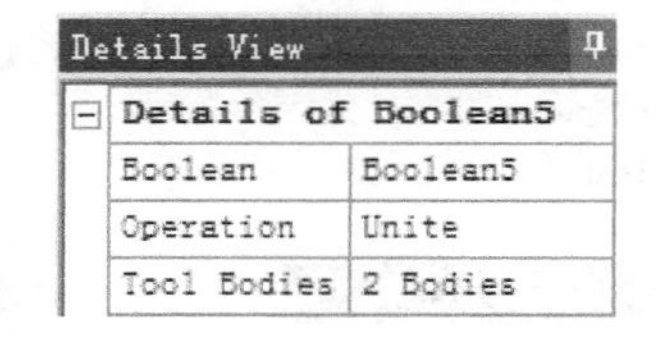

Details View

Details of Boolean5	
Boolean	Boolean5
Operation	Unite
Tool Bodies	2 Bodies

图 14-33　Details View 操作界面（10）

（16）选择菜单栏中 Tools→Fill（见图 14-34），在 Tree Outline 中生成一个 Fill1；按住 Ctrl 键，选中固体域的内表面（见图 14-35），在 Details View 操作界面中单击 Apply 按钮（见图 14-36）；单击 Generate 按钮，结果如图 14-37 所示。

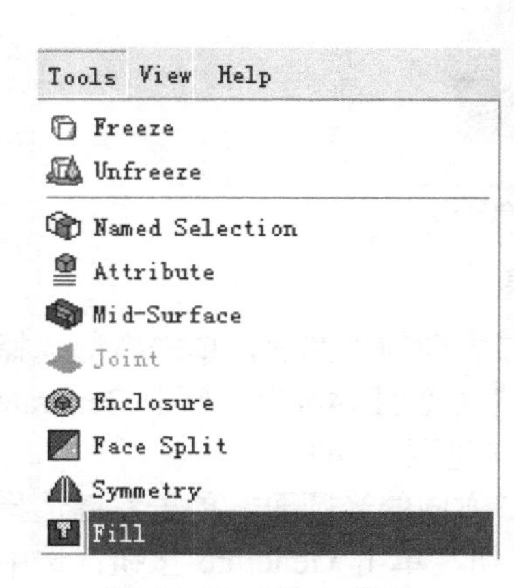

图 14-34　Tools 菜单

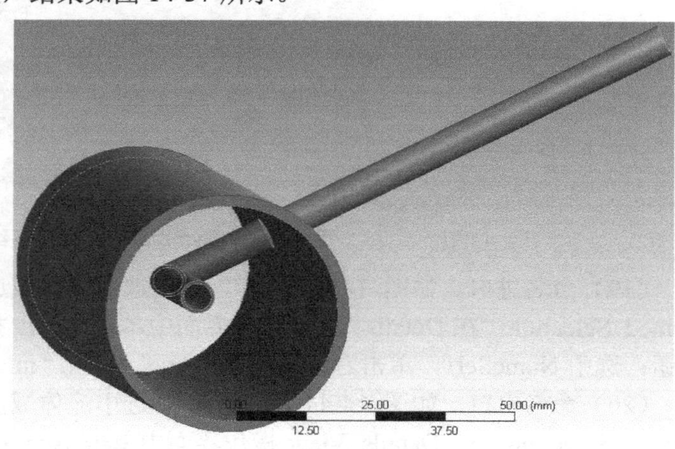

图 14-35　选中固体域的内表面

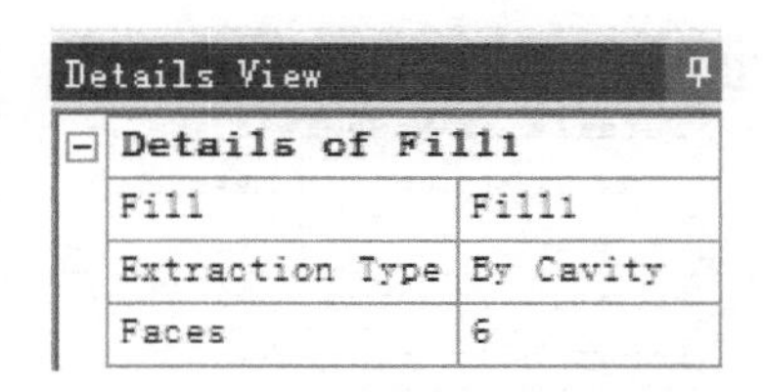

图 14-36　Details View 操作界面（11）

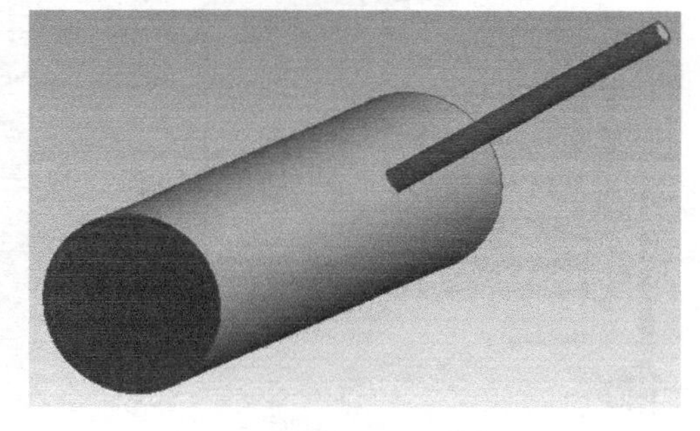

图 14-37　Fill 结果

（17）在 Tree Outline 操作界面单击代表流体域的 Solid，单击右键选择 Rename，输入名称“Fluid”，为流体域更名。

（18）接下来进行 Symmetry 对称设置，选择菜单栏中 Tools→Symmetry（见图 14-38），在 Tree Outline 操作界面中生成一个 Symmetry1；在 Tree Outline 操作界面中单击 XYPlane 按钮，在 Details View 操作界面中单击 Apply 按钮（见图 14-39）；单击 Generate 按钮，结果如图 14-40 所示。

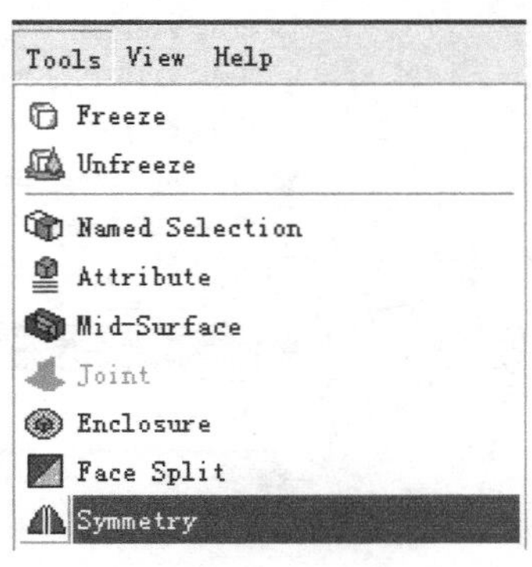

图 14-38　Tools 菜单

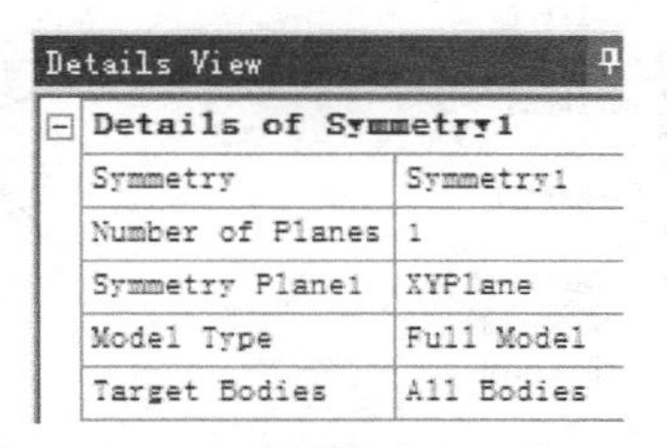

图 14-39　Details View 操作界面（12）

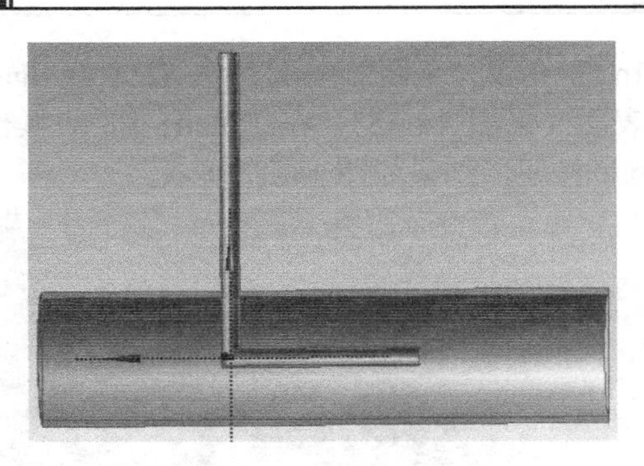

图 14-40　Symmetry 对称设置结果

（19）命名进口。如图 14-41 所示，单击选中流体域进口方向的半圆面，单击右键选择 Named Selection；在 Details View 操作界面中单击 Apply 按钮（见图 14-42），单击 Generate 按钮；选中 NameSel1，单击右键选择 Rename，输入“inlet”（见图 14-43）。

（20）命名出口。如图 14-44 所示，单击选中流体域出口方向的半圆面，单击右键选择 Named Selection；在 Details View 操作界面中单击 Apply 按钮，单击 Generate 按钮；选中 NameSel2，单击右键选择 Rename，输入“outlet”。

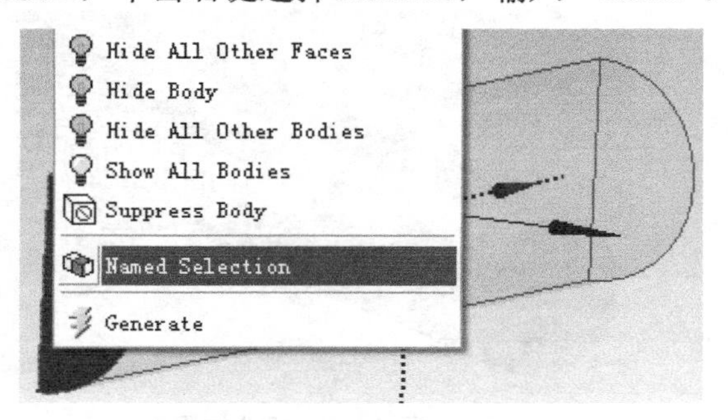

图 14-41　Named Selection 菜单（1）

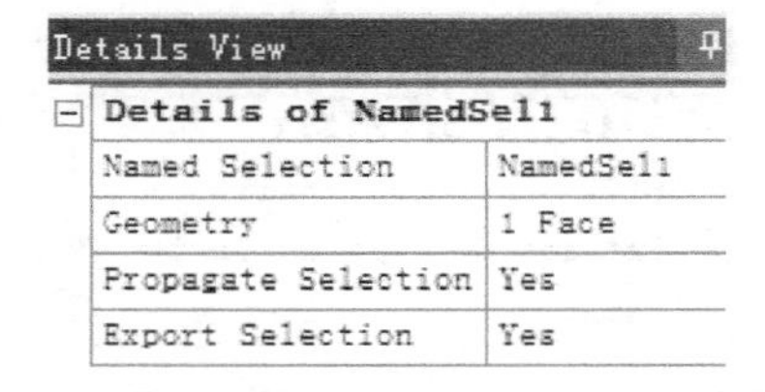

Details View

Details of NamedSel1	
Named Selection	NamedSel1
Geometry	1 Face
Propagate Selection	Yes
Export Selection	Yes

图 14-42　Details View 操作界面（13）

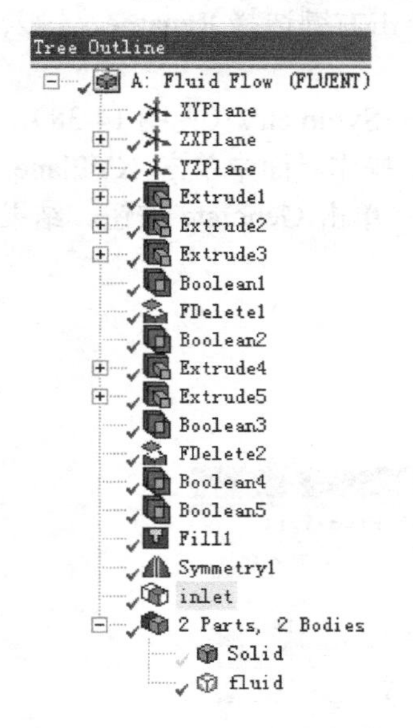

图 14-43　Tree Outline 操作界面（4）

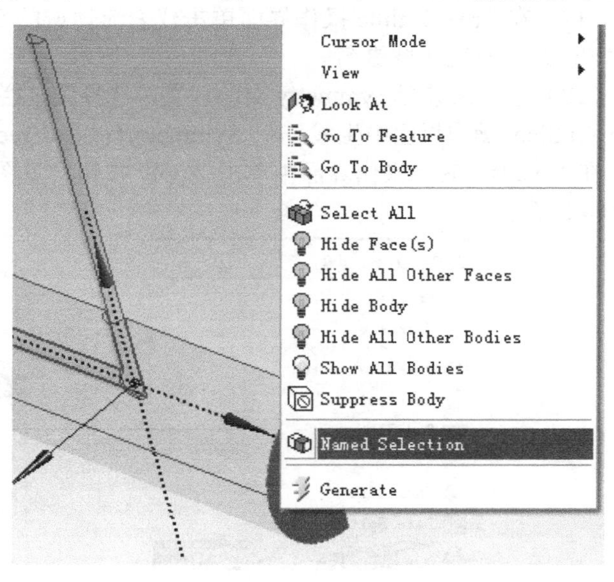

图 14-44　Named Selection 菜单（2）

（21）命名流体域对称面。如图 14-45 所示，单击选中流体域对称面，单击右键选择 Named Selection；在 Details View 操作界面中单击 Apply 按钮，单击 Generate 按钮；选中 NameSel3，单击右键 Rename，输入“symmetry_fluid”。

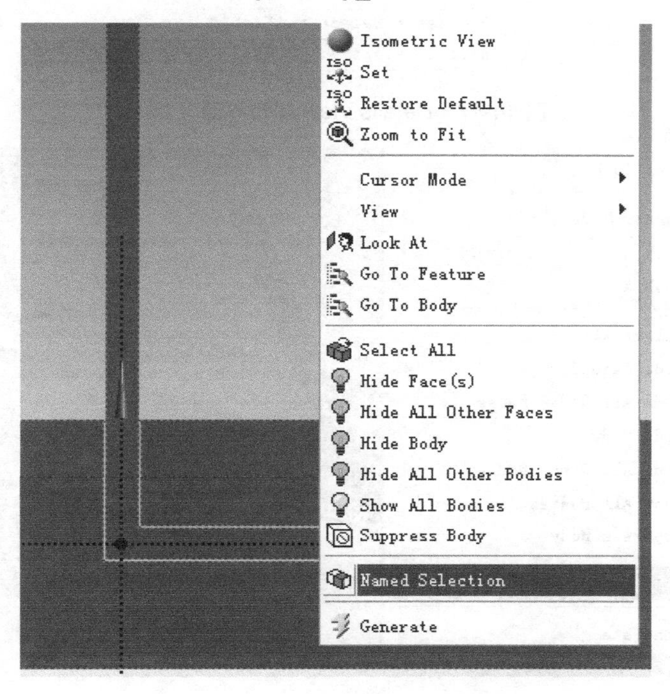

图 14-45　Named Selection 菜单（3）

（22）命名壁面 wall。如图 14-46 所示，单击选中流体域的壁面，单击右键选择 Named Selection；在 Details View 操作界面中单击 Apply 按钮（见图 14-47），单击 Generate 按钮；选中 NameSel4，单击右键 Rename，输入“wall”。

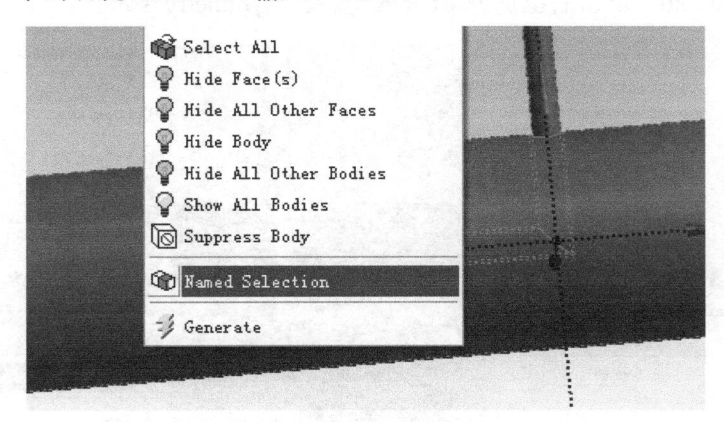

图 14-46　Named Selection 菜单（4）

（23）命名固定面。如图 14-48 所示，单击选中固体域三个进出口的半圆形截面，单击右键选择 Named Selection；在 Details View 操作界面中单击 Apply 按钮（见图 14-49）；单击 Generate 按钮；选中 NameSel5，右键单击 Rename，输入“fixed”。

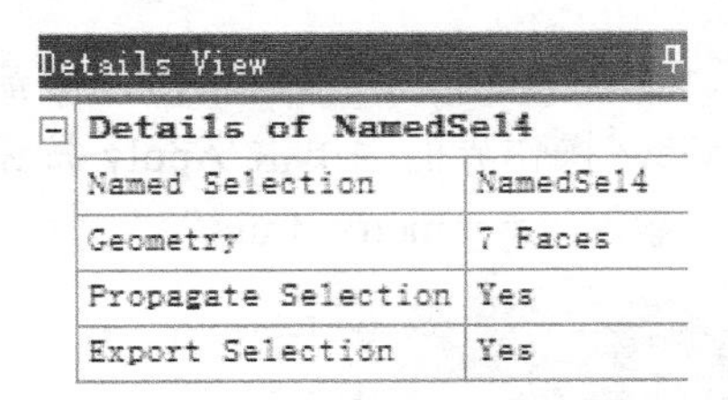

图 14-47　Details View 操作界面（14）

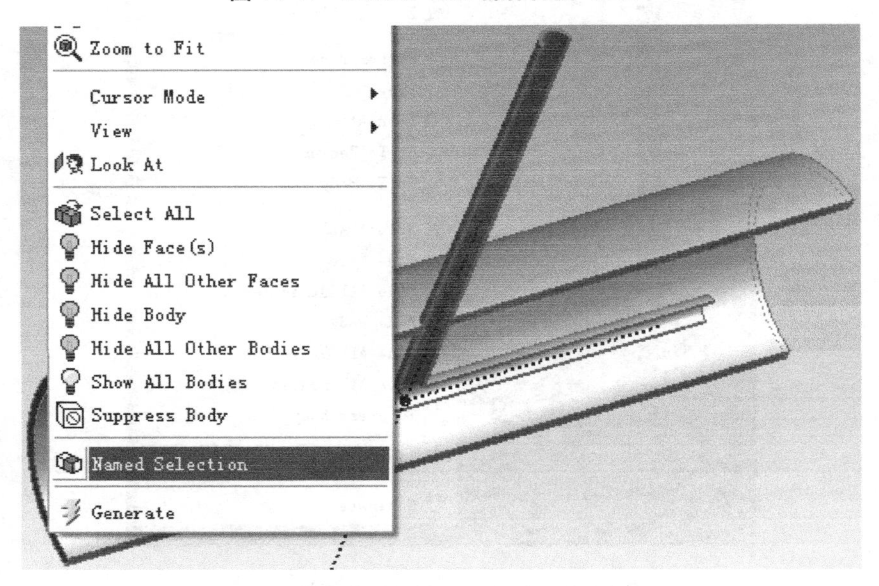

图 14-48　Named Selection 菜单（5）

（24）命名固体域对称面。如图 14-50 所示，单击选中固体域对称截面，单击右键选择 Named Selection；在 Details View 操作界面中单击 Apply 按钮（见图 14-51），单击 Generate 按钮；选中 NameSel6，单击右键选择 Rename 输入“symmetry_solid”。

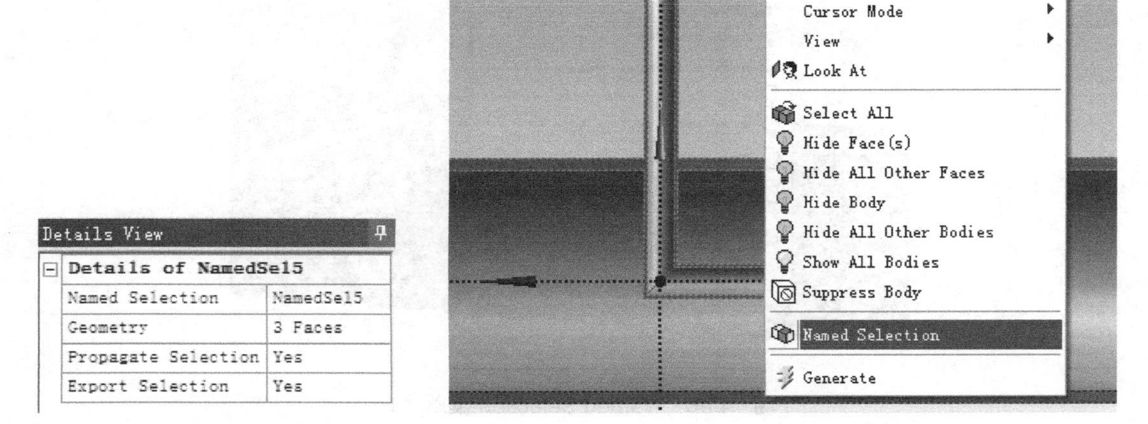

图 14-49　Details View 操作界面（15）　　图 14-50　Named Selection 菜单（6）

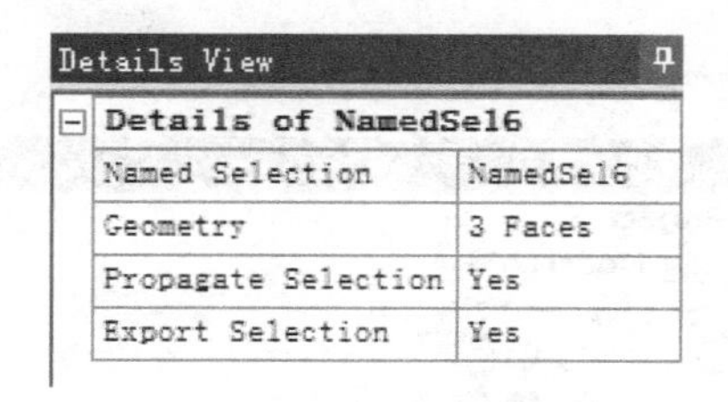

图 14-51　Details View 操作界面（16）

（25）命名固体域内壁面为 insidewall。如图 14-52 所示，单击选中固体域内壁面，单击右键选择 Named Selection；在 Details View 操作界面中单击 Apply 按钮（见图 14-53），单击 Generate 按钮；选中 NameSel7，单击右键选择 Rename，输入“insidewall”。

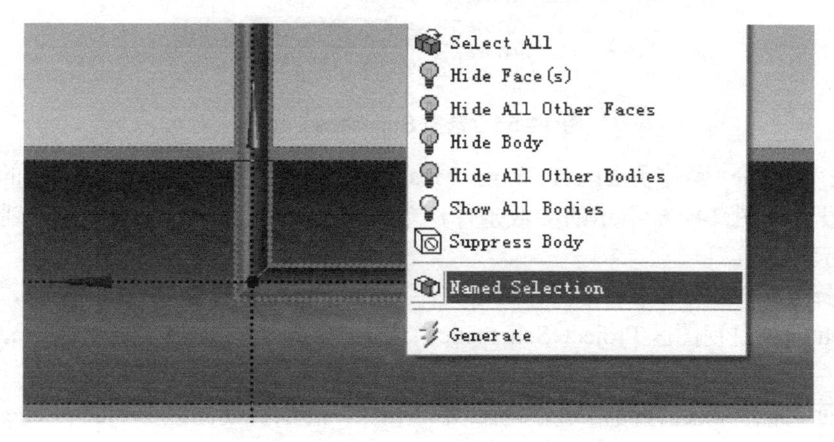

图 14-52　Named Selection 菜单（7）

（26）如图 14-54 所示，将流体域和固体域均设置为可视状态。

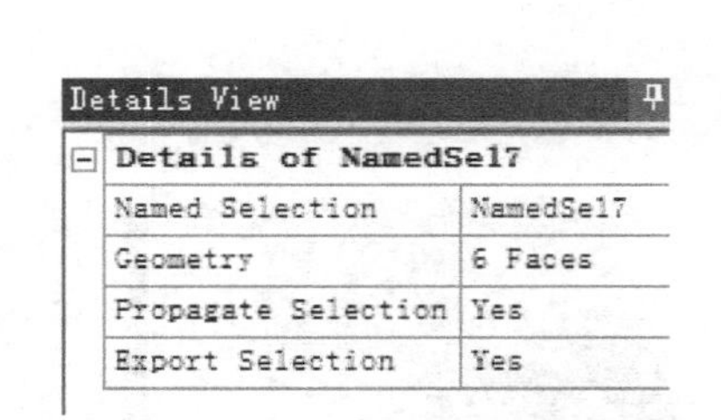

图 14-53　Details View 操作界面（17）

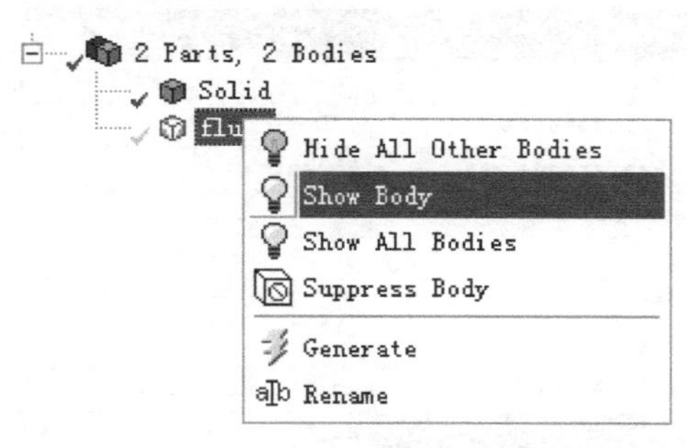

图 14-54　状态设置

（27）选择菜单 File→Export，保存几何文件 EX14.agdb；单击 File→Close DesignModeler，安全退出。

14.3　网格划分

（1）先对 Fluid Flow(FLUENT)中的网格划分。在 Workbench 的项目视图区 Project Schematic，双击 Mesh，进入网格划分操作界面；展开 Geometry，选中 Solid，单击右键选

择 Suppress Body（见图 14-55）。

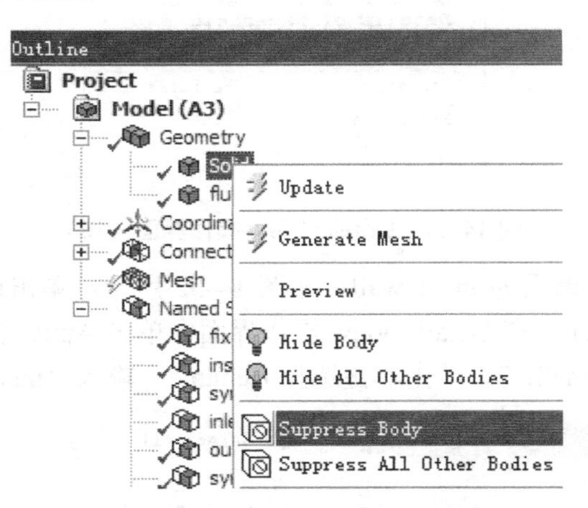

图 14-55　选择 Suppress Bady

（2）在 Outline 操作界面上，单击 Mesh 按钮，在 Outline 下方出现的 Details of “Mesh” 中设置如图 14-56 所示的参数条件，单击 Generate Mesh 按钮，网格划分完成后如图 14-57 所示。

（3）选择菜单 File→Export，保存网格文件 EX14-fluid.msh；单击 File→Exit，安全退出；在 Workbench 的项目视图区 Project Schematic，选中 Mesh，单击右键选择 Update，如图 14-58 所示。

（4）下面对固体域进行网格划分。在 Workbench 的项目视图区 Project Schematic，双击 Static Structural 下的 Mesh，进入网格划分操作界面；展开 Geometry，选中 fluid，单击右键选择 Suppress Body。

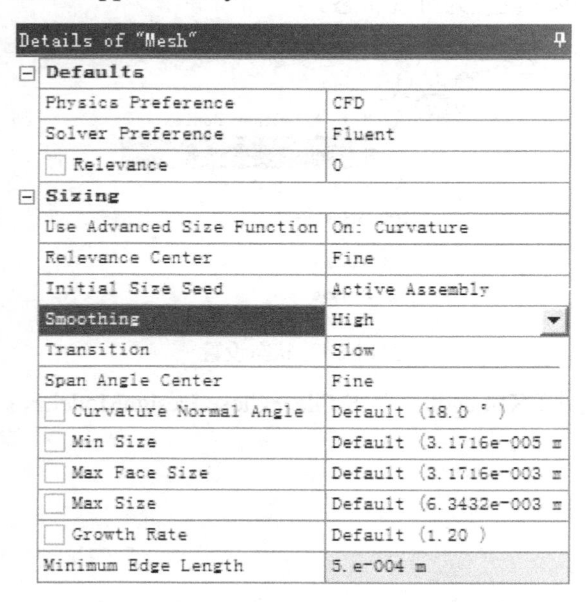

Details of "Mesh"

Defaults	
Physics Preference	CFD
Solver Preference	Fluent
Relevance	0
Sizing	
Use Advanced Size Function	On: Curvature
Relevance Center	Fine
Initial Size Seed	Active Assembly
Smoothing	High
Transition	Slow
Span Angle Center	Fine
Curvature Normal Angle	Default (18.0 °)
Min Size	Default (3.1716e-005 m
Max Face Size	Default (3.1716e-003 m
Max Size	Default (6.3432e-003 m
Growth Rate	Default (1.20)
Minimum Edge Length	5.e-004 m

图 14-56　Details of “Mesh” 操作界面（1）

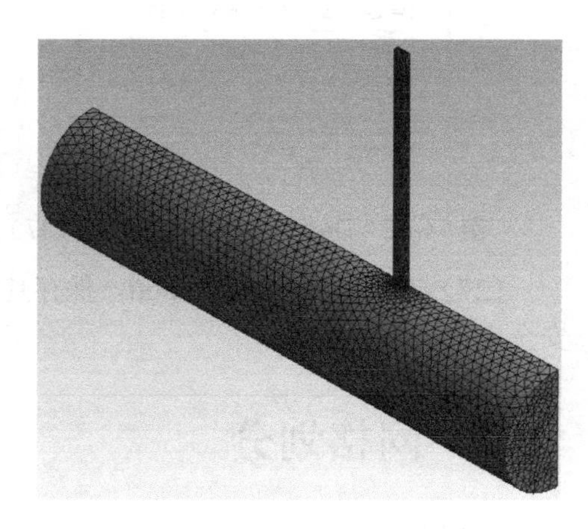

图 14-57　网格划分结果

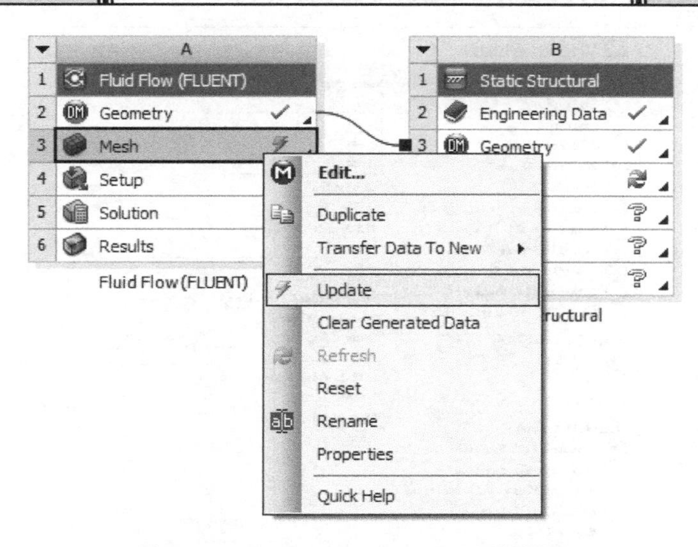

图 14-58　Project Schematic 项目视图区

（5）在 Outline 的操作界面上，单击 Mesh 按钮，在 Outline 下方出现的 Details of “Mesh”中设置如图 14-59 所示的参数，单击 Generate Mesh 按钮，网格划分完成后如图 14-60 所示。

（6）选择菜单 File→Export，保存网格文件 EX14-solid.msh。

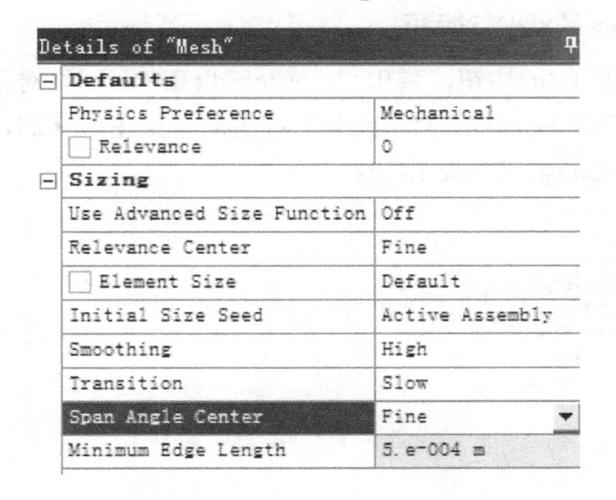

图 14-59　Details of “Mesh”操作界面（2）

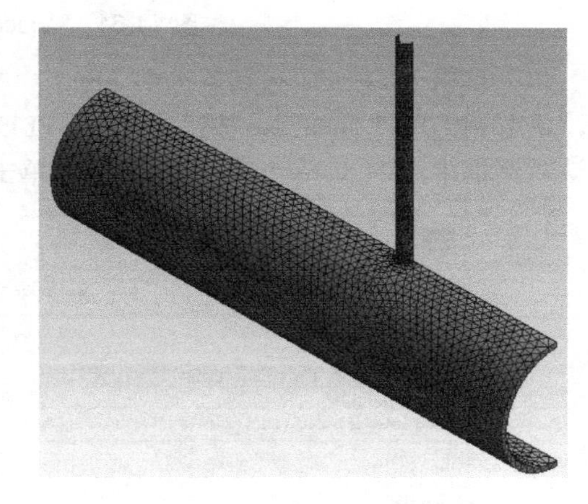

图 14-60　网格划分结果

14.4　模型计算设置

（1）在 Workbench 17.0 的项目视图区 Project Schematic 中，双击 A 项目中的 Setup，弹出“FLUENT Launcher”对话框，单击 OK 按钮，进入模型计算设置的操作界面。

（2）单击 General→Mesh→Scale…，弹出“Scale Mesh”的对话框，观察问题的几何尺寸是否正确，单击 Close 按钮。然后 Check 网格，等文本窗口中出现 Done，表示网格合适。

（3）单击 Models 按钮，双击 Viscous-Laminar，弹出“Viscous Model”对话框，在该对话框中选中标准 k-ε 模型（见图 14-61），单击 Close 按钮。

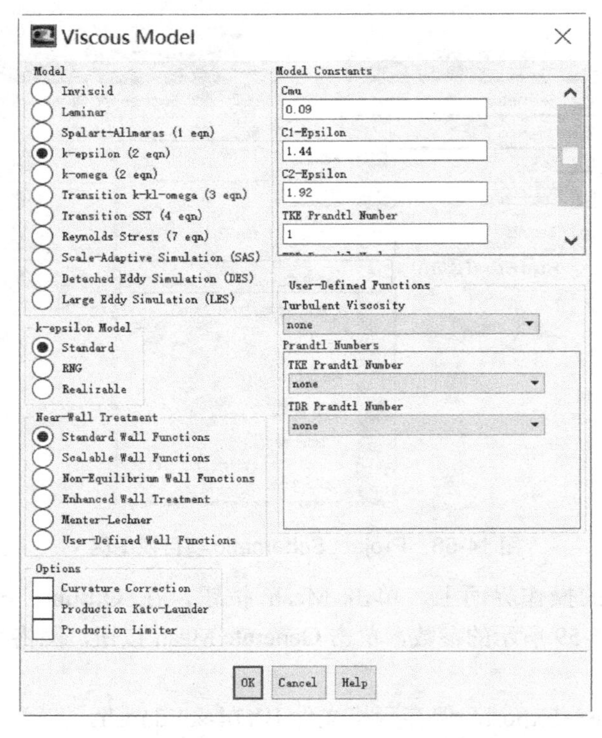

图 14-61 “Viscous Model”对话框

（4）单击 Materials 按钮，选中 Fluid，单击 Edit 按钮，弹出“Create/Edit Material”对话框，单击 FLUENT Database 按钮，弹出“FLUENT Database Materials”对话框（见图 14-62），在该对话框中选中 water-liquid(h2o<1>)，单击 Copy、Close 按钮。

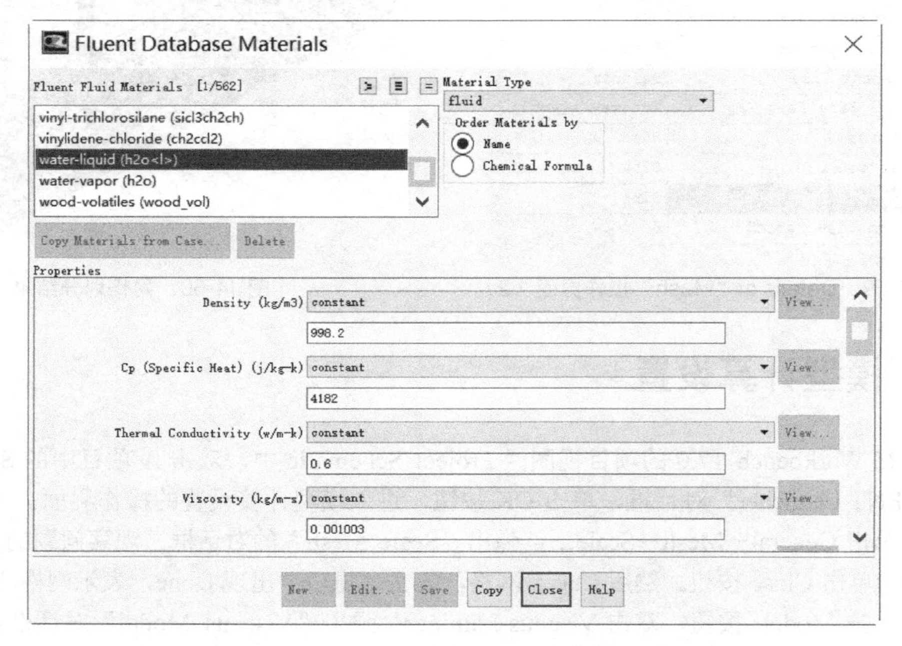

图 14-62 “FLUENT Database Materials”对话框

（5）单击 Cell Zone Conditions 按钮，选中 fluid，单击 Edit 按钮，弹出“Fluid”对话框（见图 14-63），在 Material Name 处单击向下箭头，选中 water-liquid 选项，单击 OK 按钮。

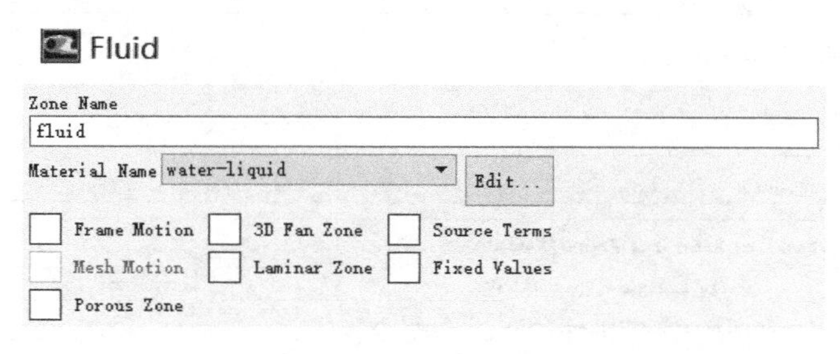

图 14-63 “Fluid”对话框

（6）单击 Boundary Conditions，选中 inlet，单击 Edit 按钮或双击 inlet，弹出“Velocity inlet”对话框（见图 14-64），设置进口速度为 2m/s，Turbulent Intensity 为 5%，水力直径 Hydraulic Diameter 为 0.04，单击 OK 按钮。

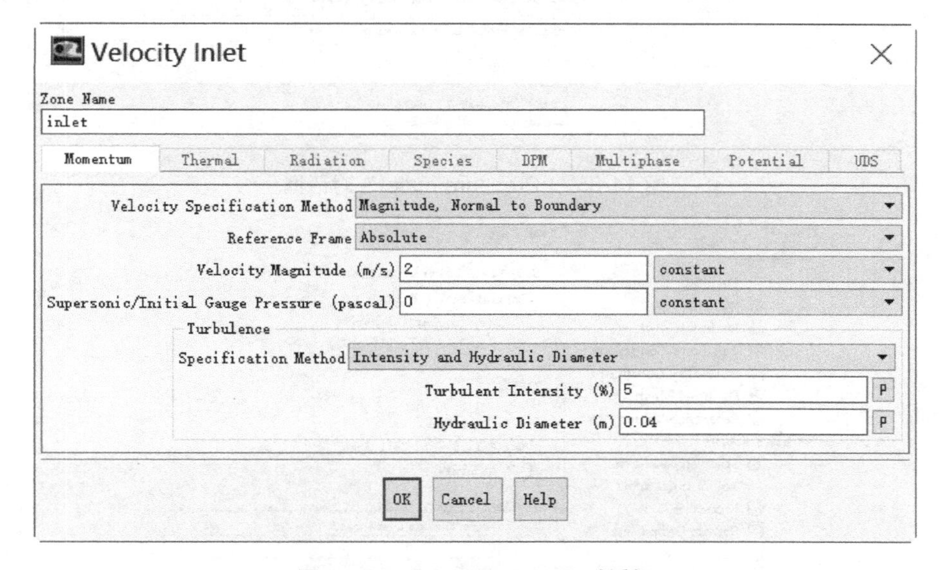

图 14-64 “Velocity Inlet”对话框

（7）选中 outlet，单击 Edit 按钮或双击 outlet，弹出“Pressure outlet”对话框（见图 14-65），设置 Turbulent Intensity 为 5%，水力直径 Hydraulic Diameter 为 0.04，单击 OK 按钮。

（8）单击 Solution Initialization 设置，初始化方法选用 Standard Initialization，Compute From 设置为 all-zones，如图 14-66 所示，单击 Initialize 按钮。

（9）设置 Run Calculation，输入迭代步数为“400”，单击 Calculate 按钮，开始计算（见图 14-67）。

（10）在解算过程中，控制台窗口会实时显示计算步的基本信息，包括 X 与 Y 方向上的速度、k 和 ε 的收敛情况，且当计算达到收敛时，窗口中会出现“solution is converged”的提示语（见图 14-68）。另外计算完成后，可得到计算结果的残差曲线图，如图 14-69 所示。

（11）选择菜单 File→Export→Case&Data…，保存工程与数据结果文件（EX14.cas 和 EX14.dat）。

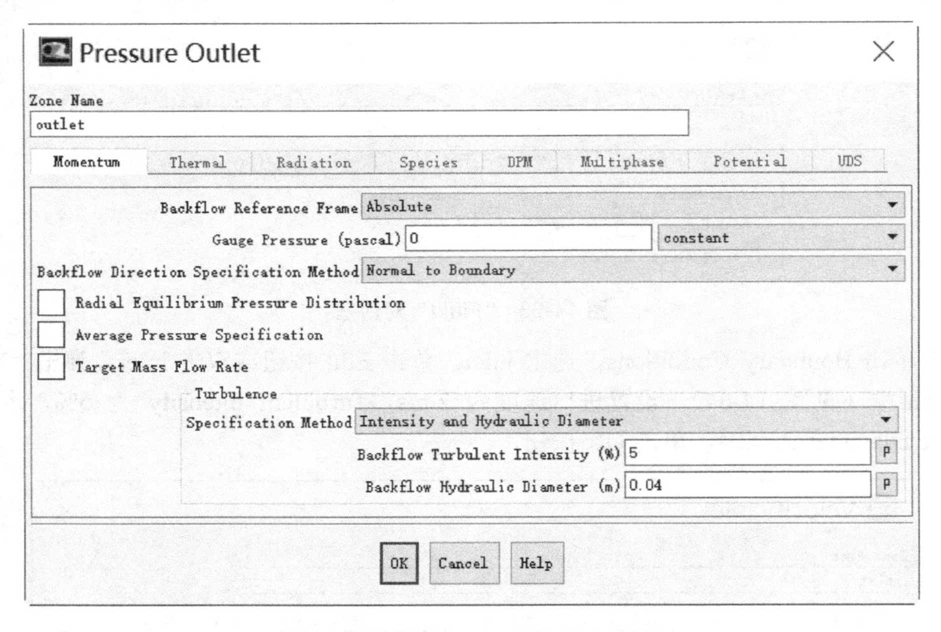

图 14-65 “Pressure outlet”对话框

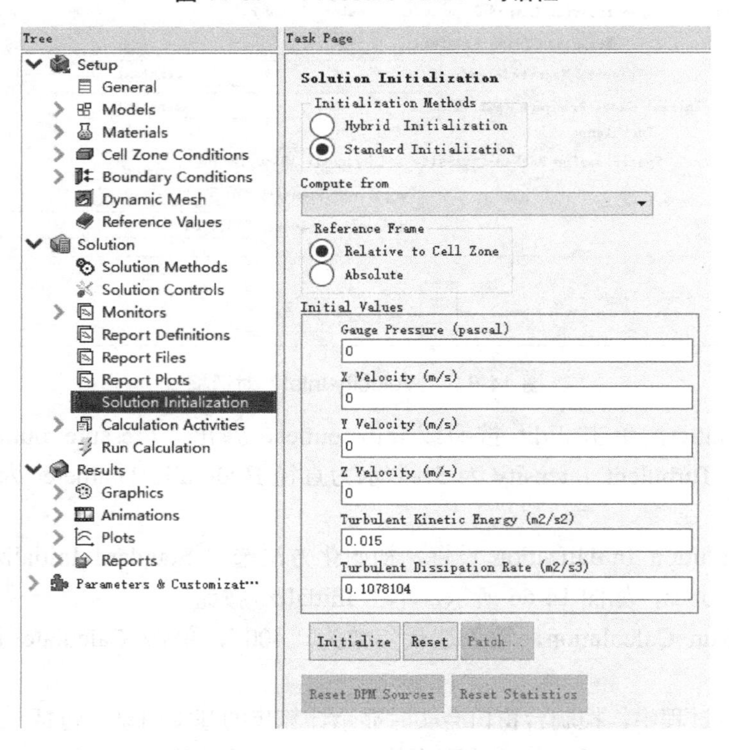

图 14-66 Solution Initialization 操作界面

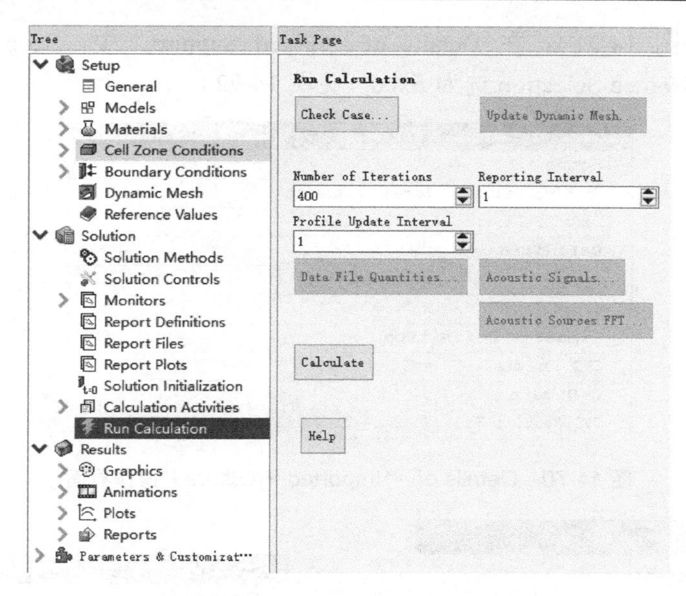

图 14-67　Run Calculation 操作界面

```
  iter  continuity  x-velocity  y-velocity  z-velocity           k
   144  1.0971e-03  2.8409e-04  7.3638e-05  4.8934e-05  6.0897e-04
   145  1.0784e-03  2.7843e-04  7.1905e-05  4.7763e-05  5.8976e-04
   146  1.0590e-03  2.7309e-04  7.0337e-05  4.6718e-05  5.7224e-04
   147  1.0385e-03  2.6808e-04  6.8804e-05  4.5748e-05  5.5668e-04
   148  1.0198e-03  2.6330e-04  6.7056e-05  4.4726e-05  5.4145e-04
   149  1.0053e-03  2.5804e-04  6.5332e-05  4.3706e-05  5.2739e-04
!  150 solution is converged
   150  9.8914e-04  2.5281e-04  6.3703e-05  4.2924e-05  5.1383e-04
```

图 14-68　控制台窗口出现提示语句

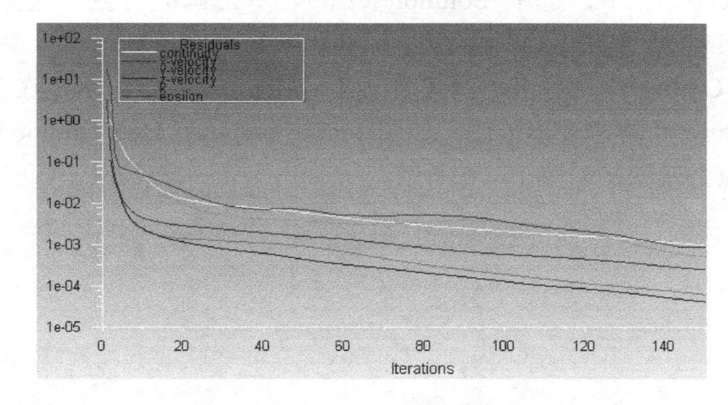

图 14-69　残差曲线图

（12）返回到 Workbench 操作平台，在 Workbench 17.0 的项目视图区 Project Schematic 中，双击 Static Structural 中的 Setup，进入模型计算设置的操作界面；在 Tree Outline 中，选中 Imported load（Solution），单击鼠标右键，选择 Insert→Pressure；在 Details of "Imported Pressure" 中，选择 Scoping Method 下拉菜单为 Named Selection，Named Selection 下拉菜单选为 insidewall，CFD Surface 选为 wall（见图 14-70）。

（13）在 Tree Outline 中，选中 Static Structural（B5），单击鼠标右键，选择 Insert→

Fixed Support（见图 14-71）；在 Details of “Fixed Support”中，Scoping Method 选择 Named Selection，Named Selection 选为 fixed（见图 14-72）。

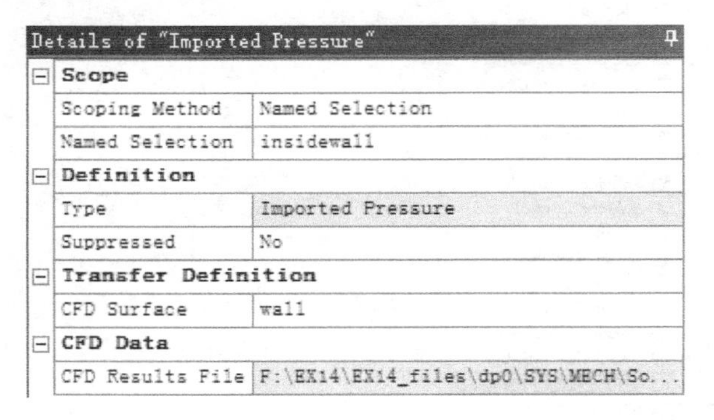

Details of "Imported Pressure"	
Scope	
Scoping Method	Named Selection
Named Selection	insidewall
Definition	
Type	Imported Pressure
Suppressed	No
Transfer Definition	
CFD Surface	wall
CFD Data	
CFD Results File	F:\EX14\EX14_files\dp0\SYS\MECH\So...

图 14-70　Details of “Imported Pressure”操作界面

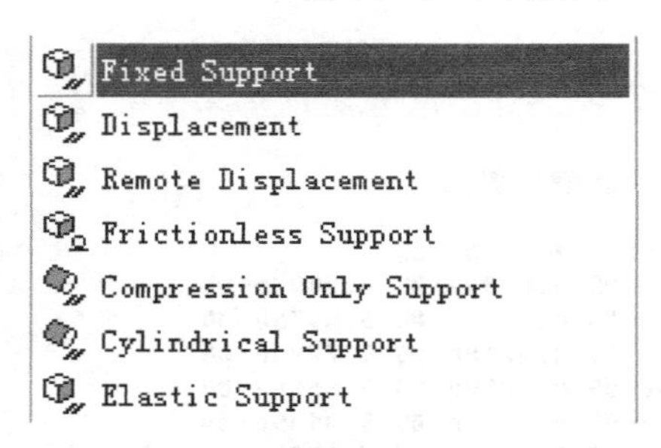

图 14-71　添加 Fixed Support 示意图

Details of "Fixed Support"	
Scope	
Scoping Method	Named Selection
Named Selection	fixed
Definition	
Type	Fixed Support
Suppressed	No

图 14-72　Details of “Fixed Support”操作界面

（14）在 Tree Outline 中，选中 Solution（B6），单击鼠标右键，选择 Insert→Deformation→total；在 Tree Outline 中，选中 Solution（B6），单击鼠标右键，选择 Insert→Stress→Equivalent（von-Mises）；单击 Solve 按钮。

（15）在 Tree Outline 中选中 Imported Pressure，如图 14-73 所示；在 Tree Outline 中选中 Total Deformation，可得总变形云图，如图 14-74 所示；在 Tree Outline 中选中 Equivalent Stress，可得等效应力云图，如图 14-75 所示。

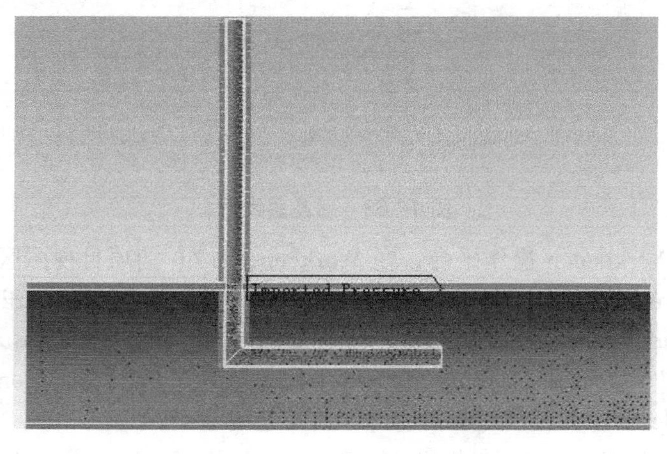

图 14-73　Imported Pressure 图

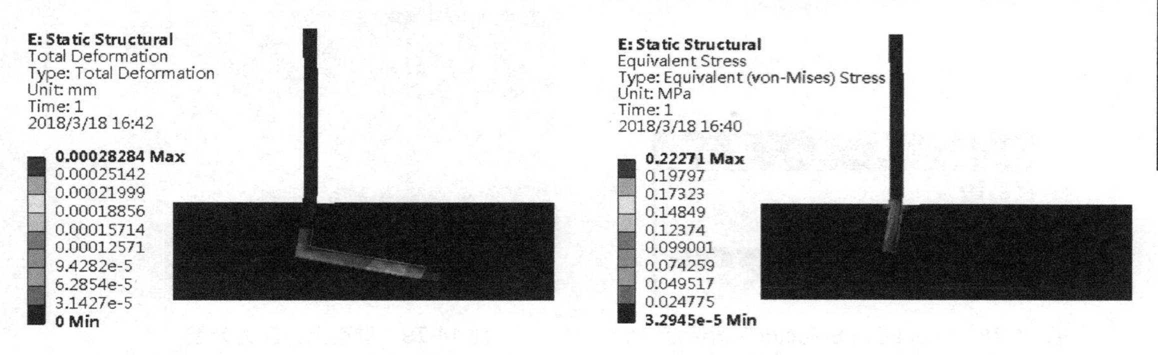

图 14-74　Total Deformation 图　　　图 14-75　Equivalent Stress 图

14.5　结果后处理

（1）在 Workbench 的项目视图区 Project Schematic 中，选中 Results，单击鼠标右键，单击 Update 按钮，然后双击 Results，进入 CFD-Post 操作界面。进入界面后，在 CFD-Post 操作界面的工具栏中，单击按钮，创建一个 Contour1（见图 14-76），单击 OK 按钮。

图 14-76　创建“Contour1”

（2）单击 Detail of Contour1→Locations 中的按钮（见图 14-77），弹出“Location Selector”对话框（见图 14-78），在该对话框中选中 symmetry_fluid，单击 OK 按钮；选择可视参数为 Pressure，单击 Apply 按钮，可显示出对称面上的压力云图（见图 14-79）。

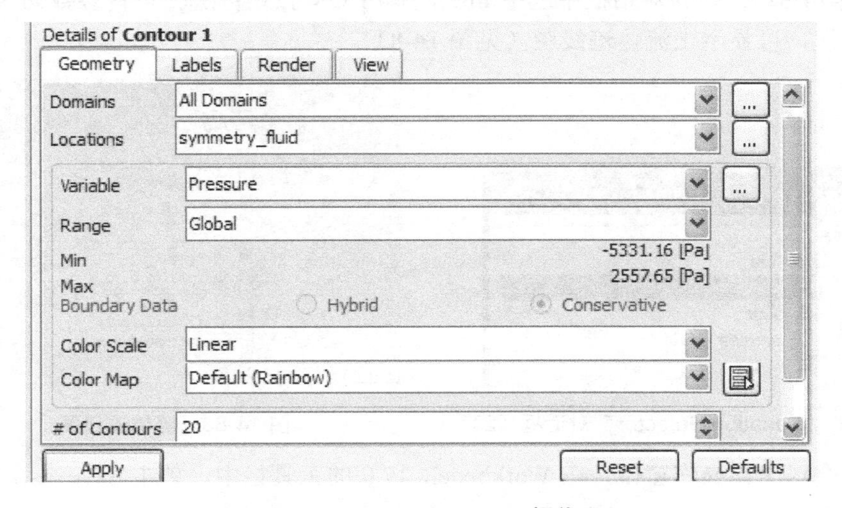

图 14-77　Detail of Contour1 操作界面

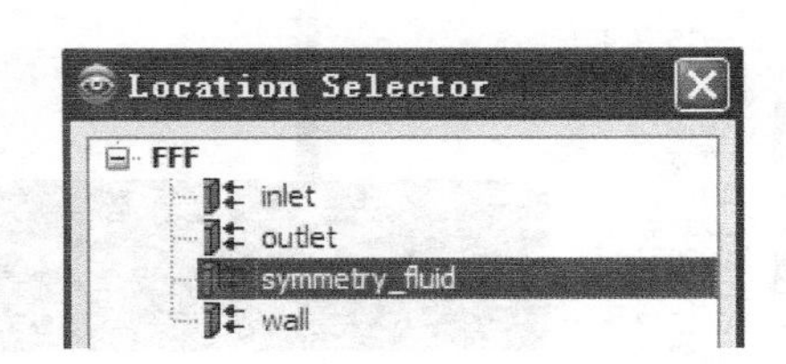

图 14-78 “Location Selector”对话框（1）

图 14-79 壁面上的压力云图

（3）在 Detail of Contour1 中设置可视参数为 Velocity，单击 Apply 按钮，可显示出对称面上的速度云图（见图 14-80）。

（4）在 CFD-Post 操作界面的工具栏中，单击按钮，创建一个 Streamline1（见图 14-81），单击 OK 按钮。

图 14-80 对称面上的速度云图

图 14-81 创建 Streamline1

（5）单击 Detail of Streamline1→Start From 右侧的□按钮，弹出“Location Selector”对话框（见图 14-82），在该对话框中选中 inlet，单击 OK 按钮；选择可视参数为 Velocity，单击 Apply 按钮，可显示出流体迹线图（见图 14-83）。

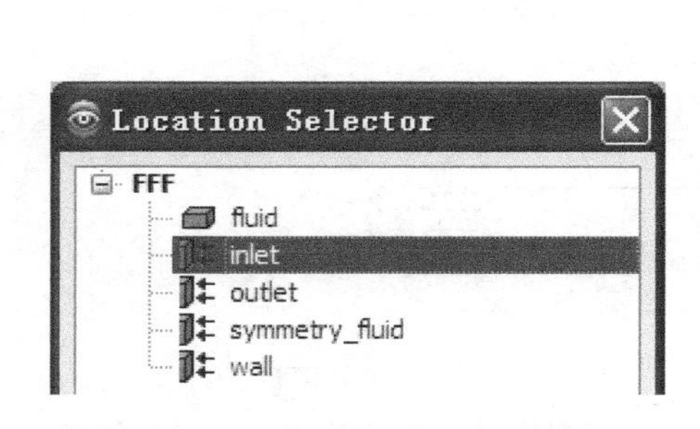

图 14-82 “Location Selector”对话框（2）

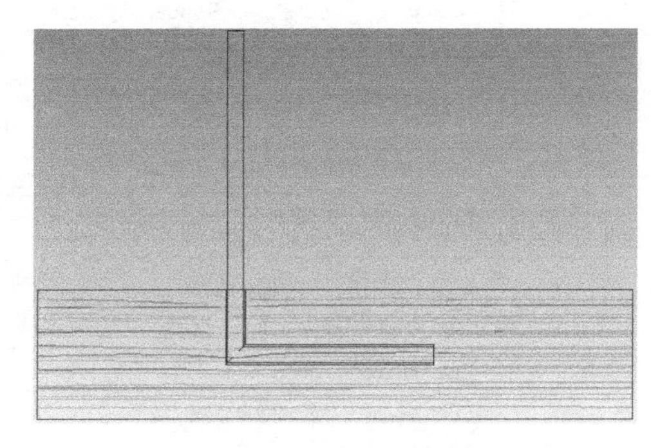

图 14-83 流体迹线图

（6）安全退出该操作窗口，在 Workbench 17.0 的工具栏中，单击 Save as...按钮，保存工程文件 EX14.wbpj。

应用·技巧

流固耦合模拟时，需要分别对流体域和固体域划分网格。单向耦合时，先计算流场，得到压力、速度等流场分布后，加载到固体边壁上，然后计算固体的变形。

14.6 本章小结

本章介绍了典型的单向流固耦合问题，此类问题需要单独对流体域和固体域划分网格，两个区域的网格划分方法和密度可以不一样。计算时，先求得流动流体的压力、速度等流场分布，然后加载到固体表面，再计算固体的变形和应力分布。若需要考虑固体变形后反过来对流体流动的影响，则需要进行双向耦合。

第 15 章　电子元件散热模拟

随着电子技术的飞速发展，电路集成化程度日益提高，芯片的热负荷不断增大，使得单位体积产生的热量也越来越多，特别是有些军用电子产品，使用环境必须是全封闭的，散热环境很差，较高的工作环境温度可能会使得产品性能急剧恶化，可靠性降低。据有关资料显示，对于包括 CPU 在内的电子设备，现在失效问题的 55%是由于过热引起的。电子设备的散热设计在整个产品设计中占的地位举足轻重，本章即介绍利用 FLUENT 进行电子元件散热的模拟。

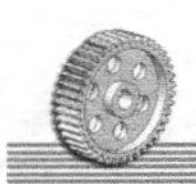

本章内容

- 传热模型
- 传热系数设置
- 散热模拟实例

本章案例

- 实例　电子元件散热模拟

视频教学

15.1 实例概述

本例假设一个长 15cm×5cm 的平面空间内分布着 5 个矩形的电子元件（尺寸为 5mm×5mm），如图 15-1 所示，电子元件之间距离为 3cm，电子元件与左右两壁面之间距离为 2cm。进口和出口尺寸均为 5mm，每个电子元件的尺寸为 5mm×10mm，材质为陶瓷，其物性参数为密度 500 kg/m^3，比热容 0.84 kJ/kg・k，导热系数 0.21 W/m・k。每个电子元件的发热功率为 15W（相当于热生成率为 2×10^5 W/m^3）。

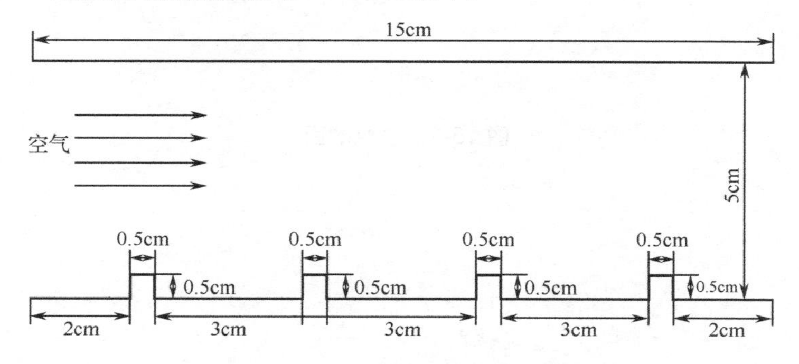

图 15-1　电子元件模型几何尺寸

思路・点拨

本例采用 RNG k-ε 湍流模型，在计算中假设如下：①空气的物性参数为常数；②流体在壁面上无滑移；③流体的流动为定常流动；④电子元件的热生成率恒定；⑤在重力方向上考虑浮生力的影响，满足 Boussinesq 假设。

结果文件 ——附带光盘“Ch15/EX15.dbs，EX15.jou，EX15.trn，EX15.msh，EX15.cas，EX15.dat”。

动画演示 ——附带光盘＂AVI/Ch15/EX15.avi”。

15.2 几何模型建立

（1）选择菜单栏 File 下方的 New…按钮，弹出“Create New Session”对话框，在“ID:”和“Title:”文本框中输入“EX15”，取消选中 Save current session（若选中，其左侧按钮将显示为红色），单击 Accept 按钮。

（2）单击 → → 按钮，在弹出的 Create Real Rectangular Face 面板的 Width 和 Height 中分别输入“0.15”和“0.05”，Direction 选择“+X+Y”，单击 Apply 按钮，建立面 1（face.1）。用同样的操作建立 Width 和 Height 均为 0.005 的小矩形，即面 2（face.2）。

（3）单击 按钮，打开 Move/Copy Faces 面板，选中面 2（face.2），单击 Copy 按钮，在 Global 栏的 X 方向输入“0.02”，然后以同样的操作向 X 方向分别移动 0.055、0.09、

0.125，即再复制同面 2（face.2）相同的 3 个面，共生成 5 个面，如图 15-2 所示。

（4）进行面域的布尔减操作，单击 Face 面板的按钮，在弹出面板的第一行 Face 中选取“face.1”，在第二行 Face 中选取“face.2”、“face.3”、“face.4”、“face.5”（4 个小矩形面），单击 Apply 按钮，完成布尔减操作，最后重新生成面 1（face.1），如图 15-3 所示。

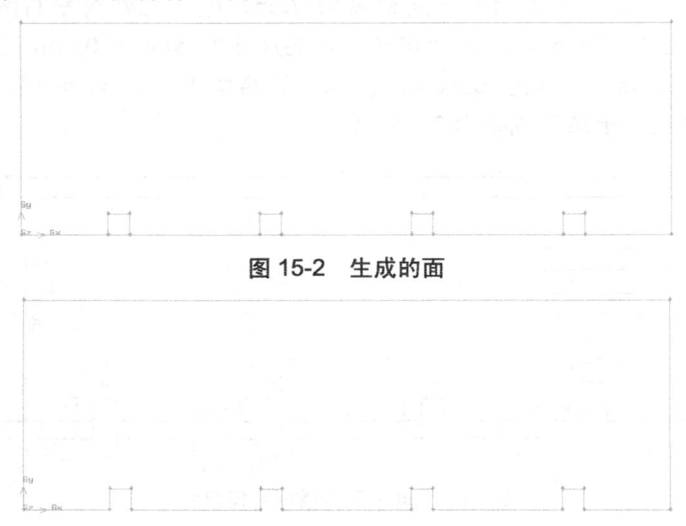

图 15-2 生成的面

图 15-3 布尔减后的面域

15.3 网格划分

（1）由于本例的计算区域较简单，故单击→→按钮，打开 Mesh Faces 面板，选中本例计算区域的面 1（face.1），以 Elements：Quad 和 Type：Map 的网格划分方式，并采用 Interval size 为 0.001 划分面网格，保持其他默认设置，单击 Apply 按钮生成如图 15-4 所示的面网格。

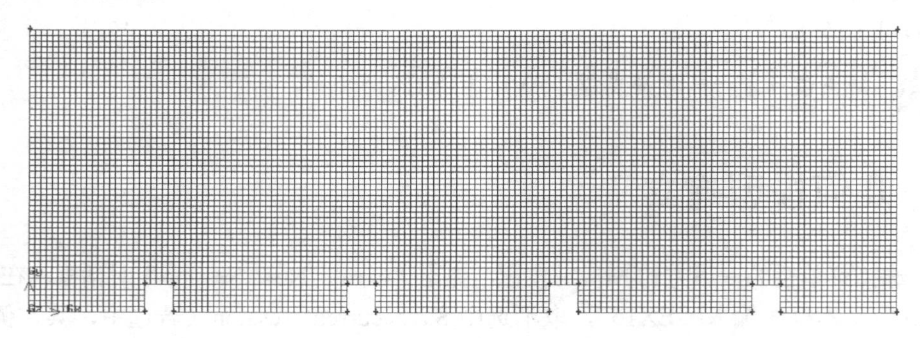

图 15-4 划分好的面网格

（2）网格划分好后定义边界类型，单击→按钮，选中左侧边线，定义为速度入口边界（VELOCITY_INLET），名称为 inlet；选中右侧边线，定义为自由出流边界（OUTFLOW），名称为 outlet；选中顶部边线，定义为壁面边界（WALL），名称为 topwall；选中底部 5 条边线，定义为壁面边界（WALL），名称为 bottomwall；选中 4 个小矩形的 12 条边，定义为壁面边界（WALL），名称为 elec-wall，如图 15-5 所示。

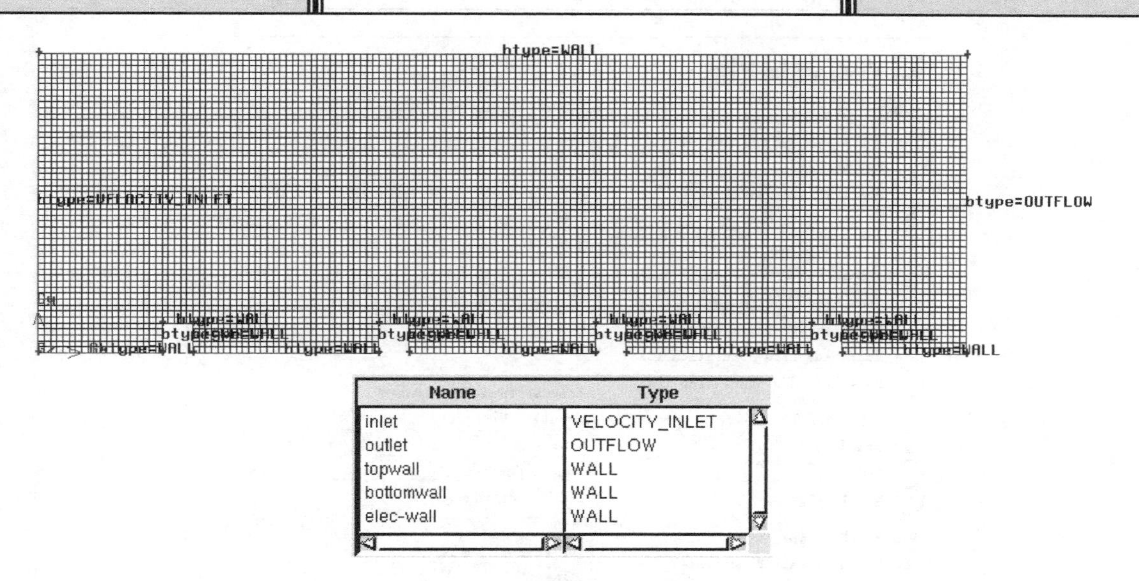

图 15-5 定义好的边界类型

（3）最后选择 File→Export→Mesh 菜单命令，将网格输出为 EX15.msh。

15.4 模型计算设置

（1）启动 FLUENT 17.0 的 2D 解算器。选择 File→Read→Mesh…命令，在弹出的“Select File”对话框中选择 EX15.msh 文件，并将其导入 FLUENT 17.0 中，网格加载如图 15-6 所示。

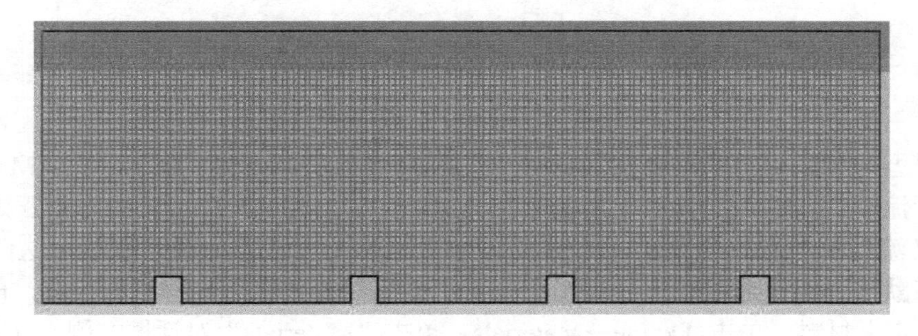

图 15-6 加载的网格

（2）单击操作面板 Problem Setup 的 General 中的 Scale…，弹出“Scale Mesh”对话框，用户可从中查看模型的尺寸，单击 Close 按钮关闭该对话框。

（3）激活传热计算，执行 Define→Models→Energy 命令，将“Energy”对话框中的 Energy Equation 选项勾选，如图 15-7 所示。

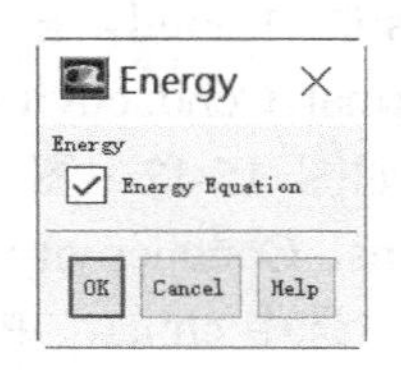

图 15-7 “Energy”对话框

（4）选择 Define→Models→Viscous…命令，因本例空气为湍流流动，故选择标准的 k-ε 模型，在 Model 选项中选择 k-epsilon [2 eqn]，在 k-epsilon Model 选项下选择 Standard，保留其他默认设置，如图 15-8 所示，单击 OK 按钮。

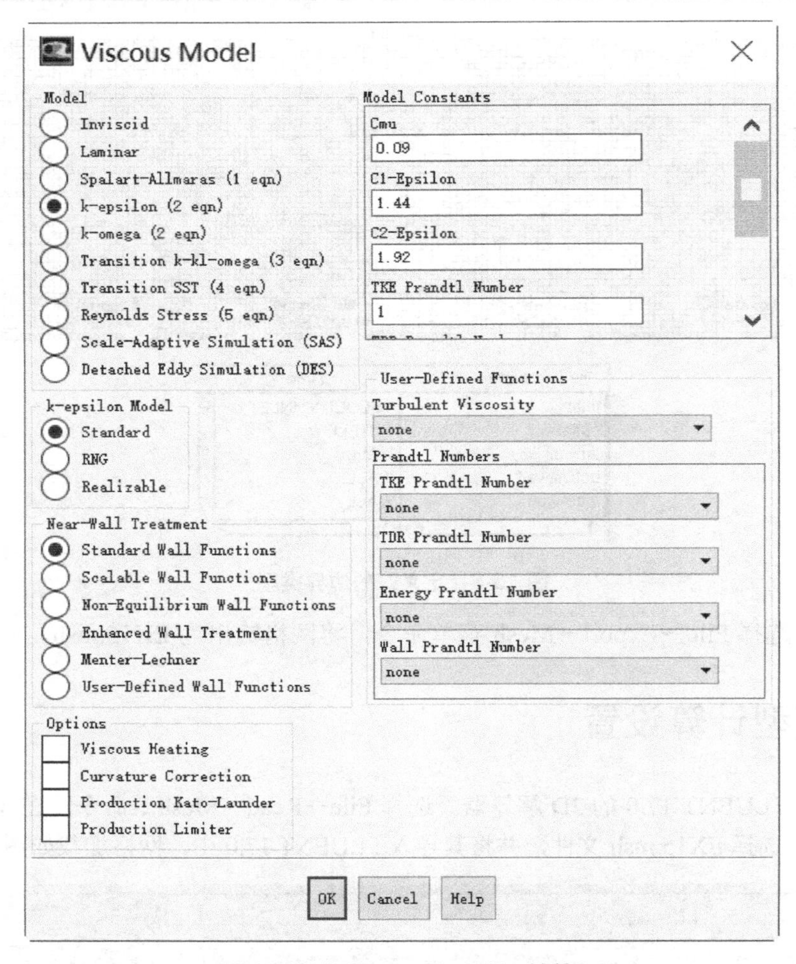

图 15-8 “Viscous Model”对话框

（5）模型选择完后，就需要定义材料，执行 Define→Materials 命令，在“Materials”对话框中进行流动材料的定义。由于本例为空气流动，而 FLUENT 默认的材料正是空气，故不需要定义流动的材料。但是由于本例要考虑金属壳及电子元件壁的传热，这两者均为固体，金属壳默认为铝，通过在边界定义时改变铝的物性参数来达到材料的改变，电子元件材料则需要自定义材料，单击 Define→Materials，单击“Materials”对话框右侧的 User-Defined Database…按钮，在弹出的如图 15-9 所示的“Open Database”对话框中，输入“Newmaterial”，单击 OK 按钮，弹出“User-Defined Database Materials”对话框，如图 15-10 所示，单击 New... 按钮，弹出“Material Properties”对话框，在 Name 中输入“china”，Types 选中 Solid，在“Available Properties”对话框中选择“Cp（Specific Heat）”、“Density”、“Thermal Conductivity”，如图 15-11 所示，然后分别选中这三个性质，单击 Edit... 按钮进行设定，如图 15-12～图 15-14 所示，分别将 Cp 设定为 840J/kg • K，Density 为 500kg/m^3，Thermal Conductivity 为 0.21W/m • K，单击 Apply 按钮，回到“User-Defined Materials”对话框，选中 china，单击 Copy 按钮，添加陶瓷材料，如图 15-15 所示。

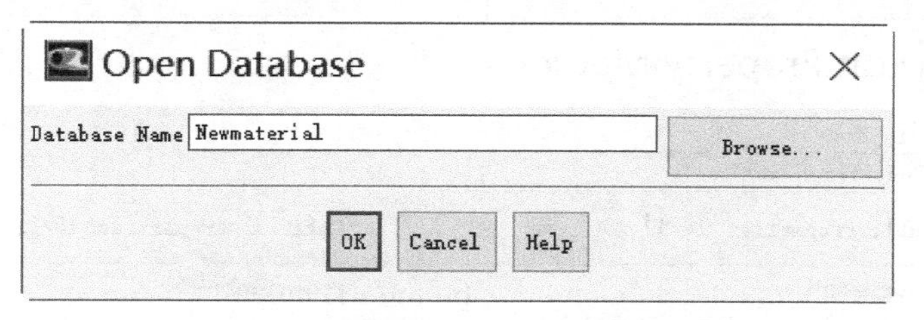

图 15-9 “Open Database”对话框

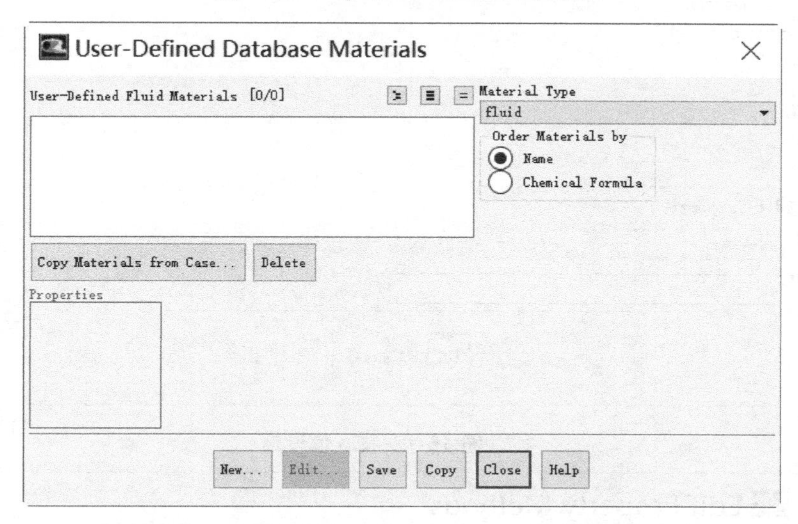

图 15-10 “User-Define Database Materials”对话框（1）

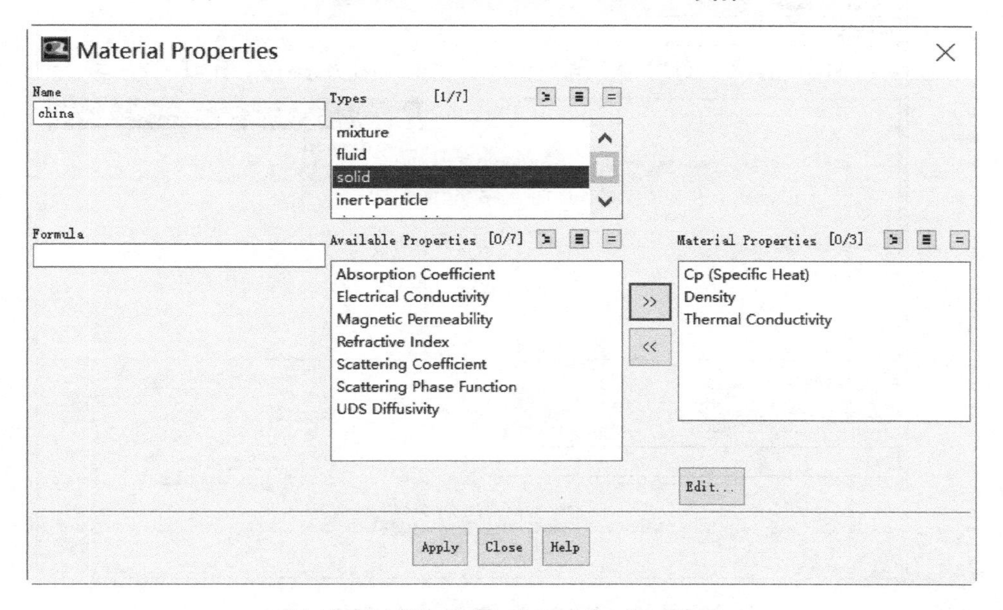

图 15-11 “Materials Properties”对话框

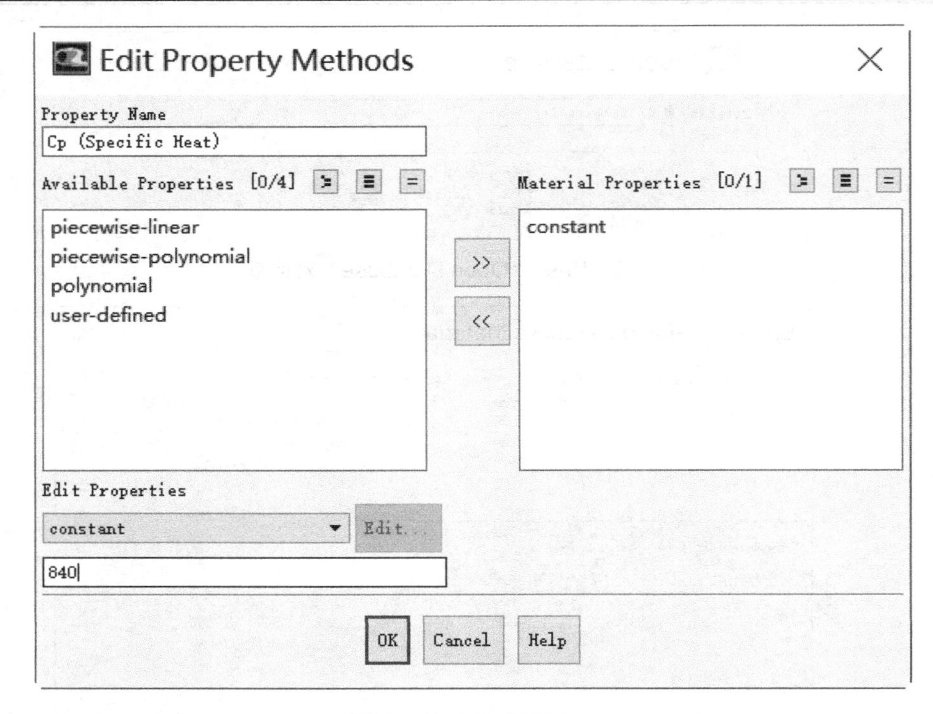

图 15-12　Cp 值设定

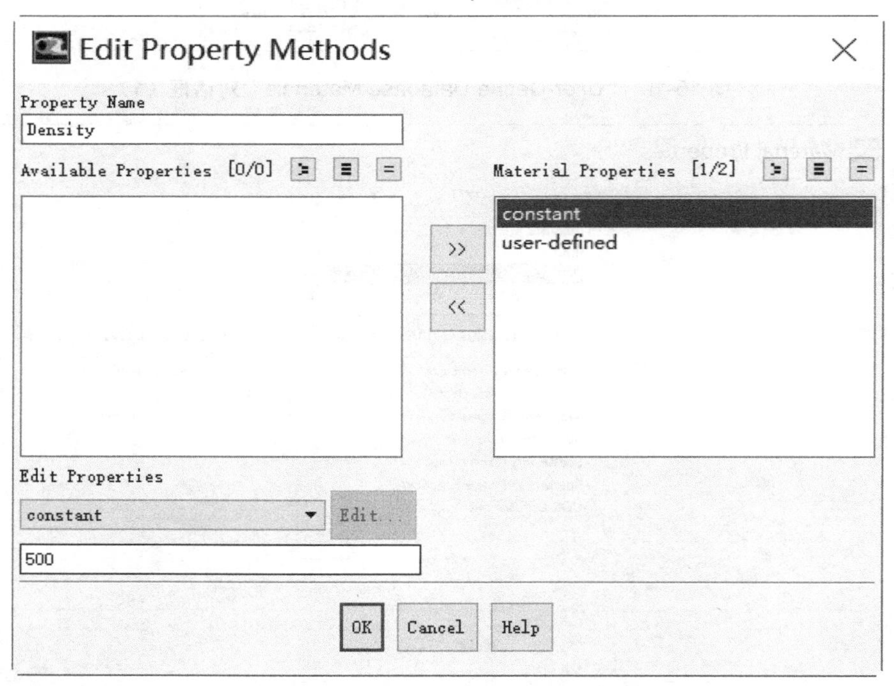

图 15-13　Density 值设定

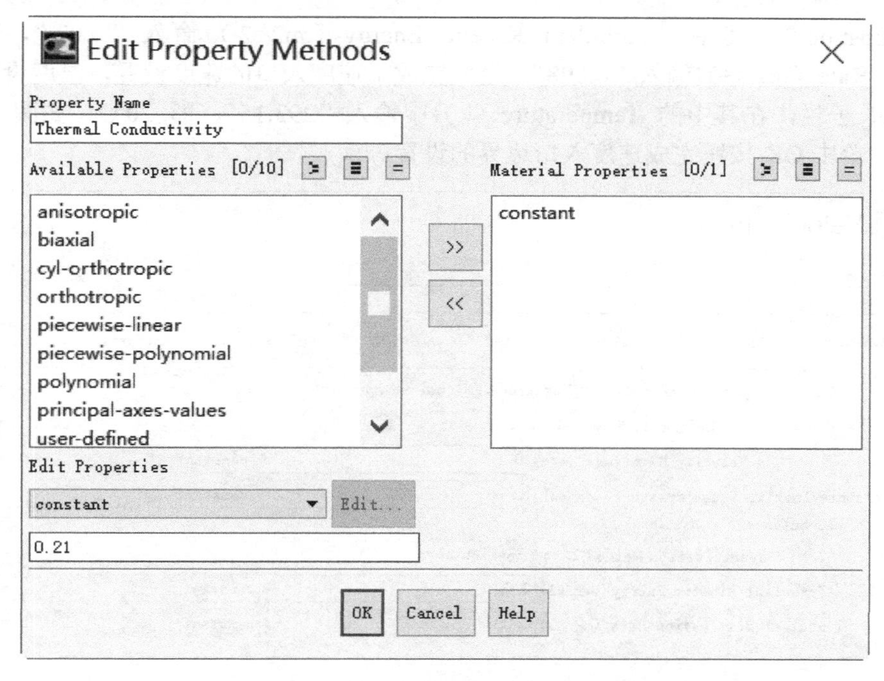

图 15-14 Thermal Conductivity 值设定

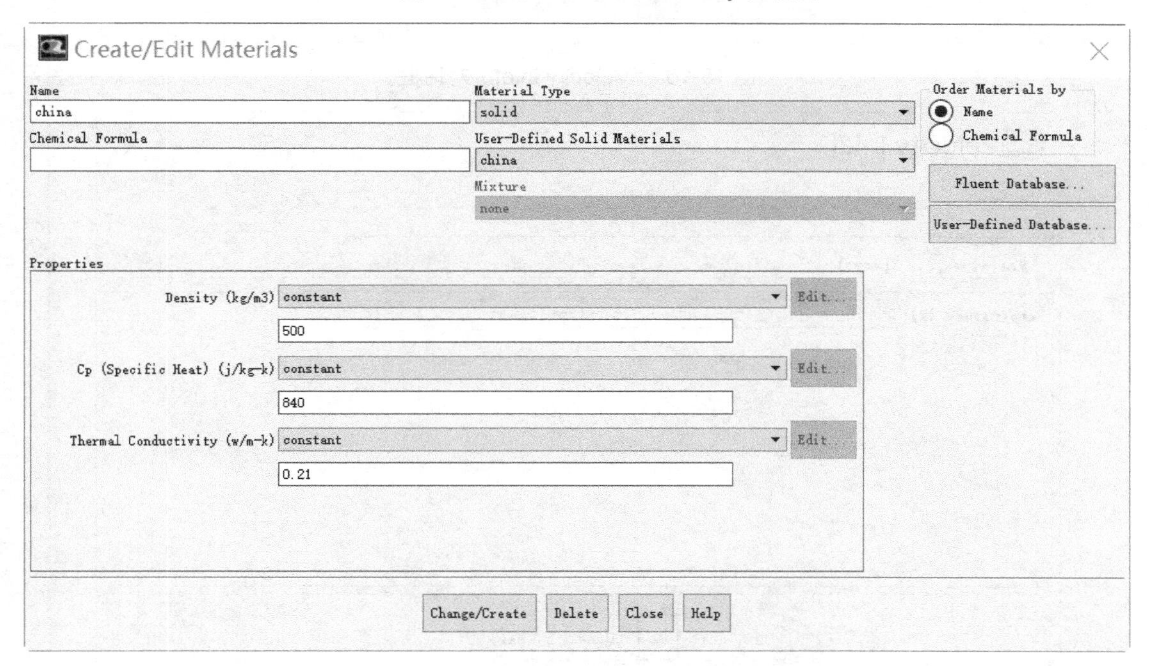

图 15-15 “User-Define Database Materials”对话框（2）

（6）单击 Define→Boundary Conditions，在弹出的“Boundary Conditions”对话框中进行定义：选择 inlet 入口边界，单击 Edit 按钮，弹出“Velocity Inlet”对话框（见图 15-16）。选择 Velocity Specification Method 为“Magnitude，Normal to Boundary”，表示进口方向垂直于所在面。在 Velocity Magnitude（m/s）输入栏中输入“0.1”，且为常数。湍流模式选择

“K and Epsilon”。其中，Turbulent Kinetic Energy（m2/s2）输入“0.02”，Turbulent Dissipation Rate（m2/s3）输入“0.008”。至此完成了速度入口的速度设置，温度设置需要单击 Thermal 子栏，在其中的 Temperature（k）中输入“293.15”，即 20℃，如图 15-17 所示。最后，单击 OK 按钮完成速度入口边界的设置。

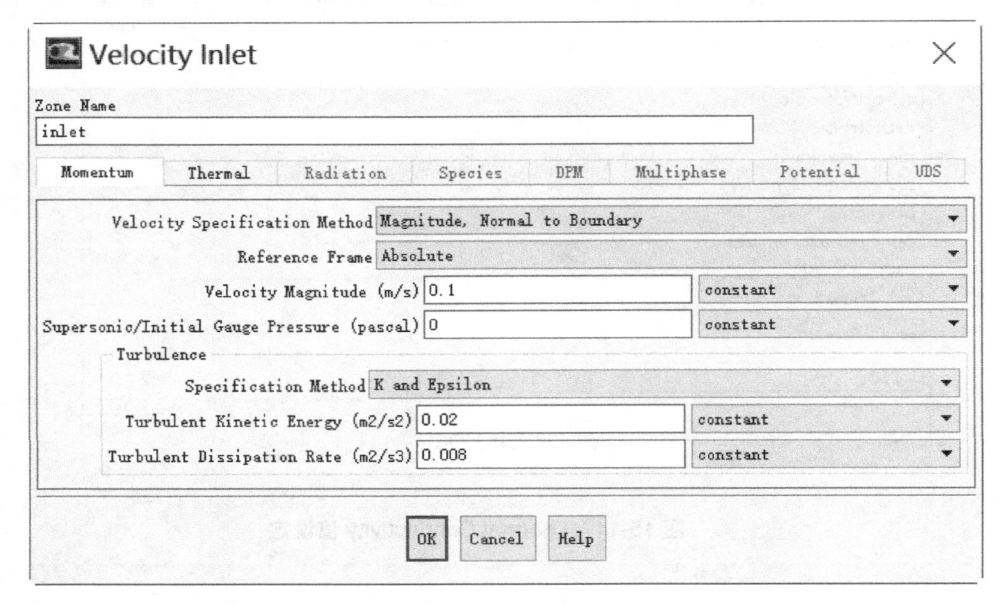

图 15-16 “Velocity Inlet”对话框

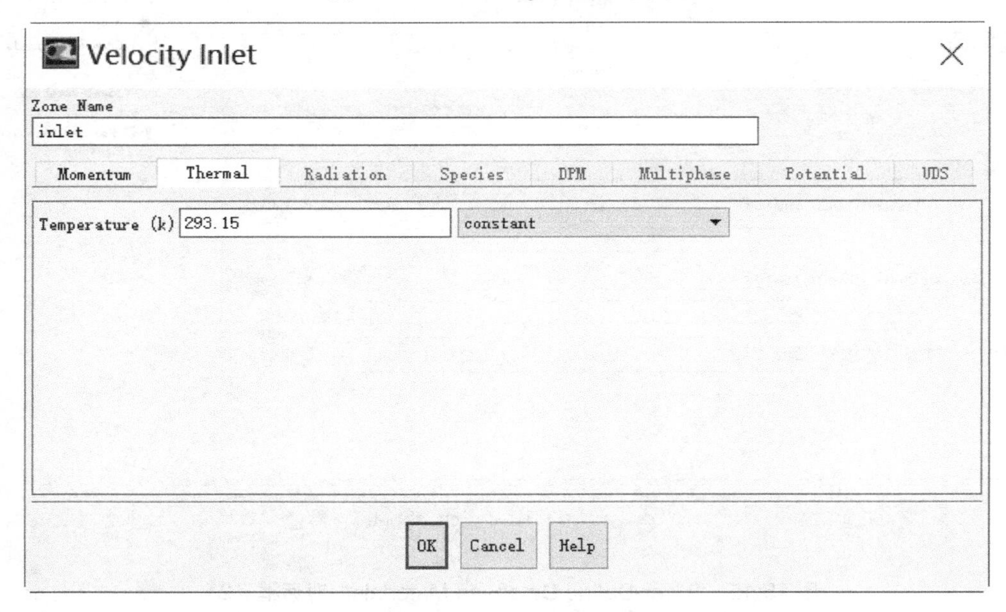

图 15-17 入口温度设置

（7）选择 topwall（WALL）边界，单击 Set 按钮，弹出如图 15-18 所示的“Wall”对话框。选择 Thermal 选项卡，将热边界条件定义为热对流边界，即选择 Thermal Conditions 下方的 Convection。然后在右侧的 Heat Transfer Coefficient（W/m^2-k）中输入“10”，在 Free

Stream Temperature（k）中输入“313.15”，即为 40℃；在 Wall Thickness（m）中输入“0.001”，即壁厚 1mm；保持 Heat Generation Rate（W/m^3）为 0，即壁面不是热源。保持左下方材料为铝，最后单击 OK 按钮。

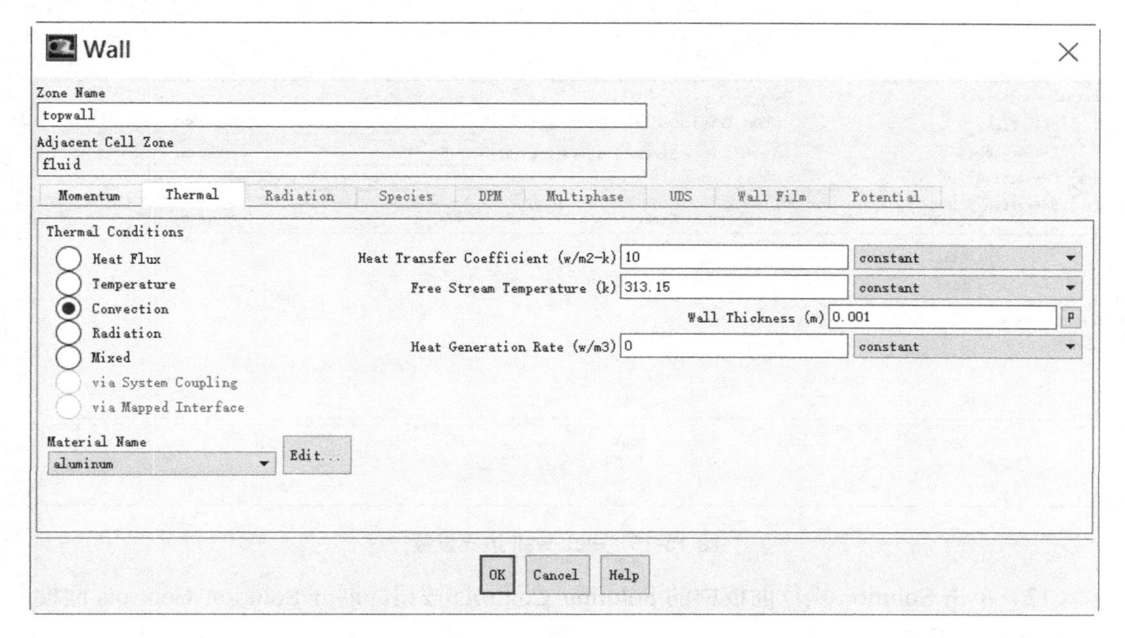

图 15-18 “Wall”对话框

（8）用同样的方式设置 bottomwall（WALL）边界，选择 Thermal 选项卡，将热边界条件定义为热对流边界，即选择 Thermal Conditions 下方的 Convection。然后在右侧的 Heat Transfer Coefficient（W/m^2-k）中输入“10”，在 Free Stream Temperature（k）中输入“323.15”，即为 50℃；在 Wall Thickness（m）中输入“0.0005”，即壁厚 0.5mm；保持 Heat Generation Rate（W/m^3）为 0，即壁面不是热源。保持左下方材料为铝，最后单击 OK 按钮，完成底部边界的定义。

（9）设置 elec-wall（WALL）边界时，选择 Thermal 选项卡，将热边界条件定义为热对流边界，即选择 Thermal Conditions 下方的 Convection。然后在右侧的 Heat Transfer Coefficient（W/m2-k）中输入“5”，在 Free Stream Temperature（k）中输入“338.15”，即为 65℃；在 Wall Thickness（m）中输入“0.0005”，即壁厚 0.5mm；保持 Heat Generation Rate（W/m3）为“500000”，即壁面为热源。保持左下方材料为陶瓷（china），最后单击 OK 按钮，完成 elec-wall 的定义，如图 15-19 所示。

（10）选择 outlet，单击 Edit 按钮，弹出如图 15-20 所示的“Outflow”对话框，其中 Flow Rate Weighting 为 1，表示进口进来的总质量流体都将从这个出口全部出去，这里不需要改动，直接单击 OK 按钮即可。

（11）边界定义完后，单击 Solution 操作面板中的 Solution Methods 按钮，展开 Solution Methods 面板，这里保持默认算法设置。

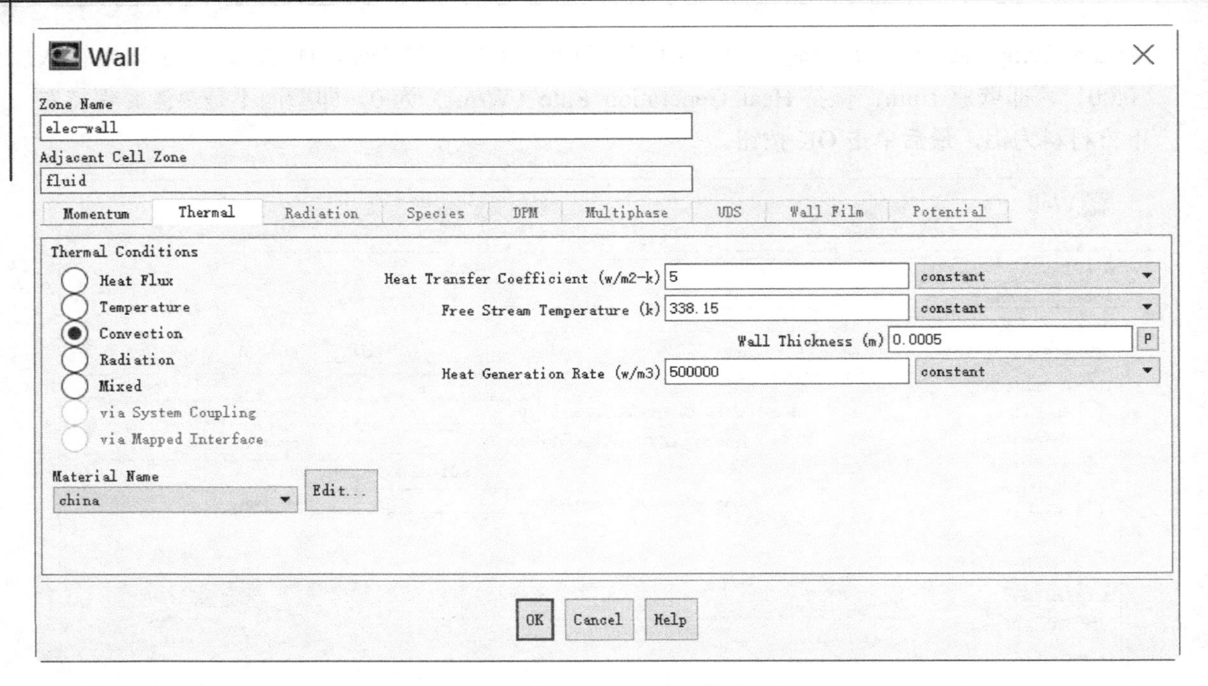

图 15-19 elec-wall 边界设置

（12）单击 Solution 操作面板中的 Solution Controls 按钮，展开 Solution Controls 面板，保持默认松弛因子。

（13）单击 Solution 操作面板中的 Monitors 按钮，选择“Residuals-Print，Plot”，单击 Edit…按钮，弹出“残差因子”对话框，设置 energy 的收敛精度为 1e-06，其余设置为 0.0001，单击 OK 按钮。

（14）接着单击 Solution 操作面板中的 Solution Initialization 按钮，选择展开面板中 Compute from 为 all-zones，单击 Initialize 按钮，完成初始化。

（15）单击 Solution 操作面板中的 Run Calculation 按钮，输入 Number of Iterations 为“1000”，单击 Calculate 按钮开始计算，计算结束后的残差曲线如图 15-21 所示。

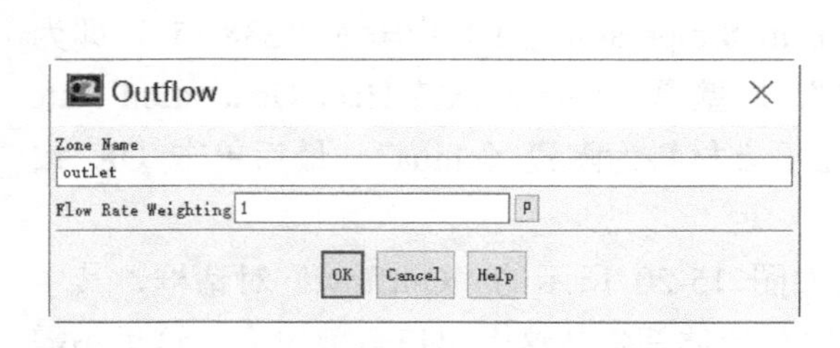

图 15-20 “Outflow”对话框

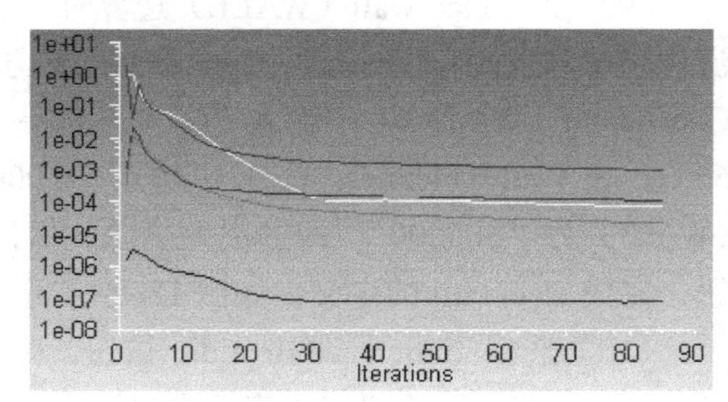

图 15-21 残差曲线

15.5 结果后处理

（1）单击 Results 面板中的 Graphics and Animations 按钮，在展开的 Graphics and Animations 面板中双击 Contours，弹出“Contours”对话框，勾选 Options 下方的 Filled，选择 Contours of 中的 Temperature…和 Static Temperature，单击 Display 按钮，即可以看到如图 15-22 所示的温度云图。若选择 Contours of 中的 Velocity…和 Velocity Magnitude，则会出现如图 15-23 所示的速度云图。

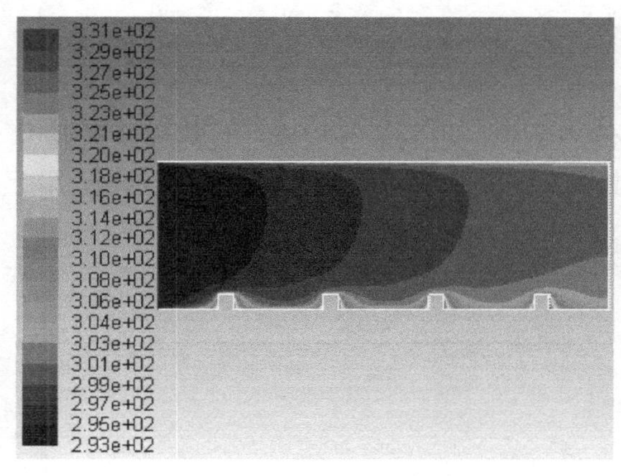

图 15-22　温度云图

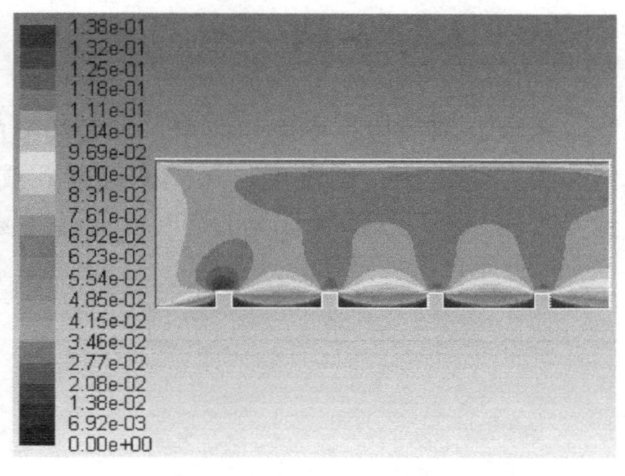

图 15-23　速度云图

（2）双击 Graphics and Animations 面板中 Vectors，弹出“Vectors”对话框，单击 Display 按钮，则得到如图 15-24 所示的速度矢量图。

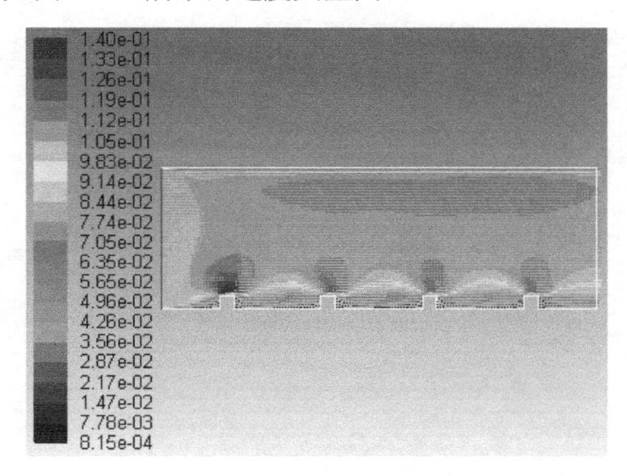

图 15-24　速度矢量图

（3）图形分析完后，选择菜单 File→Write→Case & Data 命令，保存工程与数据结果文件（EX15.cas 和 EX15.dat）。

（4）最后单击 File→Close FLUENT，安全退出 FLUENT 17.0。

应用·技巧

传热模拟最关键的是壁面边界条件的设置，可以设置成定温边界，也可以设置成恒定的热流量边界，还可以设置成混合边界。其次，进出口的温度也需要给出具体的温度定义。

15.6 本章小结

本章介绍了传热模型的应用，涉及边壁的传热系数、热通量等设置。传热模拟需要用户事先知道进出口的温度、边壁的温度，或对流换热系数，或热通量，激活 Energy（能量）方程，即可在流场计算的同时计算温度场。

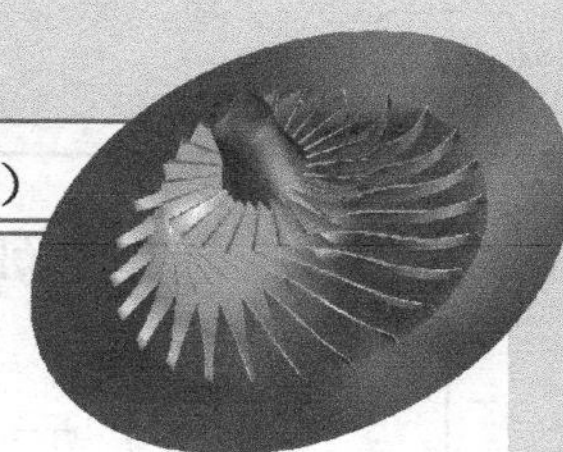

第 16 章　三通管热固耦合模拟

流体输送中三通管常用作分流，在油气储运工程、给排水工程中都有着极其广泛的应用。与直管相比，三通管几何形状及受载情况较复杂，是整个输流管系中的薄弱环节。本章重点介绍三通管的热固耦合问题，分析管内流体的温度分布对固体传热的影响。

本章内容

- 三通管建模
- 传热分析
- 热固耦合设置
- 热固耦合计算实例

本章案例

- 实例：三通管热固耦合模拟

视频教学

16.1　实例概述

图 16-1 所示为本例的三通管尺寸示意图，其中，两股水流的温度分别为 20℃和 80℃，水流以 2m/s 的速度分别从左侧进口和上部支管进口流入，交汇后从右侧出口流出。

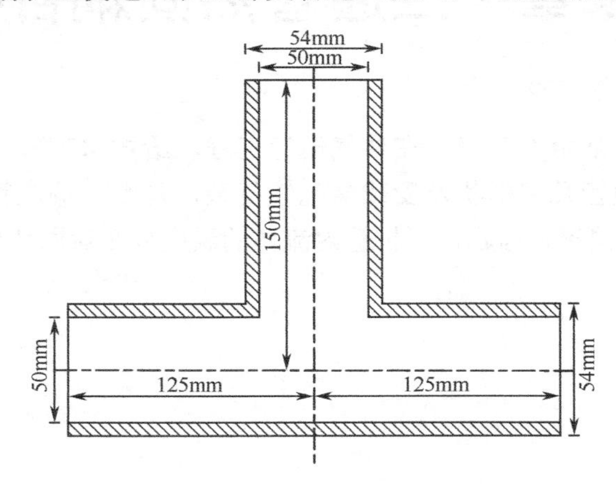

图 16-1　三通管的尺寸示意图

思路·点拨

本例涉及热固耦合，故先对流体温度场进行模拟，然后将流体温度施加在管壁，再对固体传热进行模拟。

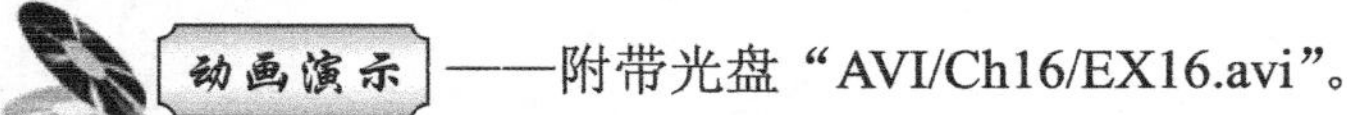

结果文件——附带光盘“Ch16/EX16.agdb，EX16-fluid.msh，EX16-solid.msh，EX16.cas，EX16.dat，EX16.wbpj”。

动画演示——附带光盘“AVI/Ch16/EX16.avi”。

16.2　几何模型建立

（1）双击 Workbench 17.0 图标，进入 Workbench 17.0 的工作环境，选择菜单栏 Tools→Option→Geometry Import，在“Option”对话框中勾选 Name Selection，并删除 Filtering Prefixes 输入框中的文字，使得 DM 建模时可定义边界名称，以便应用于后面的模拟计算中。

（2）在 Workbench 17.0 的工具箱 Toolbox→Analysis Systems 中，双击 Fluid Flow（FLUENT）或直接拖入项目视图区 Project Schematic，生成项目 A；同理，在 Workbench 17.0 的工具箱 Toolbox→Analysis Systems 中，双击 Steady-State Thermal 或直接拖入项目视图区 Project Schematic，生成项目 B；单击选中项目 A 中的 Geometry（A2）按钮，拖动至项目 B 中的 Geometry（B3），使两项连接；同理连接 A5 和 B5，如图 16-2 所示，双击项目 A 中的 Geometry，选择单位标准为 mm，即可进入 DM 操作界面。

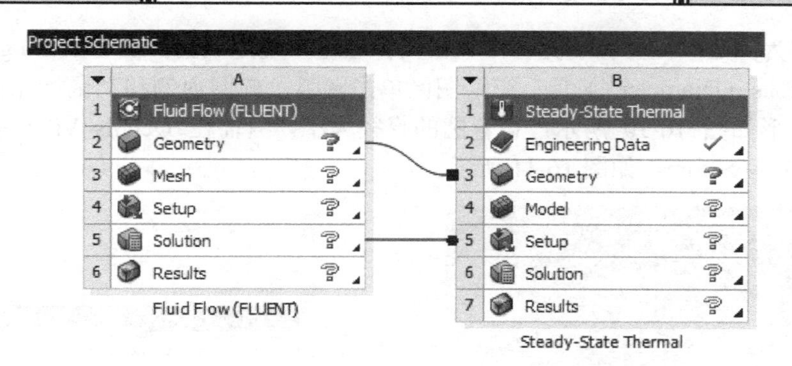

图 16-2　Fluid Flow（FLUENT）→Steady-State Thermal 示意图

（3）在绘制 X 轴方向上直径为 50mm 的管段空间模型时，首先，在 Modeling 条件下的 Tree outline 中选中 YZPlane，单击 Sketching 进入 Sketching Tool boxes 操作界面。在 Sketching Toolboxes 中选中 Draw→Circle 工具（见图 16-3），在绘图区单击坐标原点，以原点为圆心，向外移动光标，单击鼠标左键，确定成圆；在 Sketching Toolboxes 中选中 Dimensions→Diameter 工具（见图 16-4），在绘图区单击圆弧，向圆内侧移动鼠标光标，单击鼠标左键，生成结果如图 16-5 所示；设置圆的直径大小，只需在 Details View 的操作界面设置 Dimensions/D1 为“50mm”，如图 16-6 所示。

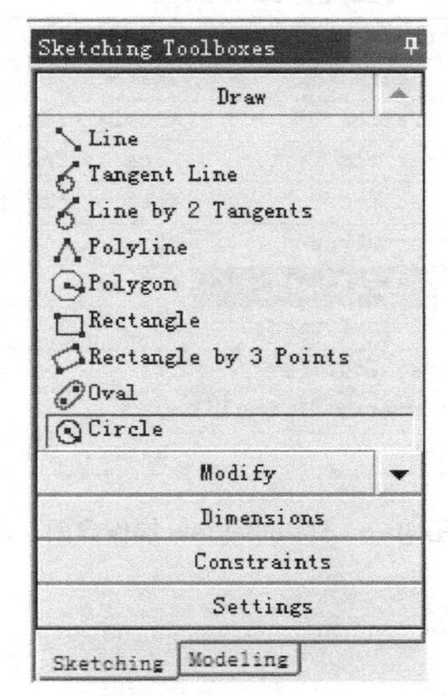

图 16-3　Draw 操作界面

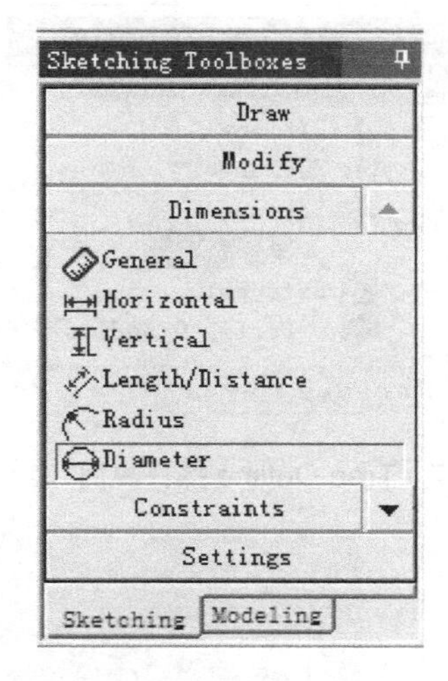

图 16-4　Dimensions 操作界面

（4）将操作界面转至 Modeling，单击工具栏中的 Extrude 按钮或是选择菜单栏 Create →Extrude 选项，Tree Outline 的显示情况变化如图 16-7 所示。在 Details View 操作界面中选择拉伸对象为 Sketch1（在 Tree Outline 单击选择），单击 Apply 按钮；设置对称拉伸，FD1 设为 125mm，如图 16-8 所示；最后单击 Generate 按钮，生成水平管段的空间模型（见图 16-9）。

（5）绘制 Y 轴方向上直径为 50mm 管段的空间模型和 X 方向大体相同，首先在 Modeling 条件下的 Tree Outline 操作界面中选中 ZXPlane，单击 Sketching 进入 Sketching Toolboxes 操作界面。在 Sketching Toolboxes 中选中 Draw→Circle 工具，在绘图区单击坐标

原点，以原点为圆心，向外移动光标，单击鼠标左键，确定成圆；在 Sketching Toolboxes 中选中 Dimensions→Diameter 工具，在绘图区单击圆弧，向圆内侧移动鼠标光标，单击鼠标左键，生成图形如图 16-10 所示；设置圆的直径大小，只需在 Details View 操作界面设置 Dimensions/D1 为 50mm，如图 16-11 所示。

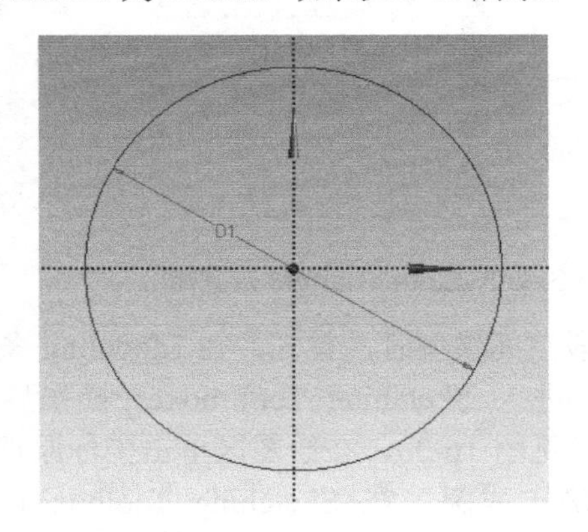

图 16-5　生成结果

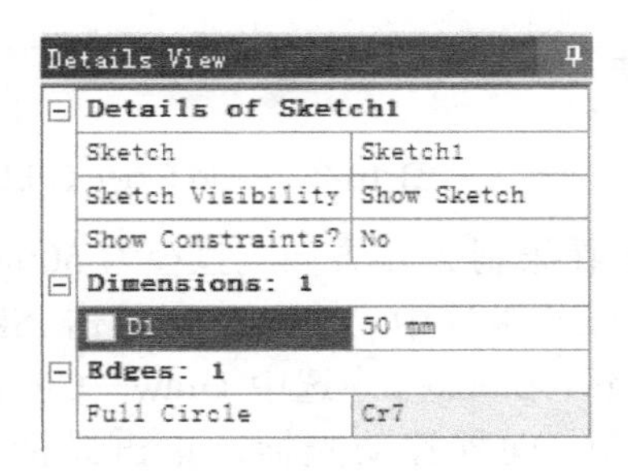

图 16-6　Details View 操作界面（1）

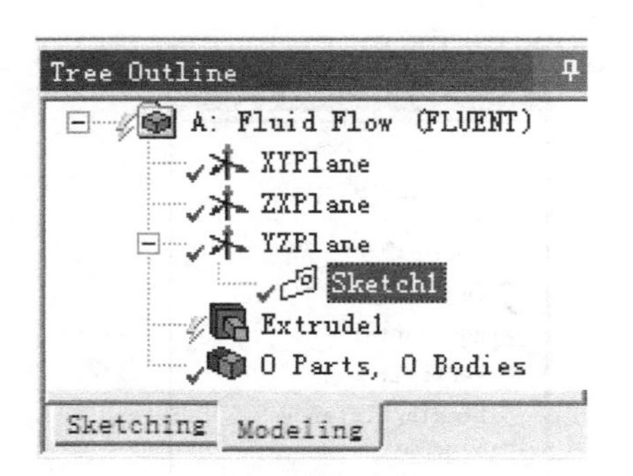

图 16-7　Tree Outline 操作界面（1）

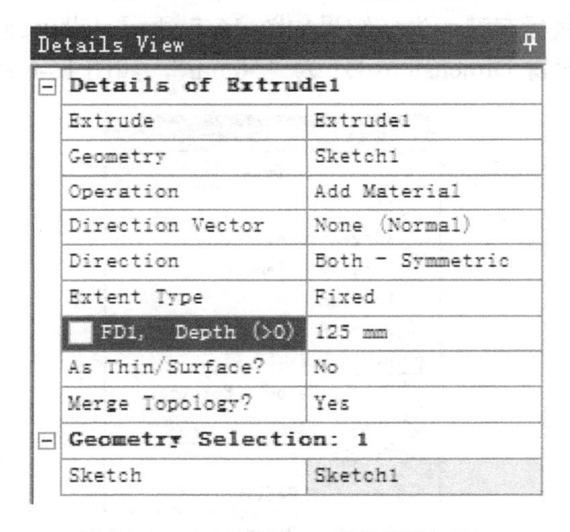

图 16-8　Details View 操作界面（2）

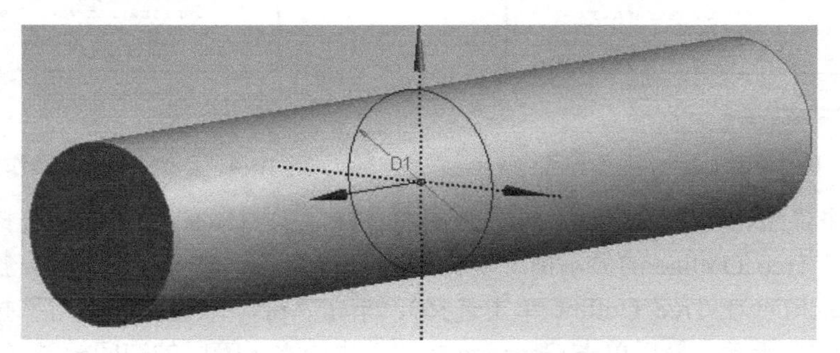

图 16-9　*X* 轴方向上的管段（*D*=50mm）空间模型

（6）将操作界面转至 Modeling，单击工具栏中的 Extrude 按钮或是选择菜单栏 Create→Extrude 选项；在 Details View 操作界面中选择拉伸对象为 Sketch2（在 Tree Outline

单击选择），单击 Apply 按钮；设置拉伸，FD1 为 150mm，如图 16-12 所示；单击 Generate 按钮，生成 *Y* 轴方向上直径为 50mm 的管段空间模型（见图 16-13）。

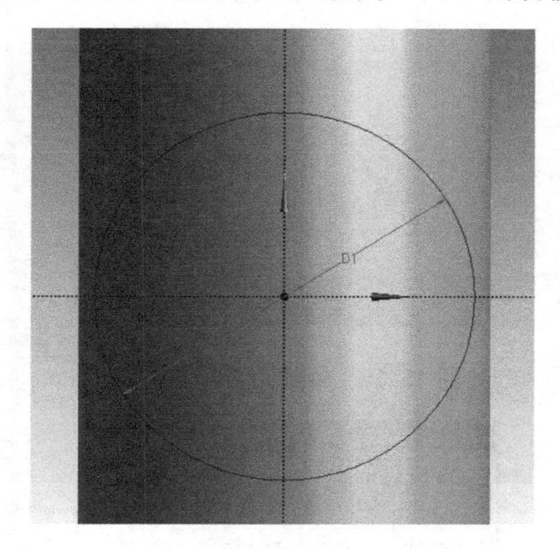

图 16-10　绘制轮廓线并定义直径大小

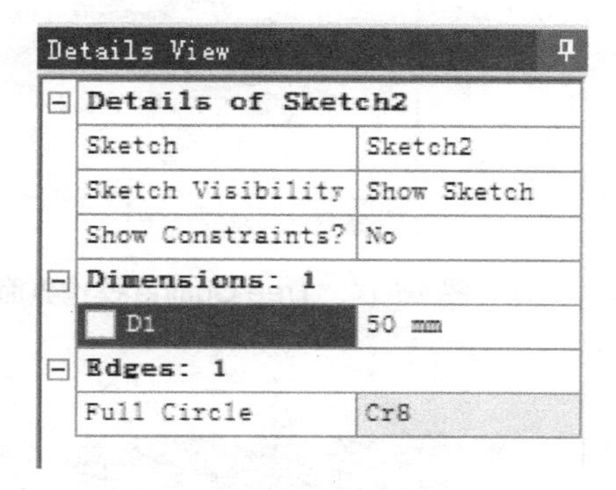

Details View

Details of Sketch2	
Sketch	Sketch2
Sketch Visibility	Show Sketch
Show Constraints?	No
Dimensions: 1	
D1	50 mm
Edges: 1	
Full Circle	Cr8

图 16-11　Details View 操作界面（3）

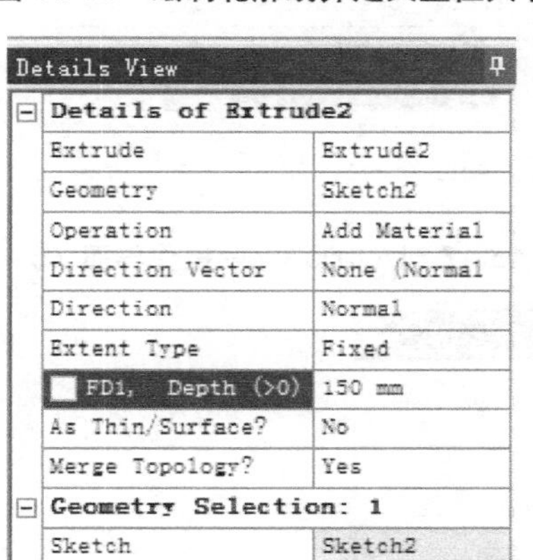

Details View

Details of Extrude2	
Extrude	Extrude2
Geometry	Sketch2
Operation	Add Material
Direction Vector	None (Normal
Direction	Normal
Extent Type	Fixed
FD1, Depth (>0)	150 mm
As Thin/Surface?	No
Merge Topology?	Yes
Geometry Selection: 1	
Sketch	Sketch2

图 16-12　Details View 操作界面（4）

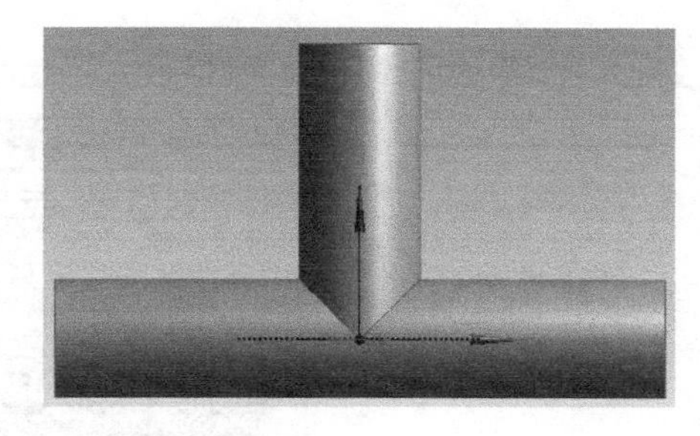

图 16-13　*Y* 轴方向上的管段（*D*=50mm）空间模型

（7）在绘制 *X* 轴方向上直径为 54mm 的管段空间模型时，首先在 Modeling 条件下的 Tree Outline 操作界面中选中 YZPlane，单击工具栏中 按钮，生成一个 Sketch3（见图 16-14），选中 Sketch3，单击 Sketching 进入 Sketching Toolboxes 操作界面；在 Sketching Toolboxes 中选中 Draw→Circle 工具，在绘图区单击坐标原点，以原点为圆心，向外移动光标，单击鼠标左键，确定成圆（见图 16-15）；在 Sketching Toolboxes 中选中 Dimensions→Diameter 工具，在绘图区单击圆弧，向圆内侧移动鼠标光标，单击鼠标左键，生成尺寸标注如图 16-16 所示；设置圆的直径大小，只需在 Details View 的操作界面设置 Dimensions/D2 为 54mm，如图 16-17 所示。

（8）将操作界面转至 Modeling，单击工具栏中的 Extrude 按钮或是选择菜单栏 Create→Extrude 选项；在 Details View 操作界面中选择拉伸对象为 Sketch3（在 Tree Outline 单击选择），单击 Apply 按钮；设置对称拉伸时，Operation 为添加冻结（Add Frozen），FD1 设为 125mm，如图 16-18 所示；最后单击 Generate 按钮，生成 *X* 轴方向上直径为 54mm 的管段空间模型。

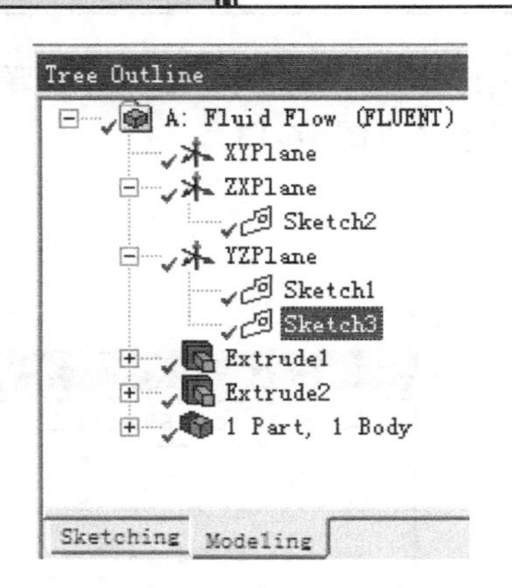

图 16-14　Tree Outline 操作界面（2）

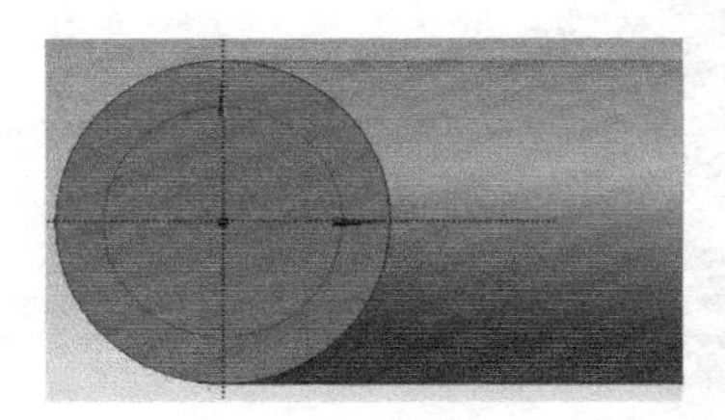

图 16-15　绘制轮廓

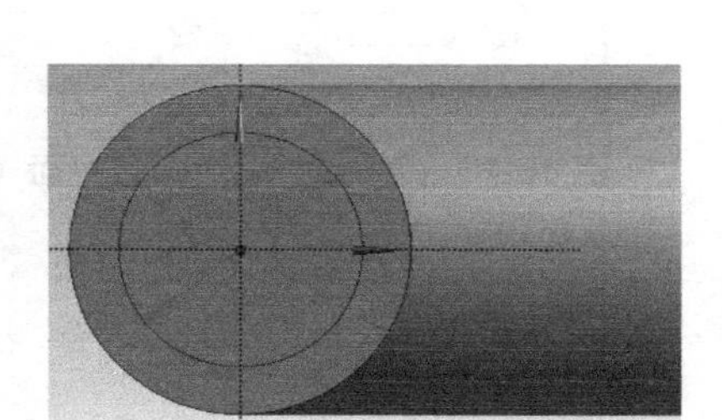

图 16-16　生成尺寸标注

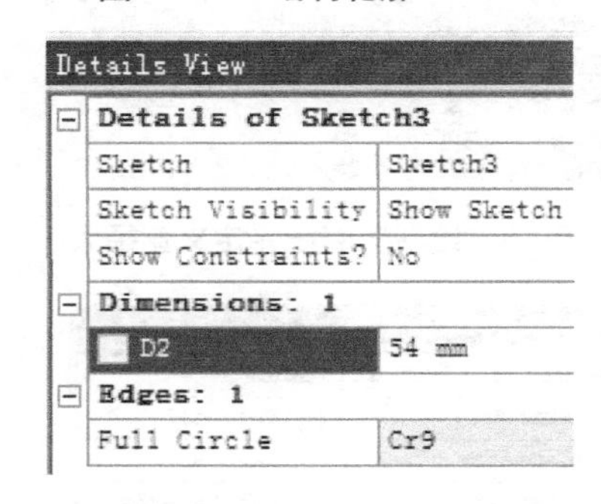

图 16-17　Details View 操作界面（5）

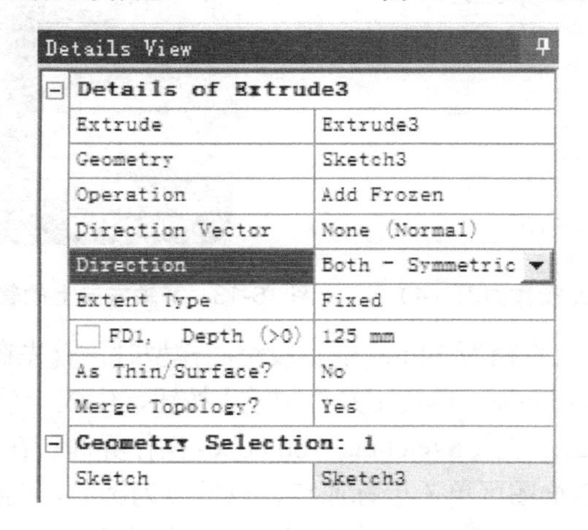

图 16-18　Details View 操作界面（6）

（9）在绘制 *Y* 轴方向上直径为 54mm 的管段空间模型时，首先在 Modeling 条件下的 Tree Outline 操作界面中选中 ZXPlane，单击工具栏中 按钮，生成一个 Sketch4，选中 Sketch4，单击 Sketching 进入 Sketching Toolboxes 操作界面；在 Sketching Toolboxes 中选中 Draw→Circle 工具，在绘图区单击坐标原点，以原点为圆心，向外移动光标，单击鼠标左键，确定成圆；在 Sketching Toolboxes 中选中 Dimensions→Diameter 工具，在绘图区单击圆弧，向圆内侧移动鼠标光标，单击鼠标左键，生成图形如图 16-19 所示；设置圆的直径大小，只需在 Details View 操作界面设置 Dimensions/D2 为 54mm，如图 16-20 所示。

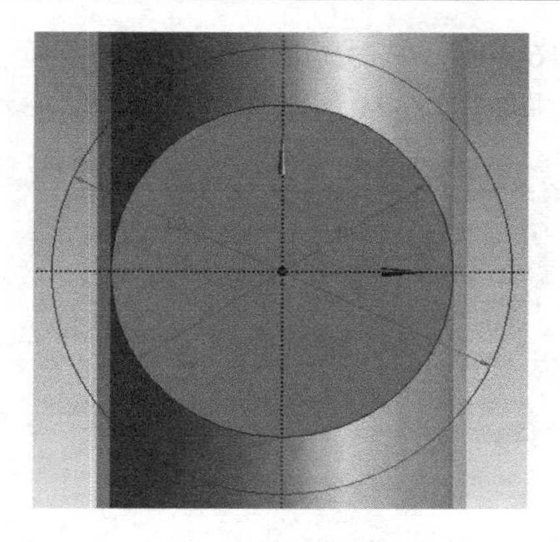

图 16-19　绘制轮廓线并定义直径大小

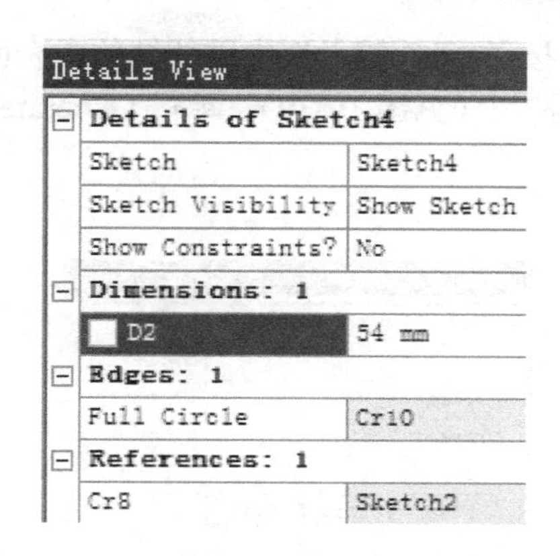

Details View

Details of Sketch4	
Sketch	Sketch4
Sketch Visibility	Show Sketch
Show Constraints?	No
Dimensions: 1	
D2	54 mm
Edges: 1	
Full Circle	Cr10
References: 1	
Cr8	Sketch2

图 16-20　Details View 操作界面（7）

（10）将操作界面转至 Modeling，单击工具栏中的 Extrude 按钮或是选择菜单栏 Create→Extrude 选项；在 Details View 操作界面中选择拉伸对象为 Sketch4（在 Tree Outline 单击选择），单击 Apply 按钮；设置拉伸时，Operation 为添加冻结（Add Frozen），FD1 设为“150mm”，如图 16-21 所示；最后单击 Generate 按钮，生成 *X* 轴方向上直径为 54mm 的管段空间模型。

（11）选择菜单栏中 Create→Boolean（见图 16-22）生成一个布尔函数；设置 Boolean1 的 Details View，如图 16-23 所示，其中 Operation 选项设为 Unite，在 Tree outline 中选中 2 个冻结的 Bodies，单击 Apply 按钮，单击 Generate 按钮。

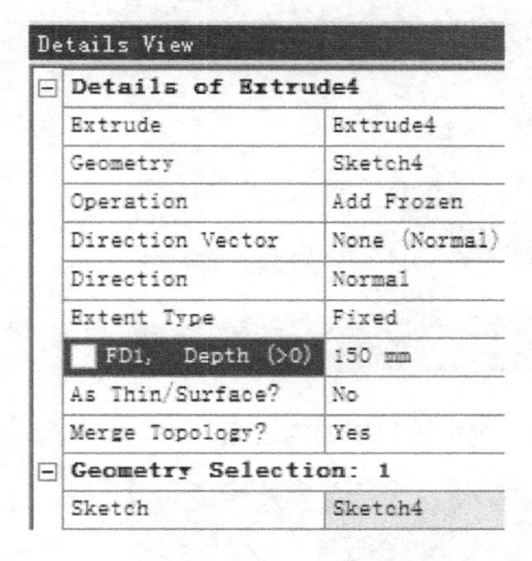

Details View

Details of Extrude4	
Extrude	Extrude4
Geometry	Sketch4
Operation	Add Frozen
Direction Vector	None (Normal)
Direction	Normal
Extent Type	Fixed
FD1, Depth (>0)	150 mm
As Thin/Surface?	No
Merge Topology?	Yes
Geometry Selection: 1	
Sketch	Sketch4

图 16-21　Details View 操作界面（8）

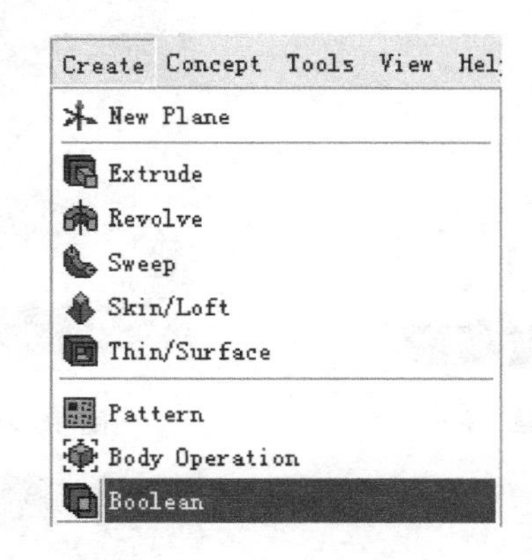

图 16-22　Create 下拉菜单

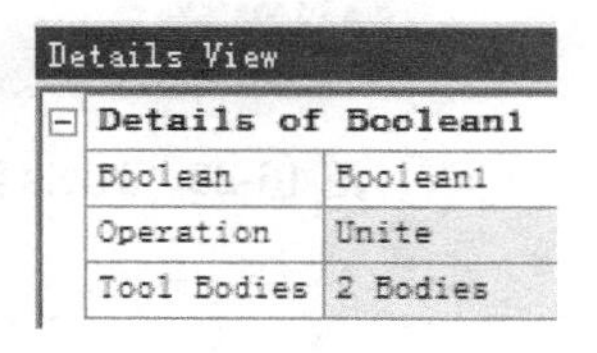

Details View

Details of Boolean1	
Boolean	Boolean1
Operation	Unite
Tool Bodies	2 Bodies

图 16-23　Details View 操作界面（9）

（12）选择菜单栏中 Create→Boolean 生成一个布尔函数，设置 Boolean2 的 Details View（见图 16-24），其中 Operation 选项设为 Subtract，Target Bodies 是 *D*=54mm 的空间模型，Tool Bodies 是 *D*=50mm 的空间模型，单击 Apply 按钮，单击 Generate 按钮，显示结果如图 16-25 所示。

（13）选择菜单栏中 Tools→Unfreeze（见图 16-26）；设置 Unfreeze1 的 Details View 操作界面（见图 16-27），选中 Tree Outline 操作界面中的几何体 Solid，依次单击 Apply、Generate 按钮。

（14）选择菜单栏中 Tools→Fill（见图 16-28），在 Tree Outline 操作界面中生成一个

Fill1；按住 Ctrl 键，选中固体域的内表面（见图 16-29），在 Details View 操作界面上单击 Apply 按钮（见图 16-30）；单击 Generate 按钮，结果如图 16-31 所示。

Details View

Details of Boolean2	
Boolean	Boolean2
Operation	Subtract
Target Bodies	1 Body
Tool Bodies	1 Body
Preserve Tool Bodies?	No

图 16-24　Details View 操作界面（10）

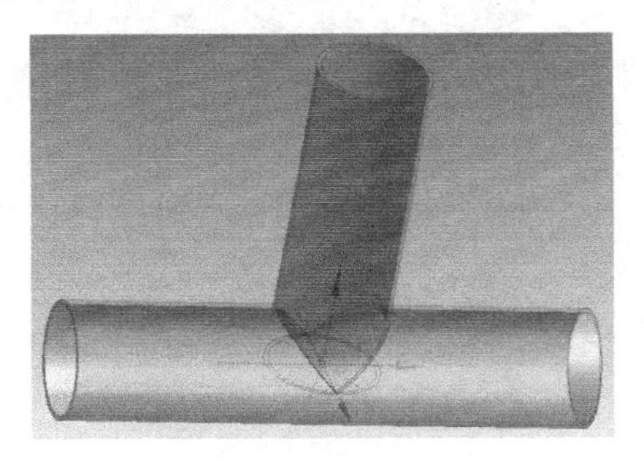

图 16-25　显示结果

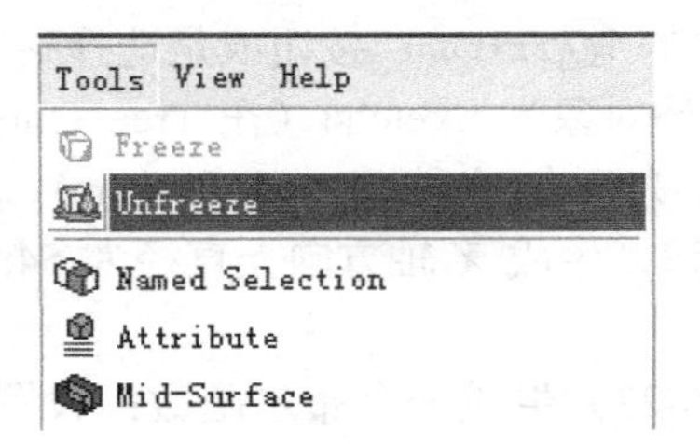

图 16-26　Tools 菜单（1）

Details View

Details of Unfreeze1	
Unfreeze Feature	Unfreeze1
Bodies	1
Freeze Others?	No

图 16-27　Details View 操作界面（11）

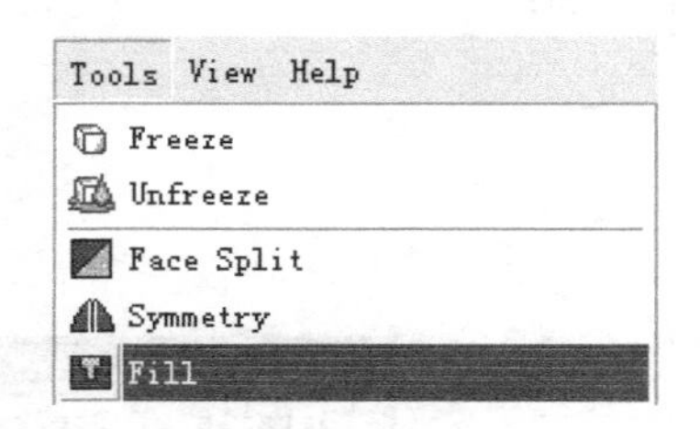

图 16-28　Tools 菜单（2）

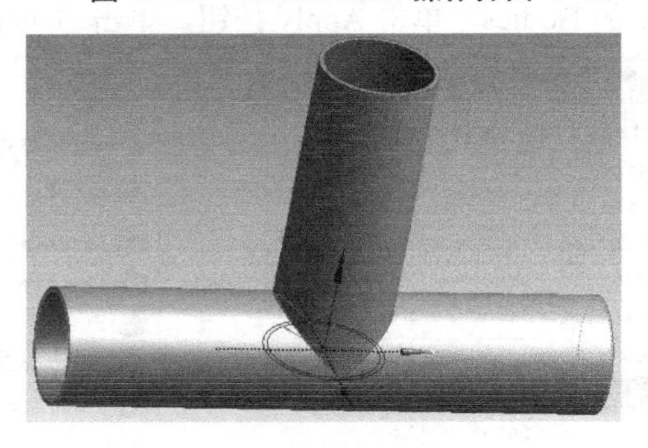

图 16-29　选中固体域的内表面

Details View

Details of Fill1	
Fill	Fill1
Extraction Type	By Cavity
Faces	2

图 16-30　Details View 操作界面（12）

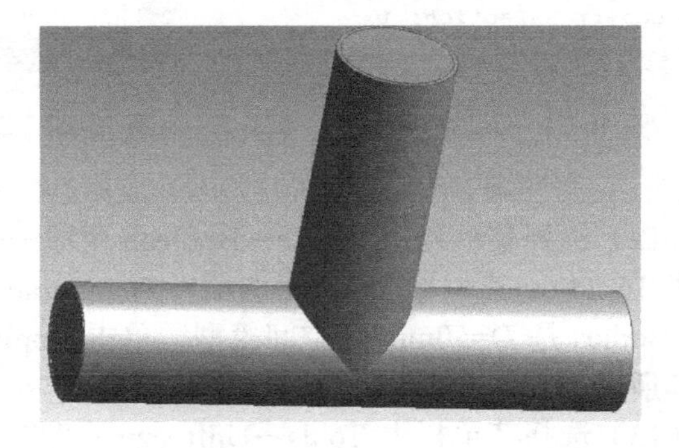

图 16-31　Fill 结果

（15）为流体域更名，在 Tree Outline 操作界面单击代表流体域的 Solid，单击右键选择选择 Rename，输入名称“Fluid”。

（16）选择菜单栏中 Tools→Symmetry（见图 16-32），在 Tree Outline 操作界面中生成一个 Symmetry1；在 Tree Outline 操作界面上单击 XYPlane 按钮，在 Details View 的操作界面上（见图 16-33）单击 Apply 按钮，单击 Generate 按钮，结果如图 16-34 所示。

（17）命名进口 1。如图 16-35 所示，单击选中流体域支管处的半圆面，单击右键选择 Named Selection；在 Details View 操作界面中（见图 16-36）单击 Apply 按钮，单击 Generate 按钮；选中 NameSel1，单击右键选择 Rename，输入“inlet1”（见图 16-37）。

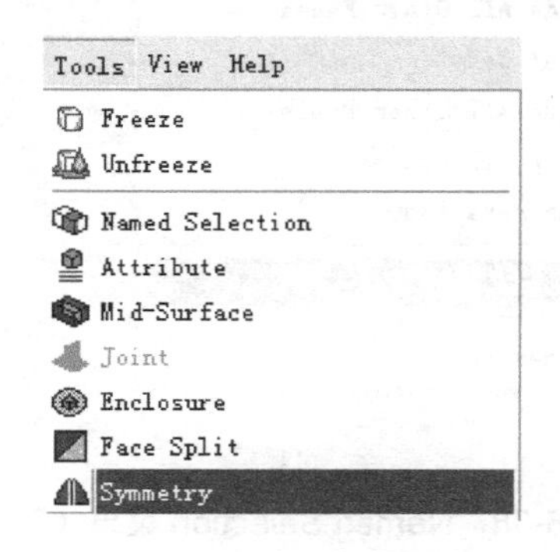

图 16-32　Tools 菜单（3）

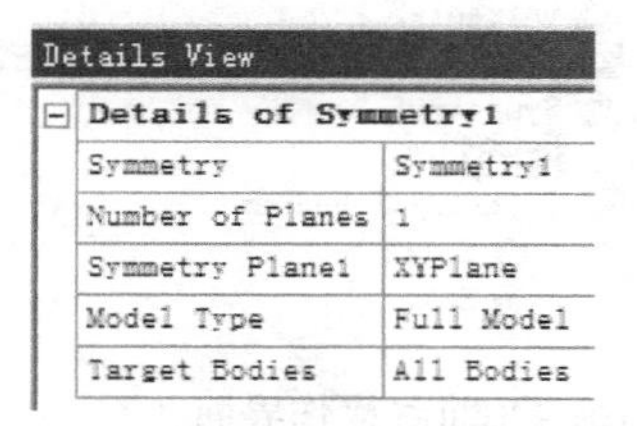
Details View

Details of Symmetry1	
Symmetry	Symmetry1
Number of Planes	1
Symmetry Plane1	XYPlane
Model Type	Full Model
Target Bodies	All Bodies

图 16-33　Details View 操作界面（13）

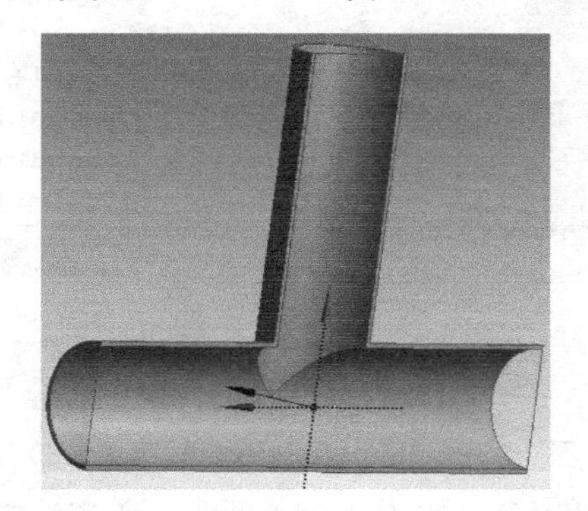

图 16-34　Symmetry 对称设置结果

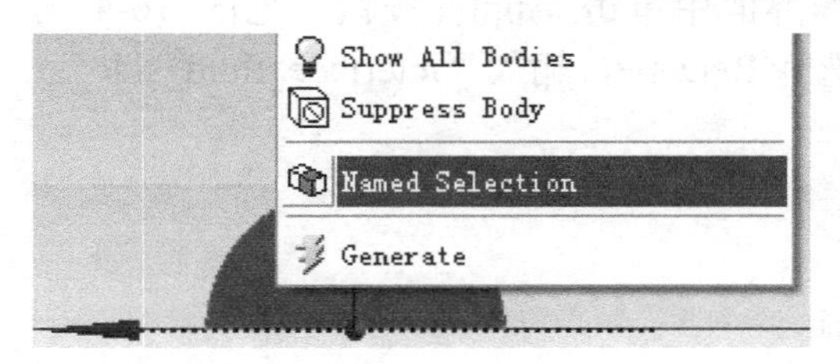

图 16-35　Named Selection 菜单（1）

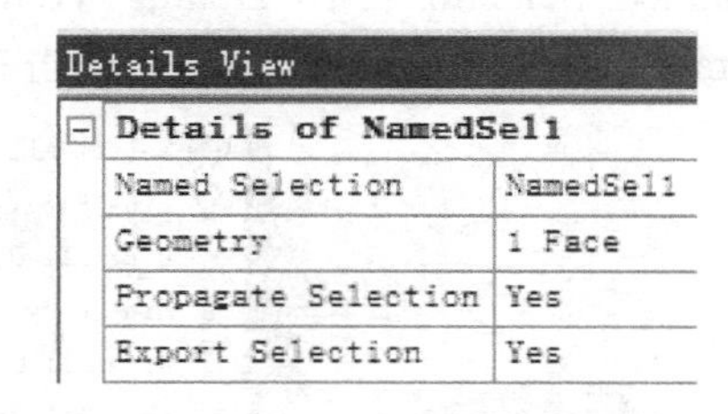
Details View

Details of NamedSel1	
Named Selection	NamedSel1
Geometry	1 Face
Propagate Selection	Yes
Export Selection	Yes

图 16-36　Details View 操作界面（14）

（18）命名进口 2。如图 16-38 所示，单击选中流体域主流域 X 轴负半轴处的半圆面，单击右键选择 Named Selection；在 Details View 操作界面中单击 Apply 按钮，单击 Generate 按钮；选中 NameSel2，单击右键选择 Rename，输入“inlet2”。

（19）命名出口。如图 16-39 所示，单击选中流体域出口方向的半圆面，单击右键选择 Named Selection；在 Details View 操作界面中单击 Apply 按钮，单击 Generate 按钮；选中 NameSel3，单击右键选择 Rename，输入“Outlet”。

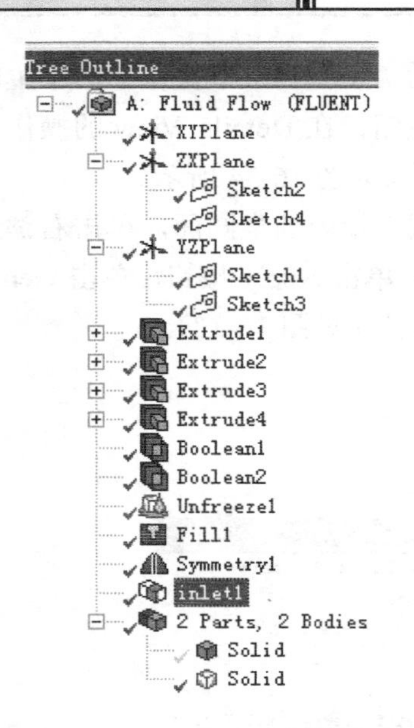

图 16-37　Tree Outline 操作界面（3）

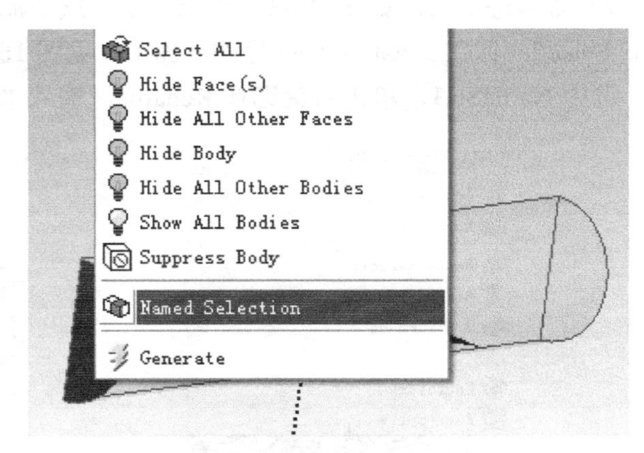

图 16-38　Named Selection 菜单（2）

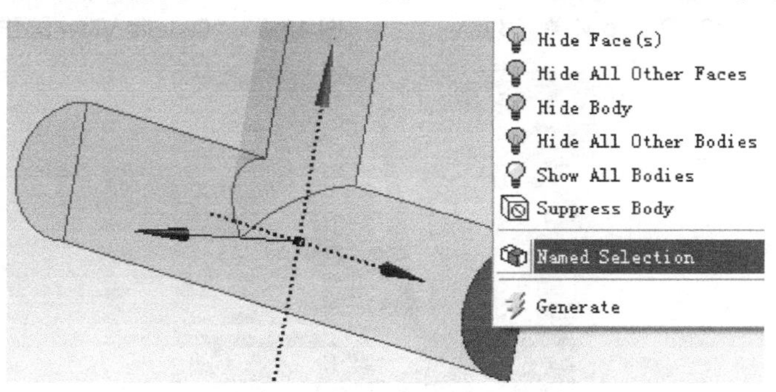

图 16-39　Named Selection 菜单（3）

（20）命名 interface_fluid_side。如图 16-40 所示，单击选中流体域对称面，单击右键选择 Named Selection；在 Details View 操作界面中单击 Apply 按钮（见图 16-41），单击 Generate 按钮；选中 NameSel4，单击右键选择 Rename，输入“interface_fluid_side”。

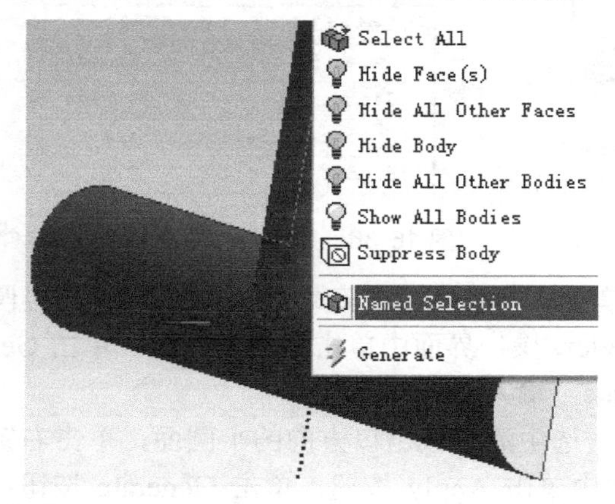

图 16-40　Named Selection 菜单（4）

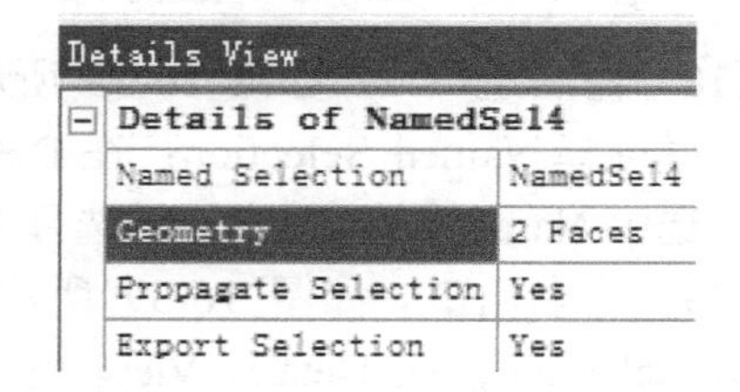

Details of NamedSel4	
Named Selection	NamedSel4
Geometry	2 Faces
Propagate Selection	Yes
Export Selection	Yes

图 16-41　Details View 操作界面（15）

（21）命名流体域对称面。如图 16-42 所示，单击选中流体域对称面，单击右键选择 Named Selection；在 Details View 操作界面中单击 Apply 按钮，单击 Generate 按钮；选中 NameSel5，单击右键选择 Rename，输入“symmetry_fluid”。

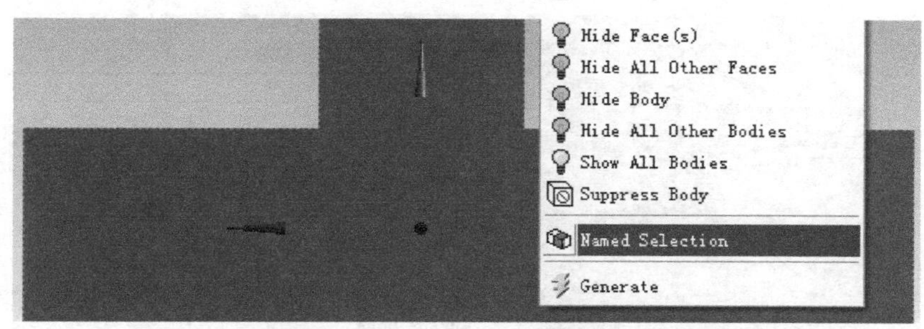

图 16-42　Named Selection 菜单（5）

（22）对固体域上的面进行命名。如图 16-43 所示，单击选中固体域内壁面，单击右键 Named Selection；在 Details View 操作界面中单击 Apply 按钮，单击 Generate 按钮；选中 NameSel6，单击右键选择 Rename，输入“interface_solid_side”。

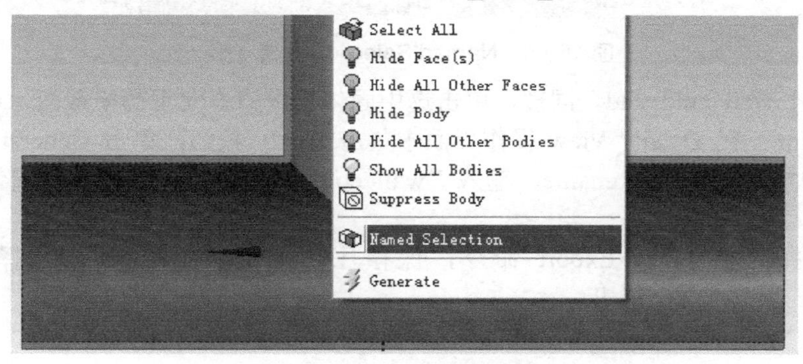

图 16-43　Named Selection 菜单（6）

（23）命名固体域对称面。如图 16-44 所示，单击选中固体域对称截面，单击右键选择 Named Selection；在 Details View 操作界面中单击 Apply 按钮（见图 16-45），单击 Generate 按钮；选中 NameSel7，单击右键选择 Rename，输入“symmetry_solid”。

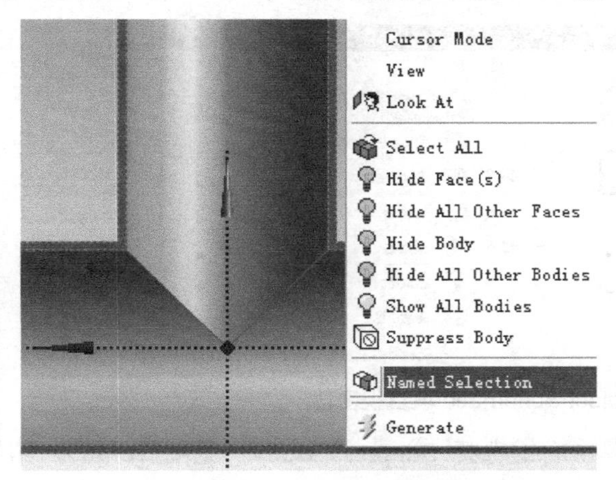

图 16-44　Named Selection 菜单（7）

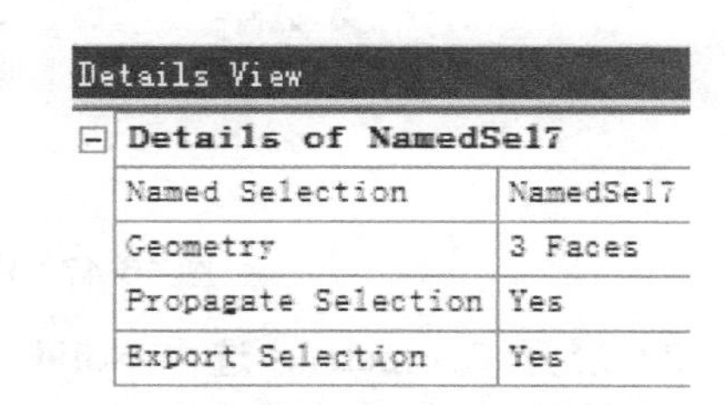

图 16-45　Details View 操作界面（16）

（24）命名 wall_hot_end。如图 16-46 所示，单击选中固体域支管上的横截面，单击右键选择 Named Selection；在 Details View 操作界面中单击 Apply 按钮，单击 Generate 按钮；选中 NameSel8，单击右键选择 Rename，输入“wall_hot_end”。

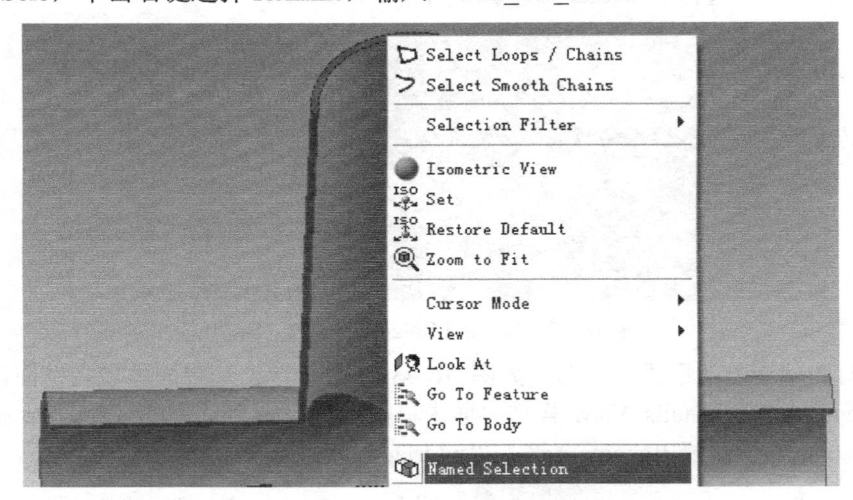

图 16-46　Named Selection 菜单（8）

（25）命名 wall_cold_end。同理，单击选中固体域进口方向上的横截面，单击右键选择 Named Selection；在 Details View 操作界面中单击 Apply 按钮，单击 Generate 按钮；选中 NameSel9，单击右键选择 Rename，输入“wall_cold_end”，并将流体域和固体域均设置为可视状态。

（26）选择菜单 File→Export 命令，保存几何文件 EX16.agdb；选择 File→Close DesignModeler 命令，安全退出。

16.3　网格划分

（1）在 Workbench 的项目视图区 Project Schematic，双击 A 工程的 Mesh（见图 16-47），进入网格划分的操作界面。

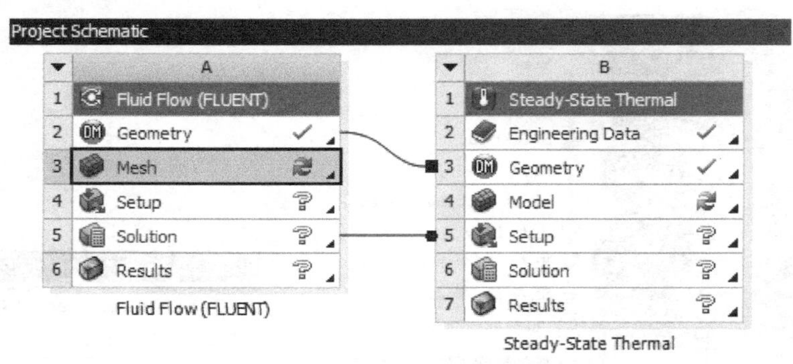

图 16-47　Project Schematic 项目视图区

（2）展开 Geometry，选中 Solid，单击右键选择 Suppress Body（见图 16-48），结果如图 16-49 所示。

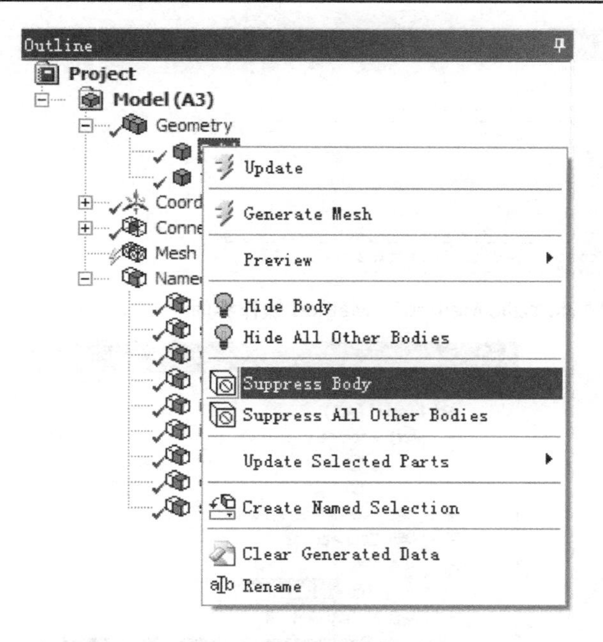

图 16-48　抑制固体域

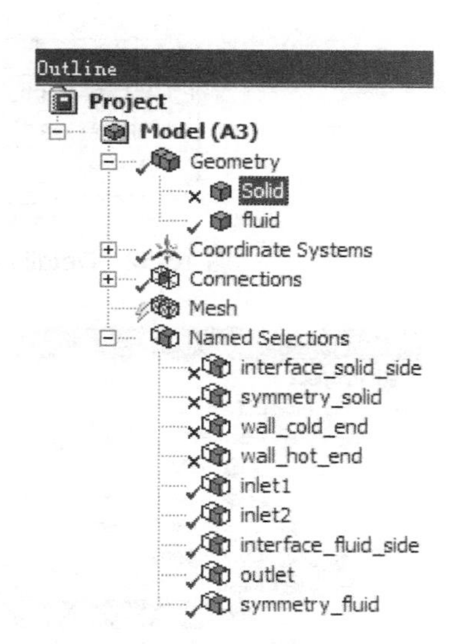

图 16-49　Outline 操作界面（1）

（3）在 Outline 操作界面中，右击 Mesh，选择其下的 Insert→Method（见图 16-50），在图像显示区域单击几何体，选中该几何体的体积（见图 16-51）；在 Outline 下方出现的 Details of “Automatic Method”-Method 操作界面（见图 16-52）中设置参数条件，此时在 Outline 中显示的结果如图 16-53 所示；在 Tree Outline 中选中 Automatic Method，单击右键，选择 Inflate This Method（见图 16-54），在图像显示区域，按住 Ctrl 键，单击选取几何体的壁面（见图 16-55），在 Outline 下方出现的 Details of“Inflation”-Inflation 操作界面中单击 Apply 按钮（见图 16-56），并设置第一层边界厚度为 0.0002m。

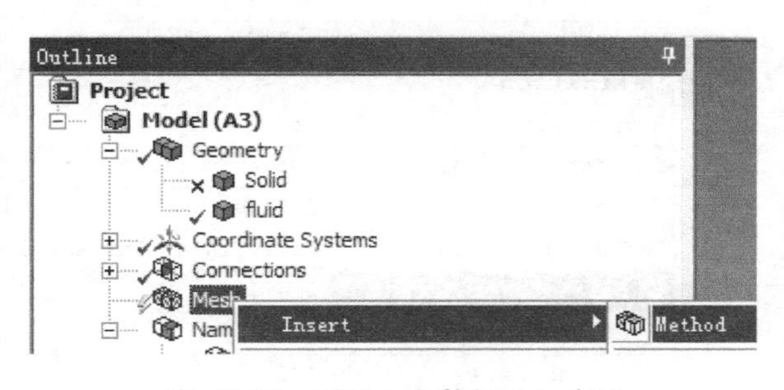

图 16-50　添加（网格划分）方法

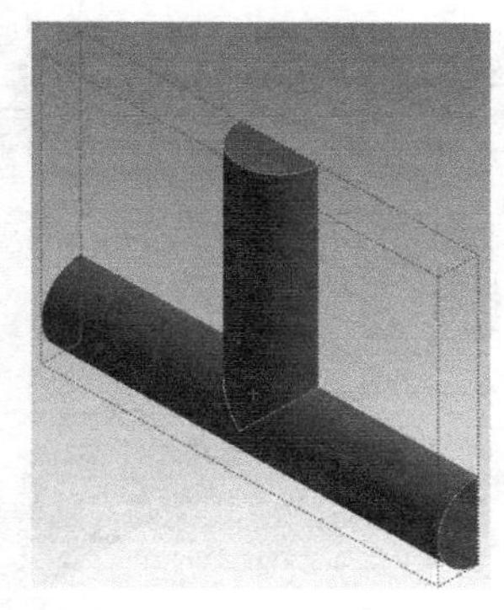

图 16-51　选取几何体

（4）在 Outline 的操作界面上，单击 Mesh 按钮，在 Outline 下方的 Details of “Mesh” 操作界面中设置参数，如图 16-57 所示，单击 Generate Mesh 按钮；流体域划分网格如图 16-58 所示。

（5）展开 Geometry，选中 Solid，单击右键选择 Unsuppress Body；选中 fuild，单击右键选择 Suppress Body，抑制流体域；在 Outline 下方出现的 Details of “Mesh” 操作界面中设置参数如图 16-59 所示，单击 Generate Mesh 按钮；固体域网格划分结果如图 16-60 所示。

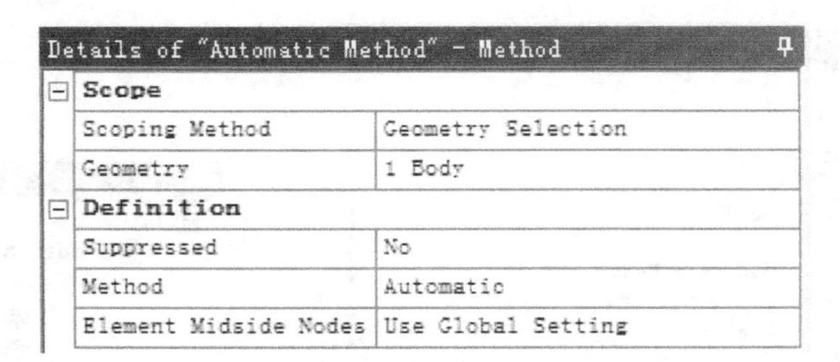

图 16-52　Details of“Automatic Method”-Method 操作界面

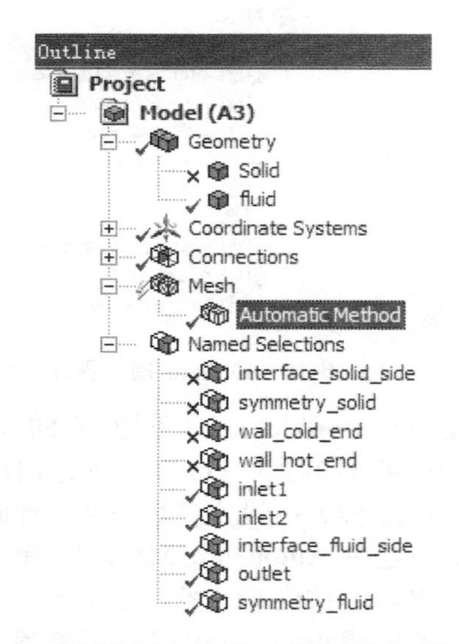

图 16-53　Outline 操作界面（2）

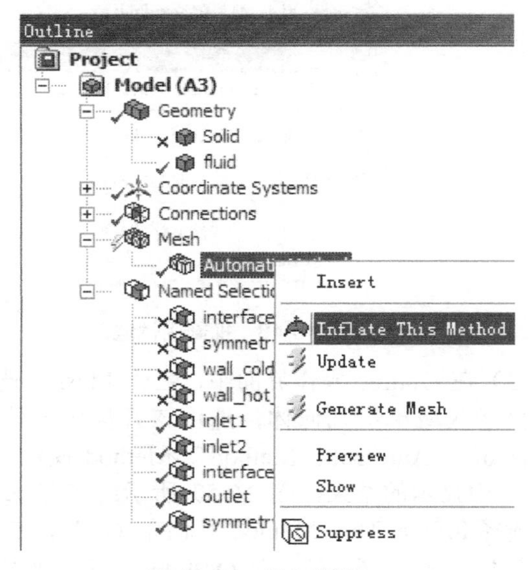

图 16-54　添加膨胀

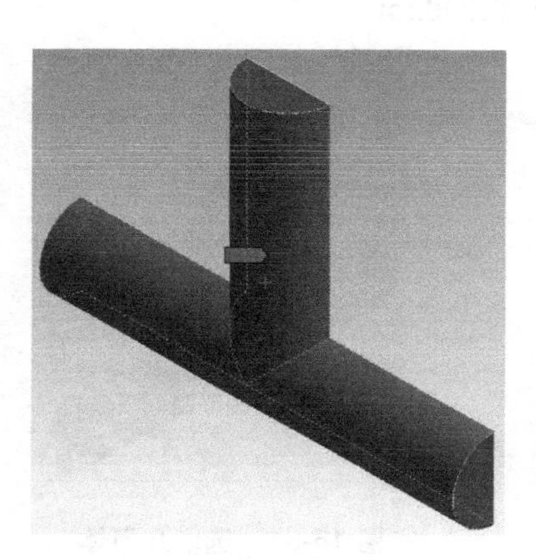

图 16-55　选取几何体壁面

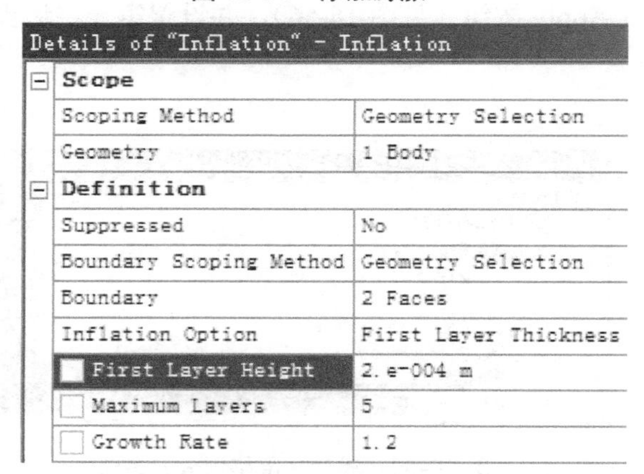

图 16-56　Details of“Inflation”-Inflation 操作界面

（6）展开 Geometry，选中 fuild，单击右键选择 Unsuppress Body；在 Outline 中选中 Mesh，单击 Generate Mesh 按钮，结果如图 16-61 所示；退出 Mesh 网格划分窗口，并在 Workbench 的项目视图区 Project Schematic 选中 Mesh，单击鼠标右键，选择 Update，如图 16-62 所示。

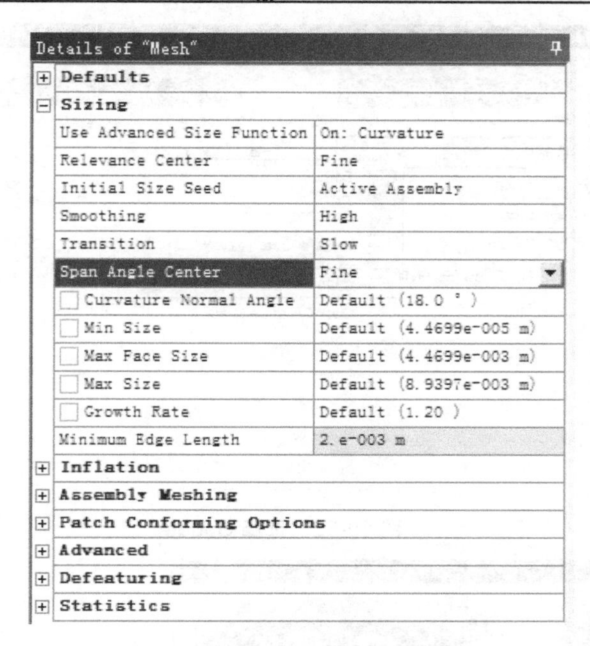

Details of "Mesh"

Details of "Mesh"	
⊞ Defaults	
⊟ Sizing	
Use Advanced Size Function	On: Curvature
Relevance Center	Fine
Initial Size Seed	Active Assembly
Smoothing	High
Transition	Slow
Span Angle Center	Fine
Curvature Normal Angle	Default (18.0 °)
Min Size	Default (4.4699e-005 m)
Max Face Size	Default (4.4699e-003 m)
Max Size	Default (8.9397e-003 m)
Growth Rate	Default (1.20)
Minimum Edge Length	2.e-003 m
⊞ Inflation	
⊞ Assembly Meshing	
⊞ Patch Conforming Options	
⊞ Advanced	
⊞ Defeaturing	
⊞ Statistics	

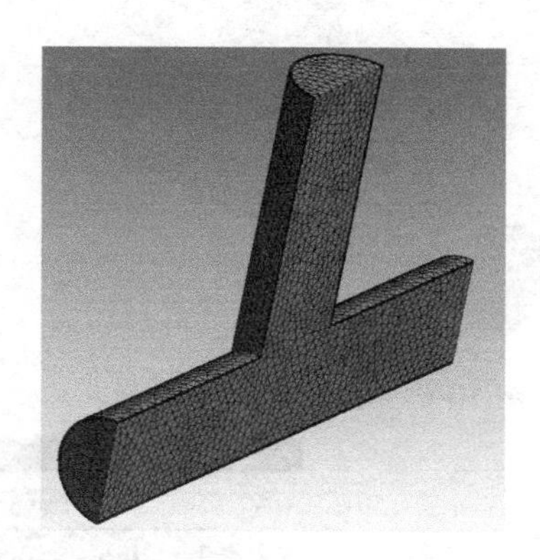

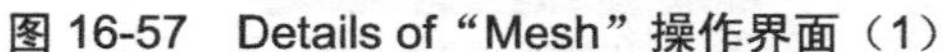

图 16-57　Details of “Mesh” 操作界面（1）

图 16-58　流体域网格划分结果

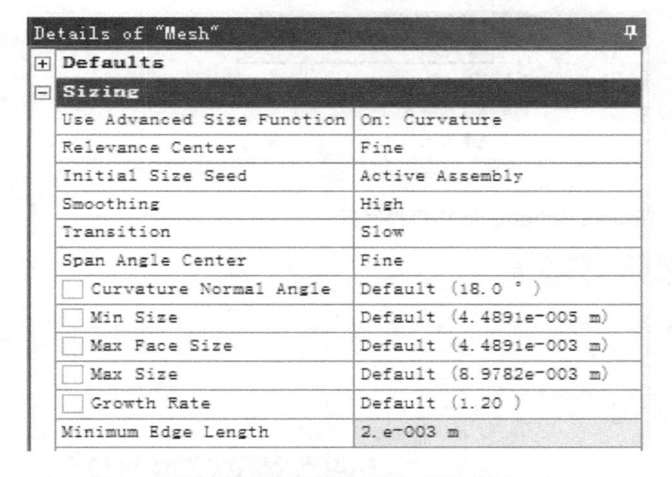

Details of "Mesh"	
⊞ Defaults	
⊟ Sizing	
Use Advanced Size Function	On: Curvature
Relevance Center	Fine
Initial Size Seed	Active Assembly
Smoothing	High
Transition	Slow
Span Angle Center	Fine
Curvature Normal Angle	Default (18.0 °)
Min Size	Default (4.4891e-005 m)
Max Face Size	Default (4.4891e-003 m)
Max Size	Default (8.9782e-003 m)
Growth Rate	Default (1.20)
Minimum Edge Length	2.e-003 m

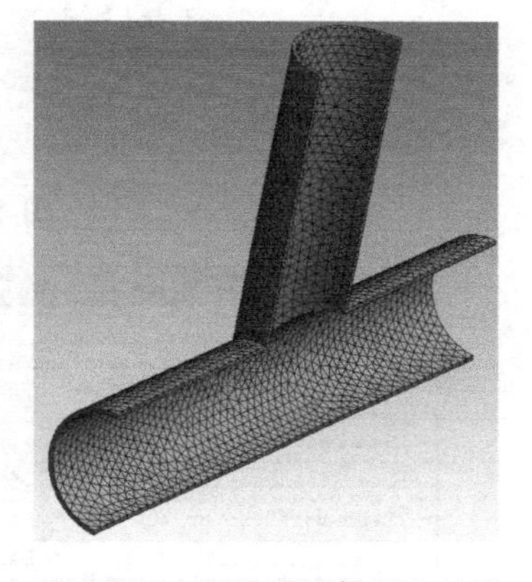

图 16-59　Details of “Mesh” 操作界面（2）

图 16-60　固体域网格划分结果

（7）选择菜单 File→Export，保存网格文件 EX16-fluid.msh；单击 File→Close Meshing，安全退出；在 Workbench 的项目视图区 Project Schematic 选中 Mesh，单击鼠标右键，选择 Update，更新网格信息。

（8）在 Workbench 的项目视图区 Project Schematic，双击 Steady-State Thermal 中的 Model（见图 16-63），进入网格划分的操作界面。

（9）展开 Geometry，选中 fluid，单击右键选择 Suppress Body。

（10）在 Outline 的操作界面上，单击 Mesh 按钮，在 Outline 下方出现的 Details of “Mesh” 操作界面（见图 16-64）中设置参数，右键单击 Mesh，在展开菜单中选择 Generate Mesh 钮，网格划分完成后如图 16-65 所示。

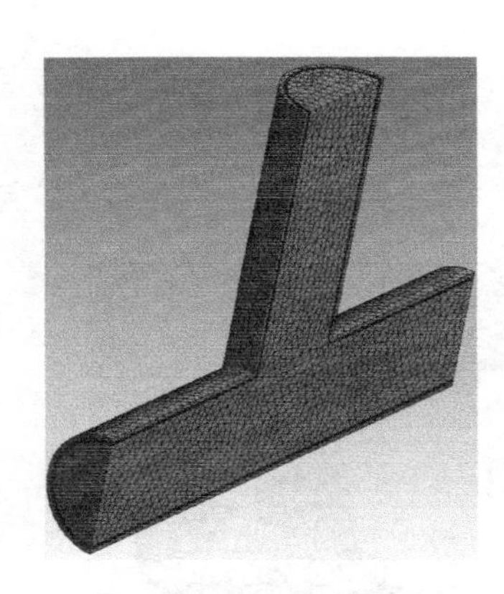

图 16-61　网格划分结果

图 16-62　选择 Update

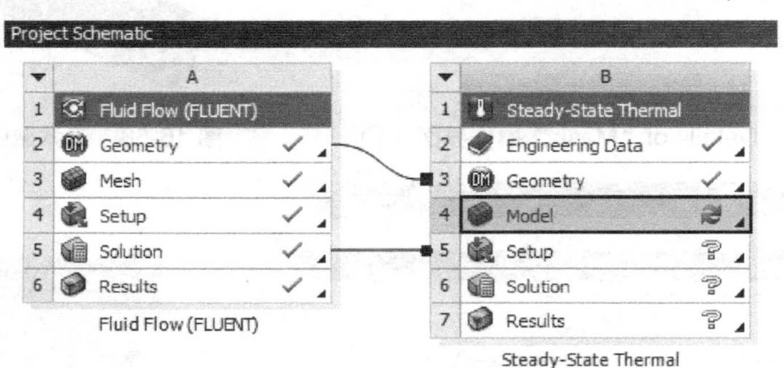

图 16-63　Project Schematic 项目视图区

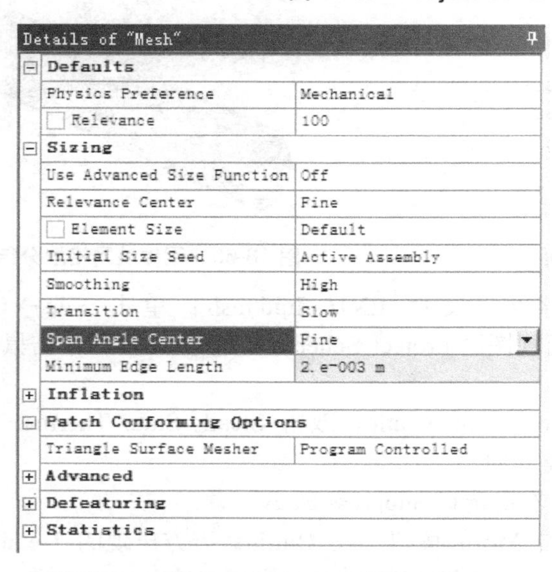

Details of "Mesh"

Defaults	
Physics Preference	Mechanical
Relevance	100
Sizing	
Use Advanced Size Function	Off
Relevance Center	Fine
Element Size	Default
Initial Size Seed	Active Assembly
Smoothing	High
Transition	Slow
Span Angle Center	Fine
Minimum Edge Length	2. e-003 m
Inflation	
Patch Conforming Options	
Triangle Surface Mesher	Program Controlled
Advanced	
Defeaturing	
Statistics	

图 16-64　Details of "Mesh" 操作界面（3）

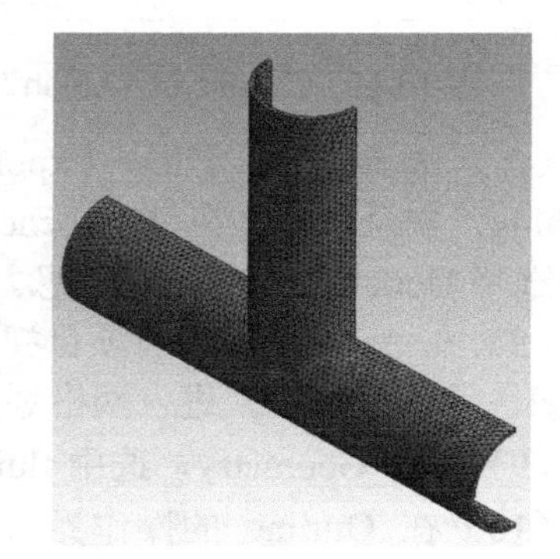

图 16-65　网格划分结果

（11）选择菜单 File→Export，保存网格文件 EX16-solid.msh。

16.4 模型计算设置

（1）在 Workbench 17.0 的项目视图区 Project Schematic 的 A 工程中，双击 Setup，出现“FLUENT Launcher”的对话框，单击 OK 按钮，进入模型计算设置的操作界面。

（2）进行 General 设置，进入 FLUENT 操作界面后，单击 General→Mesh→Scale…，出现“Scale Mesh”的对话框，查看几何尺寸，单击 Close 按钮、Check 网格，待网格合格后，单击 Units 按钮，将温度单位设置为“c”（摄氏度），如图 16-66 所示，单击 Close 按钮。

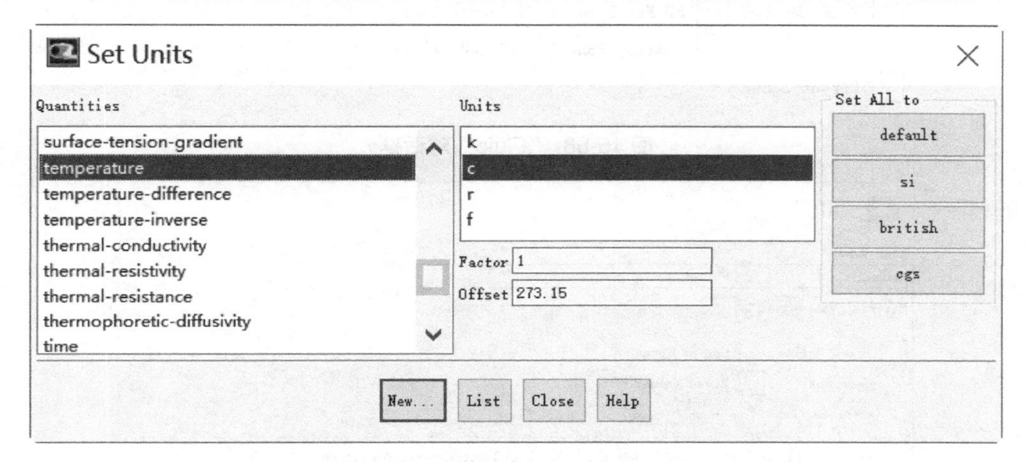

图 16-66 “Set Units”对话框

（3）单击 Models 按钮，选中并打开能量方程，如图 16-67 所示。

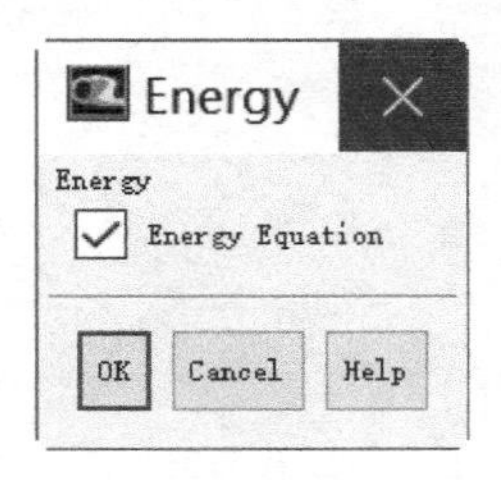

图 16-67 设置能量方程

（4）双击 Viscous-Laminar，出现“Viscous Model”对话框，在该对话框中选中标准 k-ε 模型，单击 Close 按钮。

（5）单击 Materials 按钮，选中 Fluid，单击 Edit 按钮，弹出“Creat/Edit Material”对话框，单击 FLUENT Database 按钮，出现“FLUENT Database Materials”对话框，在该对话框中选中 water-liquid（h2o<1>），单击 Copy 按钮，单击 Close 按钮。

（6）同理，单击 Materials 按钮，选中 Solid，单击 Edit 按钮，弹出“Creat/Edit Material”对话框，单击 FLUENT Database 按钮，出现“FLUENT Database Materials”对话框，在该对话框中选中材料类型为 solid，材料为 steel，单击 Copy 按钮，单击 Close 按钮。

（7）单击 Cell Zone Conditions 按钮，选中 fluid，单击 Edit 按钮，弹出“Fluid”对话框

（见图16-68），在 Material Name 处单击向下箭头，选中 water-liquid 选项，单击 OK 按钮。

（8）单击 Cell Zone Conditions 按钮，选中 solid，单击 Edit 按钮，弹出“Solid”对话框（见图16-69），Material Name 处单击向下箭头，选中 steel 选项，单击 OK 按钮。

Fluid
Zone Name
fluid
Material Name water-liquid Edit...
Frame Motion 3D Fan Zone Source Terms
Mesh Motion Laminar Zone Fixed Values
Porous Zone

图 16-68 “Fluid”对话框

图 16-69 “Solid”对话框

（9）单击 Boundary Conditions 按钮，选中 inlet1，单击 Edit 或双击 inlet，弹出“Velocity inlet”对话框，设置进口速度为 2m/s，Turbulent Intensity 为 10%，水力直径 Hydraulic Diameter 为“0.05”（见图16-70）；温度值设为“80”（见图16-71），单击 OK 按钮。

（10）选中 inlet2，单击 Edit 按钮或双击 inlet，弹出“Velocity inlet”对话框，设置进口速度为 2m/s，Turbulent Intensity 为 10%，水力直径 Hydraulic Diameter 为 0.05（见图16-72）；温度值设为“20”（见图16-73），单击 OK 按钮。

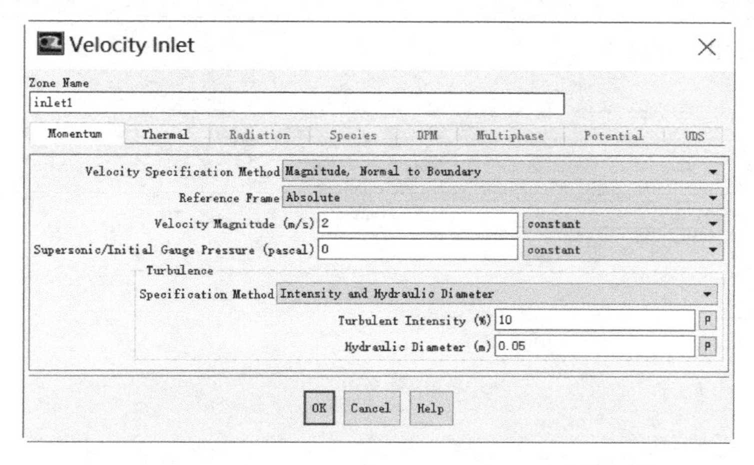

图 16-70 “Velocity inlet”对话框（Momentum 选项设置）

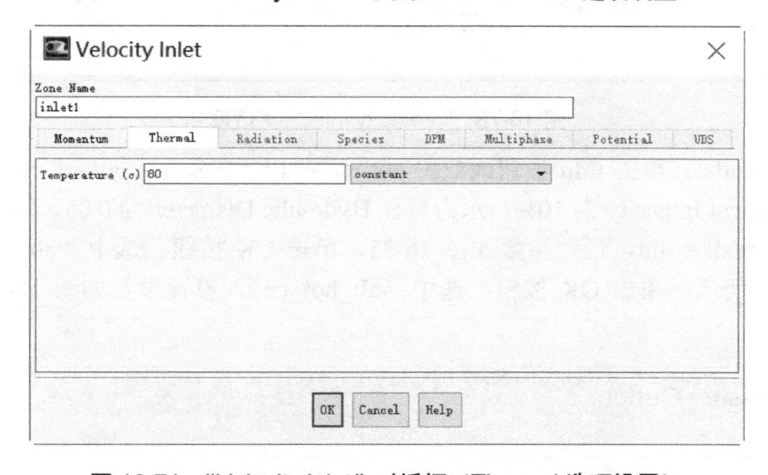

图 16-71 “Velocity inlet”对话框（Thermal 选项设置）

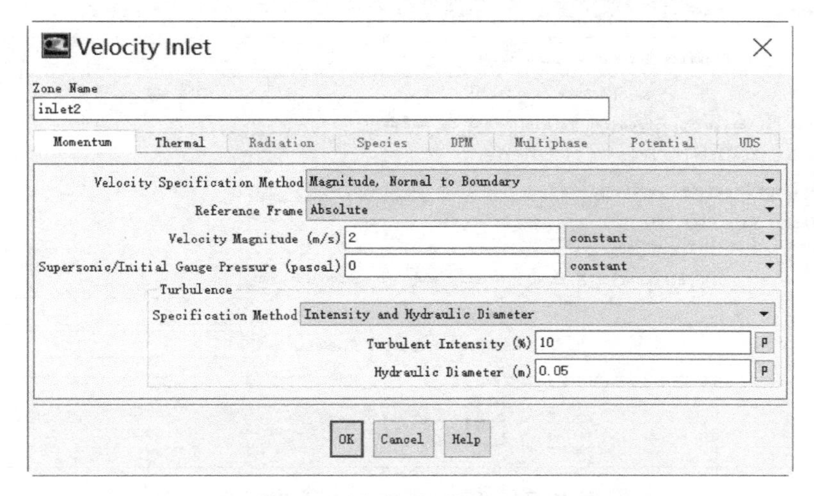

图 16-72 “Velocity inlet”对话框（Momenton 选项设置）

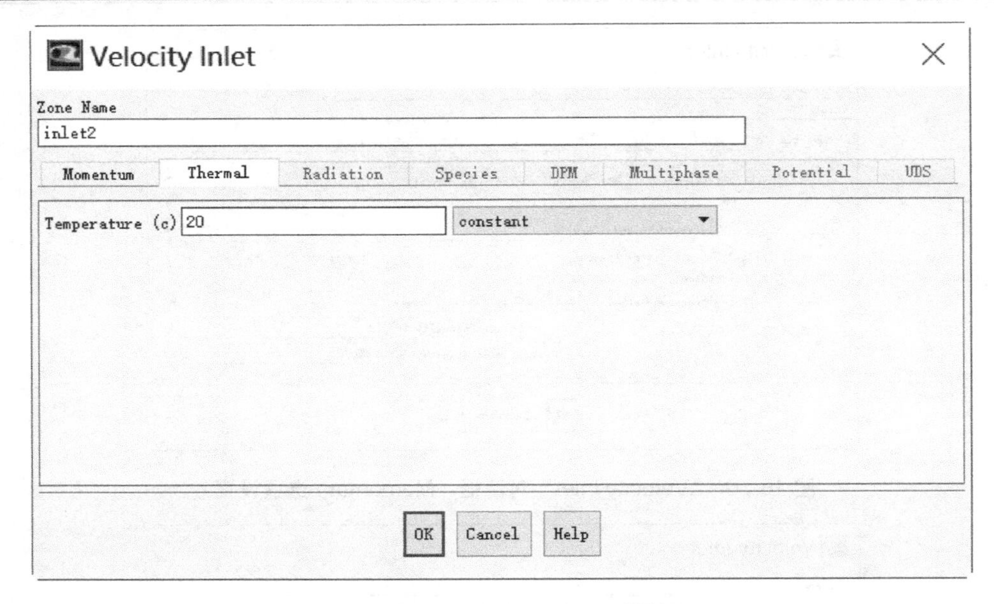

图 16-73 “Velocity inlet”对话框

（11）选中 outlet，单击 Edit 按钮或双击 outlet，弹出“Pressure outlet”对话框（见图 16-74），设置 Turbulent Intensity 为 10%，水力直径 Hydraulic Diameter 为 0.05，单击 OK 按钮。

（12）选中 wall_solid，设置参数如图 16-75，单击 OK 按钮；选中 wall_cold_end，设置参数如图 16-76 所示，单击 OK 按钮；选中 wall_hot_end，设置参数如图 16-77 所示，单击 OK 按钮。

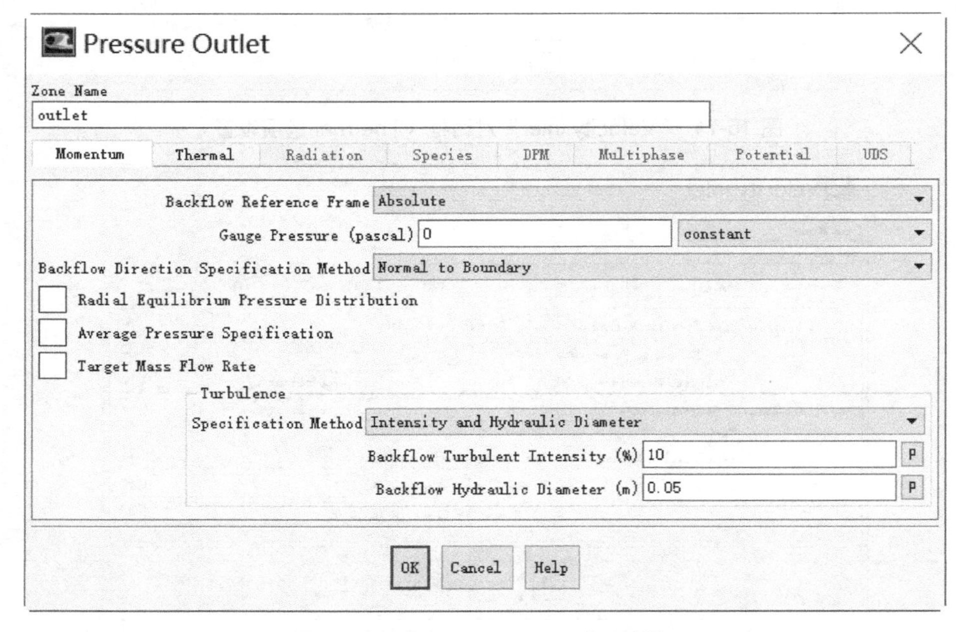

图 16-74 “Pressure outlet”对话框

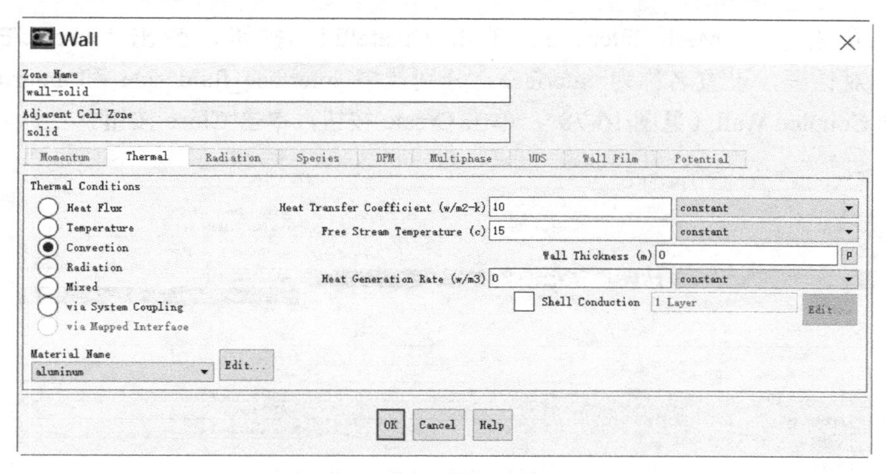

图 16-75 “Wall”对话框（1）

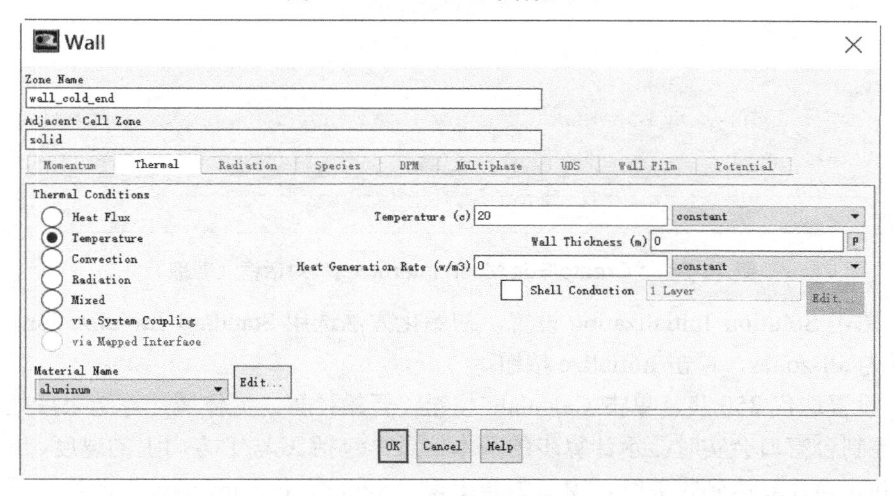

图 16-76 “Wall”对话框（2）

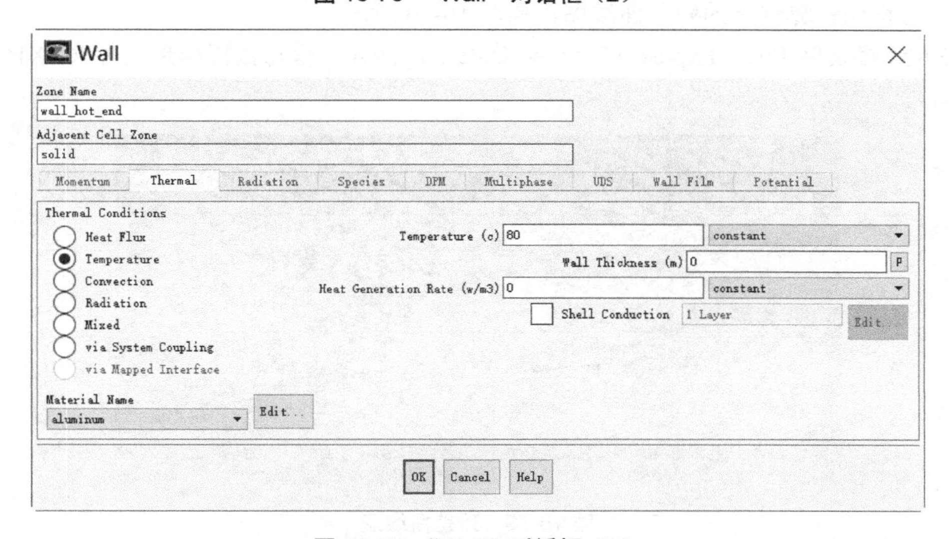

图 16-77 “Wall”对话框（3）

（13）单击选中 Mesh Interface，单击 Create/Edit 按钮，弹出“Create/Edit Mesh Interfaces”对话框，设置名称为 interface，分别选中 interface_fluid_side 和 interface_solid-side，勾选 Coupled Wall（见图 16-78），单击 Create 按钮，单击 Close 按钮。

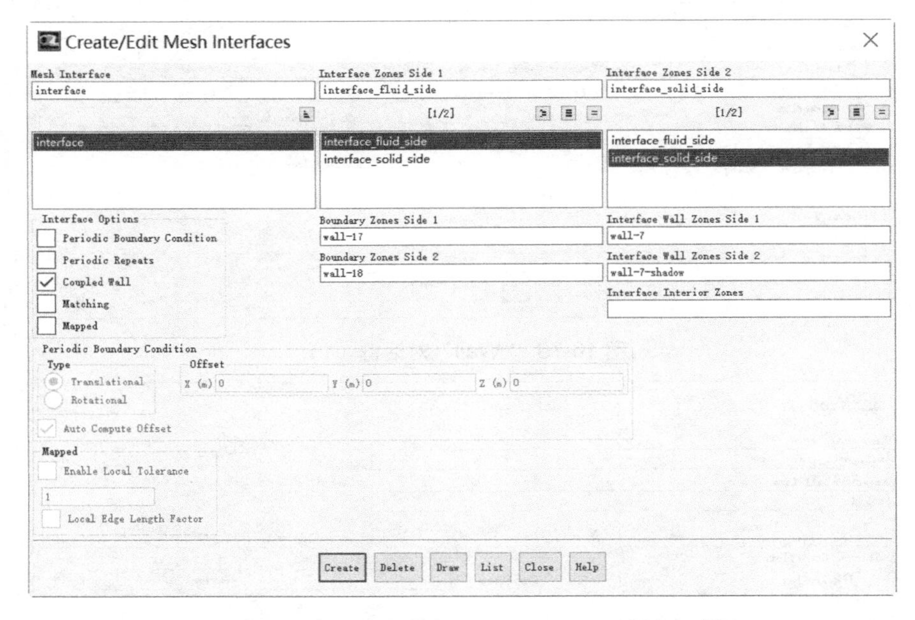

图 16-78 “Create/Edit Mesh Interfaces”对话框（截取）

（14）单击 Solution Initialization 设置，初始化方法选用 Standard Initialization，Compute From 设置为 all-zones，单击 Initialize 按钮。

（15）设置迭代 250 步，单击 Calculate 按钮，开始计算。流体域计算结果后处理在解算过程中，控制台窗口会实时显示计算步的基本信息，包括 X 与 Y 方向上的速度、k 和 ε 的收敛情况，并且当计算达到收敛时，窗口中会出现“solution is converged”的提示语句。计算完成后，可得到计算结果的残差曲线图，如图 16-79 所示。

（16）选择菜单 File→Export→Case & Data…，保存工程与数据结果文件（EX16.cas 和 EX16.dat）。

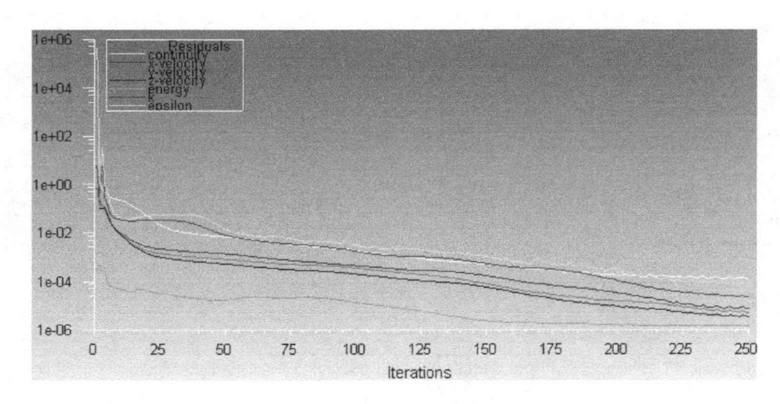

图 16-79 残差曲线图

16.5　结果后处理

（1）在 Workbench 的项目视图区 Project Schematic 中，选中 Results 后单击右键选择 Update，双击 Results，进入 CFD-Post 操作界面。

（2）在 CFD-Post 操作界面的工具栏中，单击按钮，创建一个 Contour1（见图 16-80），单击 OK 按钮。

（3）在 Details of Contour1 中设置 Locations，单击[...]按钮，弹出“Location Selector”对话框（见图 16-81）。在该对话框中选中 symmetry_fluid，单击 OK 按钮；选择可视参数为压力 Pressure（见图 16-82），单击 Apply 按钮，可显示出对称面上的压力云图（见图 16-83）。

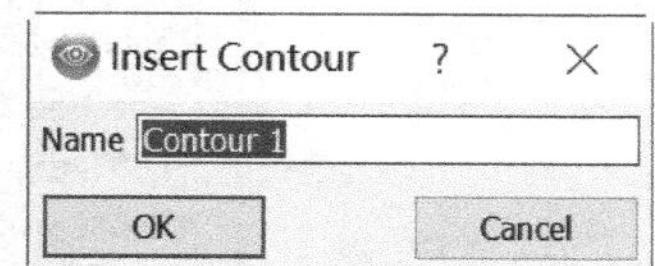

图 16-80　“Insert Contour”对话框

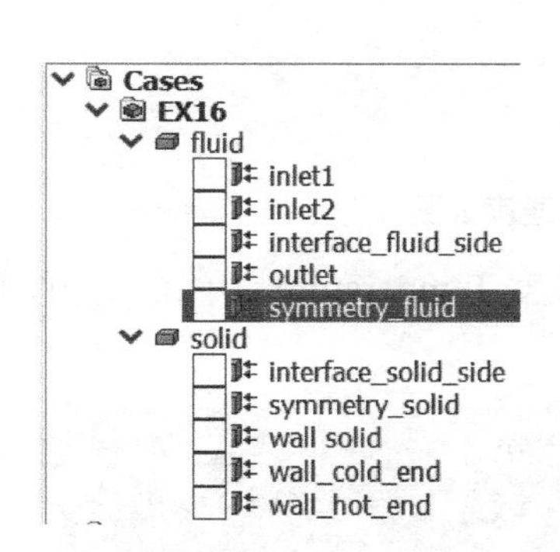

图 16-81　“Location Selector”对话框

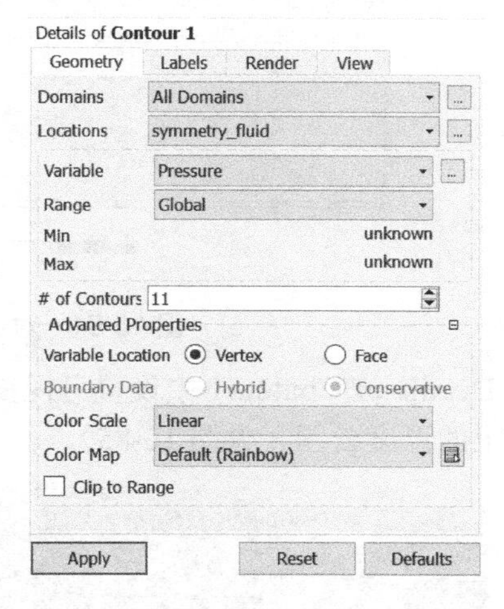

图 16-82　Details of Contour1 操作界面

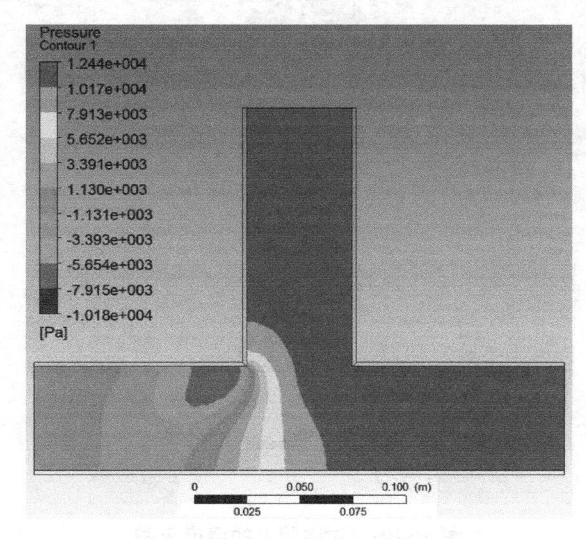

图 16-83　对称面上的压力云图

（4）在 Details of Contour1 中设置可视参数为速度 Velocity，单击 Apply 按钮，可显示出对称面上的速度云图（见图 16-84）。

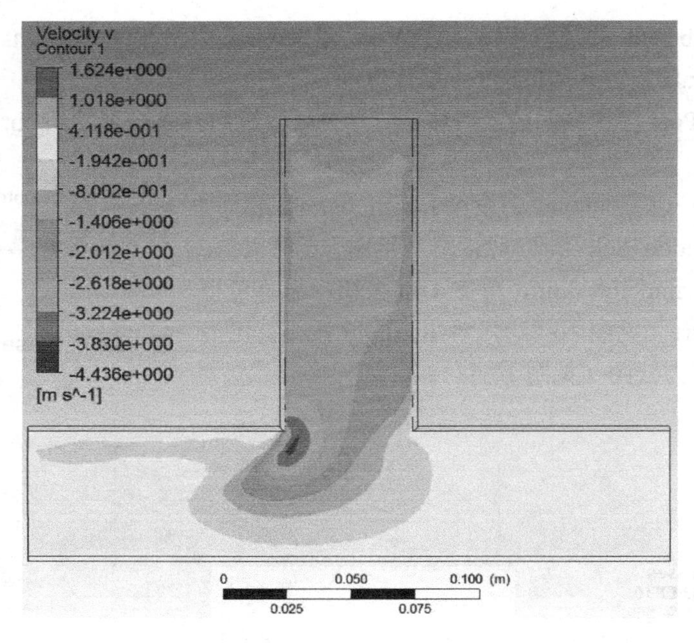

图 16-84　对称面上的速度云图

（5）在 Details of Contour1 中设置可视参数为温度 Temperature，单击 Apply 按钮，可显示出对称面上的温度云图（见图 16-85）。

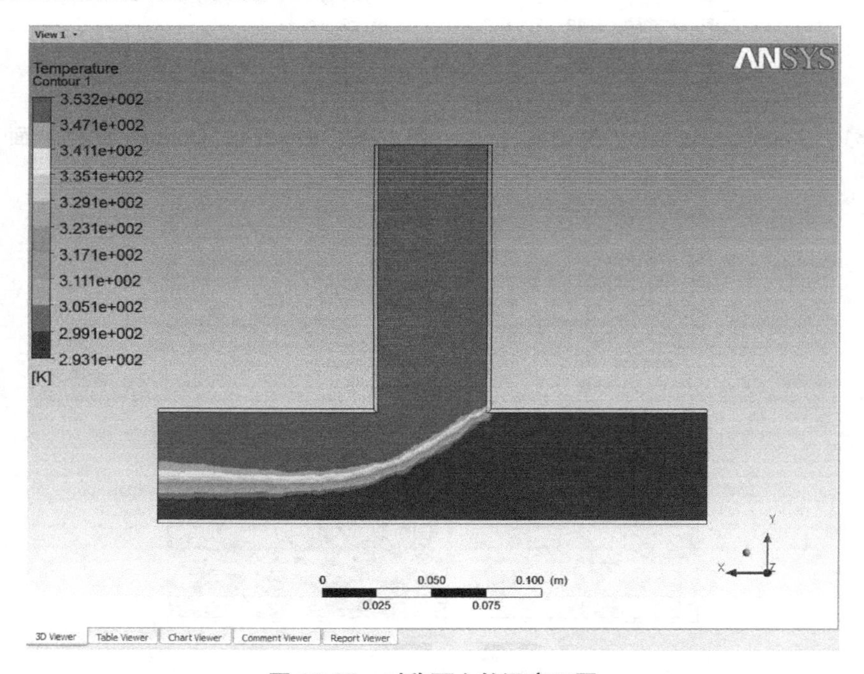

图 16-85　对称面上的温度云图

（6）在 Workbench 17.0 项目视图区 Project Schematic 中，双击 Steady-State Thermal 中的 Setup，进入模型计算设置的操作界面。在 Tree Outline 中，选中 Imported load (Solution)，单击鼠标右键，选择 Insert→Temperature（见图 16-86）；在 Details of “Imported Temperature”操作界面中，Scoping Method 选 Named Selection，Named Selection 选 interface_solid_side，CFD Surface 选 interface_solid_side（见图 16-87）；选中 Imported load (Solution)，单击鼠标右键选择 Import Load，结果如图 16-88 所示。

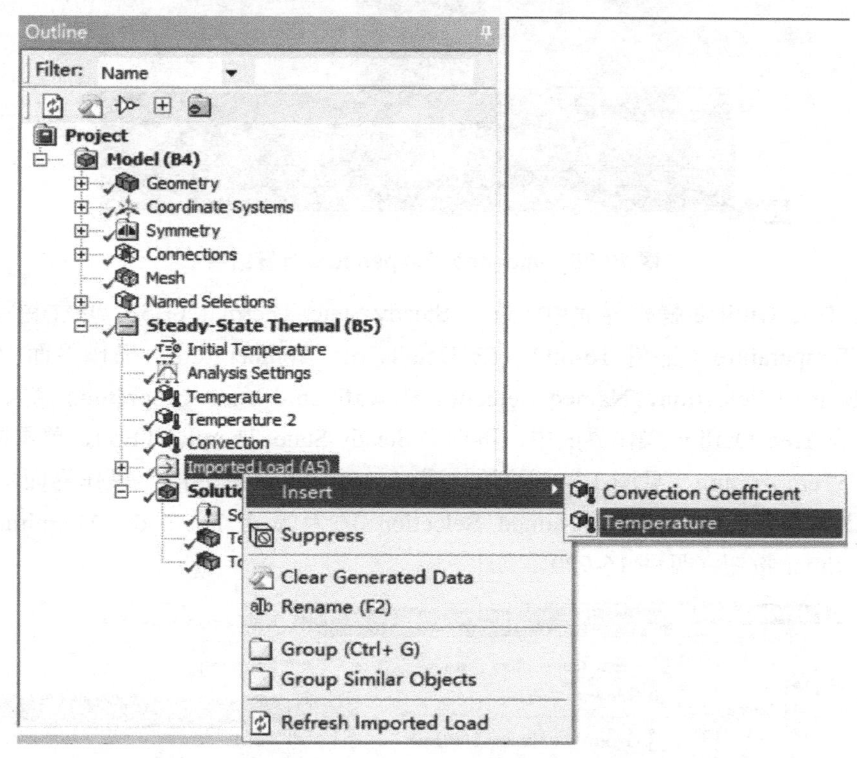

图 16-86　添加 Temperature 示意图

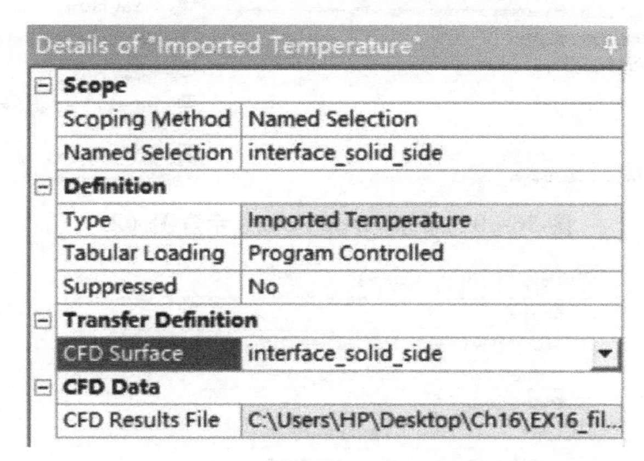

图 16-87　Details of “Imported Temperature”操作界面（1）

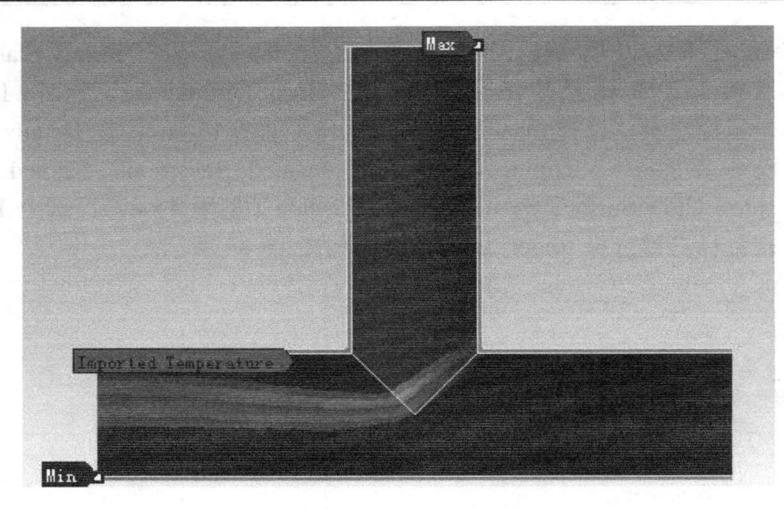

图 16-88　Imported Temperature 计算结果

（7）在 Tree Outline 操作界面中，选中 Steady-State Thermal（B5），单击鼠标右键，选择 Insert→Temperature（见图 16-89）；在 Details of“Temperature”操作界面中，Scoping Method 选 Named Selection，Named Selection 选 wall_cold_end，Magnitude 输入“20”（见图 16-90）；在 Tree Outline 操作界面中，再选中 Steady-State Thermal（B5），单击鼠标右键，选择 Insert→Temperature（见图 16-91）；在 Details of “Temperature”操作界面中，Scoping Method 选为 Named Selection，Named Selection 选为 wall_hot_end，Magnitude 输入为“80”，单击 Enter 按钮（见图 16-92）。

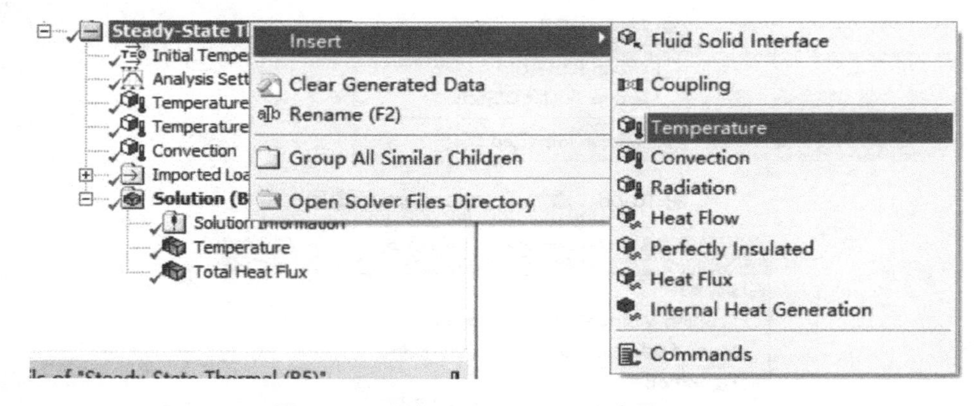

图 16-89　添加 Temperature 示意图（2）

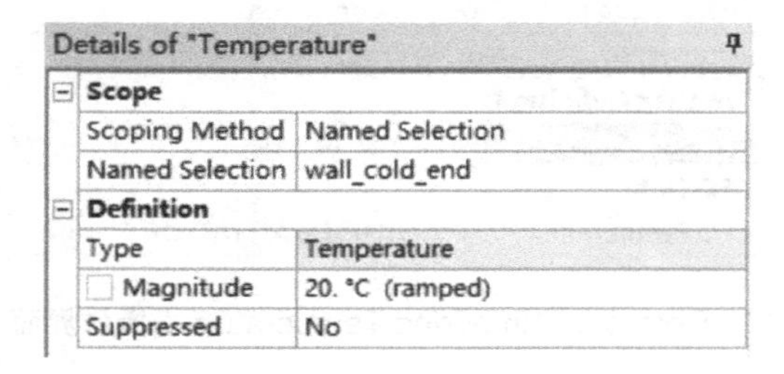

Scope	
Scoping Method	Named Selection
Named Selection	wall_cold_end
Definition	
Type	Temperature
Magnitude	20. °C (ramped)
Suppressed	No

图 16-90　Details of“Temperature”操作界面（2）

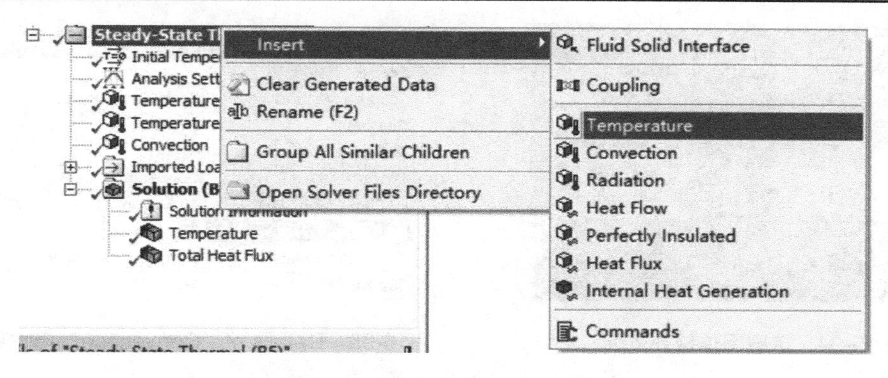

图 16-91　添加 Temperature 示意图（3）

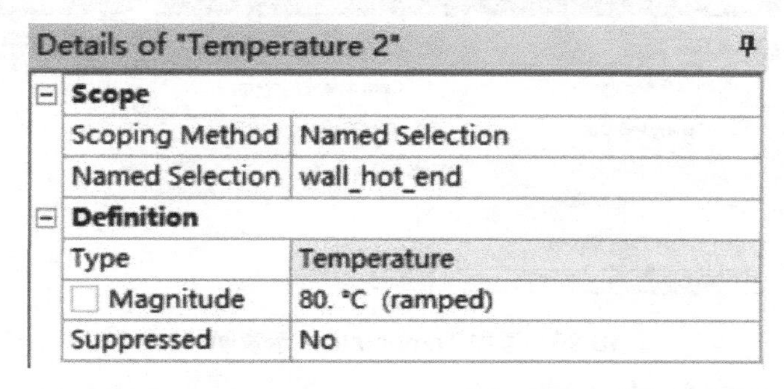

图 16-92　Details of “Temperature” 操作界面（3）

（8）在 Tree Outline 操作界面中，选中 Steady-State Thermal（B5），单击鼠标右键，选择 Insert→Convection（见图 16-93）；按住 Ctrl 键，选取固体域的外表面（2 个面），如图 16-94 所示，在 Details of“Convection”中，单击 Apply 按钮，输入如图 16-95 所示数值，单击 Enter 键。

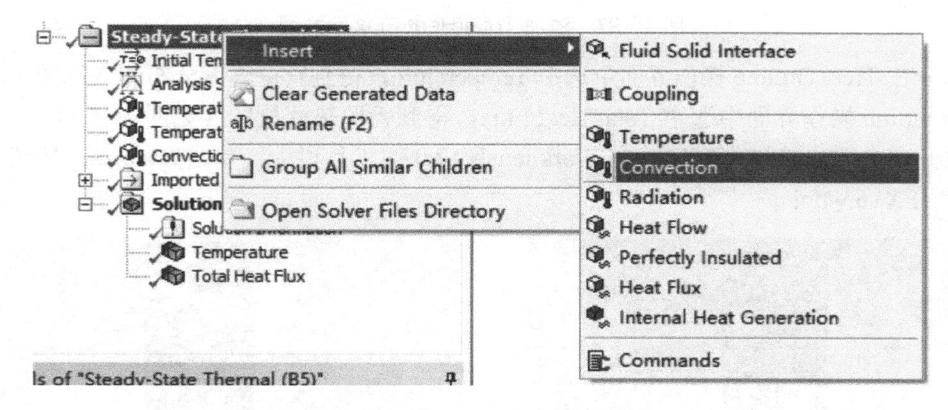

图 16-93　添加 Convection 示意图

（9）在 Tree Outline 操作界面中，选中 Solution（B6），单击鼠标右键，选择 Insert→Thermal→Temperature（见图 16-96）；在 Tree Outline 操作界面中，选中 Solution（B6），单击鼠标右键，选择 Insert→Thermal→Total Heat Flux（见图 16-97），单击 Solve 按钮。

图 16-94　选取固体域外表面

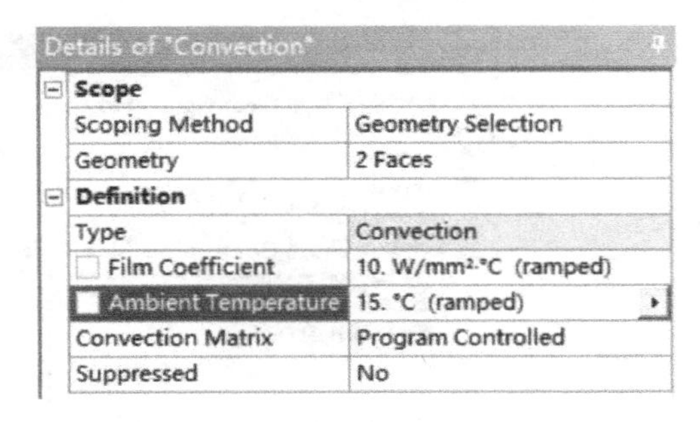

Details of "Convection"

Scope	
Scoping Method	Geometry Selection
Geometry	2 Faces
Definition	
Type	Convection
Film Coefficient	10. W/mm²·°C (ramped)
Ambient Temperature	15. °C (ramped)
Convection Matrix	Program Controlled
Suppressed	No

图 16-95　Details of “Convection” 操作界面

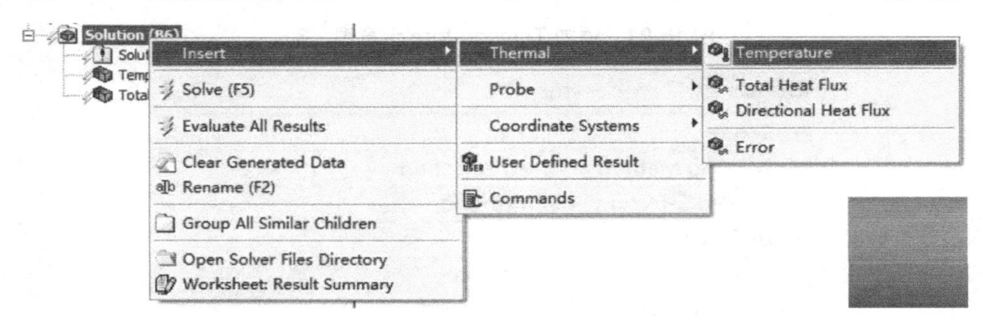

图 16-96　添加 Temperature 示意图（4）

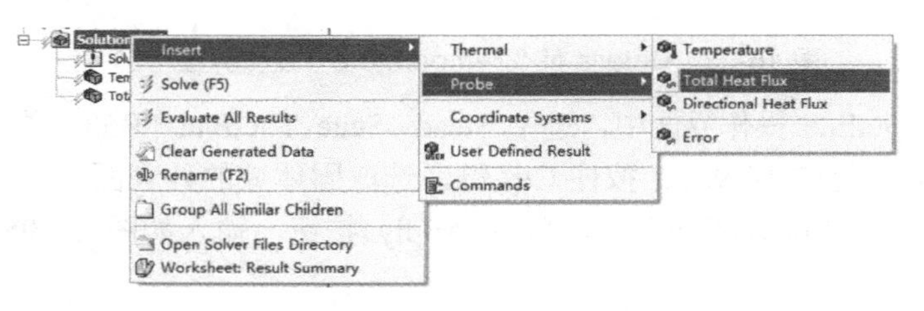

图 16-97　添加 Total Heat Flux 示意图

（10）在 Tree Outline 操作界面中选中 Temperature，得到管壁温度分布图（见图 16-98）；在 Tree Outline 操作界面中选中 Total Heat Flux，得到管壁热通量图（见图 16-99）。

（11）安全退出该操作窗口，在 Workbench 17.0 的工具栏中，单击 Save as...按钮，保存工程文件 EX16.wbpj。

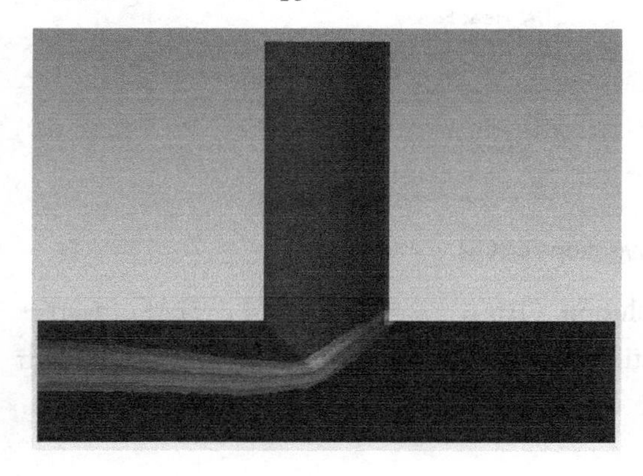

图 16-98　温度分布图

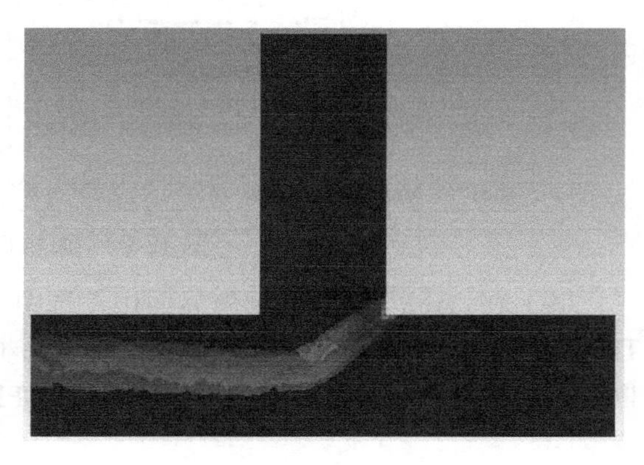

图 16-99　管壁热通量图

应用·技巧

热固耦合模拟属于温度场、流场耦合模拟，通常启用能量方程，在计算流体流动的同时计算温度场分布，得到流体温度分布后施加在固体管壁，再计算固体管壁内的传热效应。

16.6 本章小结

本章介绍了 Workbench 平台下的热固耦合模拟，涉及 FLUENT 与 Steady-State Thermal 两个工程计算。先计算流场的温度分布，再计算固体壁面内的温度分布。计算时，需要注意传热系数的设置，包括管内壁和管外壁的对流换热系数。

第17章　卧式分离器气液两相分离模拟

利用重力进行多相流分离是最基础和最典型的方法，重力式分离器有多种形式，可分为立式分离器、卧式分离器及球形分离器，其中卧式分离器以处理量大著称。本章主要介绍利用VOF模型模拟气液两相在卧式分离器中的分离过程。

本章内容

- VOF模型
- 重力设置
- 两相设置
- 分离模拟实例

本章案例

- 实例：卧式分离器气液两相分离模拟

视频教学

17.1 实例概述

图 17-1 所示为本例的卧式分离器尺寸示意图。进口在卧式分离器左端中部，流体进入分离器后即遭遇 L 形挡板，经过预分离后在分离器内依靠重力分离，最终气相从右上端出口流出，液相从右下端出口流出。

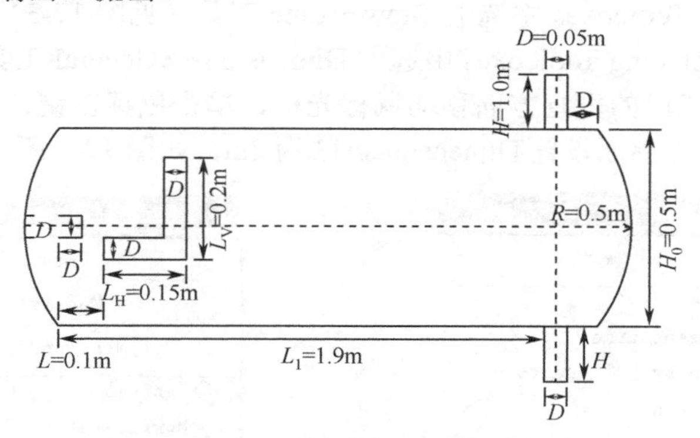

图 17-1 卧式分离器的尺寸示意图

思路・点拨

本例涉及气液两相分离，为了观察气液交界面，可采用 VOF 模型，定义水为第一相，空气为第二相。

结果文件 ——附带光盘“Ch17/EX17.agdb，EX17.msh，EX17-2s.cas，EX17-2s.dat，EX17-3s.cas，EX17-3s.dat”。

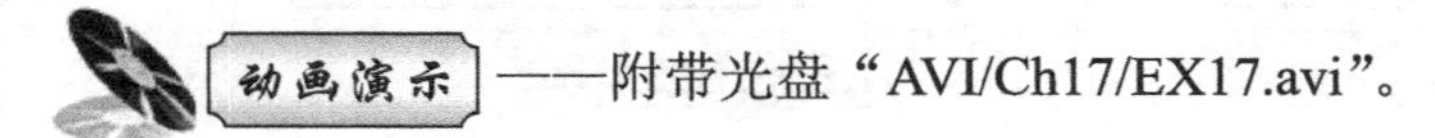

动画演示 ——附带光盘“AVI/Ch17/EX17.avi”。

17.2 几何模型建立

（1）双击 Workbench 17.0 图标，进入 Workbench 17.0 的工作环境，选择菜单栏 Tools→Option，在“Option”对话框中勾选 Name Selection，并删除 Filtering Prefixes 文本框中的文字，使得 DM 建模时可定义边界名称，以便应用于后面的模拟计算中。

（2）在 Workbench 17.0 的工具箱 Toolbox→Analysis Systems 中，双击 Fluid Flow（FLUENT）或直接拖入项目视图区 Project Schematic，生成项目 A（见图 17-2）；双击项目 A 中的 Geometry，选择单位标准为“m”，即可进入 DM 操作界面。

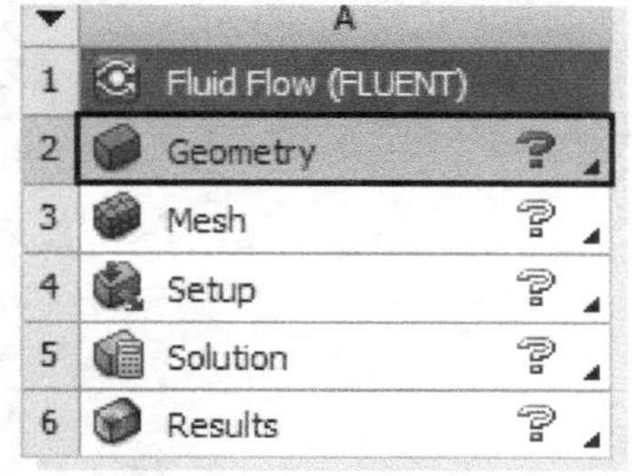

图 17-2 Fluid Flow（FLUENT）示意图

（3）在 Modeling 条件下的 Tree outline 操作界面中选中 XYPlane，单击 Sketching 进入 Sketching Toolboxes

（见图 17-3）操作界面。在 Sketching Toolboxes 中选中 Draw→Line 工具，在绘图区单击坐标原点，以坐标原点为起点，分别沿 *X* 和 *Y* 方向绘制一条直线；在 Sketching Toolboxes 中选中 Dimensions→General 工具（见图 17-4），在绘图区单击直线段，向线段的垂直方向移动鼠标光标，单击鼠标左键，生成如图 17-5 所示的效果；设置直线段的长度，只需在 Details View 的操作界面设置 Dimensions/V1 为 0.5m，H2 为 2m，如图 17-6 所示。

（4）在 Sketching Toolboxes 中选中 Draw→Line 工具（见图 17-3），绘制如图 17-7 所示的水平直线段；在 Sketching Toolboxes 中选中 Dimensions→General 工具（见图 17-4），在绘图区单击直线段，向线段的垂直方向移动鼠标光标，单击鼠标左键；设置直线段的长度，只需在 Details View 操作界面设置 Dimensions/H3 为 2m，如图 17-8 所示。

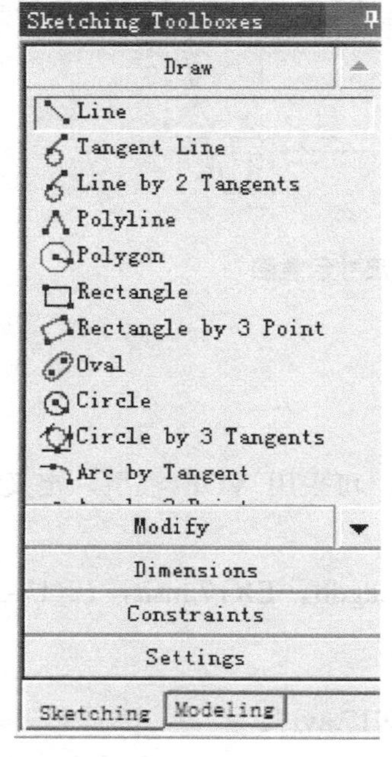

图 17-3　Draw 操作界面（1）

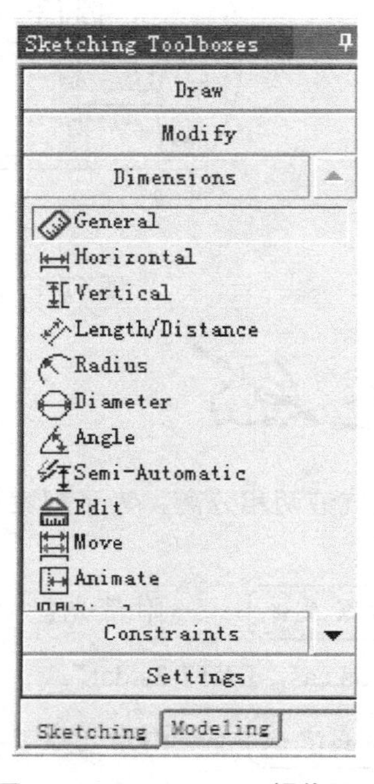

图 17-4　Dimensions 操作界面

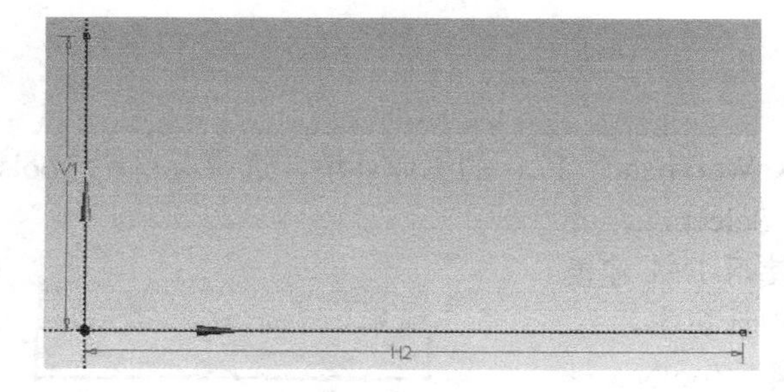

图 17-5　生成效果

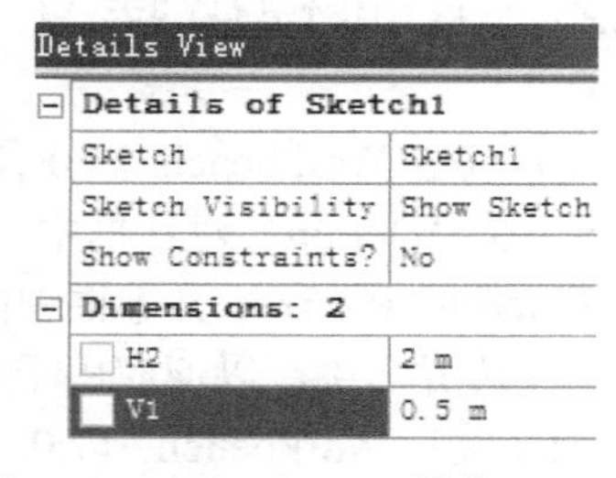

图 17-6　Details View 操作界面（1）

图 17-7　绘制直线

（5）在 Sketching Toolboxes 中单击 Modify 工具（见图 17-9），选中 Trim 工具，在视图区单击 y 轴上的直线段，结果显示如图 17-10 所示。

（6）在 Sketching Toolboxes 中选中 Draw→Line 工具（见图 17-3），以原点为起点，沿 Y 轴绘制垂直线段；在 Sketching Toolboxes 中选中 Dimensions→General 工具（见图 17-4），在绘图区单击直线段，向线段的垂直方向移动鼠标光标，单击鼠标左键；设置直线段的长度，只需在 Details View 操作界面设置 Dimensions/V4 为 0.25m，如图 17-11 所示。同理，以该直线段的另一端点为起点，绘制长度为 0.443m 的水平直线，如图 17-12 所示。

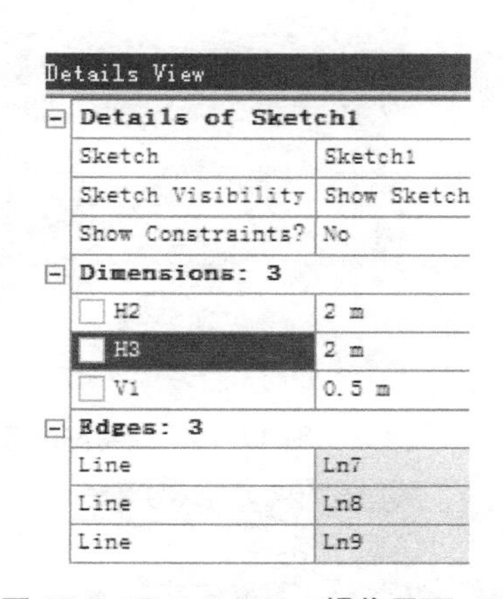

图 17-8　Details View 操作界面（2）

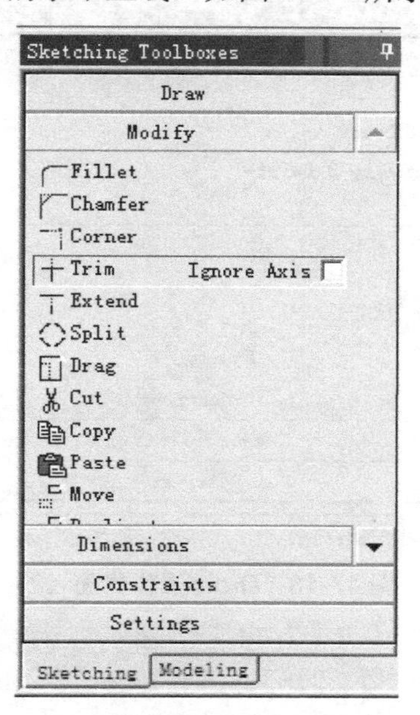

图 17-9　Modify 操作界面

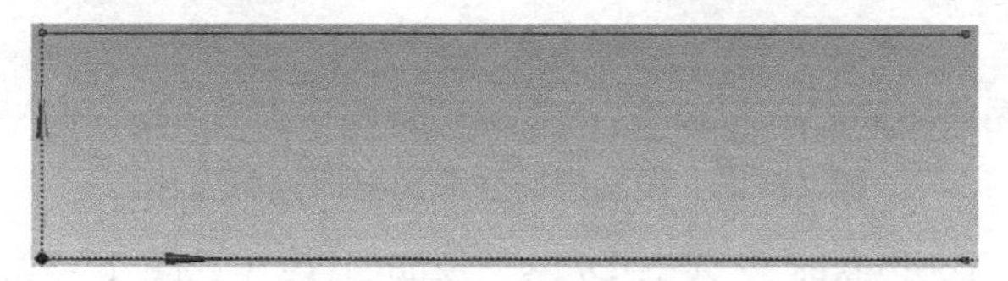

图 17-10　裁剪后的直线

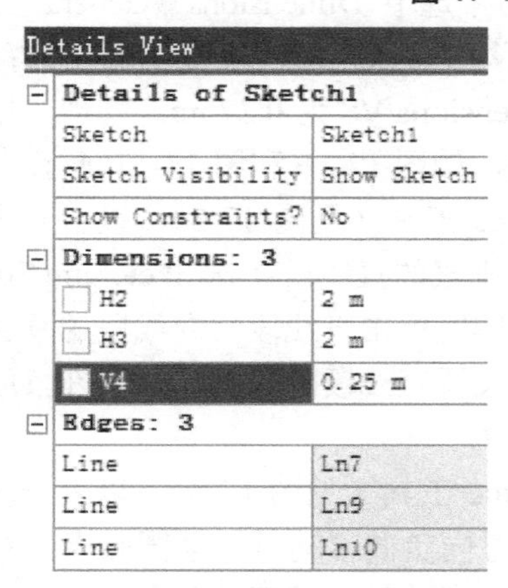

图 17-11　Details View 操作界面（3）

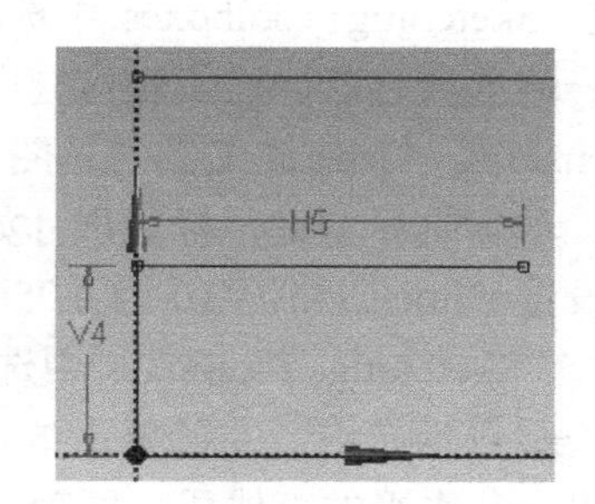

图 17-12　绘制好的水平直线

（7）在 Sketching Toolboxes 中选中 Draw 工具单击 Circle（见图 17-13），以上一步中水平直线段的另外一个端点为圆心，单击该点，将鼠标移动至 *Y* 轴上两个交点中的任意一个，当有字母“P”显示出来时，单击鼠标左键，完成并绘制出一个圆（见图 17-14）；再在 Sketching Toolboxes 中单击 Modify 工具（见图 17-9），选中 Trim 工具，在视图区单击 *Y* 轴右侧的圆弧线段和直线段。同理，在两条水平直线段的另一端绘制完成另一侧的圆弧，如图 17-15 所示。

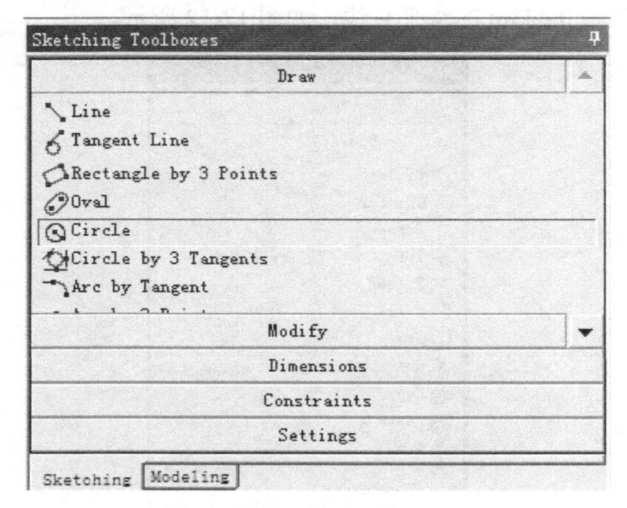

图 17-13　Draw 操作界面（2）

图 17-14　绘制好的圆

图 17-15　绘制出卧式分离器两端的弧线

（8）在 Sketching Toolboxes 中选中 Draw→Line 工具（见图 17-3），以原点为起点，沿 *Y* 轴绘制一条垂直的直线段；在 Sketching Toolboxes 中选中 Dimensions→General 工具（见图 17-4），在绘图区单击直线段，向线段的垂直方向移动鼠标光标，单击鼠标左键；设置直线段的长度，只需在 Details View 操作界面设置 Dimensions/V8 为 0.275m。同理，以该直线段的另一端点为起点，绘制长度为 0.03m 的水平直线，如图 17-16 和图 17-17 所示。

（9）在 Sketching Toolboxes 中选中 Draw→Line 工具（见图 17-3），以上一步中水平直线段的另一端点为起点，沿 *Y* 轴方向向下绘制一条垂直的直线段；在 Sketching Toolboxes 中选中 Dimensions→General 工具（见图 17-4），在绘图区单击直线段，向线段的垂直方向移动鼠标光标，单击鼠标左键，标注尺寸如图 17-18；设置直线段的长度，只需在 Details View 操作界面设置 Dimensions/V10 为 0.05m（见图 17-19）。

（10）在 Sketching Toolboxes 中选中 Draw→Line 工具（见图 17-3），以上一步中垂直直线段的另一端点为起点，左键单击该点并沿 *X* 轴方向负向移动鼠标至圆弧上，单击鼠标左键，绘制出一条水平的直线段。同理，绘制出另外一条水平直线段，如图 17-20 所示。

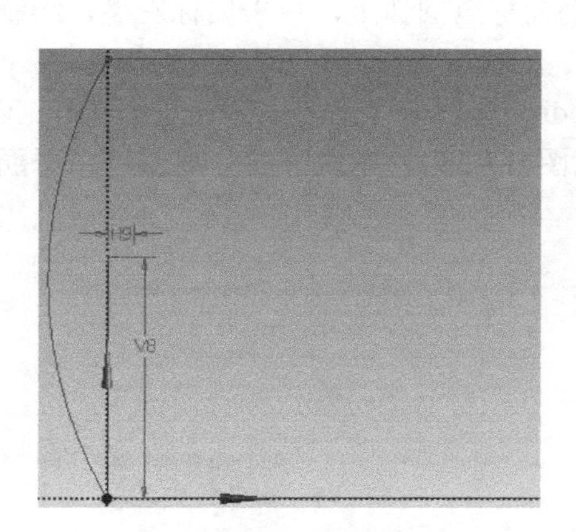

图 17-16 绘制入口处的水平线段

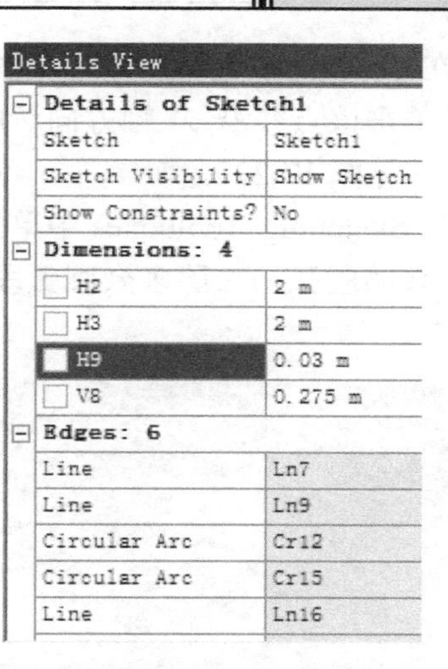

Details View

Details of Sketch1	
Sketch	Sketch1
Sketch Visibility	Show Sketch
Show Constraints?	No
Dimensions: 4	
H2	2 m
H3	2 m
H9	0.03 m
V8	0.275 m
Edges: 6	
Line	Ln7
Line	Ln9
Circular Arc	Cr12
Circular Arc	Cr15
Line	Ln16

图 17-17 Details View 操作界面（4）

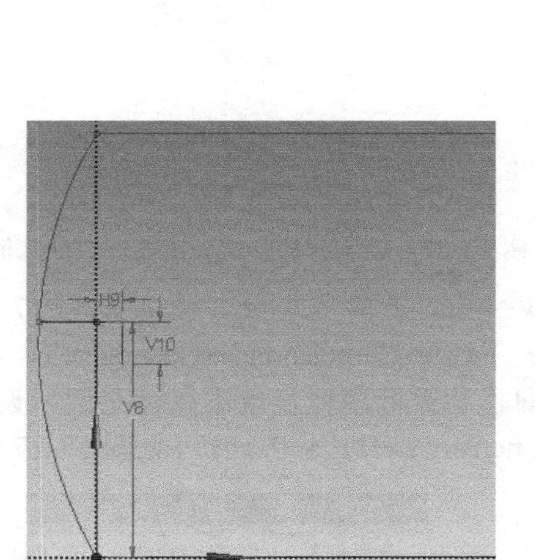

图 17-18 绘制入口处的垂直线段

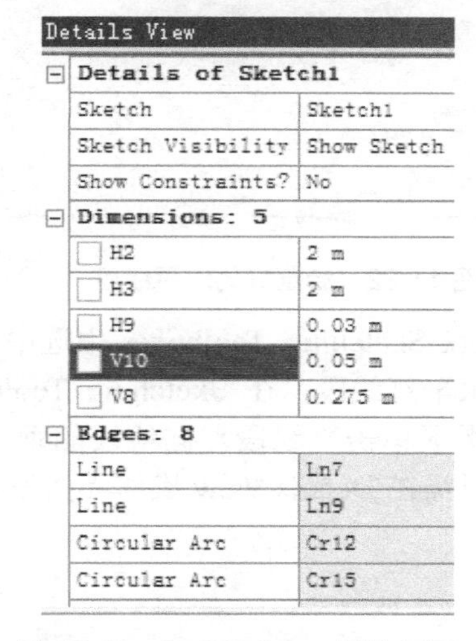

Details View

Details of Sketch1	
Sketch	Sketch1
Sketch Visibility	Show Sketch
Show Constraints?	No
Dimensions: 5	
H2	2 m
H3	2 m
H9	0.03 m
V10	0.05 m
V8	0.275 m
Edges: 8	
Line	Ln7
Line	Ln9
Circular Arc	Cr12
Circular Arc	Cr15

图 17-19 Details View 操作界面（5）

（11）在 Sketching Toolboxes 中单击 Modify 选项卡（见图 17-9），选中 Trim 工具，在视图区单击直线段，去除多余直线段（见图 17-21）。

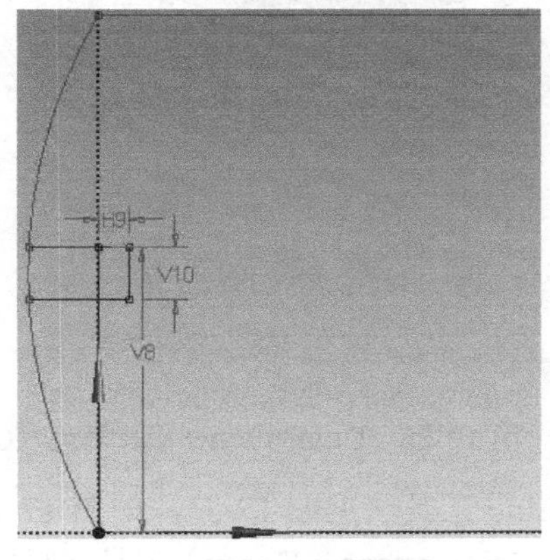

图 17-20 绘制入口水平直线段

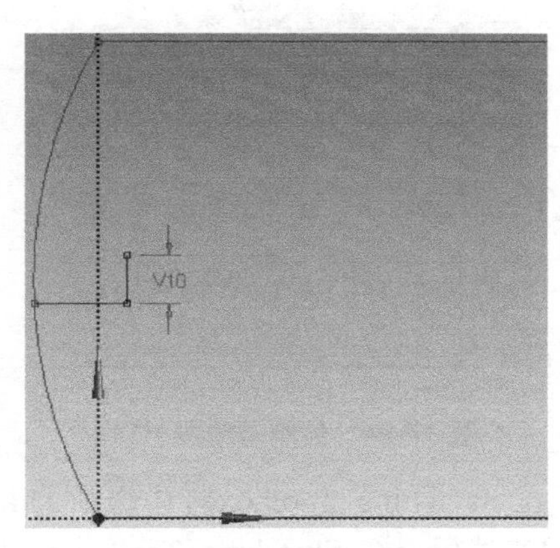

图 17-21 裁剪多余的直线段

（12）在 Sketching Toolboxes 中选中 Draw→Line 工具（见图 17-3），以图示中的端点为起点，左键单击该点并沿 X 轴方向负向移动鼠标至圆弧上，单击鼠标左键，绘制出一条水平的直线段（见图 17-22）。

（13）在 Sketching Toolboxes 中单击 Modify 选项卡（见图 17-9）选中 Trim 工具，在视图区单击多余的圆弧，去除多余圆弧段（见图 17-23），完成卧式分离器进口平面几何图形的绘制。

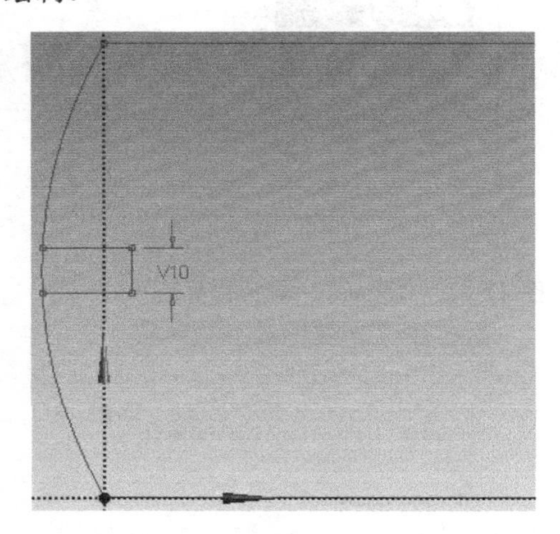

图 17-22　绘制好的水平线段

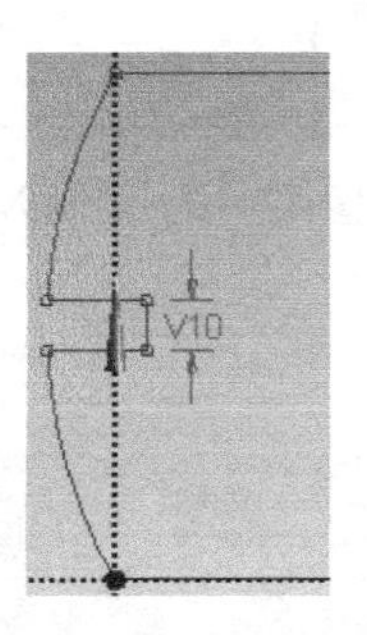

图 17-23　绘制好的卧式分离器进口处几何平面图

（14）在 Sketching Toolboxes 中选中 Draw→Line 工具（见图 17-3），如图 17-24 所示，绘制一条水平直线段；在 Sketching Toolboxes 中选中 Dimensions→General 工具（见图 17-4），在绘图区单击直线段，向线段的垂直方向移动鼠标光标，单击鼠标左键；设置直线段的长度，只需在 Details View 操作界面设置 Dimensions/H11 为 0.07m（见图 17-25）。

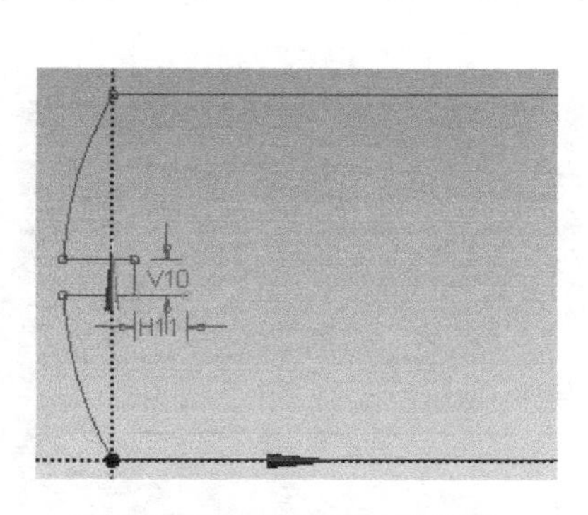

图 17-24　绘制辅助线 H11

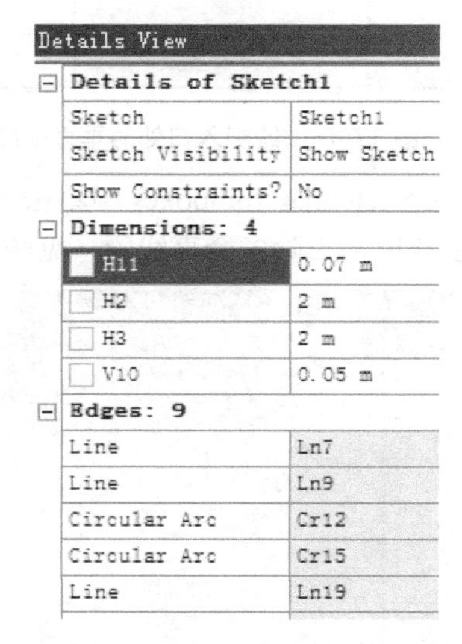

Details View

Details of Sketch1	
Sketch	Sketch1
Sketch Visibility	Show Sketch
Show Constraints?	No
Dimensions: 4	
H11	0.07 m
H2	2 m
H3	2 m
V10	0.05 m
Edges: 9	
Line	Ln7
Line	Ln9
Circular Arc	Cr12
Circular Arc	Cr15
Line	Ln19

图 17-25　Details View 操作界面（6）

（15）在 Sketching Toolboxes 中选中 Draw→Line 工具（见图 17-3），如图 17-26 所示绘制一条垂直直线段；在 Sketching Toolboxes 中选中 Dimensions→General 工具（见图 17-4），

在绘图区单击直线段，向线段的垂直方向移动鼠标光标，单击鼠标左键；设置直线段的长度，只需在 Details View 操作界面设置 Dimensions/V12 为 0.05m（见图 17-27）。

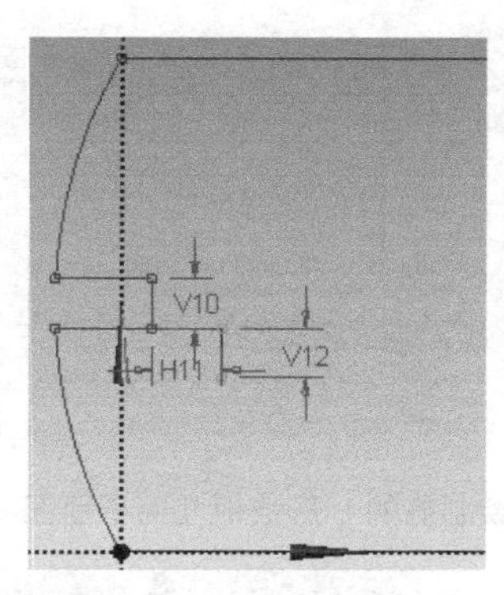

图 17-26　绘制 L 形挡板的左下端垂直线段

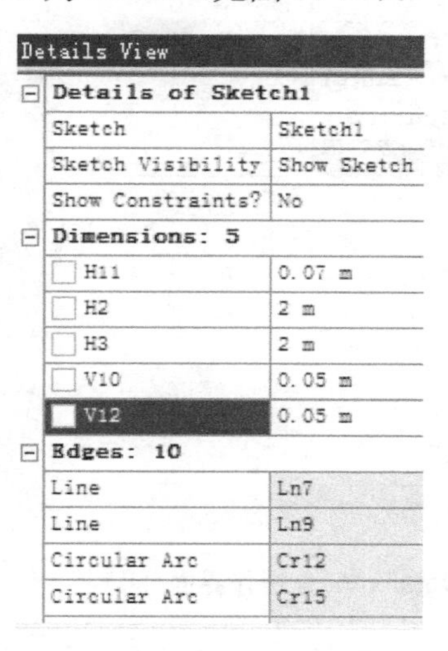

图 17-27　Details View 操作界面（7）

（16）在 Sketching Toolboxes 中单击 Modify 选项卡（见图 17-9）选中 Trim 工具，在视图区单击去除直线段，结果显示如图 17-28 所示。

（17）在 Sketching Toolboxes 中选中 Draw→Line 工具（见图 17-3），如图 17-29 所示绘制一条水平直线段；在 Sketching Toolboxes 中选中 Dimensions→General 工具（见图 17-4），在绘图区单击直线段，向线段的垂直方向移动鼠标光标，单击鼠标左键；设置直线段的长度，只需在 Details View 操作界面设置 Dimensions/H13 为 0.1m（见图 17-30）。

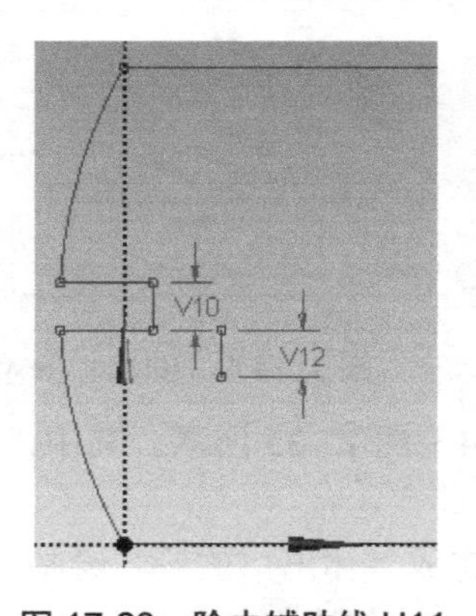

图 17-28　除去辅助线 H11

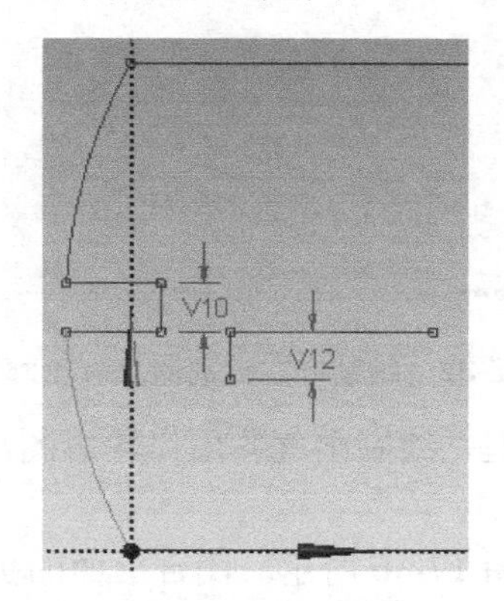

图 17-29　绘制 L 形挡板的水平直线段

（18）同理，绘制出 L 形挡板的其他线段，绘制好的 L 形挡板如图 17-31 所示。在 Sketching Toolboxes 中单击 Modify 选中 Trim 工具，在视图区单击去除直线段 H2、H3。

（19）在 Sketching Toolboxes 中选中 Draw→Line 工具（见图 17-3），如图 17-32 所示绘制一条水平直线段；在 Sketching Toolboxes 中选中 Dimensions→General 工具（见图 17-4），在绘图区单击直线段，向线段的垂直方向移动鼠标光标，单击鼠标左键；设置直线段的长度，只需在 Details View 操作界面设置 Dimensions/H17 为 1.9m（见图 17-33）。

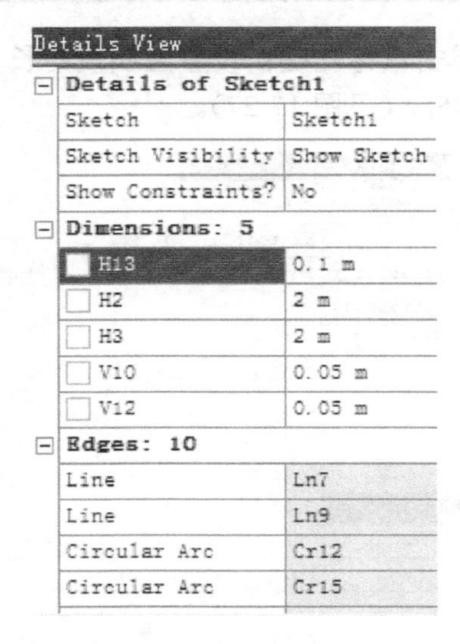

图 17-30　Details View 操作界面（8）

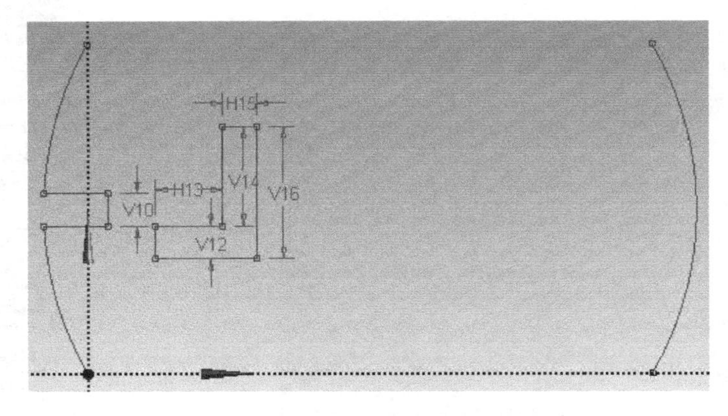

图 17-31　绘制好的 L 形挡板几何平面图

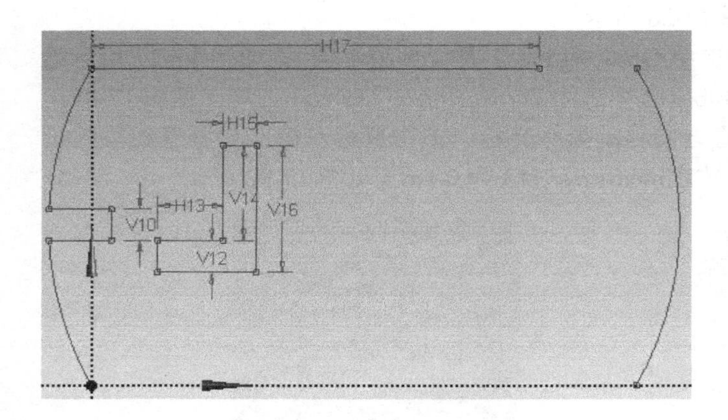

图 17-32　绘制卧式分离器上端轮廓线

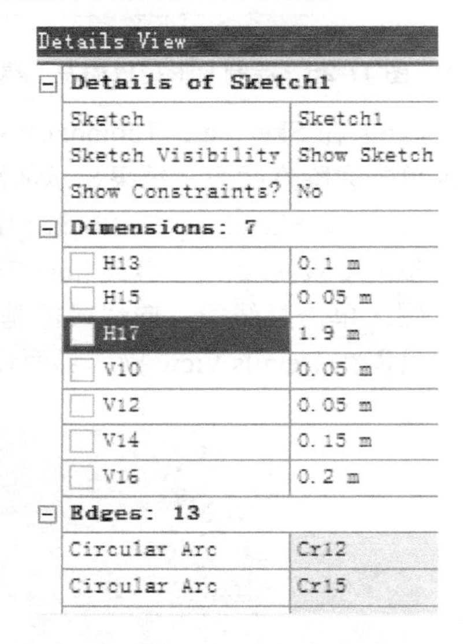

图 17-33　Details View 操作界面（9）

（20）同理，绘制出气体出口轮廓图，如图 17-34～图 17-35 所示。其中，图像和数据为一一对应关系。

（21）如图 17-36 所示，闭合上面的折线轮廓，完成气体出口的轮廓绘制。

（22）绘制卧式分离器液体出口平面几何图形的方法与绘制气体出口的步骤一致，且线段的长度大小与上面相同，结果如图 17-37 所示。

（23）将操作界面转至 Tree Outline（见图 17-38），在菜单栏中单击 Concept→Surface From Sketches（见图 17-39）；在其 Details View 操作界面（见图 17-40）中，将 Base Objects 选中 Sketch1（在 Tree Outline 单击选择），单击 Apply 按钮；单击 Generate 按钮，生成平面模型（见图 17-41）。

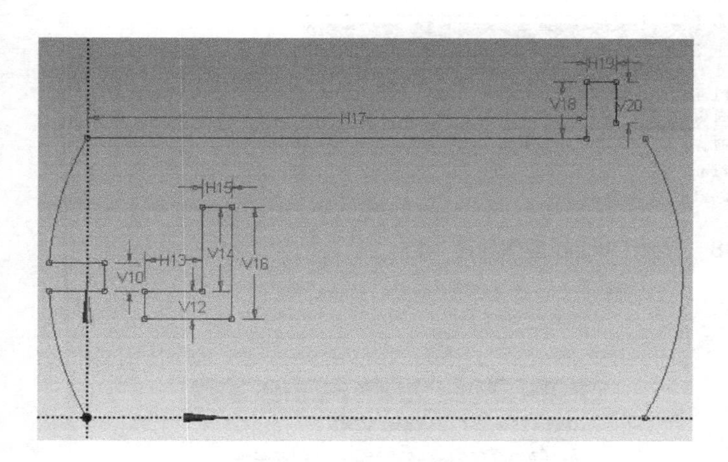

图 17-34 绘制气体出口轮廓

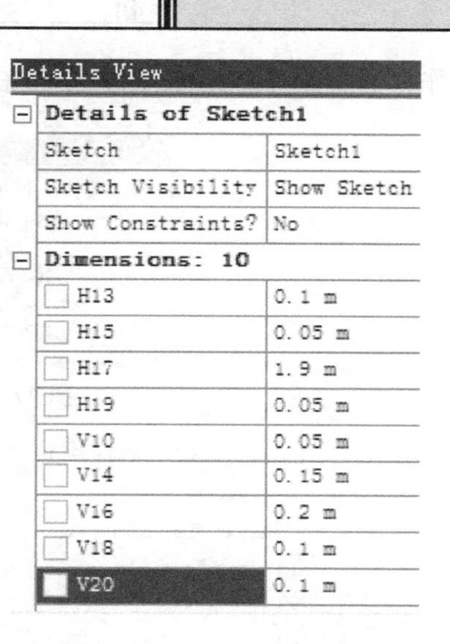

图 17-35 Details View 操作界面（10）

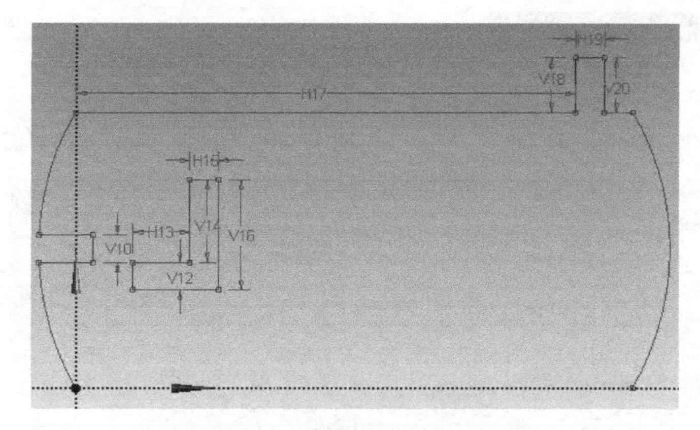

图 17-36 绘制好的气体出口处轮廓

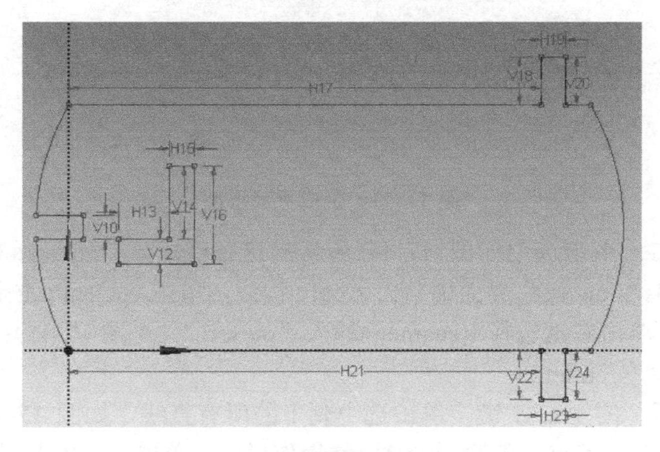

图 17-37 绘制好的液体出口轮廓

（24）命名进口。单击选中如图 17-42 所示的这条线段，单击鼠标右键，选择 Named Selection；在 Details View 操作界面中单击 Apply 按钮，单击 Generate 按钮；在 Tree Outline

操作界面中选中 NameSel1，单击右键选择 Rename，输入“inlet”（见图 17-43）。

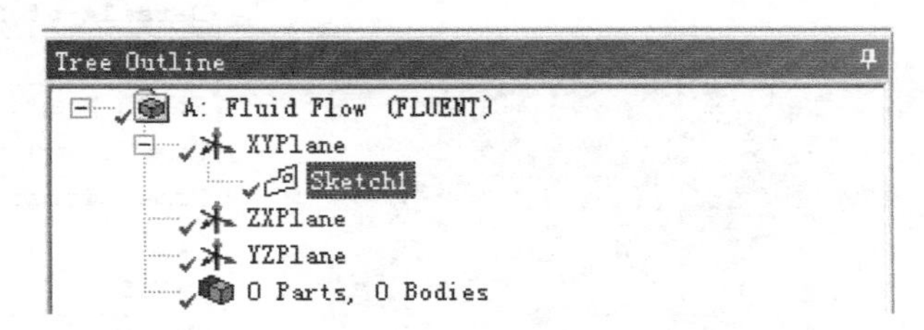

图 17-38　Tree Outline 操作界面（1）

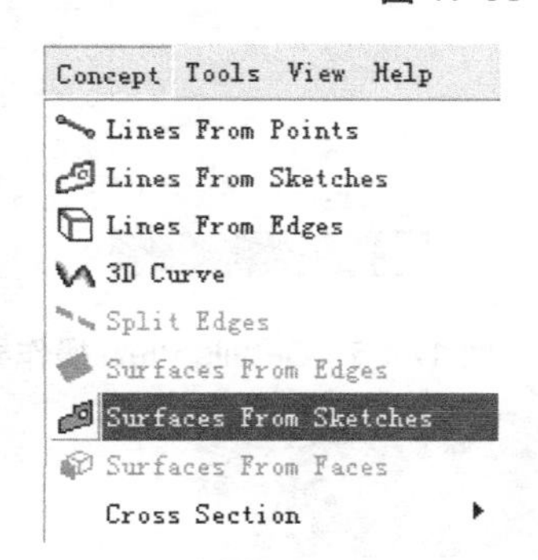

图 17-39　Concept 菜单

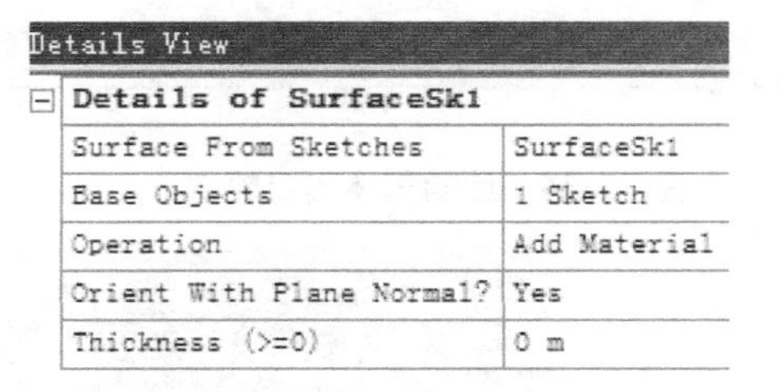

图 17-40　Details View 操作界面（11）

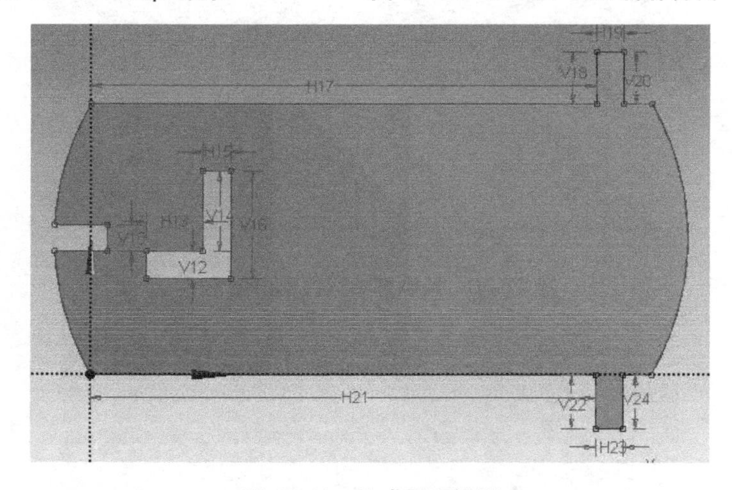

图 17-41　生成平面模型

（25）命名出口。单击选中如图 17-44 所示的这条线段，单击鼠标右键，选择 Named Selection；在 Details View 操作界面中单击 Apply 按钮，单击 Generate 按钮；在 Tree Outline 中选中 NameSel2，单击右键选择 Rename，输入“outlet1”（见图 17-45）；同理，如图 17-44 和图 17-45 所示，命名 outlet2。

（26）命名壁面。按住 Ctrl 键，单击选中剩下的所有直线，如图 17-46 所示，单击鼠标右键，选择 Named Selection；在 Details View 操作界面中单击 Apply 按钮，此时显示选中的直线有 19 条（见图 17-47），单击 Generate 按钮；在 Tree Outline 操作界面中选中 NameSel3，单击右键选择 Rename，输入“wall”（见图 17-48）。

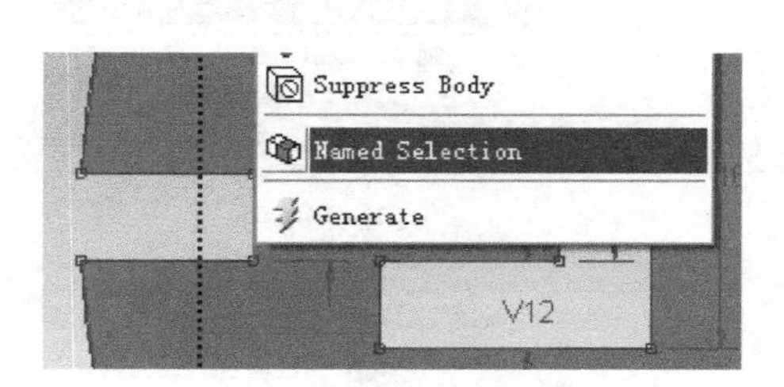

图 17-42　定义进口名称

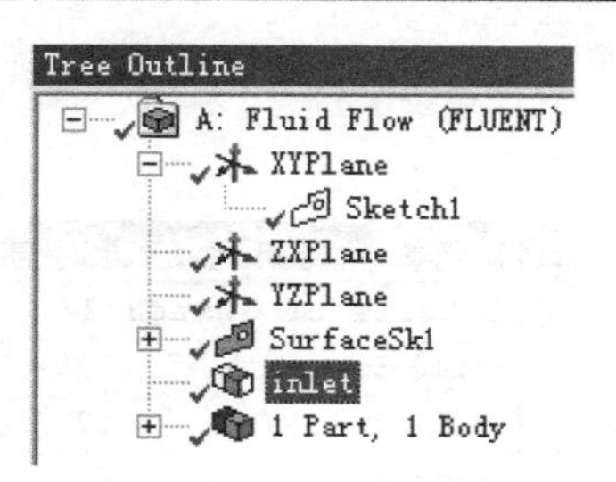

图 17-43　Tree Outline 操作界面（2）

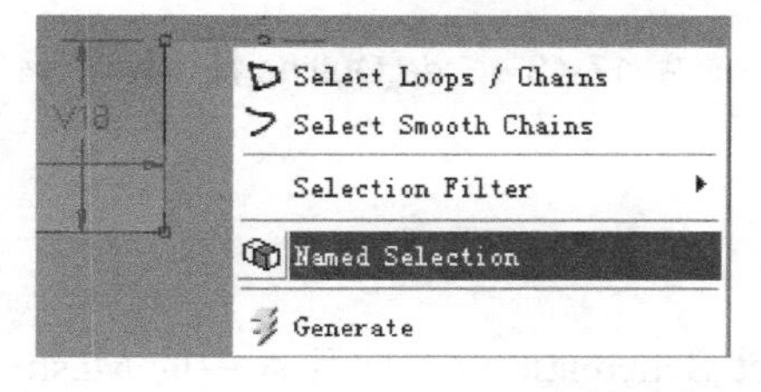

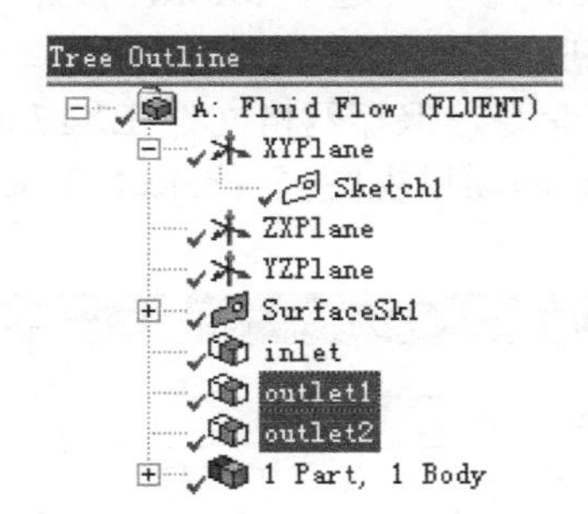

图 17-44　定义出口名称

图 17-45　Tree Outline 操作界面（3）

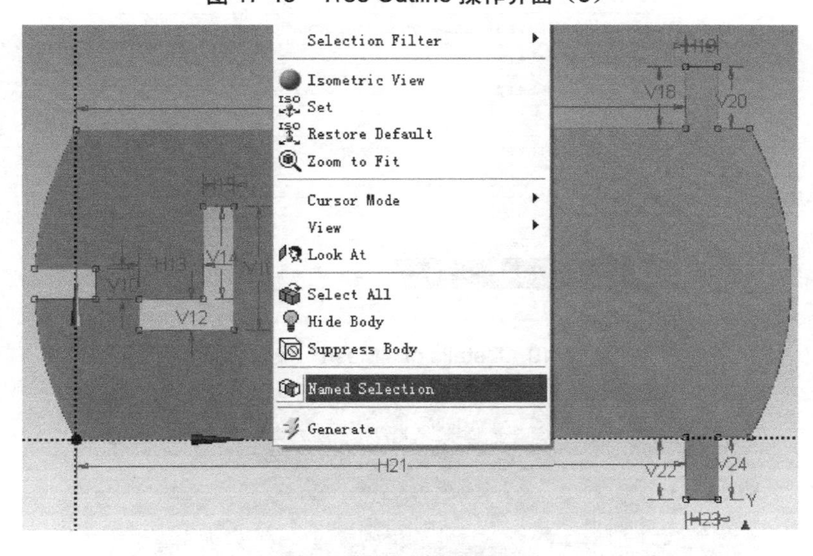

图 17-46　定义壁面名称

（27）选择菜单命令 File→Export，保存几何文件 EX17.agdb；单击命令 File→Close DesignModeler，安全退出。

Details View

Details of NamedSel4	
Named Selection	NamedSel4
Geometry	19 Edges
Propagate Selection	Yes
Export Selection	Yes

图 17-47　Details View 操作界面（12）

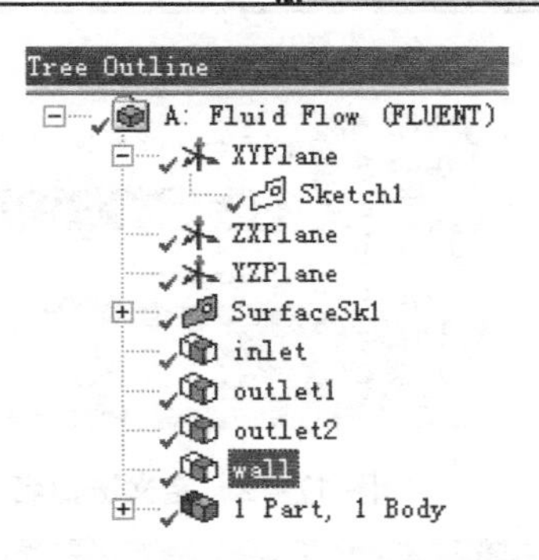

图 17-48　Tree Outline 操作界面（4）

17.3　网格划分

（1）在 Workbench 17.0 的项目视图区 Project Schematic 双击项目 A 中的 Mesh，即可进入 Mesh 操作界面，并在其 Outline 中单击选中 Mesh，按照如图 17-49 所示调整参数大小；单击 Generate Mesh 按钮，网格划分结果如图 17-50 所示。

（2）选择菜单 File→Export 命令，保存网格文件 EX17.msh；选择 File→Close Meshing 命令，安全退出；在 Workbench 的项目视图区 Project Schematic 选中 Mesh，单击鼠标右键，选择 Update。

Details of "Mesh"

Defaults	
Physics Preference	CFD
Solver Preference	Fluent
Relevance	100
Sizing	
Use Advanced Size Function	On: Curvature
Relevance Center	Fine
Initial Size Seed	Active Assembly
Smoothing	High
Span Angle Center	Fine
Curvature Normal Angle	Default (12.0 °)
Min Size	Default (2.2428e-004 m)
Max Face Size	1.e-002 m
Max Size	1.e-002 m
Growth Rate	Default (1.10)

图 17-49　Details of "Mesh" 操作界面

图 17-50　网格划分结果

17.4　模型计算设置

（1）在 Workbench 17.0 的项目视图区 Project Schematic 中双击 Setup，出现“FLUENT Launcher”的对话框，单击 OK 按钮，进入模型计算设置的操作界面。

（2）如图 17-51 所示，勾选 Gravity，在 Y 栏输入数字“−9.8”，表示在 *Y* 轴向下加一个重力加速度，大小为 $9.8m^2/s$。

（3）单击 Models 按钮，双击打开多相流模型；弹出“Multiphase Model”对话框，在 Model 中选中 VOF 模型，设置相数为 2（图 17-52），单击 OK 按钮。

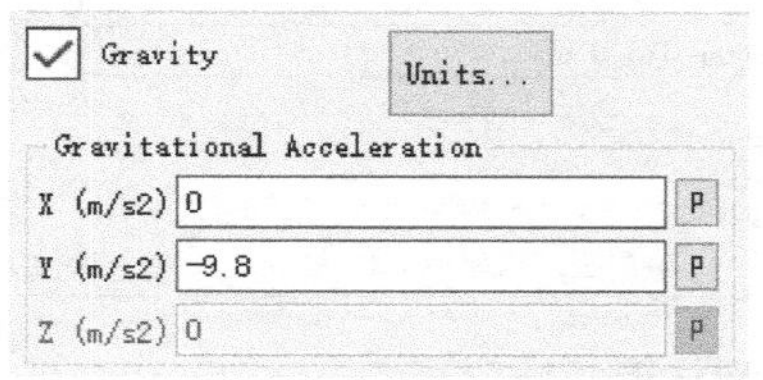

图 17-51　设置重力加速度

Multiphase Model
Model
Off
Volume of Fluid
Mixture
Eulerian
Wet Steam
Number of Eulerian Phases
2

图 17-52　“Multiphase Model”对话框

（4）双击 Viscous-Laminar，出现“Viscous Model”的对话框，在该对话框中选中标准 k-ε 模型，单击 Close 按钮。

（5）单击 Materials 按钮，选中 Fluid，单击 Edit 按钮，弹出“Create/Edit Material”对话框，单击 FLUENT Database 按钮，出现“FLUENT Database Materials”对话框，在该对话框中选中 water-liquid（h2o<1>），依次单击 Copy、Close 按钮。

（6）在 Phase 操作界面中选中 phase-1-Primary Phase，单击 Edit 按钮，弹出“Primary Phase”对话框（见图 17-53），Name 设置为“water”，Phase Material 选为“water-liquid”，单击 OK 按钮。

（7）在 Phase 操作界面中选中 phase-2-Secondary Phase，单击 Edit 按钮，弹出“Secondary Phase”对话框（见图 17-54），Name 设置为 air，Phase Material 选为 air，单击 OK 按钮。

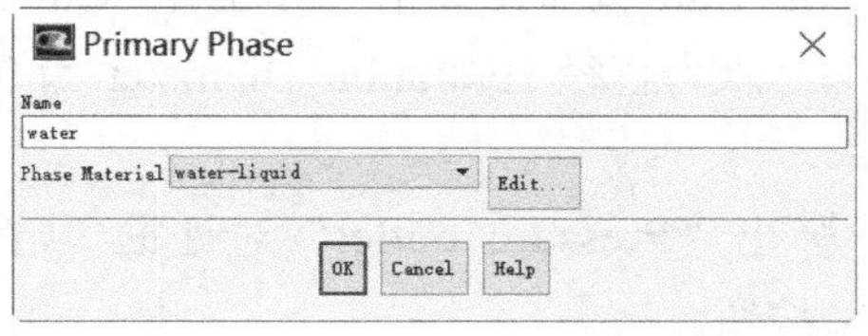

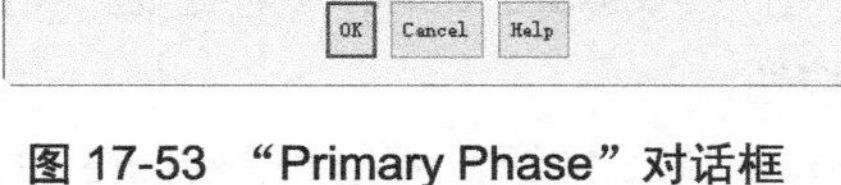

图 17-53　“Primary Phase”对话框

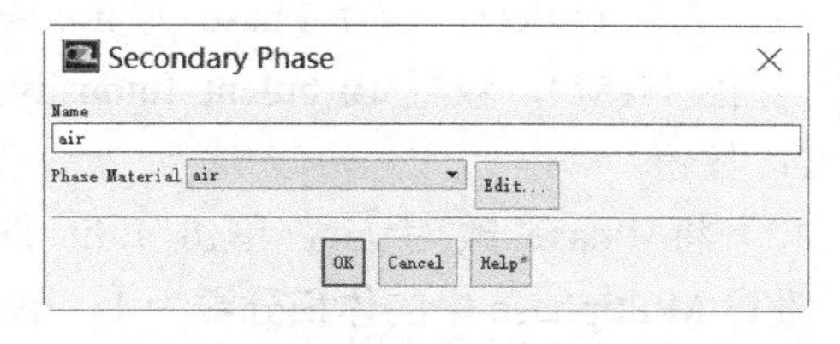

图 17-54　“Secondany Phase”对话框

（8）单击 Cell Zone Conditions 按钮，选中 surface_body，保持默认。

（9）设置 Boundary Conditions，选中 inlet，进口设置为速度进口，Phase 为 mixture，单击 Edit 按钮，弹出“Velocity Inlet”对话框，设置进口速度为 1m/s，Turbulent Intensity 为 1%，水力直径 Hydraulic Diameter 为 0.05（见图 17-55），单击 OK 按钮。

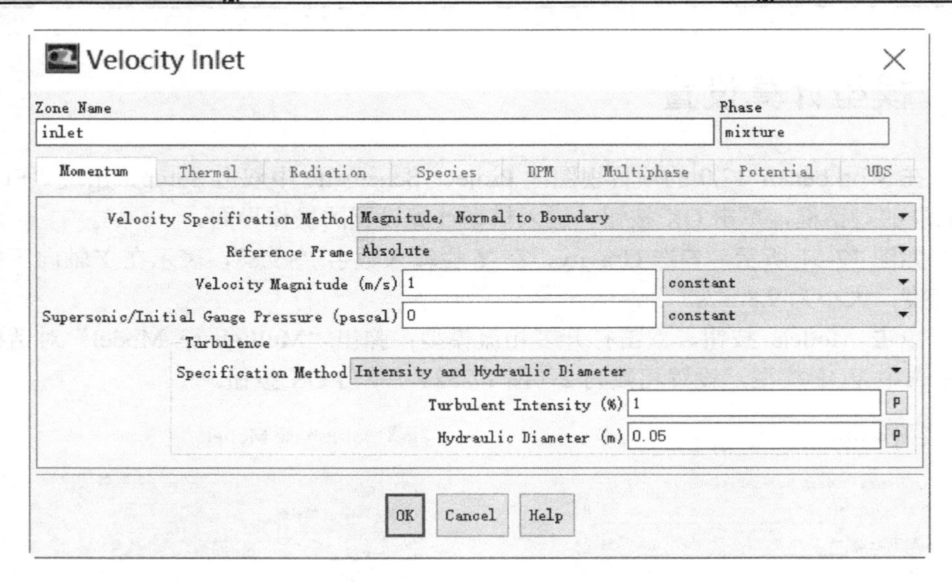

图 17-55 “Velocity Inlet”对话框（1）

（10）选中 inlet，将 Phase 改为 air，单击 Edit，弹出“Velocity Inlet”对话框（见图 17-56），设置 Multiphase 中的体积分数为 0.4，单击 OK 按钮。

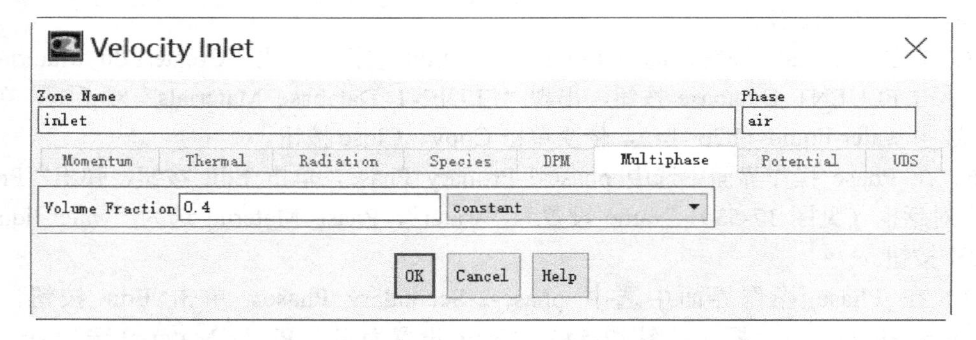

图 17-56 “Velocity Inlet”对话框（2）

（11）选中 outlet1，选择 Phase 为 mixture，单击 Edit 按钮，弹出“Pressure Outlet”对话框（见图 17-57），设置 Turbulent Intensity 为 1%，水力直径 Hydraulic Diameter 为 0.05，单击 OK 按钮。

（12）将 Phase 改为 air，单击 Edit 按钮，弹出“Pressure outlet”对话框 （图 17-58），设置 Multiphase 中的体积分数为 1，单击 OK 按钮。

（13）选中 outlet2，选择 Phase 为“mixture”，单击 Edit 按钮，弹出“Pressure Outlet”对话框（见图 17-59），设置 Turbulent Intensity 为 1%，水力直径 Hydraulic Diameter 为 0.05，单击 OK 按钮。

（14）将 Phase 改为“air”，单击 Edit 按钮，弹出“Pressure Outlet”对话框（见图 17-60），设置 Multiphase 中的体积分数为 0，单击 OK 按钮。

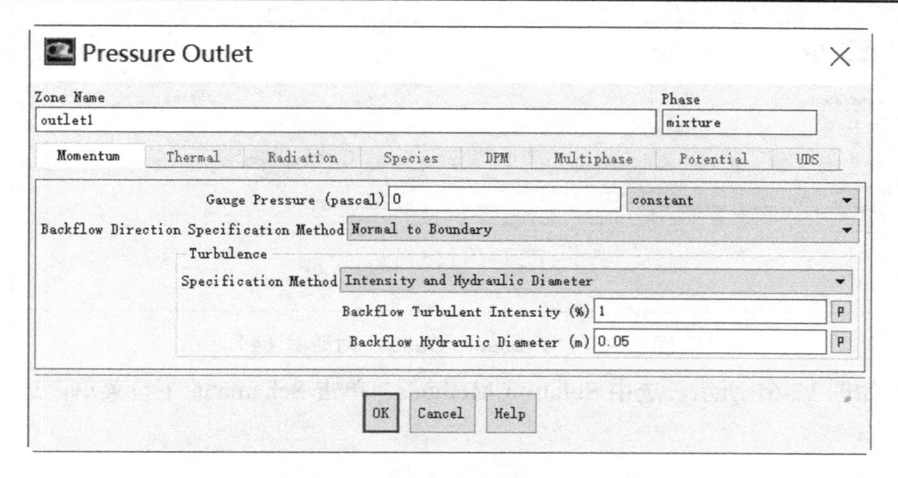

图 17-57 “Pressure Outlet”对话框（1）

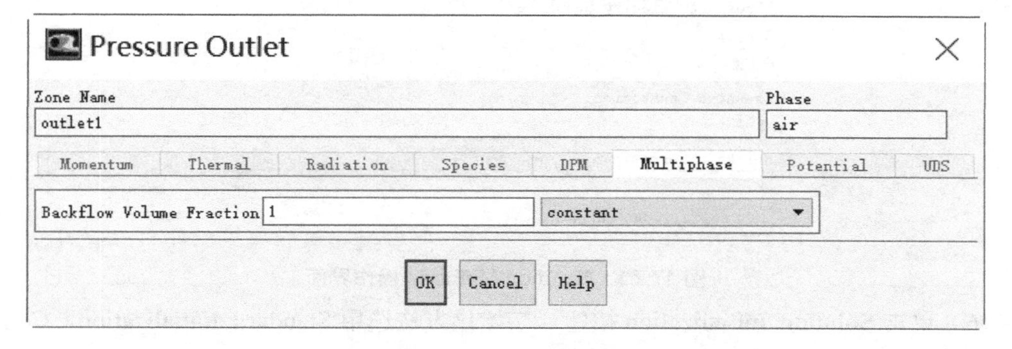

图 17-58 “Pressure Outlet”对话框（2）

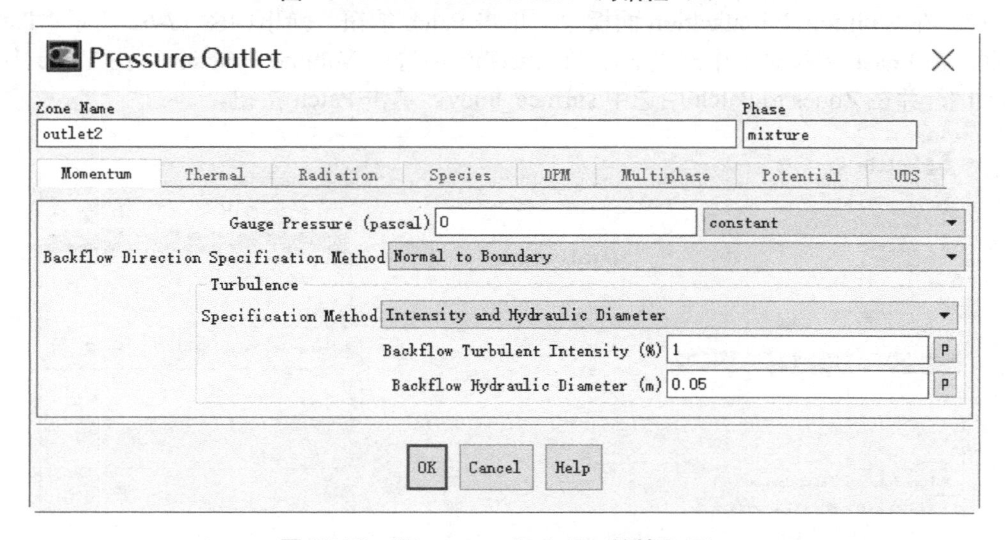

图 17-59 “Pressure Outlet”对话框（3）

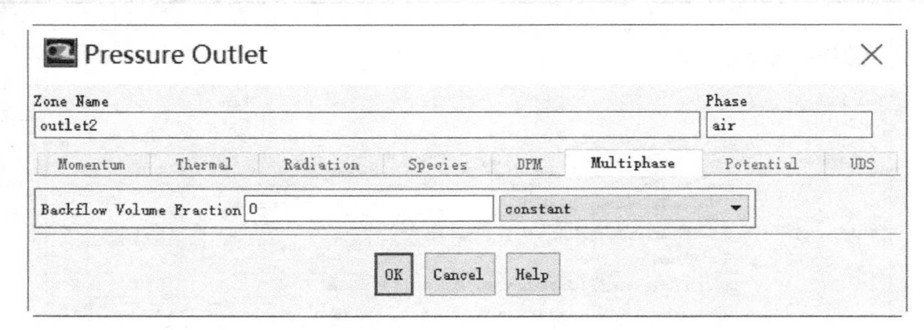

图 17-60 “Pressure Outlet”对话框（4）

（15）如图 17-61 所示，选中 Solution Methods，单击 Scheme 的下拉菜单，选中 PISO，其他值默认。

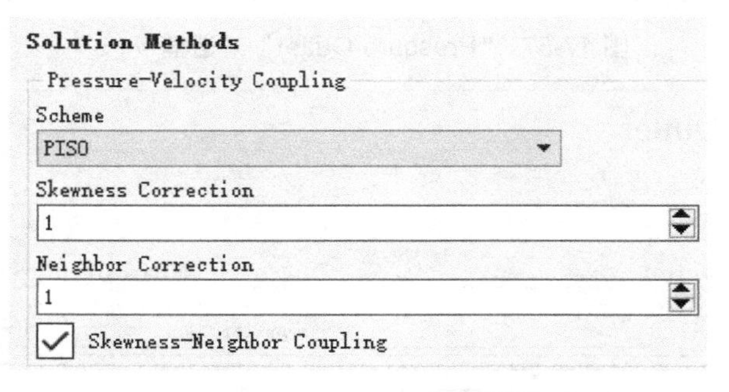

图 17-61 Solution Methods 操作界面

（16）单击 Solution Initialization 按钮，初始化方法选用 Standard Initialization，Compute From 设置为 all-zones，单击 Initialize 按钮。

（17）在 Solution Initialization 面板中，单击 Patch 按钮，弹出如图 17-62 所示“Patch”对话框，在 Phase 下拉菜单中选中 air，在 Variable 中选中 Volume Fraction，在 Value 中输入数值“1”，并在 Zones to Patch 中选中 surface_body，单击 Patch 按钮。

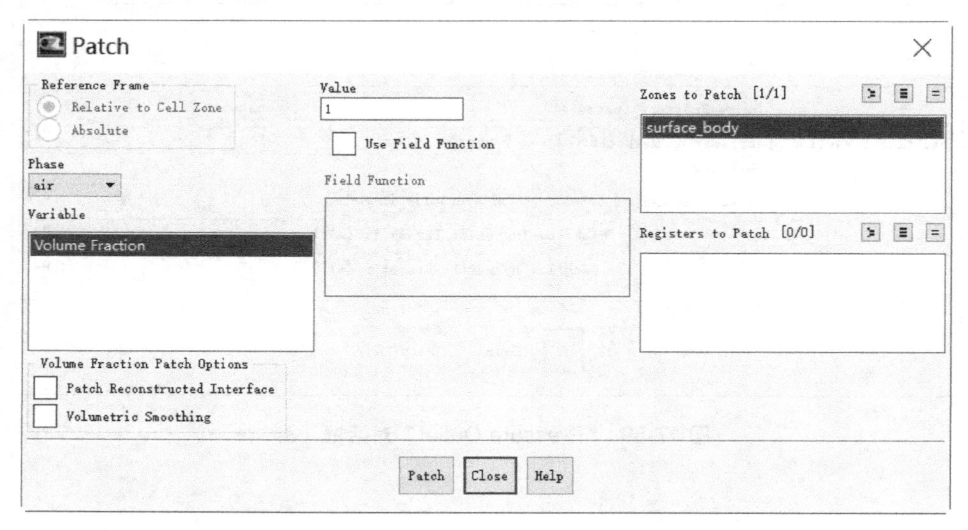

图 17-62 “Patch”对话框

（18）设置 Run Calculation，输入 Time Step Size 为“0.01s”，Number of Time Steps 为“20”，Max Iteration/Time Step 为“20”，单击 Calculate，开始计算。累计计算 2.0s，得到的残差曲线如图 17-63 所示。

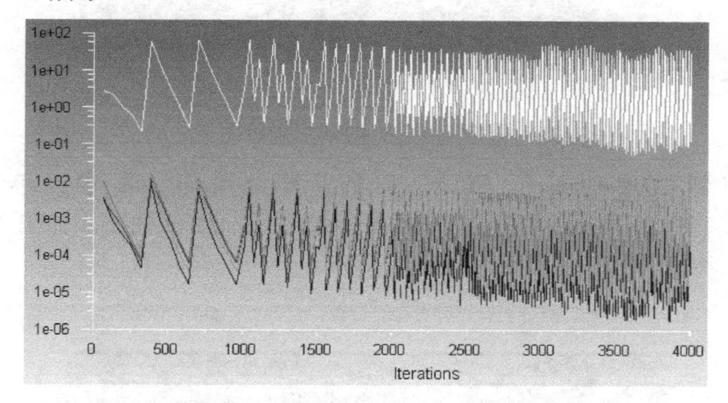

图 17-63 计算 2.0s 时的残差曲线图

（19）选择菜单 File→Export→Case & Data...，保存工程与数据结果文件（EX17-2s.cas 和 EX17-2s.dat）。

（20）累计计算 3.0s，选择菜单 File→Export→Case & Data...，保存工程与数据结果文件（EX17-3s.cas 和 EX17-3s.dat）。

17.5 结果后处理

（1）当计算到 2.0s 时，在 FLUENT 的计算结果 Result 中，单击 Graphics and Animations，在 Graphics 中选中 Contours，单击 Set Up 按钮，弹出“Contours”对话框，设置参数如图 17-64 所示，单击 Display 按钮，显示结果如图 17-65 所示。

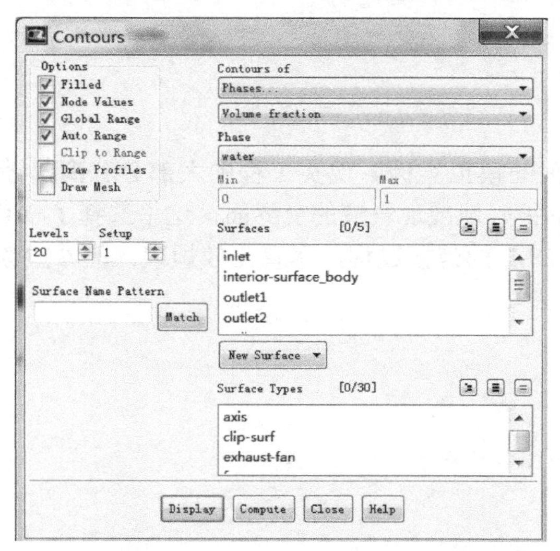

图 17-64 “Contours”对话框

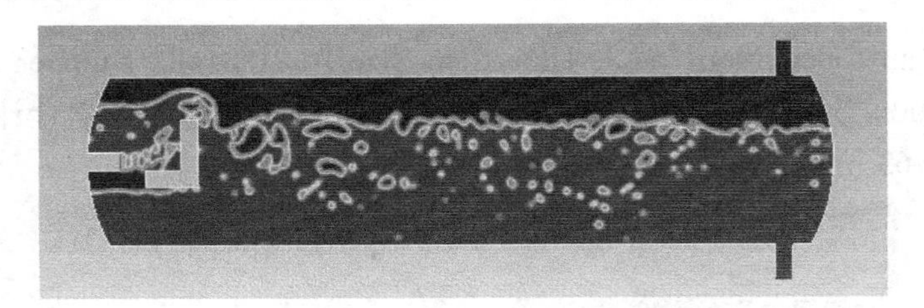

图 17-65　2s 时的水相云图

（2）当计算到 3.0s 时，在 FLUENT 的计算结果 Result 中，单击 Graphics and Animations 按钮，在 Graphics 中选中 Contours，单击 Set Up 按钮，弹出“Contours”对话框，单击 Display 按钮，显示结果如图 17-66 所示。

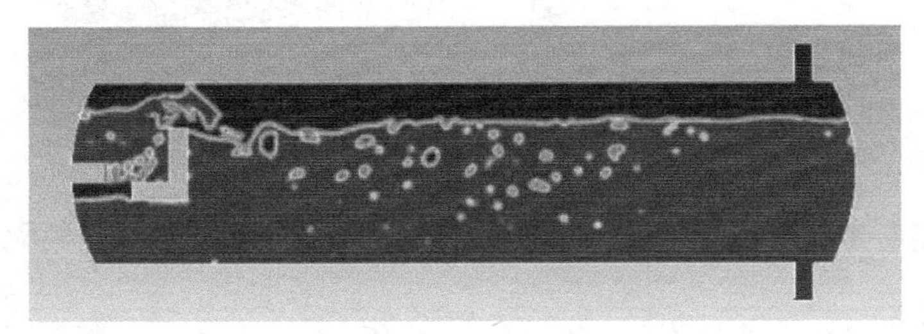

图 17-66　3s 时的水相云图

应用·技巧

本例重点介绍了 DM 建模和利用 VOF 模型模拟气液两相流的过程。DM 建模过程稍显烦琐，需要画出线段后定义尺寸。VOF 模拟采用液相作为主相，气相作为第二相。

17.6　本章小结

本章介绍了重力分离的模拟实例。现实工程中大部分分离都涉及重力分离。当遇到气液两相分离时，为了能够很好地展现气液的交界面，这里选择了 VOF 模型。本章的几何模型建模较详细地介绍了 DM 的建模过程，尽管比较烦琐，但希望读者能够适应并掌握该软件的建模流程。